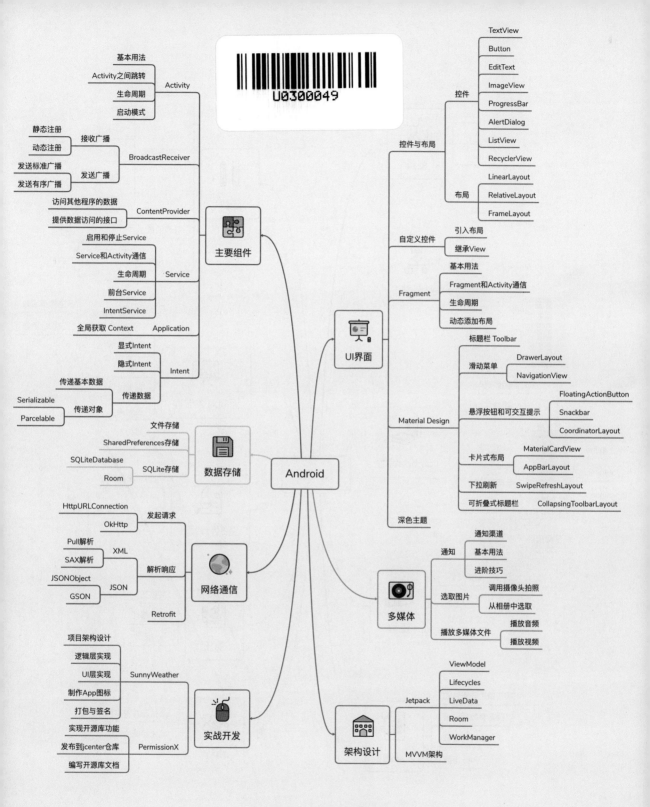

U0300049

《第一行代码——Android（第 3 版）》

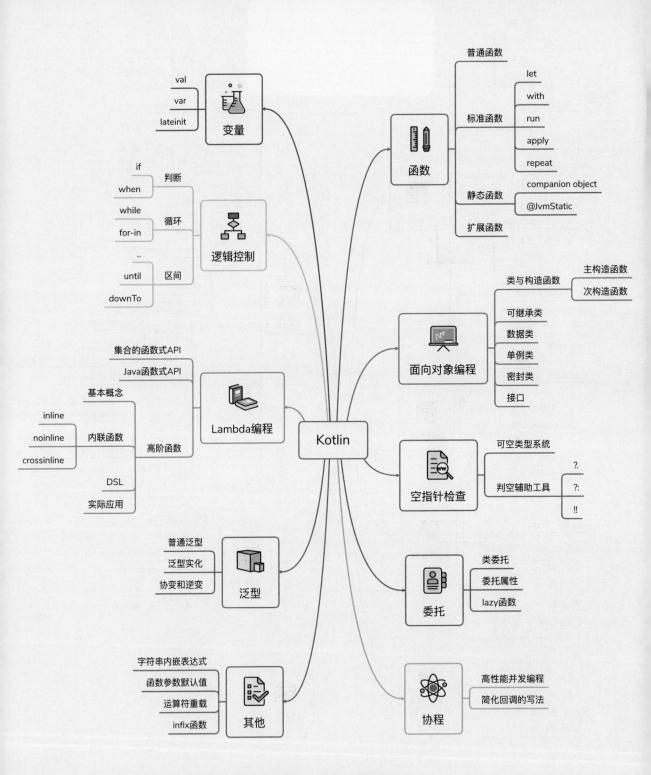

《第一行代码 ——Android（第 3 版）》

第一行代码

Android

第 3 版

郭霖◎著

人民邮电出版社

北　京

图书在版编目（ＣＩＰ）数据

　第一行代码——Android / 郭霖著. -- 3版. -- 北
京 : 人民邮电出版社，2020.4
　（图灵原创）
　ISBN 978-7-115-52483-6

　Ⅰ. ①第… Ⅱ. ①郭… Ⅲ. ①移动终端－应用程序－
程序设计 Ⅳ. ①TN929.53

　中国版本图书馆CIP数据核字(2020)第028051号

内 容 提 要

　　本书被 Android 开发者誉为"Android 学习第一书"。全书系统全面、循序渐进地介绍了 Android 软件开发的必备知识、经验和技巧。

　　第 3 版基于 Android 10.0 对第 2 版进行了全面更新，不仅将所有知识点都在最新的 Android 系统上进行了重新适配，而且加入了 Kotlin 语言的全面讲解，使用 Kotlin 对全书代码进行重写，还介绍了最新系统特性以及 Jetpack 架构组件的使用，并附有两个开发实战案例，更加实用。

　　本书内容通俗易懂，由浅入深，既是 Android 初学者的入门必备，也是 Android 开发者的进阶首选。

◆ 著　　　郭　霖

　责任编辑　张　霞

　责任印制　周昇亮

◆ 人民邮电出版社出版发行　　北京市丰台区成寿寺路11号

　邮编　100164　电子邮件　315@ptpress.com.cn

　网址　https://www.ptpress.com.cn

　北京市艺辉印刷有限公司印刷

◆ 开本：800×1000　1/16　　　彩插：1

　印张：44　　　　　　　　　　2020年4月第3版

　字数：1040千字　　　　　　　2024年8月北京第16次印刷

定价：99.00元

读者服务热线：(010)84084456-6009　印装质量热线：(010)81055316

反盗版热线：(010)81055315

广告经营许可证：京东市监广登字 20170147 号

前　言

虽然我从事 Android 开发工作已经很多年了，但是之前从来没有想过自己要去写一本 Android 技术相关的书。在我看来，写一本书可以算是一个很庞大的工程，写一本好书的难度并不亚于开发一款好的应用程序。

由于我长期坚持在 CSDN 上发表技术博文，因而得到了大量网友的认可，也积累了一定的名气。很荣幸的是，人民邮电出版社图灵公司的前副总编辑陈冰老师联系上了我，希望我可以写一本关于 Android 开发技术的书，这着实让我受宠若惊。

在写本书前两版的时候，我可以说是费了相当大的心思。写书和写博客最大的区别在于，书的内容不能像博客那样散乱，不能想到哪里写到哪里，而是一定要系统化，要循序渐进，基本上在写第 1 章的时候就应该把全书的内容都确定下来了。

令我非常欣慰的是，本书的前两版在推出之后都获得了广大读者的强烈认可，目前已经成为了国内最畅销的 Android 技术书。各大书店、图书馆都能看到《第一行代码——Android》的身影，许多学校和培训机构也纷纷将其选为 Android 课程的教材，甚至《第一行代码》已经成为了本书的代名词。

不过，在科技高速发展的今天，各种技术的发展都是日新月异的。在本书第 2 版推出后的 3 年时间里，Android 操作系统经历了 8.0、9.0、10.0 的飞速升级，同时 Google 公司推荐的 Android 程序开发语言也从 Java 变成了 Kotlin。不可否认的是，本书第 2 版中的不少知识点已经过时，而且这 3 年间出现了很多新知识，第 2 版中也没有涵盖。因此，这让我坚定了写作本书第 3 版的想法。

由于涉及语言的变更，这次我将书中原来所有的 Java 代码都进行了重写，改用 Kotlin 语言进行实现。另外考虑到很多读者朋友之前可能并没有接触过 Kotlin，在第 3 版中我特别加入了许多 Kotlin 语言方面的讲解，因此这更像是一本 Android + Kotlin 的综合技术书。此外，这些年 Android 系统的各个版本都增加了很多崭新的特性，还出现了诸如 Jetpack、MVVM 等全新的技术，第 3 版将这些内容全部涵盖了进去。毫不夸张地说，我几乎重写了整本书。

而现在，你手中捧着的正是全新版的《第一行代码——Android》，同时这可能也是国内第一本基于 Android 10.0 系统写作的技术书。我真诚地希望你可以用心地阅读这本书，因为每多掌握一份知识，你就会多一份喜悦。Enjoy it!

第 3 版的变化

由于第 3 版修改内容繁多，因此这里我只列举出最主要的变化。

首先是编程语言上的改变，本书前两版都是使用 Java 作为应用程序的开发语言，而第 3 版使用了 Kotlin，这是目前 Google 公司最推荐我们使用的开发语言。

本书的前两版中也没有涉及过语言方面的讲解，默认读者是有 Java 语言基础的。而第 3 版中对 Kotlin 语言进行了非常全面的讲解，不需要读者有任何 Kotlin 语言的基础。

另外，本书第 1 版是基于 Android 4.x 系统的，第 2 版是基于 Android 7.0 系统的，现在第 3 版基于 Android 10.0 系统。其中囊括了新系统中的诸多知识点，包括 Android 8.0 系统中引入的通知渠道和应用图标适配、Android 9.0 系统中引入的明文网络传输限制适配、Android 10.0 系统中引入的深色主题模式等。

除此之外，第 3 版还加入了两个实战项目以及 Retrofit、协程、Jetpack、MVVM 等全新知识点的讲解，内容将前所未有地充实。

读者对象

本书内容通俗易懂，由浅入深，既适合初学者学习，又适合专业人员阅读。学习本书内容之前，你并不需要有任何 Android 或 Kotlin 方面的基础，但是最好有一定的 Java 基础。虽然本书是使用 Kotlin 语言来进行开发的，但是 Kotlin 是一门基于 Java 的语言，如果你对 Java 有所了解的话，将会非常有助于 Kotlin 语言的学习。

阅读本书时，你可以根据自身的情况来决定如何阅读。如果你是初学者的话，建议从第 1 章开始循序渐进地阅读，这样理解起来就不会感到吃力。而如果你已经有了一定的 Android 基础，那么就可以选择某些你感兴趣的章节进行跳跃式的阅读。但请记住，很多章最后的最佳实践以及 Kotlin 课堂一定是你不想错过的。

本书内容

正如前面所说，本书的内容是非常系统化的，不仅全面介绍了那些你必须掌握的知识，而且保证了各章的难度都是梯度式上升的。全书一共分为 16 章，Android 方面涵盖了四大组件、UI、Fragment、数据存储、多媒体、网络、架构等应用层面的知识。Kotlin 方面涵盖了基础语法、常用技巧、高阶函数、泛型、协程、DSL 等语言层面的知识。另外，为了让你在学完所有内容之后进一步提升综合运用的能力，本书的尾声部分还会带你一起开发一个天气预报程序，以及编写并发布一个开源库。

除此之外，本书的第 6 章、第 9 章、第 12 章、第 15 章中穿插了对 Git 的讲解，如果想要掌握它的用法，这几章的内容是绝对不能错过的。

本书中各个章节的内容相对比较独立，因此除了可以循序渐进地学习之外，你还可以把它当成一本参考手册，随时查阅。

资源下载

首先，为了方便你的学习，本书提供了书中所有项目的源码，建议仅在需要的时候再去参考（例如获取项目中的图片资源）。最好的学习方式肯定是将所有的项目都亲手敲上一遍，因为只有这样，才能加深你对代码的理解。切勿直接将源码复制粘贴就当成是自己的东西了，只有亲手敲过的代码才真正是你自己的。

其次，本书提供了 Android 和 Kotlin 思维导图。思维导图可以方便你纵览 Android 和 Kotlin 的宏观图景，帮助你梳理各章的知识要点，了解详尽的知识脉络。

最后，本书前两版被大量高校当作教材使用，这次为了便于高校教师和培训机构教学，第 3 版中专门配备了相应的 PPT 课件。

以上所有资源，你都可以到图灵社区本书官方主页①的"随书下载"中下载，你也可以关注我的微信公众号（见封面二维码），回复"随书资源"获取下载地址。

勘误

尽管我和编辑张霞已经尽可能地对本书进行了仔细的校对，但书中仍然难免存在一些未发现的错误。这些错误一旦后期被确认都会提交到图灵社区本书官方主页，你可以在这里查看所有已知的错误。如果你在阅读时发现了一些还未被提交和确认的错误，也欢迎你主动进行提交，编辑确认之后，你将能领到图灵社区的银子，可以免费兑换一些图灵的图书。

---

① https://www.ituring.com.cn/book/2744。

致　　谢

在这近一年的时间里，我又完成了一项浩大的工程。和写作本书前两版时的感觉类似，当全书完稿之后，回顾整本书，我仍然不敢相信这所有的内容竟然是我一字字敲出来的。

如今这已经是我写的第三本书了，我深知出版一本书有多么不容易，出版一本被广大读者朋友们认可的好书则更加不容易。因此，我要在这里对很多人表示感谢。

首先我要感谢本书第1版的编辑陈冰老师，如果没有你当初在CSDN上找到我，并邀请我写书，就不会有现在的《第一行代码——Android》。另外，你也是当时唯一一个坚信这本书一定会大卖的人，甚至连我自己当时都没有如此的眼光。

我也非常感谢本书第2版、第3版的编辑张霞，你全程负责了本书的出版工作，并且完成得非常出色。你对文字的把控能力让我敬佩，感谢你对书中每一章节的尽心审阅，才能让这本书更趋近于完美。

另外我还要特别感谢一部分人，你们在对本书的内容建议、勘误检查、代码纠错等方面都做出了卓越的贡献。有了你们的帮助，才会有这样一本更加出色的书呈现在所有人面前，这本书上也理应有你们的名字（按姓氏拼音排序，排名不分先后）：

陈建林、陈俊杰、陈雷、陈龙、陈琪、代云蛟、段郭森、高太稳、黄楠、赖帆、李建友、李潭、李永鹏、林火荣、刘萌、刘治国、罗亚超、吕国鑫、沈立涛、孙建飞、王杰、王龙、王路路、王鹏、王荣宗、王善昌、吴波、吴绍志、张鸿洋、赵庆元、郑敏馨、周苏、庄育锋。

目　　录

第 1 章

开始启程，你的第一行 Android 代码

欢迎你来到 Android 世界！Android 系统是目前世界上市场占有率最高的移动操作系统，不管你在哪里，都可以看到 Android 手机几乎无处不在。今天的 Android 世界可谓欣欣向荣，可是你知道它的过去是什么样的吗？我们一起来看一看它的发展史吧。

2003 年 10 月，Andy Rubin 等人一起创办了 Android 公司。2005 年 8 月，Google 公司收购了这家仅仅成立了 22 个月的公司，并让 Andy Rubin 继续负责 Android 项目。在经过了数年的研发之后，Google 终于在 2008 年推出了 Android 系统的第一个版本。但自那之后，Android 的发展就一直受到重重阻挠。乔布斯自始至终认为 Android 是一个抄袭 iPhone 的产品，里面剽窃了诸多 iPhone 的创意，并声称一定要毁掉 Android。而本身就是基于 Linux 开发的 Android 操作系统，在 2010 年被 Linux 团队从 Linux 内核主线中除名。由于 Android 中的应用程序一开始都是使用 Java 开发的，甲骨文公司针对 Android 侵犯 Java 知识产权一事对 Google 提起了诉讼……

可是，似乎再多的困难也阻挡不了 Android 快速前进的步伐。由于 Google 的开放政策，任何手机厂商和个人都能免费获取 Android 操作系统的源码，并且可以自由地使用和定制。三星、HTC、摩托罗拉、索爱等公司相继推出了各自系列的 Android 手机，Android 市场上百花齐放。仅仅在推出两年后，Android 就超过了已经霸占市场逾十年的诺基亚 Symbian，成为了全球第一大智能手机操作系统，并且每天还会有数百万台新的 Android 设备被激活。而近几年，国内的手机厂商也大放异彩，小米、华为、魅族等新兴品牌都推出了相当不错的 Android 手机，并且获得了市场的广泛认可，目前 Android 已经占据了全球智能手机操作系统 70% 以上的份额。

说了这些，想必你已经体会到 Android 系统炙手可热的程度，并且迫不及待地想要加入 Android 开发者的行列了吧。试想一下，10 个人中有 7 个人的手机可以运行你编写的应用程序，还有什么能比这个更诱人的呢？那么从今天起，我就带你踏上学习 Android 的旅途，一步步引导你成为一名出色的 Android 开发者。

好了，现在我们就来一起初窥一下 Android 世界吧。

1.1　了解全貌，Android 王国简介

Android 从面世以来到现在已经发布了 20 多个版本了。在这几年的发展过程中，Google 为 Android 王国建立了一个完整的生态系统。手机厂商、开发者、用户之间相互依存，共同推进着 Android 的蓬勃发展。开发者在其中扮演着不可或缺的角色，因为如果没有开发者来制作丰富的应用程序，那么不管多么优秀的操作系统，也是难以得到大众用户喜爱的，相信没有多少人能够忍受没有 QQ、微信的手机吧。而且，Google 推出的 Google Play 更是给开发者带来了大量的机遇，只要你能制作出优秀的产品，在 Google Play 上获得了用户的认可，你就完全可以得到不错的经济回报，从而成为一名独立开发者，甚至是成功创业！

那我们现在就从一个开发者的角度，去了解一下这个操作系统吧。纯理论型的东西会比较无聊，怕你看睡着了，因此我只挑重点介绍，这些东西跟你以后的开发工作都是息息相关的。

1.1.1　Android 系统架构

为了让你能够更好地理解 Android 系统是怎么工作的，我们先来看一下它的系统架构。Android 大致可以分为 4 层架构：Linux 内核层、系统运行库层、应用框架层和应用层。

1. Linux 内核层

Android 系统是基于 Linux 内核的，这一层为 Android 设备的各种硬件提供了底层的驱动，如显示驱动、音频驱动、照相机驱动、蓝牙驱动、Wi-Fi 驱动、电源管理等。

2. 系统运行库层

这一层通过一些 C/C++ 库为 Android 系统提供了主要的特性支持。如 SQLite 库提供了数据库的支持，OpenGL|ES 库提供了 3D 绘图的支持，Webkit 库提供了浏览器内核的支持等。

在这一层还有 Android 运行时库，它主要提供了一些核心库，允许开发者使用 Java 语言来编写 Android 应用。另外，Android 运行时库中还包含了 Dalvik 虚拟机（5.0 系统之后改为 ART 运行环境），它使得每一个 Android 应用都能运行在独立的进程中，并且拥有一个自己的虚拟机实例。相较于 Java 虚拟机，Dalvik 和 ART 都是专门为移动设备定制的，它针对手机内存、CPU 性能有限等情况做了优化处理。

3. 应用框架层

这一层主要提供了构建应用程序时可能用到的各种 API，Android 自带的一些核心应用就是使用这些 API 完成的，开发者可以使用这些 API 来构建自己的应用程序。

4. 应用层

所有安装在手机上的应用程序都是属于这一层的，比如系统自带的联系人、短信等程序，或者是你从 Google Play 上下载的小游戏，当然还包括你自己开发的程序。

结合图 1.1 你将会理解得更加深刻。

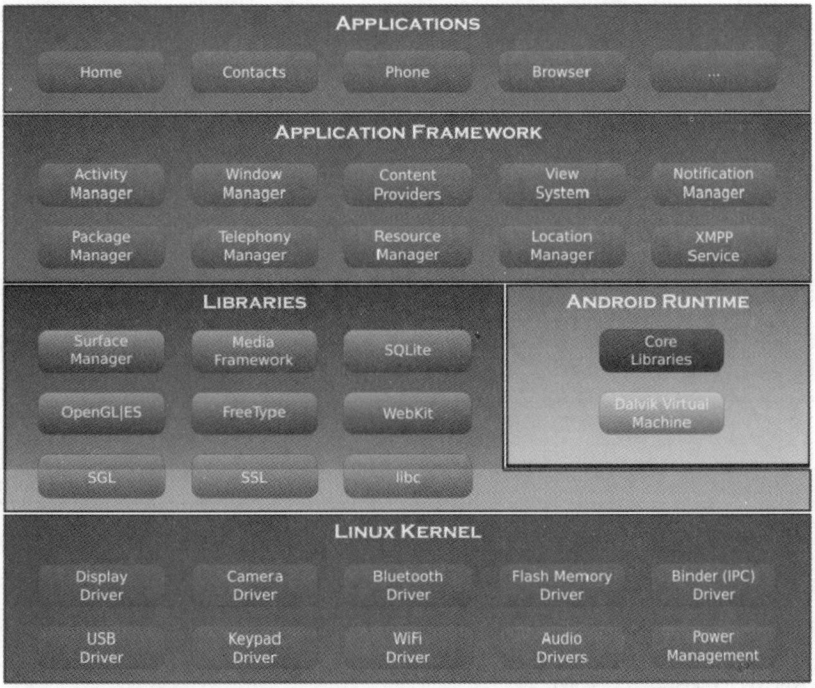

图 1.1　Android 系统架构（图片源自维基百科）

1.1.2　Android 已发布的版本

2008 年 9 月，Google 正式发布了 Android 1.0 系统，这也是 Android 系统最早的版本。随后的几年，Google 以惊人的速度不断地更新 Android 系统，2.1、2.2、2.3 系统的推出使 Android 占据了大量的市场。2011 年 2 月，Google 发布了 Android 3.0 系统，这个系统版本是专门为平板计算机（简称"平板"）设计的，但也是 Android 为数不多的比较失败的版本，推出之后一直不见什么起色，市场份额也少得可怜。不过很快，在同年的 10 月，Google 又发布了 Android 4.0 系统，这个版本不再对手机和平板进行差异化区分，既可以应用在手机上，也可以应用在平板上。2014 年 Google 推出了号称史上版本改动最大的 Android 5.0 系统，使用 ART 运行环境替代了 Dalvik 虚拟机，大大提升了应用的运行速度，还提出了 Material Design 的概念来优化应用的界面设计。除此之外，还推出了 Android Wear、Android Auto、Android TV 系统，从而进军可穿戴设备、汽车、电视等全新领域。之后 Android 的更新速度更加迅速，每年都会发布一个新版本，到 2019 年 Android 已经发布到 10.0 系统了，这也是本书编写时最新的系统版本。

表 1.1 列出了目前主要的 Android 系统版本及其详细信息。当你看到这张表格时，数据可能已经发生了变化，查看最新的数据可以访问 http://developer.android.google.cn/about/dashboards。

表 1.1   Android 系统版本及其详细信息

版 本 号	系统代号	API	市场占有率
2.3.3 ~ 2.3.7	Gingerbread	10	0.3%
4.0.3 ~ 4.0.4	Ice Cream Sandwich	15	0.3%
4.1.x		16	1.2%
4.2.x	Jelly Bean	17	1.5%
4.3		18	0.5%
4.4	KitKat	19	6.9%
5.0		21	3%
5.1	Lollipop	22	11.5%
6.0	Marshmallow	23	16.9%
7.0		24	11.4%
7.1	Nougat	25	7.8%
8.0		26	12.9%
8.1	Oreo	27	15.4%
9	Pie	28	10.4%

从表 1.1 中可以看出，目前 5.0 以上的系统已经占据了超过 85%的 Android 市场份额，并且这个数字还会继续扩大，因此我们本书中开发的程序也只面向 5.0 以上的系统，更早的系统版本就不再去兼容了。

1.1.3   Android 应用开发特色

预告一下，你马上就要开始真正的 Android 开发旅程了。不过别着急，在开始之前我们先来一起看一看，Android 系统到底提供了哪些东西，可供我们开发出优秀的应用程序。

1. 四大组件

Android 系统四大组件分别是 Activity、Service、BroadcastReceiver 和 ContentProvider。其中 Activity 是所有 Android 应用程序的门面，凡是在应用中你看得到的东西，都是放在 Activity 中的。而 Service 就比较低调了，你无法看到它，但它会在后台默默地运行，即使用户退出了应用，Service 仍然是可以继续运行的。BroadcastReceiver 允许你的应用接收来自各处的广播消息，比如电话、短信等，当然，你的应用也可以向外发出广播消息。ContentProvider 则为应用程序之间共享数据提供了可能，比如你想要读取系统通讯录中的联系人，就需要通过 ContentProvider 来实现。

2. 丰富的系统控件

Android 系统为开发者提供了丰富的系统控件，使得我们可以很轻松地编写出漂亮的界面。当然如果你品位比较高，不满足于系统自带的控件效果，完全可以定制属于自己的控件。

3. SQLite 数据库

Android 系统还自带了这种轻量级、运算速度极快的嵌入式关系型数据库。它不仅支持标准的 SQL 语法，还可以通过 Android 封装好的 API 进行操作，让存储和读取数据变得非常方便。

4. 强大的多媒体

Android 系统还提供了丰富的多媒体服务，如音乐、视频、录音、拍照等，这一切你都可以在程序中通过代码进行控制，让你的应用变得更加丰富多彩。

既然有 Android 这样出色的系统给我们提供了这么丰富的工具，你还用担心做不出优秀的应用吗？好了，纯理论的东西就介绍到这里，我知道你已经迫不及待地想要开始真正的开发之旅了，那我们就启程吧！

1.2　手把手带你搭建开发环境

俗话说得好，"工欲善其事，必先利其器"，开着记事本就想去开发 Android 程序显然不是明智之举，选择一个好的 IDE 可以极大地提高你的开发效率，因此本节我就手把手地带着你把开发环境搭建起来。

1.2.1　准备所需要的工具

开发 Android 程序需要准备的工具主要有以下 3 个。

- ❑ JDK。JDK 是 Java 语言的软件开发工具包，它包含了 Java 的运行环境、工具集合、基础类库等内容。
- ❑ Android SDK。Android SDK 是 Google 提供的 Android 开发工具包，在开发 Android 程序时，我们需要通过引入该工具包来使用 Android 相关的 API。
- ❑ Android Studio。在很早之前，Android 项目都是使用 Eclipse 来开发的，相信所有 Java 开发者都一定会对这个工具非常熟悉，它是 Java 开发神器，安装 ADT 插件后就可以用来开发 Android 程序了。而在 2013 年，Google 推出了一款官方的 IDE 工具 Android Studio，由于不再是以插件的形式存在，Android Studio 在开发 Android 程序方面要远比 Eclipse 强大和方便得多，因此本书中所有的代码都将在 Android Studio 上进行开发。

1.2.2　搭建开发环境

当然，上述软件并不需要一个个地下载，为了简化搭建开发环境的过程，Google 将所有需要用到的工具都帮我们集成好了，到 Android 官网就可以下载最新的开发工具，下载地址是：https://developer.android.google.cn/studio。不过，Android 官网有时访问会不太稳定，如果你无法访问上述网址，也可以到一些国内的代理站点进行下载，比如：http://www.android-studio.org。

你下载下来的将是一个安装包，安装的过程也很简单，基本上一直点击"Next"就可以了。其中在安装的过程中有可能会弹出如图 1.2 所示的对话框。

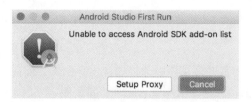

图 1.2   无法访问 add-on list 的警告对话框

这个对话框是在询问我们，无法访问 Android SDK 的 add-on list，是否要配置代理。由于我们使用的网络访问 Google 的一些服务是受到限制的，因此才会弹出这样一个对话框。不过这并不影响我们接下来的环境搭建，因此直接点击 "Cancel" 就可以了。

之后一直点击 "Next"，直到完成安装，然后启动 Android Studio。首次启动会让你选择是否导入之前 Android Studio 版本的配置，由于这是我们首次安装，选择不导入即可，如图 1.3 所示。

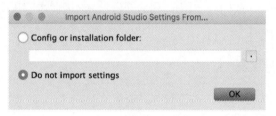

图 1.3   选择不导入配置

点击 "OK" 按钮会进入 Android Studio 的配置界面，如图 1.4 所示。

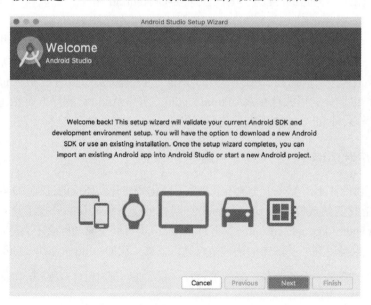

图 1.4   Android Studio 的配置界面

然后点击"Next"开始进行具体的配置，如图 1.5 所示。

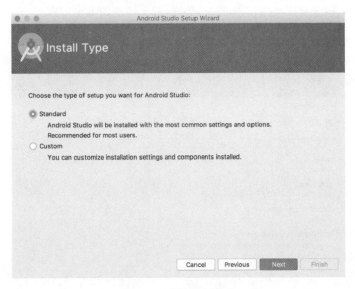

图 1.5　选择安装类型

这里我们可以选择 Android Studio 的安装类型，有 Standard 和 Custom 两种。Standard 表示一切都使用默认的配置，比较方便；Custom 则可以根据用户的特殊需求进行自定义。简单起见，这里我们就选择 Standard 类型了。继续点击"Next"会让你选择 Android Studio 的主题风格，如图 1.6 所示。

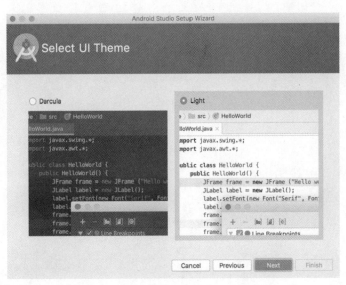

图 1.6　选择 Android Studio 的主题风格

Android Studio 内置了深色和浅色两种风格的主题，你可以根据自己的喜好选择。这里我就选择默认的浅色主题了，继续点击“Next”完成配置工作，如图 1.7 所示。

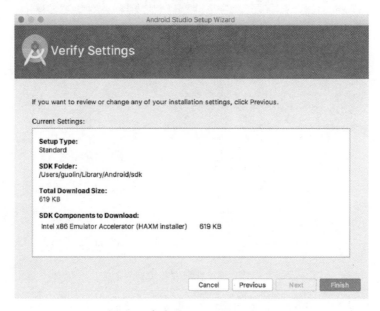

图 1.7　完成 Android Studio 配置

现在点击“Finish”按钮，配置工作就全部完成了。然后 Android Studio 会尝试联网下载一些更新，等待更新完成后再点击“Finish”按钮，就会进入 Android Studio 的欢迎界面，如图 1.8 所示。

图 1.8　Android Studio 的欢迎界面

　　目前为止，Android 开发环境就已经全部搭建完成了。那现在应该做什么呢？当然是写下你的第一行 Android 代码了，让我们快点开始吧。

1.3　创建你的第一个 Android 项目

　　任何一个编程语言写出的第一个程序毫无疑问都是 Hello World，这是自 20 世纪 70 年代流传下来的传统，在编程界已成为永恒的经典，那我们当然也不会搞例外了。

1.3.1　创建 HelloWorld 项目

　　在 Android Studio 的欢迎界面点击"Start a new Android Studio project"，会打开一个让你选择项目类型的界面，如图 1.9 所示。

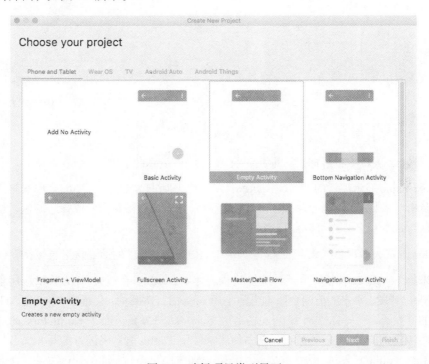

图 1.9　选择项目类型界面

　　这里我们不仅可以选择创建手机和平板类型的项目，还可以选择创建可穿戴设备、电视，甚至汽车等类型的项目。不过手机和平板才是本书讨论的重点，其他类型的项目我们就不去关注了。另外，Android Studio 还提供了很多种内置模板，不过由于我们才刚刚开始学习，用不着这么多复杂的模板，这里直接选择"Empty Activity"，创建一个空的 Activity 就可以了。

　　点击"Next"会进入项目配置界面，如图 1.10 所示。

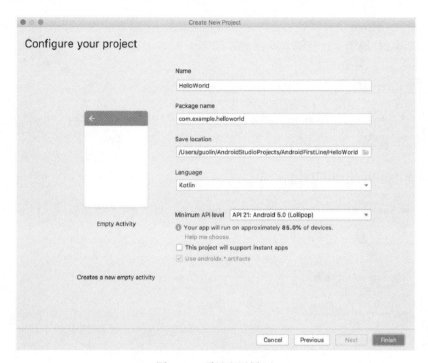

图 1.10   项目配置界面

其中，Name 表示项目名称，这里我们填入"HelloWorld"即可。

Package name 表示项目的包名，Android 系统就是通过包名来区分不同应用程序的，因此包名一定要具有唯一性。Android Studio 会根据应用名称来自动帮我们生成合适的包名，如果你不想使用默认生成的包名，也可以自行修改。

Save location 表示项目代码存放的位置，如果没有特殊要求的话，这里也保持默认即可。

接下来的 Language 就很重要了，这里默认选择了 Kotlin。在过去，Android 应用程序只能使用 Java 来进行开发，本书的前两个版本也都是用 Java 语言讲解的。然而在 2017 年，Google 引入了一款新的开发语言——Kotlin，并在 2019 年正式向广大开发者公布了 Kotlin First 的消息。因此，本书第 3 版决定响应 Google 的号召，全书代码都使用 Kotlin 语言来进行编写。那么你可能会担心了，我不会 Kotlin 怎么办？没关系，本书除了会讲解 Android 方面的知识之外，还会非常全面地讲解 Kotlin 方面的知识，并不需要你有任何 Kotlin 语言的基础。

紧接着，Minimum API level 可以设置项目的最低兼容版本。前面已经说过，Android 5.0 以上的系统已经占据了超过 85%的 Android 市场份额，因此这里我们将 Minimum SDK 指定成 API 21 就可以了。

最后的两个复选框，一个是用于支持 instant apps 免安装应用的，这个功能必须配合 Google Play 服务才能使用，在国内是用不了的，因此不在本书的讨论范围内；另一个用于在项目中启用

AndroidX。AndroidX 的主要目的是取代过去的 Android Support Library，虽然 Google 给出了一个过渡期，但是在我使用的 Android Studio 3.5.2 版本中，这个复选框已经被强制勾选了。如果你使用了更新的 Android Studio 版本，看不到这个复选框也不用感到奇怪，因为未来所有项目都会默认启用 AndroidX。想要了解更多 AndroidX 与 Android Support Library 的区别，可以关注我的微信公众号（见封面），回复 "AndroidX" 即可。

　　现在点击 "Finish" 按钮，并耐心等待一会儿，项目就会创建成功了，如图 1.11 所示。

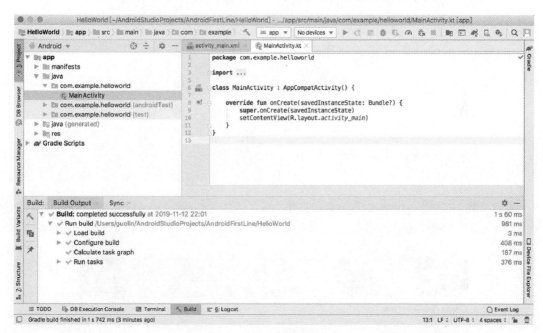

图 1.11　项目创建成功

1.3.2　启动模拟器

　　由于 Android Studio 自动为我们生成了很多东西，因而你现在不需要编写任何代码，HelloWorld 项目就已经可以运行了。但是在此之前，还必须有一个运行的载体，可以是一部 Android 手机，也可以是 Android 模拟器。这里我们暂时先使用模拟器来运行程序，如果你想立刻就将程序运行到手机上的话，可以参考 9.1 节的内容。

　　那么我们现在就来创建一个 Android 模拟器，观察 Android Studio 顶部工具栏中的图标，如图 1.12 所示。

图 1.12　顶部工具栏中的图标

中间的按钮就是用于创建和启动模拟器的，点击该按钮，会弹出如图 1.13 所示的窗口。

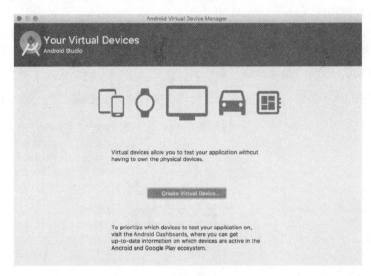

图 1.13 创建模拟器

可以看到，目前我们的模拟器列表中还是空的，点击"Create Virtual Device"按钮就可以立刻开始创建了，如图 1.14 所示。

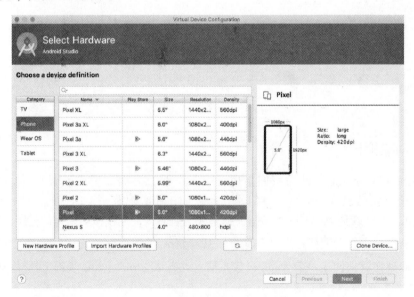

图 1.14 选择要创建的模拟器设备

这里有很多种设备可供我们选择，不仅能创建手机模拟器，还可以创建平板、手表、电视等模拟器。

那么我就选择创建 Pixel 这台设备的模拟器了，这是我个人非常钟爱的一台设备。点击 "Next"，如图 1.15 所示。

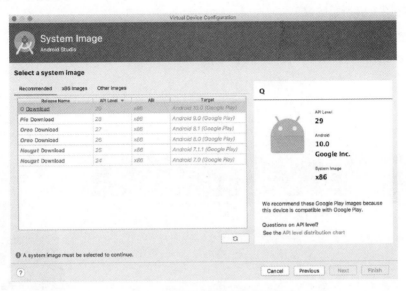

图 1.15   选择模拟器的操作系统版本

这里可以选择模拟器所使用的操作系统版本，毫无疑问，我们肯定要选择最新的 Android 10.0 系统。但是由于目前我的本机还不存在 Android 10.0 系统的镜像，因此需要先点击 "Download" 下载镜像。下载完成后继续点击 "Next"，出现如图 1.16 所示的界面。

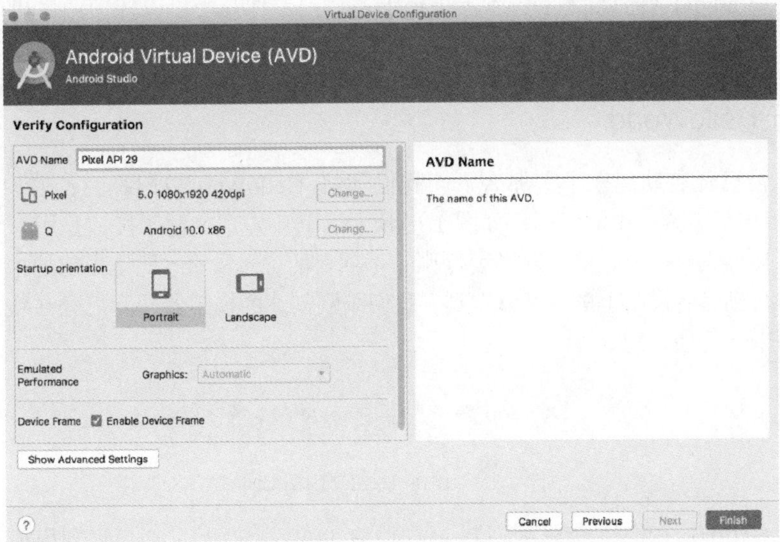

图 1.16   确认模拟器配置

在这里我们可以对模拟器的一些配置进行确认，比如说指定模拟器的名字、分辨率、横竖屏等信息，如果没有特殊需求的话，全部保持默认就可以了。点击"Finish"完成模拟器的创建，然后会弹出如图 1.17 所示的窗口。

可以看到，现在模拟器列表中已经存在一个创建好的模拟器设备了，点击 Actions 栏目中最左边的三角形按钮即可启动模拟器。模拟器会像手机一样，有一个开机过程，启动完成之后的界面如图 1.18 所示。

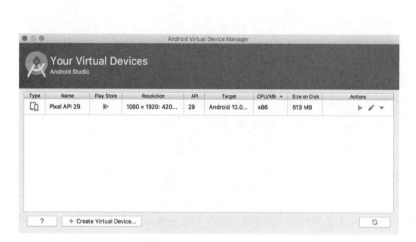

图 1.17   模拟器列表　　　　　　　　　　　　图 1.18   启动后的模拟器界面

很清新的 Android 界面出来了！看上去还挺不错吧，你几乎可以像使用手机一样使用它，Android 模拟器对手机的模仿度非常高，快去体验一下吧。

1.3.3   运行 HelloWorld

现在模拟器已经启动起来了，那么下面我们就将 HelloWorld 项目运行到模拟器上。观察 Android Studio 顶部工具栏中的图标，如图 1.19 所示，其中左边的锤子按钮是用来编译项目的。中间有两个下拉列表：一个是用来选择运行哪一个项目的，通常 app 就是当前的主项目；另一个是用来选择运行到哪台设备上的，可以看到，我们刚刚创建的模拟器现在已经在线了。右边的三角形按钮是用来运行项目的。

图 1.19   顶部工具栏中的图标

现在点击右边的运行按钮，稍微等待一会儿，HelloWorld 项目就会运行到模拟器上了，结果应该和图 1.20 中显示的是一样的。

HelloWorld 项目运行成功！并且你会发现，模拟器上已经安装 HelloWorld 这个应用了。打开启动器列表，如图 1.21 所示。

图 1.20　运行 HelloWorld 项目

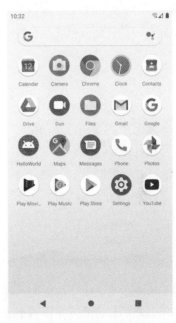

图 1.21　查看启动器列表

这个时候你可能会说我坑你了，说好的第一行代码呢？怎么一行还没写，项目就已经运行起来了？这个只能说是因为 Android Studio 太智能了，已经帮我们把一些简单的内容自动生成了。你也别心急，后面写代码的机会多着呢，我们先来分析一下 HelloWorld 这个项目吧。

1.3.4　分析你的第一个 Android 程序

回到 Android Studio 中，首先展开 HelloWorld 项目，你会看到如图 1.22 所示的项目结构。

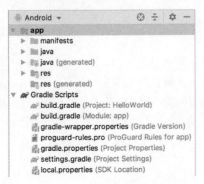

图 1.22　Android 模式的项目结构

任何一个新建的项目都会默认使用 Android 模式的项目结构，但这并不是项目真实的目录结构，而是被 Android Studio 转换过的。这种项目结构简洁明了，适合进行快速开发，但是对于新手来说可能不易于理解。点击图 1.22 中最上方的 Android 区域可以切换项目结构模式，如图 1.23 所示。

这里我们将项目结构模式切换成 Project，这就是项目真实的目录结构了，如图 1.24 所示。

图 1.23   切换项目结构模式

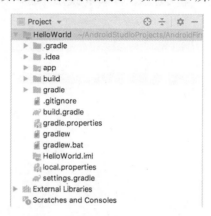

图 1.24   Project 模式的项目结构

一开始看到这么多陌生的东西，你一定会有点头晕吧。别担心，我现在就对图 1.24 中的内容进行讲解，之后你再看这张图就不会感到那么吃力了。

1. .gradle 和 .idea

这两个目录下放置的都是 Android Studio 自动生成的一些文件，我们无须关心，也不要去手动编辑。

2. app

项目中的代码、资源等内容都是放置在这个目录下的，我们后面的开发工作也基本是在这个目录下进行的，待会儿还会对这个目录单独展开讲解。

3. build

这个目录主要包含了一些在编译时自动生成的文件，你也不需要过多关心。

4. gradle

这个目录下包含了 gradle wrapper 的配置文件，使用 gradle wrapper 的方式不需要提前将 gradle 下载好，而是会自动根据本地的缓存情况决定是否需要联网下载 gradle。Android Studio 默认就是启用 gradle wrapper 方式的，如果需要更改成离线模式，可以点击 Android Studio 导航栏→File→Settings→Build, Execution, Deployment→Gradle，进行配置更改。

5. .gitignore

这个文件是用来将指定的目录或文件排除在版本控制之外的。关于版本控制，我们将在第 6 章中开始正式的学习。

6. build.gradle

这是项目全局的 gradle 构建脚本，通常这个文件中的内容是不需要修改的。稍后我们将会详细分析 gradle 构建脚本中的具体内容。

7. gradle.properties

这个文件是全局的 gradle 配置文件，在这里配置的属性将会影响到项目中所有的 gradle 编译脚本。

8. gradlew 和 gradlew.bat

这两个文件是用来在命令行界面中执行 gradle 命令的，其中 gradlew 是在 Linux 或 Mac 系统中使用的，gradlew.bat 是在 Windows 系统中使用的。

9. HelloWorld.iml

iml 文件是所有 IntelliJ IDEA 项目都会自动生成的一个文件（Android Studio 是基于 IntelliJ IDEA 开发的），用于标识这是一个 IntelliJ IDEA 项目，我们不需要修改这个文件中的任何内容。

10. local.properties

这个文件用于指定本机中的 Android SDK 路径，通常内容是自动生成的，我们并不需要修改。除非你本机中的 Android SDK 位置发生了变化，那么就将这个文件中的路径改成新的位置即可。

11. settings.gradle

这个文件用于指定项目中所有引入的模块。由于 HelloWorld 项目中只有一个 app 模块，因此该文件中也就只引入了 app 这一个模块。通常情况下，模块的引入是自动完成的，需要我们手动修改这个文件的场景可能比较少。

现在整个项目的外层目录结构已经介绍完了。你会发现，除了 app 目录之外，大多数的文件和目录是自动生成的，我们并不需要进行修改。想必你已经猜到了，app 目录下的内容才是我们以后的工作重点，展开之后的结构如图 1.25 所示。

图 1.25　app 目录下的结构

那么下面我们就来对 app 目录下的内容进行更为详细的分析。

1. build

这个目录和外层的 build 目录类似，也包含了一些在编译时自动生成的文件，不过它里面的内容会更加复杂，我们不需要过多关心。

2. libs

如果你的项目中使用到了第三方 jar 包，就需要把这些 jar 包都放在 libs 目录下，放在这个目录下的 jar 包会被自动添加到项目的构建路径里。

3. androidTest

此处是用来编写 Android Test 测试用例的，可以对项目进行一些自动化测试。

4. java

毫无疑问，java 目录是放置我们所有 Java 代码的地方（Kotlin 代码也放在这里），展开该目录，你将看到系统帮我们自动生成了一个 MainActivity 文件。

5. res

这个目录下的内容就有点多了。简单点说，就是你在项目中使用到的所有图片、布局、字符串等资源都要存放在这个目录下。当然这个目录下还有很多子目录，图片放在 drawable 目录下，布局放在 layout 目录下，字符串放在 values 目录下，所以你不用担心会把整个 res 目录弄得乱糟糟的。

6. AndroidManifest.xml

这是整个 Android 项目的配置文件，你在程序中定义的所有四大组件都需要在这个文件里注册，另外还可以在这个文件中给应用程序添加权限声明。由于这个文件以后会经常用到，我们等用到的时候再做详细说明。

7. test

此处是用来编写 Unit Test 测试用例的，是对项目进行自动化测试的另一种方式。

8. .gitignore

这个文件用于将 app 模块内指定的目录或文件排除在版本控制之外，作用和外层的.gitignore 文件类似。

9. app.iml

IntelliJ IDEA 项目自动生成的文件，我们不需要关心或修改这个文件中的内容。

10. build.gradle

这是 app 模块的 gradle 构建脚本，这个文件中会指定很多项目构建相关的配置，我们稍后将会详细分析 gradle 构建脚本中的具体内容。

11. proguard-rules.pro

这个文件用于指定项目代码的混淆规则，当代码开发完成后打包成安装包文件，如果不希望代码被别人破解，通常会将代码进行混淆，从而让破解者难以阅读。

这样整个项目的目录结构就都介绍完了，如果你还不能完全理解的话也很正常，毕竟里面有太多的东西你都还没接触过。不过不用担心，这并不会影响你后面的学习。等你学完整本书再回来看这个目录结构图时，你会觉得特别地清晰和简单。

接下来我们一起分析一下 HelloWorld 项目究竟是怎么运行起来的吧。首先打开 AndroidManifest.xml 文件，从中可以找到如下代码：

```
<activity android:name=".MainActivity">
    <intent-filter>
        <action android:name="android.intent.action.MAIN" />
        <category android:name="android.intent.category.LAUNCHER" />
    </intent-filter>
</activity>
```

这段代码表示对 MainActivity 进行注册，没有在 AndroidManifest.xml 里注册的 Activity 是不能使用的。其中 intent-filter 里的两行代码非常重要，<action android:name="android.intent.action.MAIN"/> 和<category android:name="android.intent.category.LAUNCHER" /> 表示 MainActivity 是这个项目的主 Activity，在手机上点击应用图标，首先启动的就是这个 Activity。

那 MainActivity 具体又有什么作用呢？我在介绍 Android 四大组件的时候说过，Activity 是 Android 应用程序的门面，凡是在应用中你看得到的东西，都是放在 Activity 中的。因此你在图 1.20 中看到的界面，其实就是 MainActivity。那我们快去看一下它的代码吧，打开 MainActivity，代码如下所示：

```
class MainActivity : AppCompatActivity() {

    override fun onCreate(savedInstanceState: Bundle?) {
        super.onCreate(savedInstanceState)
        setContentView(R.layout.activity_main)
    }

}
```

首先可以看到，MainActivity 是继承自 AppCompatActivity 的。AppCompatActivity 是 AndroidX 中提供的一种向下兼容的 Activity，可以使 Activity 在不同系统版本中的功能保持一致性。而 Activity 类是 Android 系统提供的一个基类，我们项目中所有自定义的 Activity 都必须继承它或者它的子类才能拥有 Activity 的特性（AppCompatActivity 是 Activity 的子类）。然后可以看到 MainActivity 中有一个 onCreate()方法，这个方法是一个 Activity 被创建时必定要执行的方法，其中只有两行代码，并且没有"Hello World! "的字样。那么图 1.20 中显示的"Hello World! "

是在哪里定义的呢？

其实 Android 程序的设计讲究逻辑和视图分离，因此是不推荐在 Activity 中直接编写界面的。一种更加通用的做法是，在布局文件中编写界面，然后在 Activity 中引入进来。可以看到，在 onCreate()方法的第二行调用了 setContentView()方法，就是这个方法给当前的 Activity 引入了一个 activity_main 布局，那"Hello World!"一定就是在这里定义的了！我们快打开这个文件看一看。

布局文件都是定义在 res/layout 目录下的，当你展开 layout 目录，你会看到 activity_main.xml 这个文件。打开该文件并切换到 Text 视图，代码如下所示：

```xml
<androidx.constraintlayout.widget.ConstraintLayout
    xmlns:android="http://schemas.android.com/apk/res/android"
    xmlns:app="http://schemas.android.com/apk/res-auto"
    xmlns:tools="http://schemas.android.com/tools"
    android:layout_width="match_parent"
    android:layout_height="match_parent"
    tools:context=".MainActivity">

    <TextView
        android:layout_width="wrap_content"
        android:layout_height="wrap_content"
        android:text="Hello World!"
        app:layout_constraintBottom_toBottomOf="parent"
        app:layout_constraintLeft_toLeftOf="parent"
        app:layout_constraintRight_toRightOf="parent"
        app:layout_constraintTop_toTopOf="parent" />

</androidx.constraintlayout.widget.ConstraintLayout>
```

现在还看不懂？没关系，后面我会对布局进行详细讲解，你现在只需要看到上面代码中有一个 TextView，这是 Android 系统提供的一个控件，用于在布局中显示文字。然后你终于在 TextView 中看到了"Hello World!"的字样！哈哈！终于找到了，原来就是通过 android:text="Hello World!"这句代码定义的。

这样我们就将 HelloWorld 项目的目录结构以及基本的执行过程分析完了，相信你对 Android 项目已经有了一个初步的认识，下一小节中我们就来学习一下项目中所包含的资源。

1.3.5　详解项目中的资源

如果你展开 res 目录看一下，其实里面的东西还是挺多的，很容易让人看得眼花缭乱，如图 1.26 所示。

看到这么多的子目录也不用害怕，其实归纳一下，res 目录中的内容就变得非常简单了。所有以"drawable"开头的目录都是用来放图片的，所有以"mipmap"开头的目录都是用来放应用图标的，所有以"values"开头的目录都是用来放字符串、样式、颜色等配置的，所有以"layout"开头的目录都是用来放布局文件的。怎么样，是不是突然感觉清晰了很多？

```
▼ ⊞ res
    ▶ ⊟ drawable
    ▶ ⊟ drawable-v24
    ▶ ⊟ layout
    ▶ ⊟ mipmap-anydpi-v26
    ▶ ⊟ mipmap-hdpi
    ▶ ⊟ mipmap-mdpi
    ▶ ⊟ mipmap-xhdpi
    ▶ ⊟ mipmap-xxhdpi
    ▶ ⊟ mipmap-xxxhdpi
    ▶ ⊟ values
```

图 1.26 res 目录下的结构

之所以有这么多"mipmap"开头的目录，其实主要是为了让程序能够更好地兼容各种设备。drawable 目录也是相同的道理，虽然 Android Studio 没有帮我们自动生成，但是我们应该自己创建 drawable-hdpi、drawable-xhdpi、drawable-xxhdpi 等目录。在制作程序的时候，最好能够给同一张图片提供几个不同分辨率的版本，分别放在这些目录下，然后程序运行的时候，会自动根据当前运行设备分辨率的高低选择加载哪个目录下的图片。当然这只是理想情况，更多的时候美工只会提供给我们一份图片，这时你把所有图片都放在 drawable-xxhdpi 目录下就好了，因为这是最主流的设备分辨率目录。

知道了 res 目录下每个子目录的含义，我们再来看一下如何使用这些资源吧。打开 res/values/strings.xml 文件，内容如下所示：

```xml
<resources>
    <string name="app_name">HelloWorld</string>
</resources>
```

可以看到，这里定义了一个应用程序名的字符串，我们有以下两种方式来引用它。

❑ 在代码中通过 R.string.app_name 可以获得该字符串的引用。

❑ 在 XML 中通过@string/app_name 可以获得该字符串的引用。

基本的语法就是上面这两种方式，其中 string 部分是可以替换的，如果是引用的图片资源就可以替换成 drawable，如果是引用的应用图标就可以替换成 mipmap，如果是引用的布局文件就可以替换成 layout，以此类推。

下面举一个简单的例子来帮助你理解，打开 AndroidManifest.xml 文件，找到如下代码：

```xml
<application
    android:allowBackup="true"
    android:icon="@mipmap/ic_launcher"
    android:label="@string/app_name"
    android:roundIcon="@mipmap/ic_launcher_round"
    android:supportsRtl="true"
    android:theme="@style/AppTheme">
    ...
</application>
```

其中，HelloWorld 项目的应用图标就是通过 `android:icon` 属性指定的，应用的名称则是通过 `android:label` 属性指定的。可以看到，这里对资源引用的方式正是我们刚刚学过的在 XML 中引用资源的语法。

经过本小节的学习，如果你想修改应用的图标或者名称，相信已经知道该怎么办了吧。

1.3.6 详解 build.gradle 文件

不同于 Eclipse，Android Studio 是采用 Gradle 来构建项目的。Gradle 是一个非常先进的项目构建工具，它使用了一种基于 Groovy 的领域特定语言（DSL）来进行项目设置，摒弃了传统基于 XML（如 Ant 和 Maven）的各种烦琐配置。

在 1.3.4 小节中我们已经看到，HelloWorld 项目中有两个 build.gradle 文件，一个是在最外层目录下的，一个是在 app 目录下的。这两个文件对构建 Android Studio 项目都起到了至关重要的作用，下面我们就来对这两个文件中的内容进行详细的分析。

先来看一下最外层目录下的 build.gradle 文件，代码如下所示：

```
buildscript {
    ext.kotlin_version = '1.3.61'
    repositories {
        google()
        jcenter()
    }
    dependencies {
        classpath 'com.android.tools.build:gradle:3.5.2'
        classpath "org.jetbrains.kotlin:kotlin-gradle-plugin:$kotlin_version"
    }
}

allprojects {
    repositories {
        google()
        jcenter()
    }
}
```

这些代码都是自动生成的，虽然语法结构看上去可能有点难以理解，但是如果我们忽略语法结构，只看最关键的部分，其实还是很好懂的。

首先，两处 `repositories` 的闭包中都声明了 `google()` 和 `jcenter()` 这两行配置，那么它们是什么意思呢？其实它们分别对应了一个代码仓库，google 仓库中包含的主要是 Google 自家的扩展依赖库，而 jcenter 仓库中包含的大多是一些第三方的开源库。声明了这两行配置之后，我们就可以在项目中轻松引用任何 google 和 jcenter 仓库中的依赖库了。

接下来，`dependencies` 闭包中使用 `classpath` 声明了两个插件：一个 Gradle 插件和一个 Kotlin 插件。为什么要声明 Gradle 插件呢？因为 Gradle 并不是专门为构建 Android 项目而开发的，

Java、C++等很多种项目也可以使用 Gradle 来构建，因此如果我们要想使用它来构建 Android 项目，则需要声明 com.android.tools.build:gradle:3.5.2 这个插件。其中，最后面的部分是插件的版本号，它通常和当前 Android Studio 的版本是对应的，比如我现在使用的是 Android Studio 3.5.2 版本，那么这里的插件版本号就应该是 3.5.2。而另外一个 Kotlin 插件则表示当前项目是使用 Kotlin 进行开发的，如果是 Java 版的 Android 项目，则不需要声明这个插件。我在编写本书时，Kotlin 插件的最新版本号是 1.3.61。

这样我们就将最外层目录下的 build.gradle 文件分析完了，通常情况下，你并不需要修改这个文件中的内容，除非你想添加一些全局的项目构建配置。

下面我们再来看一下 app 目录下的 build.gradle 文件，代码如下所示：

```
apply plugin: 'com.android.application'
apply plugin: 'kotlin-android'
apply plugin: 'kotlin-android-extensions'

android {
    compileSdkVersion 29
    buildToolsVersion "29.0.2"
    defaultConfig {
        applicationId "com.example.helloworld"
        minSdkVersion 21
        targetSdkVersion 29
        versionCode 1
        versionName "1.0"
        testInstrumentationRunner "androidx.test.runner.AndroidJUnitRunner"
    }
    buildTypes {
        release {
            minifyEnabled false
            proguardFiles getDefaultProguardFile('proguard-android-optimize.txt'),
                'proguard-rules.pro'
        }
    }
}

dependencies {
    implementation fileTree(dir: 'libs', include: ['*.jar'])
    implementation "org.jetbrains.kotlin:kotlin-stdlib-jdk7:$kotlin_version"
    implementation 'androidx.appcompat:appcompat:1.1.0'
    implementation 'androidx.core:core-ktx:1.1.0'
    implementation 'androidx.constraintlayout:constraintlayout:1.1.3'
    testImplementation 'junit:junit:4.12'
    androidTestImplementation 'androidx.test.ext:junit:1.1.1'
    androidTestImplementation 'androidx.test.espresso:espresso-core:3.2.0'
}
```

这个文件中的内容就要相对复杂一些了，下面我们一行行地进行分析。首先第一行应用了一个插件，一般有两种值可选：com.android.application 表示这是一个应用程序模块，com.android.library 表示这是一个库模块。二者最大的区别在于，应用程序模块是可以直接运行的，库模块只能作为代码库依附于别的应用程序模块来运行。

接下来的两行应用了 kotlin-android 和 kotlin-android-extensions 这两个插件。如果你想要使用 Kotlin 来开发 Android 项目，那么第一个插件就是必须应用的。而第二个插件帮助我们实现了一些非常好用的 Kotlin 扩展功能，在后面的章节中，你将能体会到它所带来的巨大便利性。

紧接着是一个大的 android 闭包，在这个闭包中我们可以配置项目构建的各种属性。其中，compileSdkVersion 用于指定项目的编译版本，这里指定成 29 表示使用 Android 10.0 系统的 SDK 编译。buildToolsVersion 用于指定项目构建工具的版本，目前最新的版本就是 29.0.2，如果有更新的版本时，Android Studio 会进行提示。

然后我们看到，android 闭包中又嵌套了一个 defaultConfig 闭包，defaultConfig 闭包中可以对项目的更多细节进行配置。其中，applicationId 是每一个应用的唯一标识符，绝对不能重复，默认会使用我们在创建项目时指定的包名，如果你想在后面对其进行修改，那么就是在这里修改的。minSdkVersion 用于指定项目最低兼容的 Android 系统版本，这里指定成 21 表示最低兼容到 Android 5.0 系统。targetSdkVersion 指定的值表示你在该目标版本上已经做过了充分的测试，系统将会为你的应用程序启用一些最新的功能和特性。比如 Android 6.0 系统中引入了运行时权限这个功能，如果你将 targetSdkVersion 指定成 23 或者更高，那么系统就会为你的程序启用运行时权限功能，而如果你将 targetSdkVersion 指定成 22，那么就说明你的程序最高只在 Android 5.1 系统上做过充分的测试，Android 6.0 系统中引入的新功能自然就不会启用了。接下来的两个属性都比较简单，versionCode 用于指定项目的版本号，versionName 用于指定项目的版本名。最后，testInstrumentationRunner 用于在当前项目中启用 JUnit 测试，你可以为当前项目编写测试用例，以保证功能的正确性和稳定性。

分析完了 defaultConfig 闭包，接下来我们看一下 buildTypes 闭包。buildTypes 闭包中用于指定生成安装文件的相关配置，通常只会有两个子闭包：一个是 debug，一个是 release。debug 闭包用于指定生成测试版安装文件的配置，release 闭包用于指定生成正式版安装文件的配置。另外，debug 闭包是可以忽略不写的，因此我们看到上面的代码中就只有一个 release 闭包。下面来看一下 release 闭包中的具体内容吧，minifyEnabled 用于指定是否对项目的代码进行混淆，true 表示混淆，false 表示不混淆。proguardFiles 用于指定混淆时使用的规则文件，这里指定了两个文件：第一个 proguard-android-optimize.txt 是在<Android SDK>/tools/proguard 目录下的，里面是所有项目通用的混淆规则；第二个 proguard-rules.pro 是在当前项目的根目录下的，里面可以编写当前项目特有的混淆规则。需要注意的是，通过 Android Studio 直接运行项目生成的都是测试版安装文件，关于如何生成正式版安装文件，我们将会在第 15 章中学习。

这样整个 android 闭包中的内容就都分析完了，接下来还剩一个 dependencies 闭包。这个闭包的功能非常强大，它可以指定当前项目所有的依赖关系。通常 Android Studio 项目一共有 3 种依赖方式：本地依赖、库依赖和远程依赖。本地依赖可以对本地的 jar 包或目录添加依赖关系，库依赖可以对项目中的库模块添加依赖关系，远程依赖则可以对 jcenter 仓库上的开源项目添加依赖关系。

观察一下 dependencies 闭包中的配置，第一行的 implementation fileTree 就是一个本地依赖声明，它表示将 libs 目录下所有.jar 后缀的文件都添加到项目的构建路径中。而 implementation 则是远程依赖声明，androidx.appcompat:appcompat:1.1.0 就是一个标准的远程依赖库格式，其中 androidx.appcompat 是域名部分，用于和其他公司的库做区分；appcompat 是工程名部分，用于和同一个公司中不同的库工程做区分；1.1.0 是版本号，用于和同一个库不同的版本做区分。加上这句声明后，Gradle 在构建项目时会首先检查一下本地是否已经有这个库的缓存，如果没有的话则会自动联网下载，然后再添加到项目的构建路径中。至于库依赖声明这里没有用到，它的基本格式是 implementation project 后面加上要依赖的库的名称，比如有一个库模块的名字叫 helper，那么添加这个库的依赖关系只需要加入 implementation project(':helper')这句声明即可。关于这部分内容，我们将在本书的最后一章学习。另外剩下的 testImplementation 和 androidTestImplementation 都是用于声明测试用例库的，这个我们暂时用不到，先忽略它就可以了。

1.4 前行必备：掌握日志工具的使用

通过上一节的学习，你已经成功创建了你的第一个 Android 程序，并且对 Android 项目的目录结构和运行流程都有了一定的了解。现在本应该是你继续前行的时候，不过我想在这里给你穿插一点内容，讲解一下 Android 中日志工具的使用方法，这对你以后的 Android 开发之旅会有极大的帮助。

1.4.1 使用 Android 的日志工具 Log

Android 中的日志工具类是 Log（android.util.Log），这个类中提供了如下 5 个方法来供我们打印日志。

- Log.v()。用于打印那些最为琐碎的、意义最小的日志信息。对应级别 verbose，是 Android 日志里面级别最低的一种。
- Log.d()。用于打印一些调试信息，这些信息对你调试程序和分析问题应该是有帮助的。对应级别 debug，比 verbose 高一级。
- Log.i()。用于打印一些比较重要的数据，这些数据应该是你非常想看到的、可以帮你分析用户行为的数据。对应级别 info，比 debug 高一级。
- Log.w()。用于打印一些警告信息，提示程序在这个地方可能会有潜在的风险，最好去修复一下这些出现警告的地方。对应级别 warn，比 info 高一级。
- Log.e()。用于打印程序中的错误信息，比如程序进入了 catch 语句中。当有错误信息打印出来的时候，一般代表你的程序出现严重问题了，必须尽快修复。对应级别 error，比 warn 高一级。

其实很简单，一共就 5 个方法，当然每个方法还会有不同的重载，但那对你来说肯定不是什么难理解的地方了。我们现在就在 HelloWorld 项目中试一试日志工具好不好用吧。

打开 MainActivity，在 onCreate()方法中添加一行打印日志的语句，如下所示：

```
class MainActivity : AppCompatActivity() {

    override fun onCreate(savedInstanceState: Bundle?) {
        super.onCreate(savedInstanceState)
        setContentView(R.layout.activity_main)
        Log.d("MainActivity", "onCreate execute")
    }

}
```

Log.d()方法中传入了两个参数：第一个参数是 tag，一般传入当前的类名就好，主要用于对打印信息进行过滤；第二个参数是 msg，即想要打印的具体内容。

现在可以重新运行一下 HelloWorld 这个项目了，点击顶部工具栏上的运行按钮，或者使用快捷键 Shift + F10（Mac 系统是 control + R）。等程序运行完毕，点击 Android Studio 底部工具栏的"Android Monitor"，在 Logcat 中就可以看到打印信息了，如图 1.27 所示。

图 1.27　Logcat 中的打印信息

其中，你不仅可以看到打印日志的内容和 tag 名，就连程序的包名、打印的时间以及应用程序的进程号都可以看到。

当然，Logcat 中不光会显示我们所打印的日志，还会显示许多其他程序打印的日志，因此在很多情况下还需要对日志进行过滤，下一小节中我们就会学习这部分内容。

另外，不知道你有没有注意到，你的第一行代码已经在不知不觉中写出来了，我也总算是交差了。

1.4.2　为什么使用 Log 而不使用 println()

我相信很多的 Java 新手会非常喜欢使用 System.out.println()方法来打印日志，在 Kotlin 中与之对应的是 println()方法，不知道你是不是也喜欢这么做。不过在真正的项目开发中，是极度不建议使用 System.out.println()或 println()方法的，如果你在公司的项目中经常使用这两个方法来打印日志的话，就很有可能要挨骂了。

为什么 System.out.println()和 println()方法会这么不受待见呢？经过我仔细分析之后，发现这两个方法除了使用方便一点之外，其他就一无是处了。方便在哪儿呢？在 Android Studio

中你只需要输入"sout"，然后按下代码提示键，方法就会自动出来了，相信这也是很多 Java 新手对它钟情的原因。那缺点又在哪儿了呢？这个就太多了，比如日志开关不可控制、不能添加日志标签、日志没有级别区分……

听我说了这些，你可能已经不太想用 System.out.println() 和 println() 方法了，那么Log 就把上面所说的缺点全部改好了吗？虽然谈不上全部，但我觉得 Log 已经做得相当不错了。我现在就来带你看看 Log 和 Logcat 配合的强大之处。

首先，Logcat 中可以很轻松地添加过滤器，你可以在图 1.28 中看到我们目前所有的过滤器。

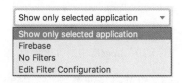

图 1.28　Logcat 中的过滤器

目前只有 3 个过滤器，Show only selected application 表示只显示当前选中程序的日志；Firebase 是 Google 提供的一个开发者工具和基础架构平台，我们可以不用管它；No Filters 相当于没有过滤器，会把所有的日志都显示出来。那可不可以自定义过滤器呢？当然可以，我们现在就来添加一个过滤器试试。

点击图 1.28 中的"Edit Filter Configuration"，会弹出一个过滤器配置界面。我们给过滤器起名叫 data，并且让它对名为 data 的 tag 进行过滤，如图 1.29 所示。

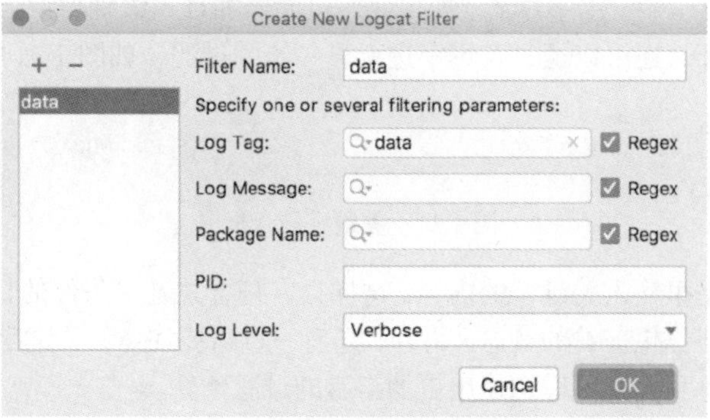

图 1.29　过滤器配置界面

点击"OK"，你会发现多出了一个 data 过滤器。当选中这个过滤器的时候，刚才在 onCreate()方法里打印的日志就不见了，这是因为 data 这个过滤器只会显示 tag 名称为 data 的日志。你可以尝试在 onCreate() 方法中把打印日志的语句改成 Log.d("data", "onCreate execute")，然后再次运行程序，你就会在 data 过滤器下看到这行日志了。

不知道你有没有体会到使用过滤器的好处，可能现在还没有吧。不过当你的程序打印出成百上千行日志的时候，你就会迫切地需要过滤器了。

看完了过滤器，再来看一下 Logcat 中的日志级别控制吧。Logcat 中主要有 5 个级别，分别对应上一小节介绍的 5 个方法，如图 1.30 所示。

图 1.30　Logcat 中的日志级别

当前我们选中的级别是 Verbose，也就是最低等级。这意味着不管我们使用哪一个方法打印日志，这条日志都一定会显示出来。而如果我们将级别选中为 Debug，这时只有我们使用 Debug 及以上级别方法打印的日志才会显示出来，以此类推。你可以做一下实验，当你把 Logcat 中的级别选中为 Info、Warn 或者 Error 时，我们在 onCreate()方法中打印的语句是不会显示的，因为我们打印日志时使用的是 Log.d()方法。

日志级别控制的好处就是，你可以很快地找到你所关心的那些日志。相信如果让你从上千行日志中查找一条崩溃信息，你一定会抓狂吧。而现在你只需要将日志级别选中为 Error，那些不相干的琐碎信息就不会再干扰你的视线了。

最后，我们再来看一下关键字过滤。如果使用过滤器加日志级别控制还是不能锁定到你想查看的日志内容的话，那么还可以通过关键字进行进一步的过滤，如图 1.31 所示。

图 1.31　关键字输入框

我们可以在输入框里输入关键字的内容，这样只有符合关键字条件的日志才会显示出来，从而能够快速定位到任何你想查看的日志。另外，还有一点需要注意，关键字过滤是支持正则表达式的，有了这个特性，我们就可以构建出更加丰富的过滤条件。

关于 Android 中日志工具的使用，我就准备讲到这里，Logcat 中其他的一些使用技巧就要靠你自己去摸索了。今天你已经学到了足够多的东西，我们来总结和梳理一下吧。

1.5　小结与点评

你现在一定会觉得很充实，甚至有点沾沾自喜。确实应该如此，因为你已经成为一名真正的 Android 开发者了。通过本章的学习，你首先对 Android 系统有了更加充足的认识，然后成功将

Android 开发环境搭建了起来，接着创建了你自己的第一个 Android 项目，并对 Android 项目的目录结构和执行过程有了一定的认识，在本章的最后还学习了 Android 日志工具的使用，这难道还不够充实吗？

不过你也不要过于满足，相信你很清楚，Android 开发者和出色的 Android 开发者还是有很大的区别的，要想成为一名出色的 Android 开发者，你还需要付出更多的努力才行。现在你可以非常安心地休息一段时间，因为今天你已经做得非常不错了。储备好能量，准备进入下一章的旅程当中吧。

第 2 章

探究新语言，快速入门 Kotlin 编程

在 Android 系统诞生的前 9 年时间里，Google 都只提供了 Java 这一种语言来开发 Android 应用程序，虽然在 Android 1.5 系统中 Google 引入了 NDK 功能，支持使用 C 和 C++语言来进行一些本地化开发，但是这丝毫没有影响过 Java 的正统地位。

不过从 2017 开始，一切都发生了改变。Google 在 2017 年的 I/O 大会上宣布，Kotlin 正式成为 Android 的一级开发语言，和 Java 平起平坐，Android Studio 也对 Kotlin 进行了全面的支持。两年之后，Google 又在 2019 年的 I/O 大会上宣布，Kotlin 已经成为 Android 的第一开发语言，虽然 Java 仍然可以继续使用，但 Google 更加推荐开发者使用 Kotlin 来编写 Android 应用程序，并且未来提供的官方 API 也将会优先考虑 Kotlin 版本。

然而现实情况是，很多人对 Java 太熟悉了，不太愿意花费额外的时间再去学习一门新语言，再加上国内不少公司对于新技术比较保守，不敢冒然改用新语言去承担一份额外的风险，因此目前 Kotlin 在国内的普及程度并不高。

可是在海外，Kotlin 的发展速度已是势如破竹。根据统计，Google Play 商店中排名前 1000 的 App 里，有超过 60%的 App 已使用了 Kotlin 语言，并且这个比例每年还在不断上升。Android 官网文档的代码已优先显示 Kotlin 版本，官方的视频教程以及 Google 的一些开源项目，也改用了 Kotlin 来实现。

为此，我坚定了使用 Kotlin 来编写本书第 3 版的信心。前面已经说了，目前国内 Kotlin 的普及程度还不高，我希望这本书能为国内 Kotlin 的推广和普及贡献一份力量。

其实，这次编写第 3 版对我来说挑战还是蛮大的，因为我要在这本书里同时讲两门技术：Kotlin 和 Android。Kotlin 是 Android 程序的开发语言，一定得先掌握语言才能开发 Android 程序，但是如果我们先去学了小半本书的 Kotlin 语法，然后再开始学 Android 开发，这一定会非常枯燥。因此我准备将 Kotlin 和 Android 穿插在一起讲解，先通过一章的内容带你快速入门 Kotlin 编程，然后使用目前已掌握的知识开始学习 Android 开发，之后我们每章都会结合相应章节的内容再学

习一些 Kotlin 的进阶知识，等全部学完本书之后，你将能同时熟练地掌握 Kotlin 和 Android 这两门技术。

如果你还想学习如何使用 Java 来开发 Android 应用程序，那么请参阅本书的第 2 版。

2.1 Kotlin 语言简介

我想大多数人听说或知道 Kotlin 的时间并不长，但其实它并不是一门很新的语言。Kotlin 是由 JetBrains 公司开发与设计的，早在 2011 年，JetBrains 就公布了 Kotlin 的第一个版本，并在 2012 年将其开源，但在早期，它并没有受到太多的关注。

2016 年，Kotlin 发布了 1.0 正式版，这代表着 Kotlin 已经足够成熟和稳定了，并且 JetBrains 也在自家的旗舰 IDE 开发工具 IntelliJ IDEA 中加入了对 Kotlin 的支持，自此 Android 开发语言终于有了另外一种选择，Kotlin 逐渐受到广泛的关注。

接下来的事情你已经知道了，2017 年 Google 宣布 Kotlin 正式成为 Android 一级开发语言，Android Studio 也加入了对 Kotlin 的支持，Kotlin 自此开始大放异彩。

看到这里，或许你会产生一些疑惑：Android 操作系统明明是由 Google 开发的，为什么 JetBrains 作为一个第三方公司，却能够自己设计出一门编程语言来开发 Android 应用程序呢？

想要搞懂这个问题，我们得先来探究一下 Java 语言的运行机制。编程语言大致可以分为两类：编译型语言和解释型语言。编译型语言的特点是编译器会将我们编写的源代码一次性地编译成计算机可识别的二进制文件，然后计算机直接执行，像 C 和 C++ 都属于编译型语言。解释型语言则完全不一样，它有一个解释器，在程序运行时，解释器会一行行地读取我们编写的源代码，然后实时地将这些源代码解释成计算机可识别的二进制数据后再执行，因此解释型语言通常效率会差一些，像 Python 和 JavaScript 都属于解释型语言。

那么接下来我要考你一个问题了，Java 是属于编译型语言还是解释型语言呢？对于这个问题，即使是做了很多年 Java 开发的人也可能会答错。有 Java 编程经验的人或许会说，Java 代码肯定是要先编译再运行的，初学 Java 的时候都用过 javac 这个编译命令，因此 Java 属于编译型语言。如果这也是你的答案的话，那么恭喜你，答错了！虽然 Java 代码确实是要先编译再运行的，但是 Java 代码编译之后生成的并不是计算机可识别的二进制文件，而是一种特殊的 class 文件，这种 class 文件只有 Java 虚拟机（Android 中叫 ART，一种移动优化版的虚拟机）才能识别，而这个 Java 虚拟机担当的其实就是解释器的角色，它会在程序运行时将编译后的 class 文件解释成计算机可识别的二进制数据后再执行，因此，准确来讲，Java 属于解释型语言。

了解了 Java 语言的运行机制之后，你有没有受到一些启发呢？其实 Java 虚拟机并不直接和你编写的 Java 代码打交道，而是和编译之后生成的 class 文件打交道。那么如果我开发了一门新的编程语言，然后自己做了个编译器，让它将这门新语言的代码编译成同样规格的 class 文件，Java 虚拟机能不能识别呢？没错，这其实就是 Kotlin 的工作原理了。Java 虚拟机不关心 class 文件是从 Java 编译来的，还是从 Kotlin 编译来的，只要是符合规格的 class 文件，它都能识别。也正是这个原因，JetBrains 才能以一个第三方公司的身份设计出一门用来开发 Android 应用程序的编程语言。

现在你已经明白了 Kotlin 的工作原理，但是 Kotlin 究竟凭借什么魅力能够迅速得到广大开发者的支持，并且仅在 1.0 版本发布一年后就成为 Android 官方支持的开发语言呢？

这就有很多原因了，比如说 Kotlin 的语法更加简洁，对于同样的功能，使用 Kotlin 开发的代码量可能会比使用 Java 开发的减少 50% 甚至更多。另外，Kotlin 的语法更加高级，相比于 Java 比较老旧的语法，Kotlin 增加了很多现代高级语言的语法特性，使得开发效率大大提升。还有，Kotlin 在语言安全性方面下了很多工夫，几乎杜绝了空指针这个全球崩溃率最高的异常，至于是如何做到的，我们在稍后就会学到。

然而 Kotlin 在拥有众多出色的特性之外，还有一个最为重要的特性，那就是它和 Java 是 100% 兼容的。Kotlin 可以直接调用使用 Java 编写的代码，也可以无缝使用 Java 第三方的开源库。这使得 Kotlin 在加入了诸多新特性的同时，还继承了 Java 的全部财富。

那么既然 Kotlin 和 Java 之间有这样千丝万缕的关系，学习 Kotlin 之前是不是必须先会 Java 呢？我的回答是：如果你掌握了 Java 再来学习 Kotlin，你将会学得更好。如果你没学过 Java，但是学过其他编程语言，那么直接学习 Kotlin 也是可以的，只是可能在某些代码的理解上，相比有 Java 基础的人会相对吃力一些。而如果你之前没有任何编程基础，那么本书可能不太适合你阅读，建议你还是先从最基础的编程入门书看起。

另外，本书不会讲解任何 Java 基础方面的知识，所以如果你准备先去学习 Java 的话，请参考其他相关书。

好了，对 Kotlin 的介绍就先讲这么多吧，在正式开始学习 Kotlin 之前，我们先来学习一下如何将一段 Kotlin 代码运行起来。

2.2　如何运行 Kotlin 代码

本章的目标是快速入门 Kotlin 编程，因此我只会讲解 Kotlin 方面的知识，整个章节都不会涉及 Android 开发。既然暂时和 Android 无关了，那么我们首先要解决的一个问题就是怎样独立运行一段 Kotlin 代码。

方法大概有以下 3 种，下面逐个进行介绍。

第一种方法是使用 IntelliJ IDEA。这是 JetBrains 的旗舰 IDE 开发工具，对 Kotlin 支持得非常好。在 IntelliJ IDEA 里直接创建一个 Kotlin 项目，就可以独立运行 Kotlin 代码了。但是这种方法的缺点是你还要再下载安装一个 IDE 工具，有点麻烦，因此这里我们就不使用这种方法了。

第二种方法是在线运行 Kotlin 代码。为了方便开发者快速体验 Kotlin 编程，JetBrains 专门提供了一个可以在线运行 Kotlin 代码的网站，地址是：https://try.kotlinlang.org，打开网站之后的页面如图 2.1 所示。

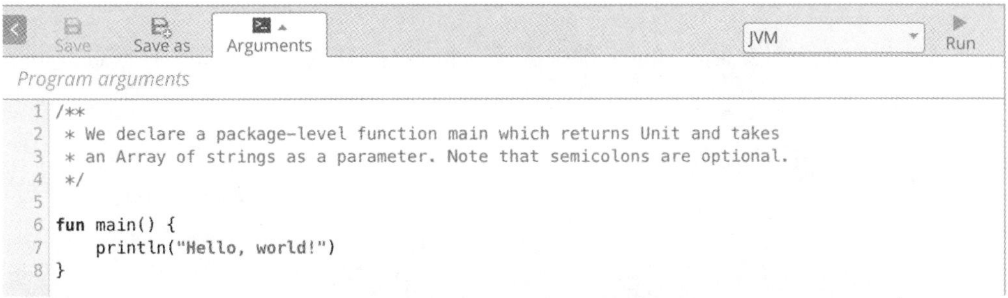

```
/**
 * We declare a package-level function main which returns Unit and takes
 * an Array of strings as a parameter. Note that semicolons are optional.
 */

fun main() {
    println("Hello, world!")
}
```

图 2.1　在线运行 Kotlin 的网站

只要点击一下右上方的"Run"按钮就可以运行这段 Kotlin 代码了，非常简单。但是在线运行 Kotlin 代码有一个很大的缺点，就是使用国内的网络访问这个网站特别慢，而且经常打不开，因此为了学习的稳定性着想，我们也不准备使用这种方法。

第三种方法是使用 Android Studio。遗憾的是，Android Studio 作为一个专门用于开发 Android 应用程序的工具，只能创建 Android 项目，不能创建 Kotlin 项目。但是没有关系，我们可以随便打开一个 Android 项目，在里面编写一个 Kotlin 的 main()函数，就可以独立运行 Kotlin 代码了。

这里就直接打开上一章创建的 HelloWorld 项目吧，首先找到 MainActivity 所在的位置，如图 2.2 所示。

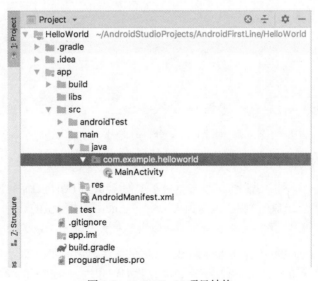

图 2.2　HelloWorld 项目结构

接下来在 MainActivity 的同级包结构下创建一个 LearnKotlin 文件。右击 com.example.helloworld 包→New→Kotlin File/Class，在弹出的对话框中输入"LearnKotlin"，如图 2.3 所示。点击"OK"即可完成创建。

接下来，我们在这个 LearnKotlin 文件中编写一个 main() 函数，并打印一行日志，如图 2.4 所示。

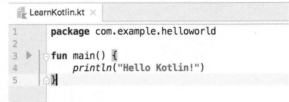

图 2.3　新建 Kotlin 文件对话框   图 2.4　一段最简单的 Kotlin 代码

你会发现，main() 函数的左边出现了一个运行标志的小箭头。现在我们只要点击一下这个小箭头，并且选择第一个 Run 选项，就可以运行这段 Kotlin 代码了。运行结果会在 Android Studio 下方的 Run 标签中显示，如图 2.5 所示。

图 2.5　代码的运行结果

可以看到，这里成功打印出了 Hello Kotlin!这句话，这说明我们的代码执行成功了。

可能你会问，上一章刚刚说到打印日志尽量不要使用 println()，而是应该使用 Log，为什么这里却还是使用了 println() 呢？这是因为 Log 是 Android 中提供的日志工具类，而我们现在是独立运行的 Kotlin 代码，和 Android 无关，所以自然是无法使用 Log 的。

这就是在 Android Studio 中独立运行 Kotlin 代码的方法，后面我们都会使用这种方法来对本章所学的内容进行运行和测试。那么接下来，就让我们正式进入 Kotlin 的学习吧。

2.3　编程之本：变量和函数

编程语言之多，让人眼花缭乱。你可能不知道，世界上一共诞生过 600 多门有记录的编程语言，没有记录的那就更多了。这些编程语言基本上共有的特性就是变量和函数。可以说，变量和函数就是编程语言之本。那么本节我们就来学习一下 Kotlin 中变量和函数的用法。

2.3.1　变量

先来学习变量。在 Kotlin 中定义变量的方式和 Java 区别很大，在 Java 中如果想要定义一个变量，需要在变量前面声明这个变量的类型，比如说 int a 表示 a 是一个整型变量，String b 表示 b 是一个字符串变量。而 Kotlin 中定义一个变量，只允许在变量前声明两种关键字：val 和 var。

val（value 的简写）用来声明一个不可变的变量，这种变量在初始赋值之后就再也不能重新赋值，对应 Java 中的 final 变量。

var（variable 的简写）用来声明一个可变的变量，这种变量在初始赋值之后仍然可以再被重新赋值，对应 Java 中的非 final 变量。

如果你有 Java 编程经验的话，可能会在这里产生疑惑，仅仅使用 val 或者 var 来声明一个变量，那么编译器怎么能知道这个变量是什么类型呢？这也是 Kotlin 比较有特色的一点，它拥有出色的类型推导机制。

举个例子，我们打开上一节创建的 LearnKotlin 文件，在 main() 函数中编写如下代码：

```
fun main() {
    val a = 10
    println("a = " + a)
}
```

注意，Kotlin 每一行代码的结尾是不用加分号的，如果你写惯了 Java 的话，在这里得先熟悉一下。

在上述代码中，我们使用 val 关键字定义了一个变量 a，并将它赋值为 10，这里 a 就会被自动推导成整型变量。因为既然你要把一个整数赋值给 a，那么 a 就只能是整型变量，而如果你要把一个字符串赋值给 a 的话，那么 a 就会被自动推导成字符串变量，这就是 Kotlin 的类型推导机制。

现在我们运行一下 main() 函数，执行结果如图 2.6 所示，正是我们所预期的。

图 2.6　打印变量 a 的值

但是 Kotlin 的类型推导机制并不总是可以正常工作的，比如说如果我们对一个变量延迟赋值的话，Kotlin 就无法自动推导它的类型了。这时候就需要显式地声明变量类型才行，Kotlin 提供了对这一功能的支持，语法如下所示：

```
val a: Int = 10
```

可以看到，我们显式地声明了变量 a 为 Int 类型，此时 Kotlin 就不会再尝试进行类型推导了。如果现在你尝试将一个字符串赋值给 a，那么编译器就会抛出类型不匹配的异常。

如果你学过 Java 并且足够细心的话，你可能发现了 Kotlin 中 Int 的首字母是大写的，而 Java 中 int 的首字母是小写的。不要小看这一个字母大小写的差距，这表示 Kotlin 完全抛弃了 Java 中的基本数据类型，全部使用了对象数据类型。在 Java 中 int 是关键字，而在 Kotlin 中 Int 变成了一个类，它拥有自己的方法和继承结构。表 2.1 中列出了 Java 中的每一个基本数据类型在 Kotlin 中对应的对象数据类型。

表 2.1 Java 和 Kotlin 数据类型对照表

Java 基本数据类型	Kotlin 对象数据类型	数据类型说明
int	Int	整型
long	Long	长整型
short	Short	短整型
float	Float	单精度浮点型
double	Double	双精度浮点型
boolean	Boolean	布尔型
char	Char	字符型
byte	Byte	字节型

接下来我们尝试对变量 a 进行一些数学运算，比如说让 a 变大 10 倍，可能你会很自然地写出如下代码：

```
fun main() {
    val a: Int = 10
    a = a * 10
    println("a = " + a)
}
```

很遗憾，如果你这样写的话，编译器一定会提示一个错误：Val cannot be reassigned。这是在告诉我们，使用 val 关键字声明的变量无法被重新赋值。出现这个问题的原因是我们在一开始定义 a 的时候将它赋值成了 10，然后又在下一行让它变大 10 倍，这个时候就是对 a 进行重新赋值了，因而编译器也就报错了。

解决这个问题的办法也很简单，前面已经提到了，val 关键字用来声明一个不可变的变量，而 var 关键字用来声明一个可变的变量，所以这里只需要把 val 改成 var 即可，如下所示：

```
fun main() {
    var a: Int = 10
    a = a * 10
    println("a = " + a)
}
```

现在编译器就不会再报错了，重新运行一下代码，结果如图 2.7 所示。

图 2.7　打印变量 a 乘以 10 的结果

可以看到，a 的值变成了 100，这说明我们的数学运算操作成功了。

这里你可能会产生疑惑：既然 val 关键字有这么多的束缚，为什么还要用这个关键字呢？干脆全部用 var 关键字不就好了。其实 Kotlin 之所以这样设计，是为了解决 Java 中 final 关键字没有被合理使用的问题。

在 Java 中，除非你主动在变量前声明了 final 关键字，否则这个变量就是可变的。然而这并不是一件好事，当项目变得越来越复杂，参与开发的人越来越多时，你永远不知道一个可变的变量会在什么时候被谁给修改了，即使它原本不应该被修改，这就经常会导致出现一些很难排查的问题。因此，一个好的编程习惯是，除非一个变量明确允许被修改，否则都应该给它加上 final 关键字。

但是，不是每个人都能养成这种良好的编程习惯。我相信至少有 90% 的 Java 程序员没有主动在变量前加上 final 关键字的意识，仅仅因为 Java 对此是不强制的。因此，Kotlin 在设计的时候就采用了和 Java 完全不同的方式，提供了 val 和 var 这两个关键字，必须由开发者主动声明该变量是可变的还是不可变的。

那么我们应该什么时候使用 val，什么时候使用 var 呢？这里我告诉你一个小诀窍，就是永远优先使用 val 来声明一个变量，而当 val 没有办法满足你的需求时再使用 var。这样设计出来的程序会更加健壮，也更加符合高质量的编码规范。

2.3.2　函数

不少刚接触编程的人对于函数和方法这两个概念有些混淆，不明白它们有什么区别。其实，函数和方法就是同一个概念，这两种叫法都是从英文翻译过来的，函数翻译自 function，方法翻译自 method，它们并没有什么区别，只是不同语言的叫法习惯不一样而已。而因为 Java 中方法的叫法更普遍一些，Kotlin 中函数的叫法更普遍一些，因此本书里可能会交叉使用两种叫法，你只要知道它们是同一种东西就可以了，不用在这个地方产生疑惑。

　　函数是用来运行代码的载体，你可以在一个函数里编写很多行代码，当运行这个函数时，函数中的所有代码会全部运行。像我们前面使用过的 main() 函数就是一个函数，只不过它比较特殊，是程序的入口函数，即程序一旦运行，就是从 main() 函数开始执行的。

　　但是只有一个 main() 函数的程序显然是很初级的，和其他编程语言一样，Kotlin 也允许我们自由地定义函数，语法规则如下：

```
fun methodName(param1: Int, param2: Int): Int {
    return 0
}
```

　　下面我来解释一下上述的语法规则，首先 fun（function 的简写）是定义函数的关键字，无论你定义什么函数，都一定要使用 fun 来声明。

　　紧跟在 fun 后面的是函数名，这个就没有什么要求了，你可以根据自己的喜好起任何名字，但是良好的编程习惯是函数名最好要有一定的意义，能表达这个函数的作用是什么。

　　函数名后面紧跟着一对括号，里面可以声明该函数接收什么参数，参数的数量可以是任意多个，例如上述示例就表示该函数接收两个 Int 类型的参数。参数的声明格式是 "参数名：参数类型"，其中参数名也是可以随便定义的，这一点和函数名类似。如果不想接收任何参数，那么写一对空括号就可以了。

　　参数括号后面的那部分是可选的，用于声明该函数会返回什么类型的数据，上述示例就表示该函数会返回一个 Int 类型的数据。如果你的函数不需要返回任何数据，这部分可以直接不写。

　　最后两个大括号之间的内容就是函数体了，我们可以在这里编写一个函数的具体逻辑。由于上述示例中声明了该函数会返回一个 Int 类型的数据，因此在函数体中我们简单地返回了一个 0。

　　这就是定义一个函数最标准的方式了，虽然 Kotlin 中还有许多其他修饰函数的关键字，但是只要掌握了上述函数定义规则，你就已经能应对 80% 以上的编程场景了，至于其他的关键字，我们会在后面慢慢学习。

　　接下来我们尝试按照上述定义函数的语法规则来定义一个有意义的函数，如下所示：

```
fun largerNumber(num1: Int, num2: Int): Int {
    return max(num1, num2)
}
```

　　这里定义了一个名叫 largerNumber() 的函数，该函数的作用很简单，接收两个整型参数，然后总是返回两个参数中更大的那个数。

　　注意，上述代码中使用了一个 max() 函数，这是 Kotlin 提供的一个内置函数，它的作用就是返回两个参数中更大的那个数，因此我们的 largerNumber() 函数其实就是对 max() 函数做了一层封装而已。

现在你可以开始在 LearnKotlin 文件中实现 largerNumber() 这个函数了，当你输入"max"这个单词时，Android Studio 会自动弹出如图 2.8 所示的代码提示。

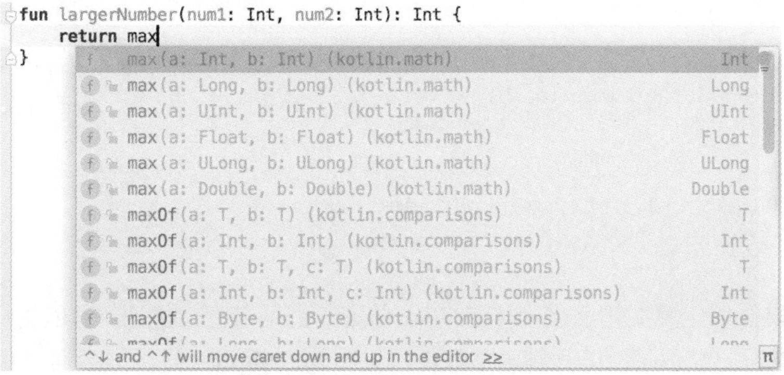

```
fun largerNumber(num1: Int, num2: Int): Int {
    return max
}
```

max(a: Int, b: Int) (kotlin.math)	Int
max(a: Long, b: Long) (kotlin.math)	Long
max(a: UInt, b: UInt) (kotlin.math)	UInt
max(a: Float, b: Float) (kotlin.math)	Float
max(a: ULong, b: ULong) (kotlin.math)	ULong
max(a: Double, b: Double) (kotlin.math)	Double
maxOf(a: T, b: T) (kotlin.comparisons)	T
maxOf(a: Int, b: Int) (kotlin.comparisons)	Int
maxOf(a: T, b: T, c: T) (kotlin.comparisons)	T
maxOf(a: Int, b: Int, c: Int) (kotlin.comparisons)	Int
maxOf(a: Byte, b: Byte) (kotlin.comparisons)	Byte

^↓ and ^↑ will move caret down and up in the editor >>

图 2.8 Android Studio 的代码提示

Android Studio 拥有非常智能的代码提示和补全功能，通常你只需要键入部分代码，它就能自动预测你想要编写的内容，并给出相应的提示列表。我们可以通过上下键在提示列表中移动，然后按下"Enter"键，Android Studio 就会自动帮我们进行代码补全了。

这里我非常建议你经常使用 Android Studio 的代码补全功能，可能有些人觉得全部手敲更有成就感，但是我要提醒一句，使用代码补全功能后，Android Studio 不仅会帮我们补全代码，还会帮我们自动导包，这一点是很重要的。比如说上述的 max() 函数，如果你全部手敲出来，那么这个函数一定会提示一个红色的错误，如图 2.9 所示。

出现这个错误的原因是你没有导入 max() 函数的包。当然，导包的方法也有很多种，你将光标移动到这个红色的错误上面就能看到导包的快捷键提示，但是最好的做法就是使用 Android Studio 的代码补全功能，这样导包工作就自动完成了。

现在我们使用代码补全功能再来编写一次 max() 函数，你会发现 LearnKotlin 文件的头部自动导入了一个 max() 函数的包，并且不会再有错误提示了，如图 2.10 所示。

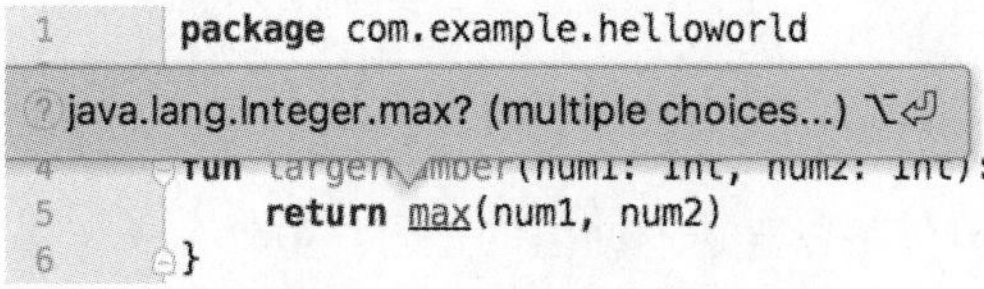

```
1   package com.example.helloworld

    java.lang.Integer.max? (multiple choices...) ⌥⏎
4   fun largerNumber(num1: Int, num2: Int): Int {
5       return max(num1, num2)
6   }
```

图 2.9 max() 函数提示错误

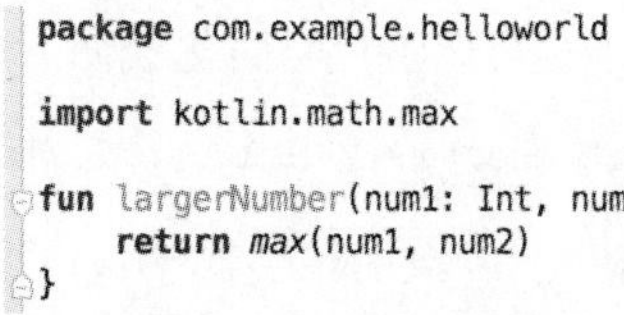

```
package com.example.helloworld

import kotlin.math.max

fun largerNumber(num1: Int, num2: Int): Int {
    return max(num1, num2)
}
```

图 2.10 自动导入 max() 函数的包

导包实际上属于 Java 的基础知识，但是鉴于本书上一版出版后，有小部分读者反馈按照书上的代码编写之后却提示错误，其实就是没有正确导包导致的，因此这里我特意加上了 Android Studio 代码补全功能的说明，希望你后面可以多多利用这个功能，就再也没有导包的困扰了。

现在 largerNumber()函数已经编写好了，接下来我们可以尝试在 main()函数中调用这个函数，并且实现在两个数中找到较大的那个数这样一个简单的功能，代码如下所示：

```kotlin
fun main() {
    val a = 37
    val b = 40
    val value = largerNumber(a, b)
    println("larger number is " + value)
}

fun largerNumber(num1: Int, num2: Int): Int {
    return max(num1, num2)
}
```

这段代码很简单，我们定义了 a、b 两个变量，a 的值是 37，b 的值是 40，然后调用 largerNumber()函数，并将 a、b 作为参数传入。largerNumber()函数会返回这两个变量中较大的那个数，最后将返回值打印出来。现在运行一下代码，结果如图 2.11 所示。程序正如我们预期的那样运行了。

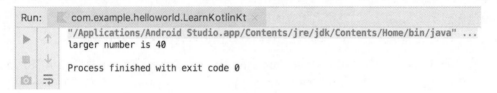

图 2.11　调用 largerNumber()函数的运行结果

这就是 Kotlin 中最基本也是最常用的函数用法，虽然这里我们实现的 largerNumber()函数很简单，但是掌握了函数的定义规则之后，你想实现多么复杂的函数都是可以的。

在本小节的最后，我们再来学习一个 Kotlin 函数的语法糖，这个语法糖在以后的开发中会起到相当重要的作用。

当一个函数中只有一行代码时，Kotlin 允许我们不必编写函数体，可以直接将唯一的一行代码写在函数定义的尾部，中间用等号连接即可。比如我们刚才编写的 largerNumber()函数就只有一行代码，于是可以将代码简化成如下形式：

```kotlin
fun largerNumber(num1: Int, num2: Int): Int = max(num1, num2)
```

使用这种语法，return 关键字也可以省略了，等号足以表达返回值的意思。另外，还记得 Kotlin 出色的类型推导机制吗？在这里它也可以发挥重要的作用。由于 max()函数返回的是一个 Int 值，而我们在 largerNumber()函数的尾部又使用等号连接了 max()函数，因此 Kotlin 可以推导出 largerNumber()函数返回的必然也是一个 Int 值，这样就不用再显式地声明返回值类型了，代码可以进一步简化成如下形式：

```kotlin
fun largerNumber(num1: Int, num2: Int) = max(num1, num2)
```

可能你会觉得，函数只有一行代码的情况并不多嘛，这个语法糖也不会很常用吧？其实并不是这样的，因为它还可以结合 Kotlin 的其他语言特性一起使用，对简化代码方面的帮助很大，后面我们会慢慢学习它更多的使用场景。

2.4 程序的逻辑控制

程序的执行语句主要分为 3 种：顺序语句、条件语句和循环语句。顺序语句很好理解，就是代码一行一行地往下执行就可以了，但是这种"愣头青"的执行方式在很多情况下并不能满足我们的编程需求，这时就需要引入条件语句和循环语句了，下面我们逐个进行介绍。

2.4.1 if 条件语句

Kotlin 中的条件语句主要有两种实现方式：if 和 when。

首先学习 if，Kotlin 中的 if 语句和 Java 中的 if 语句几乎没有任何区别，因此这里我就简单举个例子带你快速了解一下。

还是以上一节中的 largerNumber() 函数为例，之前我们借助了 Kotlin 内置的 max() 函数来实现返回两个参数中的较大值，但其实这是没有必要的，因为使用 if 判断同样可以轻松地实现这个功能。将 largerNumber() 函数的实现改成如下写法：

```
fun largerNumber(num1: Int, num2: Int): Int {
    var value = 0
    if (num1 > num2) {
        value = num1
    } else {
        value = num2
    }
    return value
}
```

这段代码相信不需要我多做解释，任何有编程基础的人都应该能看得懂。但是有一点我还是得说明一下，这里使用了 var 关键字来声明 value 这个变量，这是因为初始化的时候我们先将 value 赋值为 0，然后再将它赋值为两个参数中更大的那个数，这就涉及了重新赋值，因此必须用 var 关键字才行。

到目前为止，Kotlin 中的 if 用法和 Java 中是完全一样的。但注意我前面说的是"几乎没有任何区别"。也就是说，它们还是存在不同之处的，那么接下来我们就着重看一下不同的地方。

Kotlin 中的 if 语句相比于 Java 有一个额外的功能，它是可以有返回值的，返回值就是 if 语句每一个条件中最后一行代码的返回值。因此，上述代码就可以简化成如下形式：

```
fun largerNumber(num1: Int, num2: Int): Int {
    val value = if (num1 > num2) {
        num1
```

```
    } else {
        num2
    }
    return value
}
```

注意这里的代码变化，if 语句使用每个条件的最后一行代码作为返回值，并将返回值赋值给了 value 变量。由于现在没有重新赋值的情况了，因此可以使用 val 关键字来声明 value 变量，最终将 value 变量返回。

仔细观察上述代码，你会发现 value 其实也是一个多余的变量，我们可以直接将 if 语句返回，这样代码将会变得更加精简，如下所示：

```
fun largerNumber(num1: Int, num2: Int): Int {
    return if (num1 > num2) {
        num1
    } else {
        num2
    }
}
```

到这里为止，你觉得代码足够精简了吗？确实还不错，但是我们还可以做得更好。回顾一下刚刚在上一节里学过的语法糖，当一个函数只有一行代码时，可以省略函数体部分，直接将这一行代码使用等号串连在函数定义的尾部。虽然上述代码中的 largerNumber() 函数不止只有一行代码，但是它和只有一行代码的作用是相同的，只是返回了一下 if 语句的返回值而已，符合该语法糖的使用条件。那么我们就可以将代码进一步精简：

```
fun largerNumber(num1: Int, num2: Int) = if (num1 > num2) {
    num1
} else {
    num2
}
```

前面我之所以说这个语法糖非常重要，就是因为它除了可以应用于函数只有一行代码的情况，还可以结合 Kotlin 的很多语法来使用，所以它的应用场景非常广泛。

当然，如果你愿意，还可以将上述代码再精简一下，直接压缩成一行代码：

```
fun largerNumber(num1: Int, num2: Int) = if (num1 > num2) num1 else num2
```

怎么样？通过一个简单的 if 语句，我们挖掘出了 Kotlin 这么多好玩的语法特性，现在你应该能逐渐体会到 Kotlin 的魅力了吧？

2.4.2　when 条件语句

接下来我们开始学习 when。Kotlin 中的 when 语句有点类似于 Java 中的 switch 语句，但它又远比 switch 语句强大得多。

　　如果你熟悉 Java 的话，应该知道 Java 中的 switch 语句并不怎么好用。首先，switch 只能传入整型或短于整型的变量作为条件，JDK 1.7 之后增加了对字符串变量的支持，但如果你的判断逻辑使用的并非是上述几种类型的变量，那么不好意思，switch 并不适合你。其次，switch 中的每个 case 条件都要在最后主动加上一个 break，否则执行完当前 case 之后会依次执行下面的 case，这一特性曾经导致过无数奇怪的 bug，就是因为有人忘记添加 break。

　　而 Kotlin 中的 when 语句不仅解决了上述痛点，还增加了许多更为强大的新特性，有时候它比 if 语句还要简单好用，现在我们就来学习一下吧。

　　我准备带你编写一个查询考试成绩的功能，输入一个学生的姓名，返回该学生考试的分数。我们先用上一小节学习的 if 语句来实现这个功能，在 LearnKotlin 文件中编写如下代码：

```
fun getScore(name: String) = if (name == "Tom") {
    86
} else if (name == "Jim") {
    77
} else if (name == "Jack") {
    95
} else if (name == "Lily") {
    100
} else {
    0
}
```

　　这里定义了一个 getScore() 函数，这个函数接收一个学生姓名参数，然后通过 if 判断找到该学生对应的考试分数并返回。可以看到，这里再次使用了单行代码函数的语法糖，正如我所说，它真的很常用。

　　虽然上述代码确实可以实现我们想要的功能，但是写了这么多的 if 和 else，你有没有觉得代码很冗余？没错，当你的判断条件非常多的时候，就是应该考虑使用 when 语句的时候，现在我们将代码改成如下写法：

```
fun getScore(name: String) = when (name) {
    "Tom" -> 86
    "Jim" -> 77
    "Jack" -> 95
    "Lily" -> 100
    else -> 0
}
```

　　怎么样？有没有感觉代码瞬间清爽了很多？另外你可能已经发现了，when 语句和 if 语句一样，也是可以有返回值的，因此我们仍然可以使用单行代码函数的语法糖。

　　when 语句允许传入一个任意类型的参数，然后可以在 when 的结构体中定义一系列的条件，格式是：

```
匹配值 -> { 执行逻辑 }
```

当你的执行逻辑只有一行代码时，{ }可以省略。这样再来看上述代码就很好理解了吧？

除了精确匹配之外，when 语句还允许进行类型匹配。什么是类型匹配呢？这里我再举个例子。定义一个 checkNumber()函数，如下所示：

```
fun checkNumber(num: Number) {
    when (num) {
        is Int -> println("number is Int")
        is Double -> println("number is Double")
        else -> println("number not support")
    }
}
```

上述代码中，is 关键字就是类型匹配的核心，它相当于 Java 中的 instanceof 关键字。由于 checkNumber()函数接收一个 Number 类型的参数，这是 Kotlin 内置的一个抽象类，像 Int、Long、Float、Double 等与数字相关的类都是它的子类，所以这里就可以使用类型匹配来判断传入的参数到底属于什么类型，如果是 Int 型或 Double 型，就将该类型打印出来，否则就打印不支持该参数的类型。

现在我们可以尝试在 main()函数中调用 checkNumber()函数，如下所示：

```
fun main() {
    val num = 10
    checkNumber(num)
}
```

这里向 checkNumber()函数传入了一个 Int 型参数。运行一下程序，结果如图 2.12 所示。

图 2.12　checkNumber()函数传入 Int 型参数

可以看到，这里成功判断出了参数是 Int 类型。

而如果我们将参数改为 Long 型：

```
fun main() {
    val num = 10L
    checkNumber(num)
}
```

重新运行一下程序，结果如图 2.13 所示。

图 2.13 checkNumber()函数传入 Long 型参数

很显然，我们的程序并不支持此类型的参数。

when 语句的基本用法就是这些，但其实 when 语句还有一种不带参数的用法，虽然这种用法可能不太常用，但有的时候却能发挥很强的扩展性。

拿刚才的 getScore()函数举例，如果我们不在 when 语句中传入参数的话，还可以这么写：

```kotlin
fun getScore(name: String) = when {
    name == "Tom" -> 86
    name == "Jim" -> 77
    name == "Jack" -> 95
    name == "Lily" -> 100
    else -> 0
}
```

可以看到，这种用法是将判断的表达式完整地写在 when 的结构体当中。注意，Kotlin 中判断字符串或对象是否相等可以直接使用==关键字，而不用像 Java 那样调用 equals()方法。可能你会觉得这种无参数的 when 语句写起来比较冗余，但有些场景必须使用这种写法才能实现。举个例子，假设所有名字以 Tom 开头的人，他的分数都是 86 分，这种场景如果用带参数的 when 语句来写就无法实现，而使用不带参数的 when 语句就可以这样写：

```kotlin
fun getScore(name: String) = when {
    name.startsWith("Tom") -> 86
    name == "Jim" -> 77
    name == "Jack" -> 95
    name == "Lily" -> 100
    else -> 0
}
```

现在不管你传入的名字是 Tom 还是 Tommy，只要是以 Tom 开头的名字，他的分数就是 86 分。

通过这一小节的学习，相信你也发现了，Kotlin 中的 when 语句相比于 Java 中的 switch 语句要灵活很多，希望你能多写多练，并熟练掌握它的用法。

2.4.3 循环语句

学习完了条件语句之后，接下来我们开始学习 Kotlin 中的循环语句。

熟悉 Java 的人应该都知道，Java 中主要有两种循环语句：while 循环和 for 循环。而 Kotlin 也提供了 while 循环和 for 循环，其中 while 循环不管是在语法还是使用技巧上都和 Java 中的

while 循环没有任何区别，因此我们就直接跳过不进行讲解了。如果你没有学过 Java 也没有关系，只要你学过 C、C++ 或其他任何主流的编程语言，它们的 while 循环用法基本是相同的。

下面我们开始学习 Kotlin 中的 for 循环。

Kotlin 在 for 循环方面做了很大幅度的修改，Java 中最常用的 for-i 循环在 Kotlin 中直接被舍弃了，而 Java 中另一种 for-each 循环则被 Kotlin 进行了大幅度的加强，变成了 for-in 循环，所以我们只需要学习 for-in 循环的用法就可以了。

在开始学习 for-in 循环之前，还得先向你普及一个区间的概念，因为这也是 Java 中没有的东西。我们可以使用如下 Kotlin 代码来表示一个区间：

```
val range = 0..10
```

这种语法结构看上去挺奇怪的吧？但在 Kotlin 中，它是完全合法的。上述代码表示创建了一个 0 到 10 的区间，并且两端都是闭区间，这意味着 0 到 10 这两个端点都是包含在区间中的，用数学的方式表达出来就是[0, 10]。

其中，.. 是创建两端闭区间的关键字，在 .. 的两边指定区间的左右端点就可以创建一个区间了。

有了区间之后，我们就可以通过 for-in 循环来遍历这个区间，比如在 main() 函数中编写如下代码：

```
fun main() {
    for (i in 0..10) {
        println(i)
    }
}
```

这就是 for-in 循环最简单的用法了，我们遍历了区间中的每一个元素，并将它打印出来。现在运行一下程序，结果如图 2.14 所示。

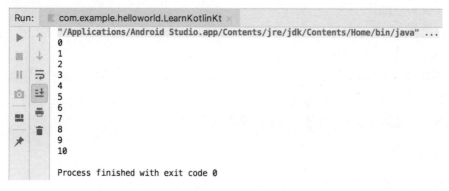

图 2.14   使用 for-in 循环遍历区间

但是在很多情况下，双端闭区间却不如单端闭区间好用。为什么这么说呢？相信你一定知道数组的下标都是从 0 开始的，一个长度为 10 的数组，它的下标区间范围是 0 到 9，因此左闭右开的区间在程序设计当中更加常用。Kotlin 中可以使用 until 关键字来创建一个左闭右开的区间，如下所示：

```
val range = 0 until 10
```

上述代码表示创建了一个 0 到 10 的左闭右开区间，它的数学表达方式是[0, 10)。修改 main() 函数中的代码，使用 until 替代 .. 关键字，你就会发现最后一行 10 不会再打印出来了。

默认情况下，for-in 循环每次执行循环时会在区间范围内递增 1，相当于 Java for-i 循环中 i++的效果，而如果你想跳过其中的一些元素，可以使用 step 关键字：

```
fun main() {
    for (i in 0 until 10 step 2) {
        println(i)
    }
}
```

上述代码表示在遍历[0, 10)这个区间的时候，每次执行循环都会在区间范围内递增 2，相当于 for-i 循环中 i = i + 2 的效果。现在重新运行一下代码，结果如图 2.15 所示。

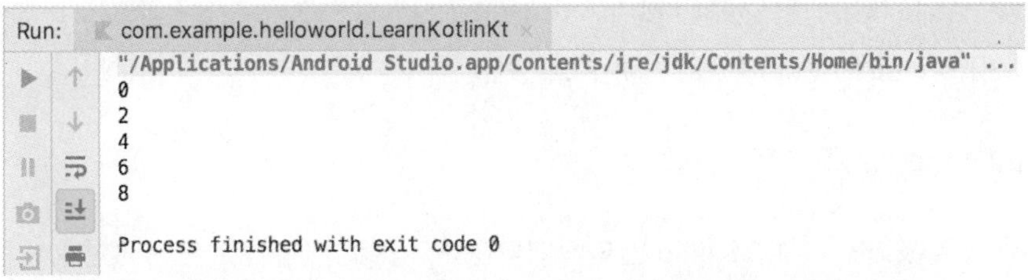

图 2.15　使用 step 跳过区间内的元素

可以看到，现在区间中所有奇数的元素都被跳过了。结合 step 关键字，我们就能够实现一些更加复杂的循环逻辑。

不过，前面我们所学习的 .. 和 until 关键字都要求区间的左端必须小于等于区间的右端，也就是这两种关键字创建的都是一个升序的区间。如果你想创建一个降序的区间，可以使用 downTo 关键字，用法如下：

```
fun main() {
    for (i in 10 downTo 1) {
        println(i)
    }
}
```

这里我们创建了一个[10, 1]的降序区间，现在重新运行一下代码，结果如图 2.16 所示。

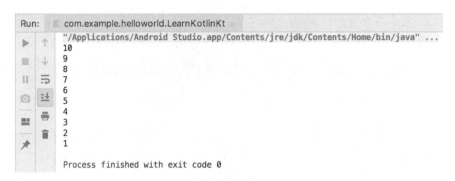

图 2.16　使用 downTo 遍历降序区间

另外，降序区间也是可以结合 step 关键字跳过区间中的一些元素的，这里我就不进行演示了，你可以自己动手试一试。

for-in 循环除了可以对区间进行遍历之外，还可以用于遍历数组和集合，关于集合这部分内容，我们在本章后面的部分就会学到，到时候再延伸 for-in 循环的相关用法。

如果让我总结一下的话，我觉得 for-in 循环并没有传统的 for-i 循环那样灵活，但是却比 for-i 循环要简单好用得多，而且足够覆盖大部分的使用场景。如果有一些特殊场景使用 for-in 循环无法实现的话，我们还可以改用 while 循环的方式来进行实现。

好了，关于 Kotlin 的循环部分就先讲这么多吧。

2.5　面向对象编程

和很多现代高级语言一样，Kotlin 也是面向对象的，因此理解什么是面向对象编程对我们来说就非常重要了。关于面向对象编程的解释，你可以去看很多标准化、概念化的定义，但是我觉得那些定义只有本来就懂的人才能看得懂，而不了解面向对象的人，即使看了那些定义还是不明白什么才是面向对象编程。

因此，这里我想用自己的理解来向你解释什么是面向对象编程。不同于面向过程的语言（比如 C 语言），面向对象的语言是可以创建类的。类就是对事物的一种封装，比如说人、汽车、房屋、书等任何事物，我们都可以将它封装一个类，类名通常是名词。而类中又可以拥有自己的字段和函数，字段表示该类所拥有的属性，比如说人可以有姓名和年龄，汽车可以有品牌和价格，这些就属于类中的字段，字段名通常也是名词。而函数则表示该类可以有哪些行为，比如说人可以吃饭和睡觉，汽车可以驾驶和保养等，函数名通常是动词。

通过这种类的封装，我们就可以在适当的时候创建该类的对象，然后调用对象中的字段和函数来满足实际编程的需求，这就是面向对象编程最基本的思想。当然，面向对象编程还有很多其他特性，如继承、多态等，但是这些特性都是建立在基本的思想之上的，理解了基本思想之后，其他的特性我们可以在后面慢慢学习。

2.5.1 类与对象

现在我们就按照刚才所学的基本思想来尝试进行面向对象编程。首先创建一个 Person 类。右击 com.example.helloworld 包→New→Kotlin File/Class，在弹出的对话框中输入 "Person"。对话框在默认情况下自动选中的是创建一个 File，File 通常是用于编写 Kotlin 顶层函数和扩展函数的，我们可以点击展开下拉列表进行切换，如图 2.17 所示。

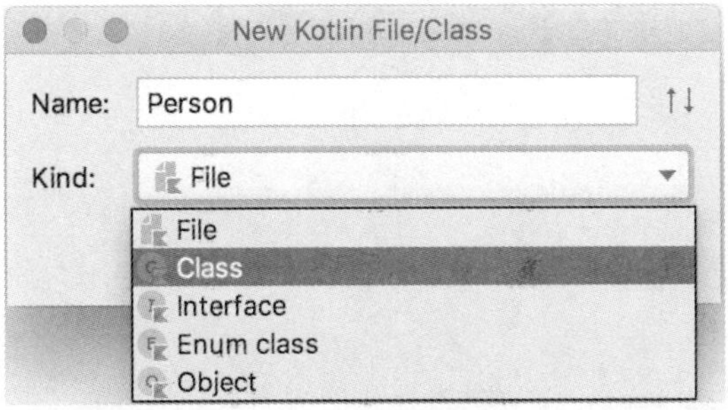

图 2.17　选择创建的类型

这里选中 Class 表示创建一个类，点击 "OK" 完成创建，会生成如下所示的代码：

```
class Person {
}
```

这是一个空的类实现，可以看到，Kotlin 中也是使用 class 关键字来声明一个类的，这一点和 Java 一致。现在我们可以在这个类中加入字段和函数来丰富它的功能，这里我准备加入 name 和 age 字段，以及一个 eat() 函数，因为任何一个人都有名字和年龄，也都需要吃饭。

```
class Person {
    var name = ""
    var age = 0

    fun eat() {
        println(name + " is eating. He is " + age + " years old.")
    }
}
```

简单解释一下，这里使用 var 关键字创建了 name 和 age 这两个字段，这是因为我们需要在创建对象之后再指定具体的姓名和年龄，而如果使用 val 关键字的话，初始化之后就不能再重新赋值了。接下来定义了一个 eat() 函数，并在函数中打印了一句话，非常简单。

Person 类已经定义好了，接下来我们看一下如何对这个类进行实例化，代码如下所示：

```
val p = Person()
```

Kotlin 中实例化一个类的方式和 Java 是基本类似的，只是去掉了 new 关键字而已。之所以这么设计，是因为当你调用了某个类的构造函数时，你的意图只可能是对这个类进行实例化，因此即使没有 new 关键字，也能清晰表达出你的意图。Kotlin 本着最简化的设计原则，将诸如 new、行尾分号这种不必要的语法结构都取消了。

上述代码将实例化后的类赋值到了 p 这个变量上面，p 就可以称为 Person 类的一个实例，也可以称为一个对象。

下面我们开始在 main() 函数中对 p 对象进行一些操作：

```kotlin
fun main() {
    val p = Person()
    p.name = "Jack"
    p.age = 19
    p.eat()
}
```

这里将 p 对象的姓名赋值为 Jack，年龄赋值为 19，然后调用它的 eat() 函数，运行结果如图 2.18 所示。

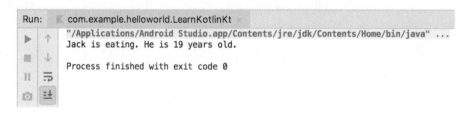

图 2.18　eat() 函数的运行结果

这就是面向对象编程最基本的用法了，简单概括一下，就是要先将事物封装成具体的类，然后将事物所拥有的属性和能力分别定义成类中的字段和函数，接下来对类进行实例化，再根据具体的编程需求调用类中的字段和方法即可。

2.5.2　继承与构造函数

现在我们开始学习面向对象编程中另一个极其重要的特性——继承。继承也是基于现实场景总结出来的一个概念，其实非常好理解。比如现在我们要定义一个 Student 类，每个学生都有自己的学号和年级，因此我们可以在 Student 类中加入 sno 和 grade 字段。但同时学生也是人呀，学生也会有姓名和年龄，也需要吃饭，如果我们在 Student 类中重复定义 name、age 字段和 eat() 函数的话就显得太过冗余了。这个时候就可以让 Student 类去继承 Person 类，这样 Student 就自动拥有了 Person 中的字段和函数，另外还可以定义自己独有的字段和函数。

这就是面向对象编程中继承的思想，很好理解吧？接下来我们尝试用 Kotlin 语言实现上述功能。右击 com.example.helloworld 包→New→Kotlin File/Class，在弹出的对话框中输入 "Student"，并选择创建一个 Class，你可以通过上下按键快速切换创建类型。

点击 "OK" 完成创建，并在 Student 类中加入学号和年级这两个字段，代码如下所示：

```
class Student {
    var sno = ""
    var grade = 0
}
```

现在 Student 和 Person 这两个类之间是没有任何继承关系的，想要让 Student 类继承 Person 类，我们得做两件事才行。

第一件事，使 Person 类可以被继承。可能很多人会觉得奇怪，尤其是有 Java 编程经验的人。一个类本身不就是可以被继承的吗？为什么还要使 Person 类可以被继承呢？这就是 Kotlin 不同的地方，在 Kotlin 中任何一个非抽象类默认都是不可以被继承的，相当于 Java 中给类声明了 final 关键字。之所以这么设计，其实和 val 关键字的原因是差不多的，因为类和变量一样，最好都是不可变的，而一个类允许被继承的话，它无法预知子类会如何实现，因此可能就会存在一些未知的风险。*Effective Java* 这本书中明确提到，如果一个类不是专门为继承而设计的，那么就应该主动将它加上 final 声明，禁止它可以被继承。

很明显，Kotlin 在设计的时候遵循了这条编程规范，默认所有非抽象类都是不可以被继承的。之所以这里一直在说非抽象类，是因为抽象类本身是无法创建实例的，一定要由子类去继承它才能创建实例，因此抽象类必须可以被继承才行，要不然就没有意义了。由于 Kotlin 中的抽象类和 Java 中并无区别，这里我就不再多讲了。

既然现在 Person 类是无法被继承的，我们得让它可以被继承才行，方法也很简单，在 Person 类的前面加上 open 关键字就可以了，如下所示：

```
open class Person {
    ...
}
```

加上 open 关键字之后，我们就是在主动告诉 Kotlin 编译器，Person 这个类是专门为继承而设计的，这样 Person 类就允许被继承了。

第二件事，要让 Student 类继承 Person 类。在 Java 中继承的关键字是 extends，而在 Kotlin 中变成了一个冒号，写法如下：

```
class Student : Person() {
    var sno = ""
    var grade = 0
}
```

继承的写法如果只是替换一下关键字倒也挺简单的，但是为什么 Person 类的后面要加上一对括号呢？Java 中继承的时候好像并不需要括号。对于初学 Kotlin 的人来讲，这对括号确实挺难理解的，也可能是 Kotlin 在这方面设计得太复杂了，因为它还涉及主构造函数、次构造函数等方面的知识，这里我尽量尝试用最简单易懂的讲述来让你理解这对括号的意义和作用，同时顺便学习一下 Kotlin 中的主构造函数和次构造函数。

任何一个面向对象的编程语言都会有构造函数的概念，Kotlin 中也有，但是 Kotlin 将构造函数分成了两种：主构造函数和次构造函数。

主构造函数将会是你最常用的构造函数，每个类默认都会有一个不带参数的主构造函数，当然你也可以显式地给它指明参数。主构造函数的特点是没有函数体，直接定义在类名的后面即可。比如下面这种写法：

```
class Student(val sno: String, val grade: Int) : Person() {
}
```

这里我们将学号和年级这两个字段都放到了主构造函数当中，这就表明在对 Student 类进行实例化的时候，必须传入构造函数中要求的所有参数。比如：

```
val student = Student("a123", 5)
```

这样我们就创建了一个 Student 的对象，同时指定该学生的学号是 a123，年级是 5。另外，由于构造函数中的参数是在创建实例的时候传入的，不像之前的写法那样还得重新赋值，因此我们可以将参数全部声明成 val。

你可能会问，主构造函数没有函数体，如果我想在主构造函数中编写一些逻辑，该怎么办呢？Kotlin 给我们提供了一个 init 结构体，所有主构造函数中的逻辑都可以写在里面：

```
class Student(val sno: String, val grade: Int) : Person() {
    init {
        println("sno is " + sno)
        println("grade is " + grade)
    }
}
```

这里我只是简单打印了一下学号和年级的值，现在如果你再去创建一个 Student 类的实例，一定会将构造函数中传入的值打印出来。

到这里为止都还挺好理解的吧？但是这和那对括号又有什么关系呢？这就涉及了 Java 继承特性中的一个规定，子类中的构造函数必须调用父类中的构造函数，这个规定在 Kotlin 中也要遵守。

那么回头看一下 Student 类，现在我们声明了一个主构造函数，根据继承特性的规定，子类的构造函数必须调用父类的构造函数，可是主构造函数并没有函数体，我们怎样去调用父类的构造函数呢？你可能会说，在 init 结构体中去调用不就好了。这或许是一种办法，但绝对不是一种好办法，因为在绝大多数的场景下，我们是不需要编写 init 结构体的。

Kotlin 当然没有采用这种设计，而是用了另外一种简单但是可能不太好理解的设计方式：括号。子类的主构造函数调用父类中的哪个构造函数，在继承的时候通过括号来指定。因此再来看一遍这段代码，你应该就能理解了吧。

```
class Student(val sno: String, val grade: Int) : Person() {
}
```

在这里，Person 类后面的一对空括号表示 Student 类的主构造函数在初始化的时候会调用 Person 类的无参数构造函数，即使在无参数的情况下，这对括号也不能省略。

而如果我们将 Person 改造一下，将姓名和年龄都放到主构造函数当中，如下所示：

```
open class Person(val name: String, val age: Int) {
    ...
}
```

此时你的 Student 类一定会报错，当然，如果你的 main() 函数还保留着之前创建 Person 实例的代码，那么这里也会报错，但是它和我们接下来要讲的内容无关，你可以自己修正一下，或者干脆直接删掉这部分代码。

现在回到 Student 类当中，它一定会提示如图 2.19 所示的错误。

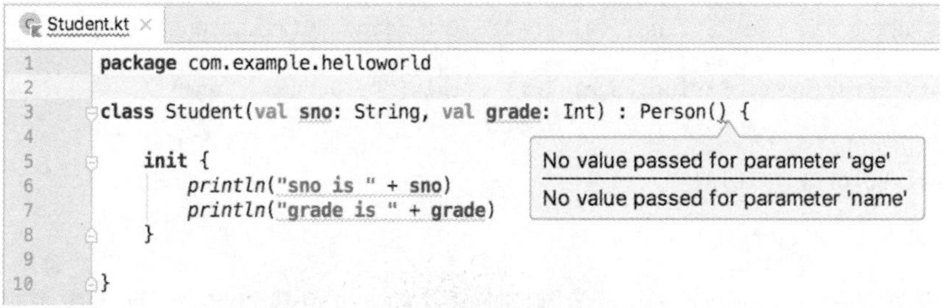

图 2.19 Student 类提示错误

这里出现错误的原因也很明显，Person 类后面的空括号表示要去调用 Person 类中无参的构造函数，但是 Person 类现在已经没有无参的构造函数了，所以就提示了上述错误。

如果我们想解决这个错误的话，就必须给 Person 类的构造函数传入 name 和 age 字段，可是 Student 类中也没有这两个字段呀。很简单，没有就加呗。我们可以在 Student 类的主构造函数中加上 name 和 age 这两个参数，再将这两个参数传给 Person 类的构造函数，代码如下所示：

```
class Student(val sno: String, val grade: Int, name: String, age: Int) :
        Person(name, age) {
    ...
}
```

注意，我们在 Student 类的主构造函数中增加 name 和 age 这两个字段时，不能再将它们声明成 val，因为在主构造函数中声明成 val 或者 var 的参数将自动成为该类的字段，这就会导致和父类中同名的 name 和 age 字段造成冲突。因此，这里的 name 和 age 参数前面我们不用加任何关键字，让它的作用域仅限定在主构造函数当中即可。

现在就可以通过如下代码来创建一个 Student 类的实例：

```
val student = Student("a123", 5, "Jack", 19)
```

学到这里，我们就将 Kotlin 的主构造函数基本掌握了，是不是觉得继承时的这对括号问题也不是那么难以理解？但是，Kotlin 在括号这个问题上的复杂度并不仅限于此，因为我们还没涉及 Kotlin 构造函数中的另一个组成部分——次构造函数。

其实你几乎是用不到次构造函数的，Kotlin 提供了一个给函数设定参数默认值的功能，基本上可以替代次构造函数的作用，我们会在本章最后学习这部分内容。但是考虑到知识结构的完整性，我决定还是介绍一下次构造函数的相关知识，顺便探讨一下括号问题在次构造函数上的区别。

你要知道，任何一个类只能有一个主构造函数，但是可以有多个次构造函数。次构造函数也可以用于实例化一个类，这一点和主构造函数没有什么不同，只不过它是有函数体的。

Kotlin 规定，当一个类既有主构造函数又有次构造函数时，所有的次构造函数都必须调用主构造函数（包括间接调用）。这里我通过一个具体的例子就能简单阐明，代码如下：

```kotlin
class Student(val sno: String, val grade: Int, name: String, age: Int) :
        Person(name, age) {
    constructor(name: String, age: Int) : this("", 0, name, age) {
    }

    constructor() : this("", 0) {
    }
}
```

次构造函数是通过 constructor 关键字来定义的，这里我们定义了两个次构造函数：第一个次构造函数接收 name 和 age 参数，然后它又通过 this 关键字调用了主构造函数，并将 sno 和 grade 这两个参数赋值成初始值；第二个次构造函数不接收任何参数，它通过 this 关键字调用了我们刚才定义的第一个次构造函数，并将 name 和 age 参数也赋值成初始值，由于第二个次构造函数间接调用了主构造函数，因此这仍然是合法的。

那么现在我们就拥有了 3 种方式来对 Student 类进行实例化，分别是通过不带参数的构造函数、通过带两个参数的构造函数和通过带 4 个参数的构造函数，对应代码如下所示：

```kotlin
val student1 = Student()
val student2 = Student("Jack", 19)
val student3 = Student("a123", 5, "Jack", 19)
```

这样我们就将次构造函数的用法掌握得差不多了，但是到目前为止，继承时的括号问题还没有进一步延伸，暂时和之前学过的场景是一样的。

那么接下来我们就再来看一种非常特殊的情况：类中只有次构造函数，没有主构造函数。这种情况真的十分少见，但在 Kotlin 中是允许的。当一个类没有显式地定义主构造函数且定义了次构造函数时，它就是没有主构造函数的。我们结合代码来看一下：

```kotlin
class Student : Person {
    constructor(name: String, age: Int) : super(name, age) {
    }
}
```

注意这里的代码变化，首先 Student 类的后面没有显式地定义主构造函数，同时又因为定义了次构造函数，所以现在 Student 类是没有主构造函数的。那么既然没有主构造函数，继承 Person 类的时候也就不需要再加上括号了。其实原因就是这么简单，只是很多人在刚开始学习 Kotlin 的时候没能理解这对括号的意义和规则，因此总感觉继承的写法有时候要加上括号，有时候又不要加，搞得晕头转向的，而在你真正理解了规则之后，就会发现其实还是很好懂的。

另外，由于没有主构造函数，次构造函数只能直接调用父类的构造函数，上述代码也是将 this 关键字换成了 super 关键字，这部分就很好理解了，因为和 Java 比较像，我也就不再多说了。

这一小节我们对 Kotlin 的继承和构造函数的问题探究得比较深，同时这也是很多人新上手 Kotlin 时比较难理解的部分，希望你能好好掌握这部分内容。

2.5.3 接口

上一小节的内容比较长，也偏复杂一些，可能学起来有些辛苦。本小节的内容就简单多了，因为 Kotlin 中的接口部分和 Java 几乎是完全一致的。

接口是用于实现多态编程的重要组成部分。我们都知道，Java 是单继承结构的语言，任何一个类最多只能继承一个父类，但是却可以实现任意多个接口，Kotlin 也是如此。

我们可以在接口中定义一系列的抽象行为，然后由具体的类去实现。下面还是通过具体的代码来学习一下，首先创建一个 Study 接口，并在其中定义几个学习行为。右击 com.example.helloworld 包→New→Kotlin File/Class，在弹出的对话框中输入 "Study"，创建类型选择 "Interface"。

然后在 Study 接口中添加几个学习相关的函数，注意接口中的函数不要求有函数体，代码如下所示：

```kotlin
interface Study {
    fun readBooks()
    fun doHomework()
}
```

接下来就可以让 Student 类去实现 Study 接口了，这里我将 Student 类原有的代码调整了一下，以突出继承父类和实现接口的区别：

```kotlin
class Student(name: String, age: Int) : Person(name, age), Study {
    override fun readBooks() {
        println(name + " is reading.")
    }

    override fun doHomework() {
        println(name + " is doing homework.")
    }
}
```

熟悉 Java 的人一定知道，Java 中继承使用的关键字是 extends，实现接口使用的关键字是 implements，而 Kotlin 中统一使用冒号，中间用逗号进行分隔。上述代码就表示 Student 类继承了 Person 类，同时还实现了 Study 接口。另外接口的后面不用加上括号，因为它没有构造函数可以去调用。

Study 接口中定义了 readBooks() 和 doHomework() 这两个待实现函数，因此 Student 类必须实现这两个函数。Kotlin 中使用 override 关键字来重写父类或者实现接口中的函数，这里我们只是简单地在实现的函数中打印了一行日志。

现在我们可以在 main() 函数中编写如下代码来调用这两个接口中的函数：

```
fun main() {
    val student = Student("Jack", 19)
    doStudy(student)
}

fun doStudy(study: Study) {
    study.readBooks()
    study.doHomework()
}
```

这里为了向你演示一下多态编程的特性，我故意将代码写得复杂了一点。首先创建了一个 Student 类的实例，本来是可以直接调用该实例的 readBooks() 和 doHomework() 函数的，但是我没有这么做，而是将它传入到了 doStudy() 函数中。doStudy() 函数接收一个 Study 类型的参数，由于 Student 类实现了 Study 接口，因此 Student 类的实例是可以传递给 doStudy() 函数的，接下来我们调用了 Study 接口的 readBooks() 和 doHomework() 函数，这种就叫作面向接口编程，也可以称为多态。

现在运行一下代码，结果如图 2.20 所示。

图 2.20　调用接口中的函数

这样我们就将 Kotlin 中接口的用法基本学完了，是不是很简单？不过为了让接口的功能更加灵活，Kotlin 还增加了一个额外的功能：允许对接口中定义的函数进行默认实现。其实 Java 在 JDK 1.8 之后也开始支持这个功能了，因此总体来说，Kotlin 和 Java 在接口方面的功能仍然是一模一样的。

下面我们学习一下如何对接口中的函数进行默认实现，修改 Study 接口中的代码，如下所示：

```
interface Study {
    fun readBooks()

    fun doHomework() {
        println("do homework default implementation.")
    }
}
```

可以看到，我们给 doHomework() 函数加上了函数体，并且在里面打印了一行日志。如果接口中的一个函数拥有了函数体，这个函数体中的内容就是它的默认实现。现在当一个类去实现 Study 接口时，只会强制要求实现 readBooks() 函数，而 doHomework() 函数则可以自由选择实现或者不实现，不实现时就会自动使用默认的实现逻辑。

现在回到 Student 类当中，你会发现如果我们删除了 doHomework() 函数，代码是不会提示错误的，而删除 readBooks() 函数则不行。当删除了 doHomework() 函数之后，重新运行 main() 函数，结果如图 2.21 所示。可以看到，程序正如我们所预期的那样运行了。

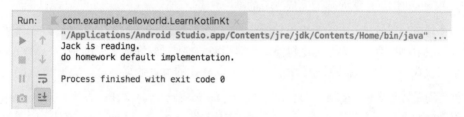

图 2.21　调用接口的默认实现函数

现在你已经掌握了 Kotlin 面向对象编程中最主要的一些内容，接下来我们再学习一个和 Java 相比变化比较大的部分——函数的可见性修饰符。

熟悉 Java 的人一定知道，Java 中有 public、private、protected 和 default（什么都不写）这 4 种函数可见性修饰符。Kotlin 中也有 4 种，分别是 public、private、protected 和 internal，需要使用哪种修饰符时，直接定义在 fun 关键字的前面即可。下面我详细介绍一下 Java 和 Kotlin 中这些函数可见性修饰符的异同。

首先 private 修饰符在两种语言中的作用是一模一样的，都表示只对当前类内部可见。public 修饰符的作用虽然也是一致的，表示对所有类都可见，但是在 Kotlin 中 public 修饰符是默认项，而在 Java 中 default 才是默认项。前面我们定义了那么多的函数，都没有加任何的修饰符，所以它们默认都是 public 的。protected 关键字在 Java 中表示对当前类、子类和同一包路径下的类可见，在 Kotlin 中则表示只对当前类和子类可见。Kotlin 抛弃了 Java 中的 default 可见性（同一包路径下的类可见），引入了一种新的可见性概念，只对同一模块中的类可见，使用的是 internal 修饰符。比如我们开发了一个模块给别人使用，但是有一些函数只允许在模块内部调用，不想暴露给外部，就可以将这些函数声明成 internal。关于模块开发的内容，我们会在本书的最后一章学习。

表 2.2 更直观地对比了 Java 和 Kotlin 中函数可见性修饰符之间的区别。

表 2.2   Java 和 Kotlin 函数可见性修饰符对照表

修 饰 符	Java	Kotlin
public	所有类可见	所有类可见（默认）
private	当前类可见	当前类可见
protected	当前类、子类、同一包路径下的类可见	当前类、子类可见
default	同一包路径下的类可见（默认）	无
internal	无	同一模块中的类可见

2.5.4   数据类与单例类

在面向对象编程这一节，我们已经学习了很多的知识，那么在本节的最后我们再来了解几个 Kotlin 中特有的知识点，从而圆满完成本节的学习任务。

在一个规范的系统架构中，数据类通常占据着非常重要的角色，它们用于将服务器端或数据库中的数据映射到内存中，为编程逻辑提供数据模型的支持。或许你听说过 MVC、MVP、MVVM 之类的架构模式，不管是哪一种架构模式，其中的 M 指的就是数据类。

数据类通常需要重写 equals()、hashCode()、toString() 这几个方法。其中，equals() 方法用于判断两个数据类是否相等。hashCode() 方法作为 equals() 的配套方法，也需要一起重写，否则会导致 HashMap、HashSet 等 hash 相关的系统类无法正常工作。toString() 方法用于提供更清晰的输入日志，否则一个数据类默认打印出来的就是一行内存地址。

这里我们新构建一个手机数据类，字段就简单一点，只有品牌和价格这两个字段。如果使用 Java 来实现这样一个数据类，代码就需要这样写：

```java
public class Cellphone {
    String brand;
    double price;

    public Cellphone(String brand, double price) {
        this.brand = brand;
        this.price = price;
    }

    @Override
    public boolean equals(Object obj) {
        if (obj instanceof Cellphone) {
            Cellphone other = (Cellphone) obj;
            return other.brand.equals(brand) && other.price == price;
        }
        return false;
    }
```

```java
@Override
public int hashCode() {
    return brand.hashCode() + (int) price;
}

@Override
public String toString() {
    return "Cellphone(brand=" + brand + ", price=" + price + ")";
}
}
```

看上去挺复杂的吧？关键是这些代码还是一些没有实际逻辑意义的代码，只是为了让它拥有数据类的功能而已。而同样的功能使用 Kotlin 来实现就会变得极其简单，右击 com.example.helloworld 包→New→Kotlin File/Class，在弹出的对话框中输入 "Cellphone"，创建类型选择 "Class"。然后在创建的类中编写如下代码：

```kotlin
data class Cellphone(val brand: String, val price: Double)
```

你没看错，只需要一行代码就可以实现了！神奇的地方就在于 data 这个关键字，当在一个类前面声明了 data 关键字时，就表明你希望这个类是一个数据类，Kotlin 会根据主构造函数中的参数帮你将 equals()、hashCode()、toString() 等固定且无实际逻辑意义的方法自动生成，从而大大减少了开发的工作量。

另外，当一个类中没有任何代码时，还可以将尾部的大括号省略。

下面我们来测试一下这个数据类，在 main() 函数中编写如下代码：

```kotlin
fun main() {
    val cellphone1 = Cellphone("Samsung", 1299.99)
    val cellphone2 = Cellphone("Samsung", 1299.99)
    println(cellphone1)
    println("cellphone1 equals cellphone2 " + (cellphone1 == cellphone2))
}
```

这里我们创建了两个 Cellphone 对象，首先直接将第一个对象打印出来，然后判断这两个对象是否相等。运行一下程序，结果如图 2.22 所示。

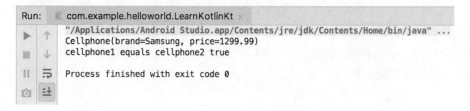

图 2.22 测试 Cellphone 数据类的结果

很明显，Cellphone 数据类已经正常工作了。而如果 Cellphone 类前面没有 data 这个关键字，得到的会是截然不同的结果。如果感兴趣的话，你可以自己动手尝试一下。

掌握了数据类的使用技巧之后，接下来我们再来看另外一个 Kotlin 中特有的功能——单例类。

想必你一定听说过单例模式吧，这是最常用、最基础的设计模式之一，它可以用于避免创建重复的对象。比如我们希望某个类在全局最多只能拥有一个实例，这时就可以使用单例模式。当然单例模式也有很多种写法，这里就演示一种最常见的 Java 写法吧：

```
public class Singleton {
    private static Singleton instance;

    private Singleton() {}

    public synchronized static Singleton getInstance() {
        if (instance == null) {
            instance = new Singleton();
        }
        return instance;
    }

    public void singletonTest() {
        System.out.println("singletonTest is called.");
    }
}
```

这段代码其实很好理解，首先为了禁止外部创建 Singleton 的实例，我们需要用 private 关键字将 Singleton 的构造函数私有化，然后给外部提供了一个 getInstance()静态方法用于获取 Singleton 的实例。在 getInstance()方法中，我们判断如果当前缓存的 Singleton 实例为 null，就创建一个新的实例，否则直接返回缓存的实例即可，这就是单例模式的工作机制。

而如果我们想调用单例类中的方法，也很简单，比如想调用上述的 singletonTest()方法，就可以这样写：

```
Singleton singleton = Singleton.getInstance();
singleton.singletonTest();
```

虽然 Java 中的单例实现并不复杂，但是 Kotlin 明显做得更好，它同样是将一些固定的、重复的逻辑实现隐藏了起来，只暴露给我们最简单方便的用法。

在 Kotlin 中创建一个单例类的方式极其简单，只需要将 class 关键字改成 object 关键字即可。现在我们尝试创建一个 Kotlin 版的 Singleton 单例类，右击 com.example.helloworld 包→New→Kotlin File/Class，在弹出的对话框中输入 “Singleton”，创建类型选择 “Object”，点击 “OK” 完成创建，初始代码如下所示：

```
object Singleton {
}
```

现在 Singleton 就已经是一个单例类了，我们可以直接在这个类中编写需要的函数，比如加入一个 singletonTest()函数：

```
object Singleton {
    fun singletonTest() {
        println("singletonTest is called.")
    }
}
```

可以看到，在 Kotlin 中我们不需要私有化构造函数，也不需要提供 getInstance()这样的静态方法，只需要把 class 关键字改成 object 关键字，一个单例类就创建完成了。而调用单例类中的函数也很简单，比较类似于 Java 中静态方法的调用方式：

```
Singleton.singletonTest()
```

这种写法虽然看上去像是静态方法的调用，但其实 Kotlin 在背后自动帮我们创建了一个 Singleton 类的实例，并且保证全局只会存在一个 Singleton 实例。

这样我们就将 Kotlin 面向对象编程最主要的知识掌握了，这也是非常充实的一节内容，希望你能好好掌握和消化。要知道，你往后的编程工作基本上是建立在面向对象编程的基础之上的。

2.6　Lambda 编程

可能很多 Java 程序员对于 Lambda 编程还比较陌生，但其实这并不是什么新鲜的技术。许多现代高级编程语言在很早之前就开始支持 Lambda 编程了，但是 Java 却直到 JDK 1.8 之后才加入了 Lambda 编程的语法支持。因此，大量早期开发的 Java 和 Android 程序其实并未使用 Lambda 编程的特性。

而 Kotlin 从第一个版本开始就支持了 Lambda 编程，并且 Kotlin 中的 Lambda 功能极为强大，我甚至认为 Lambda 才是 Kotlin 的灵魂所在。不过，本章只是 Kotlin 的入门章节，我不可能在这短短一节里就将 Lambda 的方方面面全部覆盖。因此，这一节我们只学习一些 Lambda 编程的基础知识，而像高阶函数、DSL 等高级 Lambda 技巧，我们会在本书的后续章节慢慢学习。

2.6.1　集合的创建与遍历

集合的函数式 API 是用来入门 Lambda 编程的绝佳示例，不过在此之前，我们得先学习创建集合的方式才行。

传统意义上的集合主要就是 List 和 Set，再广泛一点的话，像 Map 这样的键值对数据结构也可以包含进来。List、Set 和 Map 在 Java 中都是接口，List 的主要实现类是 ArrayList 和 LinkedList，Set 的主要实现类是 HashSet，Map 的主要实现类是 HashMap，熟悉 Java 的人对这些集合的实现类一定不会陌生。

现在我们提出一个需求，创建一个包含许多水果名称的集合。如果是在 Java 中你会怎么实现？可能你首先会创建一个 ArrayList 的实例，然后将水果的名称一个个添加到集合中。当然，在 Kotlin 中也可以这么做：

```
val list = ArrayList<String>()
list.add("Apple")
list.add("Banana")
list.add("Orange")
list.add("Pear")
list.add("Grape")
```

但是这种初始化集合的方式比较烦琐，为此 Kotlin 专门提供了一个内置的 listOf()函数来简化初始化集合的写法，如下所示：

```
val list = listOf("Apple", "Banana", "Orange", "Pear", "Grape")
```

可以看到，这里仅用一行代码就完成了集合的初始化操作。

还记得我们在学习循环语句时提到过的吗？for-in 循环不仅可以用来遍历区间，还可以用来遍历集合。现在我们就尝试一下使用 for-in 循环来遍历这个水果集合，在 main()函数中编写如下代码：

```
fun main() {
    val list = listOf("Apple", "Banana", "Orange", "Pear", "Grape")
    for (fruit in list) {
        println(fruit)
    }
}
```

运行一下代码，结果如图 2.23 所示。

图 2.23　对集合进行遍历

不过需要注意的是，listOf()函数创建的是一个不可变的集合。你也许不太能理解什么叫作不可变的集合，因为在 Java 中这个概念不太常见。不可变的集合指的就是该集合只能用于读取，我们无法对集合进行添加、修改或删除操作。

至于这么设计的理由，和 val 关键字、类默认不可继承的设计初衷是类似的，可见 Kotlin 在不可变性方面控制得极其严格。那如果我们确实需要创建一个可变的集合呢？也很简单，使用 mutableListOf()函数就可以了，示例如下：

```
fun main() {
    val list = mutableListOf("Apple", "Banana", "Orange", "Pear", "Grape")
    list.add("Watermelon")
    for (fruit in list) {
```

```
        println(fruit)
    }
}
```

这里先使用 `mutableListOf()` 函数创建一个可变的集合，然后向集合中添加了一个新的水果，最后再使用 `for-in` 循环对集合进行遍历。现在重新运行一下代码，结果如图 2.24 所示。

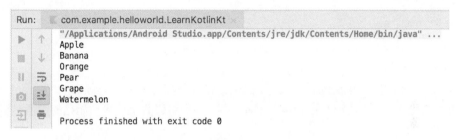

图 2.24 对可变集合进行遍历

可以看到，新添加到集合中的水果已经被成功打印出来了。

前面我们介绍的都是 List 集合的用法，实际上 Set 集合的用法几乎与此一模一样，只是将创建集合的方式换成了 `setOf()` 和 `mutableSetOf()` 函数而已。大致代码如下：

```
val set = setOf("Apple", "Banana", "Orange", "Pear", "Grape")
for (fruit in set) {
    println(fruit)
}
```

需要注意，Set 集合中是不可以存放重复元素的，如果存放了多个相同的元素，只会保留其中一份。当然这部分知识属于数据结构相关的内容，这里就不展开讨论了。

最后再来看一下 Map 集合的用法。Map 是一种键值对形式的数据结构，因此在用法上和 List、Set 集合有较大的不同。传统的 Map 用法是先创建一个 HashMap 的实例，然后将一个个键值对数据添加到 Map 中。比如这里我们给每种水果设置一个对应的编号，就可以这样写：

```
val map = HashMap<String, Int>()
map.put("Apple", 1)
map.put("Banana", 2)
map.put("Orange", 3)
map.put("Pear", 4)
map.put("Grape", 5)
```

我之所以先用这种写法，是因为这种写法和 Java 语法是最相似的，因此可能最好理解。但其实在 Kotlin 中并不建议使用 `put()` 和 `get()` 方法来对 Map 进行添加和读取数据操作，而是更加推荐使用一种类似于数组下标的语法结构，比如向 Map 中添加一条数据就可以这么写：

```
map["Apple"] = 1
```

而从 Map 中读取一条数据就可以这么写：

```
val number = map["Apple"]
```

因此，上述代码经过优化过后就可以变成如下形式：

```
val map = HashMap<String, Int>()
map["Apple"] = 1
map["Banana"] = 2
map["Orange"] = 3
map["Pear"] = 4
map["Grape"] = 5
```

当然，这仍然不是最简便的写法，因为 Kotlin 毫无疑问地提供了一对 mapOf()和 mutableMapOf() 函数来继续简化 Map 的用法。在 mapOf()函数中，我们可以直接传入初始化的键值对组合来完成对 Map 集合的创建：

```
val map = mapOf("Apple" to 1, "Banana" to 2, "Orange" to 3, "Pear" to 4, "Grape" to 5)
```

这里的键值对组合看上去好像是使用 to 这个关键字来进行关联的，但其实 to 并不是关键字，而是一个 infix 函数，我们会在本书第 9 章的 Kotlin 课堂中深入探究 infix 函数的相关内容。

最后再来看一下如何遍历 Map 集合中的数据吧，其实使用的仍然是 for-in 循环。在 main() 函数中编写如下代码：

```
fun main() {
    val map = mapOf("Apple" to 1, "Banana" to 2, "Orange" to 3, "Pear" to 4, "Grape" to 5)
    for ((fruit, number) in map) {
        println("fruit is " + fruit + ", number is " + number)
    }
}
```

这段代码主要的区别在于，在 for-in 循环中，我们将 Map 的键值对变量一起声明到了一对括号里面，这样当进行循环遍历时，每次遍历的结果就会赋值给这两个键值对变量，最后将它们的值打印出来。重新运行一下代码，结果如图 2.25 所示。

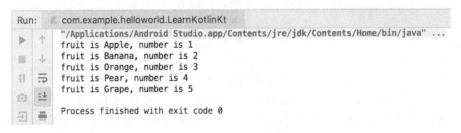

图 2.25   遍历 Map 中的数据

好了，关于集合的创建与遍历就学到这里，接下来我们开始学习集合的函数式 API，从而正式入门 Lambda 编程。

2.6.2 集合的函数式 API

集合的函数式 API 有很多个，这里我并不打算带你涉猎所有函数式 API 的用法，而是重点学习函数式 API 的语法结构，也就是 Lambda 表达式的语法结构。

首先我们来思考一个需求，如何在一个水果集合里面找到单词最长的那个水果？当然这个需求很简单，也有很多种写法，你可能会很自然地写出如下代码：

```
val list = listOf("Apple", "Banana", "Orange", "Pear", "Grape", "Watermelon")
var maxLengthFruit = ""
for (fruit in list) {
    if (fruit.length > maxLengthFruit.length) {
        maxLengthFruit = fruit
    }
}
println("max length fruit is " + maxLengthFruit)
```

这段代码很简洁，思路也很清晰，可以说是一段相当不错的代码了。但是如果我们使用集合的函数式 API，就可以让这个功能变得更加容易：

```
val list = listOf("Apple", "Banana", "Orange", "Pear", "Grape", "Watermelon")
val maxLengthFruit = list.maxBy { it.length }
println("max length fruit is " + maxLengthFruit)
```

上述代码使用的就是函数式 API 的用法，只用一行代码就能找到集合中单词最长的那个水果。或许你现在理解这段代码还比较吃力，那是因为我们还没有开始学习 Lambda 表达式的语法结构，等学完之后再来重新看这段代码时，你就会觉得非常简单易懂了。

首先来看一下 Lambda 的定义，如果用最直白的语言来阐述的话，Lambda 就是一小段可以作为参数传递的代码。从定义上看，这个功能就很厉害了，因为正常情况下，我们向某个函数传参时只能传入变量，而借助 Lambda 却允许传入一小段代码。这里两次使用了"一小段代码"这种描述，那么到底多少代码才算一小段代码呢？Kotlin 对此并没有进行限制，但是通常不建议在 Lambda 表达式中编写太长的代码，否则可能会影响代码的可读性。

接着我们来看一下 Lambda 表达式的语法结构：

{参数名 1: 参数类型, 参数名 2: 参数类型 -> 函数体}

这是 Lambda 表达式最完整的语法结构定义。首先最外层是一对大括号，如果有参数传入到 Lambda 表达式中的话，我们还需要声明参数列表，参数列表的结尾使用一个->符号，表示参数列表的结束以及函数体的开始，函数体中可以编写任意行代码（虽然不建议编写太长的代码），并且最后一行代码会自动作为 Lambda 表达式的返回值。

当然，在很多情况下，我们并不需要使用 Lambda 表达式完整的语法结构，而是有很多种简化的写法。但是简化版的写法对于初学者而言更难理解，因此这里我准备使用一步步推导演化的方式，向你展示这些简化版的写法是从何而来的，这样你就能对 Lambda 表达式的语法结构理解得更加深刻了。那么接下来我们就由繁入简开始吧。

还是回到刚才找出最长单词水果的需求，前面使用的函数式 API 的语法结构看上去好像很特殊，但其实 maxBy 就是一个普通的函数而已，只不过它接收的是一个 Lambda 类型的参数，并且会在遍历集合时将每次遍历的值作为参数传递给 Lambda 表达式。maxBy 函数的工作原理是根据我们传入的条件来遍历集合，从而找到该条件下的最大值，比如说想要找到单词最长的水果，那么条件自然就应该是单词的长度了。

理解了 maxBy 函数的工作原理之后，我们就可以开始套用刚才学习的 Lambda 表达式的语法结构，并将它传入到 maxBy 函数中了，如下所示：

```
val list = listOf("Apple", "Banana", "Orange", "Pear", "Grape", "Watermelon")
val lambda = { fruit: String -> fruit.length }
val maxLengthFruit = list.maxBy(lambda)
```

可以看到，maxBy 函数实质上就是接收了一个 Lambda 参数而已，并且这个 Lambda 参数是完全按照刚才学习的表达式的语法结构来定义的，因此这段代码应该算是比较好懂的。

这种写法虽然可以正常工作，但是比较啰嗦，可简化的点也非常多，下面我们就开始对这段代码一步步进行简化。

首先，我们不需要专门定义一个 lambda 变量，而是可以直接将 lambda 表达式传入 maxBy 函数当中，因此第一步简化如下所示：

```
val maxLengthFruit = list.maxBy({ fruit: String -> fruit.length })
```

然后 Kotlin 规定，当 Lambda 参数是函数的最后一个参数时，可以将 Lambda 表达式移到函数括号的外面，如下所示：

```
val maxLengthFruit = list.maxBy() { fruit: String -> fruit.length }
```

接下来，如果 Lambda 参数是函数的唯一一个参数的话，还可以将函数的括号省略：

```
val maxLengthFruit = list.maxBy { fruit: String -> fruit.length }
```

这样代码看起来就变得清爽多了吧？但是我们还可以继续进行简化。由于 Kotlin 拥有出色的类型推导机制，Lambda 表达式中的参数列表其实在大多数情况下不必声明参数类型，因此代码可以进一步简化成：

```
val maxLengthFruit = list.maxBy { fruit -> fruit.length }
```

最后，当 Lambda 表达式的参数列表中只有一个参数时，也不必声明参数名，而是可以使用 it 关键字来代替，那么代码就变成了：

```
val maxLengthFruit = list.maxBy { it.length }
```

怎么样？通过一步步推导的方式，我们就得到了和一开始那段函数式 API 一模一样的写法，是不是现在理解起来就非常轻松了呢？

正如本小节开头所说的，这里我们重点学习的是函数式 API 的语法结构，理解了语法结构之后，集合中的各种其他函数式 API 都是可以快速掌握的。

接下来我们就再来学习几个集合中比较常用的函数式 API，相信这些对于现在的你来说，应该是没有什么困难的。

集合中的 map 函数是最常用的一种函数式 API，它用于将集合中的每个元素都映射成一个另外的值，映射的规则在 Lambda 表达式中指定，最终生成一个新的集合。比如，这里我们希望让所有的水果名都变成大写模式，就可以这样写：

```
fun main() {
    val list = listOf("Apple", "Banana", "Orange", "Pear", "Grape", "Watermelon")
    val newList = list.map { it.toUpperCase() }
    for (fruit in newList) {
        println(fruit)
    }
}
```

可以看到，我们在 map 函数的 Lambda 表达式中指定将单词转换成了大写模式，然后遍历这个新生成的集合。运行一下代码，结果如图 2.26 所示。

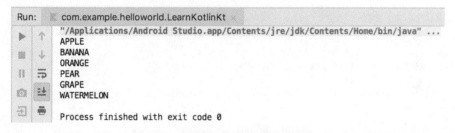

图 2.26　将水果名都转换成大写模式

map 函数的功能非常强大，它可以按照我们的需求对集合中的元素进行任意的映射转换，上面只是一个简单的示例而已。除此之外，你还可以将水果名全部转换成小写，或者是只取单词的首字母，甚至是转换成单词长度这样一个数字集合，只要在 Lambda 表示式中编写你需要的逻辑即可。

接下来我们再来学习另外一个比较常用的函数式 API——filter 函数。顾名思义，filter 函数是用来过滤集合中的数据的，它可以单独使用，也可以配合刚才的 map 函数一起使用。

比如我们只想保留 5 个字母以内的水果，就可以借助 filter 函数来实现，代码如下所示：

```
fun main() {
    val list = listOf("Apple", "Banana", "Orange", "Pear", "Grape", "Watermelon")
    val newList = list.filter { it.length <= 5 }
                      .map { it.toUpperCase() }
    for (fruit in newList) {
        println(fruit)
    }
}
```

　　可以看到，这里同时使用了 filter 和 map 函数，并通过 Lambda 表示式将水果单词长度限制在 5 个字母以内。重新运行一下代码，结果如图 2.27 所示。

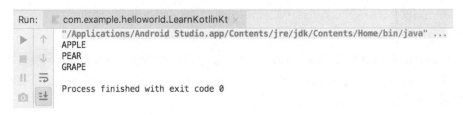

图 2.27　对水果单词长度进行过滤

　　另外值得一提的是，上述代码中我们是先调用了 filter 函数再调用 map 函数。如果你改成先调用 map 函数再调用 filter 函数，也能实现同样的效果，但是效率就会差很多，因为这样相当于要对集合中所有的元素都进行一次映射转换后再进行过滤，这是完全不必要的。而先进行过滤操作，再对过滤后的元素进行映射转换，就会明显高效得多。

　　接下来我们继续学习两个比较常用的函数式 API——any 和 all 函数。其中 any 函数用于判断集合中是否至少存在一个元素满足指定条件，all 函数用于判断集合中是否所有元素都满足指定条件。由于这两个函数都很好理解，我们就直接通过代码示例学习了：

```kotlin
fun main() {
    val list = listOf("Apple", "Banana", "Orange", "Pear", "Grape", "Watermelon")
    val anyResult = list.any { it.length <= 5 }
    val allResult = list.all { it.length <= 5 }
    println("anyResult is " + anyResult + ", allResult is " + allResult)
}
```

　　这里还是在 Lambda 表达式中将条件设置为 5 个字母以内的单词，那么 any 函数就表示集合中是否存在 5 个字母以内的单词，而 all 函数就表示集合中是否所有单词都在 5 个字母以内。现在重新运行一下代码，结果如图 2.28 所示。

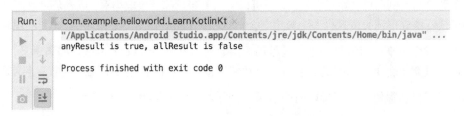

图 2.28　any 和 all 函数的执行结果

　　这样我们就将 Lambda 表达式的语法结构和几个常用的函数式 API 的用法都学习完了，虽然集合中还有许多其他函数式 API，但是只要掌握了基本的语法规则，其他函数式 API 的用法只要看一看文档就能掌握了，相信这对你来说并不是难事。

2.6.3 Java 函数式 API 的使用

现在我们已经学习了 Kotlin 中函数式 API 的用法，但实际上在 Kotlin 中调用 Java 方法时也可以使用函数式 API，只不过这是有一定条件限制的。具体来讲，如果我们在 Kotlin 代码中调用了一个 Java 方法，并且该方法接收一个 Java 单抽象方法接口参数，就可以使用函数式 API。Java 单抽象方法接口指的是接口中只有一个待实现方法，如果接口中有多个待实现方法，则无法使用函数式 API。

如果你觉得上面的描述有些模糊的话，没关系，下面我们通过一个具体的例子来学习一下，你就能明白了。Java 原生 API 中有一个最为常见的单抽象方法接口——Runnable 接口。这个接口中只有一个待实现的 run() 方法，定义如下：

```
public interface Runnable {
    void run();
}
```

根据前面的讲解，对于任何一个 Java 方法，只要它接收 Runnable 参数，就可以使用函数式 API。那么哪些 Java 方法接收了 Runnable 参数呢？这就有很多了，不过 Runnable 接口主要还是结合线程来一起使用的，因此这里我们就通过 Java 的线程类 Thread 来学习一下。

Thread 类的构造方法中接收了一个 Runnable 参数，我们可以使用如下 Java 代码创建并执行一个子线程：

```
new Thread(new Runnable() {
    @Override
    public void run() {
        System.out.println("Thread is running");
    }
}).start();
```

注意，这里使用了匿名类的写法，我们创建了一个 Runnable 接口的匿名类实例，并将它传给了 Thread 类的构造方法，最后调用 Thread 类的 start() 方法执行这个线程。

而如果直接将这段代码翻译成 Kotlin 版本，写法将如下所示：

```
Thread(object : Runnable {
    override fun run() {
        println("Thread is running")
    }
}).start()
```

Kotlin 中匿名类的写法和 Java 有一点区别，由于 Kotlin 完全舍弃了 new 关键字，因此创建匿名类实例的时候就不能再使用 new 了，而是改用了 object 关键字。这种写法虽然算不上复杂，但是相比于 Java 的匿名类写法，并没有什么简化之处。

但是别忘了，目前 Thread 类的构造方法是符合 Java 函数式 API 的使用条件的，下面我们就看看如何对代码进行精简，如下所示：

```
Thread(Runnable {
    println("Thread is running")
}).start()
```

这段代码明显简化了很多，既可以实现同样的功能，又不会造成任何歧义。因为 Runnable 类中只有一个待实现方法，即使这里没有显式地重写 run() 方法，Kotlin 也能自动明白 Runnable 后面的 Lambda 表达式就是要在 run() 方法中实现的内容。

另外，如果一个 Java 方法的参数列表中有且仅有一个 Java 单抽象方法接口参数，我们还可以将接口名进行省略，这样代码就变得更加精简了：

```
Thread({
    println("Thread is running")
}).start()
```

不过到这里还没有结束，和之前 Kotlin 中函数式 API 的用法类似，当 Lambda 表达式是方法的最后一个参数时，可以将 Lambda 表达式移到方法括号的外面。同时，如果 Lambda 表达式还是方法的唯一一个参数，还可以将方法的括号省略，最终简化结果如下：

```
Thread {
    println("Thread is running")
}.start()
```

如果你将上述代码写到 main() 函数中并执行，就会得到如图 2.29 所示的结果。

图 2.29　Java 函数式 API 的运行结果

或许你会觉得，既然本书中所有的代码都是使用 Kotlin 编写的，这种 Java 函数式 API 应该并不常用吧？其实并不是这样的，因为我们后面要经常打交道的 Android SDK 还是使用 Java 语言编写的，当我们在 Kotlin 中调用这些 SDK 接口时，就很可能会用到这种 Java 函数式 API 的写法。

举个例子，Android 中有一个极为常用的点击事件接口 OnClickListener，其定义如下：

```
public interface OnClickListener {
    void onClick(View v);
}
```

可以看到，这又是一个单抽象方法接口。假设现在我们拥有一个按钮 button 的实例，然后使用 Java 代码去注册这个按钮的点击事件，需要这么写：

```
button.setOnClickListener(new View.OnClickListener() {
    @Override
```

```
    public void onClick(View v) {
    }
});
```

而用 Kotlin 代码实现同样的功能，就可以使用函数式 API 的写法来对代码进行简化，结果如下：

```
button.setOnClickListener {
}
```

可以看到，使用这种写法，代码明显精简了很多。这段给按钮注册点击事件的代码，我们在正式开始学习 Android 程序开发之后将会经常用到。

最后提醒你一句，本小节中学习的 Java 函数式 API 的使用都限定于从 Kotlin 中调用 Java 方法，并且单抽象方法接口也必须是用 Java 语言定义的。你可能会好奇为什么要这样设计。这是因为 Kotlin 中有专门的高阶函数来实现更加强大的自定义函数式 API 功能，从而不需要像 Java 这样借助单抽象方法接口来实现。关于高阶函数的用法，我们会在本书的第 6 章进行学习。

2.7 空指针检查

我之前看过某国外机构做的一个统计，Android 系统上崩溃率最高的异常类型就是空指针异常（NullPointerException）。相信不只是 Android，其他系统上也面临着相同的问题。若要分析其根本原因的话，我觉得主要是因为空指针是一种不受编程语言检查的运行时异常，只能由程序员主动通过逻辑判断来避免，但即使是最出色的程序员，也不可能将所有潜在的空指针异常全部考虑到。

我们来看一段非常简单的 Java 代码：

```
public void doStudy(Study study) {
    study.readBooks();
    study.doHomework();
}
```

这是我们在 2.5.3 小节编写过的一个 doStudy() 方法，我将它翻译成了 Java 版。这段代码没有任何复杂的逻辑，只是接收了一个 Study 参数，并且调用了参数的 readBooks() 和 doHomework() 方法。

这段代码安全吗？不一定，因为这要取决于调用方传入的参数是什么，如果我们向 doStudy() 方法传入了一个 null 参数，那么毫无疑问这里就会发生空指针异常。因此，更加稳妥的做法是在调用参数的方法之前先进行一个判空处理，如下所示：

```
public void doStudy(Study study) {
    if (study != null) {
        study.readBooks();
        study.doHomework();
    }
}
```

这样就能保证不管传入的参数是什么，这段代码始终都是安全的。

由此可以看出，即使是如此简单的一小段代码，都有产生空指针异常的潜在风险，那么在一个大型项目中，想要完全规避空指针异常几乎是不可能的事情，这也是它高居各类崩溃排行榜首位的原因。

2.7.1　可空类型系统

然而，Kotlin 却非常科学地解决了这个问题，它利用编译时判空检查的机制几乎杜绝了空指针异常。虽然编译时判空检查的机制有时候会导致代码变得比较难写，但是不用担心，Kotlin 提供了一系列的辅助工具，让我们能轻松地处理各种判空情况。下面我们就逐步开始学习吧。

还是回到刚才的 doStudy()函数，现在将这个函数再翻译回 Kotlin 版本，代码如下所示：

```
fun doStudy(study: Study) {
    study.readBooks()
    study.doHomework()
}
```

这段代码看上去和刚才的 Java 版本并没有什么区别，但实际上它是没有空指针风险的，因为 Kotlin 默认所有的参数和变量都不可为空，所以这里传入的 Study 参数也一定不会为空，我们可以放心地调用它的任何函数。如果你尝试向 doStudy()函数传入一个 null 参数，则会提示如图 2.30 所示的错误。

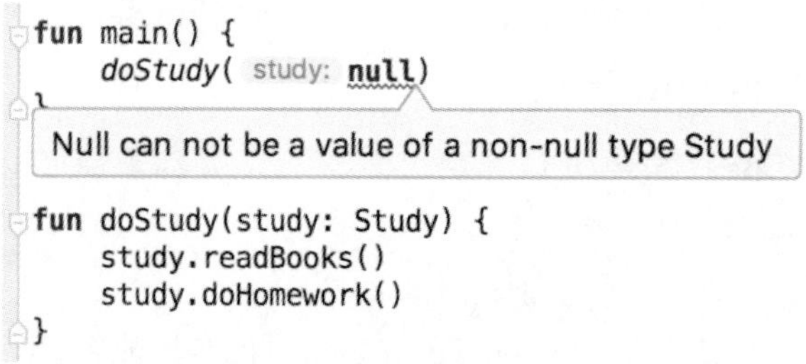

```
fun main() {
    doStudy( study: null)
}
    Null can not be a value of a non-null type Study

fun doStudy(study: Study) {
    study.readBooks()
    study.doHomework()
}
```

图 2.30　向 doStudy()方法传入 null 参数

也就是说，Kotlin 将空指针异常的检查提前到了编译时期，如果我们的程序存在空指针异常的风险，那么在编译的时候会直接报错，修正之后才能成功运行，这样就可以保证程序在运行时期不会出现空指针异常了。

看到这里，你可能产生了巨大的疑惑，所有的参数和变量都不可为空？这可真是前所未闻的事情，那如果我们的业务逻辑就是需要某个参数或者变量为空该怎么办呢？不用担心，Kotlin 提供了另外一套可为空的类型系统，只不过在使用可为空的类型系统时，我们需要在编译时期就将所有潜在的空指针异常都处理掉，否则代码将无法编译通过。

那么可为空的类型系统是什么样的呢？很简单，就是在类名的后面加上一个问号。比如，Int

表示不可为空的整型,而 Int?就表示可为空的整型;String 表示不可为空的字符串,而 String?就表示可为空的字符串。

回到刚才的 doStudy()函数,如果我们希望传入的参数可以为空,那么就应该将参数的类型由 Study 改成 Study?,如图 2.31 所示。

```
fun main() {
    doStudy( study: null)
}

fun doStudy(study: Study?) {
    study.readBooks()
    study.doHomework()
}
```

图 2.31　允许 Study 参数为空

可以看到,现在在调用 doStudy()函数时传入 null 参数,就不会再提示错误了。然而你会发现,在 doStudy()函数中调用参数的 readBooks()和 doHomework()方法时,却出现了一个红色下滑线的错误提示,这又是为什么呢?

其实原因也很明显,由于我们将参数改成了可为空的 Study?类型,此时调用参数的 readBooks()和 doHomework()方法都可能造成空指针异常,因此 Kotlin 在这种情况下不允许编译通过。

那么该如何解决呢?很简单,只要把空指针异常都处理掉就可以了,比如做个判断处理,如下所示:

```
fun doStudy(study: Study?) {
    if (study != null) {
        study.readBooks()
        study.doHomework()
    }
}
```

现在代码就可以正常编译通过了,并且还能保证完全不会出现空指针异常。

其实学到这里,我们就已经基本掌握了 Kotlin 的可空类型系统以及空指针检查的机制,但是为了在编译时期就处理掉所有的空指针异常,通常需要编写很多额外的检查代码才行。如果每处检查代码都使用 if 判断语句,则会让代码变得比较啰嗦,而且 if 判断语句还处理不了全局变量的判空问题。为此,Kotlin 专门提供了一系列的辅助工具,使开发者能够更轻松地进行判空处理,下面我们就来逐个学习一下。

2.7.2　判空辅助工具

首先学习最常用的?.操作符。这个操作符的作用非常好理解,就是当对象不为空时正常调用相应的方法，当对象为空时则什么都不做。比如以下的判空处理代码：

```
if (a != null) {
    a.doSomething()
}
```

这段代码使用?.操作符就可以简化成：

```
a?.doSomething()
```

了解了?.操作符的作用，下面我们来看一下如何使用这个操作符对 doStudy()函数进行优化，代码如下所示：

```
fun doStudy(study: Study?) {
    study?.readBooks()
    study?.doHomework()
}
```

可以看到，这样我们就借助?.操作符将 if 判断语句去掉了。可能你会觉得使用 if 语句来进行判空处理也没什么复杂的，那是因为目前的代码还非常简单，当以后我们开发的功能越来越复杂，需要判空的对象也越来越多的时候，你就会觉得?.操作符特别好用了。

下面我们再来学习另外一个非常常用的?:操作符。这个操作符的左右两边都接收一个表达式，如果左边表达式的结果不为空就返回左边表达式的结果，否则就返回右边表达式的结果。观察如下代码：

```
val c = if (a ! = null) {
    a
} else {
    b
}
```

这段代码的逻辑使用?:操作符就可以简化成：

```
val c = a ?: b
```

接下来我们通过一个具体的例子来结合使用?.和?:这两个操作符，从而让你加深对它们的理解。

比如现在我们要编写一个函数用来获得一段文本的长度，使用传统的写法就可以这样写：

```
fun getTextLength(text: String?): Int {
    if (text != null) {
        return text.length
    }
    return 0
}
```

由于文本是可能为空的，因此我们需要先进行一次判空操作，如果文本不为空就返回它的长度，如果文本为空就返回 0。

这段代码看上去也并不复杂，但是我们却可以借助操作符让它变得更加简单，如下所示：

```kotlin
fun getTextLength(text: String?) = text?.length ?: 0
```

这里我们将`?.`和`?:`操作符结合到了一起使用，首先由于 text 是可能为空的，因此我们在调用它的 length 字段时需要使用`?.`操作符，而当 text 为空时，`text?.length`会返回一个 null 值，这个时候我们再借助`?:`操作符让它返回 0。怎么样，是不是觉得这些操作符越来越好用了呢？

不过 Kotlin 的空指针检查机制也并非总是那么智能，有的时候我们可能从逻辑上已经将空指针异常处理了，但是 Kotlin 的编译器并不知道，这个时候它还是会编译失败。

观察如下的代码示例：

```kotlin
var content: String? = "hello"

fun main() {
    if (content != null) {
        printUpperCase()
    }
}

fun printUpperCase() {
    val upperCase = content.toUpperCase()
    println(upperCase)
}
```

这里我们定义了一个可为空的全局变量 content，然后在 main()函数里先进行一次判空操作，当 content 不为空的时候才会调用 printUpperCase()函数，在 printUpperCase()函数里，我们将 content 转换为大写模式，最后打印出来。

看上去好像逻辑没什么问题，但是很遗憾，这段代码一定是无法运行的。因为 printUpperCase()函数并不知道外部已经对 content 变量进行了非空检查，在调用 toUpperCase()方法时，还认为这里存在空指针风险，从而无法编译通过。

在这种情况下，如果我们想要强行通过编译，可以使用非空断言工具，写法是在对象的后面加上`!!`，如下所示：

```kotlin
fun printUpperCase() {
    val upperCase = content!!.toUpperCase()
    println(upperCase)
}
```

这是一种有风险的写法，意在告诉 Kotlin，我非常确信这里的对象不会为空，所以不用你来帮我做空指针检查了，如果出现问题，你可以直接抛出空指针异常，后果由我自己承担。

虽然这样编写代码确实可以通过编译，但是当你想要使用非空断言工具的时候，最好提醒一下自己，是不是还有更好的实现方式。你最自信这个对象不会为空的时候，其实可能就是一个潜在空指针异常发生的时候。

最后我们再来学习一个比较与众不同的辅助工具——let。let 既不是操作符，也不是什么关键字，而是一个函数。这个函数提供了函数式 API 的编程接口，并将原始调用对象作为参数传递到 Lambda 表达式中。示例代码如下：

```
obj.let { obj2 ->
    // 编写具体的业务逻辑
}
```

可以看到，这里调用了 obj 对象的 let 函数，然后 Lambda 表达式中的代码就会立即执行，并且这个 obj 对象本身还会作为参数传递到 Lambda 表达式中。不过，为了防止变量重名，这里我将参数名改成了 obj2，但实际上它们是同一个对象，这就是 let 函数的作用。

let 函数属于 Kotlin 中的标准函数，在下一章中我们将会学习更多 Kotlin 标准函数的用法。

你可能就要问了，这个 let 函数和空指针检查有什么关系呢？其实 let 函数的特性配合?.操作符可以在空指针检查的时候起到很大的作用。

我们回到 doStudy()函数当中，目前的代码如下所示：

```
fun doStudy(study: Study?) {
    study?.readBooks()
    study?.doHomework()
}
```

虽然这段代码我们通过?.操作符优化之后可以正常编译通过，但其实这种表达方式是有点啰嗦的，如果将这段代码准确翻译成使用 if 判断语句的写法，对应的代码如下：

```
fun doStudy(study: Study?) {
    if (study != null) {
        study.readBooks()
    }
    if (study != null) {
        study.doHomework()
    }
}
```

也就是说，本来我们进行一次 if 判断就能随意调用 study 对象的任何方法，但受制于?.操作符的限制，现在变成了每次调用 study 对象的方法时都要进行一次 if 判断。

这个时候就可以结合使用?.操作符和 let 函数来对代码进行优化了，如下所示：

```
fun doStudy(study: Study?) {
    study?.let { stu ->
        stu.readBooks()
        stu.doHomework()
    }
}
```

我来简单解释一下上述代码，?.操作符表示对象为空时什么都不做，对象不为空时就调用 let 函数，而 let 函数会将 study 对象本身作为参数传递到 Lambda 表达式中，此时的 study

对象肯定不为空了，我们就能放心地调用它的任意方法了。

另外还记得 Lambda 表达式的语法特性吗？当 Lambda 表达式的参数列表中只有一个参数时，可以不用声明参数名，直接使用 `it` 关键字来代替即可，那么代码就可以进一步简化成：

```
fun doStudy(study: Study?) {
    study?.let {
        it.readBooks()
        it.doHomework()
    }
}
```

在结束本小节内容之前，我还得再讲一点，`let` 函数是可以处理全局变量的判空问题的，而 `if` 判断语句则无法做到这一点。比如我们将 `doStudy()` 函数中的参数变成一个全局变量，使用 `let` 函数仍然可以正常工作，但使用 `if` 判断语句则会提示错误，如图 2.32 所示。

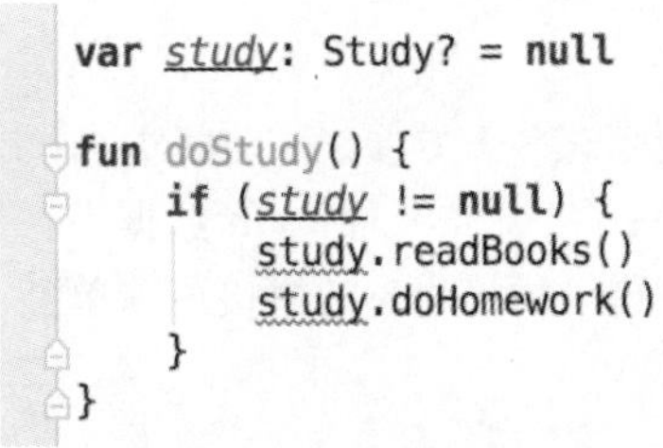

```
var study: Study? = null

fun doStudy() {
    if (study != null) {
        study.readBooks()
        study.doHomework()
    }
}
```

图 2.32　使用 `if` 判断语句对全局变量进行判空

之所以这里会报错，是因为全局变量的值随时都有可能被其他线程所修改，即使做了判空处理，仍然无法保证 `if` 语句中的 `study` 变量没有空指针风险。从这一点上也能体现出 `let` 函数的优势。

好了，最常用的 Kotlin 空指针检查辅助工具大概就是这些了，只要能将本节的内容掌握好，你就可以写出更加健壮、几乎杜绝空指针异常的代码了。

2.8　Kotlin 中的小魔术

到目前为止，我们已经学习了很多 Kotlin 方面的编程知识，相信现在的你已经有能力进行一些日常的 Kotlin 开发工作了。在结束本章内容之前，我们再来学习几个魔术类的小技巧，虽说是小技巧，但是相信我，它们一定会给你带来巨大的帮助。

2.8.1　字符串内嵌表达式

字符串内嵌表达式是我认为 Java 最应该支持的功能，因为大多数现代高级语言是支持这个非常方便的功能的，但是 Java 直到今天都还不支持，至于为什么，我也想不明白，或许 Java 的开发团队有不这么做的原因和道理吧。

不过值得高兴的是，Kotlin 从一开始就支持了字符串内嵌表达式的功能，弥补了 Java 在这一点上的遗憾。在 Kotlin 中，我们不需要再像使用 Java 时那样傻傻地拼接字符串了，而是可以直接将表达式写在字符串里面，即使是构建非常复杂的字符串，也会变得轻而易举。

本书到目前为止，我都还没有使用过字符串内嵌表达式的写法，一直在使用传统的加号连接符来拼接字符串。在学完本节的内容之后，我们就会永远和加号连接符的写法说"再见"了。

首先来看一下 Kotlin 中字符串内嵌表达式的语法规则：

```
"hello, ${obj.name}. nice to meet you!"
```

可以看到，Kotlin 允许我们在字符串里嵌入 `${}` 这种语法结构的表达式，并在运行时使用表达式执行的结果替代这一部分内容。

另外，当表达式中仅有一个变量的时候，还可以将两边的大括号省略，如下所示：

```
"hello, $name. nice to meet you!"
```

这种字符串内嵌表达式的写法到底有多么方便，我们通过一个具体的例子来学习一下就知道了。在 2.5.4 小节中，我们用 Java 编写了一个 Cellphone 数据类，其中 toString() 方法里就使用了比较复杂的拼接字符串的写法。这里我将当时的拼接逻辑单独提炼了出来，代码如下：

```
val brand = "Samsung"
val price = 1299.99
println("Cellphone(brand=" + brand + ", price=" + price + ")")
```

可以看到，上述字符串中一共使用了 4 个加号连接符，这种写法不仅写起来非常吃力，很容易写错，而且在代码可读性方面也很糟糕。

而使用字符串内嵌表达式的写法就变得非常简单了，如下所示：

```
val brand = "Samsung"
val price = 1299.99
println("Cellphone(brand=$brand, price=$price)")
```

很明显，这种写法不管是在易读性还是易写性方面都更胜一筹，是 Kotlin 更加推崇的写法。这个小技巧会给我们以后的开发工作带来巨大的便利。

2.8.2　函数的参数默认值

接下来我们开始学习另外一个非常有用的小技巧——给函数设定参数默认值。

其实之前在学习次构造函数用法的时候我就提到过，次构造函数在 Kotlin 中很少用，因为 Kotlin 提供了给函数设定参数默认值的功能，它在很大程度上能够替代次构造函数的作用。

具体来讲，我们可以在定义函数的时候给任意参数设定一个默认值，这样当调用此函数时就不会强制要求调用方为此参数传值，在没有传值的情况下会自动使用参数的默认值。

给参数设定默认值的方式也很简单，观察如下代码：

```kotlin
fun printParams(num: Int, str: String = "hello") {
    println("num is $num , str is $str")
}
```

可以看到，这里我们给 printParams()函数的第二个参数设定了一个默认值，这样当调用 printParams()函数时，可以选择给第二个参数传值，也可以选择不传，在不传的情况下就会自动使用默认值。

现在我们在 main()函数中调用一下 printParams()函数来进行测试，代码如下：

```kotlin
fun printParams(num: Int, str: String = "hello") {
    println("num is $num , str is $str")
}

fun main() {
    printParams(123)
}
```

注意，这里并没有给第二个参数传值。运行一下代码，结果如图 2.33 所示。

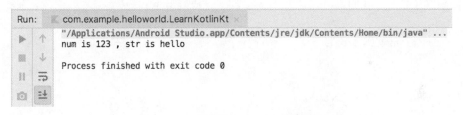

图 2.33　str 参数使用默认值的打印结果

可以看到，在没有给第二个参数传值的情况下，printParams()函数自动使用了参数的默认值。

当然上面这个例子比较理想化，因为正好是给最后一个参数设定了默认值，现在我们将代码改成给第一个参数设定默认值，如下所示：

```kotlin
fun printParams(num: Int = 100, str: String) {
    println("num is $num , str is $str")
}
```

这时如果想让 num 参数使用默认值该怎么办呢？模仿刚才的写法肯定是行不通的，因为编译器会认为我们想把字符串赋值给第一个 num 参数，从而报类型不匹配的错误，如图 2.34 所示。

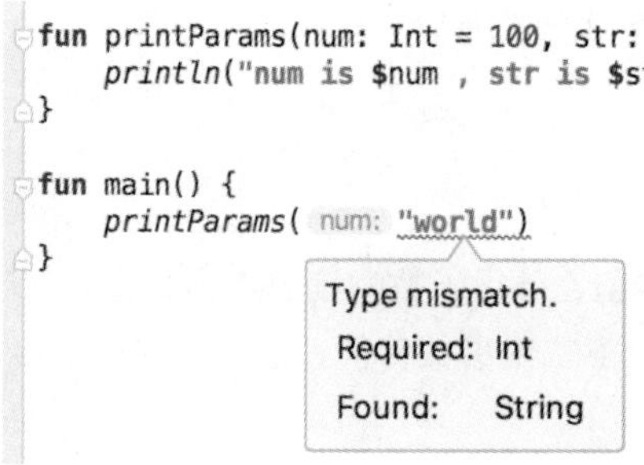

```
fun printParams(num: Int = 100, str: String) {
    println("num is $num , str is $str")
}

fun main() {
    printParams( num: "world")
}
```

Type mismatch.
Required: Int
Found: String

图 2.34   类型不匹配错误提示

不过不用担心，Kotlin 提供了另外一种神奇的机制，就是可以通过键值对的方式来传参，从而不必像传统写法那样按照参数定义的顺序来传参。比如调用 printParams()函数，我们还可以这样写：

```
printParams(str = "world", num = 123)
```

此时哪个参数在前哪个参数在后都无所谓，Kotlin 可以准确地将参数匹配上。而使用这种键值对的传参方式之后，我们就可以省略 num 参数了，代码如下：

```
fun printParams(num: Int = 100, str: String) {
    println("num is $num , str is $str")
}

fun main() {
    printParams(str = "world")
}
```

重新运行一下程序，结果如图 2.35 所示。

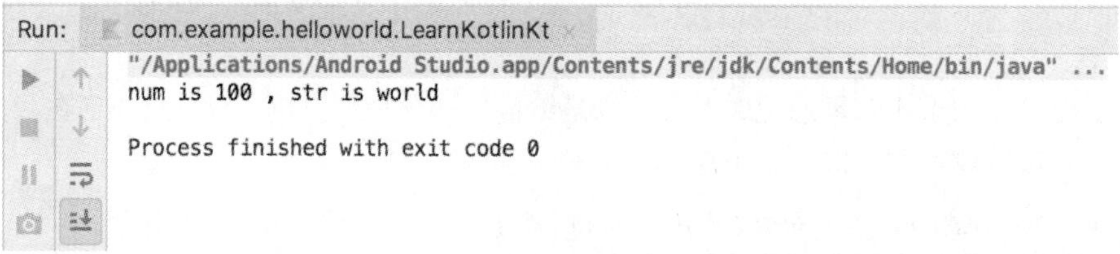

```
Run:   com.example.helloworld.LearnKotlinKt
    "/Applications/Android Studio.app/Contents/jre/jdk/Contents/Home/bin/java" ...
    num is 100 , str is world

    Process finished with exit code 0
```

图 2.35   num 参数使用默认值的打印结果

现在你已经掌握了如何给函数设定参数默认值，那么为什么说这个功能可以在很大程度上替代次构造函数的作用呢？

回忆一下当初我们学习次构造函数时所编写的代码：

```
class Student(val sno: String, val grade: Int, name: String, age: Int) :
        Person(name, age) {
    constructor(name: String, age: Int) : this("", 0, name, age) {
    }
```

```
    constructor() : this("", 0) {
    }
}
```

上述代码中有一个主构造函数和两个次构造函数，次构造函数在这里的作用是提供了使用更少参数来对 Student 类进行实例化的方式。无参的次构造函数会调用两个参数的次构造函数，并将这两个参数赋值成初始值。两个参数的次构造函数会调用 4 个参数的主构造函数，并将缺失的两个参数也赋值成初始值。

这种写法在 Kotlin 中其实是不必要的，因为我们完全可以通过只编写一个主构造函数，然后给参数设定默认值的方式来实现，代码如下所示：

```
class Student(val sno: String = "", val grade: Int = 0, name: String = "", age: Int = 0) :
        Person(name, age) {
}
```

在给主构造函数的每个参数都设定了默认值之后，我们就可以使用任何传参组合的方式来对 Student 类进行实例化，当然也包含了刚才两种次构造函数的使用场景。

由此可见，给函数设定参数默认值这个小技巧的作用还是极大的。

2.9 小结与点评

本章的内容可着实不少，在这一章里面，我们全面学习了 Kotlin 编程中最主要的知识点，包括变量和函数、逻辑控制语句、面向对象编程、Lambda 编程、空指针检查机制，等等。虽然这还远不足以涵盖 Kotlin 的所有内容，但是这里我要祝贺你，现在你已经有足够的实力使用 Kotlin 来学习 Android 程序开发了。

因此，从下一章开始，我们将正式踏上 Android 开发学习之旅。不过在这之后的每一章里，我都会结合相应章节的内容穿插讲解一些 Kotlin 进阶方面的知识，从而让你在 Android 和 Kotlin 两方面都能够持续不断地进步。那么稍事休息，让我们继续前行吧！

第 3 章

先从看得到的入手，探究 Activity

通过第 1 章的学习，你已经成功创建了第一个 Android 项目。不过，仅仅满足于此显然是不够的，是时候学点新的东西了。作为你的导师，我有义务帮你制定好后面的学习路线，那么今天我们应该从哪儿入手呢？现在你可以想象一下，假如你已经写出了一个非常优秀的应用程序，然后推荐给你的第一个用户，你会从哪里开始介绍呢？毫无疑问，当然是从界面开始介绍了！因为即使你的程序算法再高效，架构再出色，用户也根本不会在乎这些，他们一开始只会对看得到的东西感兴趣，那么我们今天的主题自然要从看得到的入手了。

3.1　Activity 是什么

Activity 是最容易吸引用户的地方，它是一种可以包含用户界面的组件，主要用于和用户进行交互。一个应用程序中可以包含零个或多个 Activity，但不包含任何 Activity 的应用程序很少见，谁也不想让自己的应用永远无法被用户看到吧？

其实在第 1 章中，你已经和 Activity 打过交道了，并且对 Activity 有了初步的认识。不过当时的重点是创建你的第一个 Android 项目，对 Activity 的介绍并不多，在本章中，我将对 Activity 进行详细的介绍。

3.2　Activity 的基本用法

到现在为止，你还没有手动创建过 Activity 呢，因为第 1 章中的 MainActivity 是 Android Studio 自动帮我们创建的。手动创建 Activity 可以加深我们的理解，因此现在是时候自己动手了。

我们先将当前的项目关闭，点击导航栏 File→Close Project。然后再新建一个 Android 项目，新建项目的步骤你已经在第 1 章学习过了，不过图 1.9 中的那一步需要稍做修改，我们不再选择 "Empty Activity" 这个选项，而是选择 "Add No Activity"，如图 3.1 所示。

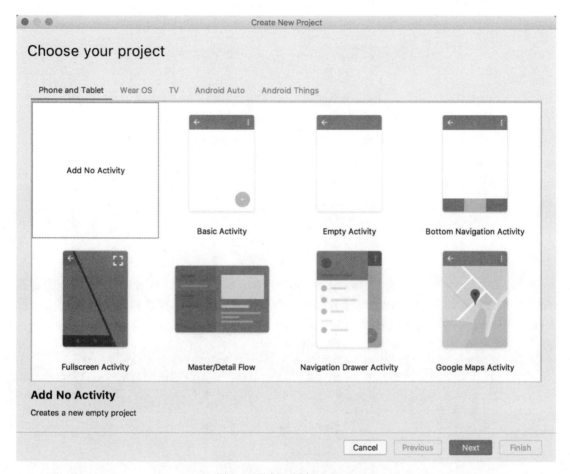

图 3.1　选择不添加 Activity

点击"Next"进入项目配置界面。

项目名可以叫作 ActivityTest，包名我们就使用默认值 com.example.activitytest，其他选项都和第 1 章创建的项目保持一致。点击"Finish"，等待 Gradle 构建完成后，项目就创建成功了。

3.2.1　手动创建 Activity

项目创建成功后，仍然会默认使用 Android 模式的项目结构，这里我们手动改成 Project 模式，本书后面的所有项目都要这样修改，以后就不再赘述了。目前 ActivityTest 项目中虽然还是会自动生成很多文件，但是 app/src/main/java/com.example.activitytest 目录将会是空的，如图 3.2 所示。

图 3.2   初始项目结构

现在右击 com.example.activitytest 包→New→Activity→Empty Activity，会弹出一个创建 Activity 的对话框，我们将 Activity 命名为 FirstActivity，并且不要勾选 Generate Layout File 和 Launcher Activity 这两个选项，如图 3.3 所示。

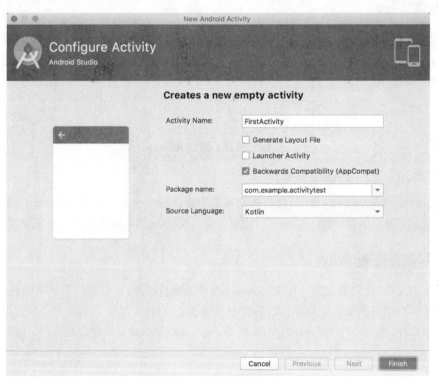

图 3.3   新建 Activity 对话框

勾选 Generate Layout File 表示会自动为 FirstActivity 创建一个对应的布局文件,勾选 Launcher Activity 表示会自动将 FirstActivity 设置为当前项目的主 Activity。由于你是第一次手动创建 Activity,这些自动生成的东西暂时都不要勾选,下面我们将会一个个手动来完成。勾选 Backwards Compatibility 表示会为项目启用向下兼容旧版系统的模式,这个选项要勾上。点击 "Finish" 完成创建。

你需要知道,项目中的任何 Activity 都应该重写 onCreate() 方法,而目前我们的 FirstActivity 中已经重写了这个方法,这是 Android Studio 自动帮我们完成的,代码如下所示:

```
class FirstActivity : AppCompatActivity() {

    override fun onCreate(savedInstanceState: Bundle?) {
        super.onCreate(savedInstanceState)
    }

}
```

可以看到,onCreate() 方法非常简单,就是调用了父类的 onCreate() 方法。当然这只是默认的实现,后面我们还需要在里面加入很多自己的逻辑。

3.2.2 创建和加载布局

前面我们说过,Android 程序的设计讲究逻辑和视图分离,最好每一个 Activity 都能对应一个布局。布局是用来显示界面内容的,我们现在就来手动创建一个布局文件。

右击 app/src/main/res 目录→New→Directory,会弹出一个新建目录的窗口,这里先创建一个名为 layout 的目录。然后对着 layout 目录右键→New→Layout resource file,又会弹出一个新建布局资源文件的窗口,我们将这个布局文件命名为 first_layout,根元素默认选择为 LinearLayout,如图 3.4 所示。

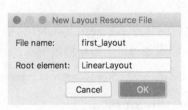

图 3.4　新建布局资源文件

点击 "OK" 完成布局的创建,这时候你会看到如图 3.5 所示的布局编辑器。

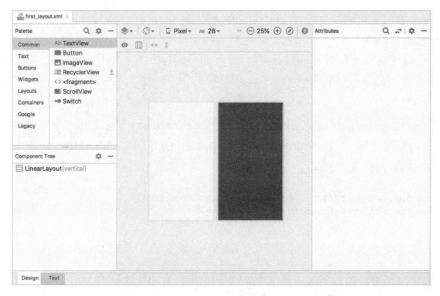

图 3.5　布局编辑器

这是 Android Studio 为我们提供的可视化布局编辑器，你可以在屏幕的中央区域预览当前的布局。在窗口的左下方有两个切换卡：左边是 Design，右边是 Text。Design 是当前的可视化布局编辑器，在这里你不仅可以预览当前的布局，还可以通过拖放的方式编辑布局。而 Text 则是通过 XML 文件的方式来编辑布局的，现在点击一下 Text 切换卡，可以看到如下代码：

```
<LinearLayout xmlns:android="http://schemas.android.com/apk/res/android"
    android:orientation="vertical"
    android:layout_width="match_parent"
    android:layout_height="match_parent">

</LinearLayout>
```

由于我们刚才在创建布局文件时选择了 LinearLayout 作为根元素，因此现在布局文件中已经有一个 LinearLayout 元素了。我们现在对这个布局稍做编辑，添加一个按钮，如下所示：

```
<LinearLayout xmlns:android="http://schemas.android.com/apk/res/android"
    android:orientation="vertical"
    android:layout_width="match_parent"
    android:layout_height="match_parent">

    <Button
        android:id="@+id/button1"
        android:layout_width="match_parent"
        android:layout_height="wrap_content"
        android:text="Button 1"
    />

</LinearLayout>
```

　　这里添加了一个 Button 元素，并在 Button 元素的内部增加了几个属性。android:id 是给当前的元素定义一个唯一的标识符，之后可以在代码中对这个元素进行操作。你可能会对@+id/button1 这种语法感到陌生，但如果把加号去掉，变成@id/button1，你就会觉得有些熟悉了吧。这不就是在 XML 中引用资源的语法吗？只不过是把 string 替换成了 id。是的，如果你需要在 XML 中引用一个 id，就使用@id/id_name 这种语法，而如果你需要在 XML 中定义一个 id，则要使用@+id/id_name 这种语法。随后 android:layout_width 指定了当前元素的宽度，这里使用 match_parent 表示让当前元素和父元素一样宽。android:layout_height 指定了当前元素的高度，这里使用 wrap_content 表示当前元素的高度只要能刚好包含里面的内容就行。android:text 指定了元素中显示的文字内容。如果你还不能完全看明白，没有关系，关于编写布局的详细内容我会在下一章中重点讲解，本章只是先简单涉及一些。现在按钮已经添加完了，你可以通过右侧工具栏的 Preview 来预览一下当前布局，如图 3.6 所示。

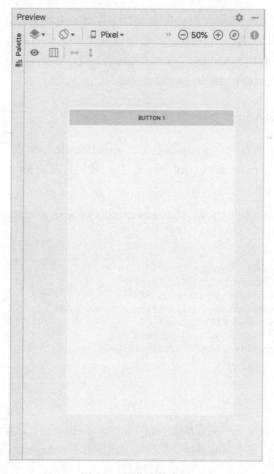

图 3.6　预览当前布局

可以看到,按钮已经成功显示出来了,这样一个简单的布局就编写完成了。那么接下来我们要做的,就是在 Activity 中加载这个布局。

重新回到 FirstActivity,在 onCreate()方法中加入如下代码:

```
class FirstActivity : AppCompatActivity() {

    override fun onCreate(savedInstanceState: Bundle?) {
        super.onCreate(savedInstanceState)
        setContentView(R.layout.first_layout)
    }

}
```

可以看到,这里调用了 setContentView()方法来给当前的 Activity 加载一个布局,而在 setContentView()方法中,我们一般会传入一个布局文件的 id。在第 1 章介绍项目资源的时候我曾提到过,项目中添加的任何资源都会在 R 文件中生成一个相应的资源 id,因此我们刚才创建的 first_layout.xml 布局的 id 现在已经添加到 R 文件中了。在代码中引用布局文件的方法你也已经学过了,只需要调用 R.layout.first_layout 就可以得到 first_layout.xml 布局的 id,然后将这个值传入 setContentView()方法即可。

3.2.3 在 AndroidManifest 文件中注册

在第 1 章我们学过,所有的 Activity 都要在 AndroidManifest.xml 中进行注册才能生效。实际上 FirstActivity 已经在 AndroidManifest.xml 中注册过了,我们打开 app/src/main/AndroidManifest.xml 文件瞧一瞧,代码如下所示:

```
<manifest xmlns:android="http://schemas.android.com/apk/res/android"
        package="com.example.activitytest">

    <application
            android:allowBackup="true"
            android:icon="@mipmap/ic_launcher"
            android:label="@string/app_name"
            android:roundIcon="@mipmap/ic_launcher_round"
            android:supportsRtl="true"
            android:theme="@style/AppTheme">
        <activity android:name=".FirstActivity">
        </activity>
    </application>

</manifest>
```

可以看到,Activity 的注册声明要放在<application>标签内,这里是通过<activity>标签来对 Activity 进行注册的。那么又是谁帮我们自动完成了对 FirstActivity 的注册呢?当然是 Android Studio 了。在过去,当创建 Activity 或其他系统组件时,很多人会忘记要去 AndroidManifest.xml 中进行注册,从而导致程序运行崩溃,很显然 Android Studio 在这方面做得更加人性化。

在<activity>标签中，我们使用了 android:name 来指定具体注册哪一个 Activity，那么这里填入的.FirstActivity 是什么意思呢？其实这不过是 com.example.activitytest.FirstActivity 的缩写而已。由于在最外层的<manifest>标签中已经通过 package 属性指定了程序的包名是 com.example.activitytest，因此在注册 Activity 时，这一部分可以省略，直接使用.FirstActivity 就足够了。

不过，仅仅是这样注册了 Activity，我们的程序仍然不能运行，因为还没有为程序配置主 Activity。也就是说，程序运行起来的时候，不知道要首先启动哪个 Activity。配置主 Activity 的方法其实在第 1 章中已经介绍过了，就是在<activity>标签的内部加入<intent-filter>标签，并在这个标签里添加<action android:name="android.intent.action.MAIN"/>和<category android:name="android.intent.category.LAUNCHER" />这两句声明即可。

除此之外，我们还可以使用 android:label 指定 Activity 中标题栏的内容，标题栏是显示在 Activity 最顶部的，待会儿运行的时候你就会看到。需要注意的是，给主 Activity 指定的 label 不仅会成为标题栏中的内容，还会成为启动器（Launcher）中应用程序显示的名称。

修改后的 AndroidManifest.xml 文件代码如下所示：

```
<manifest xmlns:android="http://schemas.android.com/apk/res/android"
        package="com.example.activitytest">

    <application
        ...>
        <activity android:name=".FirstActivity"
            android:label="This is FirstActivity">
            <intent-filter>
                <action android:name="android.intent.action.MAIN" />
                <category android:name="android.intent.category.LAUNCHER" />
            </intent-filter>
        </activity>
    </application>

</manifest>
```

这样，FirstActivity 就成为我们这个程序的主 Activity 了，点击桌面应用程序图标时首先打开的就是这个 Activity。另外需要注意，如果你的应用程序中没有声明任何一个 Activity 作为主 Activity，这个程序仍然是可以正常安装的，只是你无法在启动器中看到或者打开这个程序。这种程序一般是作为第三方服务供其他应用在内部进行调用的。

好了，现在一切都已准备就绪，让我们来运行一下程序吧，结果如图 3.7 所示。

图 3.7　首次运行结果

　　在界面的最顶部是一个标题栏，里面显示着我们刚才在注册 Activity 时指定的内容。标题栏的下面就是在布局文件 first_layout.xml 中编写的界面，可以看到我们刚刚定义的按钮。现在你已经成功掌握了手动创建 Activity 的方法，下面让我们继续看一看你在 Activity 中还能做哪些事情吧。

3.2.4　在 Activity 中使用 Toast

　　Toast 是 Android 系统提供的一种非常好的提醒方式，在程序中可以使用它将一些短小的信息通知给用户，这些信息会在一段时间后自动消失，并且不会占用任何屏幕空间，我们现在就尝试一下如何在 Activity 中使用 Toast。

　　首先需要定义一个弹出 Toast 的触发点，正好界面上有个按钮，那我们就让这个按钮的点击事件作为弹出 Toast 的触发点吧。在 onCreate()方法中添加如下代码：

```
override fun onCreate(savedInstanceState: Bundle?) {
    super.onCreate(savedInstanceState)
    setContentView(R.layout.first_layout)
    val button1: Button = findViewById(R.id.button1)
    button1.setOnClickListener {
        Toast.makeText(this, "You clicked Button 1", Toast.LENGTH_SHORT).show()
    }
}
```

在 Activity 中，可以通过 findViewById()方法获取在布局文件中定义的元素，这里我们传入 R.id.button1 来得到按钮的实例，这个值是刚才在 first_layout.xml 中通过 android:id 属性指定的。findViewById()方法返回的是一个继承自 View 的泛型对象，因此 Kotlin 无法自动推导出它是一个 Button 还是其他控件，所以我们需要将 button1 变量显式地声明成 Button 类型。得到按钮的实例之后，我们通过调用 setOnClickListener()方法为按钮注册一个监听器，点击按钮时就会执行监听器中的 onClick()方法。因此，弹出 Toast 的功能当然是要在 onClick()方法中编写了。

Toast 的用法非常简单，通过静态方法 makeText()创建出一个 Toast 对象，然后调用 show()将 Toast 显示出来就可以了。这里需要注意的是，makeText()方法需要传入 3 个参数。第一个参数是 Context，也就是 Toast 要求的上下文，由于 Activity 本身就是一个 Context 对象，因此这里直接传入 this 即可。第二个参数是 Toast 显示的文本内容。第三个参数是 Toast 显示的时长，有两个内置常量可以选择：Toast.LENGTH_SHORT 和 Toast.LENGTH_LONG。

现在重新运行程序，并点击一下按钮，效果如图 3.8 所示。

图 3.8 Toast 运行效果

关于 findViewById()方法的使用，我还得再多讲一些。我们已经知道，findViewById()方法的作用就是获取布局文件中控件的实例，但是前面的例子比较简单，只有一个按钮，如果某个布局文件中有 10 个控件呢？没错，我们就需要调用 10 次 findViewById()方法才行。这种写法虽然很正确，但是很笨拙，于是就滋生出了诸如 ButterKnife 之类的第三方开源库，来简化 `findViewById()` 方法的调用。

不过，这个问题在 Kotlin 中就不复存在了，因为使用 Kotlin 编写的 Android 项目在 app/build. gradle 文件的头部默认引入了一个 kotlin-android-extensions 插件，这个插件会根据布局文件中定义的控件 id 自动生成一个具有相同名称的变量，我们可以在 Activity 里直接使用这个变量，而不用再调用 `findViewById()` 方法了，如图 3.9 所示。

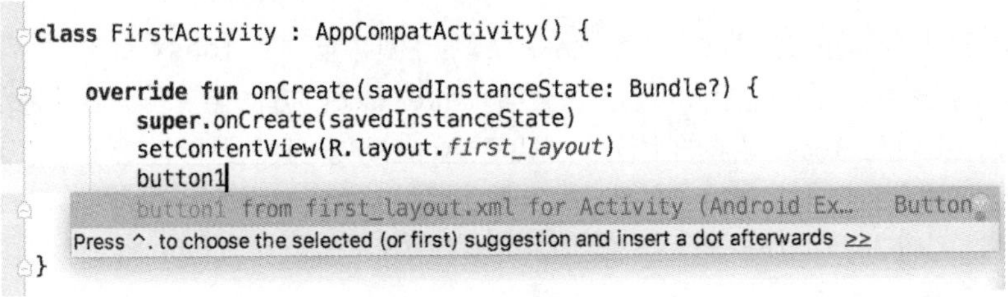

```
class FirstActivity : AppCompatActivity() {

    override fun onCreate(savedInstanceState: Bundle?) {
        super.onCreate(savedInstanceState)
        setContentView(R.layout.first_layout)
        button1
        button1 from first_layout.xml for Activity (Android Ex…    Button
    Press ^. to choose the selected (or first) suggestion and insert a dot afterwards >>
    }
}
```

图 3.9　调用自动生成的 button1 变量

这里我仍然建议你使用上一章中介绍的 Android Studio 代码补全功能，因为自动生成的这些变量也是需要导包的。

现在我们就可以进一步简化代码了，如下所示：

```
override fun onCreate(savedInstanceState: Bundle?) {
    super.onCreate(savedInstanceState)
    setContentView(R.layout.first_layout)
    button1.setOnClickListener {
        Toast.makeText(this, "You clicked Button 1", Toast.LENGTH_SHORT).show()
    }
}
```

可以看到，这样就不用再调用 `findViewById()` 方法了。

不过很遗憾的是，在新版的 Android Studio 中，kotlin-android-extensions 插件已经被 Google 废弃了，目前 Google 更加推荐使用 ViewBinding 来替代 `findViewById()` 方法的工作。本书在接下来的章节里虽然大量使用了 kotlin-android-extensions 插件，但是别担心，从 kotlin-android-extensions 插件转换到 ViewBinding 并不是一件困难的事情，我专门写了一篇非常详细的文章来介绍这个转换的过程，关注我的微信公众号"郭霖"，回复"ViewBinding"即可了解。

3.2.5　在 Activity 中使用 Menu

手机毕竟和电脑不同，它的屏幕空间非常有限，因此充分地利用屏幕空间在手机界面设计中就显得非常重要了。如果你的 Activity 中有大量的菜单需要显示，界面设计就会比较尴尬，因为仅这些菜单就可能占用将近三分之一的屏幕空间，这该怎么办呢？不用担心，Android 给我们提供了一种方式，可以让菜单都能得到展示，还不占用任何屏幕空间。

首先在 res 目录下新建一个 menu 文件夹，右击 res 目录→New→Directory，输入文件夹名"menu"，点击"OK"。接着在这个文件夹下新建一个名叫"main"的菜单文件，右击 menu 文件夹→New→Menu resource file，如图 3.10 所示。

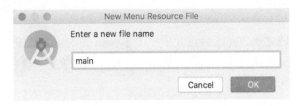

图 3.10　新建 Menu 资源文件

文件名输入"main"，点击"OK"完成创建，然后在 main.xml 中添加如下代码：

```
<menu xmlns:android="http://schemas.android.com/apk/res/android">
    <item
        android:id="@+id/add_item"
        android:title="Add"/>
    <item
        android:id="@+id/remove_item"
        android:title="Remove"/>
</menu>
```

这里我们创建了两个菜单项，其中<item>标签用来创建具体的某一个菜单项，然后通过 android:id 给这个菜单项指定一个唯一的标识符，通过 android:title 给这个菜单项指定一个名称。

接着回到 FirstActivity 中来重写 onCreateOptionsMenu()方法，重写方法可以使用 Ctrl + O 快捷键（Mac 系统是 control + O），如图 3.11 所示。

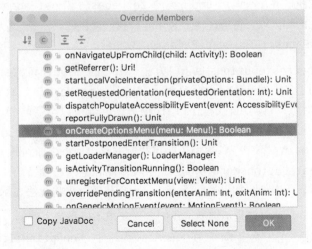

图 3.11　重写 onCreateOptionsMenu()方法

然后在 onCreateOptionsMenu()方法中编写如下代码：

```kotlin
override fun onCreateOptionsMenu(menu: Menu?): Boolean {
    menuInflater.inflate(R.menu.main, menu)
    return true
}
```

在继续讲解这段代码之前，我还得再介绍一个 Kotlin 的语法糖。如果你熟悉 Java 的话，应该知道 Java Bean 的概念，它是一个非常简单的 Java 类，会根据类中的字段自动生成相应的 Getter 和 Setter 方法，如下所示：

```java
public class Book {

    private int pages;

    public int getPages() {
        return pages;
    }

    public void setPages(int pages) {
        this.pages = pages;
    }

}
```

在 Kotlin 中调用这种语法结构的 Java 方法时，可以使用一种更加简便的写法，比如用如下代码来设置和读取 Book 类中的 pages 字段：

```kotlin
val book = Book()
book.pages = 500
val bookPages = book.pages
```

这里看上去好像我们并没有调用 Book 类的 setPages()和 getPages()方法，而是直接对 pages 字段进行了赋值和读取。其实这就是 Kotlin 给我们提供的语法糖，它会在背后自动将上述代码转换成调用 setPages()方法和 getPages()方法。

而我们刚才在 onCreateOptionsMenu()方法中编写的 menuInflater 就使用了这种语法糖，它实际上是调用了父类的 getMenuInflater()方法。getMenuInflater()方法能够得到一个 MenuInflater 对象，再调用它的 inflate()方法，就可以给当前 Activity 创建菜单了。inflate()方法接收两个参数：第一个参数用于指定我们通过哪一个资源文件来创建菜单，这里当然是传入 R.menu.main；第二个参数用于指定我们的菜单项将添加到哪一个 Menu 对象当中，这里直接使用 onCreateOptionsMenu()方法中传入的 menu 参数。最后给这个方法返回 true，表示允许创建的菜单显示出来，如果返回了 false，创建的菜单将无法显示。

当然，仅仅让菜单显示出来是不够的，我们定义菜单不仅是为了看的，关键是要菜单真正可用才行，因此还要再定义菜单响应事件。在 FirstActivity 中重写 onOptionsItemSelected()方法，如下所示：

```kotlin
override fun onOptionsItemSelected(item: MenuItem): Boolean {
    when (item.itemId) {
        R.id.add_item -> Toast.makeText(this, "You clicked Add",
                        Toast.LENGTH_SHORT).show()
        R.id.remove_item -> Toast.makeText(this, "You clicked Remove",
                        Toast.LENGTH_SHORT).show()
    }
    return true
}
```

在 onOptionsItemSelected()方法中，我们通过调用 item.itemId 来判断点击的是哪一个菜单项。另外，其实这里也应用了刚刚学到的语法糖，Kotlin 实际上在背后调用的是 item 的 getItemId()方法。接下来我们将 item.itemId 的结果传入 when 语句当中，然后给每个菜单项加入自己的逻辑处理，这里我们就活学活用，弹出一个刚刚学会的 Toast。

重新运行程序，你会发现在标题栏的右侧多了一个三点的符号，这个就是菜单按钮了，如图 3.12 所示。

可以看到，菜单里的菜单项默认是不显示的，只有点击菜单按钮才会弹出里面具体的内容，因此它不会占用任何 Activity 的空间，如图 3.13 所示。

如果你点击了 Add 菜单项，就会弹出 You clicked Add 提示（如图 3.14 所示）；如果点击了 Remove 菜单项，就会弹出 You clicked Remove 提示。

图 3.12　带菜单按钮的 Activity

图 3.13　弹出菜单项的界面

图 3.14　点击了 Add 菜单项

3.2.6　销毁一个 Activity

通过上一节的学习，你已经掌握了手动创建 Activity 的方法，并学会了如何在 Activity 中创建 Toast 和菜单。或许你现在心中会有个疑惑：如何销毁一个 Activity 呢？

其实答案非常简单，只要按一下 Back 键就可以销毁当前的 Activity 了。不过，如果你不想通过按键的方式，而是希望在程序中通过代码来销毁 Activity，当然也可以，Activity 类提供了一个 finish() 方法，我们只需要调用一下这个方法就可以销毁当前的 Activity 了。

修改按钮监听器中的代码，如下所示：

```
button1.setOnClickListener {
    finish()
}
```

重新运行程序，这时点击一下按钮，当前的 Activity 就被成功销毁了，效果和按下 Back 键是一样的。

3.3　使用 Intent 在 Activity 之间穿梭

只有一个 Activity 的应用也太简单了吧？没错，你的追求应该更高一点。不管你想创建多少个 Activity，方法都和上一节中介绍的是一样的。唯一的问题在于，你在启动器中点击应用的图标只会进入该应用的主 Activity，那么怎样才能由主 Activity 跳转到其他 Activity 呢？我们现在就一起来看一看。

3.3.1　使用显式 Intent

你应该已经对创建 Activity 的流程比较熟悉了，那我们现在在 ActivityTest 项目中再快速地创建一个 Activity。

还是右击 com.example.activitytest 包→New→Activity→Empty Activity，会弹出一个创建 Activity 的对话框，这次我们命名为 SecondActivity，并勾选 Generate Layout File，给布局文件起名为 second_layout，但不要勾选 Launcher Activity 选项，如图 3.15 所示。

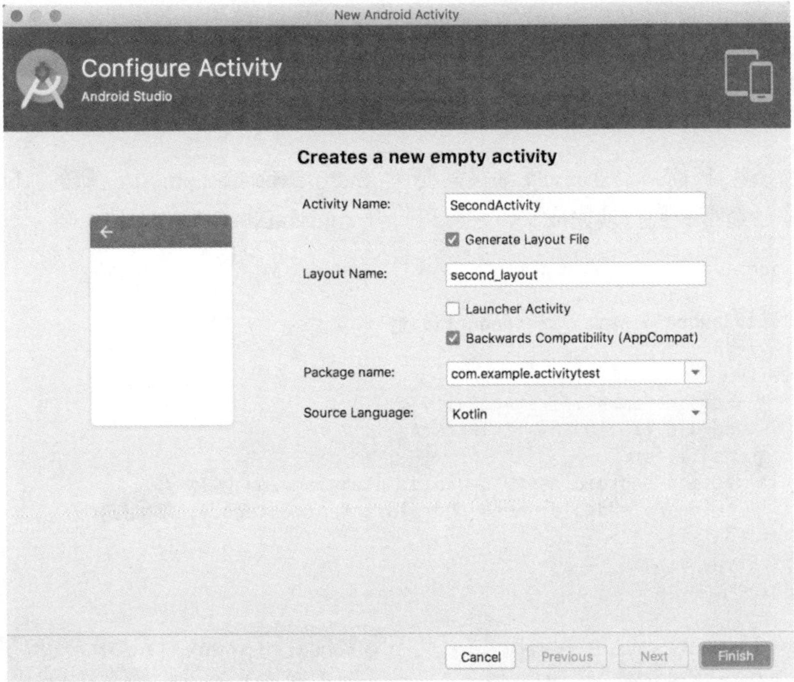

图 3.15　创建 SecondActivity

　　点击 "Finish" 完成创建，Android Studio 会为我们自动生成 SecondActivity.kt 和 second_layout.xml 这两个文件。不过自动生成的布局代码目前对你来说可能有些难以理解，这里我们还是使用比较熟悉的 LinearLayout，编辑 second_layout.xml，将里面的代码替换成如下内容：

```
<LinearLayout xmlns:android="http://schemas.android.com/apk/res/android"
    android:orientation="vertical"
    android:layout_width="match_parent"
    android:layout_height="match_parent">

    <Button
        android:id="@+id/button2"
        android:layout_width="match_parent"
        android:layout_height="wrap_content"
        android:text="Button 2"
    />

</LinearLayout>
```

我们还是定义了一个按钮，并在按钮上显示 Button 2。

SecondActivity 中的代码已经自动生成了一部分，我们保持默认不变即可，如下所示：

```
class SecondActivity : AppCompatActivity() {

    override fun onCreate(savedInstanceState: Bundle?) {
```

```
        super.onCreate(savedInstanceState)
        setContentView(R.layout.second_layout)
    }

}
```

另外不要忘记，任何一个 Activity 都是需要在 AndroidManifest.xml 中注册的。不过幸运的是，Android Studio 已经帮我们自动完成了，你可以打开 AndroidManifest.xml 瞧一瞧：

```
<application
    ...>
    <activity android:name=".SecondActivity">
    </activity>
    <activity
            android:name=".FirstActivity"
            android:label="This is FirstActivity">
        <intent-filter>
            <action android:name="android.intent.action.MAIN"/>
            <category android:name="android.intent.category.LAUNCHER"/>
        </intent-filter>
    </activity>
</application>
```

由于 SecondActivity 不是主 Activity，因此不需要配置<intent-filter>标签里的内容，注册 Activity 的代码也简单了许多。现在第二个 Activity 已经创建完成，剩下的问题就是如何去启动它了，这里我们需要引入一个新的概念：Intent。

Intent 是 Android 程序中各组件之间进行交互的一种重要方式，它不仅可以指明当前组件想要执行的动作，还可以在不同组件之间传递数据。Intent 一般可用于启动 Activity、启动 Service 以及发送广播等场景，由于 Service、广播等概念你暂时还未涉及，那么本章我们的目光无疑就锁定在了启动 Activity 上面。

Intent 大致可以分为两种：显式 Intent 和隐式 Intent。我们先来看一下显式 Intent 如何使用。

Intent 有多个构造函数的重载，其中一个是 Intent(Context packageContext, Class<?> cls)。这个构造函数接收两个参数：第一个参数 Context 要求提供一个启动 Activity 的上下文；第二个参数 Class 用于指定想要启动的目标 Activity，通过这个构造函数就可以构建出 Intent 的"意图"。那么接下来我们应该怎么使用这个 Intent 呢？Activity 类中提供了一个 startActivity() 方法，专门用于启动 Activity，它接收一个 Intent 参数，这里我们将构建好的 Intent 传入 startActivity() 方法就可以启动目标 Activity 了。

修改 FirstActivity 中按钮的点击事件，代码如下所示：

```
button1.setOnClickListener {
    val intent = Intent(this, SecondActivity::class.java)
    startActivity(intent)
}
```

我们首先构建了一个 Intent 对象，第一个参数传入 this 也就是 FirstActivity 作为上下文，第二个参数传入 SecondActivity::class.java 作为目标 Activity，这样我们的"意图"就非常明显了，即在 FirstActivity 的基础上打开 SecondActivity。注意，Kotlin 中 SecondActivity::class.java 的写法就相当于 Java 中 SecondActivity.class 的写法。接下来再通过 startActivity() 方法执行这个 Intent 就可以了。

重新运行程序，在 FirstActivity 的界面点击一下按钮，结果如图 3.16 所示。

图 3.16　SecondActivity 界面

可以看到，我们已经成功启动 SecondActivity 了。如果你想要回到上一个 Activity 怎么办呢？很简单，按一下 Back 键就可以销毁当前 Activity，从而回到上一个 Activity 了。

使用这种方式来启动 Activity，Intent 的"意图"非常明显，因此我们称之为显式 Intent。

3.3.2　使用隐式 Intent

相比于显式 Intent，隐式 Intent 则含蓄了许多，它并不明确指出想要启动哪一个 Activity，而是指定了一系列更为抽象的 action 和 category 等信息，然后交由系统去分析这个 Intent，并帮我们找出合适的 Activity 去启动。

什么叫作合适的 Activity 呢？简单来说就是可以响应这个隐式 Intent 的 Activity，那么目前

SecondActivity 可以响应什么样的隐式 Intent 呢？呃，现在好像还什么都响应不了，不过很快就可以了。

通过在<activity>标签下配置<intent-filter>的内容，可以指定当前 Activity 能够响应的 action 和 category，打开 AndroidManifest.xml，添加如下代码：

```
<activity android:name=".SecondActivity" >
    <intent-filter>
        <action android:name="com.example.activitytest.ACTION_START" />
        <category android:name="android.intent.category.DEFAULT" />
    </intent-filter>
</activity>
```

在<action>标签中我们指明了当前 Activity 可以响应 com.example.activitytest.ACTION_START 这个 action，而<category>标签则包含了一些附加信息，更精确地指明了当前 Activity 能够响应的 Intent 中还可能带有的 category。只有<action>和<category>中的内容同时匹配 Intent 中指定的 action 和 category 时，这个 Activity 才能响应该 Intent。

修改 FirstActivity 中按钮的点击事件，代码如下所示：

```
button1.setOnClickListener {
    val intent = Intent("com.example.activitytest.ACTION_START")
    startActivity(intent)
}
```

可以看到，我们使用了 Intent 的另一个构造函数，直接将 action 的字符串传了进去，表明我们想要启动能够响应 com.example.activitytest.ACTION_START 这个 action 的 Activity。前面不是说要<action>和<category>同时匹配才能响应吗？怎么没看到哪里有指定 category 呢？这是因为 android.intent.category.DEFAULT 是一种默认的 category，在调用 startActivity()方法的时候会自动将这个 category 添加到 Intent 中。

重新运行程序，在 FirstActivity 的界面点击一下按钮，你同样成功启动 SecondActivity 了。不同的是，这次你是使用隐式 Intent 的方式来启动的，说明我们在<activity>标签下配置的 action 和 category 的内容已经生效了！

每个 Intent 中只能指定一个 action，但能指定多个 category。目前我们的 Intent 中只有一个默认的 category，那么现在再来增加一个吧。

修改 FirstActivity 中按钮的点击事件，代码如下所示：

```
button1.setOnClickListener {
    val intent = Intent("com.example.activitytest.ACTION_START")
    intent.addCategory("com.example.activitytest.MY_CATEGORY")
    startActivity(intent)
}
```

可以调用 Intent 中的 addCategory()方法来添加一个 category，这里我们指定了一个自定义的 category，值为 com.example.activitytest.MY_CATEGORY。

现在重新运行程序，在 FirstActivity 的界面点击一下按钮，你会发现，程序崩溃了！这是你第一次遇到程序崩溃，可能会有些束手无策。别紧张，只要你善于分析，其实大多数的崩溃问题很好解决。在 Logcat 界面查看错误日志，你会看到如图 3.17 所示的错误信息。

```
Process: com.example.activitytest, PID: 24027
android.content.ActivityNotFoundException: No Activity found to handle Intent {
act=com.example.activitytest.ACTION_START cat=[com.example.activitytest.MY_CATEGORY] }
```

图 3.17 错误信息

错误信息提醒我们，没有任何一个 Activity 可以响应我们的 Intent。这是因为我们刚刚在 Intent 中新增了一个 category，而 SecondActivity 的<intent-filter>标签中并没有声明可以响应这个 category，所以就出现了没有任何 Activity 可以响应该 Intent 的情况。现在我们在<intent-filter> 中再添加一个 category 的声明，如下所示：

```
<activity android:name=".SecondActivity" >
    <intent-filter>
        <action android:name="com.example.activitytest.ACTION_START" />
        <category android:name="android.intent.category.DEFAULT" />
        <category android:name="com.example.activitytest.MY_CATEGORY"/>
    </intent-filter>
</activity>
```

再次重新运行程序，你就会发现一切都正常了。

3.3.3 更多隐式 Intent 的用法

上一节中，你掌握了通过隐式 Intent 来启动 Activity 的方法，但实际上隐式 Intent 还有更多的内容需要你去了解，本节我们就来展开介绍一下。

使用隐式 Intent，不仅可以启动自己程序内的 Activity，还可以启动其他程序的 Activity，这就使多个应用程序之间的功能共享成为了可能。比如你的应用程序中需要展示一个网页，这时你没有必要自己去实现一个浏览器（事实上也不太可能），只需要调用系统的浏览器来打开这个网页就行了。

修改 FirstActivity 中按钮点击事件的代码，如下所示：

```
button1.setOnClickListener {
    val intent = Intent(Intent.ACTION_VIEW)
    intent.data = Uri.parse("https://www.baidu.com")
    startActivity(intent)
}
```

这里我们首先指定了 Intent 的 action 是 Intent.ACTION_VIEW，这是一个 Android 系统内置的动作，其常量值为 android.intent.action.VIEW。然后通过 Uri.parse()方法将一个网

址字符串解析成一个 Uri 对象，再调用 Intent 的 setData() 方法将这个 Uri 对象传递进去。当然，这里再次使用了前面学习的语法糖，看上去像是给 Intent 的 data 属性赋值一样。

重新运行程序，在 FirstActivity 界面点击按钮就可以看到打开了系统浏览器，如图 3.18 所示。

在上述代码中，可能你会对 setData() 方法部分感到陌生，这是我们前面没有讲到的。这个方法其实并不复杂，它接收一个 Uri 对象，主要用于指定当前 Intent 正在操作的数据，而这些数据通常是以字符串形式传入 Uri.parse() 方法中解析产生的。

图 3.18　系统浏览器界面

与此对应，我们还可以在 `<intent-filter>` 标签中再配置一个 `<data>` 标签，用于更精确地指定当前 Activity 能够响应的数据。`<data>` 标签中主要可以配置以下内容。

- ❑ android:scheme。用于指定数据的协议部分，如上例中的 https 部分。
- ❑ android:host。用于指定数据的主机名部分，如上例中的 www.baidu.com 部分。
- ❑ android:port。用于指定数据的端口部分，一般紧随在主机名之后。
- ❑ android:path。用于指定主机名和端口之后的部分，如一段网址中跟在域名之后的内容。
- ❑ android:mimeType。用于指定可以处理的数据类型，允许使用通配符的方式进行指定。

只有当 `<data>` 标签中指定的内容和 Intent 中携带的 Data 完全一致时，当前 Activity 才能够响应该 Intent。不过，在 `<data>` 标签中一般不会指定过多的内容。例如在上面的浏览器示例中，其实只需要指定 android:scheme 为 https，就可以响应所有 https 协议的 Intent 了。

为了让你能够更加直观地理解，我们来自己建立一个 Activity，让它也能响应打开网页的 Intent。

右击 com.example.activitytest 包→New→Activity→Empty Activity，新建 ThirdActivity，并勾选 Generate Layout File，给布局文件起名为 third_layout，点击 "Finish" 完成创建。然后编辑 third_layout.xml，将里面的代码替换成如下内容：

```
<LinearLayout xmlns:android="http://schemas.android.com/apk/res/android"
    android:orientation="vertical"
    android:layout_width="match_parent"
    android:layout_height="match_parent">

    <Button
        android:id="@+id/button3"
        android:layout_width="match_parent"
        android:layout_height="wrap_content"
        android:text="Button 3"
    />

</LinearLayout>
```

ThirdActivity 中的代码保持不变即可，最后在 AndroidManifest.xml 中修改 ThirdActivity 的注册信息：

```
<activity android:name=".ThirdActivity">
    <intent-filter tools:ignore="AppLinkUrlError">
        <action android:name="android.intent.action.VIEW" />
        <category android:name="android.intent.category.DEFAULT" />
        <data android:scheme="https" />
    </intent-filter>
</activity>
```

我们在 ThirdActivity 的<intent-filter>中配置了当前 Activity 能够响应的 action 是 Intent.ACTION_VIEW 的常量值，而 category 则毫无疑问地指定了默认的 category 值，另外在<data>标签中，我们通过 android:scheme 指定了数据的协议必须是 https 协议，这样 ThirdActivity 应该就和浏览器一样，能够响应一个打开网页的 Intent 了。另外，由于 Android Studio 认为所有能够响应 ACTION_VIEW 的 Activity 都应该加上 BROWSABLE 的 category，否则就会给出一段警告提醒。加上 BROWSABLE 的 category 是为了实现 deep link 功能，和我们目前学习的东西无关，所以这里直接在<intent-filter>标签上使用 tools:ignore 属性将警告忽略即可。

现在让我们运行一下程序试试吧，在 FirstActivity 的界面点击一下按钮，结果如图 3.19 所示。

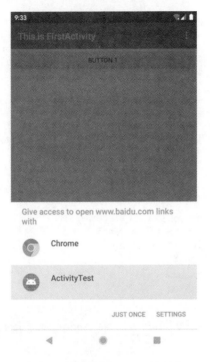

图 3.19   选择响应 Intent 的程序

可以看到，系统自动弹出了一个列表，显示了目前能够响应这个 Intent 的所有程序。选择 Chrome 还会像之前一样打开浏览器，并显示百度的主页，而如果选择了 ActivityTest，则会启动 ThirdActivity。JUST ONCE 表示只是这次使用选择的程序打开，ALWAYS 则表示以后一直使用这次选择的程序打开。需要注意的是，虽然我们声明了 ThirdActivity 是可以响应打开网页的 Intent 的，但实际上这个 Activity 并没有加载并显示网页的功能，所以在真正的项目中尽量不要出现这种有可能误导用户的行为，不然会让用户对我们的应用产生负面的印象。

除了 https 协议外，我们还可以指定很多其他协议，比如 geo 表示显示地理位置、tel 表示拨打电话。下面的代码展示了如何在我们的程序中调用系统拨号界面。

```
button1.setOnClickListener {
    val intent = Intent(Intent.ACTION_DIAL)
    intent.data = Uri.parse("tel:10086")
    startActivity(intent)
}
```

首先指定了 Intent 的 action 是 Intent.ACTION_DIAL，这又是一个 Android 系统的内置动作。然后在 data 部分指定了协议是 tel，号码是 10086。重新运行一下程序，在 FirstActivity 的界面点击一下按钮，结果如图 3.20 所示。

图 3.20　系统拨号界面

3.3.4　向下一个 Activity 传递数据

经过前面几节的学习，你已经对 Intent 有了一定的了解。不过到目前为止，我们只是简单地使用 Intent 来启动一个 Activity，其实 Intent 在启动 Activity 的时候还可以传递数据，下面我们来一起看一下。

在启动 Activity 时传递数据的思路很简单，Intent 中提供了一系列 putExtra() 方法的重载，可以把我们想要传递的数据暂存在 Intent 中，在启动另一个 Activity 后，只需要把这些数据从 Intent 中取出就可以了。比如说 FirstActivity 中有一个字符串，现在想把这个字符串传递到 SecondActivity 中，你就可以这样编写：

```
button1.setOnClickListener {
    val data = "Hello SecondActivity"
    val intent = Intent(this, SecondActivity::class.java)
    intent.putExtra("extra_data", data)
    startActivity(intent)
}
```

这里我们还是使用显式 Intent 的方式来启动 SecondActivity，并通过 putExtra() 方法传递了一个字符串。注意，这里 putExtra() 方法接收两个参数，第一个参数是键，用于之后从 Intent 中取值，第二个参数才是真正要传递的数据。

然后在 SecondActivity 中将传递的数据取出，并打印出来，代码如下所示：

```
class SecondActivity : AppCompatActivity() {

    override fun onCreate(savedInstanceState: Bundle?) {
        super.onCreate(savedInstanceState)
        setContentView(R.layout.second_layout)
        val extraData = intent.getStringExtra("extra_data")
        Log.d("SecondActivity", "extra data is $extraData")
    }

}
```

上述代码中的 `intent` 实际上调用的是父类的 `getIntent()` 方法，该方法会获取用于启动 SecondActivity 的 Intent，然后调用 `getStringExtra()` 方法并传入相应的键值，就可以得到传递的数据了。这里由于我们传递的是字符串，所以使用 `getStringExtra()` 方法来获取传递的数据。如果传递的是整型数据，则使用 `getIntExtra()` 方法；如果传递的是布尔型数据，则使用 `getBooleanExtra()` 方法，以此类推。

重新运行程序，在 FirstActivity 的界面点击一下按钮会跳转到 SecondActivity，查看 Logcat 打印信息，如图 3.21 所示。

图 3.21　SecondActivity 中的打印信息

可以看到，我们在 SecondActivity 中成功得到了从 FirstActivity 传递过来的数据。

3.3.5　返回数据给上一个 Activity

既然可以传递数据给下一个 Activity，那么能不能够返回数据给上一个 Activity 呢？答案是肯定的。不过不同的是，返回上一个 Activity 只需要按一下 Back 键就可以了，并没有一个用于启动 Activity 的 Intent 来传递数据，这该怎么办呢？其实 Activity 类中还有一个用于启动 Activity 的 `startActivityForResult()` 方法，但它期望在 Activity 销毁的时候能够返回一个结果给上一个 Activity。毫无疑问，这就是我们所需要的。

`startActivityForResult()` 方法接收两个参数：第一个参数还是 Intent；第二个参数是请求码，用于在之后的回调中判断数据的来源。我们还是来实战一下，修改 FirstActivity 中按钮的点击事件，代码如下所示：

```
button1.setOnClickListener {
    val intent = Intent(this, SecondActivity::class.java)
    startActivityForResult(intent, 1)
}
```

这里我们使用了 **startActivityForResult()** 方法来启动 SecondActivity，请求码只要是一个唯一值即可，这里传入了 1。接下来我们在 SecondActivity 中给按钮注册点击事件，并在点击事件中添加返回数据的逻辑，代码如下所示：

```
class SecondActivity : AppCompatActivity() {

    override fun onCreate(savedInstanceState: Bundle?) {
        super.onCreate(savedInstanceState)
        setContentView(R.layout.second_layout)
        button2.setOnClickListener {
            val intent = Intent()
            intent.putExtra("data_return", "Hello FirstActivity")
            setResult(RESULT_OK, intent)
            finish()
        }
    }

}
```

可以看到，我们还是构建了一个 Intent，只不过这个 Intent 仅仅用于传递数据而已，它没有指定任何的“意图”。紧接着把要传递的数据存放在 Intent 中，然后调用了 **setResult()** 方法。这个方法非常重要，专门用于向上一个 Activity 返回数据。**setResult()** 方法接收两个参数：第一个参数用于向上一个 Activity 返回处理结果，一般只使用 RESULT_OK 或 RESULT_CANCELED 这两个值；第二个参数则把带有数据的 Intent 传递回去。最后调用了 **finish()** 方法来销毁当前 Activity。

由于我们是使用 startActivityForResult() 方法来启动 SecondActivity 的，在 SecondActivity 被销毁之后会回调上一个 Activity 的 **onActivityResult()** 方法，因此我们需要在 FirstActivity 中重写这个方法来得到返回的数据，如下所示：

```
override fun onActivityResult(requestCode: Int, resultCode: Int, data: Intent?) {
    super.onActivityResult(requestCode, resultCode, data)
    when (requestCode) {
        1 -> if (resultCode == RESULT_OK) {
            val returnedData = data?.getStringExtra("data_return")
            Log.d("FirstActivity", "returned data is $returnedData")
        }
    }
}
```

onActivityResult() 方法带有 3 个参数：第一个参数 **requestCode**，即我们在启动 Activity 时传入的请求码；第二个参数 **resultCode**，即我们在返回数据时传入的处理结果；第三个参数 **data**，即携带着返回数据的 Intent。由于在一个 Activity 中有可能调用 startActivityForResult() 方法去启动很多不同的 Activity，每一个 Activity 返回的数据都会回调到 **onActivityResult()** 这个方法中，因此我们首先要做的就是通过检查 **requestCode** 的值来判断数据来源。确定数据是从 SecondActivity 返回的之后，我们再通过 **resultCode** 的值来判断处理结果是否成功。最后从 **data** 中取值并打印出来，这样就完成了向上一个 Activity 返回数据的工作。

重新运行程序，在 FirstActivity 的界面点击按钮会打开 SecondActivity，然后在 SecondActivity 界面点击 Button 2 按钮会回到 FirstActivity，这时查看 Logcat 的打印信息，如图 3.22 所示。

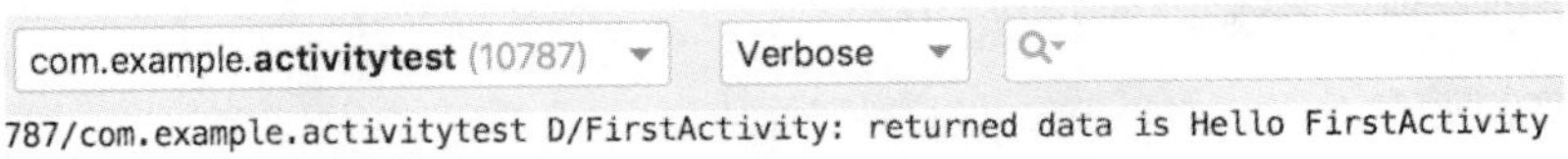

| com.example.**activitytest** (10787) ▾ | Verbose ▾ | Q▾ |

787/com.example.activitytest D/FirstActivity: returned data is Hello FirstActivity

图 3.22　FirstActivity 中的打印信息

可以看到，SecondActivity 已经成功返回数据给 FirstActivity 了。

你可能会问，如果用户在 SecondActivity 中并不是通过点击按钮，而是通过按下 Back 键回到 FirstActivity，这样数据不就没法返回了吗？没错，不过这种情况还是很好处理的，我们可以通过在 SecondActivity 中重写 onBackPressed() 方法来解决这个问题，代码如下所示：

```
override fun onBackPressed() {
    val intent = Intent()
    intent.putExtra("data_return", "Hello FirstActivity")
    setResult(RESULT_OK, intent)
    finish()
}
```

这样，当用户按下 Back 键后，就会执行 onBackPressed() 方法中的代码，我们在这里添加返回数据的逻辑就行了。

3.4　Activity 的生命周期

掌握 Activity 的生命周期对任何 Android 开发者来说都非常重要，当你深入理解 Activity 的生命周期之后，就可以写出更加连贯流畅的程序，并在如何合理管理应用资源方面发挥得游刃有余。你的应用程序也将会拥有更好的用户体验。

3.4.1　返回栈

经过前面几节的学习，相信你已经发现了 Android 中的 Activity 是可以层叠的。我们每启动一个新的 Activity，就会覆盖在原 Activity 之上，然后点击 Back 键会销毁最上面的 Activity，下面的一个 Activity 就会重新显示出来。

其实 Android 是使用任务（task）来管理 Activity 的，一个任务就是一组存放在栈里的 Activity 的集合，这个栈也被称作返回栈（back stack）。栈是一种后进先出的数据结构，在默认情况下，每当我们启动了一个新的 Activity，它就会在返回栈中入栈，并处于栈顶的位置。而每当我们按下 Back 键或调用 finish() 方法去销毁一个 Activity 时，处于栈顶的 Activity 就会出栈，前一个入栈的 Activity 就会重新处于栈顶的位置。系统总是会显示处于栈顶的 Activity 给用户。

示意图 3.23 展示了返回栈是如何管理 Activity 入栈出栈操作的。

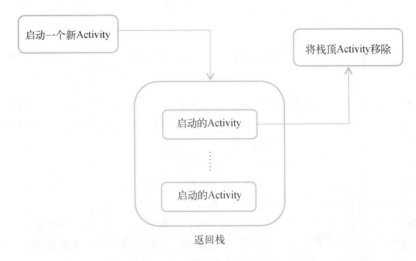

图 3.23　返回栈工作示意图

3.4.2　Activity 状态

每个 Activity 在其生命周期中最多可能会有 4 种状态。

1. 运行状态

当一个 Activity 位于返回栈的栈顶时，Activity 就处于运行状态。系统最不愿意回收的就是处于运行状态的 Activity，因为这会带来非常差的用户体验。

2. 暂停状态

当一个 Activity 不再处于栈顶位置，但仍然可见时，Activity 就进入了暂停状态。你可能会觉得，既然 Activity 已经不在栈顶了，怎么会可见呢？这是因为并不是每一个 Activity 都会占满整个屏幕，比如对话框形式的 Activity 只会占用屏幕中间的部分区域。处于暂停状态的 Activity 仍然是完全存活着的，系统也不愿意回收这种 Activity（因为它还是可见的，回收可见的东西都会在用户体验方面有不好的影响），只有在内存极低的情况下，系统才会去考虑回收这种 Activity。

3. 停止状态

当一个 Activity 不再处于栈顶位置，并且完全不可见的时候，就进入了停止状态。系统仍然会为这种 Activity 保存相应的状态和成员变量，但是这并不是完全可靠的，当其他地方需要内存时，处于停止状态的 Activity 有可能会被系统回收。

4. 销毁状态

一个 Activity 从返回栈中移除后就变成了销毁状态。系统最倾向于回收处于这种状态的 Activity，以保证手机的内存充足。

3.4.3　Activity 的生存期

Activity 类中定义了 7 个回调方法，覆盖了 Activity 生命周期的每一个环节，下面就来一一介绍这 7 个方法。

- ❑ onCreate()。这个方法你已经看到过很多次了，我们在每个 Activity 中都重写了这个方法，它会在 Activity 第一次被创建的时候调用。你应该在这个方法中完成 Activity 的初始化操作，比如加载布局、绑定事件等。
- ❑ onStart()。这个方法在 Activity 由不可见变为可见的时候调用。
- ❑ onResume()。这个方法在 Activity 准备好和用户进行交互的时候调用。此时的 Activity 一定位于返回栈的栈顶，并且处于运行状态。
- ❑ onPause()。这个方法在系统准备去启动或者恢复另一个 Activity 的时候调用。我们通常会在这个方法中将一些消耗 CPU 的资源释放掉，以及保存一些关键数据，但这个方法的执行速度一定要快，不然会影响到新的栈顶 Activity 的使用。
- ❑ onStop()。这个方法在 Activity 完全不可见的时候调用。它和 onPause() 方法的主要区别在于，如果启动的新 Activity 是一个对话框式的 Activity，那么 onPause() 方法会得到执行，而 onStop() 方法并不会执行。
- ❑ onDestroy()。这个方法在 Activity 被销毁之前调用，之后 Activity 的状态将变为销毁状态。
- ❑ onRestart()。这个方法在 Activity 由停止状态变为运行状态之前调用，也就是 Activity 被重新启动了。

以上 7 个方法中除了 onRestart() 方法，其他都是两两相对的，从而又可以将 Activity 分为以下 3 种生存期。

- ❑ **完整生存期**。Activity 在 onCreate() 方法和 onDestroy() 方法之间所经历的就是完整生存期。一般情况下，一个 Activity 会在 onCreate() 方法中完成各种初始化操作，而在 onDestroy() 方法中完成释放内存的操作。
- ❑ **可见生存期**。Activity 在 onStart() 方法和 onStop() 方法之间所经历的就是可见生存期。在可见生存期内，Activity 对于用户总是可见的，即便有可能无法和用户进行交互。我们可以通过这两个方法合理地管理那些对用户可见的资源。比如在 onStart() 方法中对资源进行加载，而在 onStop() 方法中对资源进行释放，从而保证处于停止状态的 Activity 不会占用过多内存。
- ❑ **前台生存期**。Activity 在 onResume() 方法和 onPause() 方法之间所经历的就是前台生存期。在前台生存期内，Activity 总是处于运行状态，此时的 Activity 是可以和用户进行交互的，我们平时看到和接触最多的就是这个状态下的 Activity。

为了帮助你更好地理解，Android 官方提供了一张 Activity 生命周期的示意图，如图 3.24 所示。

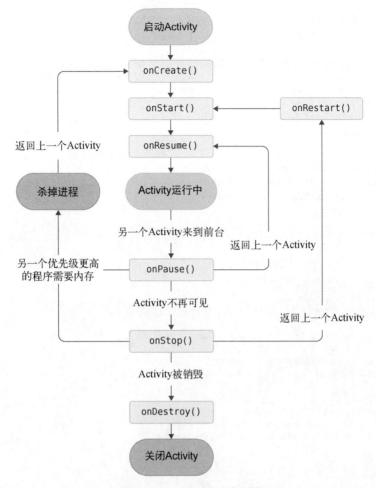

图 3.24 Activity 的生命周期

3.4.4 体验 Activity 的生命周期

讲了这么多理论知识,是时候进行实战了。下面我们将通过一个实例,让你可以更加直观地体验 Activity 的生命周期。

这次我们不准备在 ActivityTest 这个项目的基础上修改了,而是新建一个项目。因此,首先关闭 ActivityTest 项目,点击导航栏 File→Close Project。然后新建一个 ActivityLifeCycleTest 项目,新建项目的过程你应该已经非常清楚了,不需要我再进行赘述,这次我们允许 Android Studio 帮我们自动创建 Activity 和布局,这样可以省去不少工作,创建的 Activity 名和布局名都使用默认值。

这样主 Activity 就创建完成了,我们还需要分别再创建两个子 Activity——NormalActivity 和 DialogActivity,下面一步步来实现。

右击 com.example.activitylifecycletest 包→New→Activity→Empty Activity，新建 NormalActivity，布局起名为 normal_layout。然后使用同样的方式创建 DialogActivity，布局起名为 dialog_layout。

现在编辑 normal_layout.xml 文件，将里面的代码替换成如下内容：

```
<LinearLayout xmlns:android="http://schemas.android.com/apk/res/android"
    android:orientation="vertical"
    android:layout_width="match_parent"
    android:layout_height="match_parent">

    <TextView
        android:layout_width="match_parent"
        android:layout_height="wrap_content"
        android:text="This is a normal activity"
    />

</LinearLayout>
```

在这个布局中，我们非常简单地使用了一个 TextView，用于显示一行文字，在下一章中你将会学到关于 TextView 的更多用法。

然后编辑 dialog_layout.xml 文件，将里面的代码替换成如下内容：

```
<LinearLayout xmlns:android="http://schemas.android.com/apk/res/android"
    android:orientation="vertical"
    android:layout_width="match_parent"
    android:layout_height="match_parent">

    <TextView
        android:layout_width="match_parent"
        android:layout_height="wrap_content"
        android:text="This is a dialog activity"
    />

</LinearLayout>
```

两个布局文件的代码几乎没有区别，只是显示的文字不同而已。

NormalActivity 和 DialogActivity 中的代码我们保持默认就好，不需要改动。

其实从名字上就可以看出，这两个 Activity 一个是普通的 Activity，一个是对话框式的 Activity。可是我们并没有修改 Activity 的任何代码，两个 Activity 的代码应该几乎是一模一样的，那么是在哪里将 Activity 设成对话框式的呢？别着急，下面我们马上开始设置。修改 AndroidManifest.xml 的 `<activity>`标签的配置，如下所示：

```
<activity android:name=".DialogActivity"
    android:theme="@style/Theme.AppCompat.Dialog">
</activity>
<activity android:name=".NormalActivity">
</activity>
```

这里是两个 Activity 的注册代码，但是 DialogActivity 的代码有些不同，我们给它使用了一个 android:theme 属性，用于给当前 Activity 指定主题，Android 系统内置有很多主题可以选择，当然我们也可以定制自己的主题，而这里的 `@style/Theme.AppCompat.Dialog` 则毫无疑问是让 DialogActivity 使用对话框式的主题。

接下来我们修改 activity_main.xml，重新定制主 Activity 的布局，将里面的代码替换成如下内容：

```xml
<LinearLayout xmlns:android="http://schemas.android.com/apk/res/android"
    android:orientation="vertical"
    android:layout_width="match_parent"
    android:layout_height="match_parent">

    <Button
        android:id="@+id/startNormalActivity"
        android:layout_width="match_parent"
        android:layout_height="wrap_content"
        android:text="Start NormalActivity" />

    <Button
        android:id="@+id/startDialogActivity"
        android:layout_width="match_parent"
        android:layout_height="wrap_content"
        android:text="Start DialogActivity" />

</LinearLayout>
```

可以看到，我们在 LinearLayout 中加入了两个按钮，一个用于启动 NormalActivity，一个用于启动 DialogActivity。

最后修改 MainActivity 中的代码，如下所示：

```kotlin
class MainActivity : AppCompatActivity() {

    private val tag = "MainActivity"

    override fun onCreate(savedInstanceState: Bundle?) {
        super.onCreate(savedInstanceState)
        Log.d(tag, "onCreate")
        setContentView(R.layout.activity_main)
        startNormalActivity.setOnClickListener {
            val intent = Intent(this, NormalActivity::class.java)
            startActivity(intent)
        }
        startDialogActivity.setOnClickListener {
            val intent = Intent(this, DialogActivity::class.java)
            startActivity(intent)
        }
    }

    override fun onStart() {
        super.onStart()
        Log.d(tag, "onStart")
    }

    override fun onResume() {
        super.onResume()
        Log.d(tag, "onResume")
    }
```

```kotlin
    override fun onPause() {
        super.onPause()
        Log.d(tag, "onPause")
    }

    override fun onStop() {
        super.onStop()
        Log.d(tag, "onStop")
    }

    override fun onDestroy() {
        super.onDestroy()
        Log.d(tag, "onDestroy")
    }

    override fun onRestart() {
        super.onRestart()
        Log.d(tag, "onRestart")
    }

}
```

在 onCreate()方法中，我们分别为两个按钮注册了点击事件，点击第一个按钮会启动 NormalActivity，点击第二个按钮会启动 DialogActivity。然后在 Activity 的 7 个回调方法中分别打印了一句话，这样就可以通过观察日志来更直观地理解 Activity 的生命周期。

现在运行程序，效果如图 3.25 所示。

图 3.25　MainActivity 界面

这时观察 Logcat 中的打印日志，如图 3.26 所示。

图 3.26 启动程序时的打印日志

可以看到，当 MainActivity 第一次被创建时会依次执行 onCreate()、onStart()和 onResume()
方法。然后点击第一个按钮，启动 NormalActivity，如图 3.27 所示。

图 3.27 NormalActivity 界面

此时的打印信息如图 3.28 所示。

图 3.28 打开 NormalActivity 时的打印日志

由于 NormalActivity 已经把 MainActivity 完全遮挡住，因此 onPause()和 onStop()方法都
会得到执行。然后按下 Back 键返回 MainActivity，打印信息如图 3.29 所示。

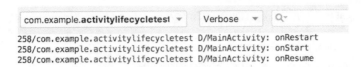

com.example.activitylifecycletest
Verbose
258/com.example.activitylifecycletest D/MainActivity: onRestart
258/com.example.activitylifecycletest D/MainActivity: onStart
258/com.example.activitylifecycletest D/MainActivity: onResume

图 3.29 返回 MainActivity 时的打印日志

由于之前 MainActivity 已经进入了停止状态，所以 `onRestart()`方法会得到执行，之后会依次执行 `onStart()`和 `onResume()`方法。注意，此时 `onCreate()`方法不会执行，因为 MainActivity 并没有重新创建。

然后点击第二个按钮，启动 DialogActivity，如图 3.30 所示。

10:10
ActivityLifeCycleTest
START NORMALACTIVITY
START DIALOGACTIVITY
ActivityLifeCycleTest
This is a dialog activity

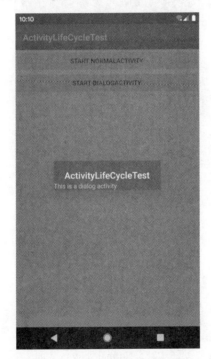

图 3.30 DialogActivity 界面

此时观察打印信息，如图 3.31 所示。

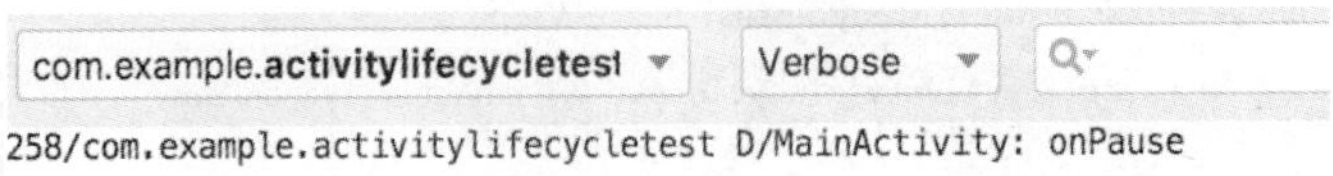

com.example.activitylifecycletest
Verbose
258/com.example.activitylifecycletest D/MainActivity: onPause

图 3.31 打开 DialogActivity 时的打印日志

可以看到，只有 `onPause()`方法得到了执行，`onStop()`方法并没有执行，这是因为 DialogActivity 并没有完全遮挡住 MainActivity，此时 MainActivity 只是进入了暂停状态，并没有进入停止状态。

相应地，按下 Back 键返回 MainActivity 也应该只有 onResume()方法会得到执行，如图 3.32 所示。

com.example.activitylifecycletest
Verbose
258/com.example.activitylifecycletest D/MainActivity: onResume

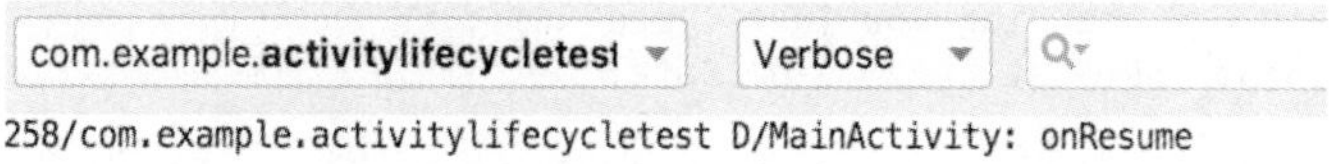

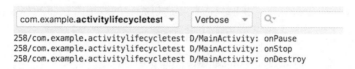

图 3.32 再次返回 MainActivity 时的打印日志

最后在 MainActivity 按下 Back 键退出程序，打印信息如图 3.33 所示。

com.example.activitylifecycletest
Verbose
258/com.example.activitylifecycletest D/MainActivity: onPause
258/com.example.activitylifecycletest D/MainActivity: onStop
258/com.example.activitylifecycletest D/MainActivity: onDestroy

图 3.33 退出程序时的打印日志

依次会执行 onPause()、onStop()和 onDestroy()方法，最终销毁 MainActivity。

这样 Activity 完整的生命周期你已经体验了一遍，是不是理解得更加深刻了？

3.4.5 Activity 被回收了怎么办

前面我们说过，当一个 Activity 进入了停止状态，是有可能被系统回收的。那么想象以下场景：应用中有一个 Activity A，用户在 Activity A 的基础上启动了 Activity B，Activity A 就进入了停止状态，这个时候由于系统内存不足，将 Activity A 回收掉了，然后用户按下 Back 键返回 Activity A，会出现什么情况呢？其实还是会正常显示 Activity A 的，只不过这时并不会执行 onRestart()方法，而是会执行 Activity A 的 onCreate()方法，因为 Activity A 在这种情况下会被重新创建一次。

这样看上去好像一切正常，可是别忽略了一个重要问题：Activity A 中是可能存在临时数据和状态的。打个比方，MainActivity 中如果有一个文本输入框，现在你输入了一段文字，然后启动 NormalActivity，这时 MainActivity 由于系统内存不足被回收掉，过了一会你又点击了 Back 键回到 MainActivity，你会发现刚刚输入的文字都没了，因为 MainActivity 被重新创建了。

如果我们的应用出现了这种情况，是会比较影响用户体验的，所以得想想办法解决这个问题。其实，Activity 中还提供了一个 onSaveInstanceState()回调方法，这个方法可以保证在 Activity 被回收之前一定会被调用，因此我们可以通过这个方法来解决问题。

onSaveInstanceState()方法会携带一个 Bundle 类型的参数，Bundle 提供了一系列的方法用于保存数据，比如可以使用 putString()方法保存字符串，使用 putInt()方法保存整型数据，以此类推。每个保存方法需要传入两个参数，第一个参数是键，用于后面从 Bundle 中取值，第二个参数是真正要保存的内容。

在 MainActivity 中添加如下代码就可以将临时数据进行保存了：

```kotlin
override fun onSaveInstanceState(outState: Bundle) {
    super.onSaveInstanceState(outState)
    val tempData = "Something you just typed"
    outState.putString("data_key", tempData)
}
```

数据是已经保存下来了，那么我们应该在哪里进行恢复呢？细心的你也许早就发现，我们一直使用的 onCreate()方法其实也有一个 Bundle 类型的参数。这个参数在一般情况下都是 null，但是如果在 Activity 被系统回收之前，你通过 onSaveInstanceState()方法保存数据，这个参数就会带有之前保存的全部数据，我们只需要再通过相应的取值方法将数据取出即可。

修改 MainActivity 的 onCreate()方法，如下所示：

```kotlin
override fun onCreate(savedInstanceState: Bundle?) {
    super.onCreate(savedInstanceState)
    Log.d(tag, "onCreate")
    setContentView(R.layout.activity_main)
    if (savedInstanceState != null) {
        val tempData = savedInstanceState.getString("data_key")
        Log.d(tag, "tempData is $tempData")
    }
    ...
}
```

取出值之后再做相应的恢复操作就可以了，比如将文本内容重新赋值到文本输入框上，这里我们只是简单地打印一下。

不知道你有没有察觉，使用 Bundle 保存和取出数据是不是有些似曾相识呢？没错！我们在使用 Intent 传递数据时也用的类似的方法。这里提醒一点，Intent 还可以结合 Bundle 一起用于传递数据。首先我们可以把需要传递的数据都保存在 Bundle 对象中，然后再将 Bundle 对象存放在 Intent 里。到了目标 Activity 之后，先从 Intent 中取出 Bundle，再从 Bundle 中一一取出数据。具体的代码我就不写了，要学会举一反三哦。

另外，当手机的屏幕发生旋转的时候，Activity 也会经历一个重新创建的过程，因而在这种情况下，Activity 中的数据也会丢失。虽然这个问题同样可以通过 onSaveInstanceState()方法来解决，但是一般不太建议这么做，因为对于横竖屏旋转的情况，现在有更加优雅的解决方案，我们将 13.2 节中学习。

3.5 Activity 的启动模式

Activity 的启动模式对你来说应该是个全新的概念，在实际项目中我们应该根据特定的需求为每个 Activity 指定恰当的启动模式。启动模式一共有 4 种，分别是 standard、singleTop、singleTask 和 singleInstance，可以在 AndroidManifest.xml 中通过给<activity>标签指定 android:launchMode 属性来选择启动模式。下面我们来逐个进行学习。

3.5.1　standard

standard 是 Activity 默认的启动模式，在不进行显式指定的情况下，所有 Activity 都会自动使用这种启动模式。到目前为止，我们写过的所有 Activity 都是使用的 standard 模式。经过上一节的学习，你已经知道了 Android 是使用返回栈来管理 Activity 的，在 standard 模式下，每当启动一个新的 Activity，它就会在返回栈中入栈，并处于栈顶的位置。对于使用 standard 模式的 Activity，系统不会在乎这个 Activity 是否已经在返回栈中存在，每次启动都会创建一个该 Activity 的新实例。

我们现在通过实践来体会一下 standard 模式，这次还是在 ActivityTest 项目的基础上修改。首先关闭 ActivityLifeCycleTest 项目，打开 ActivityTest 项目。

修改 FirstActivity 中 onCreate() 方法的代码，如下所示：

```
override fun onCreate(savedInstanceState: Bundle?) {
    super.onCreate(savedInstanceState)
    Log.d("FirstActivity", this.toString())
    setContentView(R.layout.first_layout)
    button1.setOnClickListener {
        val intent = Intent(this, FirstActivity::class.java)
        startActivity(intent)
    }
}
```

代码看起来有些奇怪吧？在 FirstActivity 的基础上启动 FirstActivity。从逻辑上来讲，这确实没什么意义，不过我们的重点在于研究 standard 模式，因此不必在意这段代码有什么实际用途。另外我们还在 onCreate() 方法中添加了一行打印信息，用于打印当前 Activity 的实例。

现在重新运行程序，然后在 FirstActivity 界面连续点击两次按钮，可以看到 Logcat 中的打印信息如图 3.34 所示。

图 3.34　standard 模式下的打印日志

从打印信息中可以看出，每点击一次按钮，就会创建出一个新的 FirstActivity 实例。此时返回栈中也会存在 3 个 FirstActivity 的实例，因此你需要连按 3 次 Back 键才能退出程序。

standard 模式的原理如图 3.35 所示。

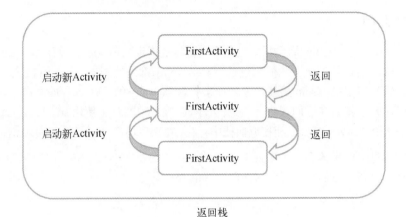

图 3.35　standard 模式原理示意图

3.5.2　singleTop

可能在有些情况下，你会觉得 standard 模式不太合理。Activity 明明已经在栈顶了，为什么再次启动的时候还要创建一个新的 Activity 实例呢？别着急，这只是系统默认的一种启动模式而已，你完全可以根据自己的需要进行修改，比如使用 singleTop 模式。当 Activity 的启动模式指定为 singleTop，在启动 Activity 时如果发现返回栈的栈顶已经是该 Activity，则认为可以直接使用它，不会再创建新的 Activity 实例。

我们还是通过实践来体会一下，修改 AndroidManifest.xml 中 FirstActivity 的启动模式，如下所示：

```
<activity
    android:name=".FirstActivity"
    android:launchMode="singleTop"
    android:label="This is FirstActivity">
    <intent-filter>
        <action android:name="android.intent.action.MAIN"/>
        <category android:name="android.intent.category.LAUNCHER"/>
    </intent-filter>
</activity>
```

然后重新运行程序，查看 Logcat，你会看到已经创建了一个 FirstActivity 的实例，如图 3.36 所示。

图 3.36　singleTop 模式下的打印日志

但是之后不管你点击多少次按钮都不会再有新的打印信息出现，因为目前 FirstActivity 已经处于返回栈的栈顶，每当想要再启动一个 FirstActivity 时，都会直接使用栈顶的 Activity，因此 FirstActivity 只会有一个实例，仅按一次 Back 键就可以退出程序。

不过当 FirstActivity 并未处于栈顶位置时，再启动 FirstActivity 还是会创建新的实例的。

下面我们来实验一下，修改 FirstActivity 中 onCreate()方法的代码，如下所示：

```kotlin
override fun onCreate(savedInstanceState: Bundle?) {
    super.onCreate(savedInstanceState)
    Log.d("FirstActivity", this.toString())
    setContentView(R.layout.first_layout)
    button1.setOnClickListener {
        val intent = Intent(this, SecondActivity::class.java)
        startActivity(intent)
    }
}
```

这次我们点击按钮后启动的是 SecondActivity。然后修改 SecondActivity 中 onCreate()方法的代码，如下所示：

```kotlin
override fun onCreate(savedInstanceState: Bundle?) {
    super.onCreate(savedInstanceState)
    Log.d("SecondActivity", this.toString())
    setContentView(R.layout.second_layout)
    button2.setOnClickListener {
        val intent = Intent(this, FirstActivity::class.java)
        startActivity(intent)
    }
}
```

我们在 SecondActivity 中添加了一行打印日志，并且在按钮点击事件里加入了启动 FirstActivity 的代码。现在重新运行程序，在 FirstActivity 界面点击按钮进入 SecondActivity，然后在 SecondActivity 界面点击按钮，又会重新进入 FirstActivity。

查看 Logcat 中的打印信息，如图 3.37 所示。

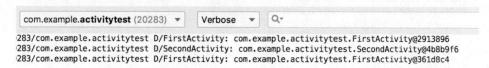

图 3.37　singleTop 模式下的打印日志

可以看到系统创建了两个不同的 FirstActivity 实例，这是由于在 SecondActivity 中再次启动 FirstActivity 时，栈顶 Activity 已经变成了 SecondActivity，因此会创建一个新的 FirstActivity 实例。现在按下 Back 键会返回到 SecondActivity，再次按下 Back 键又会回到 FirstActivity，再按一次 Back 键才会退出程序。

singleTop 模式的原理如图 3.38 所示。

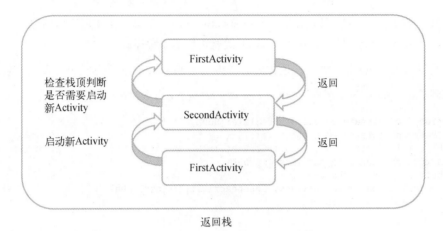

图 3.38　singleTop 模式原理示意图

3.5.3　singleTask

使用 singleTop 模式可以很好地解决重复创建栈顶 Activity 的问题，但是正如你在上一节所看到的，如果该 Activity 并没有处于栈顶的位置，还是可能会创建多个 Activity 实例的。那么有没有什么办法可以让某个 Activity 在整个应用程序的上下文中只存在一个实例呢？这就要借助 singleTask 模式来实现了。当 Activity 的启动模式指定为 singleTask，每次启动该 Activity 时，系统首先会在返回栈中检查是否存在该 Activity 的实例，如果发现已经存在则直接使用该实例，并把在这个 Activity 之上的所有其他 Activity 统统出栈，如果没有发现就会创建一个新的 Activity 实例。

我们还是通过代码来更加直观地理解一下。修改 AndroidManifest.xml 中 FirstActivity 的启动模式：

```
<activity
    android:name=".FirstActivity"
    android:launchMode="singleTask"
    android:label="This is FirstActivity">
    <intent-filter>
        <action android:name="android.intent.action.MAIN" />
        <category android:name="android.intent.category.LAUNCHER" />
    </intent-filter>
</activity>
```

然后在 FirstActivity 中添加 onRestart()方法，并打印日志：

```
override fun onRestart() {
    super.onRestart()
    Log.d("FirstActivity", "onRestart")
}
```

最后在 SecondActivity 中添加 onDestroy()方法，并打印日志：

```
override fun onDestroy() {
    super.onDestroy()
    Log.d("SecondActivity", "onDestroy")
}
```

现在重新运行程序，在 FirstActivity 界面点击按钮进入 SecondActivity，然后在 SecondActivity 界面点击按钮，又会重新进入 FirstActivity。

查看 Logcat 中的打印信息，如图 3.39 所示。

图 3.39　singleTask 模式下的打印日志

其实从打印信息中就可以明显看出，在 SecondActivity 中启动 FirstActivity 时，会发现返回栈中已经存在一个 FirstActivity 的实例，并且是在 SecondActivity 的下面，于是 SecondActivity 会从返回栈中出栈，而 FirstActivity 重新成为了栈顶 Activity，因此 FirstActivity 的 onRestart()方法和 SecondActivity 的 onDestroy()方法会得到执行。现在返回栈中只剩下一个 FirstActivity 的实例了，按一下 Back 键就可以退出程序。

singleTask 模式的原理如图 3.40 所示。

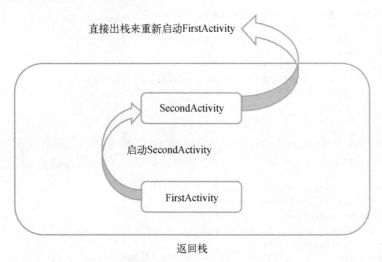

图 3.40　singleTask 模式原理示意图

3.5.4　singleInstance

singleInstance 模式应该算是 4 种启动模式中最特殊也最复杂的一个了，你也需要多花点工夫来理解这个模式。不同于以上 3 种启动模式，指定为 singleInstance 模式的 Activity 会启用一个新的返回栈来管理这个 Activity（其实如果 singleTask 模式指定了不同的 taskAffinity，也会启动一个新的返回栈）。那么这样做有什么意义呢？想象以下场景，假设我们的程序中有一个 Activity 是允许其他程序调用的，如果想实现其他程序和我们的程序可以共享这个 Activity 的实例，应该如何实现呢？使用前面 3 种启动模式肯定是做不到的，因为每个应用程序都会有自己的返回栈，同一个 Activity 在不同的返回栈中入栈时必然创建了新的实例。而使用 singleInstance 模式就可以解决这个问题，在这种模式下，会有一个单独的返回栈来管理这个 Activity，不管是哪个应用程序来访问这个 Activity，都共用同一个返回栈，也就解决了共享 Activity 实例的问题。

为了帮助你更好地理解这种启动模式，我们还是来实践一下。修改 AndroidManifest.xml 中 SecondActivity 的启动模式：

```
<activity android:name=".SecondActivity"
    android:launchMode="singleInstance">
    <intent-filter>
        <action android:name="com.example.activitytest.ACTION_START" />
        <category android:name="android.intent.category.DEFAULT" />
        <category android:name="com.example.activitytest.MY_CATEGORY" />
    </intent-filter>
</activity>
```

我们先将 SecondActivity 的启动模式指定为 singleInstance，然后修改 FirstActivity 中 onCreate() 方法的代码：

```
override fun onCreate(savedInstanceState: Bundle?) {
    super.onCreate(savedInstanceState)
    Log.d("FirstActivity", "Task id is $taskId")
    setContentView(R.layout.first_layout)
    button1.setOnClickListener {
        val intent = Intent(this, SecondActivity::class.java)
        startActivity(intent)
    }
}
```

这里我们在 onCreate() 方法中打印了当前返回栈的 id。注意上述代码中的 taskId 实际上调用的是父类的 getTaskId() 方法。然后修改 SecondActivity 中 onCreate() 方法的代码：

```
override fun onCreate(savedInstanceState: Bundle?) {
    super.onCreate(savedInstanceState)
    Log.d("SecondActivity", "Task id is $taskId")
    setContentView(R.layout.second_layout)
    button2.setOnClickListener {
        val intent = Intent(this, ThirdActivity::class.java)
        startActivity(intent)
    }
}
```

同样在 onCreate() 方法中打印了当前返回栈的 id，然后又修改了按钮点击事件的代码，用于启动 ThirdActivity。最后修改 ThirdActivity 中 onCreate() 方法的代码：

```
override fun onCreate(savedInstanceState: Bundle?) {
    super.onCreate(savedInstanceState)
    Log.d("ThirdActivity", "Task id is $taskId")
    setContentView(R.layout.third_layout)
}
```

仍然是在 onCreate() 方法中打印了当前返回栈的 id。

现在重新运行程序，在 FirstActivity 界面点击按钮进入 SecondActivity，然后在 SecondActivity 界面点击按钮进入 ThirdActivity。

查看 Logcat 中的打印信息，如图 3.41 所示。

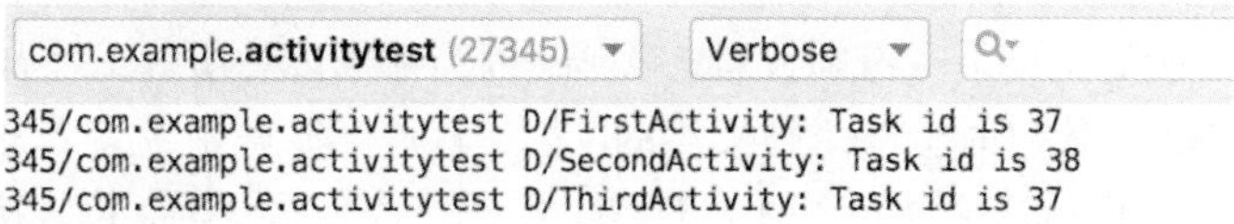

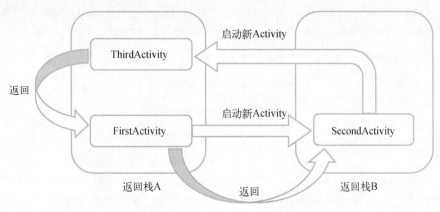

图 3.41　singleInstance 模式下的打印日志

可以看到，SecondActivity 的 Task id 不同于 FirstActivity 和 ThirdActivity，这说明 SecondActivity 确实是存放在一个单独的返回栈里的，而且这个栈中只有 SecondActivity 这一个 Activity。

然后我们按下 Back 键进行返回，你会发现 ThirdActivity 竟然直接返回到了 FirstActivity，再按下 Back 键又会返回到 SecondActivity，再按下 Back 键才会退出程序，这是为什么呢？其实原理很简单，由于 FirstActivity 和 ThirdActivity 是存放在同一个返回栈里的，当在 ThirdActivity 的界面按下 Back 键时，ThirdActivity 会从返回栈中出栈，那么 FirstActivity 就成为了栈顶 Activity 显示在界面上，因此也就出现了从 ThirdActivity 直接返回到 FirstActivity 的情况。然后在 FirstActivity 界面再次按下 Back 键，这时当前的返回栈已经空了，于是就显示了另一个返回栈的栈顶 Activity，即 SecondActivity。最后再次按下 Back 键，这时所有返回栈都已经空了，也就自然退出了程序。

singleInstance 模式的原理如图 3.42 所示。

图 3.42　singleInstance 模式原理示意图

3.6　Activity 的最佳实践

关于 Activity，你已经掌握了非常多的知识，不过恐怕离能够完全灵活运用还有一段距离。虽然知识点只有这么多，但运用的技巧却是多种多样的。所以，在这里我准备教你几种关于 Activity 的最佳实践技巧，这些技巧在你以后的开发工作当中将会非常有用。

3.6.1　知晓当前是在哪一个 Activity

这个技巧将教会你如何根据程序当前的界面就能判断出这是哪一个 Activity。可能你会觉得挺纳闷的，我自己写的代码怎么会不知道这是哪一个 Activity 呢？然而现实情况是，在你进入一家公司之后，更有可能的是接手一份别人写的代码，因为你刚进公司就正好有一个新项目启动的概率并不高。阅读别人的代码时有一个很头疼的问题，就是当你需要在某个界面上修改一些非常简单的东西时，却半天找不到这个界面对应的 Activity 是哪一个。学会了本节的技巧之后，这对你来说就再也不是难题了。

我们还是在 ActivityTest 项目的基础上修改，首先需要新建一个 BaseActivity 类。右击 com.example.activitytest 包→New→Kotlin File/Class，在弹出的窗口中输入 BaseActivity，创建类型选择 Class，如图 3.43 所示。

图 3.43　创建 BaseActivity 类

注意，这里的 BaseActivity 和普通 Activity 的创建方式并不一样，因为我们不需要让 BaseActivity 在 AndroidManifest.xml 中注册，所以选择创建一个普通的 Kotlin 类就可以了。然后让 BaseActivity 继承自 AppCompatActivity，并重写 onCreate()方法，如下所示：

```kotlin
open class BaseActivity : AppCompatActivity() {

    override fun onCreate(savedInstanceState: Bundle?) {
        super.onCreate(savedInstanceState)
        Log.d("BaseActivity", javaClass.simpleName)
    }

}
```

我们在 onCreate()方法中加了一行日志，用于打印当前实例的类名。这里我要额外说明一下，Kotlin 中的 javaClass 表示获取当前实例的 Class 对象，相当于在 Java 中调用 getClass()方法；而 Kotlin 中的 BaseActivity::class.java 表示获取 BaseActivity 类的 Class 对象，相当于在 Java 中调用 BaseActivity.class。在上述代码中，我们先是获取了当前实例的 Class 对象，然后再调用 simpleName 获取当前实例的类名。

接下来我们需要让 BaseActivity 成为 ActivityTest 项目中所有 Activity 的父类，为了使 BaseActivity 可以被继承，我已经提前在类名的前面加上了 open 关键字。然后修改 FirstActivity、SecondActivity 和 ThirdActivity 的继承结构，让它们不再继承自 AppCompatActivity，而是继承自 BaseActivity。而由于 BaseActivity 又是继承自 AppCompatActivity 的，所以项目中所有 Activity 的现有功能并不受影响，它们仍然继承了 Activity 中的所有特性。

现在重新运行程序，然后通过点击按钮分别进入 FirstActivity、SecondActivity 和 ThirdActivity 的界面，这时观察 Logcat 中的打印信息，如图 3.44 所示。

图 3.44 BaseActivity 中的打印日志

现在每当我们进入一个 Activity 的界面，该 Activity 的类名就会被打印出来，这样我们就可以时刻知晓当前界面对应的是哪一个 Activity 了。

3.6.2 随时随地退出程序

如果目前你手机的界面还停留在 ThirdActivity，你会发现当前想退出程序是非常不方便的，需要连按 3 次 Back 键才行。按 Home 键只是把程序挂起，并没有退出程序。如果我们的程序需要注销或者退出的功能该怎么办呢？看来要有一个随时随地都能退出程序的方案才行。

其实解决思路也很简单，只需要用一个专门的集合对所有的 Activity 进行管理就可以了。下面我们就来实现一下。

新建一个单例类 ActivityCollector 作为 Activity 的集合，代码如下所示：

```kotlin
object ActivityCollector {

    private val activities = ArrayList<Activity>()

    fun addActivity(activity: Activity) {
        activities.add(activity)
    }

    fun removeActivity(activity: Activity) {
        activities.remove(activity)
    }

    fun finishAll() {
        for (activity in activities) {
```

```
            if (!activity.isFinishing) {
                activity.finish()
            }
        }
        activities.clear()
    }

}
```

这里使用了单例类，是因为全局只需要一个 Activity 集合。在集合中，我们通过一个 ArrayList 来暂存 Activity，然后提供了一个 addActivity() 方法，用于向 ArrayList 中添加 Activity；提供了一个 removeActivity() 方法，用于从 ArrayList 中移除 Activity；最后提供了一个 finishAll() 方法，用于将 ArrayList 中存储的 Activity 全部销毁。注意在销毁 Activity 之前，我们需要先调用 activity.isFinishing 来判断 Activity 是否正在销毁中，因为 Activity 还可能通过按下 Back 键等方式被销毁，如果该 Activity 没有正在销毁中，我们再去调用它的 finish() 方法来销毁它。

接下来修改 BaseActivity 中的代码，如下所示：

```
open class BaseActivity : AppCompatActivity() {

    override fun onCreate(savedInstanceState: Bundle?) {
        super.onCreate(savedInstanceState)
        Log.d("BaseActivity", javaClass.simpleName)
        ActivityCollector.addActivity(this)
    }

    override fun onDestroy() {
        super.onDestroy()
        ActivityCollector.removeActivity(this)
    }

}
```

在 BaseActivity 的 onCreate() 方法中调用了 ActivityCollector 的 addActivity() 方法，表明将当前正在创建的 Activity 添加到集合里。然后在 BaseActivity 中重写 onDestroy() 方法，并调用了 ActivityCollector 的 removeActivity() 方法，表明从集合里移除一个马上要销毁的 Activity。

从此以后，不管你想在什么地方退出程序，只需要调用 ActivityCollector.finishAll() 方法就可以了。例如在 ThirdActivity 界面想通过点击按钮直接退出程序，只需将代码改成如下形式：

```
class ThirdActivity : BaseActivity() {

    override fun onCreate(savedInstanceState: Bundle?) {
        super.onCreate(savedInstanceState)
        Log.d("ThirdActivity", "Task id is $taskId")
        setContentView(R.layout.third_layout)
        button3.setOnClickListener {
```

```
        ActivityCollector.finishAll()
    }
  }

}
```

当然你还可以在销毁所有 Activity 的代码后面再加上杀掉当前进程的代码，以保证程序完全退出，杀掉进程的代码如下所示：

```
android.os.Process.killProcess(android.os.Process.myPid())
```

killProcess()方法用于杀掉一个进程，它接收一个进程 id 参数，我们可以通过 myPid()方法来获得当前程序的进程 id。需要注意的是，killProcess()方法只能用于杀掉当前程序的进程，不能用于杀掉其他程序。

3.6.3　启动 Activity 的最佳写法

启动 Activity 的方法相信你已经非常熟悉了，首先通过 Intent 构建出当前的"意图"，然后调用 startActivity()或 startActivityForResult()方法将 Activity 启动起来，如果有数据需要在 Activity 之间传递，也可以借助 Intent 来完成。

假设 SecondActivity 中需要用到两个非常重要的字符串参数，在启动 SecondActivity 的时候必须传递过来，那么我们很容易会写出如下代码：

```
val intent = Intent(this, SecondActivity::class.java)
intent.putExtra("param1", "data1")
intent.putExtra("param2", "data2")
startActivity(intent)
```

虽然这样写是完全正确的，但是在真正的项目开发中经常会出现对接的问题。比如 SecondActivity 并不是由你开发的，但现在你负责开发的部分需要启动 SecondActivity，而你却不清楚启动 SecondActivity 需要传递哪些数据。这时无非就有两个办法：一个是你自己去阅读 SecondActivity 中的代码，另一个是询问负责编写 SecondActivity 的同事。你会不会觉得很麻烦呢？其实只需要换一种写法，就可以轻松解决上面的窘境。

修改 SecondActivity 中的代码，如下所示：

```
class SecondActivity : BaseActivity() {
    ...
    companion object {
        fun actionStart(context: Context, data1: String, data2: String) {
            val intent = Intent(context, SecondActivity::class.java)
            intent.putExtra("param1", data1)
            intent.putExtra("param2", data2)
            context.startActivity(intent)
        }
    }
}
```

在这里我们使用了一个新的语法结构 companion object，并在 companion object 中定义了一个 actionStart()方法。之所以要这样写，是因为 Kotlin 规定，所有定义在 companion object 中的方法都可以使用类似于 Java 静态方法的形式调用。关于 companion object 的更多内容，我会在本章的 Kotlin 课堂中进行讲解。

接下来我们重点看 actionStart()方法，在这个方法中完成了 Intent 的构建，另外所有 SecondActivity 中需要的数据都是通过 actionStart()方法的参数传递过来的，然后把它们存储到 Intent 中，最后调用 startActivity()方法启动 SecondActivity。

这样写的好处在哪里呢？最重要的一点就是一目了然，SecondActivity 所需要的数据在方法参数中全部体现出来了，这样即使不用阅读 SecondActivity 中的代码，不去询问负责编写 SecondActivity 的同事，你也可以非常清晰地知道启动 SecondActivity 需要传递哪些数据。另外，这样写还简化了启动 Activity 的代码，现在只需要一行代码就可以启动 SecondActivity，如下所示：

```
button1.setOnClickListener {
    SecondActivity.actionStart(this, "data1", "data2")
}
```

养成一个良好的习惯，给你编写的每个 Activity 都添加类似的启动方法，这样不仅可以让启动 Activity 变得非常简单，还可以节省不少你同事过来询问你的时间。

3.7　Kotlin 课堂：标准函数和静态方法

现在我们即将进入本书首次的 Kotlin 课堂，之后的几乎每一章中都会有这样一个环节。虽说目前你已经可以上手 Kotlin 编程了，但我们只是在第 2 章中学习了一些 Kotlin 的基础知识而已，其实还有许多的高级技巧并没有涉猎。因此每章的 Kotlin 课堂里，我都会结合所在章节的内容，拓展出更多 Kotlin 的使用技巧，这将会是你提升自己 Kotlin 水平的绝佳机会。

3.7.1　标准函数 with、run 和 apply

Kotlin 的标准函数指的是 Standard.kt 文件中定义的函数，任何 Kotlin 代码都可以自由地调用所有的标准函数。

虽说标准函数并不多，但是想要一次性全部学完还是比较吃力的，因此这里我们主要学习几个最常用的标准函数。

首先在上一章中，我们已经学习了 let 这个标准函数，它的主要作用就是配合?.操作符来进行辅助判空处理，这里就不再赘述了。

下面我们从 with 函数开始学起。with 函数接收两个参数：第一个参数可以是一个任意类型的对象，第二个参数是一个 Lambda 表达式。with 函数会在 Lambda 表达式中提供第一个参数对象的上下文，并使用 Lambda 表达式中的最后一行代码作为返回值返回。示例代码如下：

```
val result = with(obj) {
    // 这里是 obj 的上下文
    "value" // with 函数的返回值
}
```

那么这个函数有什么作用呢？它可以在连续调用同一个对象的多个方法时让代码变得更加精简，下面我们来看一个具体的例子。

比如有一个水果列表，现在我们想吃完所有水果，并将结果打印出来，就可以这样写：

```
val list = listOf("Apple", "Banana", "Orange", "Pear", "Grape")
val builder = StringBuilder()
builder.append("Start eating fruits.\n")
for (fruit in list) {
    builder.append(fruit).append("\n")
}
builder.append("Ate all fruits.")
val result = builder.toString()
println(result)
```

这段代码的逻辑很简单，就是使用 StringBuilder 来构建吃水果的字符串，最后将结果打印出来。如果运行一下上述代码，那么一定会得到如图 3.45 所示的打印结果。

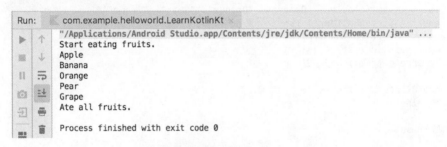

图 3.45 吃水果字符串的打印结果

仔细观察上述代码，你会发现我们连续调用了很多次 builder 对象的方法。其实这个时候就可以考虑使用 with 函数来让代码变得更加精简，如下所示：

```
val list = listOf("Apple", "Banana", "Orange", "Pear", "Grape")
val result = with(StringBuilder()) {
    append("Start eating fruits.\n")
    for (fruit in list) {
        append(fruit).append("\n")
    }
    append("Ate all fruits.")
    toString()
}
println(result)
```

这段代码乍一看可能有点迷惑性，其实很好理解。首先我们给 with 函数的第一个参数传入了一个 StringBuilder 对象，那么接下来整个 Lambda 表达式的上下文就会是这个 StringBuilder

对象。于是我们在 Lambda 表达式中就不用再像刚才那样调用 builder.append() 和 builder.toString() 方法了，而是可以直接调用 append() 和 toString() 方法。Lambda 表达式的最后一行代码会作为 with 函数的返回值返回，最终我们将结果打印出来。

这两段代码的执行结果是一模一样的，但是明显第二段代码的写法更加简洁一些，这就是 with 函数的作用。

下面我们再来学习另外一个常用的标准函数：run 函数。run 函数的用法和使用场景其实和 with 函数是非常类似的，只是稍微做了一些语法改动而已。首先 run 函数通常不会直接调用，而是要在某个对象的基础上调用；其次 run 函数只接收一个 Lambda 参数，并且会在 Lambda 表达式中提供调用对象的上下文。其他方面和 with 函数是一样的，包括也会使用 Lambda 表达式中的最后一行代码作为返回值返回。示例代码如下：

```
val result = obj.run {
    // 这里是 obj 的上下文
    "value" // run 函数的返回值
}
```

那么现在我们就可以使用 run 函数来修改一下吃水果的这段代码，如下所示：

```
val list = listOf("Apple", "Banana", "Orange", "Pear", "Grape")
val result = StringBuilder().run {
    append("Start eating fruits.\n")
    for (fruit in list) {
        append(fruit).append("\n")
    }
    append("Ate all fruits.")
    toString()
}
println(result)
```

总体来说变化非常小，只是将调用 with 函数并传入 StringBuilder 对象改成了调用 StringBuilder 对象的 run 方法，其他都没有任何区别，这两段代码最终的执行结果是完全相同的。

最后我们再来学习标准函数中的 apply 函数。apply 函数和 run 函数也是极其类似的，都要在某个对象上调用，并且只接收一个 Lambda 参数，也会在 Lambda 表达式中提供调用对象的上下文，但是 apply 函数无法指定返回值，而是会自动返回调用对象本身。示例代码如下：

```
val result = obj.apply {
    // 这里是 obj 的上下文
}
// result == obj
```

那么现在我们再使用 apply 函数来修改一下吃水果的这段代码，如下所示：

```
val list = listOf("Apple", "Banana", "Orange", "Pear", "Grape")
val result = StringBuilder().apply {
```

```
    append("Start eating fruits.\n")
    for (fruit in list) {
        append(fruit).append("\n")
    }
    append("Ate all fruits.")
}
println(result.toString())
```

注意这里的代码变化，由于 apply 函数无法指定返回值，只能返回调用对象本身，因此这里的 result 实际上是一个 StringBuilder 对象，所以我们在最后打印的时候还要再调用它的 toString()方法才行。这段代码的执行结果和前面两段仍然是完全相同的，我就不再重复演示了。

这样我们就将 Kotlin 中最常用的几个标准函数学完了，你会发现其实 with、run 和 apply 这几个函数的用法和使用场景是非常类似的。在大多数情况下，它们可以相互转换，但你最好还是要掌握它们之间的区别，以便在编程时能够作出最佳的选择。

回想一下刚刚在最佳实践环节编写的启动 Activity 的代码：

```
val intent = Intent(context, SecondActivity::class.java)
intent.putExtra("param1", "data1")
intent.putExtra("param2", "data2")
context.startActivity(intent)
```

这里每传递一个参数就要调用一次 intent.putExtra()方法，如果要传递 10 个参数，那就得调用 10 次。对于这种情况，我们就可以使用标准函数来对代码进行精简，如下所示：

```
val intent = Intent(context, SecondActivity::class.java).apply {
    putExtra("param1", "data1")
    putExtra("param2", "data2")
}
context.startActivity(intent)
```

可以看到，由于 Lambda 表达式中的上下文就是 Intent 对象，所以我们不再需要调用 intent.putExtra()方法，而是直接调用 putExtra()方法就可以了。传递的参数越多，这种写法的优势也就越明显。

好了，关于 Kotlin 的标准函数就讲到这里，本书后面的章节中还将会有大量使用标准函数的代码示例，到时候你会对它们掌握得越来越熟练。

3.7.2 定义静态方法

静态方法在某些编程语言里面又叫作类方法，指的就是那种不需要创建实例就能调用的方法，所有主流的编程语言都会支持静态方法这个特性。

在 Java 中定义一个静态方法非常简单，只需要在方法上声明一个 static 关键字就可以了，如下所示：

```java
public class Util {

    public static void doAction() {
        System.out.println("do action");
    }

}
```

这是一个非常简单的工具类，上述代码中的 **doAction()** 方法就是一个静态方法。调用静态方法并不需要创建类的实例，而是可以直接以 Util.doAction()这种写法来调用。因而静态方法非常适合用于编写一些工具类的功能，因为工具类通常没有创建实例的必要，基本是全局通用的。

但是和绝大多数主流编程语言不同的是，Kotlin 却极度弱化了静态方法这个概念，想要在Kotlin 中定义一个静态方法反倒不是一件容易的事。

那么 Kotlin 为什么要这样设计呢？因为 Kotlin 提供了比静态方法更好用的语法特性，并且我们在上一节中已经学习过了，那就是单例类。

像工具类这种功能，在 Kotlin 中就非常推荐使用单例类的方式来实现，比如上述的 Util 工具类，如果使用 Kotlin 来实现的话就可以这样写：

```kotlin
object Util {

    fun doAction() {
        println("do action")
    }

}
```

虽然这里的 doAction()方法并不是静态方法，但是我们仍然可以使用 Util.doAction()的方式来调用，这就是单例类所带来的便利性。

不过，使用单例类的写法会将整个类中的所有方法全部变成类似于静态方法的调用方式，而如果我们只是希望让类中的某一个方法变成静态方法的调用方式该怎么办呢？这个时候就可以使用刚刚在最佳实践环节用到的 companion object 了，示例如下：

```kotlin
class Util {

    fun doAction1() {
        println("do action1")
    }

    companion object {

        fun doAction2() {
            println("do action2")
        }

    }

}
```

这里首先我们将 Util 从单例类改成了一个普通类，然后在类中直接定义了一个 doAction1()方法，又在 companion object 中定义了一个 doAction2()方法。现在这两个方法就有了本质的区别，因为 doAction1()方法是一定要先创建 Util 类的实例才能调用的，而 doAction2()方法可以直接使用 Util.doAction2()的方式调用。

不过，doAction2()方法其实也并不是静态方法，companion object 这个关键字实际上会在 Util 类的内部创建一个伴生类，而 doAction2()方法就是定义在这个伴生类里面的实例方法。只是 Kotlin 会保证 Util 类始终只会存在一个伴生类对象，因此调用 Util.doAction2()方法实际上就是调用了 Util 类中伴生对象的 doAction2()方法。

由此可以看出，Kotlin 确实没有直接定义静态方法的关键字，但是提供了一些语法特性来支持类似于静态方法调用的写法，这些语法特性基本可以满足我们平时的开发需求了。

然而如果你确确实实需要定义真正的静态方法，Kotlin 仍然提供了两种实现方式：注解和顶层方法。下面我们来逐个学习一下。

先来看注解，前面使用的单例类和 companion object 都只是在语法的形式上模仿了静态方法的调用方式，实际上它们都不是真正的静态方法。因此如果你在 Java 代码中以静态方法的形式去调用的话，你会发现这些方法并不存在。而如果我们给单例类或 companion object 中的方法加上@JvmStatic 注解，那么 Kotlin 编译器就会将这些方法编译成真正的静态方法，如下所示：

```kotlin
class Util {

    fun doAction1() {
        println("do action1")
    }

    companion object {

        @JvmStatic
        fun doAction2() {
            println("do action2")
        }

    }

}
```

注意，@JvmStatic 注解只能加在单例类或 companion object 中的方法上，如果你尝试加在一个普通方法上，会直接提示语法错误。

由于 doAction2()方法已经成为了真正的静态方法，那么现在不管是在 Kotlin 中还是在 Java 中，都可以使用 Util.doAction2()的写法来调用了。

再来看顶层方法，顶层方法指的是那些没有定义在任何类中的方法，比如我们在上一节中编写的 main()方法。Kotlin 编译器会将所有的顶层方法全部编译成静态方法，因此只要你定义了一个顶层方法，那么它就一定是静态方法。

想要定义一个顶层方法，首先需要创建一个 Kotlin 文件。对着任意包名右击 → New → Kotlin File/Class，在弹出的对话框中输入文件名即可。注意创建类型要选择 File，如图 3.46 所示。

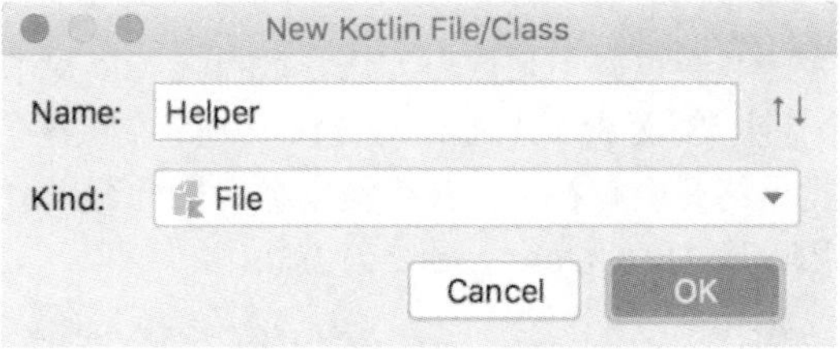

图 3.46　创建一个 Kotlin 文件

点击 "OK" 完成创建，这样刚刚的包名路径下就会出现一个 Helper.kt 文件。现在我们在这个文件中定义的任何方法都会是顶层方法，比如这里我就定义一个 doSomething()方法吧，如下所示：

```
fun doSomething() {
    println("do something")
}
```

刚才已经讲过了，Kotlin 编译器会将所有的顶层方法全部编译成静态方法，那么我们要怎么调用这个 doSomething()方法呢？

如果是在 Kotlin 代码中调用的话，那就很简单了，所有的顶层方法都可以在任何位置被直接调用，不用管包名路径，也不用创建实例，直接键入 doSomething()即可，如图 3.47 所示。

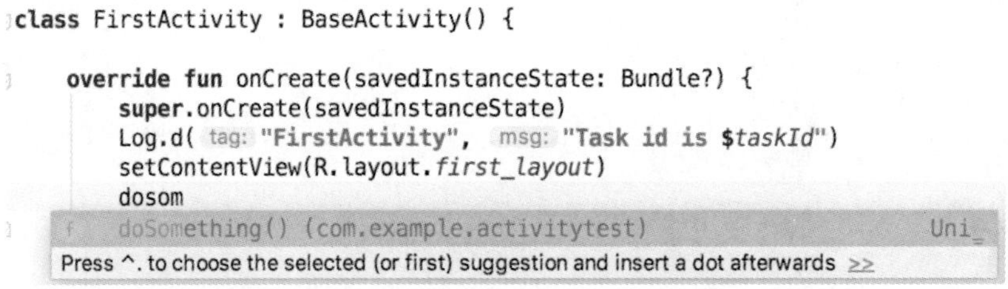

图 3.47　在 Kotlin 代码中调用 doSomething()方法

但如果是在 Java 代码中调用，你会发现是找不到 doSomething()这个方法的，因为 Java 中没有顶层方法这个概念，所有的方法必须定义在类中。那么这个 doSomething()方法被藏在了哪里呢？我们刚才创建的 Kotlin 文件名叫作 Helper.kt，于是 Kotlin 编译器会自动创建一个叫作 HelperKt 的 Java 类，doSomething()方法就是以静态方法的形式定义在 HelperKt 类里面的，因此在 Java 中使用 HelperKt.doSomething()的写法来调用就可以了，如图 3.48 所示。

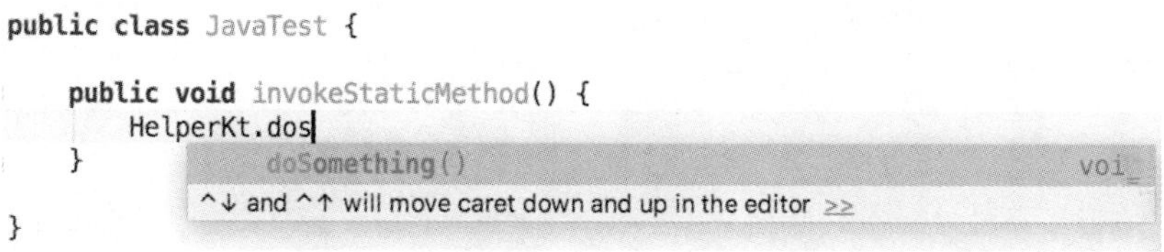

```java
public class JavaTest {

    public void invokeStaticMethod() {
        HelperKt.dos
    }                    doSomething()                              voi
}                    ^↓ and ^↑ will move caret down and up in the editor  >>
```

图 3.48 在 Java 代码中调用 doSomething()方法

好了，关于静态方法的相关内容就学到这里。本小节中所学的知识，除了@JvmStatic 注解不太常用之外，其他像单例类、companion object、顶层方法都是 Kotlin 中十分常用的技巧，希望你能将它们牢牢掌握。

3.8 小结与点评

真是好疲惫啊！没错，学习了这么多的东西，不疲惫才怪呢。但是，你内心那种掌握了知识的喜悦感相信也是无法掩盖的。本章的收获非常多啊，不管是理论型还是实践型的东西都涉及了，从 Activity 的基本用法，到启动 Activity 和传递数据的方式，再到 Activity 的生命周期以及 Activity 的启动模式，你几乎已经学会了关于 Activity 所有重要的知识点。在本章的最后，还学习了几种可以应用在 Activity 中的最佳实践技巧。毫不夸张地说，你在 Android Activity 方面已经算是一个小高手了。

另外，在本节的 Kotlin 课堂中我们还学习了 Kotlin 标准函数的用法，以及静态方法的定义方式，现在你的 Kotlin 水平又得到了进一步的提升。

不过，你的 Android 旅途才刚刚开始呢，后面需要学习的东西还很多，也许会比现在还累，一定要做好心理准备哦。总体来说，我给你现在的状态打满分，毕竟你已经学会了那么多的东西，也是时候放松一下了。自己适当控制一下休息的时间，然后我们继续前进吧！

第 4 章

软件也要拼脸蛋，UI 开发的点点滴滴

我一直认为程序员在软件的审美方面普遍比较差，至少我个人就是如此。如果要追究其根本原因，我觉得这是由程序员的工作性质所导致的。每当我们看到一个软件时，不会像普通用户一样仅仅是关注一下它的界面和功能。我们总是会不自觉地思考这些功能是如何实现的，很多在普通用户看来理所应当的功能，背后可能需要非常复杂的算法来完成。以至于当别人唾骂一句，这软件做得真丑的时候，我们还可能赞叹一句，这功能做得好牛啊！

不过缺乏审美毕竟不是一件值得炫耀的事情，在软件开发过程中，界面设计和功能开发同样重要。界面美观的应用程序不仅可以大大增加用户粘性，还能帮我们吸引到更多的新用户。而 Android 也给我们提供了大量的 UI 开发工具，只要合理地使用它们，就可以编写出各种各样漂亮的界面。

在这里，我无法教会你如何提升自己的审美，但我可以教会你怎样使用 Android 提供的 UI 开发工具来编写程序界面。想必你在上一章中反反复复地使用那几个按钮都快要吐了吧，本章我们就来学习更多 UI 开发方面的知识。

4.1　该如何编写程序界面

在过去，Android 应用程序的界面主要是通过编写 XML 的方式来实现的。写 XML 的好处是，我们不仅能够了解界面背后的实现原理，而且编写出来的界面还可以具备很好的屏幕适配性。等你完全掌握了使用 XML 来编写界面的方法之后，不管是进行高复杂度的界面实现，还是分析和修改当前现有的界面，对你来说都将是手到擒来。

不过最近几年，Google 又推出了一个全新的界面布局：ConstraintLayout。和以往传统的布局不同，ConstraintLayout 不是非常适合通过编写 XML 的方式来开发界面，而是更加适合在可视化编辑器中使用拖放控件的方式来进行操作，并且 Android Studio 中也提供了非常完备的可视化编辑器。

虽然现在 Google 官方更加推荐使用 ConstraintLayout 来开发程序界面，但由于 ConstraintLayout 的特殊性，书中很难展示如何通过可视化编辑器来对界面进行动态操作。因此本书中我们仍然采用编写 XML 的传统方式来开发程序界面，并且这也是我认为你必须掌握的基本技能。至于 ConstraintLayout，如果你有兴趣学习的话，可以关注我的微信公众号（见封面），回复 "ConstraintLayout" 或 "约束布局" 即可，我专门写了一篇非常详细的文章来对 ConstraintLayout 进行讲解。

讲了这么多理论的东西，也是时候学习一下到底如何编写程序界面了，我们就从 Android 中几种常见的控件开始吧。

4.2 常用控件的使用方法

Android 给我们提供了大量的 UI 控件，合理地使用这些控件就可以非常轻松地编写出相当不错的界面，下面我们就挑选几种常用的控件，详细介绍一下它们的使用方法。

首先新建一个 UIWidgetTest 项目。简单起见，我们还是允许 Android Studio 自动创建 Activity，Activity 名和布局名都使用默认值。

4.2.1 TextView

TextView 可以说是 Android 中最简单的一个控件了，你在前面其实已经和它打过一些交道了。它主要用于在界面上显示一段文本信息，比如你在第 1 章看到的 Hello world!

下面我们就来看一看 TextView 的更多用法，将 activity_main.xml 中的代码改成如下所示：

```xml
<LinearLayout xmlns:android="http://schemas.android.com/apk/res/android"
    android:orientation="vertical"
    android:layout_width="match_parent"
    android:layout_height="match_parent">

    <TextView
        android:id="@+id/textView"
        android:layout_width="match_parent"
        android:layout_height="wrap_content"
        android:text="This is TextView"/>

</LinearLayout>
```

外面的 LinearLayout 先忽略不看，在 TextView 中我们使用 android:id 给当前控件定义了一个唯一标识符，这个属性在上一章中已经讲解过了。然后使用 android:layout_width 和 android:layout_height 指定了控件的宽度和高度。Android 中所有的控件都具有这两个属性，可选值有 3 种：match_parent、wrap_content 和固定值。match_parent 表示让当前控件的大小和父布局的大小一样，也就是由父布局来决定当前控件的大小。wrap_content 表示让当前控件的大小能够刚好包含住里面的内容，也就是由控件内容决定当前控件的大小。固定值表示表示给控件指定一个固定的尺寸，单位一般用 dp，这是一种屏幕密度无关的尺寸单位，可以保证在不同分辨率的手机上显示效果尽可能地一致，如 50 dp 就是一个有效的固定值。

所以上面的代码就表示让 TextView 的宽度和父布局一样宽，也就是手机屏幕的宽度，让TextView 的高度足够包含住里面的内容就行。现在运行程序，效果如图 4.1 所示。

图 4.1   TextView 运行效果

虽然指定的文本内容正常显示了，不过我们好像没看出来 TextView 的宽度是和屏幕一样宽的。其实这是由于 TextView 中的文字默认是居左上角对齐的，虽然 TextView 的宽度充满了整个屏幕，可是由于文字内容不够长，所以从效果上完全看不出来。现在我们修改 TextView 的文字对齐方式，如下所示：

```
<LinearLayout xmlns:android="http://schemas.android.com/apk/res/android"
    android:orientation="vertical"
    android:layout_width="match_parent"
    android:layout_height="match_parent">

    <TextView
        android:id="@+id/textView"
        android:layout_width="match_parent"
        android:layout_height="wrap_content"
        android:gravity="center"
        android:text="This is TextView"/>

</LinearLayout>
```

我们使用 android:gravity 来指定文字的对齐方式，可选值有 top、bottom、start、end、center 等，可以用 "|" 来同时指定多个值，这里我们指定的是"center"，效果等同于"center_vertical|center_horizontal"，表示文字在垂直和水平方向都居中对齐。现在重新运行程序，效果如图 4.2 所示。

图 4.2　TextView 居中效果

这也说明了 TextView 的宽度确实是和屏幕宽度一样的。

另外，我们还可以对 TextView 中文字的颜色和大小进行修改，如下所示：

```
<LinearLayout xmlns:android="http://schemas.android.com/apk/res/android"
    android:orientation="vertical"
    android:layout_width="match_parent"
    android:layout_height="match_parent">

    <TextView
        android:id="@+id/textView"
        android:layout_width="match_parent"
        android:layout_height="wrap_content"
        android:gravity="center"
        android:textColor="#00ff00"
        android:textSize="24sp"
        android:text="This is TextView"/>

</LinearLayout>
```

　　通过 `android:textColor` 属性可以指定文字的颜色，通过 `android:textSize` 属性可以指定文字的大小。文字大小要使用 sp 作为单位，这样当用户在系统中修改了文字显示尺寸时，应用程序中的文字大小也会跟着变化。重新运行程序，效果如图 4.3 所示。

图 4.3　改变 TextView 文字大小和颜色的效果

　　当然 TextView 中还有很多其他的属性，这里我就不再一一介绍了，你需要用到的时候去查阅文档就可以了。

4.2.2　Button

　　Button 是程序用于和用户进行交互的一个重要控件，相信你对这个控件已经非常熟悉了，因为我们在上一章用了很多次。它可配置的属性和 TextView 是差不多的，我们可以在 activity_main.xml 中这样加入 Button：

```
<LinearLayout xmlns:android="http://schemas.android.com/apk/res/android"
    android:orientation="vertical"
    android:layout_width="match_parent"
    android:layout_height="match_parent">

    ...

    <Button
        android:id="@+id/button"
        android:layout_width="match_parent"
```

```
        android:layout_height="wrap_content"
        android:text="Button" />

</LinearLayout>
```

加入 Button 之后的界面如图 4.4 所示。

图 4.4 Button 运行效果

如果你很细心的话，可能会发现我们在 XML 中指定按钮上的文字明明是 Button，可是为什么界面上显示的却是 BUTTON 呢？这是因为 Android 系统默认会将按钮上的英文字母全部转换成大写，可能是认为按钮上的内容都比较重要吧。如果这不是你想要的效果，可以在 XML 中添加 android:textAllCaps="false"这个属性，这样系统就会保留你指定的原始文字内容了。

接下来我们可以在 MainActivity 中为 Button 的点击事件注册一个监听器，如下所示：

```
class MainActivity : AppCompatActivity() {

    override fun onCreate(savedInstanceState: Bundle?) {
        super.onCreate(savedInstanceState)
        setContentView(R.layout.activity_main)
        button.setOnClickListener {
            // 在此处添加逻辑
        }
    }

}
```

这里调用 button 的 setOnClickListener() 方法时利用了 Java 单抽象方法接口的特性，从而可以使用函数式 API 的写法来监听按钮的点击事件。这样每当点击按钮时，就会执行 Lambda 表达式中的代码，我们只需要在 Lambda 表达式中添加待实现的逻辑就行了。关于 Java 函数式 API 的讲解，可以参考 2.6.3 小节。

除了使用函数式 API 的方式来注册监听器，也可以使用实现接口的方式来进行注册，代码如下所示：

```
class MainActivity : AppCompatActivity(), View.OnClickListener {

    override fun onCreate(savedInstanceState: Bundle?) {
        super.onCreate(savedInstanceState)
        setContentView(R.layout.activity_main)
        button.setOnClickListener(this)
    }

    override fun onClick(v: View?) {
        when (v?.id) {
            R.id.button -> {
                // 在此处添加逻辑
            }
        }
    }

}
```

这里我们让 MainActivity 实现了 View.OnClickListener 接口，并重写了 onClick() 方法，然后在调用 button 的 setOnClickListener() 方法时将 MainActivity 的实例传了进去。这样每当点击按钮时，就会执行 onClick() 方法中的代码了。关于 Kotlin 接口这部分知识的讲解可以参考 2.5.3 小节。

这两种写法都可以实现对按钮点击事件的监听，至于使用哪一种，就全凭你的喜好了。

4.2.3   EditText

EditText 是程序用于和用户进行交互的另一个重要控件，它允许用户在控件里输入和编辑内容，并可以在程序中对这些内容进行处理。EditText 的应用场景应该算是非常普遍了，发短信、发微博、聊 QQ 等等，在进行这些操作时，你不得不使用到 EditText。那我们来看一看如何在界面上加入 EditText 吧，修改 activity_main.xml 中的代码，如下所示：

```
<LinearLayout xmlns:android="http://schemas.android.com/apk/res/android"
    android:orientation="vertical"
    android:layout_width="match_parent"
    android:layout_height="match_parent">

    ...

    <EditText
```

```
    android:id="@+id/editText"
    android:layout_width="match_parent"
    android:layout_height="wrap_content"
    />

</LinearLayout>
```

其实看到这里，估计你已经总结出 Android 控件的使用规律了。用法都很相似，给控件定义一个 id，指定控件的宽度和高度，然后再适当加入些控件特有的属性就差不多了，所以使用 XML 来编写界面其实一点都不难。现在重新运行一下程序，EditText 就已经在界面上显示出来了，并且我们是可以在里面输入内容的，如图 4.5 所示。

图 4.5　EditText 运行效果

你可能平时会留意到，一些做得比较人性化的软件会在输入框里显示一些提示性的文字，一旦用户输入了任何内容，这些提示性的文字就会消失。这种提示功能在 Android 里是非常容易实现的，我们甚至不需要做任何逻辑控制，因为系统已经帮我们都处理好了。修改 activity_main.xml，如下所示：

```
<LinearLayout xmlns:android="http://schemas.android.com/apk/res/android"
    android:orientation="vertical"
    android:layout_width="match_parent"
    android:layout_height="match_parent">

    ...
```

```
<EditText
    android:id="@+id/editText"
    android:layout_width="match_parent"
    android:layout_height="wrap_content"
    android:hint="Type something here"
    />

</LinearLayout>
```

这里使用 android:hint 属性指定了一段提示性的文本，然后重新运行程序，效果如图 4.6 所示。

图 4.6   EditText 设置 hint 效果

可以看到，EditText 中显示了一段提示性文本，然后当我们输入任何内容时，这段文本就会自动消失。

不过，随着输入的内容不断增多，EditText 会被不断地拉长。这是由于 EditText 的高度指定的是 wrap_content，因此它总能包含住里面的内容，但是当输入的内容过多时，界面就会变得非常难看。我们可以使用 android:maxLines 属性来解决这个问题，修改 activity_main.xml，如下所示：

```
<LinearLayout xmlns:android="http://schemas.android.com/apk/res/android"
    android:orientation="vertical"
    android:layout_width="match_parent"
```

```
    android:layout_height="match_parent">

    ...

    <EditText
        android:id="@+id/editText"
        android:layout_width="match_parent"
        android:layout_height="wrap_content"
        android:hint="Type something here"
        android:maxLines="2"
        />

</LinearLayout>
```

这里通过 android:maxLines 指定了 EditText 的最大行数为两行，这样当输入的内容超过两行时，文本就会向上滚动，EditText 则不会再继续拉伸，如图 4.7 所示。

图 4.7　EditText 设置 maxLines 效果

我们还可以结合使用 EditText 与 Button 来完成一些功能，比如通过点击按钮获取 EditText 中输入的内容。修改 MainActivity 中的代码，如下所示：

```
class MainActivity : AppCompatActivity(), View.OnClickListener {

    ...

    override fun onClick(v: View?) {
```

```
        when (v?.id) {
            R.id.button -> {
                val inputText = editText.text.toString()
                Toast.makeText(this, inputText, Toast.LENGTH_SHORT).show()
            }
        }
    }

}
```

我们在按钮的点击事件里调用 EditText 的 getText()方法获取输入的内容，再调用 toString()方法将内容转换成字符串，最后使用 Toast 将输入的内容显示出来。

当然，上述代码再次使用了 Kotlin 调用 Java Getter 和 Setter 方法的语法糖，在代码中好像调用的是 EditText 的 text 属性，实际上调用的却是 EditText 的 getText()方法。这种语法糖虽然简化了书写，但是不太利于我的讲解，因此这里我有必要和你做一个约定。

其实我们没有必要去记忆这个语法糖的具体规则是什么样的，在编写代码的时候直接调用它的实际方法就可以了，Android Studio 会自动在代码提示中显示使用语法糖后的优化代码调用，如图 4.8 所示。

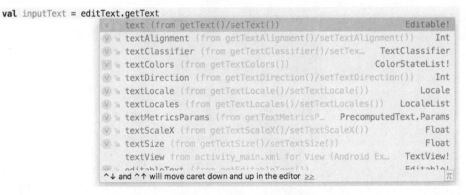

图 4.8　Android Studio 的语法糖代码提示

可以看到，这里我们键入的是 getText，但是代码提示的第一条就是将它转换成 text，因此现在只要按一下 Enter 键就可以完成转换了。

有了这个前提，本书后面在涉及这种 Getter 和 Setter 方法调用的时候，我都会使用真实调用的方式名来进行讲解，虽然和实际代码看上去有可能会对不上，但是你没必要在这个地方产生疑惑，编写代码时只要借助 Android Studio 的代码提示功能转换一下就可以了。

好了，讲完了题外话，现在重新运行程序。在 EditText 中输入一段内容，然后点击按钮，效果如图 4.9 所示。

图 4.9 获取 EditText 中输入的内容

4.2.4 ImageView

ImageView 是用于在界面上展示图片的一个控件,它可以让我们的程序界面变得更加丰富多彩。学习这个控件需要提前准备好一些图片,你可以自己准备任意的图片,也可以使用随书源码附带的图片资源(资源下载地址见前言)。图片通常是放在以 drawable 开头的目录下的,并且要带上具体的分辨率。现在最主流的手机屏幕分辨率大多是 xxhdpi 的,所以我们在 res 目录下再新建一个 drawable-xxhdpi 目录,然后将事先准备好的两张图片 img_1.png 和 img_2.png 复制到该目录当中。

接下来修改 activity_main.xml,如下所示:

```
<LinearLayout xmlns:android="http://schemas.android.com/apk/res/android"
    android:orientation="vertical"
    android:layout_width="match_parent"
    android:layout_height="match_parent">

    ...

    <ImageView
        android:id="@+id/imageView"
        android:layout_width="wrap_content"
        android:layout_height="wrap_content"
```

```
    android:src="@drawable/img_1"
    />

</LinearLayout>
```

可以看到，这里使用 android:src 属性给 ImageView 指定了一张图片。由于图片的宽和高都是未知的，所以将 ImageView 的宽和高都设定为 wrap_content，这样就保证了不管图片的尺寸是多少，都可以完整地展示出来。重新运行程序，效果如图 4.10 所示。

图 4.10　ImageView 运行效果

我们还可以在程序中通过代码动态地更改 ImageView 中的图片，修改 MainActivity 的代码，如下所示：

```
class MainActivity : AppCompatActivity(), View.OnClickListener {

    ...

    override fun onClick(v: View?) {
        when (v?.id) {
            R.id.button -> {
                imageView.setImageResource(R.drawable.img_2)
            }
        }
    }

}
```

在按钮的点击事件里，通过调用 ImageView 的 `setImageResource()`方法将显示的图片改成 img_2。现在重新运行程序，点击一下按钮，就可以看到 ImageView 中显示的图片改变了，如图 4.11 所示。

图 4.11 动态更改 ImageView 中的图片

4.2.5 ProgressBar

ProgressBar 用于在界面上显示一个进度条，表示我们的程序正在加载一些数据。它的用法也非常简单，修改 activity_main.xml 中的代码，如下所示：

```
<LinearLayout xmlns:android="http://schemas.android.com/apk/res/android"
    android:orientation="vertical"
    android:layout_width="match_parent"
    android:layout_height="match_parent">

    ...

    <ProgressBar
        android:id="@+id/progressBar"
        android:layout_width="match_parent"
        android:layout_height="wrap_content"
        />

</LinearLayout>
```

重新运行程序，会看到屏幕中有一个圆形进度条正在旋转，如图 4.12 所示。

图 4.12 ProgressBar 运行效果

这时你可能会问，旋转的进度条表明我们的程序正在加载数据，那数据总会有加载完的时候吧，如何才能让进度条在数据加载完成时消失呢？这里我们就需要用到一个新的知识点：Android 控件的可见属性。所有的 Android 控件都具有这个属性，可以通过 android:visibility 进行指定，可选值有 3 种：visible、invisible 和 gone。visible 表示控件是可见的，这个值是默认值，不指定 android:visibility 时，控件都是可见的。invisible 表示控件不可见，但是它仍然占据着原来的位置和大小，可以理解成控件变成透明状态了。gone 则表示控件不仅不可见，而且不再占用任何屏幕空间。我们可以通过代码来设置控件的可见性，使用的是 setVisibility()方法，允许传入 View.VISIBLE、View.INVISIBLE 和 View.GONE 这 3 种值。

接下来我们就来尝试实现一种效果：点击一下按钮让进度条消失，再点击一下按钮让进度条出现。修改 MainActivity 中的代码，如下所示：

```
class MainActivity : AppCompatActivity(), View.OnClickListener {

    ...

    override fun onClick(v: View?) {
        when (v?.id) {
            R.id.button -> {
```

```
            if (progressBar.visibility == View.VISIBLE) {
                progressBar.visibility = View.GONE
            } else {
                progressBar.visibility = View.VISIBLE
            }
        }
    }
}

}
```

在按钮的点击事件中，我们通过 getVisibility()方法来判断 ProgressBar 是否可见，如果可见就将 ProgressBar 隐藏掉，如果不可见就将 ProgressBar 显示出来。重新运行程序，然后不断地点击按钮，你就会看到进度条在显示与隐藏之间来回切换了。

另外，我们还可以给 ProgressBar 指定不同的样式，刚刚是圆形进度条，通过 style 属性可以将它指定成水平进度条，修改 activity_main.xml 中的代码，如下所示：

```
<LinearLayout xmlns:android="http://schemas.android.com/apk/res/android"
    android:orientation="vertical"
    android:layout_width="match_parent"
    android:layout_height="match_parent">

    ...

    <ProgressBar
        android:id="@+id/progressBar"
        android:layout_width="match_parent"
        android:layout_height="wrap_content"
        style="?android:attr/progressBarStyleHorizontal"
        android:max="100"
        />

</LinearLayout>
```

指定成水平进度条后，我们还可以通过 android:max 属性给进度条设置一个最大值，然后在代码中动态地更改进度条的进度。修改 MainActivity 中的代码，如下所示：

```
class MainActivity : AppCompatActivity(), View.OnClickListener {

    ...

    override fun onClick(v: View?) {
        when (v?.id) {
            R.id.button -> {
                progressBar.progress = progressBar.progress + 10
            }
        }
    }

}
```

　　每点击一次按钮，我们就获取进度条的当前进度，然后在现有的进度上加 10 作为更新后的进度。重新运行程序，点击数次按钮后，效果如图 4.13 所示。

图 4.13　ProgressBar 水平样式效果

4.2.6　AlertDialog

　　AlertDialog 可以在当前界面弹出一个对话框，这个对话框是置顶于所有界面元素之上的，能够屏蔽其他控件的交互能力，因此 AlertDialog 一般用于提示一些非常重要的内容或者警告信息。比如为了防止用户误删重要内容，在删除前弹出一个确认对话框。下面我们来学习一下它的用法，修改 MainActivity 中的代码，如下所示：

```kotlin
class MainActivity : AppCompatActivity(), View.OnClickListener {
    ...
    override fun onClick(v: View?) {
        when (v?.id) {
            R.id.button -> {
                AlertDialog.Builder(this).apply {
                    setTitle("This is Dialog")
                    setMessage("Something important.")
                    setCancelable(false)
                    setPositiveButton("OK") { dialog, which ->
                    }
                    setNegativeButton("Cancel") { dialog, which ->
```

```
                }
                show()
            }
        }
    }

}
```

首先通过 AlertDialog.Builder 构建一个对话框，这里我们使用了 Kotlin 标准函数中的 apply 函数。在 apply 函数中为这个对话框设置标题、内容、可否使用 Back 键关闭对话框等属性，接下来调用 setPositiveButton()方法为对话框设置确定按钮的点击事件，调用 setNegativeButton() 方法设置取消按钮的点击事件，最后调用 show()方法将对话框显示出来就可以了。重新运行程序，点击按钮后，效果如图 4.14 所示。

图 4.14　AlertDialog 运行效果

好了，关于 Android 常用控件的使用，我要讲的就只有这么多。一节内容就想覆盖 Android 控件所有的相关知识不太现实，同样，一口气就想学会所有 Android 控件的使用方法也不太现实。本节所讲的内容对于你来说只是起到了一个引导的作用，你还需要在以后的学习和工作中不断地摸索，通过查阅文档以及网上搜索的方式学习更多控件的更多用法。当然，当本书后面涉及一些我们前面没学过的控件和相关用法时，我仍然会在相应的章节做详细的讲解。

4.3 详解 3 种基本布局

一个丰富的界面是由很多个控件组成的，那么我们如何才能让各个控件都有条不紊地摆放在界面上，而不是乱糟糟的呢？这就需要借助布局来实现了。布局是一种可用于放置很多控件的容器，它可以按照一定的规律调整内部控件的位置，从而编写出精美的界面。当然，布局的内部除了放置控件外，也可以放置布局，通过多层布局的嵌套，我们就能够完成一些比较复杂的界面实现，图 4.15 很好地展示了它们之间的关系。

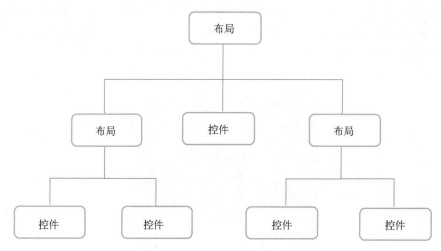

图 4.15　布局和控件的关系

下面我们就来详细学习一下 Android 中 3 种最基本的布局。先做好准备工作，新建一个 UILayoutTest 项目，并让 Android Studio 自动帮我们创建好 Activity，Activity 名和布局名都使用默认值。

4.3.1 LinearLayout

LinearLayout 又称作线性布局，是一种非常常用的布局。正如它的名字所描述的一样，这个布局会将它所包含的控件在线性方向上依次排列。相信你之前也已经注意到了，我们在上一节中学习控件用法时，所有的控件就都是放在 LinearLayout 布局里的，因此上一节中的控件也确实是在垂直方向上线性排列的。

既然是线性排列，肯定就不只有一个方向，那为什么上一节中的控件都是在垂直方向排列的呢？这是由于我们通过 android:orientation 属性指定了排列方向是 vertical，如果指定的是 horizontal，控件就会在水平方向上排列了。下面我们通过实战来体会一下，修改 activity_main.xml 中的代码，如下所示：

```
<LinearLayout xmlns:android="http://schemas.android.com/apk/res/android"
    android:orientation="vertical"
```

```
        android:layout_width="match_parent"
        android:layout_height="match_parent">

    <Button
        android:id="@+id/button1"
        android:layout_width="wrap_content"
        android:layout_height="wrap_content"
        android:text="Button 1" />

    <Button
        android:id="@+id/button2"
        android:layout_width="wrap_content"
        android:layout_height="wrap_content"
        android:text="Button 2" />

    <Button
        android:id="@+id/button3"
        android:layout_width="wrap_content"
        android:layout_height="wrap_content"
        android:text="Button 3" />

</LinearLayout>
```

我们在 LinearLayout 中添加了 3 个 Button，每个 Button 的长和宽都是 wrap_content，并指定了排列方向是 vertical。现在运行一下程序，效果如图 4.16 所示。

图 4.16　LinearLayout 垂直排列

然后我们修改一下 LinearLayout 的排列方向，如下所示：

```
<LinearLayout xmlns:android="http://schemas.android.com/apk/res/android"
    android:orientation="horizontal"
    android:layout_width="match_parent"
    android:layout_height="match_parent">

    ...

</LinearLayout>
```

这里将 android:orientation 属性的值改成了 horizontal，这就意味着要让 LinearLayout 中的控件在水平方向上依次排列。当然，如果不指定 android:orientation 属性的值，默认的排列方向就是 horizontal。重新运行一下程序，效果如图 4.17 所示。

图 4.17　LinearLayout 水平排列

需要注意，如果 LinearLayout 的排列方向是 horizontal，内部的控件就绝对不能将宽度指定为 match_parent，否则，单独一个控件就会将整个水平方向占满，其他的控件就没有可放置的位置了。同样的道理，如果 LinearLayout 的排列方向是 vertical，内部的控件就不能将高度指定为 match_parent。

下面来看 android:layout_gravity 属性，它和我们上一节中学到的 android:gravity 属性看起来有些相似，这两个属性有什么区别呢？其实从名字就可以看出，android:gravity 用于指定文字在控件中的对齐方式，而 android:layout_gravity 用于指定控件在布局中的对齐方式。android:layout_gravity 的可选值和 android:gravity 差不多，但是需要注意，当 LinearLayout 的排列方向是 horizontal 时，只有垂直方向上的对齐方式才会生效。因为此时水平方向上的长度是不固定的，每添加一个控件，水平方向上的长度都会改变，因而无法指定该方向上的对齐方式。同样的道理，当 LinearLayout 的排列方向是 vertical 时，只有水平方向上的对齐方式才会生效。修改 activity_main.xml 中的代码，如下所示：

```xml
<LinearLayout xmlns:android="http://schemas.android.com/apk/res/android"
    android:orientation="horizontal"
    android:layout_width="match_parent"
    android:layout_height="match_parent">

    <Button
        android:id="@+id/button1"
        android:layout_width="wrap_content"
        android:layout_height="wrap_content"
        android:layout_gravity="top"
        android:text="Button 1" />

    <Button
        android:id="@+id/button2"
        android:layout_width="wrap_content"
        android:layout_height="wrap_content"
        android:layout_gravity="center_vertical"
        android:text="Button 2" />

    <Button
        android:id="@+id/button3"
        android:layout_width="wrap_content"
        android:layout_height="wrap_content"
        android:layout_gravity="bottom"
        android:text="Button 3" />

</LinearLayout>
```

由于目前 LinearLayout 的排列方向是 horizontal，因此我们只能指定垂直方向上的排列方向，将第一个 Button 的对齐方式指定为 top，第二个 Button 的对齐方式指定为 center_vertical，第三个 Button 的对齐方式指定为 bottom。重新运行程序，效果如图 4.18 所示。

图 4.18   指定 layout_gravity 的效果

接下来我们学习 LinearLayout 中的另一个重要属性——android:layout_weight。这个属性允许我们使用比例的方式来指定控件的大小，它在手机屏幕的适配性方面可以起到非常重要的作用。比如，我们正在编写一个消息发送界面，需要一个文本编辑框和一个发送按钮，修改 activity_main.xml 中的代码，如下所示：

```
<LinearLayout xmlns:android="http://schemas.android.com/apk/res/android"
    android:orientation="horizontal"
    android:layout_width="match_parent"
    android:layout_height="match_parent">

    <EditText
        android:id="@+id/input_message"
        android:layout_width="0dp"
        android:layout_height="wrap_content"
        android:layout_weight="1"
        android:hint="Type something"
        />

    <Button
        android:id="@+id/send"
        android:layout_width="0dp"
        android:layout_height="wrap_content"
        android:layout_weight="1"
        android:text="Send"
        />

</LinearLayout>
```

你会发现，这里竟然将 EditText 和 Button 的宽度都指定成了 0 dp，这样文本编辑框和按钮还能显示出来吗？不用担心，由于我们使用了 android:layout_weight 属性，此时控件的宽度就不应该再由 android:layout_width 来决定了，这里指定成 0 dp 是一种比较规范的写法。

然后在 EditText 和 Button 里将 android:layout_weight 属性的值指定为 1，这表示 EditText 和 Button 将在水平方向平分宽度。

重新运行程序，你会看到如图 4.19 所示的效果。

图 4.19　指定 layout_weight 的效果

为什么将 android:layout_weight 属性的值同时指定为 1 就会平分屏幕宽度呢？其实原理很简单，系统会先把 LinearLayout 下所有控件指定的 layout_weight 值相加，得到一个总值，然后每个控件所占大小的比例就是用该控件的 layout_weight 值除以刚才算出的总值。因此如果想让 EditText 占据屏幕宽度的 3/5，Button 占据屏幕宽度的 2/5，只需要将 EditText 的 layout_weight 改成 3，Button 的 layout_weight 改成 2 就可以了。

我们还可以通过指定部分控件的 layout_weight 值来实现更好的效果。修改 activity_main.xml 中的代码，如下所示：

```
<LinearLayout xmlns:android="http://schemas.android.com/apk/res/android"
    android:orientation="horizontal"
    android:layout_width="match_parent"
```

```
        android:layout_height="match_parent">

    <EditText
        android:id="@+id/input_message"
        android:layout_width="0dp"
        android:layout_height="wrap_content"
        android:layout_weight="1"
        android:hint="Type something"
        />

    <Button
        android:id="@+id/send"
        android:layout_width="wrap_content"
        android:layout_height="wrap_content"
        android:text="Send"
        />

</LinearLayout>
```

这里我们仅指定了 EditText 的 android:layout_weight 属性，并将 Button 的宽度改回了 wrap_content。这表示 Button 的宽度仍然按照 wrap_content 来计算，而 EditText 则会占满屏幕所有的剩余空间。使用这种方式编写的界面，不仅可以适配各种屏幕，而且看起来也更加舒服。重新运行程序，效果如图 4.20 所示。

图 4.20   使用 layout_weight 实现宽度自适配效果

4.3.2 RelativeLayout

RelativeLayout 又称作相对布局，也是一种非常常用的布局。和 LinearLayout 的排列规则不同，RelativeLayout 显得更加随意，它可以通过相对定位的方式让控件出现在布局的任何位置。也正因为如此，RelativeLayout 中的属性非常多，不过这些属性都是有规律可循的，其实并不难理解和记忆。我们还是通过实践来体会一下，修改 activity_main.xml 中的代码，如下所示：

```xml
<RelativeLayout xmlns:android="http://schemas.android.com/apk/res/android"
    android:layout_width="match_parent"
    android:layout_height="match_parent">

    <Button
        android:id="@+id/button1"
        android:layout_width="wrap_content"
        android:layout_height="wrap_content"
        android:layout_alignParentLeft="true"
        android:layout_alignParentTop="true"
        android:text="Button 1" />

    <Button
        android:id="@+id/button2"
        android:layout_width="wrap_content"
        android:layout_height="wrap_content"
        android:layout_alignParentRight="true"
        android:layout_alignParentTop="true"
        android:text="Button 2" />

    <Button
        android:id="@+id/button3"
        android:layout_width="wrap_content"
        android:layout_height="wrap_content"
        android:layout_centerInParent="true"
        android:text="Button 3" />

    <Button
        android:id="@+id/button4"
        android:layout_width="wrap_content"
        android:layout_height="wrap_content"
        android:layout_alignParentBottom="true"
        android:layout_alignParentLeft="true"
        android:text="Button 4" />

    <Button
        android:id="@+id/button5"
        android:layout_width="wrap_content"
        android:layout_height="wrap_content"
        android:layout_alignParentBottom="true"
        android:layout_alignParentRight="true"
        android:text="Button 5" />

</RelativeLayout>
```

以上代码不需要做过多解释，因为实在是太好理解了。我们让 Button 1 和父布局的左上角对齐，Button 2 和父布局的右上角对齐，Button 3 居中显示，Button 4 和父布局的左下角对齐，Button 5 和父布局的右下角对齐。虽然 android:layout_alignParentLeft、android:layout_align-ParentTop、android:layout_alignParentRight、android:layout_alignParentBottom、android:layout_centerInParent 这几个属性我们之前都没接触过，可是它们的名字已经完全说明了它们的作用。重新运行程序，效果如图 4.21 所示。

图 4.21　相对于父布局定位的效果

上面例子中的每个控件都是相对于父布局进行定位的，那控件可不可以相对于控件进行定位呢？当然是可以的，修改 activity_main.xml 中的代码，如下所示：

```
<RelativeLayout xmlns:android="http://schemas.android.com/apk/res/android"
    android:layout_width="match_parent"
    android:layout_height="match_parent">

    <Button
        android:id="@+id/button3"
        android:layout_width="wrap_content"
        android:layout_height="wrap_content"
        android:layout_centerInParent="true"
        android:text="Button 3" />

    <Button
```

```
        android:id="@+id/button1"
        android:layout_width="wrap_content"
        android:layout_height="wrap_content"
        android:layout_above="@id/button3"
        android:layout_toLeftOf="@id/button3"
        android:text="Button 1" />

    <Button
        android:id="@+id/button2"
        android:layout_width="wrap_content"
        android:layout_height="wrap_content"
        android:layout_above="@id/button3"
        android:layout_toRightOf="@id/button3"
        android:text="Button 2" />

    <Button
        android:id="@+id/button4"
        android:layout_width="wrap_content"
        android:layout_height="wrap_content"
        android:layout_below="@id/button3"
        android:layout_toLeftOf="@id/button3"
        android:text="Button 4" />

    <Button
        android:id="@+id/button5"
        android:layout_width="wrap_content"
        android:layout_height="wrap_content"
        android:layout_below="@id/button3"
        android:layout_toRightOf="@id/button3"
        android:text="Button 5" />

</RelativeLayout>
```

　　这次的代码稍微复杂一点，不过仍然是有规律可循的。android:layout_above 属性可以让一个控件位于另一个控件的上方，需要为这个属性指定相对控件 id 的引用，这里我们填入了 @id/button3，表示让该控件位于 Button 3 的上方。其他的属性也是相似的，android: layout_below 表示让一个控件位于另一个控件的下方，android:layout_toLeftOf 表示让一个控件位于另一个控件的左侧，android:layout_toRightOf 表示让一个控件位于另一个控件的右侧。注意，当一个控件去引用另一个控件的 id 时，该控件一定要定义在引用控件的后面，不然会出现找不到 id 的情况。重新运行程序，效果如图 4.22 所示。

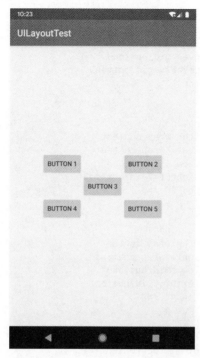

图 4.22 相对于控件定位的效果

RelativeLayout 中还有另外一组相对于控件进行定位的属性，android:layout_alignLeft 表示让一个控件的左边缘和另一个控件的左边缘对齐，android:layout_alignRight 表示让一个控件的右边缘和另一个控件的右边缘对齐。此外，还有 android:layout_alignTop 和 android:layout_alignBottom，道理都是一样的，我就不再多说了，这几个属性就留给你自己去尝试吧。

好了，正如我前面所说的，RelativeLayout 中的属性虽然多，但都是有规律可循的，所以学起来一点都不觉得吃力吧？

4.3.3　FrameLayout

FrameLayout 又称作帧布局，它相比于前面两种布局就简单太多了，因此它的应用场景少了很多。这种布局没有丰富的定位方式，所有的控件都会默认摆放在布局的左上角。让我们通过例子来看一看吧，修改 activity_main.xml 中的代码，如下所示：

```
<FrameLayout xmlns:android="http://schemas.android.com/apk/res/android"
    android:layout_width="match_parent"
    android:layout_height="match_parent">

    <TextView
        android:id="@+id/textView"
```

```
        android:layout_width="wrap_content"
        android:layout_height="wrap_content"
        android:text="This is TextView"
        />

    <Button
        android:id="@+id/button"
        android:layout_width="wrap_content"
        android:layout_height="wrap_content"
        android:text="Button"
        />

</FrameLayout>
```

FrameLayout中只是放置了一个TextView和一个Button。重新运行程序,效果如图4.23所示。

图4.23　FrameLayout运行效果

可以看到,文字和按钮都位于布局的左上角。

当然,除了这种默认效果之外,我们还可以使用 layout_gravity 属性来指定控件在布局中的对齐方式,这和 LinearLayout 中的用法是相似的。修改 activity_main.xml 中的代码,如下所示:

```
<FrameLayout xmlns:android="http://schemas.android.com/apk/res/android"
    android:layout_width="match_parent"
    android:layout_height="match_parent">
```

```
<TextView
    android:id="@+id/textView"
    android:layout_width="wrap_content"
    android:layout_height="wrap_content"
    android:layout_gravity="left"
    android:text="This is TextView"
    />

<Button
    android:id="@+id/button"
    android:layout_width="wrap_content"
    android:layout_height="wrap_content"
    android:layout_gravity="right"
    android:text="Button"
    />

</FrameLayout>
```

我们指定 TextView 在 FrameLayout 中居左对齐，指定 Button 在 FrameLayout 中居右对齐，然后重新运行程序，效果如图 4.24 所示。

图 4.24　指定 layout_gravity 的效果

总体来讲，由于定位方式的欠缺，FrameLayout 的应用场景相对偏少一些，不过在下一章中介绍 Fragment 的时候我们还是可以用到它的。

4.4　系统控件不够用？创建自定义控件

在前两节我们学习了 Android 中的一些常用控件和基本布局的用法，不过当时我们并没有关注这些控件和布局的继承结构，现在是时候来看一下了，如图 4.25 所示。

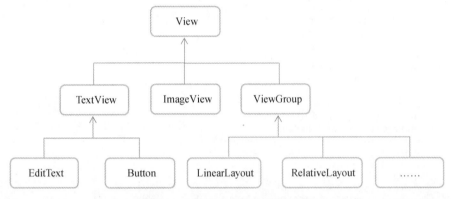

图 4.25　常用控件和布局的继承结构

可以看到，我们所用的所有控件都是直接或间接继承自 View 的，所用的所有布局都是直接或间接继承自 ViewGroup 的。View 是 Android 中最基本的一种 UI 组件，它可以在屏幕上绘制一块矩形区域，并能响应这块区域的各种事件，因此，我们使用的各种控件其实就是在 View 的基础上又添加了各自特有的功能。而 ViewGroup 则是一种特殊的 View，它可以包含很多子 View 和子 ViewGroup，是一个用于放置控件和布局的容器。

这个时候我们就可以思考一下，当系统自带的控件并不能满足我们的需求时，可不可以利用上面的继承结构来创建自定义控件呢？答案是肯定的，下面我们就来学习一下创建自定义控件的两种简单方法。先将准备工作做好，创建一个 UICustomViews 项目。

4.4.1　引入布局

如果你用过 iPhone，应该会知道，iPhone 应用的界面顶部有一个标题栏，标题栏上会有一到两个按钮可用于返回或其他操作（iPhone 没有专门的返回键）。现在很多 Android 程序喜欢模仿 iPhone 的风格，会在界面的顶部也放置一个标题栏。虽然 Android 系统已经给每个 Activity 提供了标题栏功能，但这里我们决定先不使用它，而是创建一个自定义的标题栏。

经过前两节的学习，相信创建一个标题栏布局对你来说已经不是什么困难的事情了，只需要加入两个 Button 和一个 TextView，然后在布局中摆放好就可以了。可是这样做会存在一个问题，一般我们的程序中可能有很多个 Activity 需要这样的标题栏，如果在每个 Activity 的布局中都编写一遍同样的标题栏代码，明显就会导致代码的大量重复。这时我们就可以使用引入布局的方式来解决这个问题，在 layout 目录下新建一个 title.xml 布局，代码如下所示：

```
<LinearLayout xmlns:android="http://schemas.android.com/apk/res/android"
    android:layout_width="match_parent"
    android:layout_height="wrap_content"
    android:background="@drawable/title_bg">

    <Button
        android:id="@+id/titleBack"
        android:layout_width="wrap_content"
        android:layout_height="wrap_content"
        android:layout_gravity="center"
        android:layout_margin="5dp"
        android:background="@drawable/back_bg"
        android:text="Back"
        android:textColor="#fff" />

    <TextView
        android:id="@+id/titleText"
        android:layout_width="0dp"
        android:layout_height="wrap_content"
        android:layout_gravity="center"
        android:layout_weight="1"
        android:gravity="center"
        android:text="Title Text"
        android:textColor="#fff"
        android:textSize="24sp" />

    <Button
        android:id="@+id/titleEdit"
        android:layout_width="wrap_content"
        android:layout_height="wrap_content"
        android:layout_gravity="center"
        android:layout_margin="5dp"
        android:background="@drawable/edit_bg"
        android:text="Edit"
        android:textColor="#fff" />

</LinearLayout>
```

可以看到，我们在 LinearLayout 中分别加入了两个 Button 和一个 TextView，左边的 Button 可用于返回，右边的 Button 可用于编辑，中间的 TextView 则可以显示一段标题文本。上面代码中的大多数属性是你已经见过的，下面我来说明一下几个之前没有讲过的属性。android:background 用于为布局或控件指定一个背景，可以使用颜色或图片来进行填充。这里我提前准备好了 3 张图片——title_bg.png、back_bg.png 和 edit_bg.png（资源下载地址见前言），分别用于作为标题栏、返回按钮和编辑按钮的背景。另外，在两个 Button 中我们都使用了 android:layout_margin 这个属性，它可以指定控件在上下左右方向上的间距。当然也可以使用 android:layout_marginLeft 或 android:layout_marginTop 等属性来单独指定控件在某个方向上的间距。

注意，在新版的 Android Studio 中，给 Button 设置背景图或背景色可能会因为主题的原因无法设置成功。这时可以将 res/values/themes.xml 中使用的主题由 MaterialComponents 改为 AppCompat。关于主题的更多内容，我们将在第 12 章中讨论。

现在标题栏布局已经编写完成了，剩下的就是如何在程序中使用这个标题栏了，修改 activity_main.xml 中的代码，如下所示：

```
<LinearLayout xmlns:android="http://schemas.android.com/apk/res/android"
    android:layout_width="match_parent"
    android:layout_height="match_parent" >

    <include layout="@layout/title" />

</LinearLayout>
```

没错！我们只需要通过一行 include 语句引入标题栏布局就可以了。

最后别忘了在 MainActivity 中将系统自带的标题栏隐藏掉，代码如下所示：

```
class MainActivity : AppCompatActivity() {

    override fun onCreate(savedInstanceState: Bundle?) {
        super.onCreate(savedInstanceState)
        setContentView(R.layout.activity_main)
        supportActionBar?.hide()
    }

}
```

这里我们调用了 getSupportActionBar()方法来获得 ActionBar 的实例，然后再调用它的
hide()方法将标题栏隐藏起来。由于 ActionBar 有可能为空，所以这里还使用了?.操作符。关于
ActionBar 的更多用法，我将会在第 12 章中讲解，现在你只需要知道可以通过这种写法来隐藏标
题栏就足够了。现在运行一下程序，效果如图 4.26 所示。

图 4.26　引入标题栏布局的效果

使用这种方式，不管有多少布局需要添加标题栏，只需一行 include 语句就可以了。

4.4.2　创建自定义控件

引入布局的技巧确实解决了重复编写布局代码的问题，但是如果布局中有一些控件要求能够响应事件，我们还是需要在每个 Activity 中为这些控件单独编写一次事件注册的代码。比如标题栏中的返回按钮，其实不管是在哪一个 Activity 中，这个按钮的功能都是相同的，即销毁当前 Activity。而如果在每一个 Activity 中都需要重新注册一遍返回按钮的点击事件，无疑会增加很多重复代码，这种情况最好是使用自定义控件的方式来解决。

新建 TitleLayout 继承自 LinearLayout，让它成为我们自定义的标题栏控件，代码如下所示：

```
class TitleLayout(context: Context, attrs: AttributeSet) : LinearLayout(context, attrs) {

    init {
        LayoutInflater.from(context).inflate(R.layout.title, this)
    }

}
```

这里我们在 TitleLayout 的主构造函数中声明了 Context 和 AttributeSet 这两个参数，在布局中引入 TitleLayout 控件时就会调用这个构造函数。然后在 init 结构体中需要对标题栏布局进行动态加载，这就要借助 LayoutInflater 来实现了。通过 LayoutInflater 的 from()方法可以构建出一个 LayoutInflater 对象，然后调用 inflate()方法就可以动态加载一个布局文件。inflate()方法接收两个参数：第一个参数是要加载的布局文件的 id，这里我们传入 R.layout.title；第二个参数是给加载好的布局再添加一个父布局，这里我们想要指定为 TitleLayout，于是直接传入 this。

现在自定义控件已经创建好了，接下来我们需要在布局文件中添加这个自定义控件，修改 activity_main.xml 中的代码，如下所示：

```
<LinearLayout xmlns:android="http://schemas.android.com/apk/res/android"
    android:layout_width="match_parent"
    android:layout_height="match_parent" >

    <com.example.uicustomviews.TitleLayout
        android:layout_width="match_parent"
        android:layout_height="wrap_content" />

</LinearLayout>
```

添加自定义控件和添加普通控件的方式基本是一样的，只不过在添加自定义控件的时候，我们需要指明控件的完整类名，包名在这里是不可以省略的。

重新运行程序，你会发现此时的效果和使用引入布局方式的效果是一样的。

下面我们尝试为标题栏中的按钮注册点击事件，修改 TitleLayout 中的代码，如下所示：

```
class TitleLayout(context: Context, attrs: AttributeSet) : LinearLayout(context, attrs) {

    init {
        LayoutInflater.from(context).inflate(R.layout.title, this)
```

```
titleBack.setOnClickListener {
    val activity = context as Activity
    activity.finish()
}
titleEdit.setOnClickListener {
    Toast.makeText(context, "You clicked Edit button", Toast.LENGTH_SHORT).show()
}
    }

}
```

这里我们分别给返回和编辑这两个按钮注册了点击事件，当点击返回按钮时销毁当前Activity，当点击编辑按钮时弹出一段文本。

注意，TitleLayout中接收的 context 参数实际上是一个 Activity 的实例，在返回按钮的点击事件里，我们要先将它转换成 Activity 类型，然后再调用 finish() 方法销毁当前的 Activity。Kotlin 中的类型强制转换使用的关键字是 as，由于是第一次用到，所以这里单独讲解一下。

重新运行程序，点击一下编辑按钮，效果如图 4.27 所示。点击返回按钮，当前界面就会立即关闭。由此说明，我们的自定义控件确实已经可以正常工作了。

图 4.27　点击编辑按钮的效果

这样的话，每当我们在一个布局中引入 TitleLayout 时，返回按钮和编辑按钮的点击事件就已经自动实现好了，这就省去了很多编写重复代码的工作。

4.5　最常用和最难用的控件：ListView

ListView 在过去绝对可以称得上是 Android 中最常用的控件之一，几乎所有的应用程序都会用到它。由于手机屏幕空间比较有限，能够一次性在屏幕上显示的内容并不多，当我们的程序中有大量的数据需要展示的时候，就可以借助 ListView 来实现。ListView 允许用户通过手指上下滑动的方式将屏幕外的数据滚动到屏幕内，同时屏幕上原有的数据会滚动出屏幕。你其实每天都在使用这个控件，比如查看 QQ 聊天记录，翻阅微博最新消息，等等。

不过比起前面介绍的几种控件，ListView 的用法相对复杂了很多，因此我们就单独使用一节内容来对 ListView 进行非常详细的讲解。

4.5.1　ListView 的简单用法

首先新建一个 ListViewTest 项目，并让 Android Studio 自动帮我们创建好 Activity。然后修改 activity_main.xml 中的代码，如下所示：

```
<LinearLayout xmlns:android="http://schemas.android.com/apk/res/android"
    android:layout_width="match_parent"
    android:layout_height="match_parent">

    <ListView
        android:id="@+id/listView"
        android:layout_width="match_parent"
        android:layout_height="match_parent" />

</LinearLayout>
```

在布局中加入 ListView 控件还算非常简单，先为 ListView 指定一个 id，然后将宽度和高度都设置为 match_parent，这样 ListView 就占满了整个布局的空间。

接下来修改 MainActivity 中的代码，如下所示：

```
class MainActivity : AppCompatActivity() {

    private val data = listOf("Apple", "Banana", "Orange", "Watermelon",
        "Pear", "Grape", "Pineapple", "Strawberry", "Cherry", "Mango",
        "Apple", "Banana", "Orange", "Watermelon", "Pear", "Grape",
        "Pineapple", "Strawberry", "Cherry", "Mango")

    override fun onCreate(savedInstanceState: Bundle?) {
        super.onCreate(savedInstanceState)
        setContentView(R.layout.activity_main)
        val adapter = ArrayAdapter<String>(this,android.R.layout.simple_list_item_1,data)
        listView.adapter = adapter
    }

}
```

既然 ListView 是用于展示大量数据的，那我们就应该先将数据提供好。这些数据可以从网上下载，也可以从数据库中读取，应该视具体的应用程序场景而定。这里我们就简单使用一个 data 集合来进行测试，里面包含了很多水果的名称，初始化集合的方式使用的是之前在第 2 章学过的 listOf() 函数。

不过，集合中的数据是无法直接传递给 ListView 的，我们还需要借助适配器来完成。Android 中提供了很多适配器的实现类，其中我认为最好用的就是 ArrayAdapter。它可以通过泛型来指定要适配的数据类型，然后在构造函数中把要适配的数据传入。ArrayAdapter 有多个构造函数的重载，你应该根据实际情况选择最合适的一种。由于我们这里提供的数据都是字符串，因此将 ArrayAdapter 的泛型指定为 String，然后在 ArrayAdapter 的构造函数中依次传入 Activity 的实例、ListView 子项布局的 id，以及数据源。注意，我们使用了 android.R.layout.simple_list_item_1 作为 ListView 子项布局的 id，这是一个 Android 内置的布局文件，里面只有一个 TextView，可用于简单地显示一段文本。这样适配器对象就构建好了。

最后，还需要调用 ListView 的 setAdapter() 方法，将构建好的适配器对象传递进去，这样 ListView 和数据之间的关联就建立完成了。

现在运行一下程序，效果如图 4.28 所示。可以通过滚动的方式查看屏幕外的数据。

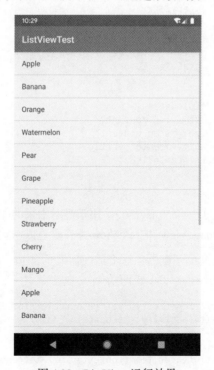

图 4.28 ListView 运行效果

4.5.2 定制 ListView 的界面

只能显示一段文本的 ListView 实在是太单调了，我们现在就来对 ListView 的界面进行定制，让它可以显示更加丰富的内容。

首先需要准备好一组图片资源（资源下载地址见前言），分别对应上面提供的每一种水果，待会我们要让这些水果名称的旁边都有一张相应的图片。

接着定义一个实体类，作为 ListView 适配器的适配类型。新建 Fruit 类，代码如下所示：

```
class Fruit(val name:String, val imageId: Int)
```

Fruit 类中只有两个字段：name 表示水果的名字，imageId 表示水果对应图片的资源 id。

然后需要为 ListView 的子项指定一个我们自定义的布局，在 layout 目录下新建 fruit_item.xml，代码如下所示：

```
<LinearLayout xmlns:android="http://schemas.android.com/apk/res/android"
    android:layout_width="match_parent"
    android:layout_height="60dp">

    <ImageView
        android:id="@+id/fruitImage"
        android:layout_width="40dp"
        android:layout_height="40dp"
        android:layout_gravity="center_vertical"
        android:layout_marginLeft="10dp"/>

    <TextView
        android:id="@+id/fruitName"
        android:layout_width="wrap_content"
        android:layout_height="wrap_content"
        android:layout_gravity="center_vertical"
        android:layout_marginLeft="10dp" />

</LinearLayout>
```

在这个布局中，我们定义了一个 ImageView 用于显示水果的图片，又定义了一个 TextView 用于显示水果的名称，并让 ImageView 和 TextView 都在垂直方向上居中显示。

接下来需要创建一个自定义的适配器，这个适配器继承自 ArrayAdapter，并将泛型指定为 Fruit 类。新建类 FruitAdapter，代码如下所示：

```
class FruitAdapter(activity: Activity, val resourceId: Int, data: List<Fruit>) :
        ArrayAdapter<Fruit>(activity, resourceId, data) {

    override fun getView(position: Int, convertView: View?, parent: ViewGroup): View {
        val view = LayoutInflater.from(context).inflate(resourceId, parent, false)
        val fruitImage: ImageView = view.findViewById(R.id.fruitImage)
        val fruitName: TextView = view.findViewById(R.id.fruitName)
        val fruit = getItem(position) // 获取当前项的 Fruit 实例
```

```
        if (fruit != null) {
            fruitImage.setImageResource(fruit.imageId)
            fruitName.text = fruit.name
        }
        return view
    }

}
```

FruitAdapter 定义了一个主构造函数，用于将 Activity 的实例、ListView 子项布局的 id 和数据源传递进来。另外又重写了 getView()方法，这个方法在每个子项被滚动到屏幕内的时候会被调用。

在 getView()方法中，首先使用 LayoutInflater 来为这个子项加载我们传入的布局。LayoutInflater 的 inflate()方法接收 3 个参数，前两个参数我们已经知道是什么意思了，第三个参数指定成 false，表示只让我们在父布局中声明的 layout 属性生效，但不会为这个 View 添加父布局。因为一旦 View 有了父布局之后，它就不能再添加到 ListView 中了。如果你现在还不能理解这段话的含义，也没关系，只需要知道这是 ListView 中的标准写法就可以了，当你以后对 View 理解得更加深刻的时候，再来读这段话就没有问题了。

我们继续往下看，接下来调用 View 的 findViewById()方法分别获取到 ImageView 和 TextView 的实例，然后通过 getItem()方法得到当前项的 Fruit 实例，并分别调用它们的 setImageResource() 和 setText()方法设置显示的图片和文字，最后将布局返回，这样我们自定义的适配器就完成了。

需要注意的是，kotlin-android-extensions 插件在 ListView 的适配器中也能正常工作，将上述代码中的两处 findViewById()方法分别替换成 view.fruitImage 和 view.fruitName，效果是一模一样的，你可以自己动手尝试一下。

最后修改 MainActivity 中的代码，如下所示：

```
class MainActivity : AppCompatActivity() {

    private val fruitList = ArrayList<Fruit>()

    override fun onCreate(savedInstanceState: Bundle?) {
        super.onCreate(savedInstanceState)
        setContentView(R.layout.activity_main)
        initFruits() // 初始化水果数据
        val adapter = FruitAdapter(this, R.layout.fruit_item, fruitList)
        listView.adapter = adapter
    }

    private fun initFruits() {
        repeat(2) {
            fruitList.add(Fruit("Apple", R.drawable.apple_pic))
            fruitList.add(Fruit("Banana", R.drawable.banana_pic))
            fruitList.add(Fruit("Orange", R.drawable.orange_pic))
            fruitList.add(Fruit("Watermelon", R.drawable.watermelon_pic))
```

```
        fruitList.add(Fruit("Pear", R.drawable.pear_pic))
        fruitList.add(Fruit("Grape", R.drawable.grape_pic))
        fruitList.add(Fruit("Pineapple", R.drawable.pineapple_pic))
        fruitList.add(Fruit("Strawberry", R.drawable.strawberry_pic))
        fruitList.add(Fruit("Cherry", R.drawable.cherry_pic))
        fruitList.add(Fruit("Mango", R.drawable.mango_pic))
    }
  }

}
```

可以看到，这里添加了一个 initFruits()方法，用于初始化所有的水果数据。在 Fruit 类的构造函数中将水果的名字和对应的图片 id 传入，然后把创建好的对象添加到水果列表中。另外，我们使用了一个 repeat 函数将所有的水果数据添加了两遍，这是因为如果只添加一遍的话，数据量还不足以充满整个屏幕。repeat 函数是 Kotlin 中另外一个非常常用的标准函数，它允许你传入一个数值 n，然后会把 Lambda 表达式中的内容执行 n 遍。接着在 onCreate()方法中创建了 FruitAdapter 对象，并将它作为适配器传递给 ListView，这样定制 ListView 界面的任务就完成了。

现在重新运行程序，效果如图 4.29 所示。

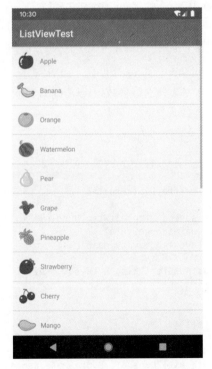

图 4.29   定制界面的 ListView 运行效果

虽然目前我们定制的界面还很简单，但是相信你已经可以领悟到了诀窍，只要修改 fruit_item.xml 中的内容，就可以定制出各种复杂的界面了。

4.5.3 提升 ListView 的运行效率

之所以说 ListView 这个控件很难用，是因为它有很多细节可以优化，其中运行效率就是很重要的一点。目前我们 ListView 的运行效率是很低的，因为在 FruitAdapter 的 getView() 方法中，每次都将布局重新加载了一遍，当 ListView 快速滚动的时候，这就会成为性能的瓶颈。

仔细观察你会发现，getView() 方法中还有一个 convertView 参数，这个参数用于将之前加载好的布局进行缓存，以便之后进行重用，我们可以借助这个参数来进行性能优化。修改 FruitAdapter 中的代码，如下所示：

```kotlin
class FruitAdapter(activity: Activity, val resourceId: Int, data: List<Fruit>) :
        ArrayAdapter<Fruit>(activity, resourceId, data) {

    override fun getView(position: Int, convertView: View?, parent: ViewGroup): View {
        val view: View
        if (convertView == null) {
            view = LayoutInflater.from(context).inflate(resourceId, parent, false)
        } else {
            view = convertView
        }
        val fruitImage: ImageView = view.findViewById(R.id.fruitImage)
        val fruitName: TextView = view.findViewById(R.id.fruitName)
        val fruit = getItem(position) // 获取当前项的 Fruit 实例
        if (fruit != null) {
            fruitImage.setImageResource(fruit.imageId)
            fruitName.text = fruit.name
        }
        return view
    }

}
```

可以看到，现在我们在 getView() 方法中进行了判断：如果 convertView 为 null，则使用 LayoutInflater 去加载布局；如果不为 null，则直接对 convertView 进行重用。这样就大大提高了 ListView 的运行效率，在快速滚动的时候可以表现出更好的性能。

不过，目前我们的这份代码还是可以继续优化的，虽然现在已经不会再重复去加载布局，但是每次在 getView() 方法中仍然会调用 View 的 findViewById() 方法来获取一次控件的实例。我们可以借助一个 ViewHolder 来对这部分性能进行优化，修改 FruitAdapter 中的代码，如下所示：

```kotlin
class FruitAdapter(activity: Activity, val resourceId: Int, data: List<Fruit>) :
        ArrayAdapter<Fruit>(activity, resourceId, data) {

    inner class ViewHolder(val fruitImage: ImageView, val fruitName: TextView)
```

```
override fun getView(position: Int, convertView: View?, parent: ViewGroup): View {
    val view: View
    val viewHolder: ViewHolder
    if (convertView == null) {
        view = LayoutInflater.from(context).inflate(resourceId, parent, false)
        val fruitImage: ImageView = view.findViewById(R.id.fruitImage)
        val fruitName: TextView = view.findViewById(R.id.fruitName)
        viewHolder = ViewHolder(fruitImage, fruitName)
        view.tag = viewHolder
    } else {
        view = convertView
        viewHolder = view.tag as ViewHolder
    }

    val fruit = getItem(position) // 获取当前项的 Fruit 实例
    if (fruit != null) {
        viewHolder.fruitImage.setImageResource(fruit.imageId)
        viewHolder.fruitName.text = fruit.name
    }
    return view
}

}
```

我们新增了一个内部类 ViewHolder，用于对 ImageView 和 TextView 的控件实例进行缓存，Kotlin 中使用 inner class 关键字来定义内部类。当 convertView 为 null 的时候，创建一个 ViewHolder 对象，并将控件的实例存放在 ViewHolder 里，然后调用 View 的 setTag()方法，将 ViewHolder 对象存储在 View 中。当 convertView 不为 null 的时候，则调用 View 的 getTag()方法，把 ViewHolder 重新取出。这样所有控件的实例都缓存在了 ViewHolder 里，就没有必要每次都通过 findViewById()方法来获取控件实例了。

通过这两步优化之后，我们 ListView 的运行效率就已经非常不错了。

4.5.4　ListView 的点击事件

话说回来，ListView 的滚动毕竟只是满足了我们视觉上的效果，可是如果 ListView 中的子项不能点击的话，这个控件就没有什么实际的用途了。因此，本小节我们就来学习一下 ListView 如何才能响应用户的点击事件。

修改 MainActivity 中的代码，如下所示：

```
class MainActivity : AppCompatActivity() {

    private val fruitList = ArrayList<Fruit>()

    override fun onCreate(savedInstanceState: Bundle?) {
        super.onCreate(savedInstanceState)
        setContentView(R.layout.activity_main)
```

```
        initFruits() // 初始化水果数据
        val adapter = FruitAdapter(this, R.layout.fruit_item, fruitList)
        listView.adapter = adapter
        listView.setOnItemClickListener { parent, view, position, id ->
            val fruit = fruitList[position]
            Toast.makeText(this, fruit.name, Toast.LENGTH_SHORT).show()
        }
    }

    ...

}
```

可以看到，我们使用 setOnItemClickListener()方法为 ListView 注册了一个监听器，当用户点击了 ListView 中的任何一个子项时，就会回调到 Lambda 表达式中。这里我们可以通过 position 参数判断用户点击的是哪一个子项，然后获取到相应的水果，并通过 Toast 将水果的名字显示出来。

重新运行程序，并点击一下橘子，效果如图 4.30 所示。

图 4.30　点击 ListView 的效果

上述代码的 Lambda 表达式在参数列表中声明了 4 个参数，那么我们如何知道需要声明哪几个参数呢？这里我来教你一个办法，按住 Ctrl 键（Mac 系统是 command 键）点击 setOnItem-

ClickListener()方法查看它的源码，你会发现 setOnItemClickListener()方法接收一个 OnItemClickListener 参数，这当然就是一个 Java 单抽象方法接口了，要不然这里我们也无法使用函数式 API 的写法。OnItemClickListener 接口的定义如图 4.31 所示。

```
/**
 * Interface definition for a callback to be invoked when an item in this
 * AdapterView has been clicked.
 */
public interface OnItemClickListener {

    /**
     * Callback method to be invoked when an item in this AdapterView has
     * been clicked.
     * <p>
     * Implementers can call getItemAtPosition(position) if they need
     * to access the data associated with the selected item.
     *
     * @param parent The AdapterView where the click happened.
     * @param view The view within the AdapterView that was clicked (this
     *            will be a view provided by the adapter)
     * @param position The position of the view in the adapter.
     * @param id The row id of the item that was clicked.
     */
    void onItemClick(AdapterView<?> parent, View view, int position, long id);
}
```

图 4.31　OnItemClickListener 接口的定义

可以看到，它的唯一待实现方法 onItemClick()中接收 4 个参数，这些就是我们要在 Lambda 表达式的参数列表中声明的参数了。

另外你会发现，虽然这里我们必须在 Lambda 表达式中声明 4 个参数，但实际上却只用到了 position 这一个参数而已。针对这种情况，Kotlin 允许我们将没有用到的参数使用下划线来替代，因此下面这种写法也是合法且更加推荐的：

```
listView.setOnItemClickListener { _, _, position, _ ->
    val fruit = fruitList[position]
    Toast.makeText(this, fruit.name, Toast.LENGTH_SHORT).show()
}
```

注意，即使将没有用到的参数使用下划线来代替，它们之间的位置是不能改变的，position 参数仍然得在第三个参数的位置。

4.6　更强大的滚动控件：RecyclerView

ListView 由于强大的功能，在过去的 Android 开发当中可以说是贡献卓越，直到今天仍然还有不计其数的程序在使用 ListView。不过 ListView 并不是完美无缺的，比如如果不使用一些技巧来提升它的运行效率，那么 ListView 的性能就会非常差。还有，ListView 的扩展性也不够好，它只能实现数据纵向滚动的效果，如果我们想实现横向滚动的话，ListView 是做不到的。

为此，Android 提供了一个更强大的滚动控件——RecyclerView。它可以说是一个增强版的

ListView，不仅可以轻松实现和 ListView 同样的效果，还优化了 ListView 存在的各种不足之处。目前 Android 官方更加推荐使用 RecyclerView，未来也会有更多的程序逐渐从 ListView 转向 RecyclerView，那么本节我们就来详细讲解一下 RecyclerView 的用法。

首先新建一个 RecyclerViewTest 项目，并让 Android Studio 自动帮我们创建好 Activity。

4.6.1 RecyclerView 的基本用法

和之前我们所学的所有控件不同，RecyclerView 属于新增控件，那么怎样才能让新增的控件在所有 Android 系统版本上都能使用呢？为此，Google 将 RecyclerView 控件定义在了 AndroidX 当中，我们只需要在项目的 build.gradle 中添加 RecyclerView 库的依赖，就能保证在所有 Android 系统版本上都可以使用 RecyclerView 控件了。

打开 app/build.gradle 文件，在 dependencies 闭包中添加如下内容：

```
dependencies {
    implementation fileTree(dir: 'libs', include: ['*.jar'])
    implementation"org.jetbrains.kotlin:kotlin-stdlib-jdk7:$kotlin_version"
    implementation 'androidx.appcompat:appcompat:1.0.2'
    implementation 'androidx.core:core-ktx:1.0.2'
    implementation 'androidx.constraintlayout:constraintlayout:1.1.3'
    implementation 'androidx.recyclerview:recyclerview:1.0.0'
    testImplementation 'junit:junit:4.12'
    androidTestImplementation 'androidx.test:runner:1.1.1'
    androidTestImplementation 'androidx.test.espresso:espresso-core:3.1.1'
}
```

上述代码就表示将 RecyclerView 库引入我们的项目当中，其中除了版本号部分可能会变化，其他部分是固定不变的。那么可能你会好奇，我怎么知道每个库现在最新的版本号是多少呢？这里告诉你一个小窍门，当你不能确定最新的版本号是多少的时候，可以就像上述代码一样填入 1.0.0，当有更新的库版本时，Android Studio 会主动提醒你，并告诉你最新的版本号是多少，如图 4.32 所示。

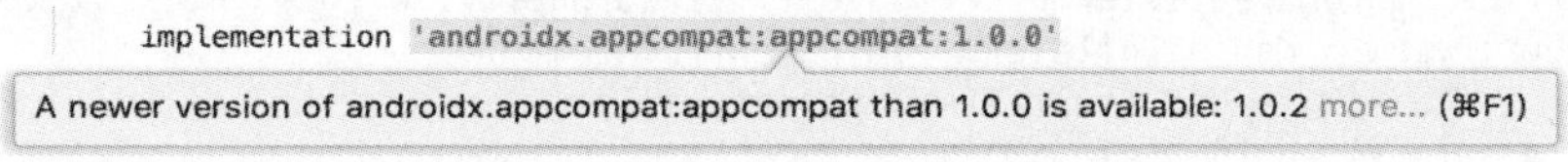

```
implementation 'androidx.appcompat:appcompat:1.0.0'
```
A newer version of androidx.appcompat:appcompat than 1.0.0 is available: 1.0.2 more... (⌘F1)

图 4.32　Android Studio 提醒有库版本更新

另外，每当修改了任何 gradle 文件，Android Studio 都弹出一个如图 4.33 所示的提示。

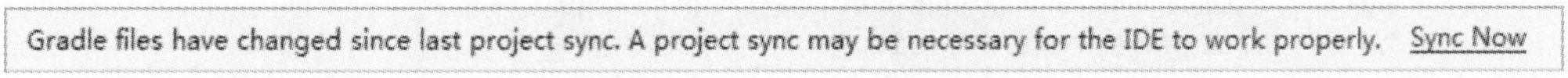

Gradle files have changed since last project sync. A project sync may be necessary for the IDE to work properly.　Sync Now

图 4.33　gradle 文件修改后的提示

这个提示告诉我们，gradle 文件自上次同步之后又发生了变化，需要再次同步才能使项目正常工作。这里只需要点击 "Sync Now" 就可以了，然后 gradle 会开始进行同步，把我们新添加的

RecyclerView 库引入项目当中。

接下来修改 activity_main.xml 中的代码，如下所示：

```
<LinearLayout xmlns:android="http://schemas.android.com/apk/res/android"
    android:layout_width="match_parent"
    android:layout_height="match_parent">

    <androidx.recyclerview.widget.RecyclerView
        android:id="@+id/recyclerView"
        android:layout_width="match_parent"
        android:layout_height="match_parent" />

</LinearLayout>
```

在布局中加入 RecyclerView 控件也是非常简单的，先为 RecyclerView 指定一个 id，然后将宽度和高度都设置为 match_parent，这样 RecyclerView 就占满了整个布局的空间。需要注意的是，由于 RecyclerView 并不是内置在系统 SDK 当中的，所以需要把完整的包路径写出来。

这里我们想要使用 RecyclerView 来实现和 ListView 相同的效果，因此就需要准备一份同样的水果图片。简单起见，我们就直接从 ListViewTest 项目中把图片复制过来，另外顺便将 Fruit 类和 fruit_item.xml 也复制过来，省得将同样的代码再写一遍。

接下来需要为 RecyclerView 准备一个适配器，新建 FruitAdapter 类，让这个适配器继承自 RecyclerView.Adapter，并将泛型指定为 FruitAdapter.ViewHolder。其中，ViewHolder 是我们在 FruitAdapter 中定义的一个内部类，代码如下所示：

```
class FruitAdapter(val fruitList: List<Fruit>) :
        RecyclerView.Adapter<FruitAdapter.ViewHolder>() {

    inner class ViewHolder(view: View) : RecyclerView.ViewHolder(view) {
        val fruitImage: ImageView = view.findViewById(R.id.fruitImage)
        val fruitName: TextView = view.findViewById(R.id.fruitName)
    }

    override fun onCreateViewHolder(parent: ViewGroup, viewType: Int): ViewHolder {
        val view = LayoutInflater.from(parent.context)
        .inflate(R.layout.fruit_item, parent, false)
        return ViewHolder(view)
    }

    override fun onBindViewHolder(holder: ViewHolder, position: Int) {
        val fruit = fruitList[position]
        holder.fruitImage.setImageResource(fruit.imageId)
        holder.fruitName.text = fruit.name
    }

    override fun getItemCount() = fruitList.size

}
```

这是 RecyclerView 适配器标准的写法，虽然看上去好像多了好几个方法，但其实它比 ListView 的适配器要更容易理解。这里我们首先定义了一个内部类 ViewHolder，它要继承自 RecyclerView.ViewHolder。然后 ViewHolder 的主构造函数中要传入一个 View 参数，这个参数通常就是 RecyclerView 子项的最外层布局，那么我们就可以通过 findViewById()方法来获取布局中 ImageView 和 TextView 的实例了。

FruitAdapter 中也有一个主构造函数，它用于把要展示的数据源传进来，我们后续的操作都将在这个数据源的基础上进行。

继续往下看，由于 FruitAdapter 是继承自 RecyclerView.Adapter 的，那么就必须重写 onCreateViewHolder()、onBindViewHolder()和 getItemCount()这 3 个方法。onCreateViewHolder() 方法是用于创建 ViewHolder 实例的，我们在这个方法中将 fruit_item 布局加载进来，然后创建一个 ViewHolder 实例，并把加载出来的布局传入构造函数当中，最后将 ViewHolder 的实例返回。onBindViewHolder()方法用于对 RecyclerView 子项的数据进行赋值，会在每个子项被滚动到屏幕内的时候执行，这里我们通过 position 参数得到当前项的 Fruit 实例，然后再将数据设置到 ViewHolder 的 ImageView 和 TextView 当中即可。getItemCount()方法就非常简单了，它用于告诉 RecyclerView 一共有多少子项，直接返回数据源的长度就可以了。

适配器准备好了之后，我们就可以开始使用 RecyclerView 了，修改 MainActivity 中的代码，如下所示：

```
class MainActivity : AppCompatActivity() {

    private val fruitList = ArrayList<Fruit>()

    override fun onCreate(savedInstanceState: Bundle?) {
        super.onCreate(savedInstanceState)
        setContentView(R.layout.activity_main)
        initFruits() // 初始化水果数据
        val layoutManager = LinearLayoutManager(this)
        recyclerView.layoutManager = layoutManager
        val adapter = FruitAdapter(fruitList)
        recyclerView.adapter = adapter
    }

    private fun initFruits() {
        repeat(2) {
            fruitList.add(Fruit("Apple", R.drawable.apple_pic))
            fruitList.add(Fruit("Banana", R.drawable.banana_pic))
            fruitList.add(Fruit("Orange", R.drawable.orange_pic))
            fruitList.add(Fruit("Watermelon", R.drawable.watermelon_pic))
            fruitList.add(Fruit("Pear", R.drawable.pear_pic))
            fruitList.add(Fruit("Grape", R.drawable.grape_pic))
            fruitList.add(Fruit("Pineapple", R.drawable.pineapple_pic))
            fruitList.add(Fruit("Strawberry", R.drawable.strawberry_pic))
            fruitList.add(Fruit("Cherry", R.drawable.cherry_pic))
            fruitList.add(Fruit("Mango", R.drawable.mango_pic))
```

```
        }
    }

}
```

可以看到，这里使用了一个同样的 `initFruits()` 方法，用于初始化所有的水果数据。接着在 `onCreate()` 方法中先创建了一个 `LinearLayoutManager` 对象，并将它设置到 RecyclerView 当中。LayoutManager 用于指定 RecyclerView 的布局方式，这里使用的 LinearLayoutManager 是线性布局的意思，可以实现和 ListView 类似的效果。接下来我们创建了 `FruitAdapter` 的实例，并将水果数据传入 `FruitAdapter` 的构造函数中，最后调用 RecyclerView 的 `setAdapter()` 方法来完成适配器设置，这样 RecyclerView 和数据之间的关联就建立完成了。

现在运行一下程序，效果如图 4.34 所示。

图 4.34　RecyclerView 运行效果

可以看到，我们使用 RecyclerView 实现了和 ListView 几乎一模一样的效果，虽说在代码量方面并没有明显的减少，但是逻辑变得更加清晰了。当然这只是 RecyclerView 的基本用法而已，接下来我们就看一看 RecyclerView 还能实现哪些 ListView 实现不了的效果。

4.6.2　实现横向滚动和瀑布流布局

我们已经知道，ListView 的扩展性并不好，它只能实现纵向滚动的效果，如果想进行横向滚动的话，ListView 就做不到了。那么 RecyclerView 就能做得到吗？当然可以，不仅能做得到，还非常简单。接下来我们就尝试实现一下横向滚动的效果。

　　首先要对 fruit_item 布局进行修改，因为目前这个布局里面的元素是水平排列的，适用于纵向滚动的场景，而如果我们要实现横向滚动的话，应该把 fruit_item 里的元素改成垂直排列才比较合理。修改 fruit_item.xml 中的代码，如下所示：

```xml
<LinearLayout xmlns:android="http://schemas.android.com/apk/res/android"
    android:orientation="vertical"
    android:layout_width="80dp"
    android:layout_height="wrap_content">

    <ImageView
        android:id="@+id/fruitImage"
        android:layout_width="40dp"
        android:layout_height="40dp"
        android:layout_gravity="center_horizontal"
        android:layout_marginTop="10dp" />

    <TextView
        android:id="@+id/fruitName"
        android:layout_width="wrap_content"
        android:layout_height="wrap_content"
        android:layout_gravity="center_horizontal"
        android:layout_marginTop="10dp" />

</LinearLayout>
```

　　可以看到，我们将 LinearLayout 改成垂直方向排列，并把宽度设为 80 dp。这里将宽度指定为固定值是因为每种水果的文字长度不一致，如果用 wrap_content 的话，RecyclerView 的子项就会有长有短，非常不美观，而如果用 match_parent 的话，就会导致宽度过长，一个子项占满整个屏幕。

　　然后我们将 ImageView 和 TextView 都设置成了在布局中水平居中，并且使用 layout_marginTop 属性让文字和图片之间保持一定距离。

　　接下来修改 MainActivity 中的代码，如下所示：

```kotlin
class MainActivity : AppCompatActivity() {

    private val fruitList = ArrayList<Fruit>()

    override fun onCreate(savedInstanceState: Bundle?) {
        super.onCreate(savedInstanceState)
        setContentView(R.layout.activity_main)
        initFruits() // 初始化水果数据
        val layoutManager = LinearLayoutManager(this)
        layoutManager.orientation = LinearLayoutManager.HORIZONTAL
        recyclerView.layoutManager = layoutManager
        val adapter = FruitAdapter(fruitList)
```

```
            recyclerView.adapter = adapter
        }
        ...
    }
```

MainActivity 中只加入了一行代码，调用 LinearLayoutManager 的 setOrientation()方法设置布局的排列方向。默认是纵向排列的，我们传入 LinearLayoutManager.HORIZONTAL 表示让布局横行排列，这样 RecyclerView 就可以横向滚动了。

重新运行一下程序，效果如图 4.35 所示。

图 4.35　横向 RecyclerView 效果

你可以用手指在水平方向上滑动来查看屏幕外的数据。

为什么 ListView 很难或者根本无法实现的效果在 RecyclerView 上这么轻松就实现了呢？这主要得益于 RecyclerView 出色的设计。ListView 的布局排列是由自身去管理的，而 RecyclerView 则将这个工作交给了 LayoutManager。LayoutManager 制定了一套可扩展的布局排列接口，子类只要按照接口的规范来实现，就能定制出各种不同排列方式的布局了。

除了 LinearLayoutManager 之外，RecyclerView 还给我们提供了 GridLayoutManager 和 StaggeredGridLayoutManager 这两种内置的布局排列方式。GridLayoutManager 可以用于实现网格布局，StaggeredGridLayoutManager 可以用于实现瀑布流布局。这里我们来实现一下效果更加炫

酷的瀑布流布局，网格布局就作为课后习题，交给你自己来研究了。

首先还是来修改一下 fruit_item.xml 中的代码，如下所示：

```
<LinearLayout xmlns:android="http://schemas.android.com/apk/res/android"
    android:orientation="vertical"
    android:layout_width="match_parent"
    android:layout_height="wrap_content"
    android:layout_margin="5dp">

    <ImageView
        android:id="@+id/fruitImage"
        android:layout_width="40dp"
        android:layout_height="40dp"
        android:layout_gravity="center_horizontal"
        android:layout_marginTop="10dp" />

    <TextView
        android:id="@+id/fruitName"
        android:layout_width="wrap_content"
        android:layout_height="wrap_content"
        android:layout_gravity="left"
        android:layout_marginTop="10dp" />

</LinearLayout>
```

这里做了几处小的调整，首先将 LinearLayout 的宽度由 80 dp 改成了 match_parent，因为瀑布流布局的宽度应该是根据布局的列数来自动适配的，而不是一个固定值。其次我们使用了 layout_margin 属性来让子项之间互留一点间距，这样就不至于所有子项都紧贴在一起。最后还将 TextView 的对齐属性改成了居左对齐，因为待会我们会将文字的长度变长，如果还是居中显示就会感觉怪怪的。

接着修改 MainActivity 中的代码，如下所示：

```
class MainActivity : AppCompatActivity() {

    private val fruitList = ArrayList<Fruit>()

    override fun onCreate(savedInstanceState: Bundle?) {
        super.onCreate(savedInstanceState)
        setContentView(R.layout.activity_main)
        initFruits() // 初始化水果数据
        val layoutManager = StaggeredGridLayoutManager(3,
        StaggeredGridLayoutManager.VERTICAL)
        recyclerView.layoutManager = layoutManager
        val adapter = FruitAdapter(fruitList)
        recyclerView.adapter = adapter
    }

    private fun initFruits() {
        repeat(2) {
            fruitList.add(Fruit(getRandomLengthString("Apple"),
```

```
                R.drawable.apple_pic))
            fruitList.add(Fruit(getRandomLengthString("Banana"),
                R.drawable.banana_pic))
            fruitList.add(Fruit(getRandomLengthString("Orange"),
                R.drawable.orange_pic))
            fruitList.add(Fruit(getRandomLengthString("Watermelon"),
                R.drawable.watermelon_pic))
            fruitList.add(Fruit(getRandomLengthString("Pear"),
                R.drawable.pear_pic))
            fruitList.add(Fruit(getRandomLengthString("Grape"),
                R.drawable.grape_pic))
            fruitList.add(Fruit(getRandomLengthString("Pineapple"),
                R.drawable.pineapple_pic))
            fruitList.add(Fruit(getRandomLengthString("Strawberry"),
                R.drawable.strawberry_pic))
            fruitList.add(Fruit(getRandomLengthString("Cherry"),
                R.drawable.cherry_pic))
            fruitList.add(Fruit(getRandomLengthString("Mango"),
                R.drawable.mango_pic))
        }
    }

    private fun getRandomLengthString(str: String): String {
        val n =  (1..20).random()
        val builder = StringBuilder()
        repeat(n) {
            builder.append(str)
        }
        return builder.toString()
    }

}
```

首先，在 onCreate()方法中，我们创建了一个 StaggeredGridLayoutManager 的实例。StaggeredGridLayoutManager 的构造函数接收两个参数：第一个参数用于指定布局的列数，传入 3 表示会把布局分为 3 列；第二个参数用于指定布局的排列方向，传入 StaggeredGrid-LayoutManager.VERTICAL 表示会让布局纵向排列。最后把创建好的实例设置到 RecyclerView 当中就可以了，就是这么简单！

没错，仅仅修改了一行代码，我们就已经成功实现瀑布流布局的效果了。不过由于瀑布流布局需要各个子项的高度不一致才能看出明显的效果，为此我又使用了一个小技巧。这里我们把眼光聚焦到 getRandomLengthString()这个方法上，这个方法中调用了 Range 对象的 random()函数来创造一个 1 到 20 之间的随机数，然后将参数中传入的字符串随机重复几遍。在 initFruits()方法中，每个水果的名字都改成调用 getRandomLengthString()这个方法来生成，这样就能保证各水果名字的长短差距比较大，子项的高度也就各不相同了。

现在重新运行一下程序，效果如图 4.36 所示。

图 4.36　瀑布流布局效果

当然，由于水果名字的长度每次都是随机生成的，你运行时的效果肯定和图中是不一样的。

4.6.3　RecyclerView 的点击事件

和 ListView 一样，RecyclerView 也必须能响应点击事件才可以，不然的话就没什么实际用途了。不过不同于 ListView 的是，RecyclerView 并没有提供类似于 `setOnItemClickListener()` 这样的注册监听器方法，而是需要我们自己给子项具体的 View 去注册点击事件。这相比于 ListView 来说，实现起来要复杂一些。

那么你可能就有疑问了，为什么 RecyclerView 在各方面的设计都要优于 ListView，偏偏在点击事件上却没有处理得非常好呢？其实不是这样的，ListView 在点击事件上的处理并不人性化，`setOnItemClickListener()`方法注册的是子项的点击事件，但如果我想点击的是子项里具体的某一个按钮呢？虽然 ListView 也能做到，但是实现起来就相对比较麻烦了。为此，RecyclerView 干脆直接摒弃了子项点击事件的监听器，让所有的点击事件都由具体的 View 去注册，就再没有这个困扰了。

下面我们来具体学习一下如何在 RecyclerView 中注册点击事件，修改 `FruitAdapter` 中的代码，如下所示：

```
class FruitAdapter(val fruitList: List<Fruit>) :
        RecyclerView.Adapter<FruitAdapter.ViewHolder>() {
    ...
    override fun onCreateViewHolder(parent: ViewGroup, viewType: Int): ViewHolder {
        val view = LayoutInflater.from(parent.context)
```

```
            .inflate(R.layout.fruit_item, parent, false)
        val viewHolder = ViewHolder(view)
        viewHolder.itemView.setOnClickListener {
            val position = viewHolder.adapterPosition
            val fruit = fruitList[position]
            Toast.makeText(parent.context, "you clicked view ${fruit.name}",
                Toast.LENGTH_SHORT).show()
        }
        viewHolder.fruitImage.setOnClickListener {
            val position = viewHolder.adapterPosition
            val fruit = fruitList[position]
            Toast.makeText(parent.context, "you clicked image ${fruit.name}",
                Toast.LENGTH_SHORT).show()
        }
        return viewHolder
    }
    ...
}
```

可以看到，这里我们是在 onCreateViewHolder() 方法中注册点击事件。上述代码分别为最外层布局和 ImageView 都注册了点击事件，itemView 表示的就是最外层布局。RecyclerView 的强大之处也在于此，它可以轻松实现子项中任意控件或布局的点击事件。我们在两个点击事件中先获取了用户点击的 position，然后通过 position 拿到相应的 Fruit 实例，再使用 Toast 分别弹出两种不同的内容以示区别。

现在重新运行代码，并点击苹果的图片部分，效果如图 4.37 所示。可以看到，这时触发了 ImageView 的点击事件。

然后点击橘子的文字部分，由于 TextView 并没有注册点击事件，因此点击文字这个事件会被子项的最外层布局捕获，效果如图 4.38 所示。

图 4.37　点击苹果的图片部分

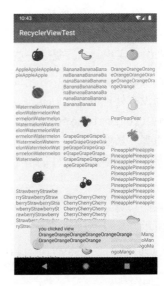

图 4.38　点击橘子的文字部分

4.7　编写界面的最佳实践

既然已经学习了那么多 UI 开发的知识，是时候实战一下了。这次我们要综合运用前面所学的大量内容来编写出一个较为复杂且相当美观的聊天界面，你准备好了吗？要先创建一个UIBestPractice 项目才算准备好了哦。

4.7.1　制作 9-Patch 图片

在实战正式开始之前，我们需要先学习一下如何制作 9-Patch 图片。你之前可能没有听说过这个名词，它是一种被特殊处理过的 png 图片，能够指定哪些区域可以被拉伸、哪些区域不可以。

那么 9-Patch 图片到底有什么实际作用呢？我们还是通过一个例子来看一下吧。首先在 UIBestPractice 项目中放置一张气泡样式的图片 message_left.png（资源下载地址见前言），如图 4.39 所示。

图 4.39　气泡样式图片

我们将这张图片设置为 LinearLayout 的背景图片，修改 activity_main.xml 中的代码，如下所示：

```
<LinearLayout xmlns:android="http://schemas.android.com/apk/res/android"
    android:layout_width="match_parent"
    android:layout_height="50dp"
    android:background="@drawable/message_left">
</LinearLayout>
```

这里将 LinearLayout 的宽度指定为 match_parent，将它的背景图设置为 message_left。现在运行程序，效果如图 4.40 所示。

图 4.40　气泡被均匀拉伸的效果

可以看到，由于 `message_left` 的宽度不足以填满整个屏幕的宽度，整张图片被均匀地拉伸了！这种效果非常差，用户肯定是不能容忍的，这时就可以使用 9-Patch 图片来进行改善。

制作 9-Patch 图片其实并不复杂，只要掌握好规则就行了，那么现在我们就来学习一下。

在 Android Studio 中，我们可以将任何 png 类型的图片制作成 9-Patch 图片。首先对着 message_left.png 图片右击→Create 9-Patch file，会弹出如图 4.41 所示的对话框。

图 4.41　创建 9-Patch 图片的对话框

这里保持默认文件名就可以了，其实就相当于创建了一张以 9.png 为后缀的同名图片，点击"Save"完成保存。这时 Android Studio 会显示如图 4.42 所示的编辑界面。

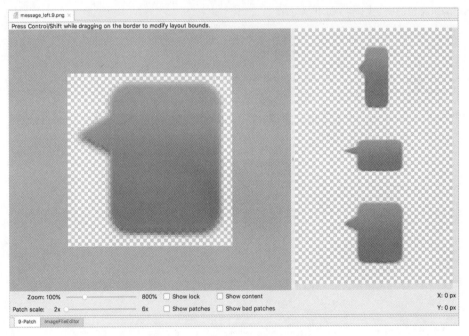

图 4.42　9-Patch 图片的编辑界面

我们可以在图片的 4 个边框绘制一个个的小黑点，在上边框和左边框绘制的部分表示当图片需要拉伸时就拉伸黑点标记的区域，在下边框和右边框绘制的部分表示内容允许被放置的区域。使用鼠标在图片的边缘拖动就可以进行绘制了，按住 Shift 键拖动可以进行擦除。绘制完成后效果如图 4.43 所示。

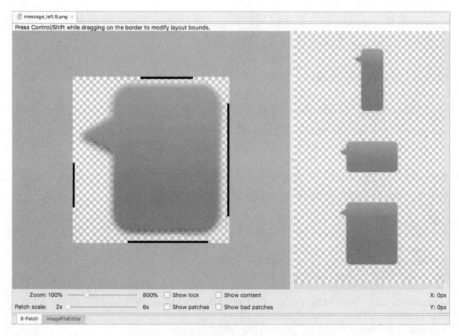

图 4.43　绘制完成后的 message_left 图片

　　最后记得要将原来的 message_left.png 图片删除，只保留制作好的 message_left.9.png 图片即可，因为 Android 项目中不允许同一文件夹下有两张相同名称的图片（即使后缀名不同也不行）。重新运行程序，效果如图 4.44 所示。

图 4.44　气泡只拉伸绘制区域的效果

这样当图片需要拉伸的时候，就可以只拉伸指定的区域，程序在外观上也有了很大的改进。有了这个知识储备之后，我们就可以进入实战环节了。

4.7.2　编写精美的聊天界面

既然是要编写一个聊天界面，那肯定要有收到的消息和发出的消息。上一小节中我们制作的 message_left.9.png 可以作为收到消息的背景图，那么毫无疑问你还需要再制作一张 message_right.9.png 作为发出消息的背景图。制作过程是完全一样的，我就不再重复演示了。

图片都准备好了之后，就可以开始编码了。由于待会我们会用到 RecyclerView，因此首先需要在 app/build.gradle 当中添加依赖库，如下所示：

```
dependencies {
    implementation fileTree(dir: 'libs', include: ['*.jar'])
    implementation"org.jetbrains.kotlin:kotlin-stdlib-jdk7:$kotlin_version"
    implementation 'androidx.appcompat:appcompat:1.0.2'
    implementation 'androidx.core:core-ktx:1.0.2'
    implementation 'androidx.constraintlayout:constraintlayout:1.1.3'
    implementation 'androidx.recyclerview:recyclerview:1.0.0'
    testImplementation 'junit:junit:4.12'
    androidTestImplementation 'androidx.test:runner:1.1.1'
    androidTestImplementation 'androidx.test.espresso:espresso-core:3.1.1'
}
```

接下来开始编写主界面，修改 activity_main.xml 中的代码，如下所示：

```
<LinearLayout xmlns:android="http://schemas.android.com/apk/res/android"
    android:orientation="vertical"
    android:layout_width="match_parent"
    android:layout_height="match_parent"
    android:background="#d8e0e8" >

    <androidx.recyclerview.widget.RecyclerView
        android:id="@+id/recyclerView"
        android:layout_width="match_parent"
        android:layout_height="0dp"
        android:layout_weight="1" />

    <LinearLayout
        android:layout_width="match_parent"
        android:layout_height="wrap_content" >

        <EditText
            android:id="@+id/inputText"
            android:layout_width="0dp"
            android:layout_height="wrap_content"
            android:layout_weight="1"
            android:hint="Type something here"
            android:maxLines="2" />
```

```
        <Button
            android:id="@+id/send"
            android:layout_width="wrap_content"
            android:layout_height="wrap_content"
            android:text="Send" />

    </LinearLayout>

</LinearLayout>
```

我们在主界面中放置了一个 RecyclerView 用于显示聊天的消息内容，又放置了一个 EditText 用于输入消息，还放置了一个 Button 用于发送消息。这里用到的所有属性都是我们之前学过的，相信你理解起来应该不费力。

然后定义消息的实体类，新建 Msg，代码如下所示：

```kotlin
class Msg(val content: String, val type: Int) {
    companion object {
        const val TYPE_RECEIVED = 0
        const val TYPE_SENT = 1
    }
}
```

Msg 类中只有两个字段：content 表示消息的内容，type 表示消息的类型。其中消息类型有两个值可选：TYPE_RECEIVED 表示这是一条收到的消息，TYPE_SENT 表示这是一条发出的消息。这里我们将 TYPE_RECEIVED 和 TYPE_SENT 定义成了常量，定义常量的关键字是 const，注意只有在单例类、companion object 或顶层方法中才可以使用 const 关键字。

接下来开始编写 RecyclerView 的子项布局，新建 msg_left_item.xml，代码如下所示：

```xml
<FrameLayout xmlns:android="http://schemas.android.com/apk/res/android"
    android:layout_width="match_parent"
    android:layout_height="wrap_content"
    android:padding="10dp" >

    <LinearLayout
        android:layout_width="wrap_content"
        android:layout_height="wrap_content"
        android:layout_gravity="left"
        android:background="@drawable/message_left" >

        <TextView
            android:id="@+id/leftMsg"
            android:layout_width="wrap_content"
            android:layout_height="wrap_content"
            android:layout_gravity="center"
            android:layout_margin="10dp"
            android:textColor="#fff" />

    </LinearLayout>

</FrameLayout>
```

这是接收消息的子项布局。这里我们让收到的消息居左对齐，并使用 message_left.9.png 作为背景图。

类似地，我们还需要再编写一个发送消息的子项布局，新建 msg_right_item.xml，代码如下所示：

```
<FrameLayout xmlns:android="http://schemas.android.com/apk/res/android"
    android:layout_width="match_parent"
    android:layout_height="wrap_content"
    android:padding="10dp" >

    <LinearLayout
        android:layout_width="wrap_content"
        android:layout_height="wrap_content"
        android:layout_gravity="right"
        android:background="@drawable/message_right" >

        <TextView
            android:id="@+id/rightMsg"
            android:layout_width="wrap_content"
            android:layout_height="wrap_content"
            android:layout_gravity="center"
            android:layout_margin="10dp"
            android:textColor="#000" />

    </LinearLayout>

</FrameLayout>
```

这里我们让发出的消息居右对齐，并使用 message_right.9.png 作为背景图，基本上和刚才的 msg_left_item.xml 是差不多的。

接下来需要创建 RecyclerView 的适配器类，新建类 MsgAdapter，代码如下所示：

```
class MsgAdapter(val msgList: List<Msg>) : RecyclerView.Adapter<RecyclerView.ViewHolder>() {

    inner class LeftViewHolder(view: View) : RecyclerView.ViewHolder(view) {
        val leftMsg: TextView = view.findViewById(R.id.leftMsg)
    }

    inner class RightViewHolder(view: View) : RecyclerView.ViewHolder(view) {
        val rightMsg: TextView = view.findViewById(R.id.rightMsg)
    }

    override fun getItemViewType(position: Int): Int {
        val msg = msgList[position]
        return msg.type
    }

    override fun onCreateViewHolder(parent: ViewGroup, viewType: Int) = if (viewType ==
            Msg.TYPE_RECEIVED) {
```

```
            val view = LayoutInflater.from(parent.context).inflate(R.layout.msg_left_item,
                    parent, false)
            LeftViewHolder(view)
        } else {
            val view = LayoutInflater.from(parent.context).inflate(R.layout.msg_right_item,
                    parent, false)
            RightViewHolder(view)
        }

    override fun onBindViewHolder(holder: RecyclerView.ViewHolder, position: Int) {
        val msg = msgList[position]
        when (holder) {
            is LeftViewHolder -> holder.leftMsg.text = msg.content
            is RightViewHolder -> holder.rightMsg.text = msg.content
            else -> throw IllegalArgumentException()
        }
    }

    override fun getItemCount() = msgList.size

}
```

上述代码中用到了一个新的知识点：根据不同的 viewType 创建不同的界面。首先我们定义了 LeftViewHolder 和 RightViewHolder 这两个 ViewHolder，分别用于缓存 msg_left_item.xml 和 msg_right_item.xml 布局中的控件。然后要重写 getItemViewType() 方法，并在这个方法中返回当前 position 对应的消息类型。

接下来的代码你应该就比较熟悉了，和我们之前学习的 RecyclerView 用法是比较相似的，只是要在 onCreateViewHolder() 方法中根据不同的 viewType 来加载不同的布局并创建不同的 ViewHolder。然后在 onBindViewHolder() 方法中判断 ViewHolder 的类型：如果是 LeftViewHolder，就将内容显示到左边的消息布局；如果是 RightViewHolder，就将内容显示到右边的消息布局。

最后修改 MainActivity 中的代码，为 RecyclerView 初始化一些数据，并给发送按钮加入事件响应，代码如下所示：

```
class MainActivity : AppCompatActivity(), View.OnClickListener {

    private val msgList = ArrayList<Msg>()

    private var adapter: MsgAdapter? = null

    override fun onCreate(savedInstanceState: Bundle?) {
        super.onCreate(savedInstanceState)
        setContentView(R.layout.activity_main)
        initMsg()
        val layoutManager = LinearLayoutManager(this)
        recyclerView.layoutManager = layoutManager
        adapter = MsgAdapter(msgList)
        recyclerView.adapter = adapter
        send.setOnClickListener(this)
```

```
    }

    override fun onClick(v: View?) {
        when (v) {
            send -> {
                val content = inputText.text.toString()
                if (content.isNotEmpty()) {
                    val msg = Msg(content, Msg.TYPE_SENT)
                    msgList.add(msg)
                    adapter?.notifyItemInserted(msgList.size - 1) // 当有新消息时，
                        刷新 RecyclerView 中的显示
                    recyclerView.scrollToPosition(msgList.size - 1)  // 将 RecyclerView
                        定位到最后一行
                    inputText.setText("") // 清空输入框中的内容
                }
            }
        }
    }

    private fun initMsg() {
        val msg1 = Msg("Hello guy.", Msg.TYPE_RECEIVED)
        msgList.add(msg1)
        val msg2 = Msg("Hello. Who is that?", Msg.TYPE_SENT)
        msgList.add(msg2)
        val msg3 = Msg("This is Tom. Nice talking to you. ", Msg.TYPE_RECEIVED)
        msgList.add(msg3)
    }

}
```

我们先在 `initMsg()` 方法中初始化了几条数据用于在 RecyclerView 中显示，接下来按照标准的方式构建 RecyclerView，给它指定一个 LayoutManager 和一个适配器。

然后在发送按钮的点击事件里获取了 EditText 中的内容，如果内容不为空字符串，则创建一个新的 `Msg` 对象并添加到 msgList 列表中去。之后又调用了适配器的 `notifyItemInserted()` 方法，用于通知列表有新的数据插入，这样新增的一条消息才能够在 RecyclerView 中显示出来。或者你也可以调用适配器的 `notifyDataSetChanged()` 方法，它会将 RecyclerView 中所有可见的元素全部刷新，这样不管是新增、删除、还是修改元素，界面上都会显示最新的数据，但缺点是效率会相对差一些。接着调用 RecyclerView 的 `scrollToPosition()` 方法将显示的数据定位到最后一行，以保证一定可以看得到最后发出的一条消息。最后调用 EditText 的 `setText()` 方法将输入的内容清空。

这样所有的工作都完成了，终于可以检验一下我们的成果了。运行程序之后，你将会看到非常美观的聊天界面，并且可以输入和发送消息，如图 4.45 所示。

图 4.45　精美的聊天界面

相信这个例子的实战过程不仅加深了你对本章中所学 UI 知识的理解，还让你有了如何灵活运用这些知识来设计出优秀界面的思路。

4.8　Kotlin 课堂：延迟初始化和密封类

结束了干货满满的一整章，现在又来到最受期待的 Kotlin 课堂了。我之前说过，每章的 Kotlin课堂都会结合当前章节的内容来拓展出 Kotlin 更多的使用技巧，那么本章可以拓展哪些知识点呢？这里我已经帮你安排好了，本节的 Kotlin 课堂，我们就来学习延迟初始化和密封类这两部分内容。

4.8.1　对变量延迟初始化

前面我们已经学习了 Kotlin 语言的许多特性，包括变量不可变，变量不可为空，等等。这些特性都是为了尽可能地保证程序安全而设计的，但是有些时候这些特性也会在编码时给我们带来不少的麻烦。

比如，如果你的类中存在很多全局变量实例，为了保证它们能够满足 Kotlin 的空指针检查语法标准，你不得不做许多的非空判断保护才行，即使你非常确定它们不会为空。

下面我们通过一个具体的例子来看一下吧，就使用刚刚的 UIBestPractice 项目来作为例子。如果你仔细观察 MainActivity 中的代码，会发现这里适配器的写法略微有点特殊：

```kotlin
class MainActivity : AppCompatActivity(), View.OnClickListener {

    private var adapter: MsgAdapter? = null

    override fun onCreate(savedInstanceState: Bundle?) {
        ...
        adapter = MsgAdapter(msgList)
        ...
    }

    override fun onClick(v: View?) {
        ...
        adapter?.notifyItemInserted(msgList.size - 1)
        ...
    }

}
```

这里我们将 adapter 设置为了全局变量，但是它的初始化工作是在 onCreate()方法中进行的，因此不得不先将 adapter 赋值为 null，同时把它的类型声明成 MsgAdapter?。

虽然我们会在 onCreate()方法中对 adapter 进行初始化，同时能确保 onClick()方法必然在 onCreate()方法之后才会调用，但是我们在 onClick()方法中调用 adapter 的任何方法时仍然要进行判空处理才行，否则编译肯定无法通过。

而当你的代码中有了越来越多的全局变量实例时，这个问题就会变得越来越明显，到时候你可能必须编写大量额外的判空处理代码，只是为了满足 Kotlin 编译器的要求。

幸运的是，这个问题其实是有解决办法的，而且非常简单，那就是对全局变量进行延迟初始化。

延迟初始化使用的是 lateinit 关键字，它可以告诉 Kotlin 编译器，我会在晚些时候对这个变量进行初始化，这样就不用在一开始的时候将它赋值为 null 了。

接下来我们就使用延迟初始化的方式对上述代码进行优化，如下所示：

```kotlin
class MainActivity : AppCompatActivity(), View.OnClickListener {

    private lateinit var adapter: MsgAdapter

    override fun onCreate(savedInstanceState: Bundle?) {
        ...
        adapter = MsgAdapter(msgList)
        ...
    }

    override fun onClick(v: View?) {
```

```
        ...
        adapter.notifyItemInserted(msgList.size - 1)
        ...
    }

}
```

可以看到，我们在 adapter 变量的前面加上了 lateinit 关键字，这样就不用在一开始的时候将它赋值为 null，同时类型声明也就可以改成 MsgAdapter 了。由于 MsgAdapter 是不可为空的类型，所以我们在 onClick()方法中也就不再需要进行判空处理，直接调用 adapter 的任何方法就可以了。

当然，使用 lateinit 关键字也不是没有任何风险，如果我们在 adapter 变量还没有初始化的情况下就直接使用它，那么程序就一定会崩溃，并且抛出一个 UninitializedPropertyAccessException 异常，如图 4.46 所示。

```
Caused by: kotlin.UninitializedPropertyAccessException: lateinit property adapter has not been initialized
    at com.example.uibestpractice.MainActivity.onCreate(MainActivity.kt:22)
    at android.app.Activity.performCreate(Activity.java:7136)
    at android.app.Activity.performCreate(Activity.java:7127)
    at android.app.Instrumentation.callActivityOnCreate(Instrumentation.java:1271)
```

图 4.46　抛出 UninitializedPropertyAccessException 异常

所以，当你对一个全局变量使用了 lateinit 关键字时，请一定要确保它在被任何地方调用之前已经完成了初始化工作，否则 Kotlin 将无法保证程序的安全性。

另外，我们还可以通过代码来判断一个全局变量是否已经完成了初始化，这样在某些时候能够有效地避免重复对某一个变量进行初始化操作，示例代码如下：

```
class MainActivity : AppCompatActivity(), View.OnClickListener {

    private lateinit var adapter: MsgAdapter

    override fun onCreate(savedInstanceState: Bundle?) {
        ...
        if (!::adapter.isInitialized) {
            adapter = MsgAdapter(msgList)
        }
        ...
    }

}
```

具体语法就是这样，::adapter.isInitialized 可用于判断 adapter 变量是否已经初始化。虽然语法看上去有点奇怪，但这是固定的写法。然后我们再对结果进行取反，如果还没有初始化，那么就立即对 adapter 变量进行初始化，否则什么都不用做。

以上就是关于延迟初始化的所有重要内容，剩下的就是在合理的地方使用它了，相信这对于你来说并不是什么难题。

4.8.2   使用密封类优化代码

由于密封类通常可以结合 RecyclerView 适配器中的 ViewHolder 一起使用，因此我们就正好借这个机会在本节学习一下它的用法。当然，密封类的使用场景远不止于此，它可以在很多时候帮助你写出更加规范和安全的代码，所以非常值得一学。

首先来了解一下密封类具体的作用，这里我们来看一个简单的例子。新建一个 Kotlin 文件，文件名就叫 Result.kt 好了，然后在这个文件中编写如下代码：

```
interface Result
class Success(val msg: String) : Result
class Failure(val error: Exception) : Result
```

这里定义了一个 Result 接口，用于表示某个操作的执行结果，接口中不用编写任何内容。然后定义了两个类去实现 Result 接口：一个 Success 类用于表示成功时的结果，一个 Failure 类用于表示失败时的结果，这样就把准备工作做好了。

接下来再定义一个 getResultMsg()方法，用于获取最终执行结果的信息，代码如下所示：

```
fun getResultMsg(result: Result) = when (result) {
    is Success -> result.msg
    is Failure -> result.error.message
    else -> throw IllegalArgumentException()
}
```

getResultMsg()方法中接收一个 Result 参数。我们通过 when 语句来判断：如果 Result 属于 Success，那么就返回成功的消息；如果 Result 属于 Failure，那么就返回错误信息。到目前为止，代码都是没有问题的，但比较让人讨厌的是，接下来我们不得不再编写一个 else 条件，否则 Kotlin 编译器会认为这里缺少条件分支，代码将无法编译通过。但实际上 Result 的执行结果只可能是 Success 或者 Failure，这个 else 条件是永远走不到的，所以我们在这里直接抛出了一个异常，只是为了满足 Kotlin 编译器的语法检查而已。

另外，编写 else 条件还有一个潜在的风险。如果我们现在新增了一个 Unknown 类并实现 Result 接口，用于表示未知的执行结果，但是忘记在 getResultMsg()方法中添加相应的条件分支，编译器在这种情况下是不会提醒我们的，而是会在运行的时候进入 else 条件里面，从而抛出异常并导致程序崩溃。

当然，这种为了满足编译器的要求而编写无用条件分支的情况不仅在 Kotlin 当中存在，在 Java 或者是其他编程语言当中也普遍存在。

不过好消息是，Kotlin 的密封类可以很好地解决这个问题，下面我们就来学习一下。

密封类的关键字是 sealed class，它的用法同样非常简单，我们可以轻松地将 Result 接口改造成密封类的写法：

```
sealed class Result
class Success(val msg: String) : Result()
class Failure(val error: Exception) : Result()
```

可以看到, 代码并没有什么太大的变化, 只是将 interface 关键字改成了 sealed class。另外, 由于密封类是一个可继承的类, 因此在继承它的时候需要在后面加上一对括号, 这一点我们在第 2 章就学习过了。

那么改成密封类之后有什么好处呢? 你会发现现在 getResultMsg() 方法中的 else 条件已经不再需要了, 如下所示:

```
fun getResultMsg(result: Result) = when (result) {
    is Success -> result.msg
    is Failure -> "Error is ${result.error.message}"
}
```

为什么这里去掉了 else 条件仍然能编译通过呢? 这是因为当在 when 语句中传入一个密封类变量作为条件时, Kotlin 编译器会自动检查该密封类有哪些子类, 并强制要求你将每一个子类所对应的条件全部处理。这样就可以保证, 即使没有编写 else 条件, 也不可能会出现漏写条件分支的情况。而如果我们现在新增一个 Unknown 类, 并也让它继承自 Result, 此时 getResultMsg() 方法就一定会报错, 必须增加一个 Unknown 的条件分支才能让代码编译通过。

这就是密封类主要的作用和使用方法了。另外再多说一句, 密封类及其所有子类只能定义在同一个文件的顶层位置, 不能嵌套在其他类中, 这是被密封类底层的实现机制所限制的。

了解了这么多关于密封类的知识, 接下来我们看一下它该如何结合 MsgAdapter 中的 ViewHolder 一起使用, 并顺便优化一下 MsgAdapter 中的代码。

观看 MsgAdapter 现在的代码, 你会发现 onBindViewHolder() 方法中就存在一个没有实际作用的 else 条件, 只是抛出了一个异常而已。对于这部分代码, 我们就可以借助密封类的特性来进行优化。首先删除 MsgAdapter 中的 LeftViewHolder 和 RightViewHolder, 然后新建一个 MsgViewHolder.kt 文件, 在其中加入如下代码:

```
sealed class MsgViewHolder(view: View) : RecyclerView.ViewHolder(view)

class LeftViewHolder(view: View) : MsgViewHolder(view) {
    val leftMsg: TextView = view.findViewById(R.id.leftMsg)
}

class RightViewHolder(view: View) : MsgViewHolder(view) {
    val rightMsg: TextView = view.findViewById(R.id.rightMsg)
}
```

这里我们定义了一个密封类 MsgViewHolder, 并让它继承自 RecyclerView.ViewHolder, 然后让 LeftViewHolder 和 RightViewHolder 继承自 MsgViewHolder。这样就相当于密封类 MsgViewHolder 只有两个已知子类, 因此在 when 语句中只要处理这两种情况的条件分支即可。

现在修改 MsgAdapter 中的代码，如下所示：

```
class MsgAdapter(val msgList: List<Msg>) : RecyclerView.Adapter<MsgViewHolder>() {

    ...

    override fun onBindViewHolder(holder: MsgViewHolder, position: Int) {
        val msg = msgList[position]
        when (holder) {
            is LeftViewHolder -> holder.leftMsg.text = msg.content
            is RightViewHolder -> holder.rightMsg.text = msg.content
        }
    }
    ...
}
```

这里我们将 RecyclerView.Adapter 的泛型指定成刚刚定义的密封类 MsgViewHolder，这样 onBindViewHolder()方法传入的参数就变成了 MsgViewHolder。然后我们只要在 when 语句当中处理 LeftViewHolder 和 RightViewHolder 这两种情况就可以了，那个讨厌的 else 终于不再需要了，这种 RecyclerView 适配器的写法更加规范也更加推荐。

通过本次 Kotlin 课堂的学习，UIBestPractice 项目中的代码现在变得更加完善了。这一章你也学到了不少东西，让我们来总结一下吧。

4.9　小结与点评

虽然本章的内容很多，但我觉得学习起来应该还是挺愉快的吧。不同于上一章中我们来来回回使用那几个按钮，本章可以说是使用了各种各样的控件，制作出了丰富多彩的界面。尤其是在最佳实践环节，编写出了那么精美的聊天界面，你的满足感应该比上一章还要强吧？

本章从 Android 中的一些常见控件入手，依次介绍了基本布局的用法、自定义控件的方法、ListView 的详细用法以及 RecyclerView 的使用，基本已经将重要的 UI 知识点全部覆盖了。另外在最后的 Kotlin 课堂中，我们还学习了延迟初始化和密封类的用法，并借助它们进一步完善了最佳实践环节的代码，结合实例来学习，相信你已经将这些知识点掌握得非常牢固了。

不过到目前为止，我们还只是学习了 Android 手机方面的开发技巧，下一章将会涉及一些 Android 平板方面的知识点，能够同时兼容手机和平板也是自 Android 4.0 系统开始就支持的特性。适当地放松和休息一段时间后，我们再来继续前行吧！

第 5 章

手机平板要兼顾，探究 Fragment

当今是移动设备发展非常迅速的时代，不仅手机已经成为了生活必需品，而且平板也变得越来越普及。平板和手机最大的区别就在于屏幕的大小：一般手机屏幕的大小在 3 英寸到 6 英寸之间，平板屏幕的大小在 7 英寸到 10 英寸之间。屏幕大小差距过大有可能会让同样的界面在视觉效果上有较大的差异，比如一些界面在手机上看起来非常美观，但在平板上看起来可能会有控件被过分拉长、元素之间空隙过大等情况。

对于一名专业的 Android 开发人员而言，能够兼顾手机和平板的开发是我们尽可能要做到的事情。Android 自 3.0 版本开始引入了 Fragment 的概念，它可以让界面在平板上更好地展示，下面我们就一起来学习一下。

5.1 Fragment 是什么

Fragment 是一种可以嵌入在 Activity 当中的 UI 片段，它能让程序更加合理和充分地利用大屏幕的空间，因而在平板上应用得非常广泛。虽然 Fragment 对你来说是个全新的概念，但我相信你学习起来应该毫不费力，因为它和 Activity 实在是太像了，同样都能包含布局，同样都有自己的生命周期。你甚至可以将 Fragment 理解成一个迷你型的 Activity，虽然这个迷你型的 Activity 有可能和普通的 Activity 是一样大的。

那么究竟要如何使用 Fragment 才能充分地利用平板屏幕的空间呢？想象我们正在开发一个新闻应用，其中一个界面使用 RecyclerView 展示了一组新闻的标题，当点击其中一个标题时，就打开另一个界面显示新闻的详细内容。如果是在手机中设计，我们可以将新闻标题列表放在一个 Activity 中，将新闻的详细内容放在另一个 Activity 中，如图 5.1 所示。

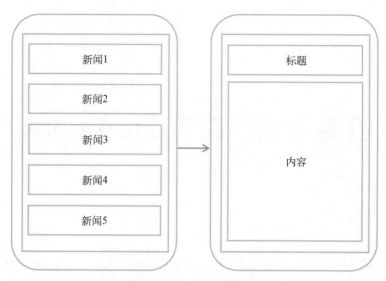

图 5.1   手机的设计方案

可是如果在平板上也这么设计，那么新闻标题列表将会被拉长至填充满整个平板的屏幕，而新闻的标题一般不会太长，这样将会导致界面上有大量的空白区域，如图 5.2 所示。

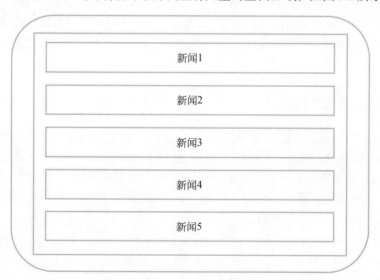

图 5.2   平板的新闻列表

因此，更好的设计方案是将新闻标题列表界面和新闻详细内容界面分别放在两个 Fragment 中，然后在同一个 Activity 里引入这两个 Fragment，这样就可以将屏幕空间充分地利用起来了，如图 5.3 所示。

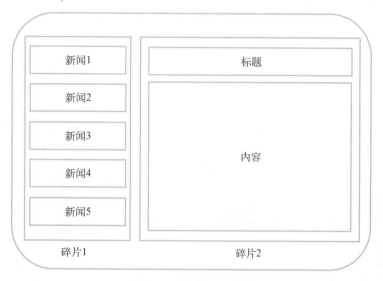

图 5.3　平板的双页设计

5.2　Fragment 的使用方式

　　介绍了这么多抽象的东西，是时候学习一下 Fragment 的具体用法了。首先我们要创建一个平板模拟器，创建模拟器的方法在第 1 章中已经学过了，这里就不再赘述。这次我们选择创建一个 Pixel C 平板模拟器，创建完成后启动模拟器，效果如图 5.4 所示。

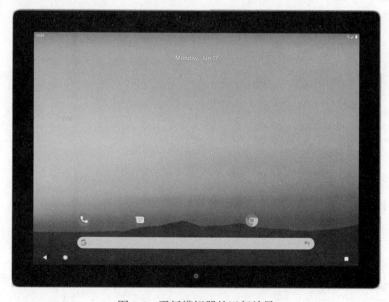

图 5.4　平板模拟器的运行效果

好了，准备工作都完成了，接着新建一个 FragmentTest 项目，然后开始我们的 Fragment 探索之旅吧。

5.2.1　Fragment 的简单用法

这里我们准备先写一个最简单的 Fragment 示例来练练手。在一个 Activity 当中添加两个 Fragment，并让这两个 Fragment 平分 Activity 的空间。

新建一个左侧 Fragment 的布局 left_fragment.xml，代码如下所示：

```
<LinearLayout xmlns:android="http://schemas.android.com/apk/res/android"
    android:orientation="vertical"
    android:layout_width="match_parent"
    android:layout_height="match_parent">

    <Button
        android:id="@+id/button"
        android:layout_width="wrap_content"
        android:layout_height="wrap_content"
        android:layout_gravity="center_horizontal"
        android:text="Button"
        />

</LinearLayout>
```

这个布局非常简单，只放置了一个按钮，并让它水平居中显示。

然后新建右侧 Fragment 的布局 right_fragment.xml，代码如下所示：

```
<LinearLayout xmlns:android="http://schemas.android.com/apk/res/android"
    android:orientation="vertical"
    android:background="#00ff00"
    android:layout_width="match_parent"
    android:layout_height="match_parent">

    <TextView
        android:layout_width="wrap_content"
        android:layout_height="wrap_content"
        android:layout_gravity="center_horizontal"
        android:textSize="24sp"
        android:text="This is right fragment"
        />

</LinearLayout>
```

可以看到，我们将这个布局的背景色设置成了绿色，并放置了一个 TextView 用于显示一段文本。

接着新建一个 LeftFragment 类，并让它继承自 Fragment。注意，这里可能会有两个不同包下的 Fragment 供你选择：一个是系统内置的 android.app.Fragment，一个是 AndroidX 库中的 androidx.fragment.app.Fragment。这里请一定要使用 AndroidX 库中的 Fragment，因为它可以让

Fragment 的特性在所有 Android 系统版本中保持一致，而系统内置的 Fragment 在 Android 9.0 版本中已被废弃。使用 AndroidX 库中的 Fragment 并不需要在 build.gradle 文件中添加额外的依赖，只要你在创建新项目时勾选了 Use androidx.* artifacts 选项，Android Studio 会自动帮你导入必要的 AndroidX 库。

现在编写一下 LeftFragment 中的代码，如下所示：

```
class LeftFragment : Fragment() {

    override fun onCreateView(inflater: LayoutInflater, container: ViewGroup?,
            savedInstanceState: Bundle?): View? {
        return inflater.inflate(R.layout.left_fragment, container, false)
    }

}
```

这里仅仅是重写了 Fragment 的 onCreateView()方法，然后在这个方法中通过 LayoutInflater 的 inflate()方法将刚才定义的 left_fragment 布局动态加载进来，整个方法简单明了。接着我们用同样的方法再新建一个 RightFragment，代码如下所示：

```
class RightFragment : Fragment() {

    override fun onCreateView(inflater: LayoutInflater, container: ViewGroup?,
            savedInstanceState: Bundle?): View? {
        return inflater.inflate(R.layout.right_fragment, container, false)
    }

}
```

代码基本上是相同的，相信已经没有必要再做什么解释了。接下来修改 activity_main.xml 中的代码，如下所示：

```
<LinearLayout xmlns:android="http://schemas.android.com/apk/res/android"
    android:orientation="horizontal"
    android:layout_width="match_parent"
    android:layout_height="match_parent" >

    <fragment
        android:id="@+id/leftFrag"
        android:name="com.example.fragmenttest.LeftFragment"
        android:layout_width="0dp"
        android:layout_height="match_parent"
        android:layout_weight="1" />

    <fragment
        android:id="@+id/rightFrag"
        android:name="com.example.fragmenttest.RightFragment"
        android:layout_width="0dp"
        android:layout_height="match_parent"
        android:layout_weight="1" />

</LinearLayout>
```

可以看到，我们使用了<fragment>标签在布局中添加 Fragment，其中指定的大多数属性你已经非常熟悉了，只不过这里还需要通过 android:name 属性来显式声明要添加的 Fragment 类名，注意一定要将类的包名也加上。

这样最简单的 Fragment 示例就已经写好了，现在运行一下程序，效果如图 5.5 所示。

图 5.5　Fragment 的简单运行效果

正如我们预期的一样，两个 Fragment 平分了整个 Activity 的布局。不过这个例子实在是太简单了，在真正的项目中很难有什么实际的作用，因此下面我们马上来看一看，关于 Fragment 更加高级的使用技巧。

5.2.2　动态添加 Fragment

在上一节当中，你已经学会了在布局文件中添加 Fragment 的方法，不过 Fragment 真正的强大之处在于，它可以在程序运行时动态地添加到 Activity 当中。根据具体情况来动态地添加 Fragment，你就可以将程序界面定制得更加多样化。

我们在上一节代码的基础上继续完善，新建 another_right_fragment.xml，代码如下所示：

```
<LinearLayout xmlns:android="http://schemas.android.com/apk/res/android"
    android:orientation="vertical"
    android:background="#ffff00"
```

```
    android:layout_width="match_parent"
    android:layout_height="match_parent">

    <TextView
        android:layout_width="wrap_content"
        android:layout_height="wrap_content"
        android:layout_gravity="center_horizontal"
        android:textSize="24sp"
        android:text="This is another right fragment"
        />

</LinearLayout>
```

这个布局文件的代码和 right_fragment.xml 中的代码基本相同，只是将背景色改成了黄色，并将显示的文字改了改。然后新建 AnotherRightFragment 作为另一个右侧 Fragment，代码如下所示：

```
class AnotherRightFragment : Fragment() {

    override fun onCreateView(inflater: LayoutInflater, container: ViewGroup?,
            savedInstanceState: Bundle?): View? {
        return inflater.inflate(R.layout.another_right_fragment, container, false)
    }

}
```

代码同样非常简单，在 onCreateView()方法中加载了刚刚创建的 another_right_fragment 布局。这样我们就准备好了另一个 Fragment，接下来看一下如何将它动态地添加到 Activity 当中。修改 activity_main.xml，代码如下所示：

```
<LinearLayout xmlns:android="http://schemas.android.com/apk/res/android"
    android:orientation="horizontal"
    android:layout_width="match_parent"
    android:layout_height="match_parent" >

    <fragment
        android:id="@+id/leftFrag"
        android:name="com.example.fragmenttest.LeftFragment"
        android:layout_width="0dp"
        android:layout_height="match_parent"
        android:layout_weight="1" />

    <FrameLayout
        android:id="@+id/rightLayout"
        android:layout_width="0dp"
        android:layout_height="match_parent"
        android:layout_weight="1" >
    </FrameLayout>

</LinearLayout>
```

可以看到，现在将右侧 Fragment 替换成了一个 FrameLayout。还记得这个布局吗？在上一章中我们学过，这是 Android 中最简单的一种布局，所有的控件默认都会摆放在布局的左上角。由于这里仅需要在布局里放入一个 Fragment，不需要任何定位，因此非常适合使用 FrameLayout。

下面我们将在代码中向 FrameLayout 里添加内容，从而实现动态添加 Fragment 的功能。修改 MainActivity 中的代码，如下所示：

```kotlin
class MainActivity : AppCompatActivity() {

    override fun onCreate(savedInstanceState: Bundle?) {
        super.onCreate(savedInstanceState)
        setContentView(R.layout.activity_main)
        button.setOnClickListener {
            replaceFragment(AnotherRightFragment())
        }
        replaceFragment(RightFragment())
    }

    private fun replaceFragment(fragment: Fragment) {
        val fragmentManager = supportFragmentManager
        val transaction = fragmentManager.beginTransaction()
        transaction.replace(R.id.rightLayout, fragment)
        transaction.commit()
    }

}
```

可以看到，首先我们给左侧 Fragment 中的按钮注册了一个点击事件，然后调用 replace-Fragment()方法动态添加了 RightFragment。当点击左侧 Fragment 中的按钮时，又会调用 replaceFragment()方法，将右侧 Fragment 替换成 AnotherRightFragment。结合 replaceFragment()方法中的代码可以看出，动态添加 Fragment 主要分为 5 步。

(1) 创建待添加 Fragment 的实例。

(2) 获取 FragmentManager，在 Activity 中可以直接调用 getSupportFragmentManager()方法获取。

(3) 开启一个事务，通过调用 beginTransaction()方法开启。

(4) 向容器内添加或替换 Fragment，一般使用 replace()方法实现，需要传入容器的 id 和待添加的 Fragment 实例。

(5) 提交事务，调用 commit()方法来完成。

这样就完成了在 Activity 中动态添加 Fragment 的功能，重新运行程序，可以看到和之前相同的界面，然后点击一下按钮，效果如图 5.6 所示。

图 5.6 动态添加 Fragment 的效果

5.2.3 在 Fragment 中实现返回栈

在上一小节中，我们成功实现了向 Activity 中动态添加 Fragment 的功能。不过你尝试一下就会发现，通过点击按钮添加了一个 Fragment 之后，这时按下 Back 键程序就会直接退出。如果我们想实现类似于返回栈的效果，按下 Back 键可以回到上一个 Fragment，该如何实现呢？

其实很简单，FragmentTransaction 中提供了一个 addToBackStack()方法，可以用于将一个事务添加到返回栈中。修改 MainActivity 中的代码，如下所示：

```
class MainActivity : AppCompatActivity() {

    ...

    private fun replaceFragment(fragment: Fragment) {
        val fragmentManager = supportFragmentManager
        val transaction = fragmentManager.beginTransaction()
        transaction.replace(R.id.rightLayout, fragment)
        transaction.addToBackStack(null)
        transaction.commit()
    }

}
```

这里我们在事务提交之前调用了 FragmentTransaction 的 `addToBackStack()`方法，它可以接收一个名字用于描述返回栈的状态，一般传入 `null` 即可。现在重新运行程序，并点击按钮将 AnotherRightFragment 添加到 Activity 中，然后按下 Back 键，你会发现程序并没有退出，而是回到了 RightFragment 界面。继续按下 Back 键，RightFragment 界面也会消失，再次按下 Back 键，程序才会退出。

5.2.4　Fragment 和 Activity 之间的交互

虽然 Fragment 是嵌入在 Activity 中显示的，可是它们的关系并没有那么亲密。实际上，Fragment 和 Activity 是各自存在于一个独立的类当中的，它们之间并没有那么明显的方式来直接进行交互。如果想要在 Activity 中调用 Fragment 里的方法，或者在 Fragment 中调用 Activity 里的方法，应该如何实现呢？

为了方便 Fragment 和 Activity 之间进行交互，FragmentManager 提供了一个类似于 `findViewById()`的方法，专门用于从布局文件中获取 Fragment 的实例，代码如下所示：

```
val fragment = supportFragmentManager.findFragmentById(R.id.leftFrag) as LeftFragment
```

调用 FragmentManager 的 `findFragmentById()`方法，可以在 Activity 中得到相应 Fragment 的实例，然后就能轻松地调用 Fragment 里的方法了。

另外，类似于 `findViewById()`方法，kotlin-android-extensions 插件也对 `findFragmentById()` 方法进行了扩展，允许我们直接使用布局文件中定义的 Fragment id 名称来自动获取相应的 Fragment 实例，如下所示：

```
val fragment = leftFrag as LeftFragment
```

那么毫无疑问，第二种写法是我们现在更加推荐的写法。

掌握了如何在 Activity 中调用 Fragment 里的方法，那么在 Fragment 中又该怎样调用 Activity 里的方法呢？这就更简单了，在每个 Fragment 中都可以通过调用 `getActivity()`方法来得到和当前 Fragment 相关联的 Activity 实例，代码如下所示：

```
if (activity != null) {
    val mainActivity = activity as MainActivity
}
```

这里由于 `getActivity()`方法有可能返回 `null`，因此我们需要先进行一个判空处理。有了 Activity 的实例，在 Fragment 中调用 Activity 里的方法就变得轻而易举了。另外当 Fragment 中需要使用 Context 对象时，也可以使用 `getActivity()`方法，因为获取到的 Activity 本身就是一个 Context 对象。

这时不知道你心中会不会产生一个疑问：既然 Fragment 和 Activity 之间的通信问题已经解决了，那么不同的 Fragment 之间可不可以进行通信呢？

说实在的，这个问题并没有看上去那么复杂，它的基本思路非常简单：首先在一个 Fragment 中可以得到与它相关联的 Activity，然后再通过这个 Activity 去获取另外一个 Fragment 的实例，这样就实现了不同 Fragment 之间的通信功能。因此，这里我们的回答是肯定的。

5.3　Fragment 的生命周期

和 Activity 一样，Fragment 也有自己的生命周期，并且它和 Activity 的生命周期实在是太像了，我相信你很快就能学会，下面我们马上就来看一下。

5.3.1　Fragment 的状态和回调

还记得每个 Activity 在其生命周期内可能会有哪几种状态吗？没错，一共有运行状态、暂停状态、停止状态和销毁状态这 4 种。类似地，每个 Fragment 在其生命周期内也可能会经历这几种状态，只不过在一些细小的地方会有部分区别。

1. 运行状态

当一个 Fragment 所关联的 Activity 正处于运行状态时，该 Fragment 也处于运行状态。

2. 暂停状态

当一个 Activity 进入暂停状态时（由于另一个未占满屏幕的 Activity 被添加到了栈顶），与它相关联的 Fragment 就会进入暂停状态。

3. 停止状态

当一个 Activity 进入停止状态时，与它相关联的 Fragment 就会进入停止状态，或者通过调用 FragmentTransaction 的 `remove()`、`replace()` 方法将 Fragment 从 Activity 中移除，但在事务提交之前调用了 `addToBackStack()` 方法，这时的 Fragment 也会进入停止状态。总的来说，进入停止状态的 Fragment 对用户来说是完全不可见的，有可能会被系统回收。

4. 销毁状态

Fragment 总是依附于 Activity 而存在，因此当 Activity 被销毁时，与它相关联的 Fragment 就会进入销毁状态。或者通过调用 FragmentTransaction 的 `remove()`、`replace()` 方法将 Fragment 从 Activity 中移除，但在事务提交之前并没有调用 `addToBackStack()` 方法，这时的 Fragment 也会进入销毁状态。

结合之前的 Activity 状态，相信你理解起来应该毫不费力吧。同样地，Fragment 类中也提供了一系列的回调方法，以覆盖它生命周期的每个环节。其中，Activity 中有的回调方法，Fragment 中基本上也有，不过 Fragment 还提供了一些附加的回调方法，下面我们就重点看一下这几个回调。

❑ `onAttach()`：当 Fragment 和 Activity 建立关联时调用。

❑ `onCreateView()`：为 Fragment 创建视图（加载布局）时调用。

❑ onActivityCreated()：确保与 Fragment 相关联的 Activity 已经创建完毕时调用。

❑ onDestroyView()：当与 Fragment 关联的视图被移除时调用。

❑ onDetach()：当 Fragment 和 Activity 解除关联时调用。

Fragment 完整的生命周期可参考图 5.7（图片源自 Android 官网）。

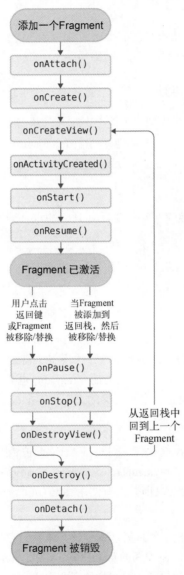

图 5.7　Fragment 的生命周期

5.3.2 体验 Fragment 的生命周期

为了让你能够更加直观地体验 Fragment 的生命周期，我们还是通过一个例子来实践一下。例子很简单，仍然是在 FragmentTest 项目的基础上改动的。

修改 RightFragment 中的代码，如下所示：

```kotlin
class RightFragment : Fragment() {

    companion object {
        const val TAG = "RightFragment"
    }

    override fun onAttach(context: Context) {
        super.onAttach(context)
        Log.d(TAG, "onAttach")
    }

    override fun onCreate(savedInstanceState: Bundle?) {
        super.onCreate(savedInstanceState)
        Log.d(TAG, "onCreate")
    }

    override fun onCreateView(inflater: LayoutInflater, container: ViewGroup?,
            savedInstanceState: Bundle?): View? {
        Log.d(TAG, "onCreateView")
        return inflater.inflate(R.layout.right_fragment, container, false)
    }

    override fun onActivityCreated(savedInstanceState: Bundle?) {
        super.onActivityCreated(savedInstanceState)
        Log.d(TAG, "onActivityCreated")
    }

    override fun onStart() {
        super.onStart()
        Log.d(TAG, "onStart")
    }

    override fun onResume() {
        super.onResume()
        Log.d(TAG, "onResume")
    }

    override fun onPause() {
        super.onPause()
        Log.d(TAG, "onPause")
    }

    override fun onStop() {
        super.onStop()
        Log.d(TAG, "onStop")
    }
```

```kotlin
    override fun onDestroyView() {
        super.onDestroyView()
        Log.d(TAG, "onDestroyView")
    }

    override fun onDestroy() {
        super.onDestroy()
        Log.d(TAG, "onDestroy")
    }

    override fun onDetach() {
        super.onDetach()
        Log.d(TAG, "onDetach")
    }

}
```

注意，这里为了方便日志打印，我们先定义了一个 TAG 常量。Kotlin 中定义常量都是使用的这种方式，在 companion object、单例类或顶层作用域中使用 const 关键字声明一个变量即可。

接下来，我们在 RightFragment 中的每一个回调方法里都加入了打印日志的代码，然后重新运行程序。这时观察 Logcat 中的打印信息，如图 5.8 所示。

图 5.8　启动程序时的打印日志

可以看到，当 RightFragment 第一次被加载到屏幕上时，会依次执行 onAttach()、onCreate()、onCreateView()、onActivityCreated()、onStart()和 onResume()方法。然后点击 LeftFragment 中的按钮，此时打印信息如图 5.9 所示。

图 5.9　替换成 AnotherRightFragment 时的打印日志

由于 AnotherRightFragment 替换了 RightFragment，此时的 RightFragment 进入了停止状态，因此 onPause()、onStop()和 onDestroyView()方法会得到执行。当然，如果在替换的时候没有调用 addToBackStack()方法，此时的 RightFragment 就会进入销毁状态，onDestroy()和 onDetach()方法就会得到执行。

接着按下 Back 键，RightFragment 会重新回到屏幕，打印信息如图 5.10 所示。

图 5.10　返回 RightFragment 时的打印日志

由于 RightFragment 重新回到了运行状态，因此 onCreateView()、onActivityCreated()、onStart() 和 onResume() 方法会得到执行。注意，此时 onCreate() 方法并不会执行，因为我们借助了 addToBackStack() 方法使得 RightFragment 并没有被销毁。

现在再次按下 Back 键，打印信息如图 5.11 所示。

图 5.11　退出程序时的打印日志

依次执行 onPause()、onStop()、onDestroyView()、onDestroy() 和 onDetach() 方法，最终将 Fragment 销毁。现在，你体验了一遍 Fragment 完整的生命周期，是不是理解得更加深刻了？

另外值得一提的是，在 Fragment 中你也可以通过 onSaveInstanceState() 方法来保存数据，因为进入停止状态的 Fragment 有可能在系统内存不足的时候被回收。保存下来的数据在 onCreate()、onCreateView() 和 onActivityCreated() 这 3 个方法中你都可以重新得到，它们都含有一个 Bundle 类型的 savedInstanceState 参数。具体的代码我就不在这里展示了，如果你忘记了该如何编写，可以参考 3.4.5 小节。

5.4　动态加载布局的技巧

虽然动态添加 Fragment 的功能很强大，可以解决很多实际开发中的问题，但是它毕竟只是在一个布局文件中进行一些添加和替换操作。如果程序能够根据设备的分辨率或屏幕大小，在运行时决定加载哪个布局，那我们可发挥的空间就更多了。因此本节我们就来探讨一下 Android 中动态加载布局的技巧。

5.4.1　使用限定符

如果你经常使用平板，应该会发现很多平板应用采用的是双页模式（程序会在左侧的面板上显示一个包含子项的列表，在右侧的面板上显示内容），因为平板的屏幕足够大，完全可以同时显示两页的内容，但手机的屏幕就只能显示一页的内容，因此两个页面需要分开显示。

那么怎样才能在运行时判断程序应该是使用双页模式还是单页模式呢？这就需要借助限定符（qualifier）来实现了。下面我们通过一个例子来学习一下它的用法，修改 FragmentTest 项目中的 activity_main.xml 文件，代码如下所示：

```xml
<LinearLayout xmlns:android="http://schemas.android.com/apk/res/android"
    android:orientation="horizontal"
    android:layout_width="match_parent"
    android:layout_height="match_parent" >

    <fragment
        android:id="@+id/leftFrag"
        android:name="com.example.fragmenttest.LeftFragment"
        android:layout_width="match_parent"
        android:layout_height="match_parent"/>

</LinearLayout>
```

这里将多余的代码删掉，只留下一个左侧 Fragment，并让它充满整个父布局。接着在 res 目录下新建 layout-large 文件夹，在这个文件夹下新建一个布局，也叫作 activity_main.xml，代码如下所示：

```xml
<LinearLayout xmlns:android="http://schemas.android.com/apk/res/android"
    android:orientation="horizontal"
    android:layout_width="match_parent"
    android:layout_height="match_parent">

    <fragment
        android:id="@+id/leftFrag"
        android:name="com.example.fragmenttest.LeftFragment"
        android:layout_width="0dp"
        android:layout_height="match_parent"
        android:layout_weight="1" />

    <fragment
        android:id="@+id/rightFrag"
        android:name="com.example.fragmenttest.RightFragment"
        android:layout_width="0dp"
        android:layout_height="match_parent"
        android:layout_weight="3" />

</LinearLayout>
```

可以看到，layout/activity_main 布局只包含了一个 Fragment，即单页模式，而 layout-large/activity_main 布局包含了两个 Fragment，即双页模式。其中，large 就是一个限定符，那些屏幕被认为是 large 的设备就会自动加载 layout-large 文件夹下的布局，小屏幕的设备则还是会加载 layout 文件夹下的布局。

然后将 MainActivity 中 replaceFragment() 方法里的代码注释掉，并在平板模拟器上重新运行程序，效果如图 5.12 所示。

图 5.12 双页模式运行效果

再启动一个手机模拟器，并重新运行程序，效果如图 5.13 所示。

图 5.13 单页模式运行效果

这样我们就实现了在程序运行时动态加载布局的功能。

Android 中一些常见的限定符可以如表 5.1 所示。

表 5.1　Android 中常见的限定符

屏幕特征	限 定 符	描　述
大小	small	提供给小屏幕设备的资源
	normal	提供给中等屏幕设备的资源
	large	提供给大屏幕设备的资源
	xlarge	提供给超大屏幕设备的资源
分辨率	ldpi	提供给低分辨率设备的资源（120 dpi以下）
	mdpi	提供给中等分辨率设备的资源（120 dpi~160 dpi）
	hdpi	提供给高分辨率设备的资源（160 dpi~240 dpi）
	xhdpi	提供给超高分辨率设备的资源（240 dpi~320 dpi）
	xxhdpi	提供给超超高分辨率设备的资源（320 dpi~480 dpi）
方向	land	提供给横屏设备的资源
	port	提供给竖屏设备的资源

5.4.2　使用最小宽度限定符

在上一小节中我们使用 large 限定符成功解决了单页双页的判断问题，不过很快又有一个新的问题出现了：large 到底是指多大呢？有时候我们希望可以更加灵活地为不同设备加载布局，不管它们是不是被系统认定为 large，这时就可以使用最小宽度限定符（smallest-width qualifier）。

最小宽度限定符允许我们对屏幕的宽度指定一个最小值（以 dp 为单位），然后以这个最小值为临界点，屏幕宽度大于这个值的设备就加载一个布局，屏幕宽度小于这个值的设备就加载另一个布局。

在 res 目录下新建 layout-sw600dp 文件夹，然后在这个文件夹下新建 activity_main.xml 布局，代码如下所示：

```
<LinearLayout xmlns:android="http://schemas.android.com/apk/res/android"
    android:orientation="horizontal"
    android:layout_width="match_parent"
    android:layout_height="match_parent">

    <fragment
        android:id="@+id/leftFrag"
        android:name="com.example.fragmenttest.LeftFragment"
        android:layout_width="0dp"
        android:layout_height="match_parent"
        android:layout_weight="1" />

    <fragment
        android:id="@+id/rightFrag"
```

```
    android:name="com.example.fragmenttest.RightFragment"
    android:layout_width="0dp"
    android:layout_height="match_parent"
    android:layout_weight="3" />
```

```
</LinearLayout>
```

这就意味着，当程序运行在屏幕宽度大于等于 600 dp 的设备上时，会加载 layout-sw600dp/activity_
main 布局，当程序运行在屏幕宽度小于 600 dp 的设备上时，则仍然加载默认的 layout/activity_main
布局。

5.5　Fragment 的最佳实践：一个简易版的新闻应用

现在你已经将关于 Fragment 的重要知识点掌握得差不多了，不过在灵活运用方面可能还有
些欠缺，因此下面该进入我们本章的最佳实践环节了。

前面提到过，Fragment 很多时候是在平板开发当中使用的，因为它可以解决屏幕空间不能充
分利用的问题。那是不是就表明，我们开发的程序都需要提供一个手机版和一个平板版呢？确实
有不少公司是这么做的，但是这样会耗费很多的人力物力财力。因为维护两个版本的代码成本很
高：每当增加新功能时，需要在两份代码里各写一遍；每当发现一个 bug 时，需要在两份代码里
各修改一次。因此，今天我们最佳实践的内容就是教你如何编写兼容手机和平板的应用程序。

还记得我们在本章开始的时候提到的一个新闻应用吗？现在我们就运用本章所学的知识来
编写一个简易版的新闻应用，并且要求它可以兼容手机和平板。新建好一个 FragmentBestPractice
项目，然后开始动手吧！

由于待会在编写新闻列表时会使用到 RecyclerView，因此首先需要在 app/build.gradle 当中添
加依赖库，如下所示：

```
dependencies {
    implementation fileTree(dir: 'libs', include: ['*.jar'])
    implementation"org.jetbrains.kotlin:kotlin-stdlib-jdk7:$kotlin_version"
    implementation 'androidx.appcompat:appcompat:1.0.2'
    implementation 'androidx.core:core-ktx:1.0.2'
    implementation 'androidx.recyclerview:recyclerview:1.0.0'
    implementation 'androidx.constraintlayout:constraintlayout:1.1.3'
    testImplementation 'junit:junit:4.12'
    androidTestImplementation 'androidx.test:runner:1.1.1'
    androidTestImplementation 'androidx.test.espresso:espresso-core:3.1.1'
}
```

接下来我们要准备好一个新闻的实体类，新建类 News，代码如下所示：

```
class News(val title: String, val content: String)
```

News 类的代码非常简单，title 字段表示新闻标题，content 字段表示新闻内容。接着新
建布局文件 news_content_frag.xml，作为新闻内容的布局：

```xml
<RelativeLayout xmlns:android="http://schemas.android.com/apk/res/android"
    android:layout_width="match_parent"
    android:layout_height="match_parent">

    <LinearLayout
        android:id="@+id/contentLayout"
        android:layout_width="match_parent"
        android:layout_height="match_parent"
        android:orientation="vertical"
        android:visibility="invisible" >

        <TextView
            android:id="@+id/newsTitle"
            android:layout_width="match_parent"
            android:layout_height="wrap_content"
            android:gravity="center"
            android:padding="10dp"
            android:textSize="20sp" />

        <View
            android:layout_width="match_parent"
            android:layout_height="1dp"
            android:background="#000" />

        <TextView
            android:id="@+id/newsContent"
            android:layout_width="match_parent"
            android:layout_height="0dp"
            android:layout_weight="1"
            android:padding="15dp"
            android:textSize="18sp" />

    </LinearLayout>

    <View
        android:layout_width="1dp"
        android:layout_height="match_parent"
        android:layout_alignParentLeft="true"
        android:background="#000" />

</RelativeLayout>
```

新闻内容的布局主要可以分为两个部分：头部部分显示新闻标题，正文部分显示新闻内容，中间使用一条水平方向的细线分隔开。除此之外，这里还使用了一条垂直方向的细线，它的作用是在双页模式时将左侧的新闻列表和右侧的新闻内容分隔开。细线是利用 View 来实现的，将 View 的宽或高设置为 1 dp，再通过 background 属性给细线设置一下颜色就可以了，这里我们把细线设置成黑色。

另外，我们还要将新闻内容的布局设置成不可见。因为在双页模式下，如果还没有选中新闻列表中的任何一条新闻，是不应该显示新闻内容布局的。

接下来新建一个 NewsContentFragment 类，继承自 Fragment，代码如下所示：

```
class NewsContentFragment : Fragment() {

    override fun onCreateView(inflater: LayoutInflater, container: ViewGroup?,
            savedInstanceState: Bundle?): View? {
        return inflater.inflate(R.layout.news_content_frag, container, false)
    }

    fun refresh(title: String, content: String) {
        contentLayout.visibility = View.VISIBLE
        newsTitle.text = title // 刷新新闻的标题
        newsContent.text = content // 刷新新闻的内容
    }

}
```

这里首先在 onCreateView() 方法中加载了我们刚刚创建的 news_content_frag 布局，这个没有什么好解释的。接下来又提供了一个 refresh() 方法，用于将新闻的标题和内容显示在我们刚刚定义的界面上。注意，当调用了 refresh() 方法时，需要将我们刚才隐藏的新闻内容布局设置成可见。

这样我们就把新闻内容的 Fragment 和布局都创建好了，但是它们都是在双页模式中使用的，如果想在单页模式中使用的话，我们还需要再创建一个 Activity。右击 com.example.fragmentbestpractice 包→New→Activity→Empty Activity，新建一个 NewsContentActivity，布局名就使用默认的 activity_news_content 即可。然后修改 activity_news_content.xml 中的代码，如下所示：

```
<LinearLayout xmlns:android="http://schemas.android.com/apk/res/android"
    android:orientation="vertical"
    android:layout_width="match_parent"
    android:layout_height="match_parent">

    <fragment
        android:id="@+id/newsContentFrag"
        android:name="com.example.fragmentbestpractice.NewsContentFragment"
        android:layout_width="match_parent"
        android:layout_height="match_parent"
        />

</LinearLayout>
```

这里我们充分发挥了代码的复用性，直接在布局中引入了 NewsContentFragment。这样相当于把 news_content_frag 布局的内容自动加了进来。

然后修改 NewsContentActivity 中的代码，如下所示：

```
class NewsContentActivity : AppCompatActivity() {

    companion object {
        fun actionStart(context: Context, title: String, content: String) {
```

```
        val intent = Intent(context, NewsContentActivity::class.java).apply {
            putExtra("news_title", title)
            putExtra("news_content", content)
        }
        context.startActivity(intent)
    }
}

override fun onCreate(savedInstanceState: Bundle?) {
    super.onCreate(savedInstanceState)
    setContentView(R.layout.activity_news_content)
    val title = intent.getStringExtra("news_title") // 获取传入的新闻标题
    val content = intent.getStringExtra("news_content") // 获取传入的新闻内容
    if (title != null && content != null) {
        val fragment = newsContentFrag as NewsContentFragment
        fragment.refresh(title, content) //刷新 NewsContentFragment 界面
    }
}

}
```

可以看到，在 onCreate()方法中我们通过 Intent 获取到了传入的新闻标题和新闻内容，然后使用 kotlin-android-extensions 插件提供的简洁写法得到了 NewsContentFragment 的实例，接着调用它的 refresh()方法，将新闻的标题和内容传入，就可以把这些数据显示出来了。注意，这里我们还提供了一个 actionStart()方法，还记得它的作用吗？如果忘记的话就再去阅读一遍 3.6.3 小节吧。

接下来还需要再创建一个用于显示新闻列表的布局，新建 news_title_frag.xml，代码如下所示：

```
<LinearLayout xmlns:android="http://schemas.android.com/apk/res/android"
    android:orientation="vertical"
    android:layout_width="match_parent"
    android:layout_height="match_parent">

    <androidx.recyclerview.widget.RecyclerView
        android:id="@+id/newsTitleRecyclerView"
        android:layout_width="match_parent"
        android:layout_height="match_parent"
        />

</LinearLayout>
```

这个布局的代码就非常简单了，里面只有一个用于显示新闻列表的 RecyclerView。既然要用到 RecyclerView，那么就必定少不了子项的布局。新建 news_item.xml 作为 RecyclerView 子项的布局，代码如下所示：

```
<TextView xmlns:android="http://schemas.android.com/apk/res/android"
    android:id="@+id/newsTitle"
    android:layout_width="match_parent"
```

```
android:layout_height="wrap_content"
android:maxLines="1"
android:ellipsize="end"
android:textSize="18sp"
android:paddingLeft="10dp"
android:paddingRight="10dp"
android:paddingTop="15dp"
android:paddingBottom="15dp" />
```

子项的布局也非常简单，只有一个 TextView。仔细观察 TextView，你会发现其中有几个属性是我们之前没有学过的：`android:padding` 表示给控件的周围加上补白，这样不至于让文本内容紧靠在边缘上；`android:maxLines` 设置为 `1` 表示让这个 TextView 只能单行显示；`android:ellipsize` 用于设定当文本内容超出控件宽度时文本的缩略方式，这里指定成 end 表示在尾部进行缩略。

既然新闻列表和子项的布局都已经创建好了，那么接下来我们就需要一个用于展示新闻列表的地方。这里新建 NewsTitleFragment 作为展示新闻列表的 Fragment，代码如下所示：

```
class NewsTitleFragment : Fragment() {

    private var isTwoPane = false

    override fun onCreateView(inflater: LayoutInflater, container: ViewGroup?,
            savedInstanceState: Bundle?): View? {
        return inflater.inflate(R.layout.news_title_frag, container, false)
    }

    override fun onActivityCreated(savedInstanceState: Bundle?) {
        super.onActivityCreated(savedInstanceState)
        isTwoPane = activity?.findViewById<View>(R.id.newsContentLayout) != null
    }

}
```

可以看到，NewsTitleFragment 中并没有多少代码，在 `onCreateView()` 方法中加载了 news_title_frag 布局，这个没什么好说的。我们注意看一下 `onActivityCreated()` 方法，这个方法通过在 Activity 中能否找到一个 id 为 newsContentLayout 的 View，来判断当前是双页模式还是单页模式，因此我们需要让这个 id 为 newsContentLayout 的 View 只在双页模式中才会出现。注意，由于在 Fragment 中调用 `getActivity()` 方法有可能返回 null，所以在上述代码中我们使用了一个 `?.` 操作符来保证代码的安全性。

那么怎样才能实现让 id 为 newsContentLayout 的 View 只在双页模式中才会出现呢？其实并不复杂，只需要借助我们刚刚学过的限定符就可以了。首先修改 activity_main.xml 中的代码，如下所示：

```
<FrameLayout xmlns:android="http://schemas.android.com/apk/res/android"
    android:id="@+id/newsTitleLayout"
    android:layout_width="match_parent"
```

```
        android:layout_height="match_parent" >

    <fragment
        android:id="@+id/newsTitleFrag"
        android:name="com.example.fragmentbestpractice.NewsTitleFragment"
        android:layout_width="match_parent"
        android:layout_height="match_parent"
        />

</FrameLayout>
```

上述代码表示在单页模式下只会加载一个新闻标题的 Fragment。

然后新建 layout-sw600dp 文件夹，在这个文件夹下再新建一个 activity_main.xml 文件，代码
如下所示：

```
<LinearLayout xmlns:android="http://schemas.android.com/apk/res/android"
    android:orientation="horizontal"
    android:layout_width="match_parent"
    android:layout_height="match_parent" >

    <fragment
        android:id="@+id/newsTitleFrag"
        android:name="com.example.fragmentbestpractice.NewsTitleFragment"
        android:layout_width="0dp"
        android:layout_height="match_parent"
        android:layout_weight="1" />

    <FrameLayout
        android:id="@+id/newsContentLayout"
        android:layout_width="0dp"
        android:layout_height="match_parent"
        android:layout_weight="3" >

        <fragment
            android:id="@+id/newsContentFrag"
            android:name="com.example.fragmentbestpractice.NewsContentFragment"
            android:layout_width="match_parent"
            android:layout_height="match_parent" />
    </FrameLayout>

</LinearLayout>
```

可以看出，在双页模式下，我们同时引入了两个 Fragment，并将新闻内容的 Fragment 放在
了一个 FrameLayout 布局下，而这个布局的 id 正是 newsContentLayout。因此，能够找到这个 id
的时候就是双页模式，否则就是单页模式。

现在我们已经将绝大部分的工作完成了，但还剩下至关重要的一点，就是在 NewsTitleFragment
中通过 RecyclerView 将新闻列表展示出来。我们在 NewsTitleFragment 中新建一个内部类
NewsAdapter 来作为 RecyclerView 的适配器，如下所示：

```kotlin
class NewsTitleFragment : Fragment() {

    private var isTwoPane = false

    ...

    inner class NewsAdapter(val newsList: List<News>) :
            RecyclerView.Adapter<NewsAdapter.ViewHolder>() {

        inner class ViewHolder(view: View) : RecyclerView.ViewHolder(view) {
            val newsTitle: TextView = view.findViewById(R.id.newsTitle)
        }

        override fun onCreateViewHolder(parent: ViewGroup, viewType: Int): ViewHolder {
            val view = LayoutInflater.from(parent.context)
            .inflate(R.layout.news_item, parent, false)
            val holder = ViewHolder(view)
            holder.itemView.setOnClickListener {
                val news = newsList[holder.adapterPosition]
                if (isTwoPane) {
                    // 如果是双页模式，则刷新 NewsContentFragment 中的内容
                    val fragment = newsContentFrag as NewsContentFragment
                    fragment.refresh(news.title, news.content)
                } else {
                    // 如果是单页模式，则直接启动 NewsContentActivity
                    NewsContentActivity.actionStart(parent.context, news.title,
                        news.content)
                }
            }
            return holder
        }

        override fun onBindViewHolder(holder: ViewHolder, position: Int) {
            val news = newsList[position]
            holder.newsTitle.text = news.title
        }

        override fun getItemCount() = newsList.size

    }

}
```

RecyclerView 的用法你已经相当熟悉了，因此这个适配器的代码对你来说应该没有什么难度吧？需要注意的是，之前我们都是将适配器写成一个独立的类，其实也可以写成内部类。这里写成内部类的好处就是可以直接访问 NewsTitleFragment 的变量，比如 isTwoPane。

观察一下 onCreateViewHolder() 方法中注册的点击事件，首先获取了点击项的 News 实例，然后通过 isTwoPane 变量判断当前是单页还是双页模式。如果是单页模式，就启动一个新的 Activity 去显示新闻内容；如果是双页模式，就更新 NewsContentFragment 里的数据。

现在还剩最后一步收尾工作，就是向 RecyclerView 中填充数据了。修改 NewsTitleFragment 中的代码，如下所示：

```kotlin
class NewsTitleFragment : Fragment() {
    ...
    override fun onActivityCreated(savedInstanceState: Bundle?) {
        super.onActivityCreated(savedInstanceState)
        isTwoPane = activity?.findViewById<View>(R.id.newsContentLayout) != null
        val layoutManager = LinearLayoutManager(activity)
        newsTitleRecyclerView.layoutManager = layoutManager
        val adapter = NewsAdapter(getNews())
        newsTitleRecyclerView.adapter = adapter
    }

    private fun getNews(): List<News> {
        val newsList = ArrayList<News>()
        for (i in 1..50) {
            val news = News("This is news title $i", getRandomLengthString("This is news
                    content $i. "))
            newsList.add(news)
        }
        return newsList
    }

    private fun getRandomLengthString(str: String): String {
        val n = (1..20).random()
        val builder = StringBuilder()
        repeat(n) {
            builder.append(str)
        }
        return builder.toString()
    }
    ...
}
```

可以看到，onActivityCreated()方法中添加了 RecyclerView 标准的使用方法。在 Fragment 中使用 RecyclerView 和在 Activity 中使用几乎是一模一样的，相信没有什么需要解释的。另外，这里调用了 getNews()方法来初始化 50 条模拟新闻数据，同样使用了一个 getRandomLengthString() 方法来随机生成新闻内容的长度，以保证每条新闻的内容差距比较大，相信你对这个方法肯定不会陌生了。

这样我们所有的编码工作就已经完成了，赶快来运行一下吧！首先在手机模拟器上运行，效果如图 5.14 所示。

可以看到许多条新闻的标题，然后点击第一条新闻，会启动一个新的 Activity 来显示新闻的内容，效果如图 5.15 所示。

图 5.14　单页模式的新闻列表界面

图 5.15　单页模式的新闻内容界面

接下来将程序在平板模拟器上运行，同样点击第一条新闻，效果如图 5.16 所示。

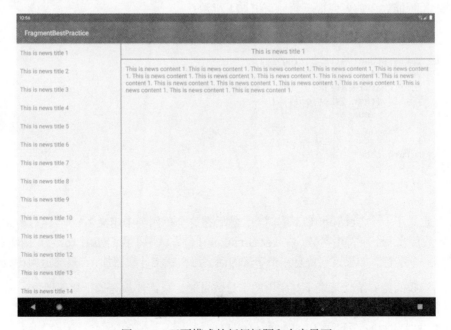

图 5.16　双页模式的新闻标题和内容界面

怎么样？同样的一份代码，在手机和平板上运行却得到两种完全不同的效果，这说明我们程序的兼容性已经相当不错了。通过这个例子，我相信你对 Fragment 的理解一定又加深了许多。那么关于 Fragment 的知识就先学到这里，现在让我们进入本章的 Kotlin 课堂。

5.6 Kotlin 课堂：扩展函数和运算符重载

很开心，又要开始学习 Kotlin 的新知识了。通过前面几章内容的锻炼，相信现在的你已经可以颇为熟练地使用 Kotlin 来编写代码了。现在是时候去探究一些 Kotlin 更加深入的内容了，那么赶快进入本章的 Kotlin 课堂当中吧。

5.6.1 大有用途的扩展函数

不少现代高级编程语言中有扩展函数这个概念，Java 却一直以来都不支持这个非常有用的功能，这多少会让人有些遗憾。但值得高兴的是，Kotlin 对扩展函数进行了很好的支持，因此这个知识点是我们无论如何都不能错过的。

首先看一下什么是扩展函数。扩展函数表示即使在不修改某个类的源码的情况下，仍然可以打开这个类，向该类添加新的函数。

为了帮助你更好地理解，我们先来思考一个功能。一段字符串中可能包含字母、数字和特殊符号等字符，现在我们希望统计字符串中字母的数量，你要怎么实现这个功能呢？如果按照一般的编程思维，可能大多数人会很自然地写出如下函数：

```
object StringUtil {

    fun lettersCount(str: String): Int {
        var count = 0
        for (char in str) {
            if (char.isLetter()) {
                count++
            }
        }
        return count
    }

}
```

这里先定义了一个 StringUtil 单例类，然后在这个单例类中定义了一个 lettersCount() 函数，该函数接收一个字符串参数。在 lettersCount() 方法中，我们使用 for-in 循环去遍历字符串中的每一个字符。如果该字符是一个字母的话，那么就将计数器加 1，最终返回计数器的值。

现在，当我们需要统计某个字符串中的字母数量时，只需要编写如下代码即可：

```
val str = "ABC123xyz!@#"
val count = StringUtil.lettersCount(str)
```

这种写法绝对可以正常工作，并且这也是 Java 编程中最标准的实现思维。但是有了扩展函数之后就不一样了，我们可以使用一种更加面向对象的思维来实现这个功能，比如说将 lettersCount() 函数添加到 String 类当中。

下面我们先来学习一下定义扩展函数的语法结构，其实非常简单，如下所示：

```
fun ClassName.methodName(param1: Int, param2: Int): Int {
    return 0
}
```

相比于定义一个普通的函数，定义扩展函数只需要在函数名的前面加上一个 ClassName. 的语法结构，就表示将该函数添加到指定类当中了。

了解了定义扩展函数的语法结构，接下来我们就尝试使用扩展函数的方式来优化刚才的统计功能。

由于我们希望向 String 类中添加一个扩展函数，因此需要先创建一个 String.kt 文件。文件名虽然并没有固定的要求，但是我建议向哪个类中添加扩展函数，就定义一个同名的 Kotlin 文件，这样便于你以后查找。当然，扩展函数也是可以定义在任何一个现有类当中的，并不一定非要创建新文件。不过通常来说，最好将它定义成顶层方法，这样可以让扩展函数拥有全局的访问域。

现在在 String.kt 文件中编写如下代码：

```
fun String.lettersCount(): Int {
    var count = 0
    for (char in this) {
        if (char.isLetter()) {
            count++
        }
    }
    return count
}
```

注意这里的代码变化，现在我们将 lettersCount() 方法定义成了 String 类的扩展函数，那么函数中就自动拥有了 String 实例的上下文。因此 lettersCount() 函数就不再需要接收一个字符串参数了，而是直接遍历 this 即可，因为现在 this 就代表着字符串本身。

定义好了扩展函数之后，统计某个字符串中的字母数量只需要这样写即可：

```
val count = "ABC123xyz!@#".lettersCount()
```

是不是很神奇？看上去就好像是 String 类中自带了 lettersCount() 方法一样。

扩展函数在很多情况下可以让 API 变得更加简洁、丰富，更加面向对象。我们再次以 String 类为例，这是一个 final 类，任何一个类都不可以继承它，也就是说它的 API 只有固定的那些而已，至少在 Java 中就是如此。然而到了 Kotlin 中就不一样了，我们可以向 String 类中扩展任何函数，使它的 API 变得更加丰富。比如，你会发现 Kotlin 中的 String 甚至还有 reversed()

函数用于反转字符串，capitalize()函数用于对首字母进行大写，等等，这都是 Kotlin 语言自带的一些扩展函数。这个特性使我们的编程工作可以变得更加简便。

另外，不要被本节的示例内容所局限，除了 String 类之外，你还可以向任何类中添加扩展函数，Kotlin 对此基本没有限制。如果你能利用好扩展函数这个功能，将会大幅度地提升你的代码质量和开发效率。

5.6.2　有趣的运算符重载

运算符重载是 Kotlin 提供的一个比较有趣的语法糖。我们知道，Java 中有许多语言内置的运算符关键字，如+ - * / % ++ --。而 Kotlin 允许我们将所有的运算符甚至其他的关键字进行重载，从而拓展这些运算符和关键字的用法。

本小节的内容相比于之前所学的 Kotlin 知识会相对复杂一些，但是我向你保证，这是一节非常有趣的内容，掌握之后你一定会受益良多。

我们先来回顾一下运算符的基本用法。相信每个人都使用过加减乘除这种四则运算符。在编程语言里面，两个数字相加表示求这两个数字之和，两个字符串相加表示对这两个字符串进行拼接，这种基本用法相信接触过编程的人都明白。但是 Kotlin 的运算符重载却允许我们让任意两个对象进行相加，或者是进行更多其他的运算操作。

当然，虽然 Kotlin 赋予了我们这种能力，在实际编程的时候也要考虑逻辑的合理性。比如说，让两个 Student 对象相加好像并没有什么意义，但是让两个 Money 对象相加就变得有意义了，因为钱是可以相加的。

那么接下来，我们首先学习一下运算符重载的基本语法，然后再来实现让两个 Money 对象相加的功能。

运算符重载使用的是 operator 关键字，只要在指定函数的前面加上 operator 关键字，就可以实现运算符重载的功能了。但问题在于这个指定函数是什么？这是运算符重载里面比较复杂的一个问题，因为不同的运算符对应的重载函数也是不同的。比如说加号运算符对应的是 plus() 函数，减号运算符对应的是 minus()函数。

我们这里还是以加号运算符为例，如果想要实现让两个对象相加的功能，那么它的语法结构如下：

```
class Obj {

    operator fun plus(obj: Obj): Obj {
        // 处理相加的逻辑
    }

}
```

　　在上述语法结构中，关键字 operator 和函数名 plus 都是固定不变的，而接收的参数和函数返回值可以根据你的逻辑自行设定。那么上述代码就表示一个 Obj 对象可以与另一个 Obj 对象相加，最终返回一个新的 Obj 对象。对应的调用方式如下：

```
val obj1 = Obj()
val obj2 = Obj()
val obj3 = obj1 + obj2
```

　　这种 obj1 + obj2 的语法看上去好像很神奇，但其实这就是 Kotlin 给我们提供的一种语法糖，它会在编译的时候被转换成 obj1.plus(obj2)的调用方式。

　　了解了运算符重载的基本语法之后，下面我们开始实现一个更加有意义功能：让两个 Money 对象相加。

　　首先定义 Money 类的结构，这里我准备让 Money 的主构造函数接收一个 value 参数，用于表示钱的金额。创建 Money.kt 文件，代码如下所示：

```
class Money(val value: Int)
```

　　定义好了 Money 类的结构，接下来我们就使用运算符重载来实现让两个 Money 对象相加的功能：

```
class Money(val value: Int) {

    operator fun plus(money: Money): Money {
        val sum = value + money.value
        return Money(sum)
    }

}
```

　　可以看到，这里使用了 operator 关键字来修饰 plus()函数，这是必不可少的。在 plus()函数中，我们将当前 Money 对象的 value 和参数传入的 Money 对象的 value 相加，然后将得到的和传给一个新的 Money 对象并将该对象返回。这样两个 Money 对象就可以相加了，就是这么简单。

　　现在我们可以使用如下代码来对刚刚编写的功能进行测试：

```
val money1 = Money(5)
val money2 = Money(10)
val money3 = money1 + money2
println(money3.value)
```

　　最终打印的结果一定是 15，你可以自己验证一下。

　　但是，Money 对象只允许和另一个 Money 对象相加，有没有觉得这样不够方便呢？或许你会觉得，如果 Money 对象能够直接和数字相加的话，就更好了。这个功能当然也是可以实现的，因为 Kotlin 允许我们对同一个运算符进行多重重载，代码如下所示：

```
class Money(val value: Int) {

    operator fun plus(money: Money): Money {
        val sum = value + money.value
        return Money(sum)
    }

    operator fun plus(newValue: Int): Money {
        val sum = value + newValue
        return Money(sum)
    }

}
```

这里我们又重载了一个 plus()函数，不过这次接收的参数是一个整型数字，其他代码基本是一样的。

那么现在，Money 对象就拥有了和数字相加的能力：

```
val money1 = Money(5)
val money2 = Money(10)
val money3 = money1 + money2
val money4 = money3 + 20
println(money4.value)
```

这里让 money3 对象再加上 20 的金额，最终打印的结果就变成了 35。

当然，你还可以对这个例子进一步扩展，比如加上汇率转换的功能。让 1 人民币的 Money 对象和 1 美元的 Money 对象相加，然后根据实时汇率进行转换，从而返回一个新的 Money 对象。这类功能都是非常有趣的，运算符重载如果运用得好的话，可以玩出很多花样。

前面我们花了很长的篇幅介绍加号运算符重载的用法，但实际上 Kotlin 允许我们重载的运算符和关键字多达十几个。显然这里我不可能将每一种重载的用法都逐个进行介绍，因此我在表 5.2 中列出了所有常用的可重载运算符和关键字对应的语法糖表达式，以及它们会被转换成的实际调用函数。如果你想重载其中某一种运算符或关键字，只要参考刚才加号运算符重载的写法去实现就可以了。

表 5.2 语法糖表达式和实际调用函数对照表

语法糖表达式	实际调用函数
a + b	a.plus(b)
a - b	a.minus(b)
a * b	a.times(b)
a / b	a.div(b)
a % b	a.rem(b)
a++	a.inc()
a--	a.dec()
+a	a.unaryPlus()

（续）

语法糖表达式	实际调用函数
-a	a.unaryMinus()
!a	a.not()
a == b	a.equals(b)
a > b	
a < b	a.compareTo(b)
a >= b	
a <= b	
a..b	a.rangeTo(b)
a[b]	a.get(b)
a[b] = c	a.set(b, c)
a in b	b.contains(a)

注意，最后一个 a in b 的语法糖表达式对应的实际调用函数是 b.contains(a)，a、b 对象的顺序是反过来的。这在语义上很好理解，因为 a in b 表示判断 a 是否在 b 当中，而 b.contains(a)表示判断 b 是否包含 a，因此这两种表达方式是等价的。举个例子，Kotlin 中的 String 类就对 contains()函数进行了重载，因此当我们判断"hello"字符串中是否包含"he" 子串时，首先可以这样写：

```
if ("hello".contains("he")) {
}
```

而借助重载的语法糖表达式，我们也可以这样写：

```
if ("he" in "hello") {
}
```

这两种写法的效果是一模一样的，但后者显得更加精简一些。

那么关于运算符重载的内容就学到这里。接下来，我们结合刚刚学习的扩展函数以及运算符重载的知识，对之前编写的一个小功能进行优化。

回想一下，在第 4 章和本章中，我们都使用了一个随机生成字符串长度的函数，代码如下所示：

```
fun getRandomLengthString(str: String): String {
    val n = (1..20).random()
    val builder = StringBuilder()
    repeat(n) {
        builder.append(str)
    }
    return builder.toString()
}
```

其实，这个函数的核心思想就是将传入的字符串重复 n 次，如果我们能够使用 str * n 这种写法来表示让 str 字符串重复 n 次，这种语法体验是不是非常棒呢？而在 Kotlin 中这是可以实现的。

先来讲一下思路吧。要让一个字符串可以乘以一个数字，那么肯定要在 String 类中重载乘号运算符才行，但是 String 类是系统提供的类，我们无法修改这个类的代码。这个时候就可以借助扩展函数功能向 String 类中添加新函数了。

既然是向 String 类中添加扩展函数，那么我们还是打开刚才创建的 String.kt 文件，然后加入如下代码：

```
operator fun String.times(n: Int): String {
    val builder = StringBuilder()
    repeat(n) {
        builder.append(this)
    }
    return builder.toString()
}
```

这段代码应该不难理解，这里只讲几个关键的点。首先，operator 关键字肯定是必不可少的；然后既然是要重载乘号运算符，参考表 5.2 可知，函数名必须是 times；最后，由于是定义扩展函数，因此还要在方向名前面加上 String. 的语法结构。其他就没什么需要解释的了。在 times() 函数中，我们借助 StringBuilder 和 repeat 函数将字符串重复 n 次，最终将结果返回。

现在，字符串就拥有了和一个数字相乘的能力，比如执行如下代码：

```
val str = "abc" * 3
println(str)
```

最终的打印结果是：abcabcabc。

另外，必须说明的是，其实 Kotlin 的 String 类中已经提供了一个用于将字符串重复 n 遍的 repeat() 函数，因此 times() 函数还可以进一步精简成如下形式：

```
operator fun String.times(n: Int) = repeat(n)
```

掌握了上述功能之后，现在我们就可以在 getRandomLengthString() 函数中使用这种魔术一般的写法了，代码如下所示：

```
fun getRandomLengthString(str: String) = str * (1..20).random()
```

怎么样，有没有觉得这种语法用起来特别舒服呢？只要你能灵活使用本节学习的扩展函数和运算符重载，就可以定义出更多有趣且高效的语法结构来，本书在后续章节中也会对这部分功能进行更多的拓展。

5.7　小结与点评

你应该可以感受到，在最佳实践环节中，我们开发的新闻应用的代码复杂度还是有点高的。比起只需要兼容一个终端的应用，我们要考虑的东西多了很多。不过在开发的过程中多付出一些，在以后的代码维护中就可以轻松很多。因此，有时候提前付出还是很值得的。

　　下面我们来回顾一下本章所学的内容吧。首先你了解了 Fragment 的基本概念和使用场景，然后通过几个实例掌握了 Fragment 的常见用法，随后学习了 Fragment 生命周期的相关内容以及动态加载布局的技巧，最后在本章的最佳实践部分将前面所学的内容综合运用了一遍，相信你已经将 Fragment 相关的知识点都牢记在心，并可以较为熟练地应用了。另外，本章的 Kotlin 课堂可以说是格外充实，我们学习了扩展函数和运算符重载这两种非常有用的技术，并结合这两种技术实现了一些非常有趣的功能。

　　本章其实是具有里程碑式的意义的，因为到这里为止，我们已经基本将 Android UI 相关的重要知识点都讲完了。后面在很长一段时间内都不会再系统性地介绍 UI 方面的知识，而是将结合前面所学的 UI 知识来更好地讲解相应章节的内容。那么我们下一章将要学习什么呢？还记得在第 1 章里介绍过的 Android 四大组件吧？目前我们只掌握了 Activity 这一个组件，那么下一章就来学习 BroadcastReceiver 吧。跟上脚步，准备继续前进！

第 6 章

全局大喇叭，详解广播机制

记得在我上学的时候，每个班级的教室里都装有一个喇叭，这些喇叭接到学校的广播室，一旦有什么重要的通知，就会播放一条广播来告知全校的师生。类似的工作机制其实在计算机领域也有很广泛的应用，如果你了解网络通信原理，应该会知道，在一个 IP 网络范围中，最大的 IP 地址是被保留作为广播地址来使用的。比如某个网络的 IP 范围是 192.168.0.XXX，子网掩码是 255.255.255.0，那么这个网络的广播地址就是 192.168.0.255。广播数据包会被发送到同一网络上的所有端口，这样该网络中的每台主机都会收到这条广播。

为了便于进行系统级别的消息通知，Android 也引入了一套类似的广播消息机制。相比于我前面举的两个例子，Android 中的广播机制显得更加灵活，本章就将对这一机制的方方面面进行详细的讲解。

6.1 广播机制简介

为什么说 Android 中的广播机制更加灵活呢？这是因为 Android 中的每个应用程序都可以对自己感兴趣的广播进行注册，这样该程序就只会收到自己所关心的广播内容，这些广播可能是来自于系统的，也可能是来自于其他应用程序的。Android 提供了一套完整的 API，允许应用程序自由地发送和接收广播。发送广播的方法其实之前稍微提到过，如果你记性好的话，可能还会有印象，就是借助我们第 3 章学过的 Intent。而接收广播的方法则需要引入一个新的概念——BroadcastReceiver。

BroadcastReceiver 的具体用法将会在下一节介绍，这里我们先来了解一下广播的类型。Android 中的广播主要可以分为两种类型：标准广播和有序广播。

- ❑ 标准广播（normal broadcasts）是一种完全异步执行的广播，在广播发出之后，所有的 BroadcastReceiver 几乎会在同一时刻收到这条广播消息，因此它们之间没有任何先后顺序可言。这种广播的效率会比较高，但同时也意味着它是无法被截断的。标准广播的工作流程如图 6.1 所示。

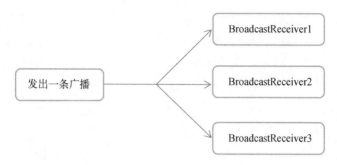

图 6.1　标准广播工作示意图

❑ 有序广播（ordered broadcasts）则是一种同步执行的广播，在广播发出之后，同一时刻只会有一个 BroadcastReceiver 能够收到这条广播消息，当这个 BroadcastReceiver 中的逻辑执行完毕后，广播才会继续传递。所以此时的 BroadcastReceiver 是有先后顺序的，优先级高的 BroadcastReceiver 就可以先收到广播消息，并且前面的 BroadcastReceiver 还可以截断正在传递的广播，这样后面的 BroadcastReceiver 就无法收到广播消息了。有序广播的工作流程如图 6.2 所示。

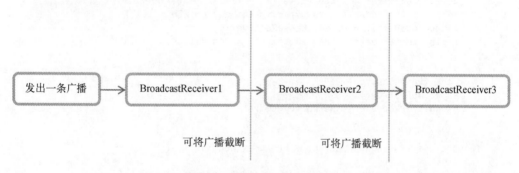

图 6.2　有序广播工作示意图

掌握了这些基本概念后，我们就可以来学习广播的用法了，首先从接收系统广播开始吧。

6.2　接收系统广播

Android 内置了很多系统级别的广播，我们可以在应用程序中通过监听这些广播来得到各种系统的状态信息。比如手机开机完成后会发出一条广播，电池的电量发生变化会发出一条广播，系统时间发生改变也会发出一条广播，等等。如果想要接收这些广播，就需要使用 BroadcastReceiver，下面我们就来看一下它的具体用法。

6.2.1　动态注册监听时间变化

我们可以根据自己感兴趣的广播，自由地注册 BroadcastReceiver，这样当有相应的广播发出

时，相应的 BroadcastReceiver 就能够收到该广播，并可以在内部进行逻辑处理。注册
BroadcastReceiver 的方式一般有两种：在代码中注册和在 AndroidManifest.xml 中注册。其中前者
也被称为动态注册，后者也被称为静态注册。

那么如何创建一个 BroadcastReceiver 呢？其实只需新建一个类，让它继承自 BroadcastReceiver，
并重写父类的 onReceive() 方法就行了。这样当有广播到来时，onReceive() 方法就会得到执行，
具体的逻辑就可以在这个方法中处理。

下面我们就先通过动态注册的方式编写一个能够监听时间变化的程序，借此学习一下
BroadcastReceiver 的基本用法。新建一个 BroadcastTest 项目，然后修改 MainActivity 中的代码，
如下所示：

```kotlin
class MainActivity : AppCompatActivity() {

    lateinit var timeChangeReceiver: TimeChangeReceiver

    override fun onCreate(savedInstanceState: Bundle?) {
        super.onCreate(savedInstanceState)
        setContentView(R.layout.activity_main)
        val intentFilter = IntentFilter()
        intentFilter.addAction("android.intent.action.TIME_TICK")
        timeChangeReceiver = TimeChangeReceiver()
        registerReceiver(timeChangeReceiver, intentFilter)
    }

    override fun onDestroy() {
        super.onDestroy()
        unregisterReceiver(timeChangeReceiver)
    }

    inner class TimeChangeReceiver : BroadcastReceiver() {

        override fun onReceive(context: Context, intent: Intent) {
            Toast.makeText(context, "Time has changed", Toast.LENGTH_SHORT).show()
        }

    }

}
```

可以看到，我们在 MainActivity 中定义了一个内部类 TimeChangeReceiver，这个类是继承
自 BroadcastReceiver 的，并重写了父类的 onReceive() 方法。这样每当系统时间发生变化时，
onReceive() 方法就会得到执行，这里只是简单地使用 Toast 提示了一段文本信息。

然后观察 onCreate() 方法，首先我们创建了一个 IntentFilter 的实例，并给它添加了一
个值为 android.intent.action.TIME_TICK 的 action，为什么要添加这个值呢？因为当系统时
间发生变化时，系统发出的正是一条值为 android.intent.action.TIME_TICK 的广播，也就
是说我们的 BroadcastReceiver 想要监听什么广播，就在这里添加相应的 action。接下来创建

了一个 TimeChangeReceiver 的实例，然后调用 registerReceiver()方法进行注册，将 TimeChangeReceiver 的实例和 IntentFilter 的实例都传了进去，这样 TimeChangeReceiver 就会收到所有值为 android.intent.action.TIME_TICK 的广播，也就实现了监听系统时间变化的功能。

最后要记得，动态注册的 BroadcastReceiver 一定要取消注册才行，这里我们是在 onDestroy()方法中通过调用 unregisterReceiver()方法来实现的。

整体来说，代码还是非常简单的。现在运行一下程序，然后静静等待时间发生变化。系统每隔一分钟就会发出一条 android.intent.action.TIME_TICK 的广播，因此我们最多只需要等待一分钟就可以收到这条广播了，如图 6.3 所示。

图 6.3 监听到系统时间发生了变化

这就是动态注册 BroadcastReceiver 的基本用法，虽然这里我们只使用了一种系统广播来举例，但是接收其他系统广播的用法是一模一样的。Android 系统还会在亮屏熄屏、电量变化、网络变化等场景下发出广播。如果你想查看完整的系统广播列表，可以到如下的路径中去查看：

<Android SDK>/platforms/<任意 android api 版本>/data/broadcast_actions.txt

6.2.2 静态注册实现开机启动

动态注册的 BroadcastReceiver 可以自由地控制注册与注销，在灵活性方面有很大的优势。但是它存在着一个缺点，即必须在程序启动之后才能接收广播，因为注册的逻辑是写在 onCreate() 方法中的。那么有没有什么办法可以让程序在未启动的情况下也能接收广播呢？这就需要使用静态注册的方式了。

其实从理论上来说，动态注册能监听到的系统广播，静态注册也应该能监听到，在过去的 Android 系统中确实是这样的。但是由于大量恶意的应用程序利用这个机制在程序未启动的情况下监听系统广播，从而使任何应用都可以频繁地从后台被唤醒，严重影响了用户手机的电量和性能，因此 Android 系统几乎每个版本都在削减静态注册 BroadcastReceiver 的功能。

在 Android 8.0 系统之后，所有隐式广播都不允许使用静态注册的方式来接收了。隐式广播指的是那些没有具体指定发送给哪个应用程序的广播，大多数系统广播属于隐式广播，但是少数特殊的系统广播目前仍然允许使用静态注册的方式来接收。这些特殊的系统广播列表详见 https://developer.android.google.cn/guide/components/broadcast-exceptions.html。

在这些特殊的系统广播当中，有一条值为 android.intent.action.BOOT_COMPLETED 的广播，这是一条开机广播，那么就使用它来举例学习吧。

这里我们准备实现一个开机启动的功能。在开机的时候，我们的应用程序肯定是没有启动的，因此这个功能显然不能使用动态注册的方式来实现，而应该使用静态注册的方式来接收开机广播，然后在 onReceive() 方法里执行相应的逻辑，这样就可以实现开机启动的功能了。

那么就开始动手吧。上一小节中我们是使用内部类的方式创建的 BroadcastReceiver，其实还可以通过 Android Studio 提供的快捷方式来创建。右击 com.example.broadcasttest 包→New→Other →Broadcast Receiver，会弹出如图 6.4 所示的窗口。

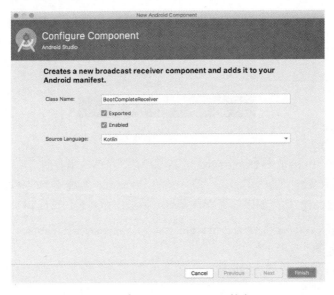

图 6.4　创建 BroadcastReceiver 的窗口

可以看到，这里我们将创建的类命名为 BootCompleteReceiver，Exported 属性表示是否允许这个 BroadcastReceiver 接收本程序以外的广播，Enabled 属性表示是否启用这个 BroadcastReceiver。勾选这两个属性，点击"Finish"完成创建。

然后修改 BootCompleteReceiver 中的代码，如下所示：

```
class BootCompleteReceiver : BroadcastReceiver() {

    override fun onReceive(context: Context, intent: Intent) {
        Toast.makeText(context, "Boot Complete", Toast.LENGTH_LONG).show()
    }

}
```

代码非常简单，我们只是在 onReceive() 方法中使用 Toast 弹出一段提示信息。

另外，静态的 BroadcastReceiver 一定要在 AndroidManifest.xml 文件中注册才可以使用。不过，由于我们是使用 Android Studio 的快捷方式创建的 BroadcastReceiver，因此注册这一步已经自动完成了。打开 AndroidManifest.xml 文件瞧一瞧，代码如下所示：

```
<manifest xmlns:android="http://schemas.android.com/apk/res/android"
        package="com.example.broadcasttest">

    <application
        android:allowBackup="true"
        android:icon="@mipmap/ic_launcher"
        android:label="@string/app_name"
        android:roundIcon="@mipmap/ic_launcher_round"
        android:supportsRtl="true"
        android:theme="@style/AppTheme">
        ...
        <receiver
            android:name=".BootCompleteReceiver"
            android:enabled="true"
            android:exported="true">
        </receiver>
    </application>

</manifest>
```

可以看到，<application>标签内出现了一个新的标签<receiver>，所有静态的 BroadcastReceiver 都是在这里进行注册的。它的用法其实和<activity>标签非常相似，也是通过 android:name 指定具体注册哪一个 BroadcastReceiver，而 enabled 和 exported 属性则是根据我们刚才勾选的状态自动生成的。

不过目前的 BootCompleteReceiver 是无法收到开机广播的，因为我们还需要对 AndroidManifest.xml 文件进行修改才行，如下所示：

```
<manifest xmlns:android="http://schemas.android.com/apk/res/android"
        package="com.example.broadcasttest">
```

```
<uses-permission android:name="android.permission.RECEIVE_BOOT_COMPLETED" />

<application
    android:allowBackup="true"
    android:icon="@mipmap/ic_launcher"
    android:label="@string/app_name"
    android:roundIcon="@mipmap/ic_launcher_round"
    android:supportsRtl="true"
    android:theme="@style/AppTheme">
    ...
    <receiver
        android:name=".BootCompleteReceiver"
        android:enabled="true"
        android:exported="true">
        <intent-filter>
            <action android:name="android.intent.action.BOOT_COMPLETED" />
        </intent-filter>
    </receiver>
</application>

</manifest>
```

由于 Android 系统启动完成后会发出一条值为 android.intent.action.BOOT_COMPLETED 的广播，因此我们在<receiver>标签中又添加了一个<intent-filter>标签，并在里面声明了相应的 action。

另外，这里有非常重要的一点需要说明。Android 系统为了保护用户设备的安全和隐私，做了严格的规定：如果程序需要进行一些对用户来说比较敏感的操作，必须在 AndroidManifest.xml 文件中进行权限声明，否则程序将会直接崩溃。比如这里接收系统的开机广播就是需要进行权限声明的，所以我们在上述代码中使用<uses-permission>标签声明了 android.permission. RECEIVE_BOOT_COMPLETED 权限。

这是你第一次遇到权限的问题，其实 Android 中的许多操作是需要声明权限才可以进行的，后面我们还会不断使用新的权限。不过目前这个接收系统开机广播的权限还是比较简单的，只需要在 AndroidManifest.xml 文件中声明一下就可以了。Android 6.0 系统中引入了更加严格的运行时权限，从而能够更好地保证用户设备的安全和隐私。关于这部分内容我们将在第 8 章中学习。

重新运行程序，现在我们的程序已经可以接收开机广播了。长按模拟器右侧工具栏中的 Power 按钮，会在模拟器界面上弹出关机重启选项，如图 6.5 所示。

点击"Restart"按钮重启模拟器，在启动完成之后就会收到开机广播，如图 6.6 所示。

图 6.5　模拟器的关机重启选项　　　　　图 6.6　接收系统开机广播

到目前为止，我们在 BroadcastReceiver 的 onReceive() 方法中只是简单地使用 Toast 提示了一段文本信息，当你真正在项目中使用它的时候，可以在里面编写自己的逻辑。需要注意的是，不要在 onReceive() 方法中添加过多的逻辑或者进行任何的耗时操作，因为 BroadcastReceiver 中是不允许开启线程的，当 onReceive() 方法运行了较长时间而没有结束时，程序就会出现错误。

6.3　发送自定义广播

现在你已经学会了通过 BroadcastReceiver 来接收系统广播，接下来我们就要学习一下如何在应用程序中发送自定义的广播。前面已经介绍过了，广播主要分为两种类型：标准广播和有序广播。本节我们就通过实践的方式来看一下这两种广播具体的区别。

6.3.1　发送标准广播

在发送广播之前，我们还是需要先定义一个 BroadcastReceiver 来准备接收此广播，不然发出去也是白发。因此新建一个 MyBroadcastReceiver，并在 onReceive() 方法中加入如下代码：

```
class MyBroadcastReceiver : BroadcastReceiver() {

    override fun onReceive(context: Context, intent: Intent) {
        Toast.makeText(context, "received in MyBroadcastReceiver",
            Toast.LENGTH_SHORT).show()
    }

}
```

当 MyBroadcastReceiver 收到自定义的广播时，就会弹出 "received in MyBroadcastReceiver" 的提示。

然后在 AndroidManifest.xml 中对这个 BroadcastReceiver 进行修改：

```xml
<manifest xmlns:android="http://schemas.android.com/apk/res/android"
        package="com.example.broadcasttest">
    ...
    <application
        android:allowBackup="true"
        android:icon="@mipmap/ic_launcher"
        android:label="@string/app_name"
        android:roundIcon="@mipmap/ic_launcher_round"
        android:supportsRtl="true"
        android:theme="@style/AppTheme">
        ...
        <receiver
            android:name=".MyBroadcastReceiver"
            android:enabled="true"
            android:exported="true">
            <intent-filter>
                <action android:name="com.example.broadcasttest.MY_BROADCAST"/>
            </intent-filter>
        </receiver>
    </application>
</manifest>
```

可以看到，这里让 MyBroadcastReceiver 接收一条值为 com.example.broadcasttest. MY_BROADCAST 的广播，因此待会儿在发送广播的时候，我们就需要发出这样的一条广播。

接下来修改 activity_main.xml 中的代码，如下所示：

```xml
<LinearLayout xmlns:android="http://schemas.android.com/apk/res/android"
    android:orientation="vertical"
    android:layout_width="match_parent"
    android:layout_height="match_parent" >

    <Button
        android:id="@+id/button"
        android:layout_width="match_parent"
        android:layout_height="wrap_content"
        android:text="Send Broadcast"
        />

</LinearLayout>
```

这里在布局文件中定义了一个按钮，用于作为发送广播的触发点。然后修改 MainActivity 中的代码，如下所示：

```kotlin
class MainActivity : AppCompatActivity() {
    ...
    override fun onCreate(savedInstanceState: Bundle?) {
        super.onCreate(savedInstanceState)
        setContentView(R.layout.activity_main)
        button.setOnClickListener {
```

```
        val intent = Intent("com.example.broadcasttest.MY_BROADCAST")
        intent.setPackage(packageName)
        sendBroadcast(intent)
    }
    ...
  }
  ...
}
```

可以看到，我们在按钮的点击事件里面加入了发送自定义广播的逻辑。

首先构建了一个 Intent 对象，并把要发送的广播的值传入。然后调用 Intent 的 setPackage()
方法，并传入当前应用程序的包名。packageName 是 getPackageName() 的语法糖写法，用于获
取当前应用程序的包名。最后调用 sendBroadcast() 方法将广播发送出去，这样所有监听
com.example.broadcasttest.MY_BROADCAST 这条广播的 BroadcastReceiver 就会收到消息了。
此时发出去的广播就是一条标准广播。

这里我还得对第 2 步调用的 setPackage() 方法进行更详细的说明。前面已经说过，在
Android 8.0 系统之后，静态注册的 BroadcastReceiver 是无法接收隐式广播的，而默认情况下我们
发出的自定义广播恰恰都是隐式广播。因此这里一定要调用 setPackage() 方法，指定这条广播
是发送给哪个应用程序的，从而让它变成一条显式广播，否则静态注册的 BroadcastReceiver 将无
法接收到这条广播。

现在重新运行程序，并点击"Send Broadcast"按钮，效果如图 6.7 所示。

图 6.7 接收到自定义广播

这样我们就成功完成了发送自定义广播的功能。

另外，由于广播是使用 Intent 来发送的，因此你还可以在 Intent 中携带一些数据传递给相应的 BroadcastReceiver，这一点和 Activity 的用法是比较相似的。

6.3.2　发送有序广播

和标准广播不同，有序广播是一种同步执行的广播，并且是可以被截断的。为了验证这一点，我们需要再创建一个新的 BroadcastReceiver。新建 AnotherBroadcastReceiver，代码如下所示：

```
class AnotherBroadcastReceiver : BroadcastReceiver() {

    override fun onReceive(context: Context, intent: Intent) {
        Toast.makeText(context, "received in AnotherBroadcastReceiver",
                Toast.LENGTH_SHORT).show()
    }

}
```

很简单，这里仍然是在 onReceive() 方法中弹出了一段文本信息。

然后在 AndroidManifest.xml 中对这个 BroadcastReceiver 的配置进行修改，代码如下所示：

```
<manifest xmlns:android="http://schemas.android.com/apk/res/android"
        package="com.example.broadcasttest">
    ...
    <application
        android:allowBackup="true"
        android:icon="@mipmap/ic_launcher"
        android:label="@string/app_name"
        android:roundIcon="@mipmap/ic_launcher_round"
        android:supportsRtl="true"
        android:theme="@style/AppTheme">
        ...
        <receiver
            android:name=".AnotherBroadcastReceiver"
            android:enabled="true"
            android:exported="true">
            <intent-filter>
                <action android:name="com.example.broadcasttest.MY_BROADCAST" />
            </intent-filter>
        </receiver>
    </application>
</manifest>
```

可以看到，AnotherBroadcastReceiver 同样接收的是 com.example.broadcasttest.MY_BROADCAST 这条广播。现在重新运行程序，并点击 "Send Broadcast" 按钮，就会分别弹出两次提示信息，如图 6.8 所示。

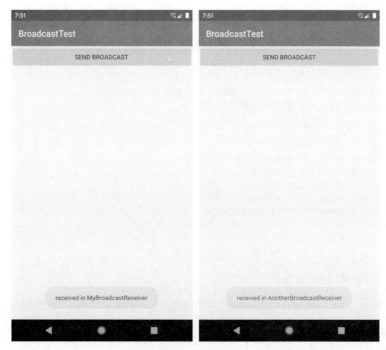

图 6.8　两个 BroadcastReceiver 都接收到了自定义广播

不过，到目前为止，程序发出的都是标准广播，现在我们来尝试一下发送有序广播。重新回到 BroadcastTest 项目，然后修改 MainActivity 中的代码，如下所示：

```
class MainActivity : AppCompatActivity() {
    ...
    override fun onCreate(savedInstanceState: Bundle?) {
        super.onCreate(savedInstanceState)
        setContentView(R.layout.activity_main)
        button.setOnClickListener {
            val intent = Intent("com.example.broadcasttest.MY_BROADCAST")
            intent.setPackage(packageName)
            sendOrderedBroadcast(intent, null)
        }
        ...
    }
    ...
}
```

可以看到，发送有序广播只需要改动一行代码，即将 sendBroadcast() 方法改成 sendOrdered-Broadcast() 方法。sendOrderedBroadcast() 方法接收两个参数：第一个参数仍然是 Intent；第二个参数是一个与权限相关的字符串，这里传入 null 就行了。现在重新运行程序，并点击 "Send Broadcast" 按钮，你会发现，两个 BroadcastReceiver 仍然都可以收到这条广播。

看上去好像和标准广播并没有什么区别嘛。不过别忘了，这个时候的 BroadcastReceiver 是有先后顺序的，而且前面的 BroadcastReceiver 还可以将广播截断，以阻止其继续传播。

那么该如何设定 BroadcastReceiver 的先后顺序呢？当然是在注册的时候进行设定了，修改 AndroidManifest.xml 中的代码，如下所示：

```
<manifest xmlns:android="http://schemas.android.com/apk/res/android"
        package="com.example.broadcasttest">
    ...
    <application
        android:allowBackup="true"
        android:icon="@mipmap/ic_launcher"
        android:label="@string/app_name"
        android:roundIcon="@mipmap/ic_launcher_round"
        android:supportsRtl="true"
        android:theme="@style/AppTheme">
        ...
        <receiver
            android:name=".MyBroadcastReceiver"
            android:enabled="true"
            android:exported="true">
            <intent-filter android:priority="100">
                <action android:name="com.example.broadcasttest.MY_BROADCAST"/>
            </intent-filter>
        </receiver>
        ...
    </application>
</manifest>
```

可以看到，我们通过 android:priority 属性给 BroadcastReceiver 设置了优先级，优先级比较高的 BroadcastReceiver 就可以先收到广播。这里将 MyBroadcastReceiver 的优先级设成了 100，以保证它一定会在 AnotherBroadcastReceiver 之前收到广播。

既然已经获得了接收广播的优先权，那么 MyBroadcastReceiver 就可以选择是否允许广播继续传递了。修改 MyBroadcastReceiver 中的代码，如下所示：

```
class MyBroadcastReceiver : BroadcastReceiver() {

    override fun onReceive(context: Context, intent: Intent) {
        Toast.makeText(context, "received in MyBroadcastReceiver",
                Toast.LENGTH_SHORT).show()
        abortBroadcast()
    }

}
```

如果在 onReceive() 方法中调用了 abortBroadcast() 方法，就表示将这条广播截断，后面的 BroadcastReceiver 将无法再接收到这条广播。

现在重新运行程序，并点击 "Send Broadcast" 按钮，你会发现只有 MyBroadcastReceiver 中的 Toast 信息能够弹出，说明这条广播经过 MyBroadcastReceiver 之后确实终止传递了。

6.4　广播的最佳实践：实现强制下线功能

本章的内容不是非常多，相信你一定学得很轻松吧。现在我们就准备通过一个完整例子的实践，综合运用一下本章所学到的知识。

强制下线应该算是一个比较常见的功能，比如如果你的 QQ 号在别处登录了，就会将你强制挤下线。其实实现强制下线功能的思路比较简单，只需要在界面上弹出一个对话框，让用户无法进行任何其他操作，必须点击对话框中的"确定"按钮，然后回到登录界面即可。可是这样就会存在一个问题：当用户被通知需要强制下线时，可能正处于任何一个界面，难道要在每个界面上都编写一个弹出对话框的逻辑？如果你真的这么想，那思路就偏远了。我们完全可以借助本章所学的广播知识，非常轻松地实现这一功能。新建一个 BroadcastBestPractice 项目，然后开始动手吧。

强制下线功能需要先关闭所有的 Activity，然后回到登录界面。如果你的反应足够快，应该会想到我们在第 3 章的最佳实践部分已经实现过关闭所有 Activity 的功能了，因此这里使用同样的方案即可。先创建一个 ActivityCollector 类用于管理所有的 Activity，代码如下所示：

```
object ActivityCollector {

    private val activities = ArrayList<Activity>()

    fun addActivity(activity: Activity) {
        activities.add(activity)
    }

    fun removeActivity(activity: Activity) {
        activities.remove(activity)
    }

    fun finishAll() {
        for (activity in activities) {
            if (!activity.isFinishing) {
                activity.finish()
            }
        }
        activities.clear()
    }

}
```

然后创建 BaseActivity 类作为所有 Activity 的父类，代码如下所示：

```
open class BaseActivity : AppCompatActivity() {

    override fun onCreate(savedInstanceState: Bundle?) {
        super.onCreate(savedInstanceState)
        ActivityCollector.addActivity(this)
    }
```

```
    override fun onDestroy() {
        super.onDestroy()
        ActivityCollector.removeActivity(this)
    }

}
```

以上代码都是直接用的之前写好的内容，非常开心。不过从这里开始，就要靠我们自己去动手实现了。首先需要创建一个 LoginActivity 来作为登录界面，并让 Android Studio 帮我们自动生成相应的布局文件。然后编辑布局文件 activity_login.xml，代码如下所示：

```xml
<LinearLayout xmlns:android="http://schemas.android.com/apk/res/android"
    android:orientation="vertical"
    android:layout_width="match_parent"
    android:layout_height="match_parent">

    <LinearLayout
        android:orientation="horizontal"
        android:layout_width="match_parent"
        android:layout_height="60dp">
        <TextView
            android:layout_width="90dp"
            android:layout_height="wrap_content"
            android:layout_gravity="center_vertical"
            android:textSize="18sp"
            android:text="Account:" />

        <EditText
            android:id="@+id/accountEdit"
            android:layout_width="0dp"
            android:layout_height="wrap_content"
            android:layout_weight="1"
            android:layout_gravity="center_vertical" />
    </LinearLayout>

    <LinearLayout
        android:orientation="horizontal"
        android:layout_width="match_parent"
        android:layout_height="60dp">
        <TextView
            android:layout_width="90dp"
            android:layout_height="wrap_content"
            android:layout_gravity="center_vertical"
            android:textSize="18sp"
            android:text="Password:" />

        <EditText
            android:id="@+id/passwordEdit"
            android:layout_width="0dp"
            android:layout_height="wrap_content"
            android:layout_weight="1"
            android:layout_gravity="center_vertical"
```

```
        android:inputType="textPassword" />
    </LinearLayout>

    <Button
        android:id="@+id/login"
        android:layout_width="200dp"
        android:layout_height="60dp"
        android:layout_gravity="center_horizontal"
        android:text="Login" />

</LinearLayout>
```

这里我们使用 LinearLayout 编写了一个登录布局，最外层是一个纵向的 LinearLayout，里面包含了 3 行直接子元素。第一行是一个横向的 LinearLayout，用于输入账号信息；第二行也是一个横向的 LinearLayout，用于输入密码信息；第三行是一个登录按钮。这个布局文件里用到的全部都是我们之前学过的内容，相信你理解起来应该不会费劲。

接下来修改 LoginActivity 中的代码，如下所示：

```
class LoginActivity : BaseActivity() {

    override fun onCreate(savedInstanceState: Bundle?) {
        super.onCreate(savedInstanceState)
        setContentView(R.layout.activity_login)
        login.setOnClickListener {
            val account = accountEdit.text.toString()
            val password = passwordEdit.text.toString()
            // 如果账号是 admin 且密码是 123456，就认为登录成功
            if (account == "admin" && password == "123456") {
                val intent = Intent(this, MainActivity::class.java)
                startActivity(intent)
                finish()
            } else {
                Toast.makeText(this, "account or password is invalid",
                        Toast.LENGTH_SHORT).show()
            }
        }
    }

}
```

这里我们模拟了一个非常简单的登录功能。首先将 LoginActivity 的继承结构改成继承自 BaseActivity，然后在登录按钮的点击事件里对输入的账号和密码进行判断：如果账号是 admin 并且密码是 123456，就认为登录成功并跳转到 MainActivity，否则就提示用户账号或密码错误。

因此，你可以将 MainActivity 理解成是登录成功后进入的程序主界面，这里我们并不需要在主界面提供什么花哨的功能，只需要加入强制下线功能就可以了。修改 activity_main.xml 中的代码，如下所示：

```
<LinearLayout xmlns:android="http://schemas.android.com/apk/res/android"
    android:orientation="vertical"
    android:layout_width="match_parent"
    android:layout_height="match_parent" >

    <Button
        android:id="@+id/forceOffline"
        android:layout_width="match_parent"
        android:layout_height="wrap_content"
        android:text="Send force offline broadcast" />

</LinearLayout>
```

非常简单，只有一个按钮用于触发强制下线功能。然后修改 MainActivity 中的代码，如下
所示：

```
class MainActivity : BaseActivity() {

    override fun onCreate(savedInstanceState: Bundle?) {
        super.onCreate(savedInstanceState)
        setContentView(R.layout.activity_main)
        forceOffline.setOnClickListener {
            val intent = Intent("com.example.broadcastbestpractice.FORCE_OFFLINE")
            sendBroadcast(intent)
        }
    }

}
```

同样非常简单，不过这里有个重点，我们在按钮的点击事件里发送了一条广播，广播的值为
com.example.broadcastbestpractice.FORCE_OFFLINE，这条广播就是用于通知程序强制用
户下线的。也就是说，强制用户下线的逻辑并不是写在 MainActivity 里的，而是应该写在接收这
条广播的 BroadcastReceiver 里。这样强制下线的功能就不会依附于任何界面了，不管是在程序的
任何地方，只要发出这样一条广播，就可以完成强制下线的操作了。

那么毫无疑问，接下来我们就需要创建一个 BroadcastReceiver 来接收这条强制下线广播。唯一的
问题就是，应该在哪里创建呢？由于 BroadcastReceiver 中需要弹出一个对话框来阻塞用户的正常操
作，但如果创建的是一个静态注册的 BroadcastReceiver，是没有办法在 onReceive()方法里弹出对
话框这样的 UI 控件的，而我们显然也不可能在每个 Activity 中都注册一个动态的 BroadcastReceiver。

那么到底应该怎么办呢？答案其实很明显，只需要在 BaseActivity 中动态注册一个 BroadcastReceiver
就可以了，因为所有的 Activity 都继承自 BaseActivity。

修改 BaseActivity 中的代码，如下所示：

```
open class BaseActivity : AppCompatActivity() {

    lateinit var receiver: ForceOfflineReceiver
```

```kotlin
override fun onCreate(savedInstanceState: Bundle?) {
    super.onCreate(savedInstanceState)
    ActivityCollector.addActivity(this)
}

override fun onResume() {
    super.onResume()
    val intentFilter = IntentFilter()
    intentFilter.addAction("com.example.broadcastbestpractice.FORCE_OFFLINE")
    receiver = ForceOfflineReceiver()
    registerReceiver(receiver, intentFilter)
}

override fun onPause() {
    super.onPause()
    unregisterReceiver(receiver)
}

override fun onDestroy() {
    super.onDestroy()
    ActivityCollector.removeActivity(this)
}

inner class ForceOfflineReceiver : BroadcastReceiver() {

    override fun onReceive(context: Context, intent: Intent) {
        AlertDialog.Builder(context).apply {
            setTitle("Warning")
            setMessage("You are forced to be offline. Please try to login again.")
            setCancelable(false)
            setPositiveButton("OK") { _, _ ->
                ActivityCollector.finishAll() // 销毁所有 Activity
                val i = Intent(context, LoginActivity::class.java)
                context.startActivity(i) // 重新启动 LoginActivity
            }
            show()
        }
    }

}

}
```

先来看一下 ForceOfflineReceiver 中的代码，这次 onReceive()方法里可不再是仅仅弹出一个 Toast 了，而是加入了较多的代码，那我们就来仔细看看吧。首先是使用 AlertDialog.Builder 构建一个对话框。注意，这里一定要调用 setCancelable()方法将对话框设为不可取消，否则用户按一下 Back 键就可以关闭对话框继续使用程序了。然后使用 setPositiveButton()方法给对话框注册确定按钮，当用户点击了 "OK" 按钮时，就调用 ActivityCollector 的 finishAll() 方法销毁所有 Activity，并重新启动 LoginActivity。

再来看一下我们是怎么注册 ForceOfflineReceiver 这个 BroadcastReceiver 的。可以看到，这里

重写了 onResume() 和 onPause() 这两个生命周期方法，然后分别在这两个方法里注册和取消注册了 ForceOfflineReceiver。

为什么要这样写呢？之前不都是在 onCreate() 和 onDestroy() 方法里注册和取消注册 BroadcastReceiver 的吗？这是因为我们始终需要保证只有处于栈顶的 Activity 才能接收到这条强制下线广播，非栈顶的 Activity 不应该也没必要接收这条广播，所以写在 onResume() 和 onPause() 方法里就可以很好地解决这个问题，当一个 Activity 失去栈顶位置时就会自动取消 BroadcastReceiver 的注册。

这样的话，所有强制下线的逻辑就已经完成了，接下来我们还需要对 AndroidManifest.xml 文件进行修改，代码如下所示：

```
<manifest xmlns:android="http://schemas.android.com/apk/res/android"
        package="com.example.broadcastbestpractice">
    <application
        android:allowBackup="true"
        android:icon="@mipmap/ic_launcher"
        android:label="@string/app_name"
        android:roundIcon="@mipmap/ic_launcher_round"
        android:supportsRtl="true"
        android:theme="@style/AppTheme">
        <activity android:name=".LoginActivity">
            <intent-filter>
                <action android:name="android.intent.action.MAIN"/>
                <category android:name="android.intent.category.LAUNCHER"/>
            </intent-filter>
        </activity>

        <activity android:name=".MainActivity">
        </activity>
    </application>
</manifest>
```

这里只需要对一处代码进行修改，就是将主 Activity 设置为 LoginActivity，而不再是 MainActivity，因为你肯定不希望用户在没登录的情况下就能直接进入程序主界面吧？

好了，现在来尝试运行一下程序吧。首先会进入登录界面，并可以在这里输入账号和密码，如图 6.9 所示。

如果输入的账号是 admin，密码是 123456，点击登录按钮就会进入程序的主界面，如图 6.10 所示。这时点击一下发送广播的按钮，就会发出一条强制下线的广播，ForceOfflineReceiver 收到这条广播后会弹出一个对话框，提示用户已被强制下线，如图 6.11 所示。

图 6.9　登录界面

图 6.10　主界面

图 6.11　强制下线提示

这时用户将无法再对界面的任何元素进行操作，只能点击"OK"按钮，然后重新回到登录界面。这样，强制下线功能就完整地实现了。

结束了本章的最佳实践部分，接下来又要进入我们本章的 Kotlin 课堂了。

6.5　Kotlin 课堂：高阶函数详解

学到这里，你已经可以算是完全入门 Kotlin 编程了。因此，从本章的 Kotlin 课堂起，我们就将告别基础知识，开始转向 Kotlin 的高级用法，从而进一步提升你的 Kotlin 水平。

那么就从高阶函数开始吧。

6.5.1　定义高阶函数

高阶函数和 Lambda 的关系是密不可分的。在第 2 章快速入门 Kotlin 编程的时候，我们已经学习了 Lambda 编程的基础知识，并且掌握了一些与集合相关的函数式 API 的用法，如 map、filter 函数等。另外，在第 3 章的 Kotlin 课堂中，我们又学习了 Kotlin 的标准函数，如 run、apply 函数等。

你有没有发现，这几个函数有一个共同的特点：它们都会要求我们传入一个 Lambda 表达式作为参数。像这种接收 Lambda 参数的函数就可以称为具有函数式编程风格的 API，而如果你想要定义自己的函数式 API，那就得借助高阶函数来实现了，这也是我们本节 Kotlin 课堂所要重点学习的内容。

　　首先来看一下高阶函数的定义。如果一个函数接收另一个函数作为参数，或者返回值的类型是另一个函数，那么该函数就称为高阶函数。

　　这个定义可能有点不太好理解，一个函数怎么能接收另一个函数作为参数呢？这就涉及另外一个概念了：函数类型。我们知道，编程语言中有整型、布尔型等字段类型，而 Kotlin 又增加了一个函数类型的概念。如果我们将这种函数类型添加到一个函数的参数声明或者返回值声明当中，那么这就是一个高阶函数了。

　　接下来我们就学习一下如何定义一个函数类型。不同于定义一个普通的字段类型，函数类型的语法规则是有点特殊的，基本规则如下：

```
(String, Int) -> Unit
```

　　突然看到这样的语法规则，你一定一头雾水吧？不过不用担心，耐心听完我的解释之后，你就能够轻松理解了。

　　既然是定义一个函数类型，那么最关键的就是要声明该函数接收什么参数，以及它的返回值是什么。因此，->左边的部分就是用来声明该函数接收什么参数的，多个参数之间使用逗号隔开，如果不接收任何参数，写一对空括号就可以了。而->右边的部分用于声明该函数的返回值是什么类型，如果没有返回值就使用 Unit，它大致相当于 Java 中的 void。

　　现在将上述函数类型添加到某个函数的参数声明或者返回值声明上，那么这个函数就是一个高阶函数了，如下所示：

```
fun example(func: (String, Int) -> Unit) {
    func("hello", 123)
}
```

　　可以看到，这里的 example() 函数接收了一个函数类型的参数，因此 example() 函数就是一个高阶函数。而调用一个函数类型的参数，它的语法类似于调用一个普通的函数，只需要在参数名的后面加上一对括号，并在括号中传入必要的参数即可。

　　现在我们已经了解了高阶函数的定义方式，但是这种函数具体有什么用途呢？由于高阶函数的用途实在是太广泛了，这里如果要让我简单概括一下的话，那就是高阶函数允许让函数类型的参数来决定函数的执行逻辑。即使是同一个高阶函数，只要传入不同的函数类型参数，那么它的执行逻辑和最终的返回结果就可能是完全不同的。为了详细说明这一点，下面我们来举一个具体的例子。

　　这里我准备定义一个叫作 num1AndNum2() 的高阶函数，并让它接收两个整型和一个函数类型的参数。我们会在 num1AndNum2() 函数中对传入的两个整型参数进行某种运算，并返回最终的运算结果，但是具体进行什么运算是由传入的函数类型参数决定的。

　　新建一个 HigherOrderFunction.kt 文件，然后在这个文件中编写如下代码：

```
fun num1AndNum2(num1: Int, num2: Int, operation: (Int, Int) -> Int): Int {
    val result = operation(num1, num2)
    return result
}
```

这是一个非常简单的高阶函数，可能它并没有多少实际的意义，却是个很好的学习示例。num1AndNum2()函数的前两个参数没有什么需要解释的，第三个参数是一个接收两个整型参数并且返回值也是整型的函数类型参数。在 num1AndNum2()函数中，我们没有进行任何具体的运算操作，而是将 num1 和 num2 参数传给了第三个函数类型参数，并获取它的返回值，最终将得到的返回值返回。

现在高阶函数已经定义好了，那么我们该如何调用它呢？由于 num1AndNum2()函数接收一个函数类型的参数，因此我们还得先定义与其函数类型相匹配的函数才行。在 HigherOrderFunction.kt 文件中添加如下代码：

```
fun plus(num1: Int, num2: Int): Int {
    return num1 + num2
}

fun minus(num1: Int, num2: Int): Int {
    return num1 - num2
}
```

这里定义了两个函数，并且这两个函数的参数声明和返回值声明都和 num1AndNum2()函数中的函数类型参数是完全匹配的。其中，plus()函数将两个参数相加并返回，minus()函数将两个参数相减并返回，分别对应了两种不同的运算操作。

有了上述函数之后，我们就可以调用 num1AndNum2()函数了，在 main()函数中编写如下代码：

```
fun main() {
    val num1 = 100
    val num2 = 80
    val result1 = num1AndNum2(num1, num2, ::plus)
    val result2 = num1AndNum2(num1, num2, ::minus)
    println("result1 is $result1")
    println("result2 is $result2")
}
```

注意这里调用num1AndNum2()函数的方式，第三个参数使用了::plus 和::minus 这种写法。这是一种函数引用方式的写法，表示将 plus()和 minus()函数作为参数传递给 num1AndNum2()函数。而由于 num1AndNum2()函数中使用了传入的函数类型参数来决定具体的运算逻辑，因此这里实际上就是分别使用了 plus()和 minus()函数来对两个数字进行运算。

现在运行一下程序，结果如图 6.12 所示。

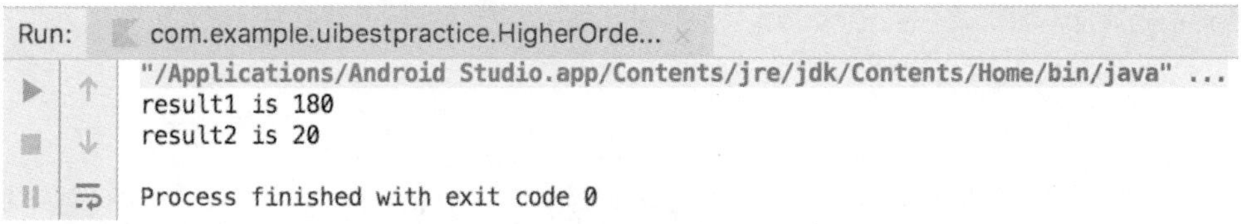

```
Run:        com.example.uibestpractice.HigherOrde...  ×
▶  ↑    "/Applications/Android Studio.app/Contents/jre/jdk/Contents/Home/bin/java" ...
        result1 is 180
■  ↓    result2 is 20
II  ⇥   Process finished with exit code 0
```

图 6.12　高阶函数的运行结果

这和我们预期的结果是一致的。

使用这种函数引用的写法虽然能够正常工作，但是如果每次调用任何高阶函数的时候都还得先定义一个与其函数类型参数相匹配的函数，这是不是有些太复杂了？

没错，因此 Kotlin 还支持其他多种方式来调用高阶函数，比如 Lambda 表达式、匿名函数、成员引用等。其中，Lambda 表达式是最常见也是最普遍的高阶函数调用方式，也是我们接下来要重点学习的内容。

上述代码如果使用 Lambda 表达式的写法来实现的话，代码如下所示：

```
fun main() {
    val num1 = 100
    val num2 = 80
    val result1 = num1AndNum2(num1, num2) { n1, n2 ->
        n1 + n2
    }
    val result2 = num1AndNum2(num1, num2) { n1, n2 ->
        n1 - n2
    }
    println("result1 is $result1")
    println("result2 is $result2")
}
```

Lambda 表达式的语法规则我们在 2.6.2 小节已经学习过了，因此这段代码对于你来说应该不难理解。你会发现，Lambda 表达式同样可以完整地表达一个函数的参数声明和返回值声明（Lambda 表达式中的最后一行代码会自动作为返回值），但是写法却更加精简。

现在你就可以将刚才定义的 plus() 和 minus() 函数删掉了，重新运行一下代码，你会发现结果是一模一样的。

下面我们继续对高阶函数进行探究。回顾之前在第 3 章学习的 apply 函数，它可以用于给 Lambda 表达式提供一个指定的上下文，当需要连续调用同一个对象的多个方法时，apply 函数可以让代码变得更加精简，比如 StringBuilder 就是一个典型的例子。接下来我们就使用高阶函数模仿实现一个类似的功能。

修改 HigherOrderFunction.kt 文件，在其中加入如下代码：

```
fun StringBuilder.build(block: StringBuilder.() -> Unit): StringBuilder {
    block()
```

```
    return this
}
```

这里我们给 StringBuilder 类定义了一个 build 扩展函数，这个扩展函数接收一个函数类型参数，并且返回值类型也是 StringBuilder。

注意，这个函数类型参数的声明方式和我们前面学习的语法有所不同：它在函数类型的前面加上了一个 StringBuilder. 的语法结构。这是什么意思呢？其实这才是定义高阶函数完整的语法规则，在函数类型的前面加上 ClassName. 就表示这个函数类型是定义在哪个类当中的。

那么这里将函数类型定义到 StringBuilder 类当中有什么好处呢？好处就是当我们调用 build 函数时传入的 Lambda 表达式将会自动拥有 StringBuilder 的上下文，同时这也是 apply 函数的实现方式。

现在我们就可以使用自己创建的 build 函数来简化 StringBuilder 构建字符串的方式了。这里仍然用吃水果这个功能来举例：

```
fun main() {
    val list = listOf("Apple", "Banana", "Orange", "Pear", "Grape")
    val result = StringBuilder().build {
        append("Start eating fruits.\n")
        for (fruit in list) {
            append(fruit).append("\n")
        }
        append("Ate all fruits.")
    }
    println(result.toString())
}
```

可以看到，build 函数的用法和 apply 函数基本上是一模一样的，只不过我们编写的 build 函数目前只能作用在 StringBuilder 类上面，而 apply 函数是可以作用在所有类上面的。如果想实现 apply 函数的这个功能，需要借助于 Kotlin 的泛型才行，我们将在第 8 章学习泛型的相关内容。

现在，你已经完全掌握了高阶函数的基本功能，接下来我们要学习一些更加高级的知识。

6.5.2　内联函数的作用

高阶函数确实非常神奇，用途也十分广泛，可是你知道它背后的实现原理是怎样的吗？当然，这个话题并不要求每个人都必须了解，但是为了接下来可以更好地理解内联函数这个知识点，我们还是简单分析一下高阶函数的实现原理。

这里仍然使用刚才编写的 num1AndNum2() 函数来举例，代码如下所示：

```
fun num1AndNum2(num1: Int, num2: Int, operation: (Int, Int) -> Int): Int {
    val result = operation(num1, num2)
    return result
```

```
}

fun main() {
    val num1 = 100
    val num2 = 80
    val result = num1AndNum2(num1, num2) { n1, n2 ->
        n1 + n2
    }
}
```

可以看到，上述代码中调用了 num1AndNum2() 函数，并通过 Lambda 表达式指定对传入的两个整型参数进行求和。这段代码在 Kotlin 中非常好理解，因为这是高阶函数最基本的用法。可是我们都知道，Kotlin 的代码最终还是要编译成 Java 字节码的，但 Java 中并没有高阶函数的概念。

那么 Kotlin 究竟使用了什么魔法来让 Java 支持这种高阶函数的语法呢？这就要归功于 Kotlin 强大的编译器了。Kotlin 的编译器会将这些高阶函数的语法转换成 Java 支持的语法结构，上述的 Kotlin 代码大致会被转换成如下 Java 代码：

```
public static int num1AndNum2(int num1, int num2, Function operation) {
    int result = (int) operation.invoke(num1, num2);
    return result;
}

public static void main() {
    int num1 = 100;
    int num2 = 80;
    int result = num1AndNum2(num1, num2, new Function() {
        @Override
        public Integer invoke(Integer n1, Integer n2) {
            return n1 + n2;
        }
    });
}
```

考虑到可读性，我对这段代码进行了些许调整，并不是严格对应了 Kotlin 转换成的 Java 代码。可以看到，在这里 num1AndNum2() 函数的第三个参数变成了一个 Function 接口，这是一种 Kotlin 内置的接口，里面有一个待实现的 invoke() 函数。而 num1AndNum2() 函数其实就是调用了 Function 接口的 invoke() 函数，并把 num1 和 num2 参数传了进去。

在调用 num1AndNum2() 函数的时候，之前的 Lambda 表达式在这里变成了 Function 接口的匿名类实现，然后在 invoke() 函数中实现了 n1 + n2 的逻辑，并将结果返回。

这就是 Kotlin 高阶函数背后的实现原理。你会发现，原来我们一直使用的 Lambda 表达式在底层被转换成了匿名类的实现方式。这就表明，我们每调用一次 Lambda 表达式，都会创建一个新的匿名类实例，当然也会造成额外的内存和性能开销。

为了解决这个问题，Kotlin 提供了内联函数的功能，它可以将使用 Lambda 表达式带来的运行时开销完全消除。

内联函数的用法非常简单，只需要在定义高阶函数时加上 inline 关键字的声明即可，如下所示：

```
inline fun num1AndNum2(num1: Int, num2: Int, operation: (Int, Int) -> Int): Int {
    val result = operation(num1, num2)
    return result
}
```

那么内联函数的工作原理又是什么呢？其实并不复杂，就是 Kotlin 编译器会将内联函数中的代码在编译的时候自动替换到调用它的地方，这样也就不存在运行时的开销了。

当然，仅仅一句话的描述可能还是让人不太容易理解，下面我们通过图例的方式来详细说明内联函数的代码替换过程。

首先，Kotlin 编译器会将 Lambda 表达式中的代码替换到函数类型参数调用的地方，如图 6.13 所示。

```
inline fun num1AndNum2(num1: Int, num2: Int, operation: (Int, Int) -> Int): Int {
    val result = operation(num1, num2)
    return result
}

fun main() {
    val num1 = 100
    val num2 = 80
    val result = num1AndNum2(num1, num2) { n1, n2 ->
        n1 + n2
    }
}
```

图 6.13 第一步替换过程

接下来，再将内联函数中的全部代码替换到函数调用的地方，如图 6.14 所示。

```
inline fun num1AndNum2(num1: Int, num2: Int): Int {
    val result = num1 + num2
    return result
}

fun main() {
    val num1 = 100
    val num2 = 80
    val result = num1AndNum2(num1, num2)
}
```

图 6.14 第二步替换过程

最终的代码就被替换成了如图 6.15 所示的样子。

```
fun main() {
    val num1 = 100
    val num2 = 80
    val result = num1 + num2
}
```

图 6.15   最终的替换结果

也正是如此，内联函数才能完全消除 Lambda 表达式所带来的运行时开销。

6.5.3   noinline 与 crossinline

接下来我们要讨论一些更加特殊的情况。比如，一个高阶函数中如果接收了两个或者更多函数类型的参数，这时我们给函数加上了 inline 关键字，那么 Kotlin 编译器会自动将所有引用的 Lambda 表达式全部进行内联。

但是，如果我们只想内联其中的一个 Lambda 表达式该怎么办呢？这时就可以使用 noinline 关键字了，如下所示：

```
inline fun inlineTest(block1: () -> Unit, noinline block2: () -> Unit) {
}
```

可以看到，这里使用 inline 关键字声明了 inlineTest() 函数，原本 block1 和 block2 这两个函数类型参数所引用的 Lambda 表达式都会被内联。但是我们在 block2 参数的前面又加上了一个 noinline 关键字，那么现在就只会对 block1 参数所引用的 Lambda 表达式进行内联了。这就是 noinline 关键字的作用。

前面我们已经解释了内联函数的好处，那么为什么 Kotlin 还要提供一个 noinline 关键字来排除内联功能呢？这是因为内联的函数类型参数在编译的时候会被进行代码替换，因此它没有真正的参数属性。非内联的函数类型参数可以自由地传递给其他任何函数，因为它就是一个真实的参数，而内联的函数类型参数只允许传递给另外一个内联函数，这也是它最大的局限性。

另外，内联函数和非内联函数还有一个重要的区别，那就是内联函数所引用的 Lambda 表达式中是可以使用 return 关键字来进行函数返回的，而非内联函数只能进行局部返回。为了说明这个问题，我们来看下面的例子。

```
fun printString(str: String, block: (String) -> Unit) {
    println("printString begin")
    block(str)
    println("printString end")
}

fun main() {
    println("main start")
    val str = ""
```

```
    printString(str) { s ->
        println("lambda start")
        if (s.isEmpty()) return@printString
        println(s)
        println("lambda end")
    }
    println("main end")
}
```

这里定义了一个叫作 `printString()` 的高阶函数，用于在 Lambda 表达式中打印传入的字符串参数。但是如果字符串参数为空，那么就不进行打印。注意，Lambda 表达式中是不允许直接使用 `return` 关键字的，这里使用了 `return@printString` 的写法，表示进行局部返回，并且不再执行 Lambda 表达式的剩余部分代码。

现在我们就刚好传入一个空的字符串参数，运行程序，打印结果如图 6.16 所示。

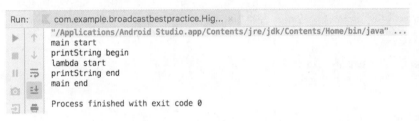

图 6.16 局部返回的运行结果

可以看到，除了 Lambda 表达式中 `return@printString` 语句之后的代码没有打印，其他的日志是正常打印的，说明 `return@printString` 确实只能进行局部返回。

但是如果我们将 `printString()` 函数声明成一个内联函数，那么情况就不一样了，如下所示：

```
inline fun printString(str: String, block: (String) -> Unit) {
    println("printString begin")
    block(str)
    println("printString end")
}

fun main() {
    println("main start")
    val str = ""
    printString(str) { s ->
        println("lambda start")
        if (s.isEmpty()) return
        println(s)
        println("lambda end")
    }
    println("main end")
}
```

现在 `printString()` 函数变成了内联函数，我们就可以在 Lambda 表达式中使用 `return` 关键字了。此时的 `return` 代表的是返回外层的调用函数，也就是 `main()` 函数，如果想不通为什么的话，可以回顾一下在上一小节中学习的内联函数的代码替换过程。

现在重新运行一下程序，打印结果如图 6.17 所示。

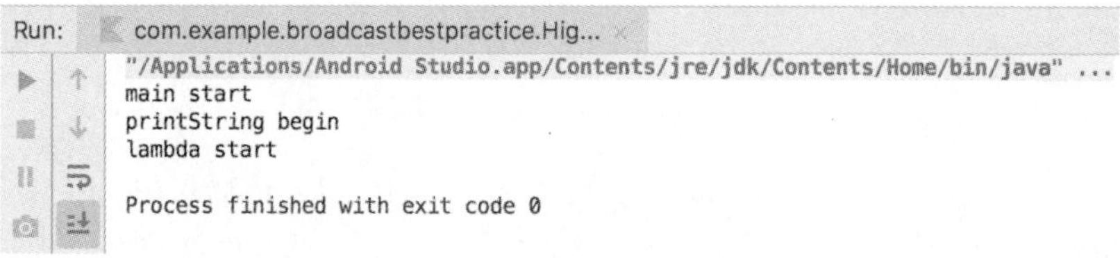

图 6.17　非局部返回的运行结果

可以看到，不管是 main() 函数还是 printString() 函数，确实都在 return 关键字之后停止执行了，和我们所预期的结果一致。

将高阶函数声明成内联函数是一种良好的编程习惯，事实上，绝大多数高阶函数是可以直接声明成内联函数的，但是也有少部分例外的情况。观察下面的代码示例：

```
inline fun runRunnable(block: () -> Unit) {
    val runnable = Runnable {
        block()
    }
    runnable.run()
}
```

这段代码在没有加上 inline 关键字声明的时候绝对是可以正常工作的，但是在加上 inline 关键字之后就会提示如图 6.18 所示的错误。

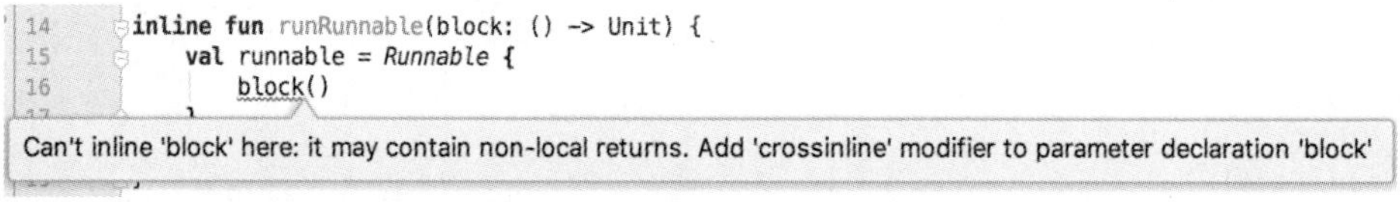

图 6.18　使用内联函数可能出现的错误

这个错误出现的原因解释起来可能会稍微有点复杂。首先，在 runRunnable() 函数中，我们创建了一个 Runnable 对象，并在 Runnable 的 Lambda 表达式中调用了传入的函数类型参数。而 Lambda 表达式在编译的时候会被转换成匿名类的实现方式，也就是说，上述代码实际上是在匿名类中调用了传入的函数类型参数。

而内联函数所引用的 Lambda 表达式允许使用 return 关键字进行函数返回，但是由于我们是在匿名类中调用的函数类型参数，此时是不可能进行外层调用函数返回的，最多只能对匿名类中的函数调用进行返回，因此这里就提示了上述错误。

也就是说，如果我们在高阶函数中创建了另外的 Lambda 或者匿名类的实现，并且在这些实现中调用函数类型参数，此时再将高阶函数声明成内联函数，就一定会提示错误。

　　那么是不是在这种情况下就真的无法使用内联函数了呢？也不是，比如借助 crossinline 关键字就可以很好地解决这个问题：

```
inline fun runRunnable(crossinline block: () -> Unit) {
    val runnable = Runnable {
        block()
    }
    runnable.run()
}
```

　　可以看到，这里在函数类型参数的前面加上了 crossinline 的声明，代码就可以正常编译通过了。

　　那么这个 crossinline 关键字又是什么呢？前面我们已经分析过，之所以会提示图 6.18 所示的错误，就是因为内联函数的 Lambda 表达式中允许使用 return 关键字，和高阶函数的匿名类实现中不允许使用 return 关键字之间造成了冲突。而 crossinline 关键字就像一个契约，它用于保证在内联函数的 Lambda 表达式中一定不会使用 return 关键字，这样冲突就不存在了，问题也就巧妙地解决了。

　　声明了 crossinline 之后，我们就无法在调用 runRunnable 函数时的 Lambda 表达式中使用 return 关键字进行函数返回了，但是仍然可以使用 return@runRunnable 的写法进行局部返回。总体来说，除了在 return 关键字的使用上有所区别之外，crossinline 保留了内联函数的其他所有特性。

　　好了，以上就是关于高阶函数的几乎所有的重要内容，希望你能将这些内容好好掌握，因为后面与 Lambda 以及高阶函数相关的很多知识是建立在本节课堂的基础之上的。

　　结束了本章的 Kotlin 课堂，接下来我们要进入一个特殊的环节。相信你一定知道，很多出色的项目并不是由一个人单枪匹马完成的，而是由一个团队共同合作开发完成的。这个时候多人之间代码同步的问题就显得异常重要了，因此版本控制工具也就应运而生。常见的版本控制工具主要有 SVN 和 Git，本书将会对 Git 的使用方法进行全面的讲解，并且讲解的内容是穿插于一些章节当中的。那么今天，我们就先来看一看 Git 最基本的用法。

6.6　Git 时间：初识版本控制工具

　　Git 是一个开源的分布式版本控制工具，它的开发者就是鼎鼎大名的 Linux 操作系统的作者 Linus Torvalds。Git 被开发出来的初衷是为了更好地管理 Linux 内核，而现在早已被广泛应用于全球各种大中小型项目中。今天是我们关于 Git 的第一堂课，主要是讲解一下它最基本的用法，那么就从安装 Git 开始吧。

6.6.1　安装 Git

　　由于 Git 和 Linux 操作系统是同一个作者，因此不用我说，你也应该猜到 Git 在 Linux 上的安装是最简单方便的。比如你使用的是 Ubuntu 系统，只需要打开终端界面，输入命令 `sudo apt-get install git`，按下回车键后输入密码，即可完成 Git 的安装。

　　Mac 系统是类似的，如果你已经安装了 Homebrew，只需要在终端中输入命令 `brew install git` 即可完成安装。

　　而 Windows 系统就要相对麻烦一些了，我们需要先下载 Git 的安装包。访问 Git for Windows 官网（https://gitforwindows.org/），可以看到如图 6.19 所示的页面。

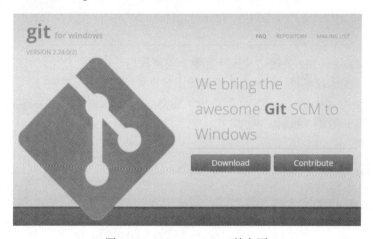

图 6.19　Git for Windows 的主页

　　点击 "Download" 按钮即可下载，下载完成后双击安装包进行安装，之后一直点击 "下一步" 就可以完成安装了。

6.6.2　创建代码仓库

　　虽然在 Windows 上安装的 Git 是可以在图形界面上进行操作的，并且 Android Studio 也支持以图形化的形式操作 Git，但是我暂时还不建议你这样做，因为 Git 的各种命令才是你目前应该掌握的核心技能。不管在哪个操作系统中，使用命令来操作 Git 肯定是通用的。而图形化的操作应该是在你能熟练掌握命令用法的前提下，进一步提升工作效率的手段。

　　那么我们现在就来尝试一下通过命令来使用 Git。如果你使用的是 Linux 或 Mac 系统，就先打开终端界面；如果使用的是 Windows 系统，就从 "开始" 里找到 Git Bash 并打开。

　　首先配置一下你的身份，这样在提交代码的时候，Git 就可以知道是谁提交的了。命令如下所示：

```
git config --global user.name "Tony"
git config --global user.email "tony@gmail.com"
```

　　配置完成后，你还可以使用同样的命令来查看是否配置成功，只需要将最后的名字和邮箱地址去掉即可，如图 6.20 所示。

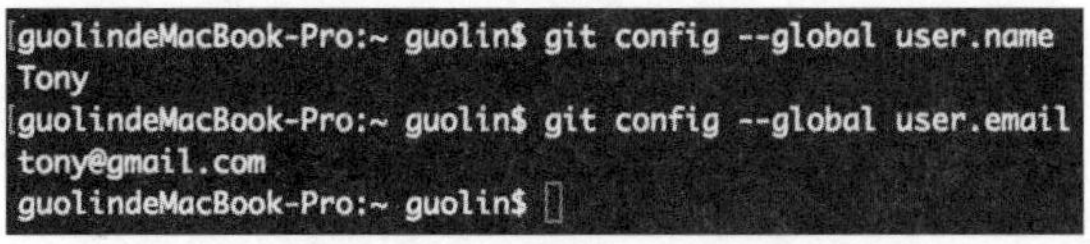

```
guolindeMacBook-Pro:~ guolin$ git config --global user.name
Tony
guolindeMacBook-Pro:~ guolin$ git config --global user.email
tony@gmail.com
guolindeMacBook-Pro:~ guolin$
```

图 6.20　查看 Git 用户名和邮箱

然后我们就可以开始创建代码仓库了，仓库（repository）是用于保存版本管理所需信息的地方，所有本地提交的代码都会被提交到代码仓库中，如果有需要还可以推送到远程仓库中。

这里我们尝试给 BroadcastBestPractice 项目建立一个代码仓库。先进入 BroadcastBestPractice 项目的目录下，如图 6.21 所示。

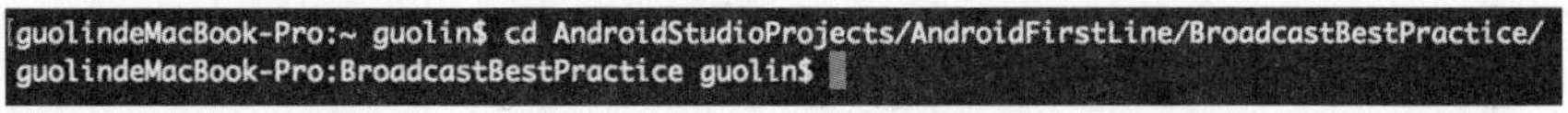

```
guolindeMacBook-Pro:~ guolin$ cd AndroidStudioProjects/AndroidFirstLine/BroadcastBestPractice/
guolindeMacBook-Pro:BroadcastBestPractice guolin$
```

图 6.21　切换到 BroadcastBestPractice 项目目录下

然后在这个目录下面输入如下命令：

```
git init
```

很简单吧！只需要一行命令就可以完成创建代码仓库的操作，如图 6.22 所示。

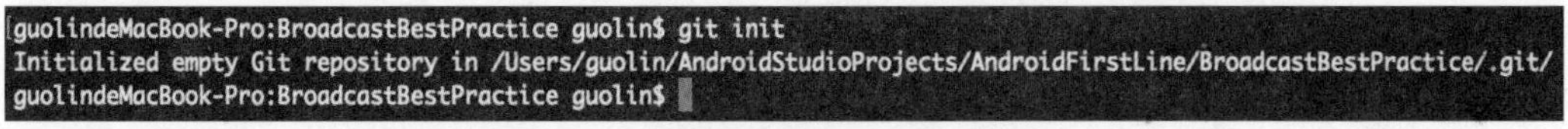

```
guolindeMacBook-Pro:BroadcastBestPractice guolin$ git init
Initialized empty Git repository in /Users/guolin/AndroidStudioProjects/AndroidFirstLine/BroadcastBestPractice/.git/
guolindeMacBook-Pro:BroadcastBestPractice guolin$
```

图 6.22　创建代码仓库

仓库创建完成后，会在 BroadcastBestPractice 项目的根目录下生成一个隐藏的.git 目录，这个目录就是用来记录本地所有的 Git 操作的，可以通过 `ls -al` 命令查看一下，如图 6.23 所示。

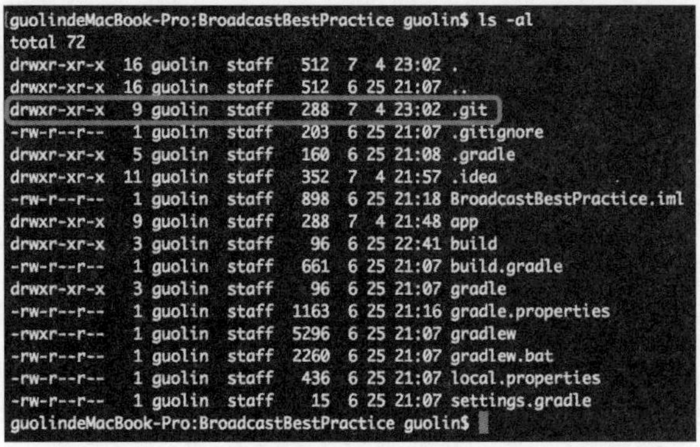

```
guolindeMacBook-Pro:BroadcastBestPractice guolin$ ls -al
total 72
drwxr-xr-x  16 guolin  staff   512  7  4 23:02 .
drwxr-xr-x  16 guolin  staff   512  6 25 21:07 ..
drwxr-xr-x   9 guolin  staff   288  7  4 23:02 .git
-rw-r--r--   1 guolin  staff   203  6 25 21:07 .gitignore
drwxr-xr-x   5 guolin  staff   160  6 25 21:08 .gradle
drwxr-xr-x  11 guolin  staff   352  7  4 21:57 .idea
-rw-r--r--   1 guolin  staff   898  6 25 21:18 BroadcastBestPractice.iml
drwxr-xr-x   9 guolin  staff   288  7  4 21:48 app
drwxr-xr-x   3 guolin  staff    96  6 25 22:41 build
-rw-r--r--   1 guolin  staff   661  6 25 21:07 build.gradle
drwxr-xr-x   3 guolin  staff    96  6 25 21:07 gradle
-rw-r--r--   1 guolin  staff  1163  6 25 21:16 gradle.properties
-rwxr--r--   1 guolin  staff  5296  6 25 21:07 gradlew
-rw-r--r--   1 guolin  staff  2260  6 25 21:07 gradlew.bat
-rw-r--r--   1 guolin  staff   436  6 25 21:07 local.properties
-rw-r--r--   1 guolin  staff    15  6 25 21:07 settings.gradle
guolindeMacBook-Pro:BroadcastBestPractice guolin$
```

图 6.23　查看.git 目录

如果你想要删除本地仓库，只需要删除这个目录就行了。

6.6.3　提交本地代码

建立完代码仓库之后就可以提交代码了。提交代码的方法非常简单，只需要使用 add 和 commit 命令就可以了。add 用于把想要提交的代码添加进来，commit 则是真正执行提交操作。比如我们想添加 build.gradle 文件，就可以输入如下命令：

```
git add build.gradle
```

这是添加单个文件的方法，如果我们想添加某个目录呢？其实只需要在 add 后面加上目录名就可以了。比如要添加整个 app 目录下的所有文件，就可以输入如下命令：

```
git add app
```

可是这样一个个地添加还是有些复杂，有没有什么办法可以一次性把所有的文件都添加好呢？当然有了，只需要在 add 后面加上一个点，就表示添加所有的文件了，命令如下所示：

```
git add .
```

现在 BroadcastBestPractice 项目下所有的文件都已经添加好了，我们可以进行提交了，输入如下命令即可：

```
git commit -m "First commit."
```

注意，在 commit 命令的后面，我们一定要通过 -m 参数加上提交的描述信息，没有描述信息的提交被认为是不合法的。这样所有的代码就成功提交了！

好了，关于 Git 的内容，今天我们就学到这里。虽然内容并不多，但是你已经将 Git 最基本的用法都掌握了，不是吗？在本书后面的章节还会穿插一些 Git 的讲解，到时候你将学会更多关于 Git 的使用技巧，现在就让我们来总结一下吧。

6.7　小结与点评

本章我们主要是对 Android 的广播机制进行了深入的研究，不仅了解了广播的理论知识，还掌握了接收广播、发送自定义广播以及本地广播的使用方法。BroadcastReceiver 属于 Android 四大组件之一，在不知不觉中，你已经掌握了四大组件中的两个了。

在最佳实践环节中，你一定也收获了不少，不仅运用到了本章所学的广播知识，还综合运用到了前面章节所学的技巧。通过这个例子，相信你对涉及的每个知识点都有了更深的认识。本章的 Kotlin 课堂也是干货满满，高阶函数这个知识点非常重要，你一定要好好掌握。

另外，本章还添加了一个特殊的环节，即 Git 时间。在这个环节中，我们对 Git 这个版本控制工具进行了初步的学习，后续章节里还会继续学习关于它的更多内容。

下一章我们本应该学习 Android 四大组件中的 ContentProvider，不过由于学习 ContentProvider 之前需要先掌握 Android 中的持久化技术，因此下一章我们就先对这一主题展开讨论。

第 7 章

数据存储全方案，详解持久化技术

任何一个应用程序，其实说白了就是在不停地和数据打交道，我们聊 QQ、看新闻、刷微博，所关心的都是里面的数据，没有数据的应用程序就变成了一个空壳子，对用户来说没有任何实际用途。那么这些数据是从哪儿来的呢？现在多数的数据基本是由用户产生的，比如你发微博、评论新闻，其实都是在产生数据。

我们前面章节所编写的众多例子中也使用到了一些数据，例如第 4 章最佳实践部分在聊天界面编写的聊天内容，第 6 章最佳实践部分在登录界面输入的账号和密码。这些数据有一个共同点，即它们都属于瞬时数据。那么什么是瞬时数据呢？就是指那些存储在内存当中，有可能会因为程序关闭或其他原因导致内存被回收而丢失的数据。这对于一些关键性的数据信息来说是绝对不能容忍的，谁都不希望自己刚发出去的一条微博，刷新一下就没了吧。那么怎样才能保证一些关键性的数据不会丢失呢？这就需要用到数据持久化技术了。

7.1 持久化技术简介

数据持久化就是指将那些内存中的瞬时数据保存到存储设备中，保证即使在手机或计算机关机的情况下，这些数据仍然不会丢失。保存在内存中的数据是处于瞬时状态的，而保存在存储设备中的数据是处于持久状态的。持久化技术提供了一种机制，可以让数据在瞬时状态和持久状态之间进行转换。

持久化技术被广泛应用于各种程序设计领域，而本节要探讨的自然是 Android 中的数据持久化技术。Android 系统中主要提供了 3 种方式用于简单地实现数据持久化功能：文件存储、SharedPreferences 存储以及数据库存储。

下面我就将对这 3 种数据持久化的方式一一进行详细的讲解。

7.2   文件存储

文件存储是 Android 中最基本的数据存储方式，它不对存储的内容进行任何格式化处理，所有数据都是原封不动地保存到文件当中的，因而它比较适合存储一些简单的文本数据或二进制数据。如果你想使用文件存储的方式来保存一些较为复杂的结构化数据，就需要定义一套自己的格式规范，方便之后将数据从文件中重新解析出来。

那么首先我们就来看一看，Android 中是如何通过文件来保存数据的。

7.2.1   将数据存储到文件中

Context 类中提供了一个 openFileOutput()方法，可以用于将数据存储到指定的文件中。这个方法接收两个参数：第一个参数是文件名，在文件创建的时候使用，注意这里指定的文件名不可以包含路径，因为所有的文件都默认存储到/data/data/<package name>/files/目录下；第二个参数是文件的操作模式，主要有 MODE_PRIVATE 和 MODE_APPEND 两种模式可选，默认是 MODE_PRIVATE，表示当指定相同文件名的时候，所写入的内容将会覆盖原文件中的内容，而 MODE_APPEND 则表示如果该文件已存在，就往文件里面追加内容，不存在就创建新文件。其实文件的操作模式本来还有另外两种：MODE_WORLD_READABLE 和 MODE_WORLD_WRITEABLE。这两种模式表示允许其他应用程序对我们程序中的文件进行读写操作，不过由于这两种模式过于危险，很容易引起应用的安全漏洞，已在 Android 4.2 版本中被废弃。

openFileOutput()方法返回的是一个 FileOutputStream 对象，得到这个对象之后就可以使用 Java 流的方式将数据写入文件中了。以下是一段简单的代码示例，展示了如何将一段文本内容保存到文件中：

```
fun save(inputText: String) {
    try {
        val output = openFileOutput("data", Context.MODE_PRIVATE)
        val writer = BufferedWriter(OutputStreamWriter(output))
        writer.use {
            it.write(inputText)
        }
    } catch (e: IOException) {
        e.printStackTrace()
    }
}
```

如果你已经比较熟悉 Java 流了，上面的代码一定不难理解吧。这里通过 openFileOutput()方法能够得到一个 FileOutputStream 对象，然后借助它构建出一个 OutputStreamWriter 对象，接着再使用 OutputStreamWriter 构建出一个 BufferedWriter 对象，这样你就可以通过 BufferedWriter 将文本内容写入文件中了。

注意，这里还使用了一个 use 函数，这是 Kotlin 提供的一个内置扩展函数。它会保证在 Lambda 表达式中的代码全部执行完之后自动将外层的流关闭，这样就不需要我们再编写一个 finally

语句，手动去关闭流了，是一个非常好用的扩展函数。

另外，Kotlin 是没有异常检查机制（checked exception）的。这意味着使用 Kotlin 编写的所有代码都不会强制要求你进行异常捕获或异常抛出。上述代码中的 try catch 代码块是参照 Java 的编程规范添加的，即使你不写 try catch 代码块，在 Kotlin 中依然可以编译通过。

至于为什么 Kotlin 中没有异常检查机制，我写了一篇非常详细的文章来分析这个问题。如果你有兴趣学习，可以关注我的微信公众号（见封面），回复"异常检查"即可。

下面我们就编写一个完整的例子，借此学习一下如何在 Android 项目中使用文件存储的技术。首先创建一个 FilePersistenceTest 项目，并修改 activity_main.xml 中的代码，如下所示：

```xml
<LinearLayout xmlns:android="http://schemas.android.com/apk/res/android"
    android:orientation="vertical"
    android:layout_width="match_parent"
    android:layout_height="match_parent" >

    <EditText
        android:id="@+id/editText"
        android:layout_width="match_parent"
        android:layout_height="wrap_content"
        android:hint="Type something here"
        />

</LinearLayout>
```

这里只是在布局中加入了一个 EditText，用于输入文本内容。

其实现在你就可以运行一下程序了，界面上肯定会有一个文本输入框。然后在文本输入框中随意输入点什么内容，再按下 Back 键，这时输入的内容肯定就已经丢失了，因为它只是瞬时数据，在 Activity 被销毁后就会被回收。而这里我们要做的，就是在数据被回收之前，将它存储到文件当中。修改 MainActivity 中的代码，如下所示：

```kotlin
class MainActivity : AppCompatActivity() {

    override fun onCreate(savedInstanceState: Bundle?) {
        super.onCreate(savedInstanceState)
        setContentView(R.layout.activity_main)
    }

    override fun onDestroy() {
        super.onDestroy()
        val inputText = editText.text.toString()
        save(inputText)
    }

    private fun save(inputText: String) {
        try {
            val output = openFileOutput("data", Context.MODE_PRIVATE)
            val writer = BufferedWriter(OutputStreamWriter(output))
```

```
        writer.use {
            it.write(inputText)
        }
    } catch (e: IOException) {
        e.printStackTrace()
    }
}
}
```

可以看到，首先我们重写了 onDestroy() 方法，这样就可以保证在 Activity 销毁之前一定会调用这个方法。在 onDestroy() 方法中，我们获取了 EditText 中输入的内容，并调用 save() 方法把输入的内容存储到文件中，文件命名为 data。save() 方法中的代码和之前的示例基本相同，这里就不再做解释了。现在重新运行一下程序，并在 EditText 中输入一些内容，如图 7.1 所示。

图 7.1 在 EditText 中随意输入点内容

然后按下 Back 键关闭程序，这时我们输入的内容就保存到文件中了。那么如何才能证实数据确实已经保存成功了呢？我们可以借助 Device File Explorer 工具查看一下。这个工具在 Android Studio 的右侧边栏当中，通常是在右下角的位置，如果你的右侧边栏中没有这个工具的话，也可以使用快捷键 Ctrl + Shift + A（Mac 系统是 command + shift + A）打开搜索功能，在搜索框中输入 "Device File Explorer" 即可找到这个工具。

这个工具其实就相当于一个设备文件浏览器，我们在这里找到 /data/data/com.example.filepersistencetest/files/ 目录，可以看到，现在已经生成了一个 data 文件，如图 7.2 所示。

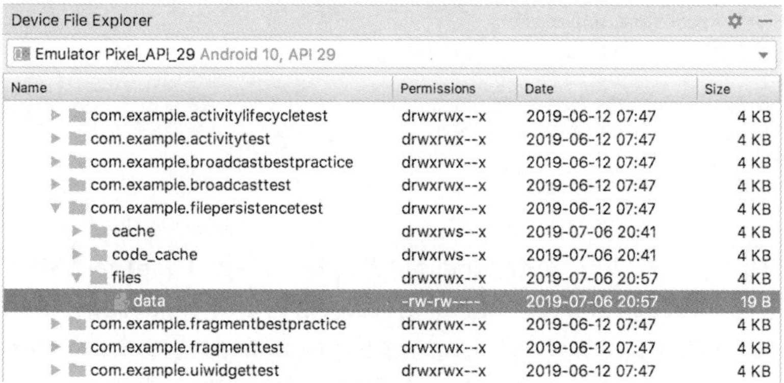

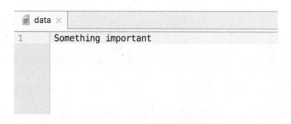

图 7.2　生成的 data 文件

双击这个文件就可以查看里面的内容，如图 7.3 所示。

图 7.3　data 文件中的内容

这样就证实了在 EditText 中输入的内容确实已经成功保存到文件中了。

不过，只是成功将数据保存下来还不够，我们还需要想办法在下次启动程序的时候让这些数据能够还原到 EditText 中，因此接下来我们就要学习一下如何从文件中读取数据。

7.2.2　从文件中读取数据

类似于将数据存储到文件中，Context 类中还提供了一个 openFileInput()方法，用于从文件中读取数据。这个方法要比 openFileOutput()简单一些，它只接收一个参数，即要读取的文件名，然后系统会自动到/data/data/<package name>/files/目录下加载这个文件，并返回一个 FileInputStream 对象，得到这个对象之后，再通过流的方式就可以将数据读取出来了。

以下是一段简单的代码示例，展示了如何从文件中读取文本数据：

```
fun load(): String {
    val content = StringBuilder()
    try {
        val input = openFileInput("data")
        val reader = BufferedReader(InputStreamReader(input))
        reader.use {
            reader.forEachLine {
```

```
                content.append(it)
            }
        }
    } catch (e: IOException) {
        e.printStackTrace()
    }
    return content.toString()
}
```

在这段代码中，首先通过 openFileInput()方法获取了一个 FileInputStream 对象，然后借助它又构建出了一个 InputStreamReader 对象，接着再使用 InputStreamReader 构建出一个 BufferedReader 对象，这样我们就可以通过 BufferedReader 将文件中的数据一行行读取出来，并拼接到 StringBuilder 对象当中，最后将读取的内容返回就可以了。

注意，这里从文件中读取数据使用了一个 forEachLine 函数，这也是 Kotlin 提供的一个内置扩展函数，它会将读到的每行内容都回调到 Lambda 表达式中，我们在 Lambda 表达式中完成拼接逻辑即可。

了解了从文件中读取数据的方法，那么我们就来继续完善上一小节中的例子，使得重新启动程序时 EditText 中能够保留我们上次输入的内容。修改 MainActivity 中的代码，如下所示：

```
class MainActivity : AppCompatActivity() {

    override fun onCreate(savedInstanceState: Bundle?) {
        super.onCreate(savedInstanceState)
        setContentView(R.layout.activity_main)
        val inputText = load()
        if (inputText.isNotEmpty()) {
            editText.setText(inputText)
            editText.setSelection(inputText.length)
            Toast.makeText(this, "Restoring succeeded", Toast.LENGTH_SHORT).show()
        }
    }

    private fun load(): String {
        val content = StringBuilder()
        try {
            val input = openFileInput("data")
            val reader = BufferedReader(InputStreamReader(input))
            reader.use {
                reader.forEachLine {
                    content.append(it)
                }
            }
        } catch (e: IOException) {
            e.printStackTrace()
        }
        return content.toString()
    }
    ...
}
```

可以看到，这里的思路非常简单，在 onCreate() 方法中调用 load() 方法读取文件中存储的文本内容，如果读到的内容不为空，就调用 EditText 的 setText() 方法将内容填充到 EditText 里，并调用 setSelection() 方法将输入光标移动到文本的末尾位置以便继续输入，然后弹出一句还原成功的提示。load() 方法中的细节我们在前面已经讲过，这里就不再赘述了。

现在重新运行一下程序，刚才保存的 Something important 字符串肯定会被填充到 EditText 中，然后编写一点其他的内容，比如在 EditText 中输入 "Hello world"，接着按下 Back 键退出程序，再重新启动程序，这时刚才输入的内容并不会丢失，而是还原到了 EditText 中，如图 7.4 所示。

图 7.4　成功还原保存的内容

这样我们就已经把文件存储方面的知识学习完了，其实所用到的核心技术就是 Context 类中提供的 openFileInput() 和 openFileOutput() 方法，之后就是利用各种流来进行读写操作。

不过，正如我前面所说，文件存储的方式并不适合用于保存一些较为复杂的结构型数据，因此，下面我们就来学习一下 Android 中另一种数据持久化的方式，它比文件存储更加简单易用，而且可以很方便地对某些指定的数据进行读写操作。

7.3　SharedPreferences 存储

不同于文件的存储方式，SharedPreferences 是使用键值对的方式来存储数据的。也就是说，当保存一条数据的时候，需要给这条数据提供一个对应的键，这样在读取数据的时候就可以通过这个键把相应的值取出来。而且 SharedPreferences 还支持多种不同的数据类型存储，如果存储的数据类型是整型，那么读取出来的数据也是整型的；如果存储的数据是一个字符串，那么读取出来的数据仍然是字符串。

这样你应该就能明显地感觉到，使用 SharedPreferences 进行数据持久化要比使用文件方便很多，下面我们就来看一下它的具体用法吧。

7.3.1　将数据存储到 SharedPreferences 中

要想使用 SharedPreferences 存储数据，首先需要获取 SharedPreferences 对象。Android 中主要提供了以下两种方法用于得到 SharedPreferences 对象。

1. Context 类中的 getSharedPreferences()方法

此方法接收两个参数：第一个参数用于指定 SharedPreferences 文件的名称，如果指定的文件不存在则会创建一个，SharedPreferences 文件都是存放在/data/data/<package name>/shared_prefs/目录下的；第二个参数用于指定操作模式，目前只有默认的 MODE_PRIVATE 这一种模式可选，它和直接传入 0 的效果是相同的，表示只有当前的应用程序才可以对这个 SharedPreferences 文件进行读写。其他几种操作模式均已被废弃，MODE_WORLD_READABLE 和 MODE_WORLD_WRITEABLE 这两种模式是在 Android 4.2 版本中被废弃的，MODE_MULTI_PROCESS 模式是在 Android 6.0 版本中被废弃的。

2. Activity 类中的 getPreferences()方法

这个方法和 Context 中的 getSharedPreferences()方法很相似，不过它只接收一个操作模式参数，因为使用这个方法时会自动将当前 Activity 的类名作为 SharedPreferences 的文件名。

得到了 SharedPreferences 对象之后，就可以开始向 SharedPreferences 文件中存储数据了，主要可以分为 3 步实现。

(1) 调用 SharedPreferences 对象的 edit()方法获取一个 SharedPreferences.Editor 对象。

(2) 向 SharedPreferences.Editor 对象中添加数据，比如添加一个布尔型数据就使用 putBoolean()方法，添加一个字符串则使用 putString()方法，以此类推。

(3) 调用 apply()方法将添加的数据提交，从而完成数据存储操作。

不知不觉中已经将理论知识介绍得挺多了，那我们就赶快通过一个例子来体验一下 SharedPreferences 存储的用法吧。新建一个 SharedPreferencesTest 项目，然后修改 activity_main.xml 中的代码，如下所示：

```
<LinearLayout xmlns:android="http://schemas.android.com/apk/res/android"
    android:layout_width="match_parent"
    android:layout_height="match_parent"
    android:orientation="vertical" >

    <Button
```

```
        android:id="@+id/saveButton"
        android:layout_width="match_parent"
        android:layout_height="wrap_content"
        android:text="Save Data"
        />

</LinearLayout>
```

这里我们不做任何复杂的功能，只是简单地放置了一个按钮，用于将一些数据存储到 SharedPreferences 文件当中。然后修改 MainActivity 中的代码，如下所示：

```
class MainActivity : AppCompatActivity() {

    override fun onCreate(savedInstanceState: Bundle?) {
        super.onCreate(savedInstanceState)
        setContentView(R.layout.activity_main)
        saveButton.setOnClickListener {
            val editor = getSharedPreferences("data", Context.MODE_PRIVATE).edit()
            editor.putString("name", "Tom")
            editor.putInt("age", 28)
            editor.putBoolean("married", false)
            editor.apply()
        }
    }

}
```

可以看到，这里首先给按钮注册了一个点击事件，然后在点击事件中通过 getSharedPreferences() 方法指定 SharedPreferences 的文件名为 data，并得到了 SharedPreferences.Editor 对象。接着向这个对象中添加了 3 条不同类型的数据，最后调用 apply() 方法进行提交，从而完成了数据存储的操作。

很简单吧？现在就可以运行一下程序了。进入程序的主界面后，点击一下"Save Data"按钮。这时的数据应该已经保存成功了，不过为了证实一下，我们还是要借助 Device File Explorer 来进行查看。打开 Device File Explorer，然后进入/data/data/com.example.sharedpreferencestest/shared_prefs/ 目录下，可以看到生成了一个 data.xml 文件，如图 7.5 所示。

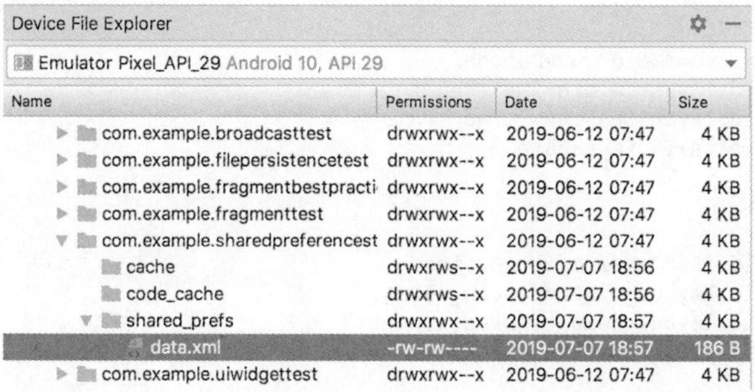

Device File Explorer			⚙ —
🖳 Emulator Pixel_API_29 Android 10, API 29			▼
Name	Permissions	Date	Size
▶ 📁 com.example.broadcasttest	drwxrwx--x	2019-06-12 07:47	4 KB
▶ 📁 com.example.filepersistencetest	drwxrwx--x	2019-06-12 07:47	4 KB
▶ 📁 com.example.fragmentbestpracti	drwxrwx--x	2019-06-12 07:47	4 KB
▶ 📁 com.example.fragmenttest	drwxrwx--x	2019-06-12 07:47	4 KB
▼ 📁 com.example.sharedpreferencest	drwxrwx--x	2019-06-12 07:47	4 KB
📁 cache	drwxrws--x	2019-07-07 18:56	4 KB
📁 code_cache	drwxrws--x	2019-07-07 18:56	4 KB
▼ 📁 shared_prefs	drwxrwx--x	2019-07-07 18:57	4 KB
📄 data.xml	-rw-rw----	2019-07-07 18:57	186 B
▶ 📁 com.example.uiwidgettest	drwxrwx--x	2019-06-12 07:47	4 KB

图 7.5　生成的 data.xml 文件

接下来同样是双击打开这个文件，里面的内容如图 7.6 所示。

图 7.6 data.xml 文件中的内容

可以看到，我们刚刚在按钮的点击事件中添加的所有数据都已经成功保存下来了，并且 SharedPreferences 文件是使用 XML 格式来对数据进行管理的。

那么接下来我们自然要看一看，如何从 SharedPreferences 文件中去读取这些存储的数据了。

7.3.2 从 SharedPreferences 中读取数据

你应该已经感觉到了，使用 SharedPreferences 存储数据是非常简单的，不过下面还有更好的消息，因为从 SharedPreferences 文件中读取数据会更加简单。SharedPreferences 对象中提供了一系列的 get 方法，用于读取存储的数据，每种 get 方法都对应了 SharedPreferences.Editor 中的一种 put 方法，比如读取一个布尔型数据就使用 getBoolean()方法，读取一个字符串就使用 getString()方法。这些 get 方法都接收两个参数：第一个参数是键，传入存储数据时使用的键就可以得到相应的值了；第二个参数是默认值，即表示当传入的键找不到对应的值时会以什么样的默认值进行返回。

我们还是通过例子来实际体验一下吧，仍然是在 SharedPreferencesTest 项目的基础上继续开发，修改 activity_main.xml 中的代码，如下所示：

```
<LinearLayout xmlns:android="http://schemas.android.com/apk/res/android"
    android:layout_width="match_parent"
    android:layout_height="match_parent"
    android:orientation="vertical" >

    <Button
        android:id="@+id/saveButton"
        android:layout_width="match_parent"
        android:layout_height="wrap_content"
        android:text="Save Data"
        />

    <Button
        android:id="@+id/restoreButton"
        android:layout_width="match_parent"
        android:layout_height="wrap_content"
        android:text="Restore Data"
        />

</LinearLayout>
```

这里增加了一个还原数据的按钮，我们希望通过点击这个按钮来从 SharedPreferences 文件中读取数据。修改 MainActivity 中的代码，如下所示：

```kotlin
class MainActivity : AppCompatActivity() {

    override fun onCreate(savedInstanceState: Bundle?) {
        super.onCreate(savedInstanceState)
        setContentView(R.layout.activity_main)
        ...
        restoreButton.setOnClickListener {
            val prefs = getSharedPreferences("data", Context.MODE_PRIVATE)
            val name = prefs.getString("name", "")
            val age = prefs.getInt("age", 0)
            val married = prefs.getBoolean("married", false)
            Log.d("MainActivity", "name is $name")
            Log.d("MainActivity", "age is $age")
            Log.d("MainActivity", "married is $married")
        }
    }

}
```

可以看到，我们在还原数据按钮的点击事件中首先通过 getSharedPreferences()方法得到了 SharedPreferences 对象，然后分别调用它的 getString()、getInt()和 getBoolean()方法，去获取前面所存储的姓名、年龄和是否已婚，如果没有找到相应的值，就会使用方法中传入的默认值来代替，最后通过 Log 将这些值打印出来。

现在重新运行一下程序，并点击界面上的"Restore data"按钮，然后查看 Logcat 中的打印信息，如图 7.7 所示。

图 7.7 打印 data.xml 中存储的内容

所有之前存储的数据都成功读取出来了！通过这个例子，我们就把 SharedPreferences 存储的知识学习完了。相比之下，SharedPreferences 存储确实要比文本存储简单方便了许多，应用场景也多了不少，比如很多应用程序中的偏好设置功能其实就使用到了 SharedPreferences 技术。那么下面我们就来编写一个记住密码的功能，相信通过这个例子能够加深你对 SharedPreferences 的理解。

7.3.3 实现记住密码功能

既然是实现记住密码的功能，那么我们就不需要从头去写了，因为在上一章中的最佳实践部分已经编写过一个登录界面了，有可以重用的代码为什么不用呢？那就首先打开 BroadcastBestPractice 项目，编辑一下登录界面的布局。修改 activity_login.xml 中的代码，如下所示：

```xml
<LinearLayout xmlns:android="http://schemas.android.com/apk/res/android"
    android:orientation="vertical"
    android:layout_width="match_parent"
    android:layout_height="match_parent">

    ...

    <LinearLayout
        android:orientation="horizontal"
        android:layout_width="match_parent"
        android:layout_height="wrap_content">

        <CheckBox
            android:id="@+id/rememberPass"
            android:layout_width="wrap_content"
            android:layout_height="wrap_content" />

        <TextView
            android:layout_width="wrap_content"
            android:layout_height="wrap_content"
            android:textSize="18sp"
            android:text="Remember password" />

    </LinearLayout>

    <Button
        android:id="@+id/login"
        android:layout_width="match_parent"
        android:layout_height="60dp"
        android:text="Login" />

</LinearLayout>
```

这里使用了一个新控件：CheckBox。这是一个复选框控件，用户可以通过点击的方式进行选中和取消，我们就使用这个控件来表示用户是否需要记住密码。

然后修改 LoginActivity 中的代码，如下所示：

```kotlin
class LoginActivity : BaseActivity() {

    override fun onCreate(savedInstanceState: Bundle?) {
        super.onCreate(savedInstanceState)
        setContentView(R.layout.activity_login)
        val prefs = getPreferences(Context.MODE_PRIVATE)
        val isRemember = prefs.getBoolean("remember_password", false)
        if (isRemember) {
            // 将账号和密码都设置到文本框中
            val account = prefs.getString("account", "")
            val password = prefs.getString("password", "")
            accountEdit.setText(account)
            passwordEdit.setText(password)
            rememberPass.isChecked = true
        }
```

```
login.setOnClickListener {
    val account = accountEdit.text.toString()
    val password = passwordEdit.text.toString()
    // 如果账号是 admin 且密码是 123456，就认为登录成功
    if (account == "admin" && password == "123456") {
        val editor = prefs.edit()
        if (rememberPass.isChecked) { // 检查复选框是否被选中
            editor.putBoolean("remember_password", true)
            editor.putString("account", account)
            editor.putString("password", password)
        } else {
            editor.clear()
        }
        editor.apply()
        val intent = Intent(this, MainActivity::class.java)
        startActivity(intent)
        finish()
    } else {
        Toast.makeText(this, "account or password is invalid",
            Toast.LENGTH_SHORT).show()
    }
}
```

}

可以看到，这里首先在 onCreate()方法中获取了 SharedPreferences 对象，然后调用它的 getBoolean()方法去获取 remember_password 这个键对应的值。一开始当然不存在对应的值了，所以会使用默认值 false，这样就什么都不会发生。接着在登录成功之后，会调用 CheckBox 的 isChecked()方法来检查复选框是否被选中。如果被选中了，则表示用户想要记住密码，这时将 remember_password 设置为 true，然后把 account 和 password 对应的值都存入 SharedPreferences 文件中并提交；如果没有被选中，就简单地调用一下 clear()方法，将 SharedPreferences 文件中的数据全部清除掉。

当用户选中了记住密码复选框，并成功登录一次之后，remember_password 键对应的值就是 true 了，这个时候如果重新启动登录界面，就会从 SharedPreferences 文件中将保存的账号和密码都读取出来，并填充到文本输入框中，然后把记住密码复选框选中，这样就完成记住密码的功能了。

现在重新运行一下程序，可以看到界面上多了一个记住密码复选框，如图 7.8 所示。

然后账号输入 admin，密码输入 123456，并选中记住密码复选框，点击登录，就会跳转到 MainActivity。接着在 MainActivity 中发出一条强制下线广播，会让程序重新回到登录界面，此时你会发现，账号和密码已经自动填充到界面上了，如图 7.9 所示。

图 7.8   带有记住密码复选框的登录界面   图 7.9   实现记住账号密码功能

这样我们就使用 SharedPreferences 技术将记住密码功能成功实现了，你是不是对 Shared-Preferences 理解得更加深刻了呢?

不过需要注意，这里实现的记住密码功能仍然只是个简单的示例，不能在实际的项目中直接使用。因为将密码以明文的形式存储在 SharedPreferences 文件中是非常不安全的，很容易被别人盗取，因此在正式的项目里必须结合一定的加密算法对密码进行保护才行。

好了，关于 SharedPreferences 的内容就讲到这里，接下来我们要学习一下本章的重头戏: Android 中的数据库技术。

7.4   SQLite 数据库存储

在刚开始接触 Android 的时候，我甚至都不敢相信，Android 系统竟然是内置了数据库的! 好吧，是我太孤陋寡闻了。SQLite 是一款轻量级的关系型数据库，它的运算速度非常快，占用资源很少，通常只需要几百 KB 的内存就足够了，因而特别适合在移动设备上使用。SQLite 不仅支持标准的 SQL 语法，还遵循了数据库的 ACID 事务，所以只要你以前使用过其他的关系型数据库，就可以很快地上手 SQLite。而 SQLite 又比一般的数据库要简单得多，它甚至不用设置用户名和密码就可以使用。Android 正是把这个功能极为强大的数据库嵌入到了系统当中，使得本地持久化的功能有了一次质的飞跃。

前面我们所学的文件存储和 SharedPreferences 存储毕竟只适用于保存一些简单的数据和

键值对，当需要存储大量复杂的关系型数据的时候，你就会发现以上两种存储方式很难应付得了。比如我们手机的短信程序中可能会有很多个会话，每个会话中又包含了很多条信息内容，并且大部分会话还可能各自对应了通讯录中的某个联系人。很难想象如何用文件或者 SharedPreferences 来存储这些数据量大、结构性复杂的数据吧？但是使用数据库就可以做得到，那么我们就赶快来看一看，Android 中的 SQLite 数据库到底是如何使用的。

7.4.1 创建数据库

Android 为了让我们能够更加方便地管理数据库，专门提供了一个 SQLiteOpenHelper 帮助类，借助这个类可以非常简单地对数据库进行创建和升级。既然有好东西可以直接使用，那我们自然要尝试一下了，下面我就对 SQLiteOpenHelper 的基本用法进行介绍。

首先，你要知道 SQLiteOpenHelper 是一个抽象类，这意味着如果我们想要使用它，就需要创建一个自己的帮助类去继承它。SQLiteOpenHelper 中有两个抽象方法：onCreate() 和 onUpgrade()。我们必须在自己的帮助类里重写这两个方法，然后分别在这两个方法中实现创建和升级数据库的逻辑。

SQLiteOpenHelper 中还有两个非常重要的实例方法：getReadableDatabase() 和 getWritableDatabase()。这两个方法都可以创建或打开一个现有的数据库（如果数据库已存在则直接打开，否则要创建一个新的数据库），并返回一个可对数据库进行读写操作的对象。不同的是，当数据库不可写入的时候（如磁盘空间已满），getReadableDatabase() 方法返回的对象将以只读的方式打开数据库，而 getWritableDatabase() 方法则将出现异常。

SQLiteOpenHelper 中有两个构造方法可供重写，一般使用参数少一点的那个构造方法即可。这个构造方法中接收 4 个参数：第一个参数是 Context，这个没什么好说的，必须有它才能对数据库进行操作；第二个参数是数据库名，创建数据库时使用的就是这里指定的名称；第三个参数允许我们在查询数据的时候返回一个自定义的 Cursor，一般传入 null 即可；第四个参数表示当前数据库的版本号，可用于对数据库进行升级操作。构建出 SQLiteOpenHelper 的实例之后，再调用它的 getReadableDatabase() 或 getWritableDatabase() 方法就能够创建数据库了，数据库文件会存放在/data/data/<package name>/databases/目录下。此时，重写的 onCreate() 方法也会得到执行，所以通常会在这里处理一些创建表的逻辑。

接下来还是让我们通过具体的例子来更加直观地体会 SQLiteOpenHelper 的用法吧，首先新建一个 DatabaseTest 项目。

这里我们希望创建一个名为 BookStore.db 的数据库，然后在这个数据库中新建一张 Book 表，表中有 id（主键）、作者、价格、页数和书名等列。创建数据库表当然还是需要用建表语句的，这里就要考验一下你的 SQL 基本功了，Book 表的建表语句如下所示：

```
create table Book (
    id integer primary key autoincrement,
```

```
author text,
price real,
pages integer,
name text)
```

只要你对 SQL 方面的知识稍微有一些了解，上面的建表语句对你来说应该不难吧。SQLite 不像其他的数据库拥有众多繁杂的数据类型，它的数据类型很简单：integer 表示整型，real 表示浮点型，text 表示文本类型，blob 表示二进制类型。另外，在上述建表语句中，我们还使用了 primary key 将 id 列设为主键，并用 autoincrement 关键字表示 id 列是自增长的。

然后需要在代码中执行这条 SQL 语句，才能完成创建表的操作。新建 MyDatabaseHelper 类继承自 SQLiteOpenHelper，代码如下所示：

```kotlin
class MyDatabaseHelper(val context: Context, name: String, version: Int) :
        SQLiteOpenHelper(context, name, null, version) {

    private val createBook = "create table Book (" +
            " id integer primary key autoincrement," +
            "author text," +
            "price real," +
            "pages integer," +
            "name text)"

    override fun onCreate(db: SQLiteDatabase) {
        db.execSQL(createBook)
        Toast.makeText(context, "Create succeeded", Toast.LENGTH_SHORT).show()
    }

    override fun onUpgrade(db: SQLiteDatabase, oldVersion: Int, newVersion: Int) {
    }

}
```

可以看到，我们把建表语句定义成了一个字符串变量，然后在 onCreate() 方法中又调用了 SQLiteDatabase 的 execSQL() 方法去执行这条建表语句，并弹出一个 Toast 提示创建成功，这样就可以保证在数据库创建完成的同时还能成功创建 Book 表。

现在修改 activity_main.xml 中的代码，如下所示：

```xml
<LinearLayout xmlns:android="http://schemas.android.com/apk/res/android"
    android:orientation="vertical"
    android:layout_width="match_parent"
    android:layout_height="match_parent"
    >

    <Button
        android:id="@+id/createDatabase"
        android:layout_width="match_parent"
        android:layout_height="wrap_content"
        android:text="Create Database"
        />

</LinearLayout>
```

布局文件很简单，就是加入了一个按钮，用于创建数据库。最后修改 MainActivity 中的代码，如下所示：

```
class MainActivity : AppCompatActivity() {

    override fun onCreate(savedInstanceState: Bundle?) {
        super.onCreate(savedInstanceState)
        setContentView(R.layout.activity_main)
        val dbHelper = MyDatabaseHelper(this, "BookStore.db", 1)
        createDatabase.setOnClickListener {
            dbHelper.writableDatabase
        }
    }

}
```

这里我们在 onCreate()方法中构建了一个 MyDatabaseHelper 对象，并且通过构造函数的参数将数据库名指定为 BookStore.db，版本号指定为 1，然后在"Create Database"按钮的点击事件里调用了 getWritableDatabase()方法。这样当第一次点击"Create Database"按钮时，就会检测到当前程序中并没有 BookStore.db 这个数据库，于是会创建该数据库并调用 MyDatabaseHelper 中的 onCreate()方法，这样 Book 表也就创建好了，然后会弹出一个 Toast 提示创建成功。再次点击"Create Database"按钮时，会发现此时已经存在 BookStore.db 数据库了，因此不会再创建一次。

现在就可以运行一下代码了，在程序主界面点击"Create Database"按钮，结果如图 7.10 所示。

图 7.10　创建数据库成功

此时 BookStore.db 数据库和 Book 表应该已经创建成功了，因为当你再次点击 "Create Database" 按钮时，不会再有 Toast 弹出。可是又回到了之前的那个老问题：怎样才能证实它们的确创建成功了？

这里我们仍然还是可以使用 Device File Explorer，但是这个工具最多只能看到 databases 目录下出现了一个 BookStore.db 文件，是无法查看 Book 表的。因此我们还需要借助一个叫作 Database Navigator 的插件工具。

Android Studio 是基于 IntelliJ IDEA 进行开发的，因此 IntelliJ IDEA 中各种丰富的插件在 Android Studio 中也可以使用。从 Android Studio 导航栏中打开 Preferences→Plugins，就可以进入插件管理界面了，如图 7.11 所示。

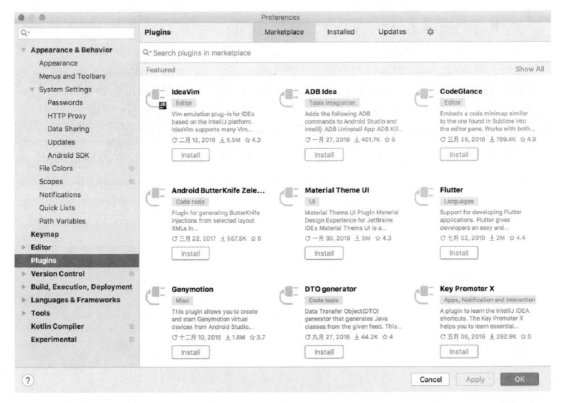

图 7.11　插件管理界面

这是一个官方的插件市场，你只需要在搜索框中输入 "Database Navigator"，即可找到我们需要的插件，如图 7.12 所示。

点击 "Install"，Android Studio 会自动下载并安装插件，安装完成后根据提示重启 Android Studio，新安装的插件就可以正常工作了。

现在打开 Device File Explorer，然后进入/data/data/com.example.databasetest/databases/目录下，可以看到已经存在了一个 BookStore.db 文件，如图 7.13 所示。

图 7.12　Database Navigator 插件　　　　　　图 7.13　生成的 BookStore.db 文件

这个目录下还存在另外一个 BookStore.db-journal 文件，这是一个为了让数据库能够支持事务而产生的临时日志文件，通常情况下这个文件的大小是 0 字节，我们可以暂时不用管它。

现在对着 BookStore.db 文件右击→Save As，将它从模拟器导出到你的计算机的任意位置。然后观察 Android Studio 的左侧边栏，现在应该多出了一个 DB Browser 工具，这就是我们刚刚安装的插件了。如果你的左侧边栏中找不到这个工具，也可以使用快捷键 Ctrl + Shift + A（Mac 系统是 command + shift + A）打开搜索功能，在搜索框中输入"DB Browser"即可找到这个工具。

为了打开刚刚导出的数据库文件，我们需要点击这个工具左上角的加号按钮，并选择 SQLite 选项，如图 7.14 所示。

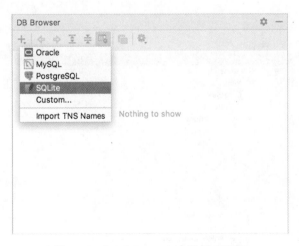

图 7.14　在 DB Browser 中选择 SQLite

然后在弹出窗口的 Database 配置中选择我们刚才导出的 BookStore.db 文件，如图 7.15 所示。

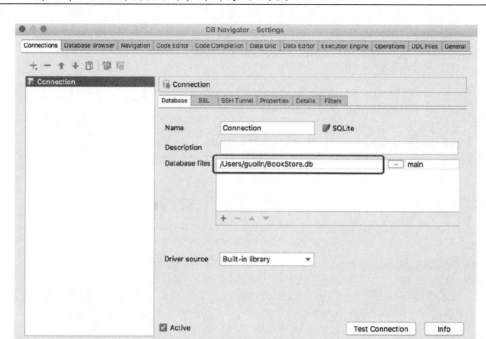

图 7.15 选择 BookStore.db 文件

点击"OK"完成配置，这个时候 DB Browser 中就会显示出 BookStore.db 数据库里所有的内容了，如图 7.16 所示。

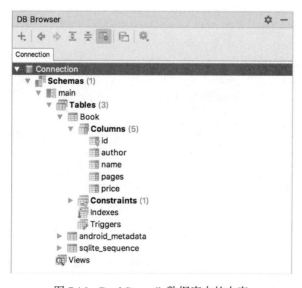

图 7.16 BookStore.db 数据库中的内容

可以看到，BookStore.db 数据库中确实存在了一张 Book 表，并且 Book 表中的列也和我们前面使用的建表语句完全匹配，由此证明 BookStore.db 数据库和 Book 表确实已经创建成功了。

7.4.2 升级数据库

如果你足够细心，一定会发现 MyDatabaseHelper 中还有一个空方法呢！没错，onUpgrade() 方法是用于对数据库进行升级的，它在整个数据库的管理工作当中起着非常重要的作用，可千万不能忽视它哟。

目前，DatabaseTest 项目中已经有一张 Book 表用于存放书的各种详细数据，如果我们想再添加一张 Category 表用于记录图书的分类，该怎么做呢？

比如 Category 表中有 id（主键）、分类名和分类代码这几个列，那么建表语句就可以写成：

```
create table Category (
    id integer primary key autoincrement,
    category_name text,
    category_code integer)
```

接下来我们将这条建表语句添加到 MyDatabaseHelper 中，代码如下所示：

```
class MyDatabaseHelper(val context: Context, name: String, version: Int):
        SQLiteOpenHelper(context, name, null, version) {
    ...
    private val createCategory = "create table Category (" +
            "id integer primary key autoincrement," +
            "category_name text," +
            "category_code integer)"

    override fun onCreate(db: SQLiteDatabase) {
        db.execSQL(createBook)
        db.execSQL(createCategory)
        Toast.makeText(context, "Create succeeded", Toast.LENGTH_SHORT).show()
    }

    override fun onUpgrade(db: SQLiteDatabase, oldVersion: Int, newVersion: Int) {
    }

}
```

看上去好像都挺对的吧？现在我们重新运行一下程序，并点击 "Create Database" 按钮，咦？竟然没有弹出创建成功的提示。当然，你也可以通过 DB Browser 工具到数据库中再去检查一下，这样你会更加确认 Category 表没有创建成功！

其实没有创建成功的原因不难思考，因为此时 BookStore.db 数据库已经存在了，之后不管我们怎样点击 "Create Database" 按钮，MyDatabaseHelper 中的 onCreate() 方法都不会再次执行，因此新添加的表也就无法得到创建了。

解决这个问题的办法也相当简单，只需要先将程序卸载，然后重新运行，这时 BookStore.db 数据库已经不存在了，如果再点击 "Create Database" 按钮，MyDatabaseHelper 中的 onCreate() 方法就会执行，这时 Category 表就可以创建成功了。

不过，通过卸载程序的方式来新增一张表毫无疑问是很极端的做法，其实我们只需要巧妙地运用 SQLiteOpenHelper 的升级功能，就可以很轻松地解决这个问题。修改 MyDatabaseHelper 中的代码，如下所示：

```
class MyDatabaseHelper(val context: Context, name: String, version: Int):
        SQLiteOpenHelper(context, name, null, version) {
    ...
    override fun onUpgrade(db: SQLiteDatabase, oldVersion: Int, newVersion: Int) {
        db.execSQL("drop table if exists Book")
        db.execSQL("drop table if exists Category")
        onCreate(db)
    }

}
```

可以看到，我们在 onUpgrade() 方法中执行了两条 DROP 语句，如果发现数据库中已经存在 Book 表或 Category 表，就将这两张表删除，然后调用 onCreate() 方法重新创建。这里先将已经存在的表删除，是因为如果在创建表时发现这张表已经存在了，就会直接报错。

接下来的问题就是如何让 onUpgrade() 方法能够执行了。还记得 SQLiteOpenHelper 的构造方法里接收的第四个参数吗？它表示当前数据库的版本号，之前我们传入的是 1，现在只要传入一个比 1 大的数，就可以让 onUpgrade() 方法得到执行了。修改 MainActivity 中的代码，如下所示：

```
class MainActivity : AppCompatActivity() {

    override fun onCreate(savedInstanceState: Bundle?) {
        super.onCreate(savedInstanceState)
        setContentView(R.layout.activity_main)
        val dbHelper = MyDatabaseHelper(this, "BookStore.db", 2)
        createDatabase.setOnClickListener {
            dbHelper.writableDatabase
        }
    }

}
```

这里将数据库版本号指定为 2，表示我们对数据库进行升级了。现在重新运行程序，并点击 "Create Database" 按钮，这时就会再次弹出创建成功的提示。

为了验证一下 Category 表是不是已经创建成功了，我们还可以使用同样的方式将 BookStore.db 文件导出到计算机本地，并覆盖之前的 BookStore.db 文件，然后在 DB Browser 中重新导入，这样就会加载新的 BookStore.db 文件了，如图 7.17 所示。

图 7.17　BookStore.db 数据库升级后的内容

可以看到，Category 表已经创建成功了，说明我们的升级功能的确起到了作用。

7.4.3　添加数据

现在你已经掌握了创建和升级数据库的方法，接下来就该学习一下如何对表中的数据进行操作了。其实我们可以对数据进行的操作无非有 4 种，即 CRUD。其中 C 代表添加（create），R 代表查询（retrieve），U 代表更新（update），D 代表删除（delete）。每一种操作都对应了一种 SQL 命令，如果你比较熟悉 SQL 语言的话，一定会知道添加数据时使用 insert，查询数据时使用 select，更新数据时使用 update，删除数据时使用 delete。但是开发者的水平是参差不齐的，未必每一个人都能非常熟悉 SQL 语言，因此 Android 提供了一系列的辅助性方法，让你在 Android 中即使不用编写 SQL 语句，也能轻松完成所有的 CRUD 操作。

前面我们已经知道，调用 SQLiteOpenHelper 的 getReadableDatabase() 或 getWritable-Database() 方法是可以用于创建和升级数据库的，不仅如此，这两个方法还都会返回一个 SQLiteDatabase 对象，借助这个对象就可以对数据进行 CRUD 操作了。

那么下面我们首先学习一下如何向数据库的表中添加数据吧。SQLiteDatabase 中提供了一个 insert() 方法，专门用于添加数据。它接收 3 个参数：第一个参数是表名，我们希望向哪张表里添加数据，这里就传入该表的名字；第二个参数用于在未指定添加数据的情况下给某些可为空的列自动赋值 NULL，一般我们用不到这个功能，直接传入 null 即可；第三个参数是一个 ContentValues 对象，它提供了一系列的 put() 方法重载，用于向 ContentValues 中添加数据，只需要将表中的每个列名以及相应的待添加数据传入即可。

介绍完了基本用法，接下来还是让我们通过例子来亲身体验一下如何添加数据吧。修改 activity_main.xml 中的代码，如下所示：

```xml
<LinearLayout xmlns:android="http://schemas.android.com/apk/res/android"
    android:orientation="vertical"
    android:layout_width="match_parent"
    android:layout_height="match_parent"
    >

    ...

    <Button
        android:id="@+id/addData"
        android:layout_width="match_parent"
        android:layout_height="wrap_content"
        android:text="Add Data"
        />
</LinearLayout>
```

可以看到，我们在布局文件中又新增了一个按钮，稍后就会在这个按钮的点击事件里编写添加数据的逻辑。接着修改 MainActivity 中的代码，如下所示：

```kotlin
class MainActivity : AppCompatActivity() {

    override fun onCreate(savedInstanceState: Bundle?) {
        super.onCreate(savedInstanceState)
        setContentView(R.layout.activity_main)
        val dbHelper = MyDatabaseHelper(this, "BookStore.db", 2)
        ...
        addData.setOnClickListener {
            val db = dbHelper.writableDatabase
            val values1 = ContentValues().apply {
                // 开始组装第一条数据
                put("name", "The Da Vinci Code")
                put("author", "Dan Brown")
                put("pages", 454)
                put("price", 16.96)
            }
            db.insert("Book", null, values1) // 插入第一条数据
            val values2 = ContentValues().apply {
                // 开始组装第二条数据
                put("name", "The Lost Symbol")
                put("author", "Dan Brown")
                put("pages", 510)
                put("price", 19.95)
            }
            db.insert("Book", null, values2) // 插入第二条数据
        }
    }

}
```

在添加数据按钮的点击事件里，我们先获取了 SQLiteDatabase 对象，然后使用 ContentValues 对要添加的数据进行组装。如果你比较细心的话，应该会发现这里只对 Book 表里其中 4 列的数据进行了组装，id 那一列并没给它赋值。这是因为在前面创建表的时候，我们就将 id 列设置为自增长了，它的值会在入库的时候自动生成，所以不需要手动赋值了。接下来调用了 insert() 方法将数据添加到表当中，注意这里我们添加了两条数据。

好了，现在可以重新运行一下程序了，界面如图 7.18 所示。

图 7.18　加入添加数据按钮

　　点击一下"Add Data"按钮，此时两条数据应该都已经添加成功了。我们仍然可以使用 DB Browser 来验证一下，同样先将 BookStore.db 文件导出到本地，然后重新加载数据库，想要查询哪张表的内容，只需要双击这张表就可以了，这里我们双击 Book 表，会弹出一个如图 7.19 所示的窗口。

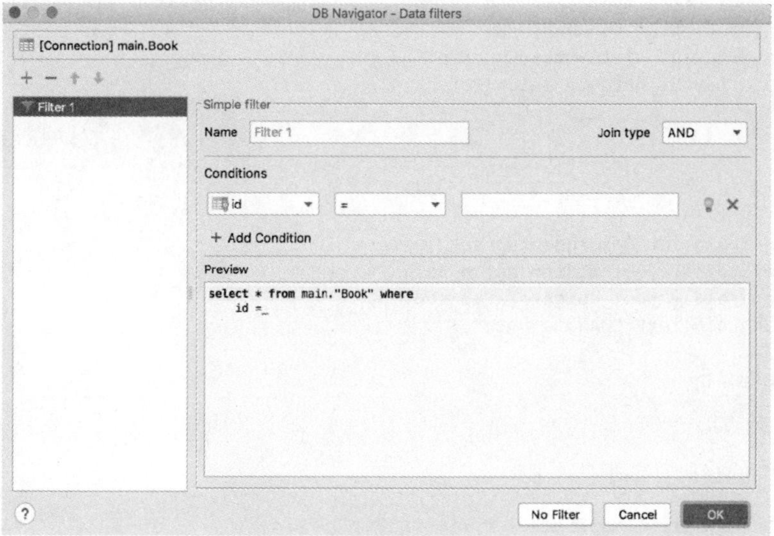

图 7.19　设置查询条件的窗口

这个窗口是用来设置查询条件的，这里我们不需要设置任何查询条件，直接点击窗口下方的“No Filter”按钮即可，然后就可以看到如图 7.20 所示的数据了。

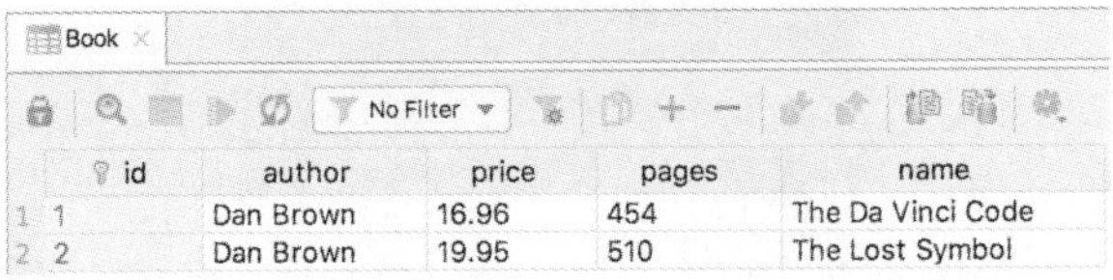

	id	author	price	pages	name
1	1	Dan Brown	16.96	454	The Da Vinci Code
2	2	Dan Brown	19.95	510	The Lost Symbol

图 7.20　Book 表中的数据

由此可以看出，我们刚刚组装的两条数据都已经准确无误地添加到 Book 表中了。

7.4.4　更新数据

学习完了如何向表中添加数据，接下来我们看看怎样才能修改表中已有的数据。SQLiteDatabase 中提供了一个非常好用的 update()方法，用于对数据进行更新。这个方法接收 4 个参数：第一个参数和 insert()方法一样，也是表名，指定更新哪张表里的数据；第二个参数是 ContentValues 对象，要把更新数据在这里组装进去；第三、第四个参数用于约束更新某一行或某几行中的数据，不指定的话默认会更新所有行。

那么接下来，我们仍然是在 DatabaseTest 项目的基础上修改，看一下更新数据的具体用法。比如刚才添加到数据库里的第一本书，由于过了畅销季，卖得不是很火了，现在需要通过降低价格的方式来吸引更多的顾客，我们应该怎么操作呢？首先修改 activity_main.xml 中的代码，如下所示：

```
<LinearLayout xmlns:android="http://schemas.android.com/apk/res/android"
    android:orientation="vertical"
    android:layout_width="match_parent"
    android:layout_height="match_parent"
    >

    ...

    <Button
        android:id="@+id/updateData"
        android:layout_width="match_parent"
        android:layout_height="wrap_content"
        android:text="Update Data"
        />
</LinearLayout>
```

布局文件中的代码已经非常简单了，就是添加了一个用于更新数据的按钮。然后修改 MainActivity 中的代码，如下所示：

```
class MainActivity : AppCompatActivity() {

    override fun onCreate(savedInstanceState: Bundle?) {
```

```
    super.onCreate(savedInstanceState)
    setContentView(R.layout.activity_main)
    val dbHelper = MyDatabaseHelper(this, "BookStore.db", 2)
    ...
    updateData.setOnClickListener {
        val db = dbHelper.writableDatabase
        val values = ContentValues()
        values.put("price", 10.99)
        db.update("Book", values, "name = ?", arrayOf("The Da Vinci Code"))
    }
}

}
```

这里在更新数据按钮的点击事件里面构建了一个 ContentValues 对象，并且只给它指定了一组数据，说明我们只是想把价格这一列的数据更新成 10.99。然后调用了 SQLiteDatabase 的 update()方法执行具体的更新操作，可以看到，这里使用了第三、第四个参数来指定具体更新哪几行。第三个参数对应的是 SQL 语句的 where 部分，表示更新所有 name 等于?的行，而?是一个占位符，可以通过第四个参数提供的一个字符串数组为第三个参数中的每个占位符指定相应的内容，arrayOf()方法是 Kotlin 提供的一种用于便捷创建数组的内置方法。因此上述代码想表达的意图就是将 *The Da Vinci Code* 这本书的价格改成 10.99。

现在重新运行一下程序，界面如图 7.21 所示。

图 7.21　加入更新数据按钮

点击“Update Data”按钮，再次使用同样的操作方式查看 Book 表中的数据情况，结果如图 7.22 所示。

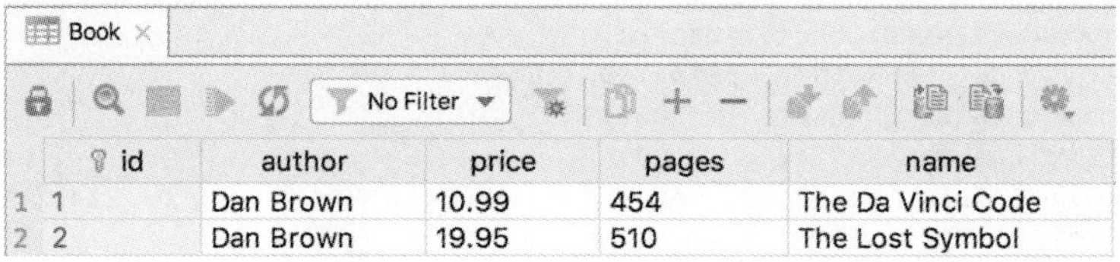

	id	author	price	pages	name
1	1	Dan Brown	10.99	454	The Da Vinci Code
2	2	Dan Brown	19.95	510	The Lost Symbol

图 7.22　查看更新后的数据

可以看到，*The Da Vinci Code* 这本书的价格已经被成功改为 10.99 了。

7.4.5　删除数据

怎么样？添加和更新数据的功能还挺简单的吧，代码也不多，理解起来又容易，那么我们要马不停蹄地开始学习下一种操作了，即从表中删除数据。

删除数据对你来说应该就更简单了，因为它所需要用到的知识点你已经全部学过了。`SQLiteDatabase` 中提供了一个 `delete()`方法，专门用于删除数据。这个方法接收 3 个参数：第一个参数仍然是表名，这个没什么好说的；第二、第三个参数用于约束删除某一行或某几行的数据，不指定的话默认会删除所有行。

是不是理解起来很轻松了？那我们就继续动手实践吧，修改 activity_main.xml 中的代码，如下所示：

```
<LinearLayout xmlns:android="http://schemas.android.com/apk/res/android"
    android:orientation="vertical"
    android:layout_width="match_parent"
    android:layout_height="match_parent"
    >

    ...

    <Button
        android:id="@+id/deleteData"
        android:layout_width="match_parent"
        android:layout_height="wrap_content"
        android:text="Delete Data"
        />
</LinearLayout>
```

仍然是在布局文件中添加了一个按钮，用于删除数据。然后修改 MainActivity 中的代码，如下所示：

```
class MainActivity : AppCompatActivity() {

    override fun onCreate(savedInstanceState: Bundle?) {
```

```
        super.onCreate(savedInstanceState)
        setContentView(R.layout.activity_main)
        val dbHelper = MyDatabaseHelper(this, "BookStore.db", 2)
        ...
        deleteData.setOnClickListener {
            val db = dbHelper.writableDatabase
            db.delete("Book", "pages > ?", arrayOf("500"))
        }
    }

}
```

可以看到，我们在删除按钮的点击事件里指明删除 Book 表中的数据，并且通过第二、第三个参数来指定仅删除那些页数超过 500 页的书。当然这个需求很奇怪，这里仅仅是为了做个测试。你可以先查看一下当前 Book 表里的数据，其中 *The Lost Symbol* 这本书的页数超过了 500 页，也就是说当我们点击删除按钮时，这条记录应该会被删除。

现在重新运行一下程序，界面如图 7.23 所示。

图 7.23 加入删除数据按钮

点击 "Delete Data" 按钮，再次查看表中的数据情况，结果如图 7.24 所示。

图 7.24　查看删除后的数据

7.4.6　查询数据

终于到最后一种操作了，掌握了查询数据的方法之后，你就将数据库的 CRUD 操作全部学完了。不过千万不要因此而放松，因为查询数据是 CRUD 中最复杂的一种操作。

SQL 的全称是 Structured Query Language，翻译成中文就是结构化查询语言。它的大部分功能体现在“查”这个字上，而“增删改”只是其中的一小部分功能。由于 SQL 查询涉及的内容实在是太多了，因此在这里我不准备对它展开讲解，而是只会介绍 Android 上的查询功能。如果你对 SQL 语言非常感兴趣，可以找一本专门介绍 SQL 的书进行学习。

相信你已经猜到了，SQLiteDatabase 中还提供了一个 query() 方法用于对数据进行查询。这个方法的参数非常复杂，最短的一个方法重载也需要传入 7 个参数。那我们就先来看一下这 7 个参数各自的含义吧。第一个参数不用说，当然还是表名，表示我们希望从哪张表中查询数据。第二个参数用于指定去查询哪几列，如果不指定则默认查询所有列。第三、第四个参数用于约束查询某一行或某几行的数据，不指定则默认查询所有行的数据。第五个参数用于指定需要去 group by 的列，不指定则表示不对查询结果进行 group by 操作。第六个参数用于对 group by 之后的数据进行进一步的过滤，不指定则表示不进行过滤。第七个参数用于指定查询结果的排序方式，不指定则表示使用默认的排序方式。更多详细的内容可以参考表 7.1。其他几个 query() 方法的重载也大同小异，你可以自己去研究一下，这里就不再进行介绍了。

表 7.1　query() 方法参数的详细解释

query() 方法参数	对应 SQL 部分	描　　述
table	from table_name	指定查询的表名
columns	select column1, column2	指定查询的列名
selection	where column = value	指定 where 的约束条件
selectionArgs	-	为 where 中的占位符提供具体的值
groupBy	group by column	指定需要 group by 的列
having	having column = value	对 group by 后的结果进一步约束
orderBy	order by column1, column2	指定查询结果的排序方式

虽然 query() 方法的参数非常多，但是不要对它产生畏惧，因为我们不必为每条查询语句都指定所有的参数，多数情况下只需要传入少数几个参数就可以完成查询操作了。调用 query() 方法后会返回一个 Cursor 对象，查询到的所有数据都将从这个对象中取出。

下面还是让我们通过具体的例子来体验一下查询数据的用法，修改 activity_main.xml 中的代码，如下所示：

```
<LinearLayout xmlns:android="http://schemas.android.com/apk/res/android"
    android:orientation="vertical"
    android:layout_width="match_parent"
    android:layout_height="match_parent"
    >

    ...

    <Button
        android:id="@+id/queryData"
        android:layout_width="match_parent"
        android:layout_height="wrap_content"
        android:text="Query Data"
        />
</LinearLayout>
```

这个已经没什么好说的了，添加了一个按钮用于查询数据。然后修改 MainActivity 中的代码，如下所示：

```
class MainActivity : AppCompatActivity() {

    override fun onCreate(savedInstanceState: Bundle?) {
        super.onCreate(savedInstanceState)
        setContentView(R.layout.activity_main)
        val dbHelper = MyDatabaseHelper(this, "BookStore.db", 2)
        ...
        queryData.setOnClickListener {
            val db = dbHelper.writableDatabase
            // 查询 Book 表中所有的数据
            val cursor = db.query("Book", null, null, null, null, null, null)
            if (cursor.moveToFirst()) {
                do {
                    // 遍历 Cursor 对象，取出数据并打印
                    val name = cursor.getString(cursor.getColumnIndex("name"))
                    val author = cursor.getString(cursor.getColumnIndex("author"))
                    val pages = cursor.getInt(cursor.getColumnIndex("pages"))
                    val price = cursor.getDouble(cursor.getColumnIndex("price"))
                    Log.d("MainActivity", "book name is $name")
                    Log.d("MainActivity", "book author is $author")
                    Log.d("MainActivity", "book pages is $pages")
                    Log.d("MainActivity", "book price is $price")
                } while (cursor.moveToNext())
            }
            cursor.close()
        }
    }

}
```

可以看到，我们首先在查询按钮的点击事件里面调用了 SQLiteDatabase 的 query()方法查询数据。这里的 query()方法非常简单，只使用了第一个参数指明查询 Book 表，后面的参数全部为 null。这就表示希望查询这张表中的所有数据，虽然这张表中目前只剩下一条数据了。查询完之后就得到了一个 Cursor 对象，接着我们调用它的 moveToFirst()方法，将数据的指针移动到第一行的位置，然后进入一个循环当中，去遍历查询到的每一行数据。在这个循环中可以通过 Cursor 的 getColumnIndex()方法获取某一列在表中对应的位置索引，然后将这个索引传入相应的取值方法中，就可以得到从数据库中读取到的数据了。接着我们使用 Log 将取出的数据打印出来，借此检查读取工作有没有成功完成。最后别忘了调用 close()方法来关闭 Cursor。

好了，现在重新运行程序，界面如图 7.25 所示。

图 7.25　加入查询数据按钮

点击"Query Data"按钮，查看 Logcat 的打印内容，结果如图 7.26 所示。

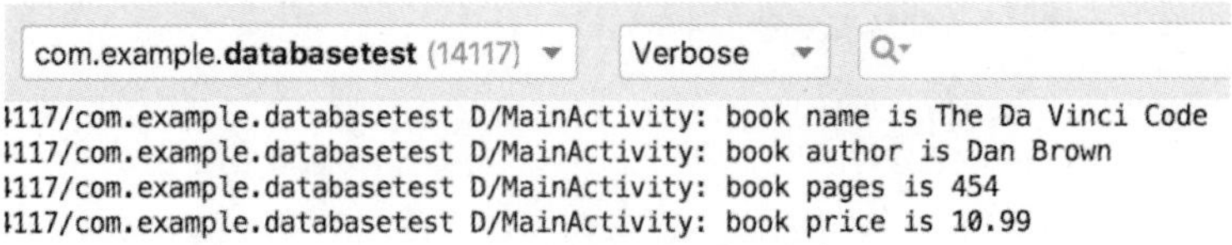

图 7.26　打印查询到的数据

可以看到，这里已经将 Book 表中唯一的一条数据成功地读取出来了。

当然，这个例子只是对查询数据的用法进行了最简单的示范。在真正的项目中，你可能会遇到比这要复杂得多的查询功能，更多高级的用法还需要你自己去慢慢摸索，毕竟 query()方法中还有那么多的参数我们都还没用到呢。

7.4.7 使用 SQL 操作数据库

虽然 Android 已经给我们提供了很多非常方便的 API 用于操作数据库，不过总会有一些人不习惯使用这些辅助性的方法，而是更加青睐于直接使用 SQL 来操作数据库。如果你也是其中之一的话，那么恭喜，Android 充分考虑到了你们的编程习惯，同样提供了一系列的方法，使得可以直接通过 SQL 来操作数据库。

下面我就来简略演示一下，如何直接使用 SQL 来完成前面几个小节中学过的 CRUD 操作。

添加数据：

```
db.execSQL("insert into Book (name, author, pages, price) values(?, ?, ?, ?)",
    arrayOf("The Da Vinci Code", "Dan Brown", "454", "16.96")
)
db.execSQL("insert into Book (name, author, pages, price) values(?, ?, ?, ?)",
    arrayOf("The Lost Symbol", "Dan Brown", "510", "19.95")
)
```

更新数据：

```
db.execSQL("update Book set price = ? where name = ?", arrayOf("10.99", "The Da Vinci Code"))
```

删除数据：

```
db.execSQL("delete from Book where pages > ?", arrayOf("500"))
```

查询数据：

```
val cursor = db.rawQuery("select * from Book", null)
```

可以看到，除了查询数据的时候调用的是 SQLiteDatabase 的 rawQuery()方法，其他操作都是调用的 execSQL()方法。以上演示的几种方式的执行结果会和前面我们学习的 CRUD 操作的结果完全相同，选择使用哪一种方式就看你个人的喜好了。

7.5 SQLite 数据库的最佳实践

上一节我们只能算是学习了 SQLite 数据库的基本用法，如果你想继续深入钻研，SQLite 数据库中可拓展的知识就太多了。既然还有那么多的高级技巧在等着我们，自然又要进入本章的最佳实践环节了。

7.5.1 使用事务

我们知道，SQLite 数据库是支持事务的，事务的特性可以保证让一系列的操作要么全部完成，要么一个都不会完成。那么在什么情况下才需要使用事务呢？想象以下场景，比如你正在进行一次转账操作，银行会先将转账的金额从你的账户中扣除，然后再向收款方的账户中添加等量的金额。看上去好像没什么问题吧？可是，如果当你账户中的金额刚刚被扣除，这时由于一些异常原因导致对方收款失败，这一部分钱就凭空消失了！当然银行肯定已经充分考虑到了这种情况，它会保证扣款和收款的操作要么一起成功，要么都不会成功，而使用的技术当然就是事务了。

接下来我们看一看如何在 Android 中使用事务吧，仍然是在 DatabaseTest 项目的基础上进行修改。比如 Book 表中的数据已经很老了，现在准备全部废弃，替换成新数据，可以先使用 delete() 方法将 Book 表中的数据删除，然后再使用 insert() 方法将新的数据添加到表中。我们要保证删除旧数据和添加新数据的操作必须一起完成，否则就要继续保留原来的旧数据。修改 activity_main.xml 中的代码，如下所示：

```
<LinearLayout xmlns:android="http://schemas.android.com/apk/res/android"
    android:layout_width="match_parent"
    android:layout_height="match_parent"
    android:orientation="vertical" >

    ...

    <Button
        android:id="@+id/replaceData"
        android:layout_width="match_parent"
        android:layout_height="wrap_content"
        android:text="Replace Data"
        />
</LinearLayout>
```

可以看到，这里又添加了一个按钮，用于进行数据替换操作。然后修改 MainActivity 中的代码，如下所示：

```
class MainActivity : AppCompatActivity() {

    override fun onCreate(savedInstanceState: Bundle?) {
        super.onCreate(savedInstanceState)
        setContentView(R.layout.activity_main)
        val dbHelper = MyDatabaseHelper(this, "BookStore.db", 2)
        ...
        replaceData.setOnClickListener {
            val db = dbHelper.writableDatabase
            db.beginTransaction() // 开启事务
            try {
                db.delete("Book", null, null)
                if (true) {
                    // 手动抛出一个异常，让事务失败
                    throw NullPointerException()
```

```
        }
        val values = ContentValues().apply {
            put("name", "Game of Thrones")
            put("author", "George Martin")
            put("pages", 720)
            put("price", 20.85)
        }
        db.insert("Book", null, values)
        db.setTransactionSuccessful() // 事务已经执行成功
    } catch (e: Exception) {
        e.printStackTrace()
    } finally {
        db.endTransaction() // 结束事务
    }
}
```

}

上述代码就是 Android 中事务的标准用法, 首先调用 SQLiteDatabase 的 beginTransaction()
方法开启一个事务, 然后在一个异常捕获的代码块中执行具体的数据库操作, 当所有的操作都完
成之后, 调用 setTransactionSuccessful() 表示事务已经执行成功了, 最后在 finally 代码
块中调用 endTransaction() 结束事务。注意观察, 我们在删除旧数据的操作完成后手动抛出了
一个 NullPointerException, 这样添加新数据的代码就执行不到了。不过由于事务的存在, 中
途出现异常会导致事务的失败, 此时旧数据应该是删除不掉的。

现在运行一下程序并点击 "Replace Data" 按钮, 然后点击 "Query Data" 按钮。你会发现,
Book 表中存在的还是之前的旧数据, 说明我们的事务确实生效了。然后将手动抛出异常的那行
代码删除并重新运行程序, 此时点击一下 "Replace Data" 按钮, 就会将 Book 表中的数据替换成
新数据了, 你可以再使用 "Query Data" 按钮来验证一次。

7.5.2 升级数据库的最佳写法

在 7.4.2 小节中我们学习的升级数据库的方式是非常粗暴的, 为了保证数据库中的表是最新
的, 我们只是简单地在 onUpgrade() 方法中删除掉了当前所有的表, 然后强制重新执行了一遍
onCreate() 方法。这种方式在产品的开发阶段确实可以用, 但是当产品真正上线之后就绝对不
行了。想象以下场景, 比如你编写的某个应用已经成功上线了, 并且还拥有了不错的下载量。现
在由于添加了新功能, 数据库需要一起升级, 结果用户更新了这个版本之后却发现以前程序中存
储的本地数据全部丢失了! 那么很遗憾, 你的用户群体可能已经流失一大半了。

听起来好像挺恐怖的样子, 难道在产品发布出去之后还不能升级数据库了? 当然不是, 其实
只需要进行一些合理的控制, 就可以保证在升级数据库的时候数据并不会丢失了。

下面我们就来学习一下如何实现这样的功能。你已经知道, 每一个数据库版本都会对应一个
版本号, 当指定的数据库版本号大于当前数据库版本号的时候, 就会进入 onUpgrade() 方法中

执行更新操作。这里需要为每一个版本号赋予其所对应的数据库变动，然后在 `onUpgrade()`方法中对当前数据库的版本号进行判断，再执行相应的改变就可以了。

　　下面就让我们模拟一个数据库升级的案例，还是由 `MyDatabaseHelper` 类对数据库进行管理。第 1 版的程序要求非常简单，只需要创建一张 Book 表。`MyDatabaseHelper` 中的代码如下所示：

```
class MyDatabaseHelper(val context: Context, name: String, version: Int):
        SQLiteOpenHelper(context, name, null, version) {

    private val createBook = "create table Book (" +
            " id integer primary key autoincrement," +
            "author text," +
            "price real," +
            "pages integer," +
            "name text)"

    override fun onCreate(db: SQLiteDatabase) {
        db.execSQL(createBook)
    }

    override fun onUpgrade(db: SQLiteDatabase, oldVersion: Int, newVersion: Int) {
    }

}
```

　　不过，几星期之后又有了新需求，这次需要向数据库中再添加一张 Category 表。于是，修改 `MyDatabaseHelper` 中的代码，如下所示：

```
class MyDatabaseHelper(val context: Context, name: String, version: Int):
        SQLiteOpenHelper(context, name, null, version) {

    private val createBook = "create table Book (" +
            " id integer primary key autoincrement," +
            "author text," +
            "price real," +
            "pages integer," +
            "name text)"

    private val createCategory = "create table Category (" +
            "id integer primary key autoincrement," +
            "category_name text," +
            "category_code integer)"

    override fun onCreate(db: SQLiteDatabase) {
        db.execSQL(createBook)
        db.execSQL(createCategory)
    }

    override fun onUpgrade(db: SQLiteDatabase, oldVersion: Int, newVersion: Int) {
        if (oldVersion <= 1) {
            db.execSQL(createCategory)
```

```
        }
    }

}
```

可以看到，在 onCreate()方法里我们新增了一条建表语句，然后又在 onUpgrade()方法中添加了一个 if 判断，如果用户数据库的旧版本号小于等于 1，就只会创建一张 Category 表。

这样当用户直接安装第 2 版的程序时，就会进入 onCreate()方法，将两张表一起创建。而当用户使用第 2 版的程序覆盖安装第 1 版的程序时，就会进入升级数据库的操作中，此时由于 Book 表已经存在了，因此只需要创建一张 Category 表即可。

但是没过多久，新的需求又来了，这次要给 Book 表和 Category 表之间建立关联，需要在 Book 表中添加一个 category_id 字段。再次修改 MyDatabaseHelper 中的代码，如下所示：

```kotlin
class MyDatabaseHelper(val context: Context, name: String, version: Int):
        SQLiteOpenHelper(context, name, null, version) {

    private val createBook = "create table Book (" +
            " id integer primary key autoincrement," +
            "author text," +
            "price real," +
            "pages integer," +
            "name text," +
            "category_id integer)"

    private val createCategory = "create table Category (" +
            "id integer primary key autoincrement," +
            "category_name text," +
            "category_code integer)"

    override fun onCreate(db: SQLiteDatabase) {
        db.execSQL(createBook)
        db.execSQL(createCategory)
    }

    override fun onUpgrade(db: SQLiteDatabase, oldVersion: Int, newVersion: Int) {
        if (oldVersion <= 1) {
            db.execSQL(createCategory)
        }
        if (oldVersion <= 2) {
            db.execSQL("alter table Book add column category_id integer")
        }
    }

}
```

可以看到，首先我们在 Book 表的建表语句中添加了一个 category_id 列，这样当用户直接安装第 3 版的程序时，这个新增的列就已经自动添加成功了。然而，如果用户之前已经安装了某一版本的程序，现在需要覆盖安装，就会进入升级数据库的操作中。在 onUpgrade()方法里，我们添加了一个新的条件，如果当前数据库的版本号是 2，就会执行 alter 命令，为 Book 表新增一个 category_id 列。

　　这里请注意一个非常重要的细节：每当升级一个数据库版本的时候，onUpgrade()方法里都一定要写一个相应的 if 判断语句。为什么要这么做呢？这是为了保证 App 在跨版本升级的时候，每一次的数据库修改都能被全部执行。比如用户当前是从第 2 版升级到第 3 版，那么只有第二条判断语句会执行，而如果用户是直接从第 1 版升级到第 3 版，那么两条判断语句都会执行。使用这种方式来维护数据库的升级，不管版本怎样更新，都可以保证数据库的表结构是最新的，而且表中的数据完全不会丢失。

　　好了，关于 SQLite 数据库的最佳实践部分我们就学到这里。本节中我们学习的是 Android中操作数据库最传统的方式，而实际上现在 Google 又推出了一个专门用于 Android 平台的数据库框架——Room。相比于传统的数据库 API，Room 的用法要更加复杂一些，但是却更加科学和规范，也更加符合现代高质量 App 的开发标准，我们将在第 13 章中学习这部分内容。

　　那么不用多说，现在又该进入我们本章的 Kotlin 课堂了。

7.6　Kotlin 课堂：高阶函数的应用

　　在上一章的 Kotlin 课堂中，我们学习了高阶函数应该如何使用，而本章的 Kotlin 课堂里，我们将会学习高阶函数具体可以用在哪里。这节课的内容会相对简单一些，前提是你已经将上一节课的内容都牢牢掌握了。

　　高阶函数非常适用于简化各种 API 的调用，一些 API 的原有用法在使用高阶函数简化之后，不管是在易用性还是可读性方面，都可能会有很大的提升。

　　为了进行举例说明，我们在本节 Kotlin 课堂里会使用高阶函数简化 SharedPreferences 和 ContentValues 这两种 API 的用法，让它们的使用变得更加简单。

7.6.1　简化 SharedPreferences 的用法

　　首先来看 SharedPreferences，在开始对它进行简化之前，我们先回顾一下 SharedPreferences原来的用法。向 SharedPreferences 中存储数据的过程大致可以分为以下 3 步：

　　(1) 调用 SharedPreferences 的 edit()方法获取 SharedPreferences.Editor 对象；

　　(2) 向 SharedPreferences.Editor 对象中添加数据；

　　(3) 调用 apply()方法将添加的数据提交，完成数据存储操作。

　　对应的代码示例如下：

```
val editor = getSharedPreferences("data", Context.MODE_PRIVATE).edit()
editor.putString("name", "Tom")
editor.putInt("age", 28)
editor.putBoolean("married", false)
editor.apply()
```

当然，这段代码其实本身已经足够简单了，但是这种写法更多还是在用 Java 的编程思维来编写代码，而在 Kotlin 当中我们明显可以做到更好。

接下来我们就尝试使用高阶函数简化 SharedPreferences 的用法，新建一个 SharedPreferences.kt 文件，然后在里面加入如下代码：

```
fun SharedPreferences.open(block: SharedPreferences.Editor.() -> Unit) {
    val editor = edit()
    editor.block()
    editor.apply()
}
```

这段代码虽然不长，但是涵盖了高阶函数的各种精华，下面我来解释一下。

首先，我们通过扩展函数的方式向 SharedPreferences 类中添加了一个 open 函数，并且它还接收一个函数类型的参数，因此 open 函数自然就是一个高阶函数了。

由于 open 函数内拥有 SharedPreferences 的上下文，因此这里可以直接调用 edit()方法来获取 SharedPreferences.Editor 对象。另外 open 函数接收的是一个 SharedPreferences.Editor 的函数类型参数，因此这里需要调用 editor.block()对函数类型参数进行调用，我们就可以在函数类型参数的具体实现中添加数据了。最后还要调用 editor.apply()方法来提交数据，从而完成数据存储操作。

如果你将上一节 Kotlin 课堂的内容很好地掌握了，相信这段代码理解起来应该没有什么难度。

定义好了 open 函数之后，我们以后在项目中使用 SharedPreferences 存储数据就会更加方便了，写法如下所示：

```
getSharedPreferences("data", Context.MODE_PRIVATE).open {
    putString("name", "Tom")
    putInt("age", 28)
    putBoolean("married", false)
}
```

可以看到，我们可以直接在 SharedPreferences 对象上调用 open 函数，然后在 Lambda 表达式中完成数据的添加操作。注意，现在 Lambda 表达式拥有的是 SharedPreferences.Editor 的上下文环境，因此这里可以直接调用相应的 put 方法来添加数据。最后我们也不再需要调用 apply()方法来提交数据了，因为 open 函数会自动完成提交操作。

怎么样，使用高阶函数简化之后，不管是在易用性还是在可读性上，SharedPreferences 的用法是不是都简化了很多？这就是高阶函数的魅力所在。好好掌握这个知识点，以后在诸多其他 API 的使用方面，我们都可以使用这个技巧，让 API 变得更加简单。

当然，最后不得不提的是，其实 Google 提供的 KTX 扩展库中已经包含了上述 SharedPreferences 的简化用法，这个扩展库会在 Android Studio 创建项目的时候自动引入 build.gradle 的 dependencies 中，如图 7.27 所示。

```
dependencies {
    implementation fileTree(dir: 'libs', include: ['*.jar'])
    implementation"org.jetbrains.kotlin:kotlin-stdlib-jdk7:$kotlin_version"
    implementation 'androidx.appcompat:appcompat:1.0.2'
    implementation 'androidx.core:core-ktx:1.0.2'
    implementation 'androidx.constraintlayout:constraintlayout:1.1.3'
    testImplementation 'junit:junit:4.12'
    androidTestImplementation 'androidx.test:runner:1.2.0'
    androidTestImplementation 'androidx.test.espresso:espresso-core:3.2.0'
}
```

图 7.27　自动引入的 KTX 扩展库

因此，我们实际上可以直接在项目中使用如下写法来向 SharedPreferences 存储数据：

```
getSharedPreferences("data", Context.MODE_PRIVATE).edit {
    putString("name", "Tom")
    putInt("age", 28)
    putBoolean("married", false)
}
```

可以看到，其实就是将 open 函数换成了 edit 函数，但是 edit 函数的语义性明显要更好一些。当然，我前面命名成 open 函数，主要是为了防止和 KTX 的 edit 函数同名，以免你在理解的时候产生混淆。

那么你可能会问了，既然 Google 的 KTX 库中已经自带了一个 edit 函数，我们为什么还编写这个 open 函数呢？这是因为我希望你对于高阶函数的理解不要仅仅停留在使用的层面，而是要知其然也知其所以然。KTX 中提供的功能必然是有限的，但是掌握了它们背后的实现原理，你将可以对无限的 API 进行更多的扩展。

7.6.2　简化 ContentValues 的用法

接下来我们开始学习如何简化 ContentValues 的用法。

ContentValues 的基本用法在 7.4 节中已经学过了，它主要用于结合 SQLiteDatabase 的 API 存储和修改数据库中的数据，具体的用法示例如下：

```
val values = ContentValues()
values.put("name", "Game of Thrones")
values.put("author", "George Martin")
values.put("pages", 720)
values.put("price", 20.85)
db.insert("Book", null, values)
```

你可能会说，这段代码可以使用 apply 函数进行简化。这当然没有错，只是我们其实还可以做到更好。

不过在正式开始我们的简化之旅之前，我还得向你介绍一个额外的知识点。还记得在 2.6.1 小节中学过的 mapOf() 函数的用法吗？它允许我们使用"Apple" to 1 这样的语法结构快速创建一个键值对。这里我先为你进行部分解密，在 Kotlin 中使用 A to B 这样的语法结构会创建一个 Pair 对象，暂时你只需要知道这些就可以了，至于为什么，我们将在第 9 章的 Kotlin 课堂中学习。

有了这个知识前提之后，就可以进行下一步了。新建一个 ContentValues.kt 文件，然后在里面定义一个 cvOf() 方法，如下所示：

```
fun cvOf(vararg pairs: Pair<String, Any?>): ContentValues {
}
```

这个方法的作用是构建一个 ContentValues 对象，有几点我需要解释一下。首先，cvOf() 方法接收了一个 Pair 参数，也就是使用 A to B 语法结构创建出来的参数类型，但是我们在参数前面加上了一个 vararg 关键字，这是什么意思呢？其实 vararg 对应的就是 Java 中的可变参数列表，我们允许向这个方法传入 0 个、1 个、2 个甚至任意多个 Pair 类型的参数，这些参数都会被赋值到使用 vararg 声明的这一个变量上面，然后使用 for-in 循环可以将传入的所有参数遍历出来。

再来看声明的 Pair 类型。由于 Pair 是一种键值对的数据结构，因此需要通过泛型来指定它的键和值分别对应什么类型的数据。值得庆幸的是，ContentValues 的所有键都是字符串类型的，这里可以直接将 Pair 键的泛型指定成 String。但 ContentValues 的值却可以有多种类型（字符串型、整型、浮点型，甚至是 null），所以我们需要将 Pair 值的泛型指定成 Any?。这是因为 Any 是 Kotlin 中所有类的共同基类，相当于 Java 中的 Object，而 Any? 则表示允许传入空值。

接下来我们开始为 cvOf() 方法实现功能逻辑，核心思路就是先创建一个 ContentValues 对象，然后遍历 pairs 参数列表，取出其中的数据并填入 ContentValues 中，最终将 ContentValues 对象返回即可。思路并不复杂，但是存在一个问题：Pair 参数的值是 Any? 类型的，我们怎样让它和 ContentValues 所支持的数据类型对应起来呢？这个确实没有什么好的办法，只能使用 when 语句一一进行条件判断，并覆盖 ContentValues 所支持的所有数据类型。结合下面的代码来理解应该更加清楚一些：

```
fun cvOf(vararg pairs: Pair<String, Any?>): ContentValues {
    val cv = ContentValues()
    for (pair in pairs) {
        val key = pair.first
        val value = pair.second
        when (value) {
            is Int -> cv.put(key, value)
            is Long -> cv.put(key, value)
            is Short -> cv.put(key, value)
            is Float -> cv.put(key, value)
            is Double -> cv.put(key, value)
            is Boolean -> cv.put(key, value)
            is String -> cv.put(key, value)
            is Byte -> cv.put(key, value)
            is ByteArray -> cv.put(key, value)
            null -> cv.putNull(key)
        }
    }
    return cv
}
```

可以看到，上述代码基本就是按照刚才所说的思路进行实现的。我们使用 for-in 循环遍历了 pairs 参数列表，在循环中取出了 key 和 value，并使用 when 语句来判断 value 的类型。注意，这里将 ContentValues 所支持的所有数据类型全部覆盖了进去，然后将参数中传入的键值对逐个添加到 ContentValues 中，最终将 ContentValues 返回。

另外，这里还使用了 Kotlin 中的 Smart Cast 功能。比如 when 语句进入 Int 条件分支后，这个条件下面的 value 会被自动转换成 Int 类型，而不再是 Any?类型，这样我们就不需要像 Java 中那样再额外进行一次向下转型了，这个功能在 if 语句中也同样适用。

有了这个 cvOf()方法之后，我们使用 ContentValues 时就会变得更加简单了，比如向数据库中插入一条数据就可以这样写：

```
val values = cvOf("name" to "Game of Thrones", "author" to "George Martin",
    "pages" to 720, "price" to 20.85)
db.insert("Book", null, values)
```

怎么样？现在我们可以使用类似于 mapOf()函数的语法结构来构建 ContentValues 对象，有没有觉得很神奇？

当然，虽然 cvOf()方法已经非常好用了，但是它和高阶函数却一点关系也没有。因为 cvOf()方法接收的参数是 Pair 类型的可变参数列表，返回值是 ContentValues 对象，完全没有用到函数类型，这和高阶函数的定义不符。

从功能性方面，cvOf()方法好像确实用不到高阶函数的知识，但是从代码实现方面，却可以结合高阶函数来进行进一步的优化。比如借助 apply 函数，cvOf()方法的实现将会变得更加优雅：

```
fun cvOf(vararg pairs: Pair<String, Any?>) = ContentValues().apply {
    for (pair in pairs) {
        val key = pair.first
        val value = pair.second
        when (value) {
            is Int -> put(key, value)
            is Long -> put(key, value)
            is Short -> put(key, value)
            is Float -> put(key, value)
            is Double -> put(key, value)
            is Boolean -> put(key, value)
            is String -> put(key, value)
            is Byte -> put(key, value)
            is ByteArray -> put(key, value)
            null -> putNull(key)
        }
    }
}
```

由于 apply 函数的返回值就是它的调用对象本身，因此这里我们可以使用单行代码函数的语法糖，用等号替代返回值的声明。另外，apply 函数的 Lambda 表达式中会自动拥有 ContentValues

的上下文，所以这里可以直接调用 ContentValues 的各种 put 方法。借助高阶函数之后，你有没有觉得代码变得更加优雅一些了呢？

　　当然，虽然我们编写了一个非常好用的 cvOf() 方法，但是或许你已经猜到了，KTX 库中也提供了一个具有同样功能的 contentValuesOf() 方法，用法如下所示：

```
val values = contentValuesOf("name" to "Game of Thrones", "author" to "George Martin",
    "pages" to 720, "price" to 20.85)
db.insert("Book", null, values)
```

　　平时我们在编写代码的时候，直接使用 KTX 提供的 contentValuesOf() 方法就可以了，但是通过本小节的学习，你不仅掌握了它的用法，还明白了它的源码实现，有没有觉得收获了更多呢？

7.7　小结与点评

　　经过这一章漫长的学习，我们终于可以缓解一下疲劳，对本章所学的知识进行梳理和总结了。本章主要对 Android 常用的数据持久化方式进行了详细的讲解，包括文件存储、SharedPreferences 存储以及数据库存储。其中，文件存储适用于存储一些简单的文本数据和二进制数据，SharedPreferences 存储适用于存储一些键值对，而数据库存储则适用于存储那些复杂的关系型数据。虽然目前你已经掌握了这 3 种数据持久化方式的用法，但是如何根据项目的实际需求选择最合适的方式是你未来需要继续探索的。

　　在本章的 Kotlin 课堂中，我们并没有学习太多新的知识，而是通过两节实践课程让你更好地理解了高阶函数的使用场景，以及如何借助高阶函数和其他一些技巧对现有的 API 进行扩展。

　　正如上一章小结里提到的，既然现在我们已经掌握了 Android 中的数据持久化技术，接下来就应该继续学习 Android 中的四大组件了。放松一下自己，然后踏上 ContentProvider 的学习之旅吧。

第 8 章

跨程序共享数据，探究 ContentProvider

在上一章中我们学了 Android 数据持久化技术，包括文件存储、SharedPreferences 存储以及数据库存储。不知道你有没有发现，使用这些持久化技术所保存的数据只能在当前应用程序中访问。虽然文件存储和 SharedPreferences 存储中提供了 MODE_WORLD_READABLE 和 MODE_WORLD_WRITEABLE 这两种操作模式，用于供给其他应用程序访问当前应用的数据，但这两种模式在 Android 4.2 版本中都已被废弃了。为什么呢？因为 Android 官方已经不再推荐使用这种方式来实现跨程序数据共享的功能，而是推荐使用更加安全可靠的 ContentProvider 技术。

可能你会有些疑惑，为什么要将我们程序中的数据共享给其他程序呢？当然，这个是要视情况而定的，比如账号和密码这样的隐私数据显然是不能共享给其他程序的，不过一些可以让其他程序进行二次开发的数据是可以共享的。例如系统的通讯录程序，它的数据库中保存了很多联系人信息，如果这些数据都不允许第三方程序进行访问的话，恐怕很多应用的功能就要大打折扣了。除了通讯录之外，还有短信、媒体库等程序都实现了跨程序数据共享的功能，而使用的技术当然就是 ContentProvider 了，下面我们就对这一技术进行深入的探讨。

8.1　ContentProvider 简介

ContentProvider 主要用于在不同的应用程序之间实现数据共享的功能，它提供了一套完整的机制，允许一个程序访问另一个程序中的数据，同时还能保证被访问数据的安全性。目前，使用 ContentProvider 是 Android 实现跨程序共享数据的标准方式。

不同于文件存储和 SharedPreferences 存储中的两种全局可读写操作模式，ContentProvider 可以选择只对哪一部分数据进行共享，从而保证我们程序中的隐私数据不会有泄漏的风险。

不过，在正式开始学习 ContentProvider 之前，我们需要先掌握另外一个非常重要的知识——Android 运行时权限，因为待会的 ContentProvider 示例中会用到运行时权限的功能。当然，不光是 ContentProvider，以后我们的开发过程中会经常使用运行时权限，因此你必须能够牢牢掌握它才行。

8.2 运行时权限

Android 的权限机制并不是什么新鲜事物,从系统的第一个版本开始就已经存在了。但其实之前 Android 的权限机制在保护用户安全和隐私等方面起到的作用比较有限,尤其是一些大家都离不开的常用软件,非常容易"店大欺客"。为此,Android 开发团队在 Android 6.0 系统中引入了运行时权限这个功能,从而更好地保护了用户的安全和隐私,那么本节我们就来详细学习一下这个新功能。

8.2.1 Android 权限机制详解

首先回顾一下过去 Android 的权限机制。我们在第 6 章写 BroadcastTest 项目的时候第一次接触了 Android 权限相关的内容,当时为了要监听开机广播,我们在 AndroidManifest.xml 文件中添加了这样一句权限声明:

```
<manifest xmlns:android="http://schemas.android.com/apk/res/android"
    package="com.example.broadcasttest">

    <uses-permission android:name="android.permission.RECEIVE_BOOT_COMPLETED" />
    ...
</manifest>
```

因为监听开机广播涉及了用户设备的安全,因此必须在 AndroidManifest.xml 中加入权限声明,否则我们的程序就会崩溃。

那么现在问题来了,加入了这句权限声明后,对于用户来说到底有什么影响呢?为什么这样就可以保护用户设备的安全了呢?

其实用户主要在两个方面得到了保护。一方面,如果用户在低于 Android 6.0 系统的设备上安装该程序,会在安装界面给出如图 8.1 所示的提醒。这样用户就可以清楚地知晓该程序一共申请了哪些权限,从而决定是否要安装这个程序。

另一方面,用户可以随时在应用程序管理界面查看任意一个程序的权限申请情况,如图 8.2 所示。这样该程序申请的所有权限就尽收眼底,什么都瞒不过用户的眼睛,以此保证应用程序不会出现各种滥用权限的情况。

这种权限机制的设计思路其实非常简单,就是用户如果认可你所申请的权限,就会安装你的程序,如果不认可你所申请的权限,那么拒绝安装就可以了。

但是理想是美好的,现实却很残酷。很多我们离不开的常用软件普遍存在着滥用权限的情况,不管到底用不用得到,反正先把权限申请了再说。比如微信所申请的权限列表如图 8.3 所示。

图 8.1　安装界面的权限提醒　　　图 8.2　管理界面的权限展示　　　图 8.3　微信的权限列表

　　这还只是微信所申请的一半左右的权限，因为权限太多，一屏截不全。其中有一些权限我并不认可，比如微信为什么要读取我手机的短信和彩信？但是不认可又能怎样，难道我拒绝安装微信？没错，这种例子比比皆是，一些软件在让用户产生依赖以后就会容易 "店大欺客"，反正这个权限我就是要了，你自己看着办吧！

　　Android 开发团队当然也意识到了这个问题，于是在 Android 6.0 系统中加入了运行时权限功能。也就是说，用户不需要在安装软件的时候一次性授权所有申请的权限，而是可以在软件的使用过程中再对某一项权限申请进行授权。比如一款相机应用在运行时申请了地理位置定位权限，就算我拒绝了这个权限，也应该可以使用这个应用的其他功能，而不是像之前那样直接无法安装它。

　　当然，并不是所有权限都需要在运行时申请，对于用户来说，不停地授权也很烦琐。Android现在将常用的权限大致归成了两类，一类是普通权限，一类是危险权限。准确地讲，其实还有一些特殊权限，不过这些权限使用得相对较少，因此不在本书的讨论范围之内。普通权限指的是那些不会直接威胁到用户的安全和隐私的权限，对于这部分权限申请，系统会自动帮我们进行授权，不需要用户手动操作，比如在 BroadcastTest 项目中申请的权限就是普通权限。危险权限则表示那些可能会触及用户隐私或者对设备安全性造成影响的权限，如获取设备联系人信息、定位设备的地理位置等，对于这部分权限申请，必须由用户手动授权才可以，否则程序就无法使用相应的功能。

　　但是 Android 中一共有上百种权限，我们怎么从中区分哪些是普通权限，哪些是危险权限呢？

其实并没有那么难，因为危险权限总共就那么些，除了危险权限之外，剩下的大多就是普通权限了。表 8.1 列出了到 Android 10 系统为止所有的危险权限，一共是 11 组 30 个权限。

表 8.1 到 Android 10 系统为止所有的危险权限

权限组名	权限名
CALENDAR	READ_CALENDAR
	WRITE_CALENDAR
CALL_LOG	READ_CALL_LOG
	WRITE_CALL_LOG
	PROCESS_OUTGOING_CALLS
CAMERA	CAMERA
CONTACTS	READ_CONTACTS
	WRITE_CONTACTS
	GET_ACCOUNTS
LOCATION	ACCESS_FINE_LOCATION
	ACCESS_COARSE_LOCATION
	ACCESS_BACKGROUND_LOCATION
MICROPHONE	RECORD_AUDIO
PHONE	READ_PHONE_STATE
	READ_PHONE_NUMBERS
	CALL_PHONE
	ANSWER_PHONE_CALLS
	ADD_VOICEMAIL
	USE_SIP
	ACCEPT_HANDOVER
SENSORS	BODY_SENSORS
ACTIVITY_RECOGNITION	ACTIVITY_RECOGNITION
SMS	SEND_SMS
	RECEIVE_SMS
	READ_SMS
	RECEIVE_WAP_PUSH
	RECEIVE_MMS
STORAGE	READ_EXTERNAL_STORAGE
	WRITE_EXTERNAL_STORAGE
	ACCESS_MEDIA_LOCATION

这张表格你看起来可能并不会那么轻松，因为里面的权限全都是你没使用过的。不过没有关系，你并不需要了解表格中每个权限的作用，只要把它当成一个参照表来查看就行了。每当要使用一个权限时，可以先到这张表中查一下，如果是这张表中的权限，就需要进行运行时权限处理，否则，只需要在 AndroidManifest.xml 文件中添加一下权限声明就可以了。

另外注意，表格中每个危险权限都属于一个权限组，我们在进行运行时权限处理时使用的是权限名。原则上，用户一旦同意了某个权限申请之后，同组的其他权限也会被系统自动授权。但是请谨记，不要基于此规则来实现任何功能逻辑，因为 Android 系统随时有可能调整权限的分组。

　　好了，关于 Android 权限机制的内容就讲这么多，理论知识你已经了解得非常充分了。接下来我们就学习一下如何在程序运行的时候申请权限。

8.2.2　在程序运行时申请权限

　　首先新建一个 RuntimePermissionTest 项目，我们就在这个项目的基础上学习运行时权限的使用方法。在开始动手之前，你需要考虑一下到底要申请什么权限，其实表 8.1 中列出的所有权限都是可以申请的，这里简单起见，我们就使用 CALL_PHONE 这个权限来作为本小节的示例吧。

　　CALL_PHONE 这个权限是编写拨打电话功能的时候需要声明的，因为拨打电话会涉及用户手机的资费问题，因而被列为了危险权限。在 Android 6.0 系统出现之前，拨打电话功能的实现其实非常简单，修改 activity_main.xml 布局文件，如下所示：

```
<LinearLayout xmlns:android="http://schemas.android.com/apk/res/android"
    android:layout_width="match_parent"
    android:layout_height="match_parent">

    <Button
        android:id="@+id/makeCall"
        android:layout_width="match_parent"
        android:layout_height="wrap_content"
        android:text="Make Call" />

</LinearLayout>
```

　　我们在布局文件中只是定义了一个按钮，点击按钮就去触发拨打电话的逻辑。接着修改 MainActivity 中的代码，如下所示：

```
class MainActivity : AppCompatActivity() {

    override fun onCreate(savedInstanceState: Bundle?) {
        super.onCreate(savedInstanceState)
        setContentView(R.layout.activity_main)
        makeCall.setOnClickListener {
            try {
                val intent = Intent(Intent.ACTION_CALL)
                intent.data = Uri.parse("tel:10086")
                startActivity(intent)
            } catch (e: SecurityException) {
                e.printStackTrace()
            }
        }
    }

}
```

　　可以看到，在按钮的点击事件中，我们构建了一个隐式 Intent，Intent 的 action 指定为 Intent.ACTION_CALL，这是一个系统内置的打电话的动作，然后在 data 部分指定了协议是 tel，号码是 10086。其实这部分代码我们在 3.3.3 小节中就已经见过了，只不过当时指定的 action 是 Intent.ACTION_DIAL，表示打开拨号界面，这个是不需要声明权限的，而 Intent.ACTION_CALL 则表示直接拨打电话，因此必须声明权限。另外，为了防止程序崩溃，我们将所有操作都放在了异常捕获代码块当中。

接下来修改 AndroidManifest.xml 文件，在其中声明如下权限：

```
<manifest xmlns:android="http://schemas.android.com/apk/res/android"
    package="com.example.runtimepermissiontest">

    <uses-permission android:name="android.permission.CALL_PHONE" />

    <application
        android:allowBackup="true"
        android:icon="@mipmap/ic_launcher"
        android:label="@string/app_name"
        android:roundIcon="@mipmap/ic_launcher_round"
        android:supportsRtl="true"
        android:theme="@style/AppTheme">
        ...
    </application>

</manifest>
```

这样我们就将拨打电话的功能成功实现了，并且在低于 Android 6.0 系统的手机上都是可以正常运行的。但是，如果我们在 Android 6.0 或者更高版本系统的手机上运行，点击 "Make Call" 按钮就没有任何效果了，这时观察 Logcat 中的打印日志，你会看到如图 8.4 所示的错误信息。

```
java.lang.SecurityException: Permission Denial: starting Intent { act=android.intent.action.CALL
    at android.os.Parcel.createException(Parcel.java:2069)
    at android.os.Parcel.readException(Parcel.java:2037)
    at android.os.Parcel.readException(Parcel.java:1986)
    at android.app.IActivityTaskManager$Stub$Proxy.startActivity(IActivityTaskManager.java:3827)
    at android.app.Instrumentation.execStartActivity(Instrumentation.java:1705)
    at android.app.Activity.startActivityForResult(Activity.java:5173)
    at androidx.fragment.app.FragmentActivity.startActivityForResult(FragmentActivity.java:767)
    at android.app.Activity.startActivityForResult(Activity.java:5131)
    at androidx.fragment.app.FragmentActivity.startActivityForResult(FragmentActivity.java:754)
    at android.app.Activity.startActivity(Activity.java:5502)
    at android.app.Activity.startActivity(Activity.java:5470)
    at com.example.runtimepermissiontest.MainActivity$onCreate$1.onClick(MainActivity.kt:19)
```

图 8.4　错误日志信息

错误信息中提醒我们 "Permission Denial"，可以看出，这是由于权限被禁止所导致的，因为 Android 6.0 及以上系统在使用危险权限时必须进行运行时权限处理。

那么下面我们就来尝试修复这个问题，修改 MainActivity 中的代码，如下所示：

```
class MainActivity : AppCompatActivity() {

    override fun onCreate(savedInstanceState: Bundle?) {
        super.onCreate(savedInstanceState)
```

```
        setContentView(R.layout.activity_main)
        makeCall.setOnClickListener {
            if (ContextCompat.checkSelfPermission(this,
                Manifest.permission.CALL_PHONE) != PackageManager.PERMISSION_GRANTED) {
                ActivityCompat.requestPermissions(this,
                    arrayOf(Manifest.permission.CALL_PHONE), 1)
            } else {
                call()
            }
        }
    }

    override fun onRequestPermissionsResult(requestCode: Int,
            permissions: Array<String>, grantResults: IntArray) {
        super.onRequestPermissionsResult(requestCode, permissions, grantResults)
        when (requestCode) {
            1 -> {
                if (grantResults.isNotEmpty() &&
                    grantResults[0] == PackageManager.PERMISSION_GRANTED) {
                    call()
                } else {
                    Toast.makeText(this, "You denied the permission",
                        Toast.LENGTH_SHORT).show()
                }
            }
        }
    }

    private fun call() {
        try {
            val intent = Intent(Intent.ACTION_CALL)
            intent.data = Uri.parse("tel:10086")
            startActivity(intent)
        } catch (e: SecurityException) {
            e.printStackTrace()
        }
    }

}
```

上面的代码覆盖了运行时权限的完整流程，下面我们具体解析一下。说白了，运行时权限的核心就是在程序运行过程中由用户授权我们去执行某些危险操作，程序是不可以擅自做主去执行这些危险操作的。因此，第一步就是要先判断用户是不是已经给过我们授权了，借助的是 ContextCompat.checkSelfPermission()方法。checkSelfPermission()方法接收两个参数：第一个参数是 Context，这个没什么好说的；第二个参数是具体的权限名，比如打电话的权限名就是 Manifest.permission.CALL_PHONE。然后我们使用方法的返回值和 PackageManager. PERMISSION_GRANTED 做比较，相等就说明用户已经授权，不等就表示用户没有授权。

如果已经授权的话就简单了，直接执行拨打电话的逻辑操作就可以了，这里我们把拨打电话的逻辑封装到了 call()方法当中。如果没有授权的话，则需要调用 ActivityCompat.request-Permissions()方法向用户申请授权。requestPermissions()方法接收 3 个参数：第一个参数要求是 Activity 的实例；第二个参数是一个 String 数组，我们把要申请的权限名放在数组中即可；第三个参数是请求码，只要是唯一值就可以了，这里传入了 1。

调用完 requestPermissions() 方法之后，系统会弹出一个权限申请的对话框，用户可以选择同意或拒绝我们的权限申请。不论是哪种结果，最终都会回调到 onRequestPermissionsResult() 方法中，而授权的结果则会封装在 grantResults 参数当中。这里我们只需要判断一下最后的授权结果：如果用户同意的话，就调用 call() 方法拨打电话；如果用户拒绝的话，我们只能放弃操作，并且弹出一条失败提示。

现在重新运行一下程序，并点击"Make Call"按钮，效果如图 8.5 所示。

由于用户还没有授权过我们拨打电话权限，因此第一次运行会弹出这样一个权限申请的对话框，用户可以选择同意或者拒绝，比如说这里点击了"Deny"，结果如图 8.6 所示。

图 8.5　申请电话权限对话框

图 8.6　用户拒绝了权限申请

由于用户没有同意授权，我们只能弹出一个操作失败的提示。下面我们再次点击"Make Call"按钮，仍然会弹出权限申请的对话框，这次点击"Allow"，结果如图 8.7 所示。

可以看到，这次我们就成功进入拨打电话界面了。并且由于用户已经完成了授权操作，之后再点击"Make Call"按钮不会再次弹出权限申请对话框，而是可以直接拨打电话。那可能你会担心，万一以后我又后悔了怎么办？没有关系，用户随时都可以将授予程序的危险权限进行关闭，进入 Settings → Apps & notifications → RuntimePermissionTest → Permissions，界面如图 8.8 所示。

<table>
<tr><td>图 8.7　拨打电话界面</td><td>图 8.8　应用程序权限管理界面</td></tr>
</table>

　　在这里我们可以通过点击相应的权限来对授权过的危险权限进行关闭。

　　好了，关于运行时权限的内容就讲到这里，现在你已经有能力处理 Android 上各种关于权限的问题了，下面我们就来进入本章的正题——ContentProvider。

8.3　访问其他程序中的数据

　　ContentProvider 的用法一般有两种：一种是使用现有的 ContentProvider 读取和操作相应程序中的数据；另一种是创建自己的 ContentProvider，给程序的数据提供外部访问接口。那么接下来我们就一个一个开始学习吧，首先从使用现有的 ContentProvider 开始。

　　如果一个应用程序通过 ContentProvider 对其数据提供了外部访问接口，那么任何其他的应用程序都可以对这部分数据进行访问。Android 系统中自带的通讯录、短信、媒体库等程序都提供了类似的访问接口，这就使得第三方应用程序可以充分地利用这部分数据实现更好的功能。下面我们就来看一看 ContentProvider 到底是如何使用的。

8.3.1　ContentResolver 的基本用法

　　对于每一个应用程序来说，如果想要访问 ContentProvider 中共享的数据，就一定要借助 ContentResolver 类，可以通过 Context 中的 `getContentResolver()`方法获取该类的实例。

ContentResolver 中提供了一系列的方法用于对数据进行增删改查操作，其中 `insert()` 方法用于添加数据，`update()` 方法用于更新数据，`delete()` 方法用于删除数据，`query()` 方法用于查询数据。有没有似曾相识的感觉？没错，SQLiteDatabase 中也是使用这几个方法进行增删改查操作的，只不过它们在方法参数上稍微有一些区别。

不同于 SQLiteDatabase，ContentResolver 中的增删改查方法都是不接收表名参数的，而是使用一个 Uri 参数代替，这个参数被称为内容 URI。内容 URI 给 ContentProvider 中的数据建立了唯一标识符，它主要由两部分组成：authority 和 path。authority 是用于对不同的应用程序做区分的，一般为了避免冲突，会采用应用包名的方式进行命名。比如某个应用的包名是 com.example.app，那么该应用对应的 authority 就可以命名为 com.example.app.provider。path 则是用于对同一应用程序中不同的表做区分的，通常会添加到 authority 的后面。比如某个应用的数据库里存在两张表 table1 和 table2，这时就可以将 path 分别命名为/table1 和/table2，然后把 authority 和 path 进行组合，内容 URI 就变成了 com.example.app.provider/table1 和 com.example.app.provider/table2。不过，目前还很难辨认出这两个字符串就是两个内容 URI，我们还需要在字符串的头部加上协议声明。因此，内容 URI 最标准的格式如下：

```
content://com.example.app.provider/table1
content://com.example.app.provider/table2
```

有没有发现，内容 URI 可以非常清楚地表达我们想要访问哪个程序中哪张表里的数据。也正是因此，ContentResolver 中的增删改查方法才都接收 Uri 对象作为参数。如果使用表名的话，系统将无法得知我们期望访问的是哪个应用程序里的表。

在得到了内容 URI 字符串之后，我们还需要将它解析成 Uri 对象才可以作为参数传入。解析的方法也相当简单，代码如下所示：

```
val uri = Uri.parse("content://com.example.app.provider/table1")
```

只需要调用 `Uri.parse()` 方法，就可以将内容 URI 字符串解析成 Uri 对象了。

现在我们就可以使用这个 Uri 对象查询 table1 表中的数据了，代码如下所示：

```
val cursor = contentResolver.query(
    uri,
    projection,
    selection,
    selectionArgs,
    sortOrder)
```

这些参数和 SQLiteDatabase 中 `query()` 方法里的参数很像，但总体来说要简单一些，毕竟这是在访问其他程序中的数据，没必要构建过于复杂的查询语句。表 8.2 对使用到的这部分参数进行了详细的解释。

表 8.2　query()方法的参数说明

query()方法参数	对应SQL部分	描　述
uri	from table_name	指定查询某个应用程序下的某一张表
projection	select column1, column2	指定查询的列名
selection	where column = value	指定where的约束条件
selectionArgs	-	为where中的占位符提供具体的值
sortOrder	order by column1, column2	指定查询结果的排序方式

查询完成后返回的仍然是一个 Cursor 对象，这时我们就可以将数据从 Cursor 对象中逐个读取出来了。读取的思路仍然是通过移动游标的位置遍历 Cursor 的所有行，然后取出每一行中相应列的数据，代码如下所示：

```
while (cursor.moveToNext()) {
    val column1 = cursor.getString(cursor.getColumnIndex("column1"))
    val column2 = cursor.getInt(cursor.getColumnIndex("column2"))
}
cursor.close()
```

掌握了最难的查询操作，剩下的增加、修改、删除操作就更不在话下了。我们先来看看如何向 table1 表中添加一条数据，代码如下所示：

```
val values = contentValuesOf("column1" to "text", "column2" to 1)
contentResolver.insert(uri, values)
```

可以看到，仍然是将待添加的数据组装到 ContentValues 中，然后调用 ContentResolver 的 insert()方法，将 Uri 和 ContentValues 作为参数传入即可。

如果我们想要更新这条新添加的数据，把 column1 的值清空，可以借助 ContentResolver 的 update()方法实现，代码如下所示：

```
val values = contentValuesOf("column1" to "")
contentResolver.update(uri, values, "column1 = ? and column2 = ?", arrayOf("text", "1"))
```

注意，上述代码使用了 selection 和 selectionArgs 参数来对想要更新的数据进行约束，以防止所有的行都会受影响。

最后，可以调用 ContentResolver 的 delete()方法将这条数据删除掉，代码如下所示：

```
contentResolver.delete(uri, "column2 = ?", arrayOf("1"))
```

到这里为止，我们就把 ContentResolver 中的增删改查方法全部学完了。是不是感觉一看就懂？因为这些知识早在上一章中学习 SQLiteDatabase 的时候你就已经掌握了，所需特别注意的就只有 uri 这个参数而已。那么接下来，我们就利用目前所学的知识，看一看如何读取系统通讯录中的联系人信息。

8.3.2　读取系统联系人

由于我们一直都是使用模拟器来学习的, 通讯录里面并没有联系人存在, 所以现在需要自己手动添加几个, 以便稍后进行读取。打开通讯录程序, 界面如图 8.9 所示。

可以看到, 目前通讯录里没有任何联系人, 我们可以通过点击 "Create new contact" 创建联系人。这里就先创建两个联系人吧, 分别填入他们的姓名和手机号, 如图 8.10 所示。

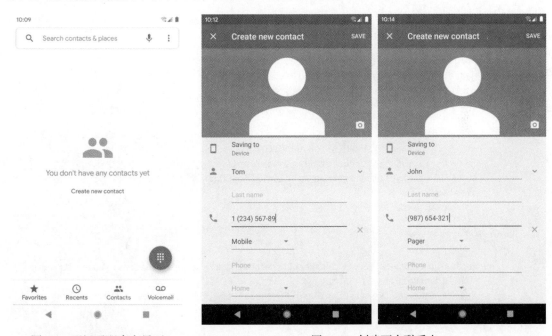

图 8.9　通讯录程序主界面　　　　　图 8.10　创建两个联系人

这样准备工作就做好了, 现在新建一个 ContactsTest 项目, 让我们开始动手吧。

首先还是来编写一下布局文件, 这里我们希望读取出来的联系人信息能够在 ListView 中显示, 因此, 修改 activity_main.xml 中的代码, 如下所示:

```
<LinearLayout xmlns:android="http://schemas.android.com/apk/res/android"
    android:orientation="vertical"
    android:layout_width="match_parent"
    android:layout_height="match_parent" >

    <ListView
        android:id="@+id/contactsView"
        android:layout_width="match_parent"
        android:layout_height="match_parent" >
    </ListView>

</LinearLayout>
```

简单起见，LinearLayout 里只放置了一个 ListView。这里之所以使用 ListView 而不是 RecyclerView，是因为我们要将关注的重点放在读取系统联系人上面，如果使用 RecyclerView 的话，代码偏多，会容易让我们找不着重点。

接着修改 MainActivity 中的代码，如下所示：

```kotlin
class MainActivity : AppCompatActivity() {

    private val contactsList = ArrayList<String>()
    private lateinit var adapter: ArrayAdapter<String>

    override fun onCreate(savedInstanceState: Bundle?) {
        super.onCreate(savedInstanceState)
        setContentView(R.layout.activity_main)
        adapter = ArrayAdapter(this, android.R.layout.simple_list_item_1, contactsList)
        contactsView.adapter = adapter
        if (ContextCompat.checkSelfPermission(this, Manifest.permission.READ_CONTACTS)
            != PackageManager.PERMISSION_GRANTED) {
            ActivityCompat.requestPermissions(this,
                arrayOf(Manifest.permission.READ_CONTACTS), 1)
        } else {
            readContacts()
        }
    }

    override fun onRequestPermissionsResult(requestCode: Int, permissions: Array<String>,
            grantResults: IntArray) {
        super.onRequestPermissionsResult(requestCode, permissions, grantResults)
        when (requestCode) {
            1 -> {
                if (grantResults.isNotEmpty()
                && grantResults[0] == PackageManager.PERMISSION_GRANTED) {
                    readContacts()
                } else {
                    Toast.makeText(this, "You denied the permission",
                        Toast.LENGTH_SHORT).show()
                }
            }
        }
    }

    private fun readContacts() {
        // 查询联系人数据
        contentResolver.query(ContactsContract.CommonDataKinds.Phone.CONTENT_URI,
                null, null, null, null)?.apply {
            while (moveToNext()) {
                // 获取联系人姓名
                val displayName = getString(getColumnIndex(
```

```
                    ContactsContract.CommonDataKinds.Phone.DISPLAY_NAME))
                    // 获取联系人手机号
                    val number = getString(getColumnIndex(
                    ContactsContract.CommonDataKinds.Phone.NUMBER))
                    contactsList.add("$displayName\n$number")
                }
            adapter.notifyDataSetChanged()
            close()
            }
        }
    }
```

在 onCreate() 方法中，我们首先按照 ListView 的标准用法对其初始化，然后开始调用运行时权限的处理逻辑，因为 READ_CONTACTS 权限属于危险权限。关于运行时权限的处理流程，相信你已经熟练掌握了，这里我们在用户授权之后，调用 readContacts() 方法读取系统联系人信息。

下面重点看一下 readContacts() 方法，可以看到，这里使用了 ContentResolver 的 query() 方法查询系统的联系人数据。不过传入的 Uri 参数怎么有些奇怪啊？为什么没有调用 Uri.parse() 方法去解析一个内容 URI 字符串呢？这是因为 ContactsContract.CommonDataKinds.Phone 类已经帮我们做好了封装，提供了一个 CONTENT_URI 常量，而这个常量就是使用 Uri.parse() 方法解析出来的结果。接着我们对 query() 方法返回的 Cursor 对象进行遍历，这里使用了 ?. 操作符和 apply 函数来简化遍历的代码。在 apply 函数中将联系人姓名和手机号逐个取出，联系人姓名这一列对应的常量是 ContactsContract.CommonDataKinds.Phone.DISPLAY_NAME，联系人手机号这一列对应的常量是 ContactsContract.CommonDataKinds.Phone.NUMBER。将两个数据取出后进行拼接，并且在中间加上换行符，然后将拼接后的数据添加到 ListView 的数据源里，并通知刷新一下 ListView，最后千万不要忘记将 Cursor 对象关闭。

这样就结束了吗？还差一点点，读取系统联系人的权限千万不能忘记声明。修改 AndroidManifest.xml 中的代码，如下所示：

```xml
<manifest xmlns:android="http://schemas.android.com/apk/res/android"
    package="com.example.contactstest">

    <uses-permission android:name="android.permission.READ_CONTACTS" />
    ...
</manifest>
```

加入了 android.permission.READ_CONTACTS 权限，这样我们的程序就可以访问系统的联系人数据了。现在终于大功告成，让我们来运行一下程序吧，效果如图 8.11 所示。

首先弹出了申请访问联系人权限的对话框，我们点击 "Allow"，结果如图 8.12 所示。

图 8.11 申请访问联系人权限对话框

图 8.12 展示系统联系人信息

刚刚创建的两个联系人的数据都成功读取出来了！这说明跨程序访问数据的功能确实成功实现了。

8.4 创建自己的 ContentProvider

上一节我们学习了如何在自己的程序中访问其他应用程序的数据。总体来说，思路还是非常简单的，只需要获得该应用程序的内容 URI，然后借助 ContentResolver 进行增删改查操作就可以了。可是你有没有想过，那些提供外部访问接口的应用程序都是如何实现这种功能的呢？它们又是怎样保证数据的安全，使得隐私数据不会泄漏出去？学习完本节的知识后，你的疑惑将会被一一解开。

8.4.1 创建 ContentProvider 的步骤

前面已经提到过，如果想要实现跨程序共享数据的功能，可以通过新建一个类去继承 ContentProvider 的方式来实现。ContentProvider 类中有 6 个抽象方法，我们在使用子类继承它的时候，需要将这 6 个方法全部重写。观察下面的代码示例：

```kotlin
class MyProvider : ContentProvider() {

    override fun onCreate(): Boolean {
        return false
    }

    override fun query(uri: Uri, projection: Array<String>?, selection: String?,
            selectionArgs: Array<String>?, sortOrder: String?): Cursor? {
        return null
    }

    override fun insert(uri: Uri, values: ContentValues?): Uri? {
        return null
    }

    override fun update(uri: Uri, values: ContentValues?, selection: String?,
            selectionArgs: Array<String>?): Int {
        return 0
    }

    override fun delete(uri: Uri, selection: String?, selectionArgs: Array<String>?): Int {
        return 0
    }

    override fun getType(uri: Uri): String? {
        return null
    }

}
```

对于这 6 个方法,相信大多数你已经非常熟悉了,我再来简单介绍一下吧。

(1) onCreate()。初始化 ContentProvider 的时候调用。通常会在这里完成对数据库的创建和升级等操作,返回 true 表示 ContentProvider 初始化成功,返回 false 则表示失败。

(2) query()。从 ContentProvider 中查询数据。uri 参数用于确定查询哪张表,projection 参数用于确定查询哪些列,selection 和 selectionArgs 参数用于约束查询哪些行,sortOrder 参数用于对结果进行排序,查询的结果存放在 Cursor 对象中返回。

(3) insert()。向 ContentProvider 中添加一条数据。uri 参数用于确定要添加到的表,待添加的数据保存在 values 参数中。添加完成后,返回一个用于表示这条新记录的 URI。

(4) update()。更新 ContentProvider 中已有的数据。uri 参数用于确定更新哪一张表中的数据,新数据保存在 values 参数中,selection 和 selectionArgs 参数用于约束更新哪些行,受影响的行数将作为返回值返回。

(5) delete()。从 ContentProvider 中删除数据。uri 参数用于确定删除哪一张表中的数据,selection 和 selectionArgs 参数用于约束删除哪些行,被删除的行数将作为返回值返回。

(6) getType()。根据传入的内容 URI 返回相应的 MIME 类型。

可以看到，很多方法里带有 uri 这个参数，这个参数也正是调用 ContentResolver 的增删改查方法时传递过来的。而现在我们需要对传入的 uri 参数进行解析，从中分析出调用方期望访问的表和数据。

回顾一下，一个标准的内容 URI 写法是：

content://com.example.app.provider/table1

这就表示调用方期望访问的是 com.example.app 这个应用的 table1 表中的数据。

除此之外，我们还可以在这个内容 URI 的后面加上一个 id，例如：

content://com.example.app.provider/table1/1

这就表示调用方期望访问的是 com.example.app 这个应用的 table1 表中 id 为 1 的数据。

内容 URI 的格式主要就只有以上两种，以路径结尾表示期望访问该表中所有的数据，以 id 结尾表示期望访问该表中拥有相应 id 的数据。我们可以使用通配符分别匹配这两种格式的内容 URI，规则如下。

❑ *表示匹配任意长度的任意字符。
❑ #表示匹配任意长度的数字。

所以，一个能够匹配任意表的内容 URI 格式就可以写成：

content://com.example.app.provider/*

一个能够匹配 table1 表中任意一行数据的内容 URI 格式就可以写成：

content://com.example.app.provider/table1/#

接着，我们再借助 UriMatcher 这个类就可以轻松地实现匹配内容 URI 的功能。UriMatcher 中提供了一个 addURI()方法，这个方法接收 3 个参数，可以分别把 authority、path 和一个自定义代码传进去。这样，当调用 UriMatcher 的 match()方法时，就可以将一个 Uri 对象传入，返回值是某个能够匹配这个 Uri 对象所对应的自定义代码，利用这个代码，我们就可以判断出调用方期望访问的是哪张表中的数据了。修改 MyProvider 中的代码，如下所示：

```kotlin
class MyProvider : ContentProvider() {

    private val table1Dir = 0
    private val table1Item = 1
    private val table2Dir = 2
    private val table2Item = 3

    private val uriMatcher = UriMatcher(UriMatcher.NO_MATCH)

    init {
        uriMatcher.addURI("com.example.app.provider", "table1", table1Dir)
        uriMatcher.addURI("com.example.app.provider ", "table1/#", table1Item)
```

```
        uriMatcher.addURI("com.example.app.provider ", "table2", table2Dir)
        uriMatcher.addURI("com.example.app.provider ", "table2/#", table2Item)
    }
    ...
    override fun query(uri: Uri, projection: Array<String>?, selection: String?,
            selectionArgs: Array<String>?, sortOrder: String?): Cursor? {
        when (uriMatcher.match(uri)) {
            table1Dir -> {
                // 查询 table1 表中的所有数据
            }
            table1Item -> {
                // 查询 table1 表中的单条数据
            }
            table2Dir -> {
                // 查询 table2 表中的所有数据
            }
            table2Item -> {
                // 查询 table2 表中的单条数据
            }
        }
        ...
    }
    ...
}
```

可以看到，MyProvider 中新增了 4 个整型变量，其中 table1Dir 表示访问 table1 表中的所有数据，table1Item 表示访问 table1 表中的单条数据，table2Dir 表示访问 table2 表中的所有数据，table2Item 表示访问 table2 表中的单条数据。接着我们在 MyProvider 类实例化的时候立刻创建了 UriMatcher 的实例，并调用 addURI()方法，将期望匹配的内容 URI 格式传递进去，注意这里传入的路径参数是可以使用通配符的。然后当 query()方法被调用的时候，就会通过 UriMatcher 的 match()方法对传入的 Uri 对象进行匹配，如果发现 UriMatcher 中某个内容 URI 格式成功匹配了该 Uri 对象，则会返回相应的自定义代码，然后我们就可以判断出调用方期望访问的到底是什么数据了。

上述代码只是以 query()方法为例做了个示范，其实 insert()、update()、delete()这几个方法的实现是差不多的，它们都会携带 uri 这个参数，然后同样利用 UriMatcher 的 match()方法判断出调用方期望访问的是哪张表，再对该表中的数据进行相应的操作就可以了。

除此之外，还有一个方法你可能会比较陌生，即 getType()方法。它是所有的 ContentProvider 都必须提供的一个方法，用于获取 Uri 对象所对应的 MIME 类型。一个内容 URI 所对应的 MIME 字符串主要由 3 部分组成，Android 对这 3 个部分做了如下格式规定。

❏ 必须以 vnd 开头。

❏ 如果内容 URI 以路径结尾，则后接 android.cursor.dir/；如果内容 URI 以 id 结尾，则后接 android.cursor.item/。

❏ 最后接上 vnd.<authority>.<path>。

所以，对于 content://com.example.app.provider/table1 这个内容 URI，它所对应的 MIME 类型就可以写成：

```
vnd.android.cursor.dir/vnd.com.example.app.provider.table1
```

对于 content://com.example.app.provider/table1/1 这个内容 URI，它所对应的 MIME 类型就可以写成：

```
vnd.android.cursor.item/vnd.com.example.app.provider.table1
```

现在我们可以继续完善 MyProvider 中的内容了，这次来实现 getType()方法中的逻辑，代码如下所示：

```kotlin
class MyProvider : ContentProvider() {
    ...
    override fun getType(uri: Uri) = when (uriMatcher.match(uri)) {
        table1Dir -> "vnd.android.cursor.dir/vnd.com.example.app.provider.table1"
        table1Item -> "vnd.android.cursor.item/vnd.com.example.app.provider.table1"
        table2Dir -> "vnd.android.cursor.dir/vnd.com.example.app.provider.table2"
        table2Item -> "vnd.android.cursor.item/vnd.com.example.app.provider.table2"
        else -> null
    }
}
```

到这里，一个完整的 ContentProvider 就创建完成了，现在任何一个应用程序都可以使用 ContentResolver 访问我们程序中的数据。那么，如何才能保证隐私数据不会泄漏出去呢？其实多亏了 ContentProvider 的良好机制，这个问题在不知不觉中已经被解决了。因为所有的增删改查操作都一定要匹配到相应的内容 URI 格式才能进行，而我们当然不可能向 UriMatcher 中添加隐私数据的 URI，所以这部分数据根本无法被外部程序访问，安全问题也就不存在了。

好了，创建 ContentProvider 的步骤你已经清楚了，下面就来实战一下，真正体验一回跨程序数据共享的功能。

8.4.2　实现跨程序数据共享

简单起见，我们还是在上一章中 DatabaseTest 项目的基础上继续开发，通过 ContentProvider 来给它加入外部访问接口。打开 DatabaseTest 项目，首先将 MyDatabaseHelper 中使用 Toast 弹出创建数据库成功的提示去除，因为跨程序访问时我们不能直接使用 Toast。然后创建一个 ContentProvider，右击 com.example.databasetest 包→New→Other→Content Provider，会弹出如图 8.13 所示的窗口。

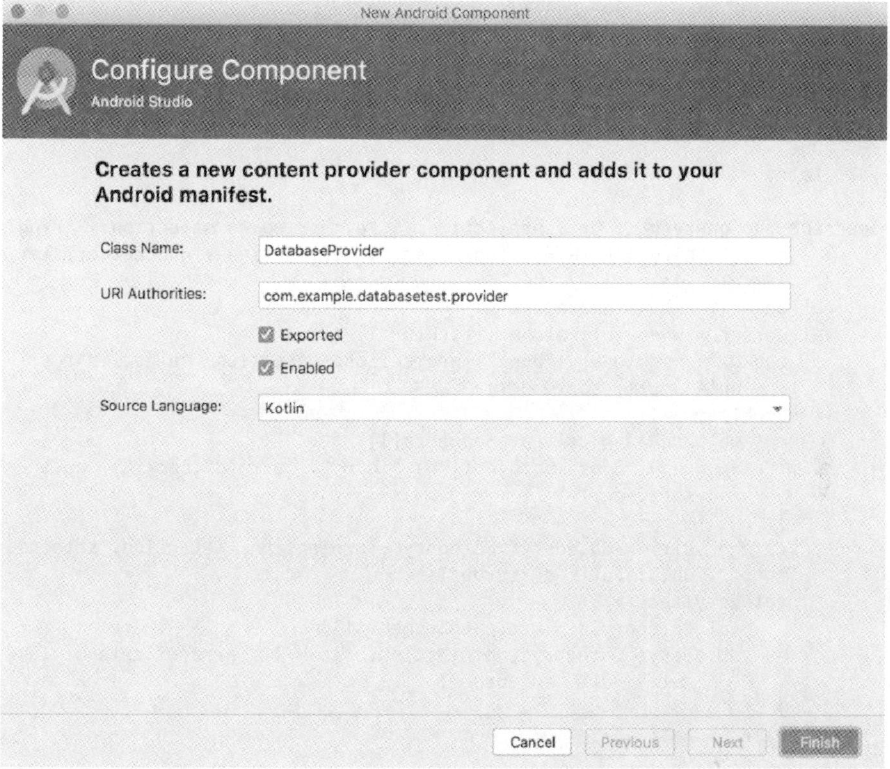

图 8.13　创建 ContentProvider 的窗口

可以看到，我们将 ContentProvider 命名为 DatabaseProvider，将 `authority` 指定为 `com.example.databasetest.provider`，`Exported` 属性表示是否允许外部程序访问我们的 ContentProvider，`Enabled` 属性表示是否启用这个 ContentProvider。将两个属性都勾中，点击 "Finish" 完成创建。

接着我们修改 DatabaseProvider 中的代码，如下所示：

```kotlin
class DatabaseProvider : ContentProvider() {

    private val bookDir = 0
    private val bookItem = 1
    private val categoryDir = 2
    private val categoryItem = 3
    private val authority = "com.example.databasetest.provider"
    private var dbHelper: MyDatabaseHelper? = null

    private val uriMatcher by lazy {
        val matcher = UriMatcher(UriMatcher.NO_MATCH)
        matcher.addURI(authority, "book", bookDir)
        matcher.addURI(authority, "book/#", bookItem)
        matcher.addURI(authority, "category", categoryDir)
        matcher.addURI(authority, "category/#", categoryItem)
```

```kotlin
        matcher
    }

    override fun onCreate() = context?.let {
        dbHelper = MyDatabaseHelper(it, "BookStore.db", 2)
        true
    } ?: false

    override fun query(uri: Uri, projection: Array<String>?, selection: String?,
            selectionArgs: Array<String>?, sortOrder: String?) = dbHelper?.let {
        // 查询数据
        val db = it.readableDatabase
        val cursor = when (uriMatcher.match(uri)) {
            bookDir -> db.query("Book", projection, selection, selectionArgs,
                null, null, sortOrder)
            bookItem -> {
                val bookId = uri.pathSegments[1]
                db.query("Book", projection, "id = ?", arrayOf(bookId), null, null,
                    sortOrder)
            }
            categoryDir -> db.query("Category", projection, selection, selectionArgs,
                    null, null, sortOrder)
            categoryItem -> {
                val categoryId = uri.pathSegments[1]
                db.query("Category", projection, "id = ?", arrayOf(categoryId),
                    null, null, sortOrder)
            }
            else -> null
        }
        cursor
    }

    override fun insert(uri: Uri, values: ContentValues?) = dbHelper?.let {
        // 添加数据
        val db = it.writableDatabase
        val uriReturn = when (uriMatcher.match(uri)) {
            bookDir, bookItem -> {
                val newBookId = db.insert("Book", null, values)
                Uri.parse("content://$authority/book/$newBookId")
            }
            categoryDir, categoryItem -> {
                val newCategoryId = db.insert("Category", null, values)
                Uri.parse("content://$authority/category/$newCategoryId")
            }
            else -> null
        }
        uriReturn
    }

    override fun update(uri: Uri, values: ContentValues?, selection: String?,
            selectionArgs: Array<String>?) = dbHelper?.let {
        // 更新数据
        val db = it.writableDatabase
        val updatedRows = when (uriMatcher.match(uri)) {
```

```
            bookDir -> db.update("Book", values, selection, selectionArgs)
            bookItem -> {
                val bookId = uri.pathSegments[1]
                db.update("Book", values, "id = ?", arrayOf(bookId))
            }
            categoryDir -> db.update("Category", values, selection, selectionArgs)
            categoryItem -> {
                val categoryId = uri.pathSegments[1]
                db.update("Category", values, "id = ?", arrayOf(categoryId))
            }
            else -> 0
        }
        updatedRows
    } ?: 0

    override fun delete(uri: Uri, selection: String?, selectionArgs: Array<String>?)
            = dbHelper?.let {
        // 删除数据
        val db = it.writableDatabase
        val deletedRows = when (uriMatcher.match(uri)) {
            bookDir -> db.delete("Book", selection, selectionArgs)
            bookItem -> {
                val bookId = uri.pathSegments[1]
                db.delete("Book", "id = ?", arrayOf(bookId))
            }
            categoryDir -> db.delete("Category", selection, selectionArgs)
            categoryItem -> {
                val categoryId = uri.pathSegments[1]
                db.delete("Category", "id = ?", arrayOf(categoryId))
            }
            else -> 0
        }
        deletedRows
    } ?: 0

    override fun getType(uri: Uri) = when (uriMatcher.match(uri)) {
        bookDir -> "vnd.android.cursor.dir/vnd.com.example.databasetest.provider.book"
        bookItem -> "vnd.android.cursor.item/vnd.com.example.databasetest.provider.book"
        categoryDir -> "vnd.android.cursor.dir/vnd.com.example.databasetest.
            provider.category"
        categoryItem -> "vnd.android.cursor.item/vnd.com.example.databasetest.
            provider.category"
        else -> null
    }
}
```

　　代码虽然很长，不过不用担心，这些内容都不难理解，因为使用的全部都是上一小节中我们学到的知识。首先，在类的一开始，同样是定义了 4 个变量，分别用于表示访问 Book 表中的所有数据、访问 Book 表中的单条数据、访问 Category 表中的所有数据和访问 Category 表中的单条数据。然后在一个 by lazy 代码块里对 UriMatcher 进行了初始化操作，将期望匹配的几种 URI 格式添加了进去。by lazy 代码块是 Kotlin 提供的一种懒加载技术，代码块中的代码一开始并不会执行，只有当 uriMatcher 变量首次被调用的时候才会执行，并且会将代码块中最后一行代码的返回值赋给 uriMatcher。我们将在本章的 Kotlin 课堂里讨论关于 by lazy 的更多内容。

接下来就是每个抽象方法的具体实现了，先来看一下 onCreate()方法。这个方法的代码很短，但是语法可能有点特殊。这里我们综合利用了 Getter 方法语法糖、?.操作符、let 函数、?:操作符以及单行代码函数语法糖。首先调用了 getContext()方法并借助?.操作符和 let 函数判断它的返回值是否为空：如果为空就使用?:操作符返回 false，表示 ContentProvider 初始化失败；如果不为空就执行 let 函数中的代码。在 let 函数中创建了一个 MyDatabaseHelper 的实例，然后返回 true 表示 ContentProvider 初始化成功。由于我们借助了多个操作符和标准函数，因此这段逻辑是在一行表达式内完成的，符合单行代码函数的语法糖要求，所以直接用等号连接返回值即可。其他几个方法的语法结构是类似的，相信你应该能看得明白。

接着看一下 query()方法，在这个方法中先获取了 SQLiteDatabase 的实例，然后根据传入的 Uri 参数判断用户想要访问哪张表，再调用 SQLiteDatabase 的 query()进行查询，并将 Cursor 对象返回就好了。注意，当访问单条数据的时候，调用了 Uri 对象的 getPathSegments()方法，它会将内容 URI 权限之后的部分以 "/" 符号进行分割，并把分割后的结果放入一个字符串列表中，那这个列表的第 0 个位置存放的就是路径，第 1 个位置存放的就是 id 了。得到了 id 之后，再通过 selection 和 selectionArgs 参数进行约束，就实现了查询单条数据的功能。

再往后就是 insert()方法，它也是先获取了 SQLiteDatabase 的实例，然后根据传入的 Uri 参数判断用户想要往哪张表里添加数据，再调用 SQLiteDatabase 的 insert()方法进行添加就可以了。注意，insert()方法要求返回一个能够表示这条新增数据的 URI，所以我们还需要调用 Uri.parse()方法，将一个内容 URI 解析成 Uri 对象，当然这个内容 URI 是以新增数据的 id 结尾的。

接下来就是 update()方法了，相信这个方法中的代码已经完全难不倒你了，也是先获取 SQLiteDatabase 的实例，然后根据传入的 uri 参数判断用户想要更新哪张表里的数据，再调用 SQLiteDatabase 的 update()方法进行更新就好了，受影响的行数将作为返回值返回。

下面是 delete()方法，是不是感觉越到后面越轻松了？因为你已经渐入佳境，真正找到窍门了。这里仍然是先获取 SQLiteDatabase 的实例，然后根据传入的 uri 参数判断用户想要删除哪张表里的数据，再调用 SQLiteDatabase 的 delete()方法进行删除就好了，被删除的行数将作为返回值返回。

最后是 getType()方法，这个方法中的代码完全是按照上一节中介绍的格式规则编写的，相信已经没有解释的必要了。这样我们就将 ContentProvider 中的代码全部编写完了。

另外，还有一点需要注意，ContentProvider 一定要在 AndroidManifest.xml 文件中注册才可以使用。不过幸运的是，我们是使用 Android Studio 的快捷方式创建的 ContentProvider，因此注册这一步已经自动完成了。打开 AndroidManifest.xml 文件瞧一瞧，代码如下所示：

```
<manifest xmlns:android="http://schemas.android.com/apk/res/android"
    package="com.example.databasetest">

    <application
        android:allowBackup="true"
        android:icon="@mipmap/ic_launcher"
        android:roundIcon="@mipmap/ic_launcher_round"
        android:label="@string/app_name"
        android:supportsRtl="true"
        android:theme="@style/AppTheme">
        ...
        <provider
            android:name=".DatabaseProvider"
            android:authorities="com.example.databasetest.provider"
            android:enabled="true"
            android:exported="true">
        </provider>
    </application>

</manifest>
```

可以看到，<application>标签内出现了一个新的标签<provider>，我们使用它来对
DatabaseProvider 进行注册。android:name 属性指定了 DatabaseProvider 的类名，android:authorities
属性指定了 DatabaseProvider 的 authority，而 enabled 和 exported 属性则是根据我们刚才勾选
的状态自动生成的，这里表示允许 DatabaseProvider 被其他应用程序访问。

现在 DatabaseTest 这个项目就已经拥有了跨程序共享数据的功能了，我们赶快来尝试一下。
首先需要将 DatabaseTest 程序从模拟器中删除，以防止上一章中产生的遗留数据对我们造成干扰。
然后运行一下项目，将 DatabaseTest 程序重新安装在模拟器上。接着关闭 DatabaseTest 这个项目，
并创建一个新项目 ProviderTest，我们将通过这个程序去访问 DatabaseTest 中的数据。

还是先来编写一下布局文件吧，修改 activity_main.xml 中的代码，如下所示：

```
<LinearLayout xmlns:android="http://schemas.android.com/apk/res/android"
    android:orientation="vertical"
    android:layout_width="match_parent"
    android:layout_height="match_parent" >

    <Button
        android:id="@+id/addData"
        android:layout_width="match_parent"
        android:layout_height="wrap_content"
        android:text="Add To Book" />

    <Button
        android:id="@+id/queryData"
        android:layout_width="match_parent"
```

```
            android:layout_height="wrap_content"
            android:text="Query From Book" />

        <Button
            android:id="@+id/updateData"
            android:layout_width="match_parent"
            android:layout_height="wrap_content"
            android:text="Update Book" />

        <Button
            android:id="@+id/deleteData"
            android:layout_width="match_parent"
            android:layout_height="wrap_content"
            android:text="Delete From Book" />

    </LinearLayout>
```

布局文件很简单，里面放置了 4 个按钮，分别用于添加、查询、更新和删除数据。然后修改 MainActivity 中的代码，如下所示：

```
class MainActivity : AppCompatActivity() {

    var bookId: String? = null

    override fun onCreate(savedInstanceState: Bundle?) {
        super.onCreate(savedInstanceState)
        setContentView(R.layout.activity_main)
        addData.setOnClickListener {
            // 添加数据
            val uri = Uri.parse("content://com.example.databasetest.provider/book")
            val values = contentValuesOf("name" to "A Clash of Kings",
                "author" to "George Martin", "pages" to 1040, "price" to 22.85)
            val newUri = contentResolver.insert(uri, values)
            bookId = newUri?.pathSegments?.get(1)
        }
        queryData.setOnClickListener {
            // 查询数据
            val uri = Uri.parse("content://com.example.databasetest.provider/book")
            contentResolver.query(uri, null, null, null, null)?.apply {
                while (moveToNext()) {
                    val name = getString(getColumnIndex("name"))
                    val author = getString(getColumnIndex("author"))
                    val pages = getInt(getColumnIndex("pages"))
                    val price = getDouble(getColumnIndex("price"))
                    Log.d("MainActivity", "book name is $name")
                    Log.d("MainActivity", "book author is $author")
                    Log.d("MainActivity", "book pages is $pages")
                    Log.d("MainActivity", "book price is $price")
                }
                close()
```

```
        }
    }
    updateData.setOnClickListener {
        // 更新数据
        bookId?.let {
            val uri = Uri.parse("content://com.example.databasetest.provider/
                book/$it")
            val values = contentValuesOf("name" to "A Storm of Swords",
                "pages" to 1216, "price" to 24.05)
            contentResolver.update(uri, values, null, null)
        }
    }
    deleteData.setOnClickListener {
        // 删除数据
        bookId?.let {
            val uri = Uri.parse("content://com.example.databasetest.provider/
                book/$it")
            contentResolver.delete(uri, null, null)
        }
    }
}
```

可以看到，我们分别在这 4 个按钮的点击事件里面处理了增删改查的逻辑。添加数据的时候，首先调用了 Uri.parse() 方法将一个内容 URI 解析成 Uri 对象，然后把要添加的数据都存放到 ContentValues 对象中，接着调用 ContentResolver 的 insert() 方法执行添加操作就可以了。注意，insert() 方法会返回一个 Uri 对象，这个对象中包含了新增数据的 id，我们通过 getPathSegments() 方法将这个 id 取出，稍后会用到它。

查询数据的时候，同样是调用了 Uri.parse() 方法将一个内容 URI 解析成 Uri 对象，然后调用 ContentResolver 的 query() 方法查询数据，查询的结果当然还是存放在 Cursor 对象中。之后对 Cursor 进行遍历，从中取出查询结果，并一一打印出来。

更新数据的时候，也是先将内容 URI 解析成 Uri 对象，然后把想要更新的数据存放到 ContentValues 对象中，再调用 ContentResolver 的 update() 方法执行更新操作就可以了。注意，这里我们为了不想让 Book 表中的其他行受到影响，在调用 Uri.parse() 方法时，给内容 URI 的尾部增加了一个 id，而这个 id 正是添加数据时所返回的。这就表示我们只希望更新刚刚添加的那条数据，Book 表中的其他行都不会受影响。

删除数据的时候，也是使用同样的方法解析了一个以 id 结尾的内容 URI，然后调用 ContentResolver 的 delete() 方法执行删除操作就可以了。由于我们在内容 URI 里指定了一个 id，因此只会删掉拥有相应 id 的那行数据，Book 表中的其他数据都不会受影响。

现在运行一下 ProviderTest 项目，会显示如图 8.14 所示的界面。

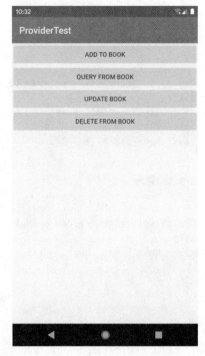

图 8.14　ProviderTest 主界面

　　点击一下"Add To Book"按钮，此时数据就应该已经添加到 DatabaseTest 程序的数据库中了，我们可以通过点击"Query From Book"按钮进行检查，打印日志如图 8.15 所示。

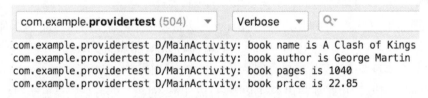

图 8.15　查询添加的数据

　　然后点击一下"Update Book"按钮更新数据，再点击一下"Query From Book"按钮进行检查，结果如图 8.16 所示。

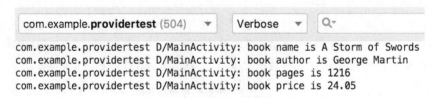

图 8.16　查询更新后的数据

　　最后点击"Delete From Book"按钮删除数据，此时再点击"Query From Book"按钮就查询不到数据了。由此可以看出，我们的跨程序共享数据功能已经成功实现了！现在不仅是 ProviderTest 程序，任何一个程序都可以轻松访问 DatabaseTest 中的数据，而且我们还丝毫不用担心隐私数据泄漏的问题。

　　到这里，与 ContentProvider 相关的重要内容就基本全部介绍完了，下面就让我们进入本章的 Kotlin 课堂，学习更多 Kotlin 的高级知识。

8.5　Kotlin 课堂：泛型和委托

　　本章的 Kotlin 课堂我们将继续学习一些新的高级知识：泛型和委托。其实在前面的章节中我们已经使用过好几次泛型了，只是还没有系统地介绍过，而委托则是一个全新的主题内容。那么在这节 Kotlin 课堂里，我们就针对这两块主题内容进行学习。

8.5.1　泛型的基本用法

　　准确来讲，泛型并不是什么新鲜的事物。Java 早在 1.5 版本中就引入了泛型的机制，Kotlin 自然也就支持了泛型功能。但是 Kotlin 中的泛型和 Java 中的泛型有同有异。我们在本小节中就先学习泛型的基本用法，也就是和 Java 中相同的部分，然后在第 10 章的 Kotlin 课堂中再延伸学习 Kotlin 特有的泛型功能。

　　首先解释一下什么是泛型。在一般的编程模式下，我们需要给任何一个变量指定一个具体的类型，而泛型允许我们在不指定具体类型的情况下进行编程，这样编写出来的代码将会拥有更好的扩展性。

　　举个例子，List 是一个可以存放数据的列表，但是 List 并没有限制我们只能存放整型数据或字符串数据，因为它没有指定一个具体的类型，而是使用泛型来实现的。也正是如此，我们才可以使用 List<Int>、List<String>之类的语法来构建具体类型的列表。

　　那么要怎样才能定义自己的泛型实现呢？这里我们来学习一下基本的语法。

　　泛型主要有两种定义方式：一种是定义泛型类，另一种是定义泛型方法，使用的语法结构都是<T>。当然括号内的 T 并不是固定要求的，事实上你使用任何英文字母或单词都可以，但是通常情况下，T 是一种约定俗成的泛型写法。

　　如果我们要定义一个泛型类，就可以这么写：

```
class MyClass<T> {

    fun method(param: T): T {
        return param
    }

}
```

此时的 MyClass 就是一个泛型类，MyClass 中的方法允许使用 T 类型的参数和返回值。

我们在调用 MyClass 类和 method()方法的时候，就可以将泛型指定成具体的类型，如下所示：

```
val myClass = MyClass<Int>()
val result = myClass.method(123)
```

这里我们将 MyClass 类的泛型指定成 Int 类型，于是 method()方法就可以接收一个 Int 类型的参数，并且它的返回值也变成了 Int 类型。

而如果我们不想定义一个泛型类，只是想定义一个泛型方法，应该要怎么写呢？也很简单，只需要将定义泛型的语法结构写在方法上面就可以了，如下所示：

```
class MyClass {

    fun <T> method(param: T): T {
        return param
    }

}
```

此时的调用方式也需要进行相应的调整：

```
val myClass = MyClass()
val result = myClass.method<Int>(123)
```

可以看到，现在是在调用 method()方法的时候指定泛型类型了。另外，Kotlin 还拥有非常出色的类型推导机制，例如我们传入了一个 Int 类型的参数，它能够自动推导出泛型的类型就是 Int 型，因此这里也可以直接省略泛型的指定：

```
val myClass = MyClass()
val result = myClass.method(123)
```

Kotlin 还允许我们对泛型的类型进行限制。目前你可以将 method()方法的泛型指定成任意类型，但是如果这并不是你想要的话，还可以通过指定上界的方式来对泛型的类型进行约束，比如这里将 method()方法的泛型上界设置为 Number 类型，如下所示：

```
class MyClass {

    fun <T : Number> method(param: T): T {
        return param
    }

}
```

这种写法就表明，我们只能将 method()方法的泛型指定成数字类型，比如 Int、Float、Double 等。但是如果你指定成字符串类型，就肯定会报错，因为它不是一个数字。

另外，在默认情况下，所有的泛型都是可以指定成可空类型的，这是因为在不手动指定上界的时候，泛型的上界默认是 Any?。而如果想要让泛型的类型不可为空，只需要将泛型的上界手动指定成 Any 就可以了。

接下来，我们尝试对本小节所学的泛型知识进行应用。回想一下，在 6.5.1 小节学习高阶函数的时候，我们编写了一个 build 函数，代码如下所示：

```
fun StringBuilder.build(block: StringBuilder.() -> Unit): StringBuilder {
    block()
    return this
}
```

这个函数的作用和 apply 函数基本是一样的，只是 build 函数只能作用在 StringBuilder 类上面，而 apply 函数是可以作用在所有类上面的。现在我们就通过本小节所学的泛型知识对 build 函数进行扩展，让它实现和 apply 函数完全一样的功能。

思考一下，其实并不复杂，只需要使用<T>将 build 函数定义成泛型函数，再将原来所有强制指定 StringBuilder 的地方都替换成 T 就可以了。新建一个 build.kt 文件，并编写如下代码：

```
fun <T> T.build(block: T.() -> Unit): T {
    block()
    return this
}
```

大功告成！现在你完全可以像使用 apply 函数一样去使用 build 函数了，比如说这里我们使用 build 函数简化 Cursor 的遍历：

```
contentResolver.query(uri, null, null, null, null)?.build {
    while (moveToNext()) {
        ...
    }
    close()
}
```

好了，关于 Kotlin 泛型的基本用法就介绍到这里，这部分用法和 Java 中的泛型基本上没什么区别，所以应该还是比较好理解的。接下来我们进入本节 Kotlin 课堂的另一个重要主题——委托。

8.5.2 类委托和委托属性

委托是一种设计模式，它的基本理念是：操作对象自己不会去处理某段逻辑，而是会把工作委托给另外一个辅助对象去处理。这个概念对于 Java 程序员来讲可能相对比较陌生，因为 Java 对于委托并没有语言层级的实现，而像 C#等语言就对委托进行了原生的支持。

Kotlin 中也是支持委托功能的，并且将委托功能分为了两种：类委托和委托属性。下面我们逐个进行学习。

首先来看类委托，它的核心思想在于将一个类的具体实现委托给另一个类去完成。在前面的章节中，我们曾经使用过 Set 这种数据结构，它和 List 有点类似，只是它所存储的数据是无序的，并且不能存储重复的数据。Set 是一个接口，如果要使用它的话，需要使用它具体的实现类，比如 HashSet。而借助于委托模式，我们可以轻松实现一个自己的实现类。比如这里定义一个 MySet，并让它实现 Set 接口，代码如下所示：

```kotlin
class MySet<T>(val helperSet: HashSet<T>) : Set<T> {

    override val size: Int
        get() = helperSet.size

    override fun contains(element: T) = helperSet.contains(element)

    override fun containsAll(elements: Collection<T>) = helperSet.containsAll(elements)

    override fun isEmpty() = helperSet.isEmpty()

    override fun iterator() = helperSet.iterator()

}
```

可以看到，MySet 的构造函数中接收了一个 HashSet 参数，这就相当于一个辅助对象。然后在 Set 接口所有的方法实现中，我们都没有进行自己的实现，而是调用了辅助对象中相应的方法实现，这其实就是一种委托模式。

那么，这种写法的好处是什么呢？既然都是调用辅助对象的方法实现，那还不如直接使用辅助对象得了。这么说确实没错，但如果我们只是让大部分的方法实现调用辅助对象中的方法，少部分的方法实现由自己来重写，甚至加入一些自己独有的方法，那么 MySet 就会成为一个全新的数据结构类，这就是委托模式的意义所在。

但是这种写法也有一定的弊端，如果接口中的待实现方法比较少还好，要是有几十甚至上百个方法的话，每个都去这样调用辅助对象中的相应方法实现，那可真是要写哭了。那么这个问题有没有什么解决方案呢？在 Java 中确实没有，但是在 Kotlin 中可以通过类委托的功能来解决。

Kotlin 中委托使用的关键字是 by，我们只需要在接口声明的后面使用 by 关键字，再接上受委托的辅助对象，就可以免去之前所写的一大堆模式化的代码了，如下所示：

```kotlin
class MySet<T>(val helperSet: HashSet<T>) : Set<T> by helperSet {
}
```

这两段代码实现的效果是一模一样的，但是借助了类委托的功能之后，代码明显简化了太多。另外，如果我们要对某个方法进行重新实现，只需要单独重写那一个方法就可以了，其他的方法仍然可以享受类委托所带来的便利，如下所示：

```kotlin
class MySet<T>(val helperSet: HashSet<T>) : Set<T> by helperSet {

    fun helloWorld() = println("Hello World")

    override fun isEmpty() = false

}
```

　　这里我们新增了一个 helloWorld() 方法，并且重写了 isEmpty() 方法，让它永远返回 false。这当然是一种错误的做法，这里仅仅是为了演示一下而已。现在我们的 MySet 就成为了一个全新的数据结构类，它不仅永远不会为空，而且还能打印 helloWorld()，至于其他 Set 接口中的功能，则和 HashSet 保持一致。这就是 Kotlin 的类委托所能实现的功能。

　　掌握了类委托之后，接下来我们开始学习委托属性。它的基本理念也非常容易理解，真正的难点在于如何灵活地进行应用。

　　类委托的核心思想是将一个类的具体实现委托给另一个类去完成，而委托属性的核心思想是将一个属性（字段）的具体实现委托给另一个类去完成。

　　我们看一下委托属性的语法结构，如下所示：

```
class MyClass {

    var p by Delegate()

}
```

　　可以看到，这里使用 by 关键字连接了左边的 p 属性和右边的 Delegate 实例，这是什么意思呢？这种写法就代表着将 p 属性的具体实现委托给了 Delegate 类去完成。当调用 p 属性的时候会自动调用 Delegate 类的 getValue() 方法，当给 p 属性赋值的时候会自动调用 Delegate 类的 setValue() 方法。

　　因此，我们还得对 Delegate 类进行具体的实现才行，代码如下所示：

```
class Delegate {

    var propValue: Any? = null

    operator fun getValue(myClass: MyClass, prop: KProperty<*>): Any? {
        return propValue
    }

    operator fun setValue(myClass: MyClass, prop: KProperty<*>, value: Any?) {
        propValue = value
    }

}
```

　　这是一种标准的代码实现模板，在 Delegate 类中我们必须实现 getValue() 和 setValue() 这两个方法，并且都要使用 operator 关键字进行声明。

　　getValue() 方法要接收两个参数：第一个参数用于声明该 Delegate 类的委托功能可以在什么类中使用，这里写成 MyClass 表示仅可在 MyClass 类中使用；第二个参数 KProperty<*> 是 Kotlin 中的一个属性操作类，可用于获取各种属性相关的值，在当前场景下用不着，但是必须在方法参数上进行声明。另外，<*> 这种泛型的写法表示你不知道或者不关心泛型的具体类型，只是为了通过语法编译而已，有点类似于 Java 中<?>的写法。至于返回值可以声明成任何类型，根据具体的实现逻辑去写就行了，上述代码只是一种示例写法。

setValue()方法也是相似的，只不过它要接收 3 个参数。前两个参数和 getValue()方法是相同的，最后一个参数表示具体要赋值给委托属性的值，这个参数的类型必须和 getValue()方法返回值的类型保持一致。

整个委托属性的工作流程就是这样实现的，现在当我们给 MyClass 的 p 属性赋值时，就会调用 Delegate 类的 setValue()方法，当获取 MyClass 中 p 属性的值时，就会调用 Delegate 类的 getValue()方法。是不是很好理解？

不过，其实还存在一种情况可以不用在 Delegate 类中实现 setValue()方法，那就是 MyClass 中的 p 属性是使用 val 关键字声明的。这一点也很好理解，如果 p 属性是使用 val 关键字声明的，那么就意味着 p 属性是无法在初始化之后被重新赋值的，因此也就没有必要实现 setValue()方法，只需要实现 getValue()方法就可以了。

好了，关于 Kotlin 的委托功能我们就学到这里。正如前面所说，委托功能本身不难理解，真正的难点在于如何灵活地进行应用。那么接下来，我们就通过一个示例来学习一下委托功能具体的应用。

8.5.3　实现一个自己的 lazy 函数

在 8.4.2 小节初始化 uriMatcher 变量的时候，我们使用了一种懒加载技术。把想要延迟执行的代码放到 by lazy 代码块中，这样代码块中的代码在一开始的时候就不会执行，只有当 uriMatcher 变量首次被调用的时候，代码块中的代码才会执行。

那么学习了 Kotlin 的委托功能之后，我们就可以对 by lazy 的工作原理进行解密了，它的基本语法结构如下：

```
val p by lazy { ... }
```

现在再来看这段代码，是不是觉得更有头绪了呢？实际上，by lazy 并不是连在一起的关键字，只有 by 才是 Kotlin 中的关键字，lazy 在这里只是一个高阶函数而已。在 lazy 函数中会创建并返回一个 Delegate 对象，当我们调用 p 属性的时候，其实调用的是 Delegate 对象的 getValue()方法，然后 getValue()方法中又会调用 lazy 函数传入的 Lambda 表达式，这样表达式中的代码就可以得到执行了，并且调用 p 属性后得到的值就是 Lambda 表达式中最后一行代码的返回值。

这样看来，Kotlin 的懒加载技术也并没有那么神秘，掌握了它的实现原理之后，我们也可以实现一个自己的 lazy 函数。

那么话不多说，开始动手吧。新建一个 Later.kt 文件，并编写如下代码：

```
class Later<T>(val block: () -> T) {
}
```

这里我们首先定义了一个 Later 类，并将它指定成泛型类。Later 的构造函数中接收一个函数类型参数，这个函数类型参数不接收任何参数，并且返回值类型就是 Later 类指定的泛型。

接着我们在 Later 类中实现 getValue() 方法，代码如下所示：

```
class Later<T>(val block: () -> T) {

    var value: Any? = null

    operator fun getValue(any: Any?, prop: KProperty<*>): T {
        if (value == null) {
            value = block()
        }
        return value as T
    }

}
```

这里将 getValue() 方法的第一个参数指定成了 Any? 类型，表示我们希望 Later 的委托功能在所有类中都可以使用。然后使用了一个 value 变量对值进行缓存，如果 value 为空就调用构造函数中传入的函数类型参数去获取值，否则就直接返回。

由于懒加载技术是不会对属性进行赋值的，因此这里我们就不用实现 setValue() 方法了。

代码写到这里，委托属性的功能就已经完成了。虽然我们可以立刻使用它，不过为了让它的用法更加类似于 lazy 函数，最好再定义一个顶层函数。这个函数直接写在 Later.kt 文件中就可以了，但是要定义在 Later 类的外面，因为只有不定义在任何类当中的函数才是顶层函数。代码如下所示：

```
fun <T> later(block: () -> T) = Later(block)
```

我们将这个顶层函数也定义成了泛型函数，并且它也接收一个函数类型参数。这个顶层函数的作用很简单：创建 Later 类的实例，并将接收的函数类型参数传给 Later 类的构造函数。

现在，我们自己编写的 later 懒加载函数就已经完成了，你可以直接使用它来替代之前的 lazy 函数，如下所示：

```
val uriMatcher by later {
    val matcher = UriMatcher(UriMatcher.NO_MATCH)
    matcher.addURI(authority, "book", bookDir)
    matcher.addURI(authority, "book/#", bookItem)
    matcher.addURI(authority, "category", categoryDir)
    matcher.addURI(authority, "category/#", categoryItem)
    matcher
}
```

但是如何才能验证 later 函数的懒加载功能有没有生效呢？这里我有一个非常简单方便的

验证方法，写法如下：

```
val p by later {
    Log.d("TAG", "run codes inside later block")
    "test later"
}
```

可以看到，我们在 later 函数的代码块中打印了一行日志。将这段代码放到任何一个 Activity 中，并在按钮的点击事件里调用 p 属性。

你会发现，当 Activity 启动的时候，later 函数中的那行日志是不会打印的。只有当你首次点击按钮的时候，日志才会打印出来，说明代码块中的代码成功执行了。而当你再次点击按钮的时候，日志也不会再打印出来，因为代码块中的代码只会执行一次。

通过这种方式就可以验证懒加载功能到底有没有生效了，你可以自己测试一下。

另外，必须说明的是，虽然我们编写了一个自己的懒加载函数，但由于简单起见，这里只是大致还原了 lazy 函数的基本实现原理，在一些诸如同步、空值处理等方面并没有实现得很严谨。因此，在正式的项目中，使用 Kotlin 内置的 lazy 函数才是最佳的选择。

好了，这节 Kotlin 课堂的内容就到这里，下面就让我们对本章所学的所有知识做个回顾吧。

8.6　小结与点评

本章的内容不算多，而且很多时候是在使用上一章中学习的数据库知识，所以理解这部分内容对你来说应该是比较轻松的吧。在本章中，我们一开始先了解了 Android 的权限机制，并且学会了如何在 Android 6.0 以上的系统中使用运行时权限，然后重点学习了 ContentProvider 的相关内容，以实现跨程序数据共享的功能。现在你不仅知道了如何访问其他程序中的数据，还学会了怎样创建自己的 ContentProvider 来共享数据，收获还是挺大的吧。

不过，每次在创建 ContentProvider 的时候，你都需要提醒一下自己，我是不是应该这么做？因为只有在真正需要将数据共享出去的时候才应该创建 ContentProvider，如果仅仅是用于程序内部访问的数据，就没有必要这么做，所以千万别对它进行滥用。

本章的 Kotlin 课堂又是干货满满的一堂课啊。我们学习了泛型和委托这两块主题内容，虽然难度是在渐渐增加的，但是这些都是 Kotlin 中非常重要的功能，你可千万不能掉队。尤其是泛型功能，在后面的章节里还会频繁用到，一定要好好掌握才行。

在连续学了几章系统机制方面的内容之后，是不是感觉有些枯燥？那么下一章中我们就换换口味，学习一下 Android 多媒体方面的知识吧。

第 9 章

丰富你的程序，运用手机多媒体

在很早以前，手机的功能普遍比较单调，仅仅就是用来打电话和发短信的。而如今，手机在我们的生活中正扮演着越来越重要的角色，各种娱乐活动都可以在手机上进行：上班的路上太无聊，可以戴着耳机听音乐；外出旅行的时候，可以在手机上看电影；无论走到哪里，遇到喜欢的事物都可以用手机拍下来。

手机上众多的娱乐方式少不了强大的多媒体功能的支持，而 Android 在这方面做得非常出色。它提供了一系列的 API，使得我们可以在程序中调用很多手机的多媒体资源，从而编写出更加丰富多彩的应用程序。本章我们就将学习 Android 中一些常用的多媒体功能的使用技巧。

在前 8 章中，我们一直是使用模拟器来运行程序的，不过本章涉及的一些功能必须要在真正的 Android 手机上运行才看得到效果。因此，我们就先来学习一下如何使用 Android 手机运行程序。

9.1　将程序运行到手机上

不必我多说，首先你需要拥有一部 Android 手机。现在 Android 手机早就不是什么稀罕物，几乎已经是人手一部了，如果你还没有的话，赶紧去购买吧。

想要将程序运行到手机上，我们需要先通过数据线把手机连接到电脑上。然后进入设置→系统→开发者选项界面，并在这个界面中选中 USB 调试选项，如图 9.1 所示。

注意，从 Android 4.2 系统开始，开发者选项默认是隐藏的，你需要先进入"关于手机"界面，然后对着最下面的版本号那一栏连续点击，就会让开发者选项显示出来。

如果你使用的是 Windows 操作系统，可能还需要在电脑上安装手机的驱动。一般借助 360 手机助手或豌豆荚等工具就可以快速进行安装，安装完成后手机就可以连接到电脑上了。

另外，如果这是你首次使用这部手机连接电脑的话，手机上应该还会出现一个如图 9.2 所示的弹窗提示。

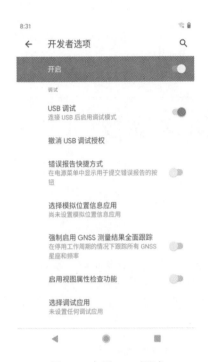

图 9.1　启用 USB 调试

图 9.2　允许 USB 调试的弹窗提示

　　勾选"一律允许使用这台计算机进行调试"的选项，然后点击"允许"，这样下次连接电脑的时候就不会再弹出这个提示了。

　　现在观察 Logcat，你会发现当前是有两个设备在线的，一个是我们一直使用的模拟器，另外一个则是刚刚连接上的手机，如图 9.3 所示。

　　然后观察 Android Studio 顶部的工具栏，我们可以在这里选择将当前项目运行到哪台设备上，如图 9.4 所示。

图 9.3　在线设备列表

图 9.4　选择当前项目的运行设备

　　选中"Google Pixel"这台设备，就可以使用真实的手机来运行程序了。

9.2　使用通知

通知（notification）是 Android 系统中比较有特色的一个功能，当某个应用程序希望向用户发出一些提示信息，而该应用程序又不在前台运行时，就可以借助通知来实现。发出一条通知后，手机最上方的状态栏中会显示一个通知的图标，下拉状态栏后可以看到通知的详细内容。Android 的通知功能自推出以来就大获成功，连 iOS 系统也在 5.0 版本之后加入了类似的功能。

9.2.1　创建通知渠道

然而，通知这个功能的设计初衷是好的，后来却被开发者给玩坏了。

每发出一条通知，都可能意味着自己的应用程序会拥有更高的打开率，因此有太多太多的应用会想尽办法地给用户发送通知，以博取更多的展示机会。站在应用自身的角度来看，这么做或许并没有什么错；但是站在用户的角度来看，如果每一个应用程序都这么做的话，那么用户手机的状态栏就会被各式各样的通知信息堆满，不胜其烦。

虽然 Android 系统允许我们将某个应用程序的通知完全屏蔽，以防止它一直给我们发送垃圾信息，但是在这些信息中，也可能会有我们所关心的内容。比如说我希望收到某个我所关注的人的微博更新通知，但是却不想让微博一天到晚给我推送一些明星的花边新闻。在过去，用户是没有办法对这些信息做区分的，要么同意接受所有信息，要么屏蔽所有信息，这也是 Android 通知功能的痛点。

于是，Android 8.0 系统引入了通知渠道这个概念。

什么是通知渠道呢？顾名思义，就是每条通知都要属于一个对应的渠道。每个应用程序都可以自由地创建当前应用拥有哪些通知渠道，但是这些通知渠道的控制权是掌握在用户手上的。用户可以自由地选择这些通知渠道的重要程度，是否响铃、是否振动或者是否要关闭这个渠道的通知。

拥有了这些控制权之后，用户就再也不用害怕那些垃圾通知的打扰了，因为用户可以自主地选择关心哪些通知、不关心哪些通知。以刚才的场景举例，微博就可以创建两种通知渠道，一个关注，一个推荐。而我作为用户，如果对推荐类的通知不感兴趣，那么我就可以直接将推荐通知渠道关闭，这样既不影响我接收关心的通知，又不会让那些我不关心的通知来打扰我了。

对于每个应用来说，通知渠道的划分是非常考究的，因为通知渠道一旦创建之后就不能再修改了，因此开发者需要仔细分析自己的应用程序一共有哪些类型的通知，然后再去创建相应的通知渠道。这里我们参考一下 Twitter 的通知渠道划分，如图 9.5 所示。

可以看到，Twitter 根据自己的通知类型，对通知渠道进行了非常详细的划分。这样用户的自主选择性就比较高了，也就大大降低了用户因不堪其垃圾通知的骚扰而将应用程序卸载的概率。

而我们的应用程序如果想要发出通知，也必须创建自己的通知渠道才行，下面我们就来学习一下创建通知渠道的详细步骤。

图 9.5   Twitter 的通知渠道的划分

首先需要一个 NotificationManager 对通知进行管理，可以通过调用 Context 的 getSystemService() 方法获取。getSystemService() 方法接收一个字符串参数用于确定获取系统的哪个服务，这里我们传入 Context.NOTIFICATION_SERVICE 即可。因此，获取 NotificationManager 的实例就可以写成：

```
val manager = getSystemService(Context.NOTIFICATION_SERVICE) as NotificationManager
```

接下来要使用 NotificationChannel 类构建一个通知渠道，并调用 NotificationManager 的 createNotificationChannel() 方法完成创建。由于 NotificationChannel 类和 create-NotificationChannel() 方法都是 Android 8.0 系统中新增的 API，因此我们在使用的时候还需要进行版本判断才可以，写法如下：

```
if (Build.VERSION.SDK_INT >= Build.VERSION_CODES.O) {
    val channel = NotificationChannel(channelId, channelName, importance)
    manager.createNotificationChannel(channel)
}
```

创建一个通知渠道至少需要渠道 ID、渠道名称以及重要等级这 3 个参数，其中渠道 ID 可以随便定义，只要保证全局唯一性就可以。渠道名称是给用户看的，需要可以清楚地表达这个渠道的用途。通知的重要等级主要有 IMPORTANCE_HIGH、IMPORTANCE_DEFAULT、IMPORTANCE_LOW、IMPORTANCE_MIN 这几种，对应的重要程度依次从高到低。不同的重要等级会决定通知的不同行为，后面我们会通过具体的例子进行演示。当然这里只是初始状态下的重要等级，用户可以随时手动更改某个通知渠道的重要等级，开发者是无法干预的。

9.2.2 通知的基本用法

了解了如何创建通知渠道之后，下面我们就来看一下通知的使用方法吧。通知的用法还是比较灵活的，既可以在 Activity 里创建，也可以在 BroadcastReceiver 里创建，当然还可以在后面我们即将学习的 Service 里创建。相比于 BroadcastReceiver 和 Service，在 Activity 里创建通知的场景还是比较少的，因为一般只有当程序进入后台的时候才需要使用通知。

不过，无论是在哪里创建通知，整体的步骤都是相同的，下面我们就来学习一下创建通知的详细步骤。

首先需要使用一个 Builder 构造器来创建 Notification 对象，但问题在于，Android 系统的每一个版本都会对通知功能进行或多或少的修改，API 不稳定的问题在通知上凸显得尤其严重，比方说刚刚介绍的通知渠道功能在 Android 8.0 系统之前就是没有的。那么该如何解决这个问题呢？其实解决方案我们之前已经见过好几回了，就是使用 AndroidX 库中提供的兼容 API。AndroidX 库中提供了一个 NotificationCompat 类，使用这个类的构造器创建 Notification 对象，就可以保证我们的程序在所有 Android 系统版本上都能正常工作了，代码如下所示：

```
val notification = NotificationCompat.Builder(context, channelId).build()
```

`NotificationCompat.Builder` 的构造函数中接收两个参数：第一个参数是 `context`，这个没什么好说的；第二个参数是渠道 ID，需要和我们在创建通知渠道时指定的渠道 ID 相匹配才行。

当然，上述代码只是创建了一个空的 Notification 对象，并没有什么实际作用，我们可以在最终的 `build()` 方法之前连缀任意多的设置方法来创建一个丰富的 `Notification` 对象，先来看一些最基本的设置：

```
val notification = NotificationCompat.Builder(context, channelId)
    .setContentTitle("This is content title")
    .setContentText("This is content text")
    .setSmallIcon(R.drawable.small_icon)
    .setLargeIcon(BitmapFactory.decodeResource(getResources(),R.drawable.large_icon))
    .build()
```

上述代码中一共调用了 4 个设置方法，下面我们来一一解析一下。`setContentTitle()` 方法用于指定通知的标题内容，下拉系统状态栏就可以看到这部分内容。`setContentText()` 方法用于指定通知的正文内容，同样下拉系统状态栏就可以看到这部分内容。`setSmallIcon()` 方法用于设置通知的小图标，注意，只能使用纯 alpha 图层的图片进行设置，小图标会显示在系统状态栏上。`setLargeIcon()` 方法用于设置通知的大图标，当下拉系统状态栏时，就可以看到设置的大图标了。

以上工作都完成之后，只需要调用 NotificationManager 的 notify()方法就可以让通知显示出来了。notify()方法接收两个参数：第一个参数是 id，要保证为每个通知指定的 id 都是不同的；第二个参数则是 Notification 对象，这里直接将我们刚刚创建好的 Notification 对象传入即可。因此，显示一个通知就可以写成：

```
manager.notify(1, notification)
```

到这里就已经把创建通知的每一个步骤都分析完了，下面就让我们通过一个具体的例子来看一看通知到底是长什么样的。

新建一个 NotificationTest 项目，并修改 activity_main.xml 中的代码，如下所示：

```xml
<LinearLayout xmlns:android="http://schemas.android.com/apk/res/android"
    android:orientation="vertical"
    android:layout_width="match_parent"
    android:layout_height="match_parent">

    <Button
        android:id="@+id/sendNotice"
        android:layout_width="wrap_content"
        android:layout_height="wrap_content"
        android:text="Send Notice" />

</LinearLayout>
```

布局文件非常简单，里面只有一个“Send Notice”按钮，用于发出一条通知。接下来修改 MainActivity 中的代码，如下所示：

```kotlin
class MainActivity : AppCompatActivity() {

    override fun onCreate(savedInstanceState: Bundle?) {
        super.onCreate(savedInstanceState)
        setContentView(R.layout.activity_main)
        val manager = getSystemService(Context.NOTIFICATION_SERVICE) as
                NotificationManager
        if (Build.VERSION.SDK_INT >= Build.VERSION_CODES.O) {
            val channel = NotificationChannel("normal", "Normal",NotificationManager.
                IMPORTANCE_DEFAULT)
            manager.createNotificationChannel(channel)
        }
        sendNotice.setOnClickListener {
            val notification = NotificationCompat.Builder(this, "normal")
                .setContentTitle("This is content title")
                .setContentText("This is content text")
                .setSmallIcon(R.drawable.small_icon)
                .setLargeIcon(BitmapFactory.decodeResource(resources,
                    R.drawable.large_icon))
                .build()
            manager.notify(1, notification)
        }
    }

}
```

可以看到，我们首先获取了 NotificationManager 的实例，并创建了一个 ID 为 normal 通知渠道。创建通知渠道的代码只在第一次执行的时候才会创建，当下次再执行创建代码时，系统会检测到该通知渠道已经存在了，因此不会重复创建，也并不会影响运行效率。

接下来在"Send Notice"按钮的点击事件里完成了通知的创建工作，创建的过程正如前面所描述的一样。注意，在 `NotificationCompat.Builder` 的构造函数中传入的渠道 ID 也必须叫 normal，如果传入了一个不存在的渠道 ID，通知是无法显示出来的。另外，通知上显示的图标你可以使用自己准备的图片，也可以使用随书源码附带的图片资源（源码下载地址见前言），新建一个 drawable-xxhdpi 目录，将图片放入即可。

现在可以来运行一下程序了，其实 MainActivity 一旦打开之后，通知渠道就已经创建成功了，我们可以进入应用程序设置当中查看。依次点击设置→应用和通知→NotificationTest→通知，如图 9.6 所示。

可以看到，这里已经出现了一个 Normal 通知渠道，就是我们刚刚创建的。

接下来回到 NotificationTest 程序当中，然后点击"Send Notice"按钮，你会在系统状态栏的最左边看到一个小图标，如图 9.7 所示。

下拉系统状态栏可以看到该通知的详细信息，如图 9.8 所示。

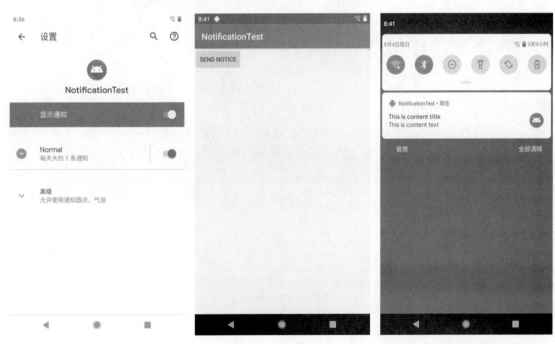

图 9.6　创建的通知渠道　　　　　图 9.7　通知的小图标　　　　　图 9.8　通知的详细信息

如果你使用过 Android 手机，此时应该会下意识地认为这条通知是可以点击的。但是当你去点击它的时候，会发现没有任何效果。不对啊，每条通知被点击之后都应该有所反应呀。其实要想实现通知的点击效果，我们还需要在代码中进行相应的设置，这就涉及了一个新的概念——PendingIntent。

PendingIntent 从名字上看起来就和 Intent 有些类似，它们确实存在不少共同点。比如它们都可以指明某一个"意图"，都可以用于启动 Activity、启动 Service 以及发送广播等。不同的是，Intent 倾向于立即执行某个动作，而 PendingIntent 倾向于在某个合适的时机执行某个动作。所以，也可以把 PendingIntent 简单地理解为延迟执行的 Intent。

PendingIntent 的用法同样很简单，它主要提供了几个静态方法用于获取 PendingIntent 的实例，可以根据需求来选择是使用 `getActivity()`方法、`getBroadcast()`方法，还是 `getService()`方法。这几个方法所接收的参数都是相同的：第一个参数依旧是 Context，不用多做解释；第二个参数一般用不到，传入 0 即可；第三个参数是一个 Intent 对象，我们可以通过这个对象构建出 PendingIntent 的"意图"；第四个参数用于确定 PendingIntent 的行为，有 `FLAG_ONE_SHOT`、`FLAG_NO_CREATE`、`FLAG_CANCEL_CURRENT` 和 `FLAG_UPDATE_CURRENT` 这 4 种值可选，每种值的具体含义你可以查看文档，通常情况下这个参数传入 0 就可以了。

对 PendingIntent 有了一定的了解后，我们再回过头来看一下 `NotificationCompat.Builder`。这个构造器还可以连缀一个 `setContentIntent()`方法，接收的参数正是一个 PendingIntent 对象。因此，这里就可以通过 PendingIntent 构建一个延迟执行的"意图"，当用户点击这条通知时就会执行相应的逻辑。

现在我们来优化一下 NotificationTest 项目，给刚才的通知加上点击功能，让用户点击它的时候可以启动另一个 Activity。

首先需要准备好另一个 Activity，右击 com.example.notificationtest 包→New→Activity→Empty Activity，新建 NotificationActivity。然后修改 activity_notification.xml 中的代码，如下所示：

```
<RelativeLayout xmlns:android="http://schemas.android.com/apk/res/android"
    android:layout_width="match_parent"
    android:layout_height="match_parent" >

    <TextView
        android:layout_width="wrap_content"
        android:layout_height="wrap_content"
        android:layout_centerInParent="true"
        android:textSize="24sp"
        android:text="This is notification layout"
        />

</RelativeLayout>
```

这样就把 NotificationActivity 准备好了，下面我们修改 MainActivity 中的代码，给通知加入点击功能，如下所示：

```kotlin
class MainActivity : AppCompatActivity() {

    override fun onCreate(savedInstanceState: Bundle?) {
        ...
        sendNotice.setOnClickListener {
            val intent = Intent(this, NotificationActivity::class.java)
            val pi = PendingIntent.getActivity(this, 0, intent, 0)
            val notification = NotificationCompat.Builder(this, "normal")
                .setContentTitle("This is content title")
                .setContentText("This is content text")
                .setSmallIcon(R.drawable.small_icon)
                .setLargeIcon(BitmapFactory.decodeResource(resources,
                    R.drawable.large_icon))
                .setContentIntent(pi)
                .build()
            manager.notify(1, notification)
        }
    }

}
```

可以看到，这里先是使用 Intent 表达出我们想要启动 NotificationActivity 的"意图"，然后将构建好的 Intent 对象传入 PendingIntent 的 getActivity()方法里，以得到 PendingIntent 的实例，接着在 NotificationCompat.Builder 中调用 setContentIntent()方法，把它作为参数传入即可。

现在重新运行一下程序，并点击"Send Notice"按钮，依旧会发出一条通知。然后下拉系统状态栏，点击一下该通知，就会打开 NotificationActivity 的界面了，如图 9.9 所示。

图 9.9　点击通知后打开 NotificationActivity 界面

咦？怎么系统状态上的通知图标还没有消失呢？是这样的，如果我们没有在代码中对该通知进行取消，它就会一直显示在系统的状态栏上。解决的方法有两种：一种是在 NotificationCompat. Builder 中再连缀一个 setAutoCancel()方法，一种是显式地调用 NotificationManager 的 cancel()方法将它取消。两种方法我们都学习一下。

第一种方法写法如下：

```kotlin
val notification = NotificationCompat.Builder(this, "normal")
    ...
    .setAutoCancel(true)
    .build()
```

可以看到，setAutoCancel()方法传入 true，就表示当点击这个通知的时候，通知会自动取消。

第二种方法写法如下：

```kotlin
class NotificationActivity : AppCompatActivity() {

    override fun onCreate(savedInstanceState: Bundle?) {
        super.onCreate(savedInstanceState)
        setContentView(R.layout.activity_notification)
        val manager = getSystemService(Context.NOTIFICATION_SERVICE) as
            NotificationManager
        manager.cancel(1)
    }

}
```

这里我们在 cancel()方法中传入了 1，这个 1 是什么意思呢？还记得在创建通知的时候给每条通知指定的 id 吗？当时我们给这条通知设置的 id 就是 1。因此，如果你想取消哪条通知，在 cancel()方法中传入该通知的 id 就行了。

9.2.3　通知的进阶技巧

现在你已经掌握了创建和取消通知的方法，并且知道了如何去响应通知的点击事件。不过通知的用法并不仅仅是这些呢，下面我们就来探究一下通知的更多技巧。

上一小节中创建的通知属于最基本的通知，实际上，NotificationCompat.Builder 中提供了非常丰富的 API，以便我们创建出更加多样的通知效果。当然，每一个 API 都详细地讲一遍不太可能，我们只能从中选一些比较常用的 API 进行学习。

先来看看 setStyle()方法，这个方法允许我们构建出富文本的通知内容。也就是说，通知中不光可以有文字和图标，还可以包含更多的东西。setStyle()方法接收一个 NotificationCompat. Style 参数，这个参数就是用来构建具体的富文本信息的，如长文字、图片等。

在开始使用 setStyle()方法之前，我们先来做一个试验吧，之前的通知内容都比较短，如果设置成很长的文字会是什么效果呢？比如这样写：

```
val notification = NotificationCompat.Builder(this, "normal")
    ...
    .setContentText("Learn how to build notifications, send and sync data,
    and use voice actions.Get the official Android IDE and developer tools to
    build apps for Android.")
    ...
    .build()
```

现在重新运行程序并触发通知，效果如图 9.10 所示。

图 9.10　通知内容文字过长的效果

可以看到，通知内容是无法完整显示的，多余的部分会用省略号代替。其实这也很正常，因为通知的内容本来就应该言简意赅，详细内容放到点击后打开的 Activity 当中会更加合适。

但是如果你真的非常需要在通知当中显示一段长文字，Android 也是支持的，通过 setStyle() 方法就可以做到，具体写法如下：

```
val notification = NotificationCompat.Builder(this, "normal")
    ...
    .setStyle(NotificationCompat.BigTextStyle().bigText("Learn how to build
    notifications, send and sync  data, and use voice actions. Get the official
    Android IDE and developer tools to build apps for Android."))
    .build()
```

这里使用了 setStyle()方法替代 setContentText()方法。在 setStyle()方法中，我们创建了一个 NotificationCompat.BigTextStyle 对象，这个对象就是用于封装长文字信息的，只要调用它的 bigText()方法并将文字内容传入就可以了。

再次重新运行程序并触发通知，效果如图 9.11 所示。

图 9.11   通知中显示长文字的效果

除了显示长文字之外，通知里还可以显示一张大图片，具体用法是基本相似的：

```
val notification = NotificationCompat.Builder(this, "normal")
    ...
    .setStyle(NotificationCompat.BigPictureStyle().bigPicture(
        BitmapFactory.decodeResource(resources, R.drawable.big_image)))
    .build()
```

可以看到，这里仍然是调用的 setStyle()方法，这次我们在参数中创建了一个 NotificationCompat.BigPictureStyle 对象，这个对象就是用于设置大图片的，然后调用它的 bigPicture()方法并将图片传入。这里我事先准备好了一张图片，通过 BitmapFactory 的 decodeResource()方法将图片解析成 Bitmap 对象，再传入 bigPicture()方法中就可以了。

现在重新运行一下程序并触发通知，效果如图 9.12 所示。

图 9.12 通知中显示大图片的效果

这样我们就把 setStyle() 方法中的重要内容基本掌握了。

接下来，我们学习一下不同重要等级的通知渠道对通知的行为具体有什么影响。其实简单来讲，就是通知渠道的重要等级越高，发出的通知就越容易获得用户的注意。比如高重要等级的通知渠道发出的通知可以弹出横幅、发出声音，而低重要等级的通知渠道发出的通知不仅可能会在某些情况下被隐藏，而且可能会被改变显示的顺序，将其排在更重要的通知之后。

但需要注意的是，开发者只能在创建通知渠道的时候为它指定初始的重要等级，如果用户不认可这个重要等级的话，可以随时进行修改，开发者对此无权再进行调整和变更，因为通知渠道一旦创建就不能再通过代码修改了。

既然无法修改之前创建的通知渠道，那么我们就只好再创建一个新的通知渠道来测试了。修改 MainActivity 中的代码，如下所示：

```
class MainActivity : AppCompatActivity() {

    override fun onCreate(savedInstanceState: Bundle?) {
        ...
        if (Build.VERSION.SDK_INT >= Build.VERSION_CODES.O) {
            ...
            val channel2 = NotificationChannel("important", "Important",
```

```
                    NotificationManager.IMPORTANCE_HIGH)
            manager.createNotificationChannel(channel2)
        }
        sendNotice.setOnClickListener {
            val intent = Intent(this, NotificationActivity::class.java)
            val pi = PendingIntent.getActivity(this, 0, intent, 0)
            val notification = NotificationCompat.Builder(this, "important")
            ...
        }
    }

}
```

这里我们将通知渠道的重要等级设置成了"高"，表示这是一条非常重要的通知，要求用户必须立刻看到。现在重新运行一下程序，并点击"Send notice"按钮，效果如图 9.13 所示。

图 9.13　触发一条重要通知

可以看到，这次的通知不是在系统状态栏显示一个小图标了，而是弹出了一个横幅，并附带了通知的详细内容，表示这是一条非常重要的通知。不管用户现在是在玩游戏还是看电影，这条通知都会显示在最上方，以此引起用户的注意。当然，使用这类通知时一定要小心，确保你的通知内容的确是至关重要的，不然如果让用户产生排斥感的话，可能会造成适得其反的效果。

9.3 调用摄像头和相册

我们平时在使用 QQ 或微信的时候经常要和别人分享图片，这些图片可以是用手机摄像头拍的，也可以是从相册中选取的。这样的功能实在是太常见了，几乎是应用程序必备的功能，那么本节我们就学习一下调用摄像头和相册方面的知识。

9.3.1 调用摄像头拍照

先来看看摄像头方面的知识，现在很多应用会要求用户上传一张图片作为头像，这时打开摄像头拍张照是最简单快捷的。下面就让我们通过一个例子学习一下，如何才能在应用程序里调用手机的摄像头进行拍照。

新建一个 CameraAlbumTest 项目，然后修改 activity_main.xml 中的代码，如下所示：

```
<LinearLayout xmlns:android="http://schemas.android.com/apk/res/android"
    android:orientation="vertical"
    android:layout_width="match_parent"
    android:layout_height="match_parent" >

    <Button
        android:id="@+id/takePhotoBtn"
        android:layout_width="match_parent"
        android:layout_height="wrap_content"
        android:text="Take Photo" />

    <ImageView
        android:id="@+id/imageView"
        android:layout_width="wrap_content"
        android:layout_height="wrap_content"
        android:layout_gravity="center_horizontal" />

</LinearLayout>
```

可以看到，布局文件中只有两个控件：一个 Button 和一个 ImageView。Button 是用于打开摄像头进行拍照的，而 ImageView 则是用于将拍到的图片显示出来。

然后开始编写调用摄像头的具体逻辑，修改 MainActivity 中的代码，如下所示：

```
class MainActivity : AppCompatActivity() {

    val takePhoto = 1
    lateinit var imageUri: Uri
    lateinit var outputImage: File

    override fun onCreate(savedInstanceState: Bundle?) {
        super.onCreate(savedInstanceState)
        setContentView(R.layout.activity_main)
        takePhotoBtn.setOnClickListener {
            // 创建 File 对象，用于存储拍照后的图片
            outputImage = File(externalCacheDir, "output_image.jpg")
```

```
            if (outputImage.exists()) {
                outputImage.delete()
            }
            outputImage.createNewFile()
            imageUri = if (Build.VERSION.SDK_INT >= Build.VERSION_CODES.N) {
                FileProvider.getUriForFile(this, "com.example.cameraalbumtest.
                    fileprovider", outputImage)
            } else {
                Uri.fromFile(outputImage)
            }
            // 启动相机程序
            val intent = Intent("android.media.action.IMAGE_CAPTURE")
            intent.putExtra(MediaStore.EXTRA_OUTPUT, imageUri)
            startActivityForResult(intent, takePhoto)
        }
    }

    override fun onActivityResult(requestCode: Int, resultCode: Int, data: Intent?) {
        super.onActivityResult(requestCode, resultCode, data)
        when (requestCode) {
            takePhoto -> {
                if (resultCode == Activity.RESULT_OK) {
                    // 将拍摄的照片显示出来
                    val bitmap = BitmapFactory.decodeStream(contentResolver.
                        openInputStream(imageUri))
                    imageView.setImageBitmap(rotateIfRequired(bitmap))
                }
            }
        }
    }

    private fun rotateIfRequired(bitmap: Bitmap): Bitmap {
        val exif = ExifInterface(outputImage.path)
        val orientation = exif.getAttributeInt(ExifInterface.TAG_ORIENTATION,
            ExifInterface.ORIENTATION_NORMAL)
        return when (orientation) {
            ExifInterface.ORIENTATION_ROTATE_90 -> rotateBitmap(bitmap, 90)
            ExifInterface.ORIENTATION_ROTATE_180 -> rotateBitmap(bitmap, 180)
            ExifInterface.ORIENTATION_ROTATE_270 -> rotateBitmap(bitmap, 270)
            else -> bitmap
        }
    }

    private fun rotateBitmap(bitmap: Bitmap, degree: Int): Bitmap {
        val matrix = Matrix()
        matrix.postRotate(degree.toFloat())
        val rotatedBitmap = Bitmap.createBitmap(bitmap, 0, 0, bitmap.width, bitmap.height,
            matrix, true)
        bitmap.recycle() // 将不再需要的 Bitmap 对象回收
        return rotatedBitmap
    }
}
```

上述代码稍微有点复杂，下面我们来仔细地分析一下。在 MainActivity 中要做的第一件事自然是给 Button 注册点击事件，然后在点击事件里开始处理调用摄像头的逻辑，我们重点看一下这部分代码。

首先这里创建了一个 File 对象，用于存放摄像头拍下的图片，这里我们把图片命名为 output_image.jpg，并存放在手机 SD 卡的应用关联缓存目录下。什么叫作应用关联缓存目录呢？就是指 SD 卡中专门用于存放当前应用缓存数据的位置，调用 getExternalCacheDir()方法可以得到这个目录，具体的路径是/sdcard/Android/data/<package name>/cache。那么为什么要使用应用关联缓存目录来存放图片呢？因为从 Android 6.0 系统开始，读写 SD 卡被列为了危险权限，如果将图片存放在 SD 卡的任何其他目录，都要进行运行时权限处理才行，而使用应用关联目录则可以跳过这一步。另外，从 Android 10.0 系统开始，公有的 SD 卡目录已经不再允许被应用程序直接访问了，而是要使用作用域存储才行。这部分内容不在本书的讨论范围内，如果你有兴趣学习的话，可以关注我的微信公众号（见封面），回复"作用域存储"即可，我专门写了一篇非常详细的文章来讲解这部分内容。

接着会进行一个判断，如果运行设备的系统版本低于 Android 7.0，就调用 Uri 的 fromFile()方法将 File 对象转换成 Uri 对象，这个 Uri 对象标识着 output_image.jpg 这张图片的本地真实路径。否则，就调用 FileProvider 的 getUriForFile()方法将 File 对象转换成一个封装过的 Uri 对象。getUriForFile()方法接收 3 个参数：第一个参数要求传入 Context 对象，第二个参数可以是任意唯一的字符串，第三个参数则是我们刚刚创建的 File 对象。之所以要进行这样一层转换，是因为从 Android 7.0 系统开始，直接使用本地真实路径的 Uri 被认为是不安全的，会抛出一个 FileUriExposedException 异常。而 FileProvider 则是一种特殊的 ContentProvider，它使用了和 ContentProvider 类似的机制来对数据进行保护，可以选择性地将封装过的 Uri 共享给外部，从而提高了应用的安全性。

接下来构建了一个 Intent 对象，并将这个 Intent 的 action 指定为 android.media.action.IMAGE_CAPTURE，再调用 Intent 的 putExtra()方法指定图片的输出地址，这里填入刚刚得到的 Uri 对象，最后调用 startActivityForResult()启动 Activity。由于我们使用的是一个隐式 Intent，系统会找出能够响应这个 Intent 的 Activity 去启动，这样照相机程序就会被打开，拍下的照片将会输出到 output_image.jpg 中。

由于刚才我们是使用 startActivityForResult()启动 Activity 的，因此拍完照后会有结果返回到 onActivityResult()方法中。如果发现拍照成功，就可以调用 BitmapFactory 的 decodeStream()方法将 output_image.jpg 这张照片解析成 Bitmap 对象，然后把它设置到 ImageView 中显示出来。

需要注意的是，调用照相机程序去拍照有可能会在一些手机上发生照片旋转的情况。这是因为这些手机认为打开摄像头进行拍摄时手机就应该是横屏的，因此回到竖屏的情况下就会发生 90 度的旋转。为此，这里我们又加上了判断图片方向的代码，如果发现图片需要进行旋转，那么就先将图片旋转相应的角度，然后再显示到界面上。

不过现在还没结束，刚才提到了 ContentProvider，那么我们自然要在 AndroidManifest.xml 中对它进行注册才行，代码如下所示：

```xml
<manifest xmlns:android="http://schemas.android.com/apk/res/android"
        package="com.example.cameraalbumtest">
    <application
        android:allowBackup="true"
        android:icon="@mipmap/ic_launcher"
        android:label="@string/app_name"
        android:supportsRtl="true"
        android:theme="@style/AppTheme">
        ...
        <provider
            android:name="androidx.core.content.FileProvider"
            android:authorities="com.example.cameraalbumtest.fileprovider"
            android:exported="false"
            android:grantUriPermissions="true">
            <meta-data
                android:name="android.support.FILE_PROVIDER_PATHS"
                android:resource="@xml/file_paths" />
        </provider>
    </application>
</manifest>
```

android:name 属性的值是固定的，而 android:authorities 属性的值必须和刚才 FileProvider.getUriForFile()方法中的第二个参数一致。另外，这里还在<provider>标签的内部使用<meta-data>指定 Uri 的共享路径，并引用了一个@xml/file_paths 资源。当然，这个资源现在还是不存在的，下面我们就来创建它。

右击 res 目录→New→Directory，创建一个 xml 目录，接着右击 xml 目录→New→File，创建一个 file_paths.xml 文件。然后修改 file_paths.xml 文件中的内容，如下所示：

```xml
<?xml version="1.0" encoding="utf-8"?>
<paths xmlns:android="http://schemas.android.com/apk/res/android">
    <external-path name="my_images" path="/" />
</paths>
```

external-path 就是用来指定 Uri 共享路径的，name 属性的值可以随便填，path 属性的值表示共享的具体路径。这里使用一个单斜线表示将整个 SD 卡进行共享，当然你也可以仅共享存放 output_image.jpg 这张图片的路径。

这样代码就编写完了，现在将程序运行到手机上，点击“Take Photo”按钮即可进行拍照，如图 9.14 所示。拍照完成后，点击中间按钮就会回到我们程序的界面。同时，拍摄的照片也显示出来了，如图 9.15 所示。

图 9.14　打开摄像头拍照

图 9.15　拍照的最终效果

9.3.2　从相册中选择图片

虽然调用摄像头拍照既方便又快捷，但我们并不是每次都需要当场拍一张照片的。因为每个人的手机相册里应该都会存有许多张图片，直接从相册里选取一张现有的图片会比打开相机拍一张照片更加常用。一个优秀的应用程序应该将这两种选择方式都提供给用户，由用户来决定使用哪一种。下面我们就来看一下，如何才能实现从相册中选择图片的功能。

还是在 CameraAlbumTest 项目的基础上进行修改，编辑 activity_main.xml 文件，在布局中添加一个按钮，用于从相册中选择图片，代码如下所示：

```xml
<LinearLayout xmlns:android="http://schemas.android.com/apk/res/android"
    android:orientation="vertical"
    android:layout_width="match_parent"
    android:layout_height="match_parent" >

    <Button
        android:id="@+id/takePhotoBtn"
        android:layout_width="match_parent"
        android:layout_height="wrap_content"
        android:text="Take Photo" />

    <Button
        android:id="@+id/fromAlbumBtn"
```

```
        android:layout_width="match_parent"
        android:layout_height="wrap_content"
        android:text="From Album" />

    <ImageView
        android:id="@+id/imageView"
        android:layout_width="wrap_content"
        android:layout_height="wrap_content"
        android:layout_gravity="center_horizontal" />

</LinearLayout>
```

然后修改 MainActivity 中的代码，加入从相册选择图片的逻辑，代码如下所示：

```kotlin
class MainActivity : AppCompatActivity() {
    ...
    val fromAlbum = 2

    override fun onCreate(savedInstanceState: Bundle?) {
        ...
        fromAlbumBtn.setOnClickListener {
            // 打开文件选择器
            val intent = Intent(Intent.ACTION_OPEN_DOCUMENT)
            intent.addCategory(Intent.CATEGORY_OPENABLE)
            // 指定只显示图片
            intent.type = "image/*"
            startActivityForResult(intent, fromAlbum)
        }
    }

    override fun onActivityResult(requestCode: Int, resultCode: Int, data: Intent?) {
        super.onActivityResult(requestCode, resultCode, data)
        when (requestCode) {
            ...
            fromAlbum -> {
                if (resultCode == Activity.RESULT_OK && data != null) {
                    data.data?.let { uri ->
                        // 将选择的图片显示
                        val bitmap = getBitmapFromUri(uri)
                        imageView.setImageBitmap(bitmap)
                    }
                }
            }
        }
    }

    private fun getBitmapFromUri(uri: Uri) = contentResolver
        .openFileDescriptor(uri, "r")?.use {
        BitmapFactory.decodeFileDescriptor(it.fileDescriptor)
    }
    ...
}
```

可以看到，在 "From Album" 按钮的点击事件里，我们先构建了一个 Intent 对象，并将它的 action

指定为 Intent.ACTION_OPEN_DOCUMENT，表示打开系统的文件选择器。接着给这个 Intent 对象设置一些条件过滤，只允许可打开的图片文件显示出来，然后调用 startActivityForResult() 方法即可。注意，在调用 startActivityForResult() 方法的时候，我们给第二个参数传入的值变成了 fromAlbum，这样当选择完图片回到 onActivityResult() 方法时，就会进入 fromAlbum 的条件下处理图片。

接下来的部分就很简单了，我们调用了返回 Intent 的 getData() 方法来获取选中图片的 Uri，然后再调用 getBitmapFromUri() 方法将 Uri 转换成 Bitmap 对象，最终将图片显示到界面上。

现在重新运行程序，然后点击一下"From Album"按钮，就会打开系统的文件选择器了，如图 9.16 所示。

然后随意选择一张图片，回到我们程序的界面，选中的图片应该就会显示出来了，如图 9.17 所示。

图 9.16　打开文件选择器

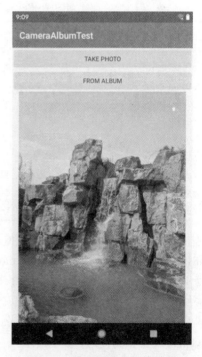

图 9.17　选择图片的最终效果

调用摄像头拍照以及从相册中选择图片是很多 Android 应用都会带有的功能，现在你已经将这两种技术都学会了，如果将来在工作中需要开发类似的功能，相信你一定能轻松完成的。不过，目前我们的实现还不算完美，因为如果某些图片的像素很高，直接加载到内存中就有可能会导致程序崩溃。更好的做法是根据项目的需求先对图片进行适当的压缩，然后再加载到内存中。至于如何对图片进行压缩，就要考验你查阅资料的能力了，这里就不再展开进行讲解了。

9.4　播放多媒体文件

手机上最常见的休闲方式毫无疑问就是听音乐和看电影了，随着移动设备的普及，越来越多的人可以随时享受优美的音乐，观看精彩的电影。Android 在播放音频和视频方面做了相当不错的支持，它提供了一套较为完整的 API，使得开发者可以很轻松地编写出一个简易的音频或视频播放器，下面我们就来具体地学习一下。

9.4.1　播放音频

在 Android 中播放音频文件一般是使用 MediaPlayer 类实现的，它对多种格式的音频文件提供了非常全面的控制方法，从而使播放音乐的工作变得十分简单。表 9.1 列出了 MediaPlayer 类中一些较为常用的控制方法。

表 9.1　MediaPlayer 类中常用的控制方法

方 法 名	功能描述
setDataSource()	设置要播放的音频文件的位置
prepare()	在开始播放之前调用，以完成准备工作
start()	开始或继续播放音频
pause()	暂停播放音频
reset()	将MediaPlayer对象重置到刚刚创建的状态
seekTo()	从指定的位置开始播放音频
stop()	停止播放音频。调用后的MediaPlayer对象无法再播放音频
release()	释放与MediaPlayer对象相关的资源
isPlaying()	判断当前MediaPlayer是否正在播放音频
getDuration()	获取载入的音频文件的时长

简单了解了上述方法后，我们再来梳理一下 MediaPlayer 的工作流程。首先需要创建一个 MediaPlayer 对象，然后调用 setDataSource()方法设置音频文件的路径，再调用 prepare()方法使 MediaPlayer 进入准备状态，接下来调用 start()方法就可以开始播放音频，调用 pause()方法就会暂停播放，调用 reset()方法就会停止播放。

下面就让我们通过一个具体的例子来学习一下吧，新建一个 PlayAudioTest 项目，然后修改 activity_main.xml 中的代码，如下所示：

```
<LinearLayout xmlns:android="http://schemas.android.com/apk/res/android"
    android:orientation="vertical"
    android:layout_width="match_parent"
    android:layout_height="match_parent" >

    <Button
        android:id="@+id/play"
        android:layout_width="match_parent"
        android:layout_height="wrap_content"
```

```
            android:text="Play" />

    <Button
            android:id="@+id/pause"
            android:layout_width="match_parent"
            android:layout_height="wrap_content"
            android:text="Pause" />

    <Button
            android:id="@+id/stop"
            android:layout_width="match_parent"
            android:layout_height="wrap_content"
            android:text="Stop" />

</LinearLayout>
```

布局文件中放置了 3 个按钮，分别用于对音频文件进行播放、暂停和停止操作。

MediaPlayer 可以用于播放网络、本地以及应用程序安装包中的音频。这里简单起见，我们就以播放应用程序安装包中的音频来举例吧。

Android Studio 允许我们在项目工程中创建一个 assets 目录，并在这个目录下存放任意文件和子目录，这些文件和子目录在项目打包时会一并被打包到安装文件中，然后我们在程序中就可以借助 AssetManager 这个类提供的接口对 assets 目录下的文件进行读取。

那么首先来创建 assets 目录吧，它必须创建在 app/src/main 这个目录下面，也就是和 java、res 这两个目录是平级的。右击 app/src/main→New→Directory，在弹出的对话框中输入“assets”，目录就创建完成了。

由于我们要播放音频文件，这里我提前准备好了一份 music.mp3 资源（资源下载方式见前言），将它放入 assets 目录中即可，如图 9.18 所示。

图 9.18　将音频资源放入 assets 目录

然后修改 MainActivity 中的代码，如下所示：

```kotlin
class MainActivity : AppCompatActivity() {

    private val mediaPlayer = MediaPlayer()

    override fun onCreate(savedInstanceState: Bundle?) {
        super.onCreate(savedInstanceState)
        setContentView(R.layout.activity_main)
        initMediaPlayer()
        play.setOnClickListener {
            if (!mediaPlayer.isPlaying) {
                mediaPlayer.start() // 开始播放
            }
        }
        pause.setOnClickListener {
            if (mediaPlayer.isPlaying) {
                mediaPlayer.pause() // 暂停播放
            }
        }
        stop.setOnClickListener {
            if (mediaPlayer.isPlaying) {
                mediaPlayer.reset() // 停止播放
                initMediaPlayer()
            }
        }
    }

    private fun initMediaPlayer() {
        val assetManager = assets
        val fd = assetManager.openFd("music.mp3")
        mediaPlayer.setDataSource(fd.fileDescriptor, fd.startOffset, fd.length)
        mediaPlayer.prepare()
    }

    override fun onDestroy() {
        super.onDestroy()
        mediaPlayer.stop()
        mediaPlayer.release()
    }

}
```

可以看到，在类初始化的时候，我们就先创建了一个 MediaPlayer 的实例，然后在 onCreate()
方法中调用 initMediaPlayer()方法，为 MediaPlayer 对象进行初始化操作。在 initMediaPlayer()
方法中，首先通过 getAssets()方法得到了一个 AssetManager 的实例，AssetManager 可用于
读取 assets 目录下的任何资源。接着我们调用了 openFd()方法将音频文件句柄打开，后面又依
次调用了 setDataSource()方法和 prepare()方法，为 MediaPlayer 做好了播放前的准备。

接下来我们看一下各个按钮的点击事件中的代码。当点击"Play"按钮时会进行判断，如果
当前 MediaPlayer 没有正在播放音频，则调用 start()方法开始播放。当点击"Pause"按钮时会
判断，如果当前 MediaPlayer 正在播放音频，则调用 pause()方法暂停播放。当点击"Stop"按

钮时会判断，如果当前 MediaPlayer 正在播放音频，则调用 reset() 方法将 MediaPlayer 重置为刚刚创建的状态，然后重新调用一遍 initMediaPlayer() 方法。

最后在 onDestroy() 方法中，我们还需要分别调用 stop() 方法和 release() 方法，将与 MediaPlayer 相关的资源释放掉。

这样一个简易版的音乐播放器就完成了，现在将程序运行到手机上，界面如图 9.19 所示。

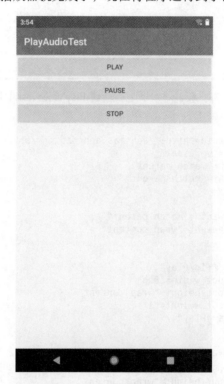

图 9.19　音乐播放器主界面

点击一下"Play"按钮，优美的音乐就会响起，然后点击"Pause"按钮，音乐就会停住，再次点击"Play"按钮，会接着暂停之前的位置继续播放。这时如果点击一下"Stop"按钮，音乐也会停住，但是当再次点击"Play"按钮时，音乐就会从头开始播放了。

9.4.2　播放视频

播放视频文件其实并不比播放音频文件复杂，主要是使用 VideoView 类来实现的。这个类将视频的显示和控制集于一身，我们仅仅借助它就可以完成一个简易的视频播放器。VideoView 的用法和 MediaPlayer 也比较类似，常用方法如表 9.2 所示。

表 9.2　VideoView 的常用方法

方　法　名	功能描述
setVideoPath()	设置要播放的视频文件的位置
start()	开始或继续播放视频
pause()	暂停播放视频
resume()	将视频从头开始播放
seekTo()	从指定的位置开始播放视频
isPlaying()	判断当前是否正在播放视频
getDuration()	获取载入的视频文件的时长
suspend()	释放ViedoView所占用的资源

　　我们还是通过一个实际的例子来学习一下吧，新建 PlayVideoTest 项目，然后修改 activity_main.xml
中的代码，如下所示：

```xml
<LinearLayout xmlns:android="http://schemas.android.com/apk/res/android"
    android:orientation="vertical"
    android:layout_width="match_parent"
    android:layout_height="match_parent" >

    <LinearLayout
        android:layout_width="match_parent"
        android:layout_height="wrap_content" >

        <Button
            android:id="@+id/play"
            android:layout_width="0dp"
            android:layout_height="wrap_content"
            android:layout_weight="1"
            android:text="Play" />

        <Button
            android:id="@+id/pause"
            android:layout_width="0dp"
            android:layout_height="wrap_content"
            android:layout_weight="1"
            android:text="Pause" />

        <Button
            android:id="@+id/replay"
            android:layout_width="0dp"
            android:layout_height="wrap_content"
            android:layout_weight="1"
            android:text="Replay" />

    </LinearLayout>

    <VideoView
        android:id="@+id/videoView"
        android:layout_width="match_parent"
        android:layout_height="wrap_content" />

</LinearLayout>
```

　　这个布局文件中同样放置了 3 个按钮，分别用于控制视频的播放、暂停和重新播放。另外在按钮的下面又放置了一个 VideoView，稍后的视频就将在这里显示。

　　接下来的问题就是存放视频资源了，很可惜的是，VideoView 不支持直接播放 assets 目录下的视频资源，所以我们只能寻找其他的解决方案。res 目录下允许我们再创建一个 raw 目录，像诸如音频、视频之类的资源文件也可以放在这里，并且 VideoView 是可以直接播放这个目录下的视频资源的。

　　现在右击 app/src/main/res→New→Directory，在弹出的对话框中输入"raw"，完成 raw 目录的创建，并把要播放的视频资源放在里面。这里我提前准备了一个 video.mp4 资源（资源下载方式见前言），如图 9.20 所示，你也可以使用自己准备的视频资源。

图 9.20　将视频资源放到 raw 目录当中

　　然后修改 MainActivity 中的代码，如下所示：

```
class MainActivity : AppCompatActivity() {

    override fun onCreate(savedInstanceState: Bundle?) {
        super.onCreate(savedInstanceState)
        setContentView(R.layout.activity_main)
        val uri = Uri.parse("android.resource://$packageName/${R.raw.video}")
        videoView.setVideoURI(uri)
        play.setOnClickListener {
            if (!videoView.isPlaying) {
                videoView.start() // 开始播放
            }
        }
        pause.setOnClickListener {
            if (videoView.isPlaying) {
                videoView.pause() // 暂停播放
            }
        }
        replay.setOnClickListener {
            if (videoView.isPlaying) {
                videoView.resume() // 重新播放
            }
```

```
        }
    }

    override fun onDestroy() {
        super.onDestroy()
        videoView.suspend()
    }

}
```

这段代码现在看起来就非常简单了，因为它和前面播放音频的代码比较类似。我们首先在 onCreate() 方法中调用了 Uri.parse() 方法，将 raw 目录下的 video.mp4 文件解析成了一个 Uri 对象，这里使用的写法是 Android 要求的固定写法。然后调用 VideoView 的 setVideoURI() 方法将刚才解析出来的 Uri 对象传入，这样 VideoView 就初始化完成了。

下面看一下各个按钮的点击事件。当点击"Play"按钮时会判断，如果当前没有正在播放视频，则调用 start() 方法开始播放。当点击"Pause"按钮时会判断，如果当前视频正在播放，则调用 pause() 方法暂停播放。当点击"Replay"按钮时会判断，如果当前视频正在播放，则调用 resume() 方法从头播放视频。

最后在 onDestroy() 方法中，我们还需要调用一下 suspend() 方法，将 VideoView 所占用的资源释放掉。

现在将程序运行到手机上，点击一下"Play"按钮，就可以看到视频已经开始播放了，如图 9.21 所示。

图 9.21   VideoView 播放视频的效果

点击"Pause"按钮可以暂停视频的播放，点击"Replay"按钮可以从头播放视频。

这样的话，你就已经将 VideoView 的基本用法掌握得差不多了。不过，为什么它的用法和 MediaPlayer 这么相似呢？其实 VideoView 只是帮我们做了一个很好的封装而已，它的背后仍然是使用 MediaPlayer 对视频文件进行控制的。另外需要注意，VideoView 并不是一个万能的视频播放工具类，它在视频格式的支持以及播放效率方面都存在着较大的不足。所以，如果想要仅仅使用 VideoView 就编写出一个功能非常强大的视频播放器是不太现实的。但是如果只是用于播放一些游戏的片头动画，或者某个应用的视频宣传，使用 VideoView 还是绰绰有余的。

好了，关于 Android 多媒体方面的知识你已经学得足够多了，下面就让我们进入本章的 Kotlin 课堂吧。

9.5 Kotlin 课堂：使用 infix 函数构建更可读的语法

在前面的章节中，我们已经多次使用过 A to B 这样的语法结构构建键值对，包括 Kotlin 自带的 mapOf() 函数，以及我们在第 7 章中自己创建的 cvOf() 函数。

这种语法结构的优点是可读性高，相比于调用一个函数，它更接近于使用英语的语法来编写程序。可能你会好奇，这种功能是怎么实现的呢？to 是不是 Kotlin 语言中的一个关键字？本节的 Kotlin 课堂中，我们就对这个功能进行深度解密。

首先，to 并不是 Kotlin 语言中的一个关键字，之所以我们能够使用 A to B 这样的语法结构，是因为 Kotlin 提供了一种高级语法糖特性：infix 函数。当然，infix 函数也并不是什么难理解的事物，它只是把编程语言函数调用的语法规则调整了一下而已，比如 A to B 这样的写法，实际上等价于 A.to(B) 的写法。

下面我们就通过两个具体的例子来学习一下 infix 函数的用法，先从简单的例子看起。

String 类中有一个 startsWith() 函数，你一定使用过，它可以用于判断一个字符串是否是以某个指定参数开头的。比如说下面这段代码的判断结果一定会是 true：

```
if ("Hello Kotlin".startsWith("Hello")) {
    // 处理具体的逻辑
}
```

startsWith() 函数的用法虽然非常简单，但是借助 infix 函数，我们可以使用一种更具可读性的语法来表达这段代码。新建一个 infix.kt 文件，然后编写如下代码：

```
infix fun String.beginsWith(prefix: String) = startsWith(prefix)
```

首先，除去最前面的 infix 关键字不谈，这是一个 String 类的扩展函数。我们给 String 类添加了一个 beginsWith() 函数，它也是用于判断一个字符串是否是以某个指定参数开头的，并且它的内部实现就是调用的 String 类的 startsWith() 函数。

但是加上了 infix 关键字之后，beginsWith() 函数就变成了一个 infix 函数，这样除了传统的函数调用方式之外，我们还可以用一种特殊的语法糖格式调用 beginsWith() 函数，如下所示：

```
if ("Hello Kotlin" beginsWith "Hello") {
    // 处理具体的逻辑
}
```

从这个例子就能看出，infix 函数的语法规则并不复杂，上述代码其实就是调用的 " Hello Kotlin " 这个字符串的 beginsWith() 函数，并传入了一个 "Hello" 字符串作为参数。但是 infix 函数允许我们将函数调用时的小数点、括号等计算机相关的语法去掉，从而使用一种更接近英语的语法来编写程序，让代码看起来更加具有可读性。

另外，infix 函数由于其语法糖格式的特殊性，有两个比较严格的限制：首先，infix 函数是不能定义成顶层函数的，它必须是某个类的成员函数，可以使用扩展函数的方式将它定义到某个类当中；其次，infix 函数必须接收且只能接收一个参数，至于参数类型是没有限制的。只有同时满足这两点，infix 函数的语法糖才具备使用的条件，你可以思考一下是不是这个道理。

看完了简单的例子，接下来我们再看一个复杂一些的例子。比如这里有一个集合，如果想要判断集合中是否包括某个指定元素，一般可以这样写：

```
val list = listOf("Apple", "Banana", "Orange", "Pear", "Grape")
if (list.contains("Banana")) {
    // 处理具体的逻辑
}
```

很简单对吗？但我们仍然可以借助 infix 函数让这段代码变得更加具有可读性。在 infix.kt 文件中添加如下代码：

```
infix fun <T> Collection<T>.has(element: T) = contains(element)
```

可以看到，我们给 Collection 接口添加了一个扩展函数，这是因为 Collection 是 Java 以及 Kotlin 所有集合的总接口，因此给 Collection 添加一个 has() 函数，那么所有集合的子类就都可以使用这个函数了。

另外，这里还使用了上一章中学习的泛型函数的定义方法，从而使得 has() 函数可以接收任意具体类型的参数。而这个函数内部的实现逻辑就相当简单了，只是调用了 Collection 接口中的 contains() 函数而已。也就是说，has() 函数和 contains() 函数的功能实际上是一模一样的，只是它多了一个 infix 关键字，从而拥有了 infix 函数的语法糖功能。

现在我们就可以使用如下的语法来判断集合中是否包括某个指定的元素：

```
val list = listOf("Apple", "Banana", "Orange", "Pear", "Grape")
if (list has "Banana") {
    // 处理具体的逻辑
}
```

好了，两个例子都已经看完了，你对于 infix 函数应该也了解得差不多了。但是或许现在你的心中还有一个疑惑没有解开，就是 mapOf() 函数中允许我们使用 A to B 这样的语法来构建键值对，它的具体实现是怎样的呢？为了解开谜团，我们直接来看一看 to() 函数的源码吧，按住 Ctrl 键（Mac 系统是 command 键）点击函数名即可查看它的源码，如下所示：

```
public infix fun <A, B> A.to(that: B): Pair<A, B> = Pair(this, that)
```

可以看到，这里使用定义泛型函数的方式将 to() 函数定义到了 A 类型下，并且接收一个 B 类型的参数。因此 A 和 B 可以是两种不同类型的泛型，也就使得我们可以构建出字符串 to 整型这样的键值对。

再来看 to() 函数的具体实现，非常简单，就是创建并返回了一个 Pair 对象。也就是说，A to B 这样的语法结构实际上得到的是一个包含 A、B 数据的 Pair 对象，而 mapOf() 函数实际上接收的正是一个 Pair 类型的可变参数列表，这样我们就将这种神奇的语法结构完全解密了。

本着动手实践的精神，其实我们也可以模仿 to() 函数的源码来编写一个自己的键值对构建函数。在 infix.kt 文件中添加如下代码：

```
infix fun <A, B> A.with(that: B): Pair<A, B> = Pair(this, that)
```

这里只是将 to() 函数改名成了 with() 函数，其他实现逻辑是相同的，因此相信没有什么解释的必要。现在我们的项目中就可以使用 with() 函数来构建键值对了，还可以将构建的键值对传入 mapOf() 方法中：

```
val map = mapOf("Apple" with 1, "Banana" with 2, "Orange" with 3, "Pear" with 4,
        "Grape" with 5)
```

是不是很神奇？这就是 infix 函数给我们带来的诸多有意思的功能，灵活运用它确实可以让语法变得更具可读性。

本章的 Kotlin 课堂就到这里，接下来我们要再次进入本书的特殊环节，学习 Git 的更多用法。

9.6　Git 时间：版本控制工具进阶

在上一次的 Git 时间里，我们学习了关于 Git 最基本的用法，包括安装 Git、创建代码仓库，以及提交本地代码。本节中我们将要学习更多的使用技巧，不过，在开始之前要先把准备工作做好。

所谓的准备工作就是要给一个项目创建代码仓库。这里就选择在 PlayVideoTest 项目中创建吧。打开终端界面，进入这个项目的根目录下面，然后执行 git init 命令，如图 9.22 所示。

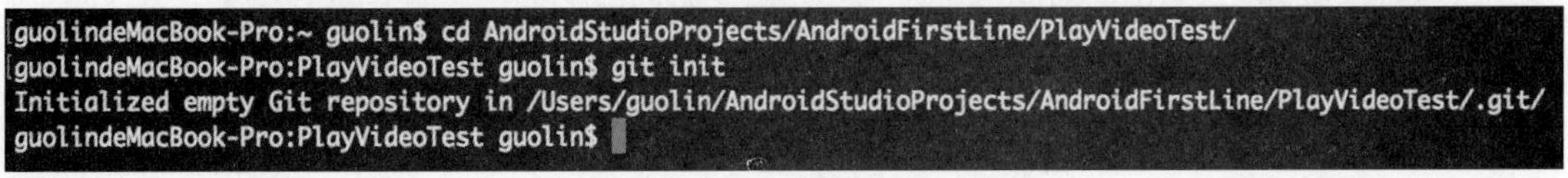

```
[guolindeMacBook-Pro:~ guolin$ cd AndroidStudioProjects/AndroidFirstLine/PlayVideoTest/
[guolindeMacBook-Pro:PlayVideoTest guolin$ git init
Initialized empty Git repository in /Users/guolin/AndroidStudioProjects/AndroidFirstLine/PlayVideoTest/.git/
guolindeMacBook-Pro:PlayVideoTest guolin$
```

图 9.22　创建代码仓库

这样准备工作就已经完成了，让我们继续开始 Git 之旅吧。

9.6.1 忽略文件

代码仓库现在已经创建好了，接下来我们应该去提交 PlayVideoTest 项目中的代码。不过在提交之前，你也许应该思考一下，是不是所有的文件都需要加入版本控制当中呢？

在第 1 章介绍 Android 项目结构的时候我们提到过，build 目录下的文件都是编译项目时自动生成的，我们不应该将这部分文件添加到版本控制当中，那么如何才能实现这样的效果呢？

Git 提供了一种可配性很强的机制，允许用户将指定的文件或目录排除在版本控制之外，它会检查代码仓库的目录下是否存在一个名为.gitignore 的文件，如果存在，就去一行行读取这个文件中的内容，并把每一行指定的文件或目录排除在版本控制之外。注意，.gitignore 中指定的文件或目录是可以使用"*"通配符的。

神奇的是，我们并不需要自己去创建.gitignore 文件，Android Studio 在创建项目的时候会自动帮我们创建出两个.gitignore 文件，一个在根目录下面，一个在 app 模块下面。首先看一下根目录下面的.gitignore 文件，如图 9.23 所示。

图 9.23　根目录下面的.gitignore 文件

这是 Android Studio 自动生成的一些默认配置，通常情况下，这部分内容都不用添加到版本控制当中。我们来简单阅读一下这个文件，除了*.iml 表示指定任意以.iml 结尾的文件，其他都是指定的具体的文件名或者目录名，上面配置中的所有内容都不会被添加到版本控制当中，因为基本是一些由 IDE 自动生成的配置。

再来看一下 app 模块下面的.gitignore 文件，这个就简单多了，如图 9.24 所示。

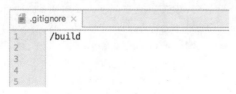

图 9.24　app 模块下面的.gitignore 文件

由于 app 模块下面大多是我们编写的代码，因此默认情况下只有其中的 build 目录不会被添加到版本控制当中。

当然，我们完全可以对以上两个文件进行任意修改，来满足特定的需求。比如说，app 模块下的所有测试文件都只是给我自己使用的，我并不想把它们添加到版本控制中，那么就可以这样修改 app/.gitignore 文件中的内容：

```
/build
/src/test
/src/androidTest
```

没错，只需添加这样两行配置即可，因为所有的测试文件都是放在这两个目录下的。现在我们可以提交代码了，先使用 add 命令将所有的文件进行添加，如下所示：

```
git add .
```

然后执行 commit 命令完成提交，如下所示：

```
git commit -m "First commit."
```

9.6.2 查看修改内容

在进行了第一次代码提交之后，我们后面还可能会对项目不断地进行维护或添加新功能等。比较理想的情况是，每当完成了一小块功能，就执行一次提交。但是如果某个功能涉及的代码比较多，有可能写到后面的时候我们就已经忘记前面修改什么东西了。遇到这种情况时不用担心，Git 全都帮你记着呢！下面我们就来学习一下如何使用 Git 查看自上次提交后文件修改的内容。

查看文件修改情况的方法非常简单，只需要使用 status 命令就可以了，在项目的根目录下输入命令：

```
git status
```

然后 Git 会提示目前项目中没有任何可提交的文件，因为我们刚刚才提交过嘛。现在对 PlayVideoTest 项目中的代码稍做一下改动，修改 MainActivity 中的代码，如下所示：

```
class MainActivity : AppCompatActivity() {

    override fun onCreate(savedInstanceState: Bundle?) {
        ...
        play.setOnClickListener {
            ...
            Log.d("MainActivity", "video is playing")
        }
        ...
    }
    ...
}
```

这里我们仅仅是在 play 按钮的点击事件中添加了一行日志打印。然后重新输入 git status 命令，结果如图 9.25 所示。

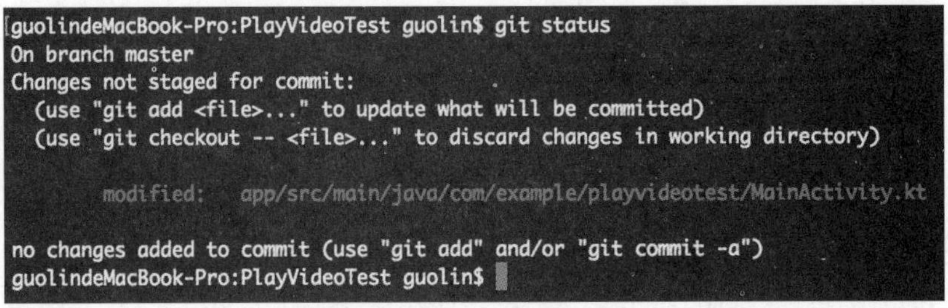

```
[guolindeMacBook-Pro:PlayVideoTest guolin$ git status
On branch master
Changes not staged for commit:
  (use "git add <file>..." to update what will be committed)
  (use "git checkout -- <file>..." to discard changes in working directory)

        modified:   app/src/main/java/com/example/playvideotest/MainActivity.kt

no changes added to commit (use "git add" and/or "git commit -a")
guolindeMacBook-Pro:PlayVideoTest guolin$
```

图 9.25　查看文件变动情况

可以看到，Git 提醒我们 MainActivity.kt 这个文件已经发生了更改，那么如何才能看到更改的内容呢？这就需要借助 diff 命令了，用法如下：

```
git diff
```

这样可以查看所有文件的更改内容，如果你只想查看 MainActivity.kt 这个文件的更改内容，可以在后面加上完整的文件路径：

```
git diff app/src/main/java/com/example/playvideotest/MainActivity.kt
```

命令的执行结果如图 9.26 所示。

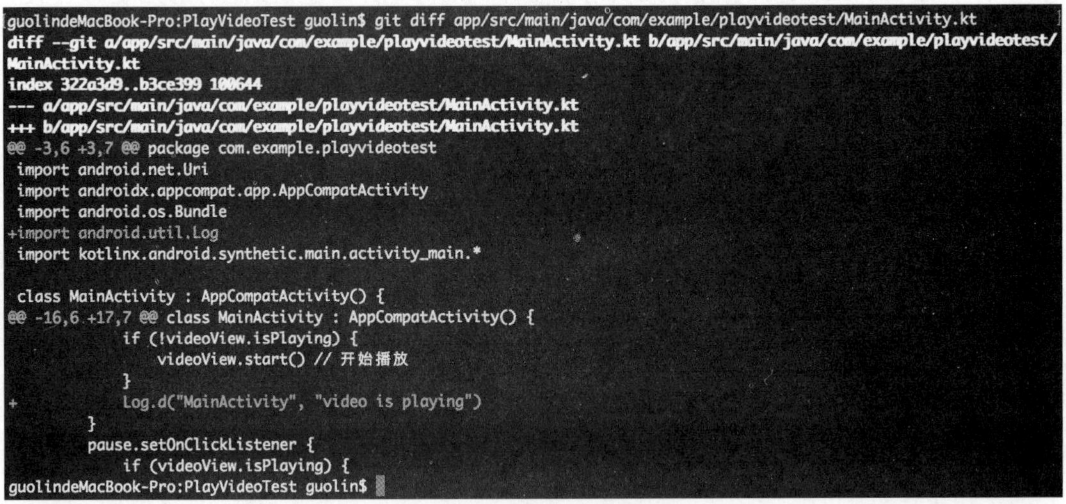

```
guolindeMacBook-Pro:PlayVideoTest guolin$ git diff app/src/main/java/com/example/playvideotest/MainActivity.kt
diff --git a/app/src/main/java/com/example/playvideotest/MainActivity.kt b/app/src/main/java/com/example/playvideotest/
MainActivity.kt
index 322a3d9..b3ce399 100644
--- a/app/src/main/java/com/example/playvideotest/MainActivity.kt
+++ b/app/src/main/java/com/example/playvideotest/MainActivity.kt
@@ -3,6 +3,7 @@ package com.example.playvideotest
 import android.net.Uri
 import androidx.appcompat.app.AppCompatActivity
 import android.os.Bundle
+import android.util.Log
 import kotlinx.android.synthetic.main.activity_main.*

 class MainActivity : AppCompatActivity() {
@@ -16,6 +17,7 @@ class MainActivity : AppCompatActivity() {
             if (!videoView.isPlaying) {
                 videoView.start() // 开始播放
             }
+            Log.d("MainActivity", "video is playing")
         }
         pause.setOnClickListener {
             if (videoView.isPlaying) {
guolindeMacBook-Pro:PlayVideoTest guolin$
```

图 9.26　查看修改的具体内容

这样文件所有的修改内容就都可以在这里查看了，一览无余。其中，变更部分最左侧的加号代表新添加的内容。如果有删除内容的话，会在最左侧用减号表示。

9.6.3　撤销未提交的修改

有时候我们的代码可能会写得过于草率，以至于原本正常的功能，结果反而被我们改出了问题。遇到这种情况时也不用着急，因为只要代码还未提交，所有修改的内容都是可以撤销的。

比如上一小节中我们给 MainActivity 添加了一行日志打印，现在如果想要撤销这个修改就可以使用 checkout 命令，用法如下所示：

```
git checkout app/src/main/java/com/example/playvideotest/MainActivity.kt
```

执行了这个命令之后，我们对 MainActivity.kt 这个文件所做的一切修改就应该都被撤销了。重新运行 git status 命令检查一下，结果如图 9.27 所示。

图 9.27　重新查看文件变动情况

可以看到，当前项目中没有任何可提交的文件，说明撤销操作确实成功了。

不过，这种撤销方式只适用于那些还没有执行过 add 命令的文件，如果某个文件已经被添加过了，这种方式就无法撤销更改的内容。下面我们来做个实验瞧一瞧。

首先仍然是给 MainActivity 添加一行日志打印，然后输入命令：

```
git add .
```

这样就把所有修改的文件都进行了添加，可以输入 git status 检查一下，结果如图 9.28 所示。

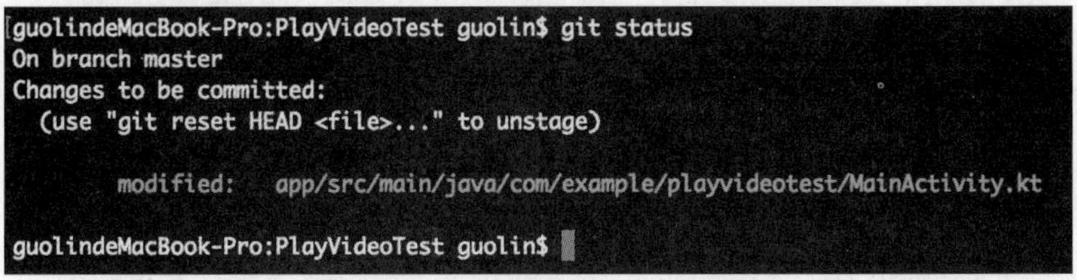

图 9.28　再次查看文件变动情况

现在我们再执行一遍 checkout 命令，你会发现 MainActivity 仍然处于已添加状态，所修改的内容无法撤销掉。

这种情况应该怎么办？难道我们还没法后悔了？当然不是，只不过对于已添加的文件，我们应该先对其取消添加，然后才可以撤回提交。取消添加使用的是 reset 命令，用法如下所示：

```
git reset HEAD app/src/main/java/com/example/playvideotest/MainActivity.kt
```

然后再运行一遍 `git status` 命令，你就会发现 MainActivity.kt 这个文件重新变回了未添加状态，此时就可以使用 `checkout` 命令将修改的内容进行撤销了。

9.6.4　查看提交记录

当 PlayVideoTest 这个项目开发了几个月之后，我们可能已经执行过上百次的提交操作了，这个时候估计你早就已经忘记每次提交都修改了哪些内容。不过没关系，忠实的 Git 一直都帮我们清清楚楚地记录着呢！可以使用 `log` 命令查看历史提交信息，用法如下所示：

```
git log
```

由于目前我们只执行过一次提交，所以能看到的信息很少，如图 9.29 所示。

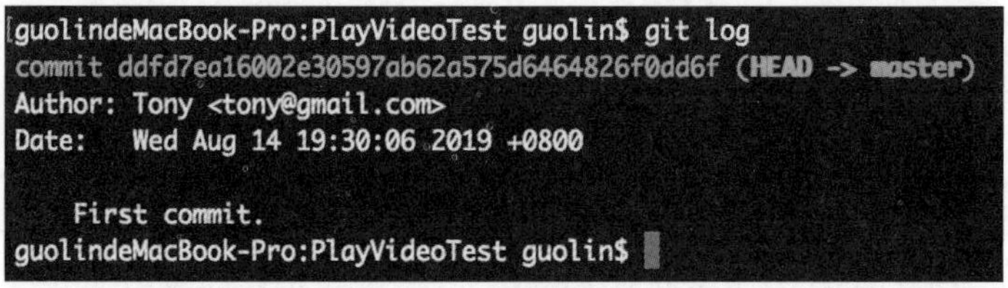

图 9.29　查看提交记录

可以看到，每次提交记录都会包含提交 id、提交人、提交日期以及提交描述这 4 个信息。那么我们再次给 MainActivity 添加一行日志打印，然后执行一次提交操作，如下所示：

```
git add .
git commit -m "Add log."
```

现在重新执行 `git log` 命令，结果如图 9.30 所示。

图 9.30　重新查看提交记录

当提交记录非常多的时候，如果我们只想查看其中一条记录，可以在命令中指定该记录的 id：

```
git log 2960da5042b2dbf1abbb3691be1b18a6f446b844
```

也可以在命令中通过参数指定查看最近的几次提交，比如 `-1` 就表示我们只想看到最后一次的提交记录：

```
git log -1
```

好了，本次的 Git 时间就到这里，下面我们对本章中所学的知识做个回顾吧。

9.7 小结与点评

本章我们主要学习了 Android 系统中的各种多媒体技术，包括通知的使用技巧、调用摄像头拍照、从相册中选取图片，以及播放音频和视频文件。由于所涉及的多媒体技术在模拟器上很难看得到效果，因此我还特意讲解了在 Android 手机上调试程序的方法。

另外，在本章的 Kotlin 课堂中，我们学习了 `infix` 函数这种高级语法糖的用法，并且对 `mapOf()` 函数以及 `A to B` 这种特殊的语法结构进行了深度解密，那个困扰你心中很久的疑惑终于解开了吧？

至于本章的 Git 时间环节，我们学习了 Git 的进阶用法，包括忽略文件、查看修改内容、查看提交记录等，掌握了这些内容，你基本上可以比较熟练地使用 Git 了。当然，后续我们还会继续学习 Git 相关的更多用法。

又是充实饱满的一章啊！现在多媒体方面的知识你已经学得足够多了，我希望你可以很好地将它们消化掉，尤其是与通知相关的内容，因为在后面的学习当中还会用到它。在进行了一章多媒体相关知识的学习之后，你是否想起来 Android 四大组件中还剩一个没有学过呢，那么下面就让我们进入 Service 的学习旅程当中。

第 10 章

后台默默的劳动者，探究 Service

记得在我上大学的时候，iPhone 是属于少数人拥有的稀有物品，Android 甚至还没面世，那个时候全球的手机市场是由诺基亚统治着的。当时我觉得诺基亚的 Symbian 操作系统做得特别出色，因为比起一般的手机，它可以支持后台功能。那个时候能够一边打着电话、听着音乐，一边在后台挂着 QQ，是件非常酷的事情。我也曾经单纯地认为，支持后台的手机就是智能手机。

而如今，Symbian 早已风光不再，Android 和 iOS 几乎占据了智能手机全部的市场份额。在这两大移动操作系统中，iOS 一开始是不支持后台的，后来意识到这个功能的重要性，才逐渐加入了部分后台功能。而 Android 正好相反，一开始支持丰富的后台功能，后来意识到后台太过开放的弊端，于是逐渐削减了后台功能。不管怎么说，用于实现后台功能的 Service 属于四大组件之一，其重要程度不言而喻，那么我们自然要好好学习一下它的用法了。

10.1　Service 是什么

Service 是 Android 中实现程序后台运行的解决方案，它非常适合执行那些不需要和用户交互而且还要求长期运行的任务。Service 的运行不依赖于任何用户界面，即使程序被切换到后台，或者用户打开了另外一个应用程序，Service 仍然能够保持正常运行。

不过需要注意的是，Service 并不是运行在一个独立的进程当中的，而是依赖于创建 Service 时所在的应用程序进程。当某个应用程序进程被杀掉时，所有依赖于该进程的 Service 也会停止运行。

另外，也不要被 Service 的后台概念所迷惑，实际上 Service 并不会自动开启线程，所有的代码都是默认运行在主线程当中的。也就是说，我们需要在 Service 的内部手动创建子线程，并在这里执行具体的任务，否则就有可能出现主线程被阻塞的情况。那么本章的第一堂课，我们就先来学习一下关于 Android 多线程编程的知识。

10.2　Android 多线程编程

如果你熟悉 Java 的话，对多线程编程一定不会陌生吧。当我们需要执行一些耗时操作，比如发起一条网络请求时，考虑到网速等其他原因，服务器未必能够立刻响应我们的请求，如果不将这类操作放在子线程里运行，就会导致主线程被阻塞，从而影响用户对软件的正常使用。下面就让我们从线程的基本用法开始学起吧。

10.2.1　线程的基本用法

Android 多线程编程其实并不比 Java 多线程编程特殊，基本是使用相同的语法。比如，定义一个线程只需要新建一个类继承自 Thread，然后重写父类的 run()方法，并在里面编写耗时逻辑即可，如下所示：

```kotlin
class MyThread : Thread() {
    override fun run() {
        // 编写具体的逻辑
    }
}
```

那么该如何启动这个线程呢？其实很简单，只需要创建 MyThread 的实例，然后调用它的 start()方法即可，这样 run()方法中的代码就会在子线程当中运行了，如下所示：

```kotlin
MyThread().start()
```

当然，使用继承的方式耦合性有点高，我们会更多地选择使用实现 Runnable 接口的方式来定义一个线程，如下所示：

```kotlin
class MyThread : Runnable {
    override fun run() {
        // 编写具体的逻辑
    }
}
```

如果使用了这种写法，启动线程的方法也需要进行相应的改变，如下所示：

```kotlin
val myThread = MyThread()
Thread(myThread).start()
```

可以看到，Thread 的构造函数接收一个 Runnable 参数，而我们创建的 MyThread 实例正是一个实现了 Runnable 接口的对象，所以可以直接将它传入 Thread 的构造函数里。接着调用 Thread 的 start()方法，run()方法中的代码就会在子线程当中运行了。

当然，如果你不想专门再定义一个类去实现 Runnable 接口，也可以使用 Lambda 的方式，这种写法更为常见，如下所示：

```kotlin
Thread {
    // 编写具体的逻辑
}.start()
```

以上几种线程的使用方式你应该不会感到陌生，因为在 Java 中创建和启动线程也是使用同样的方式。而 Kotlin 还给我们提供了一种更加简单的开启线程的方式，写法如下：

```
thread {
    // 编写具体的逻辑
}
```

这里的 thread 是一个 Kotlin 内置的顶层函数，我们只需要在 Lambda 表达式中编写具体的逻辑就可以了，连 start()方法都不用调用，thread 函数在内部帮我们全部都处理好了。

了解了线程的基本用法后，下面我们来看一下 Android 多线程编程与 Java 多线程编程不同的地方。

10.2.2　在子线程中更新 UI

和许多其他的 GUI 库一样，Android 的 UI 也是线程不安全的。也就是说，如果想要更新应用程序里的 UI 元素，必须在主线程中进行，否则就会出现异常。

眼见为实，让我们通过一个具体的例子来验证一下吧。新建一个 AndroidThreadTest 项目，然后修改 activity_main.xml 中的代码，如下所示：

```
<RelativeLayout xmlns:android="http://schemas.android.com/apk/res/android"
    android:layout_width="match_parent"
    android:layout_height="match_parent">

    <Button
        android:id="@+id/changeTextBtn"
        android:layout_width="match_parent"
        android:layout_height="wrap_content"
        android:text="Change Text" />

    <TextView
        android:id="@+id/textView"
        android:layout_width="wrap_content"
        android:layout_height="wrap_content"
        android:layout_centerInParent="true"
        android:text="Hello world"
        android:textSize="20sp" />

</RelativeLayout>
```

布局文件中定义了两个控件：TextView 用于在屏幕的正中央显示一个"Hello world"字符串；Button 用于改变 TextView 中显示的内容，我们希望在点击"Button"后可以把 TextView 中显示的字符串改成"Nice to meet you"。

接下来修改 MainActivity 中的代码，如下所示：

```
class MainActivity : AppCompatActivity() {

    override fun onCreate(savedInstanceState: Bundle?) {
```

```
        super.onCreate(savedInstanceState)
        setContentView(R.layout.activity_main)
        changeTextBtn.setOnClickListener {
            thread {
                textView.text = "Nice to meet you"
            }
        }
    }

}
```

可以看到，我们在 "Change Text" 按钮的点击事件里面开启了一个子线程，然后在子线程中调用 TextView 的 setText() 方法将显示的字符串改成"Nice to meet you"。代码的逻辑非常简单，只不过我们是在子线程中更新 UI 的。现在运行一下程序，并点击 "Change Text" 按钮，你会发现程序果然崩溃了。观察 Logcat 中的错误日志，可以看出是由于在子线程中更新 UI 所导致的，如图 10.1 所示。

```
android.view.ViewRootImpl$CalledFromWrongThreadException: Only the original
thread that created a view hierarchy can touch its views.
```

图 10.1 崩溃的详细信息

由此证实了 Android 确实是不允许在子线程中进行 UI 操作的。但是有些时候，我们必须在子线程里执行一些耗时任务，然后根据任务的执行结果来更新相应的 UI 控件，这该如何是好呢？

对于这种情况，Android 提供了一套异步消息处理机制，完美地解决了在子线程中进行 UI 操作的问题。我们将在下一小节中再去分析它的原理。

修改 MainActivity 中的代码，如下所示：

```
class MainActivity : AppCompatActivity() {

    val updateText = 1

    val handler = object : Handler(Looper.getMaininLooper()) {
        override fun handleMessage(msg: Message) {
            // 在这里可以进行 UI 操作
            when (msg.what) {
                updateText -> textView.text = "Nice to meet you"
            }
        }
    }

    override fun onCreate(savedInstanceState: Bundle?) {
        super.onCreate(savedInstanceState)
        setContentView(R.layout.activity_main)
        changeTextBtn.setOnClickListener {
            thread {
                val msg = Message()
                msg.what = updateText
```

```
                    handler.sendMessage(msg) // 将 Message 对象发送出去
               }
           }
       }

   }
```

这里我们先是定义了一个整型变量 updateText，用于表示更新 TextView 这个动作。然后新增一个 Handler 对象，并重写父类的 handleMessage()方法，在这里对具体的 Message 进行处理。如果发现 Message 的 what 字段的值等于 updateText，就将 TextView 显示的内容改成"Nice to meet you"。

下面再来看一下"Change Text"按钮的点击事件中的代码。可以看到，这次我们并没有在子线程里直接进行 UI 操作，而是创建了一个 Message（android.os.Message）对象，并将它的 what 字段的值指定为 updateText，然后调用 Handler 的 sendMessage()方法将这条 Message 发送出去。很快，Handler 就会收到这条 Message，并在 handleMessage()方法中对它进行处理。注意此时 handleMessage()方法中的代码就是在主线程当中运行的了，所以我们可以放心地在这里进行 UI 操作。接下来对 Message 携带的 what 字段的值进行判断，如果等于 updateText，就将 TextView 显示的内容改成"Nice to meet you"。

现在重新运行程序，可以看到屏幕的正中央显示着"Hello world"。然后点击一下"Change Text"按钮，显示的内容就被替换成"Nice to meet you"，如图 10.2 所示。

图 10.2　成功替换显示的文字

这样你就已经掌握了 Android 异步消息处理的基本用法，使用这种机制就可以出色地解决在子线程中更新 UI 的问题。不过恐怕你对它的工作原理还不是很清楚，下面我们就来分析一下 Android 异步消息处理机制到底是如何工作的。

10.2.3 解析异步消息处理机制

Android 中的异步消息处理主要由 4 个部分组成：Message、Handler、MessageQueue 和 Looper。其中 Message 和 Handler 在上一小节中我们已经接触过了，而 MessageQueue 和 Looper 对于你来说还是全新的概念，下面我就对这 4 个部分进行一下简要的介绍。

1. Message

Message 是在线程之间传递的消息，它可以在内部携带少量的信息，用于在不同线程之间传递数据。上一小节中我们使用到了 Message 的 what 字段，除此之外还可以使用 arg1 和 arg2 字段来携带一些整型数据，使用 obj 字段携带一个 Object 对象。

2. Handler

Handler 顾名思义也就是处理者的意思，它主要是用于发送和处理消息的。发送消息一般是使用 Handler 的 sendMessage() 方法、post() 方法等，而发出的消息经过一系列地辗转处理后，最终会传递到 Handler 的 handleMessage() 方法中。

3. MessageQueue

MessageQueue 是消息队列的意思，它主要用于存放所有通过 Handler 发送的消息。这部分消息会一直存在于消息队列中，等待被处理。每个线程中只会有一个 MessageQueue 对象。

4. Looper

Looper 是每个线程中的 MessageQueue 的管家，调用 Looper 的 loop() 方法后，就会进入一个无限循环当中，然后每当发现 MessageQueue 中存在一条消息时，就会将它取出，并传递到 Handler 的 handleMessage() 方法中。每个线程中只会有一个 Looper 对象。

了解了 Message、Handler、MessageQueue 以及 Looper 的基本概念后，我们再来把异步消息处理的整个流程梳理一遍。首先需要在主线程当中创建一个 Handler 对象，并重写 handleMessage() 方法。然后当子线程中需要进行 UI 操作时，就创建一个 Message 对象，并通过 Handler 将这条消息发送出去。之后这条消息会被添加到 MessageQueue 的队列中等待被处理，而 Looper 则会一直尝试从 MessageQueue 中取出待处理消息，最后分发回 Handler 的 handleMessage() 方法中。由于 Handler 的构造函数中我们传入了 Looper.getMainLooper()，所以此时 handleMessage() 方法中的代码也会在主线程中运行，于是我们在这里就可以安心地进行 UI 操作了。整个异步消息处理机制的流程如图 10.3 所示。

一条 Message 经过以上流程的辗转调用后，也就从子线程进入了主线程，从不能更新 UI 变成了可以更新 UI，整个异步消息处理的核心思想就是如此。

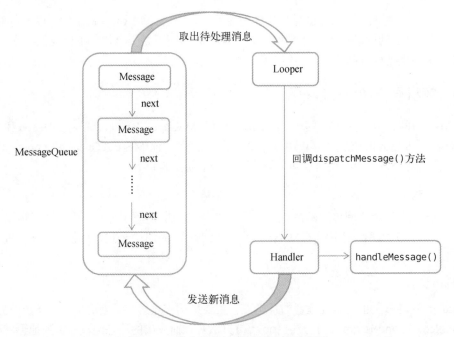

图 10.3 异步消息处理机制流程示意图

10.2.4 使用 AsyncTask

不过为了更加方便我们在子线程中对 UI 进行操作，Android 还提供了另外一些好用的工具，比如 AsyncTask。借助 AsyncTask，即使你对异步消息处理机制完全不了解，也可以十分简单地从子线程切换到主线程。当然，AsyncTask 背后的实现原理也是基于异步消息处理机制的，只是 Android 帮我们做了很好的封装而已。

首先来看一下 AsyncTask 的基本用法。由于 AsyncTask 是一个抽象类，所以如果我们想使用它，就必须创建一个子类去继承它。在继承时我们可以为 AsyncTask 类指定 3 个泛型参数，这 3 个参数的用途如下。

❑ Params。在执行 AsyncTask 时需要传入的参数，可用于在后台任务中使用。

❑ Progress。在后台任务执行时，如果需要在界面上显示当前的进度，则使用这里指定的泛型作为进度单位。

❑ Result。当任务执行完毕后，如果需要对结果进行返回，则使用这里指定的泛型作为返回值类型。

因此，一个最简单的自定义 AsyncTask 就可以写成如下形式：

```
class DownloadTask : AsyncTask<Unit, Int, Boolean>() {
    ...
}
```

这里我们把 AsyncTask 的第一个泛型参数指定为 Unit，表示在执行 AsyncTask 的时候不需要传入参数给后台任务。第二个泛型参数指定为 Int，表示使用整型数据来作为进度显示单位。第三个泛型参数指定为 Boolean，则表示使用布尔型数据来反馈执行结果。

当然，目前我们自定义的 DownloadTask 还是一个空任务，并不能进行任何实际的操作，我们还需要重写 AsyncTask 中的几个方法才能完成对任务的定制。经常需要重写的方法有以下 4 个。

1. onPreExecute()

这个方法会在后台任务开始执行之前调用，用于进行一些界面上的初始化操作，比如显示一个进度条对话框等。

2. doInBackground(Params...)

这个方法中的所有代码都会在子线程中运行，我们应该在这里去处理所有的耗时任务。任务一旦完成，就可以通过 return 语句将任务的执行结果返回，如果 AsyncTask 的第三个泛型参数指定的是 Unit，就可以不返回任务执行结果。注意，在这个方法中是不可以进行 UI 操作的，如果需要更新 UI 元素，比如说反馈当前任务的执行进度，可以调用 publishProgress (Progress...) 方法来完成。

3. onProgressUpdate(Progress...)

当在后台任务中调用了 publishProgress(Progress...)方法后，onProgressUpdate (Progress...)方法就会很快被调用，该方法中携带的参数就是在后台任务中传递过来的。在这个方法中可以对 UI 进行操作，利用参数中的数值就可以对界面元素进行相应的更新。

4. onPostExecute(Result)

当后台任务执行完毕并通过 return 语句进行返回时，这个方法就很快会被调用。返回的数据会作为参数传递到此方法中，可以利用返回的数据进行一些 UI 操作，比如说提醒任务执行的结果，以及关闭进度条对话框等。

因此，一个比较完整的自定义 AsyncTask 就可以写成如下形式：

```
class DownloadTask : AsyncTask<Unit, Int, Boolean>() {

    override fun onPreExecute() {
        progressDialog.show() // 显示进度对话框
    }

    override fun doInBackground(vararg params: Unit?) = try {
        while (true) {
            val downloadPercent = doDownload() // 这是一个虚构的方法
            publishProgress(downloadPercent)
            if (downloadPercent >= 100) {
                break
            }
        }
        true
```

```
    } catch (e: Exception) {
        false
    }

    override fun onProgressUpdate(vararg values: Int?) {
        // 在这里更新下载进度
        progressDialog.setMessage("Downloaded ${values[0]}%")
    }

    override fun onPostExecute(result: Boolean) {
        progressDialog.dismiss()// 关闭进度对话框
        // 在这里提示下载结果
        if (result) {
            Toast.makeText(context, "Download succeeded", Toast.LENGTH_SHORT).show()
        } else {
            Toast.makeText(context, " Download failed", Toast.LENGTH_SHORT).show()
        }
    }

}
```

在这个 DownloadTask 中，我们在 doInBackground()方法里执行具体的下载任务。这个方法里的代码都是在子线程中运行的，因而不会影响主线程的运行。注意，这里虚构了一个 doDownload()方法，用于计算当前的下载进度并返回，我们假设这个方法已经存在了。在得到了当前的下载进度后，下面就该考虑如何把它显示到界面上了，由于 doInBackground()方法是在子线程中运行的，在这里肯定不能进行 UI 操作，所以我们可以调用 publishProgress()方法并传入当前的下载进度，这样 onProgressUpdate()方法就会很快被调用，在这里就可以进行 UI 操作了。

当下载完成后，doInBackground()方法会返回一个布尔型变量，这样 onPostExecute()方法就会很快被调用，这个方法也是在主线程中运行的。然后，在这里我们会根据下载的结果弹出相应的 Toast 提示，从而完成整个 DownloadTask 任务。

简单来说，使用 AsyncTask 的诀窍就是，在 doInBackground()方法中执行具体的耗时任务，在 onProgressUpdate()方法中进行 UI 操作，在 onPostExecute()方法中执行一些任务的收尾工作。

如果想要启动这个任务，只需编写以下代码即可：

```
DownloadTask().execute()
```

当然，你也可以给 execute()方法传入任意数量的参数，这些参数将会传递到 DownloadTask 的 doInBackground()方法当中。

以上就是 AsyncTask 的基本用法，怎么样，是不是感觉简单方便了许多？我们并不需要去考虑什么异步消息处理机制，也不需要专门使用一个 Handler 来发送和接收消息，只需要调用一下 publishProgress()方法，就可以轻松地从子线程切换到 UI 线程了。

10.3 Service 的基本用法

了解了 Android 多线程编程的技术之后，下面就让我们进入本章的正题，开始对 Service 的相关内容进行学习。作为 Android 四大组件之一，Service 也少不了有很多非常重要的知识点，那我们自然要从最基本的用法开始学习了。

10.3.1 定义一个 Service

首先看一下如何在项目中定义一个 Service。新建一个 ServiceTest 项目，然后右击 com.example.servicetest→New→Service→Service，会弹出如图 10.4 所示的窗口。

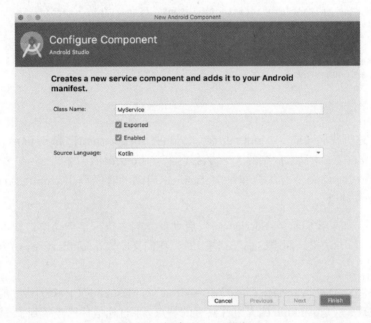

图 10.4 创建 Service 的窗口

可以看到，这里我们将类名定义成 MyService，`Exported` 属性表示是否将这个 Service 暴露给外部其他程序访问，`Enabled` 属性表示是否启用这个 Service。将两个属性都勾中，点击 "Finish" 完成创建。

现在观察 MyService 中的代码，如下所示：

```
class MyService : Service() {

    override fun onBind(intent: Intent): IBinder {
        TODO("Return the communication channel to the service.")
    }

}
```

可以看到，MyService 是继承自系统的 Service 类的。目前 MyService 中可以算是空空如也，但有一个 onBind() 方法特别醒目。这个方法是 Service 中唯一的抽象方法，所以必须在子类里实现。我们会在后面的小节中使用到 onBind() 方法，目前可以暂时将它忽略。

既然是定义一个 Service，自然应该在 Service 中处理一些事情了，那处理事情的逻辑应该写在哪里呢？这时就可以重写 Service 中的另外一些方法了，如下所示：

```kotlin
class MyService : Service() {
    ...
    override fun onCreate() {
        super.onCreate()
    }

    override fun onStartCommand(intent: Intent, flags: Int, startId: Int): Int {
        return super.onStartCommand(intent, flags, startId)
    }

    override fun onDestroy() {
        super.onDestroy()
    }

}
```

可以看到，这里我们又重写了 onCreate()、onStartCommand() 和 onDestroy() 这 3 个方法，它们是每个 Service 中最常用到的 3 个方法了。其中 onCreate() 方法会在 Service 创建的时候调用，onStartCommand() 方法会在每次 Service 启动的时候调用，onDestroy() 方法会在 Service 销毁的时候调用。

通常情况下，如果我们希望 Service 一旦启动就立刻去执行某个动作，就可以将逻辑写在 onStartCommand() 方法里。而当 Service 销毁时，我们又应该在 onDestroy() 方法中回收那些不再使用的资源。

另外需要注意，每一个 Service 都需要在 AndroidManifest.xml 文件中进行注册才能生效。不知道你有没有发现，这是 Android 四大组件共有的特点。不过相信你已经猜到了，智能的 Android Studio 早已自动帮我们完成了。打开 AndroidManifest.xml 文件瞧一瞧，代码如下所示：

```xml
<manifest xmlns:android="http://schemas.android.com/apk/res/android"
    package="com.example.servicetest">

    <application
        android:allowBackup="true"
        android:icon="@mipmap/ic_launcher"
        android:roundIcon="@mipmap/ic_launcher_round"
        android:label="@string/app_name"
        android:supportsRtl="true"
        android:theme="@style/AppTheme">
        ...
        <service
            android:name=".MyService"
            android:enabled="true"
```

```
            android:exported="true">
        </service>
    </application>

</manifest>
```

这样的话，就已经将一个 Service 完全定义好了。

10.3.2　启动和停止 Service

定义好了 Service 之后，接下来就应该考虑如何启动以及停止这个 Service。启动和停止的方法当然你也不会陌生，主要是借助 Intent 来实现的。下面就让我们在 ServiceTest 项目中尝试启动以及停止 MyService。

首先修改 activity_main.xml 中的代码，如下所示：

```
<LinearLayout xmlns:android="http://schemas.android.com/apk/res/android"
    android:orientation="vertical"
    android:layout_width="match_parent"
    android:layout_height="match_parent">

    <Button
        android:id="@+id/startServiceBtn"
        android:layout_width="match_parent"
        android:layout_height="wrap_content"
        android:text="Start Service" />

    <Button
        android:id="@+id/stopServiceBtn"
        android:layout_width="match_parent"
        android:layout_height="wrap_content"
        android:text="Stop Service" />

</LinearLayout>
```

这里我们在布局文件中加入了两个按钮，分别用于启动和停止 Service。

然后修改 MainActivity 中的代码，如下所示：

```
class MainActivity : AppCompatActivity() {

    override fun onCreate(savedInstanceState: Bundle?) {
        super.onCreate(savedInstanceState)
        setContentView(R.layout.activity_main)
        startServiceBtn.setOnClickListener {
            val intent = Intent(this, MyService::class.java)
            startService(intent) // 启动Service
        }
        stopServiceBtn.setOnClickListener {
            val intent = Intent(this, MyService::class.java)
            stopService(intent) // 停止Service
        }
    }

}
```

可以看到，在"Start Service"按钮的点击事件里，我们构建了一个 Intent 对象，并调用 startService()方法来启动 MyService。在"Stop Service"按钮的点击事件里，我们同样构建了一个 Intent 对象，并调用 stopService()方法来停止 MyService。startService()和 stopService() 方法都是定义在 Context 类中的，所以我们在 Activity 里可以直接调用这两个方法。另外，Service 也可以自我停止运行，只需要在 Service 内部调用 stopSelf()方法即可。

那么接下来又有一个问题需要思考了，我们如何才能证实 Service 已经成功启动或者停止了呢？最简单的方法就是在 MyService 的几个方法中加入打印日志，如下所示：

```kotlin
class MyService : Service() {
    ...
    override fun onCreate() {
        super.onCreate()
        Log.d("MyService", "onCreate executed")
    }

    override fun onStartCommand(intent: Intent, flags: Int, startId: Int): Int {
        Log.d("MyService", "onStartCommand executed")
        return super.onStartCommand(intent, flags, startId)
    }

    override fun onDestroy() {
        super.onDestroy()
        Log.d("MyService", "onDestroy executed")
    }
}
```

现在可以运行一下程序来进行测试了，程序的主界面如图 10.5 所示。

图 10.5 ServiceTest 的主界面

点击一下"Start Service"按钮，观察 Logcat 中的打印日志，如图 10.6 所示。

图 10.6　启动 Service 时的打印日志

MyService 中的 onCreate() 和 onStartCommand() 方法都执行了，说明这个 Service 确实已经启动成功了，并且你还可以在 Settings→System→Advanced→Developer options→Running services 中找到它（不同手机路径可能不同，也有可能无此选项），如图 10.7 所示。

图 10.7　正在运行的 Service 列表

然后再点击一下"Stop Service"按钮，观察 Logcat 中的打印日志，如图 10.8 所示。

267/com.example.servicetest D/MyService: onDestroy executed

图 10.8　停止 Service 时的打印日志

由此证明，MyService 确实已经成功停止下来了。

以上就是 Service 启动和停止的基本用法，但是从 Android 8.0 系统开始，应用的后台功能被大幅削减。现在只有当应用保持在前台可见状态的情况下，Service 才能保证稳定运行，一旦应用进入后台之后，Service 随时都有可能被系统回收。之所以做这样的改动，是为了防止许多恶意的应用程序长期在后台占用手机资源，从而导致手机变得越来越卡。当然，如果你真的非常需要长期在后台执行一些任务，可以使用前台 Service 或者 WorkManager，前台 Service 我们待会马上就会学到，而 WorkManager 将会在第 13 章中进行学习。

回到正题，虽然我们已经学会了启动和停止 Service 的方法，但是不知道你心里现在有没有一个疑惑，那就是 onCreate()方法和 onStartCommand()方法到底有什么区别呢？因为刚刚点击 “Start Service” 按钮后，两个方法都执行了。

其实 onCreate()方法是在 Service 第一次创建的时候调用的，而 onStartCommand()方法则在每次启动 Service 的时候都会调用。由于刚才我们是第一次点击 “Start Service” 按钮，Service 此时还未创建过，所以两个方法都会执行，之后如果你再连续多点击几次 “Start Service” 按钮，你就会发现只有 onStartCommand()方法可以得到执行了。

10.3.3　Activity 和 Service 进行通信

在上一小节中，我们学习了启动和停止 Service 的方法。不知道你有没有发现，虽然 Service 是在 Activity 里启动的，但是在启动了 Service 之后，Activity 与 Service 基本就没有什么关系了。确实如此，我们在 Activity 里调用了 startService()方法来启动 MyService，然后 MyService 的 onCreate()和 onStartCommand()方法就会得到执行。之后 Service 会一直处于运行状态，但具体运行的是什么逻辑，Activity 就控制不了了。这就类似于 Activity 通知了 Service 一下：“你可以启动了！”然后 Service 就去忙自己的事情了，但 Activity 并不知道 Service 到底做了什么事情，以及完成得如何。

那么可不可以让 Activity 和 Service 的关系更紧密一些呢？例如在 Activity 中指挥 Service 去干什么，Service 就去干什么。当然可以，这就需要借助我们刚刚忽略的 onBind()方法了。

比如说，目前我们希望在 MyService 里提供一个下载功能，然后在 Activity 中可以决定何时开始下载，以及随时查看下载进度。实现这个功能的思路是创建一个专门的 Binder 对象来对下载功能进行管理。修改 MyService 中的代码，如下所示：

```
class MyService : Service() {

    private val mBinder = DownloadBinder()

    class DownloadBinder : Binder() {

        fun startDownload() {
            Log.d("MyService", "startDownload executed")
```

```
    }

    fun getProgress(): Int {
        Log.d("MyService", "getProgress executed")
        return 0
    }

}

override fun onBind(intent: Intent): IBinder {
    return mBinder
}
...
}
```

可以看到，这里我们新建了一个 DownloadBinder 类，并让它继承自 Binder，然后在它的内部提供了开始下载以及查看下载进度的方法。当然这只是两个模拟方法，并没有实现真正的功能，我们在这两个方法中分别打印了一行日志。

接着，在 MyService 中创建了 DownloadBinder 的实例，然后在 onBind() 方法里返回了这个实例，这样 MyService 中的工作就全部完成了。

下面就要看一看在 Activity 中如何调用 Service 里的这些方法了。首先需要在布局文件里新增两个按钮，修改 activity_main.xml 中的代码，如下所示：

```xml
<LinearLayout xmlns:android="http://schemas.android.com/apk/res/android"
    android:orientation="vertical"
    android:layout_width="match_parent"
    android:layout_height="match_parent">

    ...

    <Button
        android:id="@+id/bindServiceBtn"
        android:layout_width="match_parent"
        android:layout_height="wrap_content"
        android:text="Bind Service" />

    <Button
        android:id="@+id/unbindServiceBtn"
        android:layout_width="match_parent"
        android:layout_height="wrap_content"
        android:text="Unbind Service" />

</LinearLayout>
```

这两个按钮分别是用于绑定和取消绑定 Service 的，那到底谁需要和 Service 绑定呢？当然就是 Activity 了。当一个 Activity 和 Service 绑定了之后，就可以调用该 Service 里的 Binder 提供的方法了。修改 MainActivity 中的代码，如下所示：

```kotlin
class MainActivity : AppCompatActivity() {

    lateinit var downloadBinder: MyService.DownloadBinder

    private val connection = object : ServiceConnection {

        override fun onServiceConnected(name: ComponentName, service: IBinder) {
            downloadBinder = service as MyService.DownloadBinder
            downloadBinder.startDownload()
            downloadBinder.getProgress()
        }

        override fun onServiceDisconnected(name: ComponentName) {
        }

    }

    override fun onCreate(savedInstanceState: Bundle?) {
        ...
        bindServiceBtn.setOnClickListener {
            val intent = Intent(this, MyService::class.java)
            bindService(intent, connection, Context.BIND_AUTO_CREATE) // 绑定 Service
        }
        unbindServiceBtn.setOnClickListener {
            unbindService(connection) // 解绑 Service
        }
    }

}
```

这里我们首先创建了一个 ServiceConnection 的匿名类实现,并在里面重写了 onService-Connected()方法和 onServiceDisconnected()方法。onServiceConnected()方法会在 Activity 与 Service 成功绑定的时候调用，而 onServiceDisconnected()方法只有在 Service 的创建进程崩溃或者被杀掉的时候才会调用，这个方法不太常用。那么在 onServiceConnected()方法中，我们又通过向下转型得到了 DownloadBinder 的实例,有了这个实例,Activity 和 Service 之间的关系就变得非常紧密了。现在我们可以在 Activity 中根据具体的场景来调用 DownloadBinder 中的任何 public 方法，即实现了指挥 Service 干什么 Service 就去干什么的功能。这里仍然只是做了个简单的测试，在 onServiceConnected()方法中调用了 DownloadBinder 的 startDownload()和 getProgress()方法。

当然，现在 Activity 和 Service 其实还没进行绑定呢，这个功能是在 "Bind Service" 按钮的点击事件里完成的。可以看到，这里我们仍然构建了一个 Intent 对象，然后调用 bindService() 方法将 MainActivity 和 MyService 进行绑定。bindService()方法接收 3 个参数，第一个参数就是刚刚构建出的 Intent 对象，第二个参数是前面创建出的 ServiceConnection 的实例，第三个参数则是一个标志位，这里传入 BIND_AUTO_CREATE 表示在 Activity 和 Service 进行绑定后自动创建 Service。这会使得 MyService 中的 onCreate()方法得到执行，但 onStartCommand()方法不会执行。

如果我们想解除 Activity 和 Service 之间的绑定该怎么办呢？调用一下 unbindService()方法就可以了，这也是"Unbind Service"按钮的点击事件里实现的功能。

现在让我们重新运行一下程序吧，界面如图 10.9 所示。

图 10.9 ServiceTest 新的主界面

点击一下"Bind Service"按钮，观察 Logcat 中的打印日志，如图 10.10 所示。

图 10.10 绑定 Service 时的打印日志

可以看到，首先是 MyService 的 onCreate()方法得到了执行，然后 startDownload()和 getProgress()方法都得到了执行，说明我们确实已经在 Activity 里成功调用了 Service 里提供的方法。

另外需要注意，任何一个 Service 在整个应用程序范围内都是通用的，即 MyService 不仅可以和 MainActivity 绑定，还可以和任何一个其他的 Activity 进行绑定，而且在绑定完成后，它们都可以获取相同的 DownloadBinder 实例。

10.4　Service 的生命周期

之前我们学习过了 Activity 以及 Fragment 的生命周期。类似地，Service 也有自己的生命周期，前面我们使用到的 onCreate()、onStartCommand()、onBind()和 onDestroy()等方法都是在 Service 的生命周期内可能回调的方法。

一旦在项目的任何位置调用了 Context 的 startService()方法，相应的 Service 就会启动，并回调 onStartCommand()方法。如果这个 Service 之前还没有创建过，onCreate()方法会先于 onStartCommand()方法执行。Service 启动了之后会一直保持运行状态，直到 stopService()或 stopSelf()方法被调用，或者被系统回收。注意，虽然每调用一次 startService()方法，onStartCommand()就会执行一次，但实际上每个 Service 只会存在一个实例。所以不管你调用了多少次 startService()方法，只需调用一次 stopService()或 stopSelf()方法，Service 就会停止。

另外，还可以调用 Context 的 bindService()来获取一个 Service 的持久连接，这时就会回调 Service 中的 onBind()方法。类似地，如果这个 Service 之前还没有创建过，onCreate()方法会先于 onBind()方法执行。之后，调用方可以获取到 onBind()方法里返回的 IBinder 对象的实例，这样就能自由地和 Service 进行通信了。只要调用方和 Service 之间的连接没有断开，Service 就会一直保持运行状态，直到被系统回收。

当调用了 startService()方法后，再去调用 stopService()方法。这时 Service 中的 onDestroy()方法就会执行，表示 Service 已经销毁了。类似地，当调用了 bindService()方法后，再去调用 unbindService()方法，onDestroy()方法也会执行，这两种情况都很好理解。但是需要注意，我们是完全有可能对一个 Service 既调用了 startService()方法，又调用了 bindService()方法的，在这种情况下该如何让 Service 销毁呢？根据 Android 系统的机制，一个 Service 只要被启动或者被绑定了之后，就会处于运行状态，必须要让以上两种条件同时不满足，Service 才能被销毁。所以，这种情况下要同时调用 stopService()和 unbindService()方法，onDestroy()方法才会执行。

这样你就把 Service 的生命周期完整地走了一遍。

10.5　Service 的更多技巧

以上所学的内容都是关于 Service 最基本的一些用法和概念，当然也是最常用的。不过，仅仅满足于此显然是不够的，关于 Service 的更多高级使用技巧还在等着我们呢，下面就赶快去看一看吧。

10.5.1　使用前台 Service

　　前面已经说过，从 Android 8.0 系统开始，只有当应用保持在前台可见状态的情况下，Service 才能保证稳定运行，一旦应用进入后台之后，Service 随时都有可能被系统回收。而如果你希望 Service 能够一直保持运行状态，就可以考虑使用前台 Service。前台 Service 和普通 Service 最大的区别就在于，它一直会有一个正在运行的图标在系统的状态栏显示，下拉状态栏后可以看到更加详细的信息，非常类似于通知的效果，如图 10.11 所示。

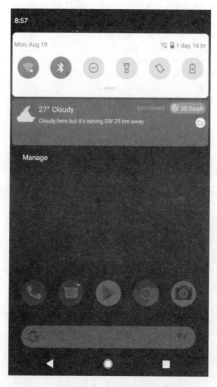

图 10.11　前台 Service 的效果

　　由于状态栏中一直有一个正在运行的图标，相当于我们的应用以另外一种形式保持在前台可见状态，所以系统不会倾向于回收前台 Service。另外，用户也可以通过下拉状态栏清楚地知道当前什么应用正在运行，因此也不存在某些恶意应用长期在后台偷偷占用手机资源的情况。

　　那么我们就来看一下如何才能创建一个前台 Service 吧，其实并不复杂，修改 MyService 中的代码，如下所示：

```
class MyService : Service() {
    ...
    override fun onCreate() {
        super.onCreate()
```

```
        Log.d("MyService", "onCreate executed")
        val manager = getSystemService(Context.NOTIFICATION_SERVICE) as
                NotificationManager
        if (Build.VERSION.SDK_INT >= Build.VERSION_CODES.O) {
            val channel = NotificationChannel("my_service", "前台 Service 通知",
                    NotificationManager.IMPORTANCE_DEFAULT)
            manager.createNotificationChannel(channel)
        }
        val intent = Intent(this, MainActivity::class.java)
        val pi = PendingIntent.getActivity(this, 0, intent, 0)
        val notification = NotificationCompat.Builder(this, "my_service")
            .setContentTitle("This is content title")
            .setContentText("This is content text")
            .setSmallIcon(R.drawable.small_icon)
            .setLargeIcon(BitmapFactory.decodeResource(resources, R.drawable.large_icon))
            .setContentIntent(pi)
            .build()
        startForeground(1, notification)
    }
    ...
}
```

可以看到，这里只是修改了 onCreate()方法中的代码，相信这部分代码你会非常眼熟。没错！这就是我们在第 9 章中学习的创建通知的方法，并且我还将 small_icon 和 large_icon 这两张图从 NotificationTest 项目中复制了过来。只不过这次在构建 Notification 对象后并没有使用 NotificationManager 将通知显示出来，而是调用了 startForeground()方法。这个方法接收两个参数：第一个参数是通知的 id，类似于 notify()方法的第一个参数；第二个参数则是构建的 Notification 对象。调用 startForeground()方法后就会让 MyService 变成一个前台 Service，并在系统状态栏显示出来。

另外，从 Android 9.0 系统开始，使用前台 Service 必须在 AndroidManifest.xml 文件中进行权限声明才行，如下所示：

```
<manifest xmlns:android="http://schemas.android.com/apk/res/android"
        package="com.example.servicetest">
    <uses-permission android:name="android.permission.FOREGROUND_SERVICE" />
    ...
</manifest>
```

现在重新运行一下程序，并点击"Start Service"按钮，MyService 就会以前台 Service 的模式启动了，并且在系统状态栏会显示一个通知图标，下拉状态栏后可以看到该通知的详细内容，如图 10.12 所示。

图 10.12　前台 Service 的状态栏效果

现在即使你退出应用程序，MyService 也会一直处于运行状态，而且不用担心会被系统回收。当然，MyService 所对应的通知也会一直显示在状态栏上面。如果用户不希望我们的程序一直运行，也可以选择手动杀掉应用，这样 MyService 就会跟着一起停止运行了。

前台 Service 的用法就这么简单，只要你在第 9 章中将通知的用法掌握好了，学习本节的知识一定会特别轻松。

10.5.2　使用 IntentService

话说回来，在本章一开始的时候我们就已经知道，Service 中的代码都是默认运行在主线程当中的，如果直接在 Service 里处理一些耗时的逻辑，就很容易出现 ANR（Application Not Responding）的情况。

所以这个时候就需要用到 Android 多线程编程的技术了，我们应该在 Service 的每个具体的方法里开启一个子线程，然后在这里处理那些耗时的逻辑。因此，一个比较标准的 Service 就可以写成如下形式：

```
class MyService : Service() {
    ...
    override fun onStartCommand(intent: Intent, flags: Int, startId: Int): Int {
```

```
    thread {
        // 处理具体的逻辑
    }
    return super.onStartCommand(intent, flags, startId)
    }
}
```

但是，这种 Service 一旦启动，就会一直处于运行状态，必须调用 stopService()或 stopSelf()方法，或者被系统回收，Service 才会停止。所以，如果想要实现让一个 Service 在执行完毕后自动停止的功能，就可以这样写：

```
class MyService : Service() {
    ...
    override fun onStartCommand(intent: Intent, flags: Int, startId: Int): Int {
        thread {
            // 处理具体的逻辑
            stopSelf()
        }
        return super.onStartCommand(intent, flags, startId)
    }
}
```

虽说这种写法并不复杂，但是总会有一些程序员忘记开启线程，或者忘记调用 stopSelf()方法。为了可以简单地创建一个异步的、会自动停止的 Service，Android 专门提供了一个 IntentService 类，这个类就很好地解决了前面所提到的两种尴尬，下面我们就来看一下它的用法。

新建一个 MyIntentService 类继承自 IntentService，代码如下所示：

```
class MyIntentService : IntentService("MyIntentService") {

    override fun onHandleIntent(intent: Intent?) {
        // 打印当前线程的 id
        Log.d("MyIntentService", "Thread id is ${Thread.currentThread().name}")
    }

    override fun onDestroy() {
        super.onDestroy()
        Log.d("MyIntentService", "onDestroy executed")
    }

}
```

这里首先要求必须先调用父类的构造函数，并传入一个字符串，这个字符串可以随意指定，只在调试的时候有用。然后要在子类中实现 onHandleIntent()这个抽象方法，这个方法中可以处理一些耗时的逻辑，而不用担心 ANR 的问题，因为这个方法已经是在子线程中运行的了。这里为了证实一下，我们在 onHandleIntent()方法中打印了当前线程名。另外，根据 IntentService 的特性，这个 Service 在运行结束后应该是会自动停止的，所以我们又重写了 onDestroy()方法，在这里也打印了一行日志，以证实 Service 是不是停止了。

接下来修改 activity_main.xml 中的代码，加入一个用于启动 MyIntentService 的按钮，如下所示：

```
<LinearLayout xmlns:android="http://schemas.android.com/apk/res/android"
    android:orientation="vertical"
    android:layout_width="match_parent"
    android:layout_height="match_parent">

    ...

    <Button
        android:id="@+id/startIntentServiceBtn"
        android:layout_width="match_parent"
        android:layout_height="wrap_content"
        android:text="Start IntentService" />

</LinearLayout>
```

然后修改 MainActivity 中的代码，如下所示：

```
class MainActivity : AppCompatActivity() {
    ...
    override fun onCreate(savedInstanceState: Bundle?) {
        ...
        startIntentServiceBtn.setOnClickListener {
            // 打印主线程的 id
            Log.d("MainActivity", "Thread id is ${Thread.currentThread().name}")
            val intent = Intent(this, MyIntentService::class.java)
            startService(intent)
        }
    }

}
```

可以看到，我们在 "Start IntentService" 按钮的点击事件里启动了 MyIntentService，并在这里打印了一下主线程名，稍后用于和 IntentService 进行比对。你会发现，其实 IntentService 的启动方式和普通的 Service 没什么两样。

最后不要忘记，Service 都是需要在 AndroidManifest.xml 里注册的，如下所示：

```
<manifest xmlns:android="http://schemas.android.com/apk/res/android"
    package="com.example.servicetest">

    <application
        android:allowBackup="true"
        android:icon="@mipmap/ic_launcher"
        android:roundIcon="@mipmap/ic_launcher_round"
        android:label="@string/app_name"
        android:supportsRtl="true"
        android:theme="@style/AppTheme">

        ...
```

```
    <service
    android:name=".MyIntentService"
    android:enabled="true"
    android:exported="true"/>

</application>

</manifest>
```

当然，你也可以使用 Android Studio 提供的快捷方式来创建 IntentService，不过由于这样会自动生成一些我们用不到的代码，因此这里我采用了手动创建的方式。

现在重新运行一下程序，界面如图 10.13 所示。

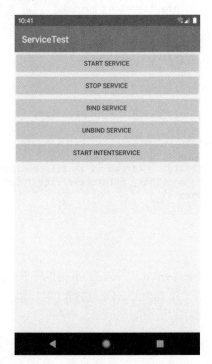

图 10.13　ServiceTest 更新后的主界面

点击"Start IntentService"按钮后，观察 Logcat 中的打印日志，如图 10.14 所示。

```
com.example.servicetest (13701)    ▼      Verbose   ▼    Q▾

701/com.example.servicetest D/MainActivity: Thread id is main
628/com.example.servicetest D/MyIntentService: Thread id is IntentService[MyIntentService]
701/com.example.servicetest D/MyIntentService: onDestroy executed
```

图 10.14　启动 IntentService 时的打印日志

可以看到，不仅 MyIntentService 和 MainActivity 所在的线程名不一样，而且 onDestroy() 方法也得到了执行，说明 MyIntentService 在运行完毕后确实自动停止了。集开启线程和自动停止于一身，IntentService 还是博得了不少程序员的喜爱。

好了，关于 Service 的知识点你已经学得够多了，下面依照惯例，就让我们进入本章的 Kotlin 课堂吧。

10.6　Kotlin 课堂：泛型的高级特性

还记得在第 8 章的 Kotlin 课堂里我们学习的 Kotlin 泛型的基本用法吗？这些基本用法其实和 Java 中泛型的用法是大致相同的，因此也相对比较好理解。然而实际上，Kotlin 在泛型方面还提供了不少特有的功能，掌握了这些功能，你将可以更好玩转 Kotlin，同时还能实现一些不可思议的语法特性，那么我们自然不能错过这部分内容了。

10.6.1　对泛型进行实化

泛型实化这个功能对于绝大多数 Java 程序员来讲是非常陌生的，因为 Java 中完全没有这个概念。而如果我们想要深刻地理解泛型实化，就要先解释一下 Java 的泛型擦除机制才行。

在 JDK 1.5 之前，Java 是没有泛型功能的，那个时候诸如 List 之类的数据结构可以存储任意类型的数据，取出数据的时候也需要手动向下转型才行，这不仅麻烦，而且很危险。比如说我们在同一个 List 中存储了字符串和整型这两种数据，但是在取出数据的时候却无法区分具体的数据类型，如果手动将它们强制转成同一种类型，那么就会抛出类型转换异常。

于是在 JDK 1.5 中，Java 终于引入了泛型功能。这不仅让诸如 List 之类的数据结构变得简单好用，也让我们的代码变得更加安全。

但是实际上，Java 的泛型功能是通过类型擦除机制来实现的。什么意思呢？就是说泛型对于类型的约束只在编译时期存在，运行的时候仍然会按照 JDK 1.5 之前的机制来运行，JVM 是识别不出来我们在代码中指定的泛型类型的。例如，假设我们创建了一个 List<String> 集合，虽然在编译时期只能向集合中添加字符串类型的元素，但是在运行时期 JVM 并不能知道它本来只打算包含哪种类型的元素，只能识别出来它是个 List。

所有基于 JVM 的语言，它们的泛型功能都是通过类型擦除机制来实现的，其中当然也包括了 Kotlin。这种机制使得我们不可能使用 a is T 或者 T::class.java 这样的语法，因为 T 的实际类型在运行的时候已经被擦除了。

然而不同的是，Kotlin 提供了一个内联函数的概念，我们在第 6 章的 Kotlin 课堂中已经学过了这个知识点。内联函数中的代码会在编译的时候自动被替换到调用它的地方，这样的话也就不存在什么泛型擦除的问题了，因为代码在编译之后会直接使用实际的类型来替代内联函数中的泛型声明，其工作原理如图 10.15 所示。

```
fun foo() {
    bar<String>()
}

inline fun <T> bar() {
    // do something with T type
}
```

图 10.15　内联函数的代码替换过程

最终代码会被替换成如图 10.16 所示的样子。

```
fun foo() {
    // do something with String type
}
```

图 10.16　替换完成后的代码

可以看到，bar()是一个带有泛型类型的内联函数，foo()函数调用了 bar()函数，在代码编译之后，bar()函数中的代码将可以获得泛型的实际类型。

这就意味着，Kotlin 中是可以将内联函数中的泛型进行实化的。

那么具体该怎么写才能将泛型实化呢？首先，该函数必须是内联函数才行，也就是要用 inline 关键字来修饰该函数。其次，在声明泛型的地方必须加上 reified 关键字来表示该泛型要进行实化。示例代码如下：

```
inline fun <reified T> getGenericType() {
}
```

上述函数中的泛型 T 就是一个被实化的泛型，因为它满足了内联函数和 reified 关键字这两个前提条件。那么借助泛型实化，到底可以实现什么样的效果呢？从函数名就可以看出来了，这里我们准备实现一个获取泛型实际类型的功能，代码如下所示：

```
inline fun <reified T> getGenericType() = T::class.java
```

虽然只有一行代码，但是这里却实现了一个 Java 中完全不可能实现的功能：getGenericType()函数直接返回了当前指定泛型的实际类型。T.class 这样的语法在 Java 中是不合法的，而在 Kotlin 中，借助泛型实化功能就可以使用 T::class.java 这样的语法了。

现在我们可以使用如下代码对 getGenericType()函数进行测试：

```
fun main() {
    val result1 = getGenericType<String>()
    val result2 = getGenericType<Int>()
    println("result1 is $result1")
    println("result2 is $result2")
}
```

这里给 getGenericType() 函数指定了两种不同的泛型，由于 getGenericType() 函数会将指定泛型的具体类型返回，因此这里我们将返回的结果进行打印。

现在运行一下 main() 函数，结果如图 10.17 所示。

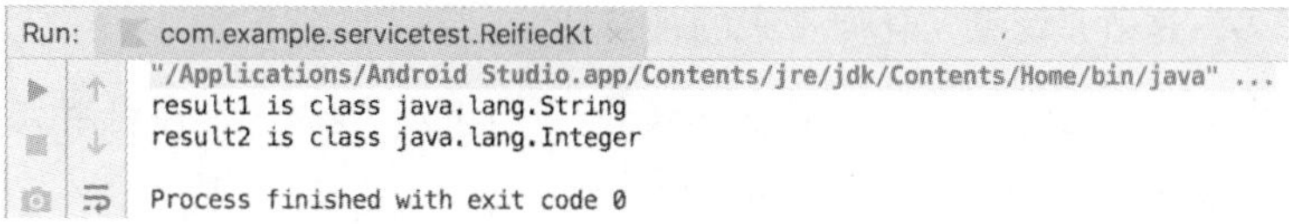

图 10.17 泛型实化功能的运行结果

可以看到，如果将泛型指定成了 String，那么就可以得到 java.lang.String 的类型；如果将泛型指定了 Int，就可以得到 java.lang.Integer 的类型。

关于泛型实化的基本用法就介绍到这里，接下来我们看一看，泛型实化在 Android 项目当中具体可以有哪些应用。

10.6.2 泛型实化的应用

泛型实化功能允许我们在泛型函数当中获得泛型的实际类型，这也就使得类似于 a is T、T::class.java 这样的语法成为了可能。而灵活运用这一特性将可以实现一些不可思议的语法结构，下面我们赶快来看一下吧。

到目前为止，我们已经将 Android 的四大组件全部学完了，除了 ContentProvider 之外，你会发现其余的 3 个组件有一个共同的特点，它们都是要结合 Intent 一起使用的。比如说启动一个 Activity 就可以这么写：

```
val intent = Intent(context, TestActivity::class.java)
context.startActivity(intent)
```

有没有觉得 TestActivity::class.java 这样的语法很难受呢？当然，如果在没有更好选择的情况下，这种写法也是可以忍受的，但是 Kotlin 的泛型实化功能使得我们拥有了更好的选择。

新建一个 reified.kt 文件，然后在里面编写如下代码：

```
inline fun <reified T> startActivity(context: Context) {
    val intent = Intent(context, T::class.java)
    context.startActivity(intent)
}
```

这里我们定义了一个 startActivity() 函数，该函数接收一个 Context 参数，并同时使用 inline 和 reified 关键字让泛型 T 成为了一个被实化的泛型。接下来就是神奇的地方了，Intent 接收的第二个参数本来应该是一个具体 Activity 的 Class 类型，但由于现在 T 已经是一个被实化的泛型了，因此这里我们可以直接传入 T::class.java。最后调用 Context 的 startActivity() 方法来完成 Activity 的启动。

现在，如果我们想要启动 TestActivity，只需要这样写就可以了：

```
startActivity<TestActivity>(context)
```

Kotlin 将能够识别出指定泛型的实际类型，并启动相应的 Activity。怎么样，是不是觉得代码瞬间精简了好多？这就是泛型实化所带来的神奇功能。

不过，现在的 `startActivity()` 函数其实还是有问题的，因为通常在启用 Activity 的时候还可能会使用 Intent 附带一些参数，比如下面的写法：

```
val intent = Intent(context, TestActivity::class.java)
intent.putExtra("param1", "data")
intent.putExtra("param2", 123)
context.startActivity(intent)
```

而经过刚才的封装之后，我们就无法进行传参了。

这个问题也不难解决，只需要借助之前在第 6 章学习的高阶函数就可以轻松搞定。回到 reified.kt 文件当中，这里添加一个新的 `startActivity()` 函数重载，如下所示：

```
inline fun <reified T> startActivity(context: Context, block: Intent.() -> Unit) {
    val intent = Intent(context, T::class.java)
    intent.block()
    context.startActivity(intent)
}
```

可以看到，这次的 `startActivity()` 函数中增加了一个函数类型参数，并且它的函数类型是定义在 Intent 类当中的。在创建完 Intent 的实例之后，随即调用该函数类型参数，并把 Intent 的实例传入，这样调用 `startActivity()` 函数的时候就可以在 Lambda 表达式中为 Intent 传递参数了，如下所示：

```
startActivity<TestActivity>(context) {
    putExtra("param1", "data")
    putExtra("param2", 123)
}
```

不得不说，这种启动 Activity 的代码写起来实在是太舒服了，泛型实化和高阶函数使这种语法结构成为了可能，感谢 Kotlin 提供了如此多优秀的语言特性。

好了，泛型实化的具体应用学到这里就基本结束了。虽然我们一直在使用启动 Activity 的代码来举例，但是启动 Service 的代码也是基本类似的，相信对于你来说，通过泛型实化和高阶函数来简化它的用法已经是小菜一碟了，这个功能就当作课后习题让你练练手吧。

那么接下来我们继续学习泛型更多的高级特性。

10.6.3　泛型的协变

泛型的协变和逆变功能不太常用，而且我个人认为有点不容易理解。但是 Kotlin 的内置 API

中使用了很多协变和逆变的特性，因此如果想要对这个语言有更加深刻的了解，这部分内容还是有必要学习一下的。

我在学习协变和逆变的时候查阅了很多资料，这些资料大多十分晦涩难懂，因此也让我对这两个知识点产生了一些畏惧。但是真正掌握之后，发现其实也并不是那么难，所以这里我会尽量使用最简明的方式来讲解这两个知识点，希望你可以轻松掌握。

在开始学习协变和逆变之前，我们还得先了解一个约定。一个泛型类或者泛型接口中的方法，它的参数列表是接收数据的地方，因此可以称它为 in 位置，而它的返回值是输出数据的地方，因此可以称它为 out 位置，如图 10.18 所示。

图 10.18　in 位置和 out 位置的示意图

有了这个约定前提，我们就可以继续学习了。首先定义如下 3 个类：

```kotlin
open class Person(val name: String, val age: Int)
class Student(name: String, age: Int) : Person(name, age)
class Teacher(name: String, age: Int) : Person(name, age)
```

这里先定义了一个 Person 类，类中包含 name 和 age 这两个字段。然后又定义了 Student 和 Teacher 这两个类，让它们成为 Person 类的子类。

现在我来问你一个问题：如果某个方法接收一个 Person 类型的参数，而我们传入一个 Student 的实例，这样合不合法呢？很显然，因为 Student 是 Person 的子类，学生也是人呀，因此这是一定合法的。

那么我再来升级一下这个问题：如果某个方法接收一个 List<Person>类型的参数，而我们传入一个 List<Student>的实例，这样合不合法呢？看上去好像也挺正确的，但是 Java 中是不允许这么做的，因为 List<Student>不能成为 List<Person>的子类，否则将可能存在类型转换的安全隐患。

为什么会存在类型转换的安全隐患呢？下面我们通过一个具体的例子进行说明。这里自定义一个 SimpleData 类，代码如下所示：

```kotlin
class SimpleData<T> {
    private var data: T? = null

    fun set(t: T?) {
        data = t
    }

    fun get(): T? {
```

```
        return data
    }
}
```

SimpleData 是一个泛型类，它的内部封装了一个泛型 data 字段，调用 set()方法可以给 data 字段赋值，调用 get()方法可以获取 data 字段的值。

接着我们假设，如果编程语言允许向某个接收 SimpleData<Person>参数的方法传入 SimpleData<Student>的实例，那么如下代码就会是合法的：

```
fun main() {
    val student = Student("Tom", 19)
    val data = SimpleData<Student>()
    data.set(student)
    handleSimpleData(data) // 实际上这行代码会报错，这里假设它能编译通过
    val studentData = data.get()
}

fun handleSimpleData(data: SimpleData<Person>) {
    val teacher = Teacher("Jack", 35)
    data.set(teacher)
}
```

发现这段代码有什么问题吗？在 main()方法中，我们创建了一个 Student 的实例，并将它封装到 SimpleData<Student>当中，然后将 SimpleData<Student>作为参数传递给 handle-SimpleData()方法。但是 handleSimpleData()方法接收的是一个 SimpleData<Person>参数（这里假设可以编译通过），那么在 handleSimpleData()方法中，我们就可以创建一个 Teacher 的实例，并用它来替换 SimpleData<Person>参数中的原有数据。这种操作肯定是合法的，因为 Teacher 也是 Person 的子类，所以可以很安全地将 Teacher 的实例设置进去。

但是问题马上来了，回到 main()方法当中，我们调用 SimpleData<Student>的 get()方法来获取它内部封装的 Student 数据，可现在 SimpleData<Student>中实际包含的却是一个 Teacher 的实例，那么此时必然会产生类型转换异常。

所以，为了杜绝这种安全隐患，Java 是不允许使用这种方式来传递参数的。换句话说，即使 Student 是 Person 的子类，SimpleData<Student>并不是 SimpleData<Person>的子类。

不过，回顾一下刚才的代码，你会发现问题发生的主要原因是我们在 handleSimpleData()方法中向 SimpleData<Person>里设置了一个 Teacher 的实例。如果 SimpleData 在泛型 T 上是只读的话，肯定就没有类型转换的安全隐患了，那么这个时候 SimpleData<Student>可不可以成为 SimpleData<Person>的子类呢？

讲到这里，我们终于要引出泛型协变的定义了。假如定义了一个 MyClass<T>的泛型类，其中 A 是 B 的子类型，同时 MyClass<A>又是 MyClass<B>的子类型，那么我们就可以称 MyClass 在 T 这个泛型上是协变的。

但是如何才能让 MyClass<A>成为 MyClass<B>的子类型呢？刚才已经讲了，如果一个泛型类在其泛型类型的数据上是只读的话，那么它是没有类型转换安全隐患的。而要实现这一点，则需要让 MyClass<T>类中的所有方法都不能接收 T 类型的参数。换句话说，T 只能出现在 out 位置上，而不能出现在 in 位置上。

现在修改 SimpleData 类的代码，如下所示：

```kotlin
class SimpleData<out T>(val data: T?) {
    fun get(): T? {
        return data
    }
}
```

这里我们对 SimpleData 类进行了改造，在泛型 T 的声明前面加上了一个 out 关键字。这就意味着现在 T 只能出现在 out 位置上，而不能出现在 in 位置上，同时也意味着 SimpleData 在泛型 T 上是协变的。

由于泛型 T 不能出现在 in 位置上，因此我们也就不能使用 set()方法为 data 参数赋值了，所以这里改成了使用构造函数的方式来赋值。你可能会说，构造函数中的泛型 T 不也是在 in 位置上的吗？没错，但是由于这里我们使用了 val 关键字，所以构造函数中的泛型 T 仍然是只读的，因此这样写是合法且安全的。另外，即使我们使用了 var 关键字，但只要给它加上 private 修饰符，保证这个泛型 T 对于外部而言是不可修改的，那么就都是合法的写法。

经过了这样的修改之后，下面的代码就可以完美编译通过且没有任何安全隐患了：

```kotlin
fun main() {
    val student = Student("Tom", 19)
    val data = SimpleData<Student>(student)
    handleMyData(data)
    val studentData = data.get()
}

fun handleMyData(data: SimpleData<Person>) {
    val personData = data.get()
}
```

由于 SimpleData 类已经进行了协变声明，那么 SimpleData<Student>自然就是 SimpleData<Person>的子类了，所以这里可以安全地向 handleMyData()方法中传递参数。

然后在 handleMyData()方法中去获取 SimpleData 封装的数据，虽然这里泛型声明的是 Person 类型，实际获得的会是一个 Student 的实例，但由于 Person 是 Student 的父类，向上转型是完全安全的，所以这段代码没有任何问题。

学到这里，关于协变的内容你就掌握得差不多了，不过最后还有个例子需要回顾一下。前面我们提到，如果某个方法接收一个 List<Person>类型的参数，而传入的却是一个 List<Student>的实例，在 Java 中是不允许这么做的。注意这里我的用语，在 Java 中是不允许这么做的。

你没有猜错，在 Kotlin 中这么做是合法的，因为 Kotlin 已经默认给许多内置的 API 加上了协变声明，其中就包括了各种集合的类与接口。还记得我们在第 2 章中学过的吗? Kotlin 中的 List 本身就是只读的，如果你想要给 List 添加数据，需要使用 MutableList 才行。既然 List 是只读的，也就意味着它天然就是可以协变的，我们来看一下 List 简化版的源码:

```
public interface List<out E> : Collection<E> {
    override val size: Int
    override fun isEmpty(): Boolean
    override fun contains(element: @UnsafeVariance E): Boolean
    override fun iterator(): Iterator<E>
    public operator fun get(index: Int): E
}
```

List 在泛型 E 的前面加上了 out 关键字，说明 List 在泛型 E 上是协变的。不过这里还有一点需要说明，原则上在声明了协变之后，泛型 E 就只能出现在 out 位置上，可是你会发现，在 contains()方法中，泛型 E 仍然出现在了 in 位置上。

这么写本身是不合法的，因为在 in 位置上出现了泛型 E 就意味着会有类型转换的安全隐患。但是 contains()方法的目的非常明确，它只是为了判断当前集合中是否包含参数中传入的这个元素，而并不会修改当前集合中的内容，因此这种操作实质上又是安全的。那么为了让编译器能够理解我们的这种操作是安全的，这里在泛型 E 的前面又加上了一个@UnsafeVariance 注解，这样编译器就会允许泛型 E 出现在 in 位置上了。但是如果你滥用这个功能，导致运行时出现了类型转换异常，Kotlin 对此是不负责的。

好了，关于协变的内容就学到这里，接下来我们开始学习逆变的内容。

10.6.4　泛型的逆变

理解了协变之后再来学习逆变，我觉得会相对比较容易一些，因为它们之间是有所关联的。

不过仅从定义上来看，逆变与协变却完全相反。那么这里先引出定义吧，假如定义了一个 MyClass<T>的泛型类，其中 A 是 B 的子类型，同时 MyClass<B>又是 MyClass<A>的子类型，那么我们就可以称 MyClass 在 T 这个泛型上是逆变的。协变和逆变的区别如图 10.19 所示。

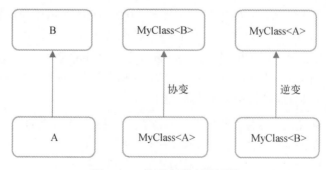

图 10.19　协变与逆变的区别

从直观的角度上来思考, 逆变的规则好像挺奇怪的, 原本 A 是 B 的子类型, 怎么 MyClass<B> 能反过来成为 MyClass<A>的子类型了呢? 别担心, 下面我们通过一个具体的例子来学习一下, 你就明白了。

这里先定义一个 Transformer 接口, 用于执行一些转换操作, 代码如下所示:

```
interface Transformer<T> {
    fun transform(t: T): String
}
```

可以看到, Transformer 接口中声明了一个 transform()方法, 它接收一个 T 类型的参数, 并且返回一个 String 类型的数据, 这意味着参数 T 在经过 transform()方法的转换之后将会变成一个字符串。至于具体的转换逻辑是什么样的, 则由子类去实现, Transformer 接口对此并不关心。

那么现在我们就尝试对 Transformer 接口进行实现, 代码如下所示:

```
fun main() {
    val trans = object : Transformer<Person> {
        override fun transform(t: Person): String {
            return "${t.name} ${t.age}"
        }
    }
    handleTransformer(trans) // 这行代码会报错
}

fun handleTransformer(trans: Transformer<Student>) {
    val student = Student("Tom", 19)
    val result = trans.transform(student)
}
```

首先我们在 main()方法中编写了一个 Transformer<Person>的匿名类实现, 并通过 transform()方法将传入的 Person 对象转换成了一个 "姓名+年龄" 拼接的字符串。而 handleTransformer()方法接收的是一个 Transformer<Student>类型的参数, 这里在 handleTransformer()方法中创建了一个 Student 对象, 并调用参数的 transform()方法将 Student 对象转换成一个字符串。

这段代码从安全的角度来分析是没有任何问题的, 因为 Student 是 Person 的子类, 使用 Transformer<Person>的匿名类实现将 Student 对象转换成一个字符串也是绝对安全的, 并不存在类型转换的安全隐患。但是实际上, 在调用 handleTransformer()方法的时候却会提示语法错误, 原因也很简单, Transformer<Person>并不是 Transformer<Student>的子类型。

那么这个时候逆变就可以派上用场了, 它就是专门用于处理这种情况的。修改 Transformer 接口中的代码, 如下所示:

```
interface Transformer<in T> {
    fun transform(t: T): String
}
```

这里我们在泛型 T 的声明前面加上了一个 in 关键字。这就意味着现在 T 只能出现在 in 位置上，而不能出现在 out 位置上，同时也意味着 Transformer 在泛型 T 上是逆变的。

没错，只要做了这样一点修改，刚才的代码就可以编译通过且正常运行了，因为此时 Transformer<Person> 已经成为了 Transformer<Student> 的子类型。

逆变的用法大概就是这样了，如果你还想再深入思考一下的话，可以想一想为什么逆变的时候泛型 T 不能出现在 out 位置上？为了解释这个问题，我们先假设逆变是允许让泛型 T 出现在 out 位置上的，然后看一看可能会产生什么样的安全隐患。

修改 Transformer 中的代码，如下所示：

```
interface Transformer<in T> {
    fun transform(name: String, age: Int): @UnsafeVariance T
}
```

可以看到，我们将 transform() 方法改成了接收 name 和 age 这两个参数，并把返回值类型改成了泛型 T。由于逆变是不允许泛型 T 出现在 out 位置上的，这里为了能让编译器正常编译通过，所以加上了 @UnsafeVariance 注解，这和 List 源码中使用的技巧是一样的。

那么，这个时候可能会产生什么样的安全隐患呢？我们来看一下如下代码就知道了：

```
fun main() {
    val trans = object : Transformer<Person> {
        override fun transform(name: String, age: Int): Person {
            return Teacher(name, age)
        }
    }
    handleTransformer(trans)
}

fun handleTransformer(trans: Transformer<Student>) {
    val result = trans.transform("Tom", 19)
}
```

上述代码就是一个典型的违反逆变规则而造成类型转换异常的例子。在 Transformer<Person> 的匿名类实现中，我们使用 transform() 方法中传入的 name 和 age 参数构建了一个 Teacher 对象，并把这个对象直接返回。由于 transform() 方法的返回值要求是一个 Person 对象，而 Teacher 是 Person 的子类，因此这种写法肯定是合法的。

但在 handleTransformer() 方法当中，我们调用了 Transformer<Student> 的 transform() 方法，并传入了 name 和 age 这两个参数，期望得到的是一个 Student 对象的返回，然而实际上 transform() 方法返回的却是一个 Teacher 对象，因此这里必然会造成类型转换异常。

由于这段代码是可以编译通过的，那么我们可以运行一下，打印出的异常信息如图 10.20 所示。

图 10.20 逆变使用不当造成的类型转换异常

可以看到，提示我们 Teacher 类型是无法转换成 Student 类型的。

也就是说，Kotlin 在提供协变和逆变功能时，就已经把各种潜在的类型转换安全隐患全部考虑进去了。只要我们严格按照其语法规则，让泛型在协变时只出现在 out 位置上，逆变时只出现在 in 位置上，就不会存在类型转换异常的情况。虽然@UnsafeVariance 注解可以打破这一语法规则，但同时也会带来额外的风险，所以你在使用@UnsafeVariance 注解时，必须很清楚自己在干什么才行。

最后我们再来介绍一下逆变功能在 Kotlin 内置 API 中的应用，比较典型的例子就是 Comparable 的使用。Comparable 是一个用于比较两个对象大小的接口，其源码定义如下：

```
interface Comparable<in T> {
    operator fun compareTo(other: T): Int
}
```

可以看到，Comparable 在 T 这个泛型上就是逆变的，compareTo()方法则用于实现具体的比较逻辑。那么这里为什么要让 Comparable 接口是逆变的呢？想象如下场景，如果我们使用 Comparable<Person>实现了让两个 Person 对象比较大小的逻辑，那么用这段逻辑去比较两个 Student 对象的大小也一定是成立的，因此让 Comparable<Person>成为 Comparable<Student> 的子类合情合理，这也是逆变非常典型的应用。

好了，关于协变和逆变的内容就到此为止，下面我们就来回顾一下本章所学的内容吧。

10.7 小结与点评

在本章中，我们学习了很多与 Service 相关的重要知识点，包括 Android 多线程编程、Service 的基本用法、Service 的生命周期、前台 Service 和 IntentService 等。这些内容已经覆盖了大部分你在日常开发中可能用到的 Service 技术，相信以后不管遇到什么样的 Service 难题，你都能从容解决。

在本章的 Kotlin 课堂中，我们学习了泛型的高级特性，对泛型的理解程度一下子上升了好几个档次。泛型实化在 Kotlin 中是特别有用的一个特性，通过具体的示例演示，相信你已经体会到了，借助此特性可以不断地优化自己的代码。至于协变和逆变，确实有一定的难度，不过我已经尽可能用最简明的方式来讲解这两个知识点，希望你将它们都理解到位了。

　　另外，本章同样是具有里程碑式的纪念意义的，因为我们已经将 Android 四大组件全部学完了。对于你来说，现在已经脱离了 Android 初级开发者的身份，并且应该具备独立完成很多功能的能力了。

　　那么后面我们应该再接再厉，争取进一步提升自身的能力，所以现在还不是放松的时候。目前我们所学的所有东西仅仅是在本地进行的，而实际上市场上的绝大多数应用还会涉及网络交互的部分，所以下一章我们就来学习一下 Android 网络编程方面的内容。

第 11 章

看看精彩的世界，使用网络技术

如果你在玩手机的时候不能上网，那你一定会感到特别地枯燥乏味。没错，现在早已不是玩单机的时代了，无论是 PC、手机、平板，还是电视，都具备上网的功能，21 世纪的确是互联网的时代。

当然，Android 手机肯定也是可以上网的。作为开发者，我们就需要考虑如何利用网络编写出更加出色的应用程序，像 QQ、微博、微信等常见的应用都会大量使用网络技术。本章主要讲述如何在手机端使用 HTTP 和服务器进行网络交互，并对服务器返回的数据进行解析，这也是 Android 中最常使用到的网络技术，下面就让我们一起来学习一下吧。

11.1 WebView 的用法

有时候我们可能会碰到一些比较特殊的需求，比如说在应用程序里展示一些网页。相信每个人都知道，加载和显示网页通常是浏览器的任务，但是需求里又明确指出，不允许打开系统浏览器，我们当然不可能自己去编写一个浏览器出来，这时应该怎么办呢？

不用担心，Android 早就考虑到了这种需求，并提供了一个 WebView 控件，借助它我们就可以在自己的应用程序里嵌入一个浏览器，从而非常轻松地展示各种各样的网页。

WebView 的用法也相当简单，下面我们就通过一个例子来学习一下吧。新建一个 WebViewTest 项目，然后修改 activity_main.xml 中的代码，如下所示：

```
<LinearLayout xmlns:android="http://schemas.android.com/apk/res/android"
    android:layout_width="match_parent"
    android:layout_height="match_parent" >

    <WebView
        android:id="@+id/webView"
        android:layout_width="match_parent"
        android:layout_height="match_parent" />

</LinearLayout>
```

可以看到，我们在布局文件中使用到了一个新的控件：WebView。这个控件就是用来显示网页的，这里的写法很简单，给它设置了一个 id，并让它充满整个屏幕。

然后修改 MainActivity 中的代码，如下所示：

```
class MainActivity : AppCompatActivity() {

    override fun onCreate(savedInstanceState: Bundle?) {
        super.onCreate(savedInstanceState)
        setContentView(R.layout.activity_main)
        webView.settings.javaScriptEnabled=true
        webView.webViewClient = WebViewClient()
        webView.loadUrl("https://www.baidu.com")
    }

}
```

MainActivity 中的代码也很短，通过 WebView 的 `getSettings()` 方法可以设置一些浏览器的属性，这里我们并没有设置过多的属性，只是调用了 `setJavaScriptEnabled()` 方法，让 WebView 支持 JavaScript 脚本。

接下来是比较重要的一个部分，我们调用了 WebView 的 `setWebViewClient()` 方法，并传入了一个 WebViewClient 的实例。这段代码的作用是，当需要从一个网页跳转到另一个网页时，我们希望目标网页仍然在当前 WebView 中显示，而不是打开系统浏览器。

最后一步就非常简单了，调用 WebView 的 `loadUrl()` 方法，并将网址传入，即可展示相应网页的内容，这里就让我们看一看百度的首页长什么样吧。

另外还需要注意，由于本程序使用到了网络功能，而访问网络是需要声明权限的，因此我们还得修改 AndroidManifest.xml 文件，并加入权限声明，如下所示：

```
<manifest xmlns:android="http://schemas.android.com/apk/res/android"
    package="com.example.webviewtest">

    <uses-permission android:name="android.permission.INTERNET" />

    ...

</manifest>
```

在开始运行之前，确保你的手机或模拟器是联网的。然后就可以运行一下程序了，效果如图 11.1 所示。

图 11.1 使用 WebView 加载网页

可以看到，WebViewTest 这个程序现在已经具备了一个简易浏览器的功能，不仅成功将百度的首页展示了出来，还可以通过点击链接浏览更多的网页。

当然，WebView 还有很多更加高级的使用技巧，我们就不再继续探讨了，因为那不是本章的重点。这里先介绍了一下 WebView 的用法，只是希望你能对 HTTP 有一个最基本的认识，接下来我们就要利用这个协议做一些真正的网络开发工作了。

11.2 使用 HTTP 访问网络

如果说真的要去深入分析 HTTP，可能需要花费整整一本书的篇幅。这里我当然不会这么干，因为毕竟你是跟着我学习 Android 开发的，而不是网站开发。对于 HTTP，你只需要稍微了解一些就足够了，它的工作原理特别简单，就是客户端向服务器发出一条 HTTP 请求，服务器收到请求之后会返回一些数据给客户端，然后客户端再对这些数据进行解析和处理就可以了。是不是非常简单？一个浏览器的基本工作原理也就是如此了。比如说上一节中使用到的 WebView 控件，其实就是我们向百度的服务器发起了一条 HTTP 请求，接着服务器分析出我们想要访问的是百度的首页，于是把该网页的 HTML 代码进行返回，然后 WebView 再调用手机浏览器的内核对返回的HTML 代码进行解析，最终将页面展示出来。

简单来说，WebView 已经在后台帮我们处理好了发送 HTTP 请求、接收服务器响应、解析返回数据，以及最终的页面展示这几步工作，只不过它封装得实在是太好了，反而使得我们不能那么直观地看出 HTTP 到底是如何工作的。因此，接下来就让我们通过手动发送 HTTP 请求的方式更加深入地理解这个过程。

11.2.1 使用 HttpURLConnection

在过去，Android 上发送 HTTP 请求一般有两种方式：HttpURLConnection 和 HttpClient。不过由于 HttpClient 存在 API 数量过多、扩展困难等缺点，Android 团队越来越不建议我们使用这种方式。终于在 Android 6.0 系统中，HttpClient 的功能被完全移除了，标志着此功能被正式弃用，因此本小节我们就学习一下现在官方建议使用的 HttpURLConnection 的用法。

首先需要获取 HttpURLConnection 的实例，一般只需创建一个 URL 对象，并传入目标的网络地址，然后调用一下 openConnection()方法即可，如下所示：

```
val url = URL("https://www.baidu.com")
val connection = url.openConnection() as HttpURLConnection
```

在得到了 HttpURLConnection 的实例之后，我们可以设置一下 HTTP 请求所使用的方法。常用的方法主要有两个：GET 和 POST。GET 表示希望从服务器那里获取数据，而 POST 则表示希望提交数据给服务器。写法如下：

```
connection.requestMethod = "GET"
```

接下来就可以进行一些自由的定制了，比如设置连接超时、读取超时的毫秒数，以及服务器希望得到的一些消息头等。这部分内容根据自己的实际情况进行编写，示例写法如下：

```
connection.connectTimeout = 8000
connection.readTimeout = 8000
```

之后再调用 getInputStream()方法就可以获取到服务器返回的输入流了，剩下的任务就是对输入流进行读取：

```
val input = connection.inputStream
```

最后可以调用 disconnect()方法将这个 HTTP 连接关闭：

```
connection.disconnect()
```

下面就让我们通过一个具体的例子来真正体验一下 HttpURLConnection 的用法。新建一个 NetworkTest 项目，首先修改 activity_main.xml 中的代码，如下所示：

```
<LinearLayout xmlns:android="http://schemas.android.com/apk/res/android"
    android:orientation="vertical"
    android:layout_width="match_parent"
    android:layout_height="match_parent" >
```

```
<Button
    android:id="@+id/sendRequestBtn"
    android:layout_width="match_parent"
    android:layout_height="wrap_content"
    android:text="Send Request" />

<ScrollView
    android:layout_width="match_parent"
    android:layout_height="match_parent" >

    <TextView
        android:id="@+id/responseText"
        android:layout_width="match_parent"
        android:layout_height="wrap_content" />

</ScrollView>

</LinearLayout>
```

注意，这里我们使用了一个新的控件：ScrollView。它是用来做什么的呢？由于手机屏幕的空间一般比较小，有些时候过多的内容一屏是显示不下的，借助 ScrollView 控件，我们就可以以滚动的形式查看屏幕外的内容。另外，布局中还放置了一个 Button 和一个 TextView，Button 用于发送 HTTP 请求，TextView 用于将服务器返回的数据显示出来。

接着修改 MainActivity 中的代码，如下所示：

```
class MainActivity : AppCompatActivity() {

    override fun onCreate(savedInstanceState: Bundle?) {
        super.onCreate(savedInstanceState)
        setContentView(R.layout.activity_main)
        sendRequestBtn.setOnClickListener {
            sendRequestWithHttpURLConnection()
        }
    }

    private fun sendRequestWithHttpURLConnection() {
        // 开启线程发起网络请求
        thread {
            var connection: HttpURLConnection? = null
            try {
                val response = StringBuilder()
                val url = URL("https://www.baidu.com")
                connection = url.openConnection() as HttpURLConnection
                connection.connectTimeout = 8000
                connection.readTimeout = 8000
                val input = connection.inputStream
                // 下面对获取到的输入流进行读取
                val reader = BufferedReader(InputStreamReader(input))
                reader.use {
                    reader.forEachLine {
```

```
                            response.append(it)
                        }
                    }
                    showResponse(response.toString())
                } catch (e: Exception) {
                    e.printStackTrace()
                } finally {
                    connection?.disconnect()
                }
            }
        }

    private fun showResponse(response: String) {
        runOnUiThread {
            // 在这里进行 UI 操作，将结果显示到界面上
            responseText.text = response
        }
    }
}
```

可以看到，我们在 "Send Request" 按钮的点击事件里调用了 sendRequestWithHttpURLConnection() 方法，在这个方法中先是开启了一个子线程，然后在子线程里使用 HttpURLConnection 发出一条 HTTP 请求，请求的目标地址就是百度的首页。接着利用 BufferedReader 对服务器返回的流进行读取，并将结果传入 showResponse() 方法中。而在 showResponse() 方法里，则是调用了一个 runOnUiThread() 方法，然后在这个方法的 Lambda 表达式中进行操作，将返回的数据显示到界面上。

那么这里为什么要用这个 runOnUiThread() 方法呢？别忘了，Android 是不允许在子线程中进行 UI 操作的。我们在 10.2.3 小节中学习了异步消息处理机制的工作原理，而 runOnUiThread() 方法其实就是对异步消息处理机制进行了一层封装，它背后的工作原理和 10.2.3 小节中所介绍的内容是一模一样的。借助这个方法，我们就可以将服务器返回的数据更新到界面上了。

完整的流程就是这样。不过在开始运行之前，仍然别忘了要声明一下网络权限。修改 AndroidManifest.xml 中的代码，如下所示：

```xml
<manifest xmlns:android="http://schemas.android.com/apk/res/android"
    package="com.example.networktest">

    <uses-permission android:name="android.permission.INTERNET" />

    ...

</manifest>
```

好了，现在运行一下程序，并点击 "Send Request" 按钮，结果如图 11.2 所示。

图 11.2　服务器响应的数据

是不是看得头晕眼花？没错，服务器返回给我们的就是这种 HTML 代码，只是通常情况下浏览器会将这些代码解析成漂亮的网页后再展示出来。

那么如果想要提交数据给服务器应该怎么办呢？其实也不复杂，只需要将 HTTP 请求的方法改成 POST，并在获取输入流之前把要提交的数据写出即可。注意，每条数据都要以键值对的形式存在，数据与数据之间用"&"符号隔开。比如说我们想要向服务器提交用户名和密码，就可以这样写：

```
connection.requestMethod = "POST"
val output = DataOutputStream(connection.outputStream)
output.writeBytes("username=admin&password=123456")
```

好了，相信你已经将 HttpURLConnection 的用法很好地掌握了。

11.2.2　使用 OkHttp

当然我们并不是只能使用 HttpURLConnection，完全没有任何其他选择，事实上在开源盛行的今天，有许多出色的网络通信库都可以替代原生的 HttpURLConnection，而其中 OkHttp 无疑是做得最出色的一个。

OkHttp 是由鼎鼎大名的 Square 公司开发的，这个公司在开源事业上贡献良多，除了 OkHttp 之外，还开发了 Retrofit、Picasso 等知名的开源项目。OkHttp 不仅在接口封装上做得简单易用，就连在底层实现上也是自成一派，比起原生的 HttpURLConnection，可以说是有过之而无不及，现在已经成了广大 Android 开发者首选的网络通信库。那么本小节我们就来学习一下 OkHttp 的用法。OkHttp 的项目主页地址是：https://github.com/square/okhttp。

在使用 OkHttp 之前，我们需要先在项目中添加 OkHttp 库的依赖。编辑 app/build.gradle 文件，在 dependencies 闭包中添加如下内容：

```
dependencies {
    ...
    implementation 'com.squareup.okhttp3:okhttp:4.1.0'
}
```

添加上述依赖会自动下载两个库：一个是 OkHttp 库，一个是 Okio 库，后者是前者的通信基础。其中 4.1.0 是我写本书时 OkHttp 的最新版本，你可以访问 OkHttp 的项目主页，查看当前最新的版本是多少。

下面我们来看一下 OkHttp 的具体用法，首先需要创建一个 OkHttpClient 的实例，如下所示：

```
val client = OkHttpClient()
```

接下来如果想要发起一条 HTTP 请求，就需要创建一个 Request 对象：

```
val request = Request.Builder().build()
```

当然，上述代码只是创建了一个空的 Request 对象，并没有什么实际作用，我们可以在最终的 build()方法之前连缀很多其他方法来丰富这个 Request 对象。比如可以通过 url()方法来设置目标的网络地址，如下所示：

```
val request = Request.Builder()
        .url("https://www.baidu.com")
        .build()
```

之后调用 OkHttpClient 的 newCall()方法来创建一个 Call 对象，并调用它的 execute()方法来发送请求并获取服务器返回的数据，写法如下：

```
val response = client.newCall(request).execute()
```

Response 对象就是服务器返回的数据了，我们可以使用如下写法来得到返回的具体内容：

```
val responseData = response.body?.string()
```

如果是发起一条 POST 请求，会比 GET 请求稍微复杂一点，我们需要先构建一个 Request Body 对象来存放待提交的参数，如下所示：

```
val requestBody = FormBody.Builder()
        .add("username", "admin")
        .add("password", "123456")
        .build()
```

然后在 Request.Builder 中调用一下 post()方法，并将 RequestBody 对象传入：

```
val request = Request.Builder()
    .url("https://www.baidu.com")
    .post(requestBody)
    .build()
```

接下来的操作就和 GET 请求一样了，调用 execute()方法来发送请求并获取服务器返回的数据即可。

好了，OkHttp 的基本用法就先学到这里，在本章的稍后部分我们还会学习 OkHttp 结合 Retrofit 的使用方法，到时候再进一步学习。那么现在我们先把 NetworkTest 这个项目改用 OkHttp 的方式再实现一遍吧。

由于布局部分完全不用改动，所以直接修改 MainActivity 中的代码，如下所示：

```
class MainActivity : AppCompatActivity() {

    override fun onCreate(savedInstanceState: Bundle?) {
        super.onCreate(savedInstanceState)
        setContentView(R.layout.activity_main)
        sendRequestBtn.setOnClickListener {
            sendRequestWithOkHttp()
        }
    }
    ...
    private fun sendRequestWithOkHttp() {
        thread {
            try {
                val client = OkHttpClient()
                val request = Request.Builder()
                    .url("https://www.baidu.com")
                    .build()
                val response = client.newCall(request).execute()
                val responseData = response.body?.string()
                if (responseData != null) {
                    showResponse(responseData)
                }
            } catch (e: Exception) {
                e.printStackTrace()
            }
        }
    }
}
```

这里我们并没有做太多的改动，只是添加了一个 sendRequestWithOkHttp()方法，并在 "Send Request" 按钮的点击事件里调用这个方法。在这个方法中同样还是先开启了一个子线程，然后在子线程里使用 OkHttp 发出一条 HTTP 请求，请求的目标地址还是百度的首页，OkHttp 的用法也正如前面所介绍的一样。最后仍然调用了 showResponse()方法，将服务器返回的数据显示到界面上。

仅仅是改了这么多代码，现在我们就可以重新运行一下程序了。点击 "Send Request" 按钮后，你会看到和上一小节中同样的运行结果。由此证明，使用 OkHttp 来发送 HTTP 请求的功能也已经成功实现了。

11.3 解析 XML 格式数据

通常情况下，每个需要访问网络的应用程序都会有一个自己的服务器，我们可以向服务器提交数据，也可以从服务器上获取数据。不过这个时候就出现了一个问题，这些数据到底要以什么样的格式在网络上传输呢？随便传递一段文本肯定是不行的，因为另一方根本就不知道这段文本的用途是什么。因此，一般我们会在网络上传输一些格式化后的数据，这种数据会有一定的结构规则和语义，当另一方收到数据消息之后，就可以按照相同的结构规则进行解析，从而取出想要的那部分内容。

在网络上传输数据时最常用的格式有两种：XML 和 JSON。下面我们就来一个一个地进行学习。本节首先学习一下如何解析 XML 格式的数据。

在开始之前，我们还需要先解决一个问题，就是从哪儿才能获取一段 XML 格式的数据呢？这里我准备教你搭建一个最简单的 Web 服务器，在这个服务器上提供一段 XML 文本，然后我们在程序里去访问这个服务器，再对得到的 XML 文本进行解析。

搭建 Web 服务器的过程其实非常简单，也有很多种服务器类型可供选择，我们准备使用 Apache 服务器。另外，这里只会演示 Windows 系统下的搭建过程，因为 Mac 和 Ubuntu 系统都是默认安装好 Apache 服务器的，只需要启动一下即可。如果你使用的是这两种系统，可以自行搜索一下具体的操作方法。

下面来看 Window 系统下的搭建过程。首先你需要下载一个 Apache 服务器的安装包，官方下载地址是：http://httpd.apache.org。下载完成后双击就可以进行安装了，如图 11.3 所示。

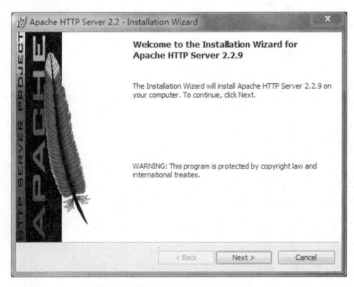

图 11.3 Apache 服务器安装界面

然后一直点击 "Next"，会提示让你输入自己的域名，我们随便填一个域名就可以了，如图 11.4 所示。

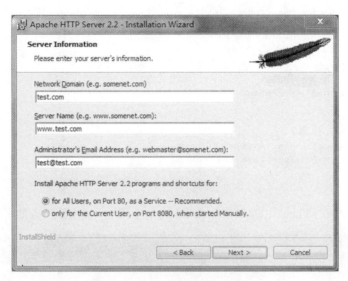

图 11.4　填入域名和服务器信息

接着继续一直点击 "Next"，会提示让你选择程序安装的路径，这里我选择安装到 C:\Apache 目录下。之后继续点击 "Next" 就可以完成安装了。安装成功后服务器会自动启动，你可以打开浏览器来验证一下。在地址栏输入 127.0.0.1，如果出现了如图 11.5 所示的界面，就说明服务器已经启动成功了。

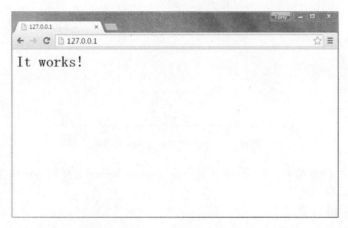

图 11.5　Apache 服务器的默认主页

接下来进入 C:\Apache\htdocs 目录下，在这里新建一个名为 get_data.xml 的文件，然后编辑这个文件，并加入如下 XML 格式的内容。

```
<apps>
    <app>
        <id>1</id>
        <name>Google Maps</name>
        <version>1.0</version>
    </app>
    <app>
        <id>2</id>
        <name>Chrome</name>
        <version>2.1</version>
    </app>
    <app>
        <id>3</id>
        <name>Google Play</name>
        <version>2.3</version>
    </app>
</apps>
```

这时在浏览器中访问 http://127.0.0.1/get_data.xml 这个网址，就应该出现如图 11.6 所示的内容。

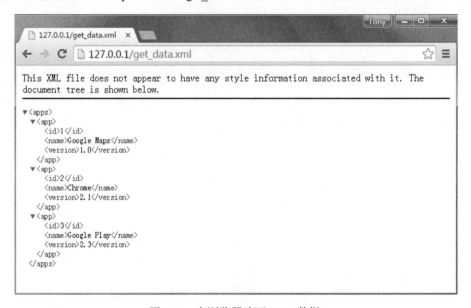

图 11.6　在浏览器验证 XML 数据

好了，准备工作到此结束，接下来就让我们在 Android 程序里去获取并解析这段 XML 数据吧。

11.3.1　Pull 解析方式

解析 XML 格式的数据其实也有挺多种方式的，本节中我们学习比较常用的两种：Pull 解析和 SAX 解析。那么简单起见，这里仍然是在 NetworkTest 项目的基础上继续开发，这样我们就可以重用之前网络通信部分的代码，从而把工作的重心放在 XML 数据解析上。

　　既然 XML 格式的数据已经提供好了，现在要做的就是从中解析出我们想要得到的那部分内容。修改 MainActivity 中的代码，如下所示：

```kotlin
class MainActivity : AppCompatActivity() {
    ...
    private fun sendRequestWithOkHttp() {
        thread {
            try {
                val client = OkHttpClient()
                val request = Request.Builder()
                    // 指定访问的服务器地址是计算机本机
                    .url("http://10.0.2.2/get_data.xml")
                    .build()
                val response = client.newCall(request).execute()
                val responseData = response.body?.string()
                if (responseData != null) {
                    parseXMLWithPull(responseData)
                }
            } catch (e: Exception) {
                e.printStackTrace()
            }
        }
    }
    ...
    private fun parseXMLWithPull(xmlData: String) {
        try {
            val factory = XmlPullParserFactory.newInstance()
            val xmlPullParser = factory.newPullParser()
            xmlPullParser.setInput(StringReader(xmlData))
            var eventType = xmlPullParser.eventType
            var id = ""
            var name = ""
            var version = ""
            while (eventType != XmlPullParser.END_DOCUMENT) {
                val nodeName = xmlPullParser.name
                when (eventType) {
                    // 开始解析某个节点
                    XmlPullParser.START_TAG -> {
                        when (nodeName) {
                            "id" -> id = xmlPullParser.nextText()
                            "name" -> name = xmlPullParser.nextText()
                            "version" -> version = xmlPullParser.nextText()
                        }
                    }
                    // 完成解析某个节点
                    XmlPullParser.END_TAG -> {
                        if ("app" == nodeName) {
                            Log.d("MainActivity", "id is $id")
                            Log.d("MainActivity", "name is $name")
                            Log.d("MainActivity", "version is $version")
                        }
                    }
                }
```

```
            eventType = xmlPullParser.next()
        }
    } catch (e: Exception) {
        e.printStackTrace()
    }
}
```

可以看到，这里首先将 HTTP 请求的地址改成了 http://10.0.2.2/get_data.xml，10.0.2.2 对于模拟器来说就是计算机本机的 IP 地址。在得到了服务器返回的数据后，我们不再直接将其展示，而是调用了 parseXMLWithPull()方法来解析服务器返回的数据。

下面就来仔细看下 parseXMLWithPull()方法中的代码吧。这里首先要创建一个 XmlPull-ParserFactory 的实例，并借助这个实例得到 XmlPullParser 对象，然后调用 XmlPullParser 的 setInput()方法将服务器返回的 XML 数据设置进去，之后就可以开始解析了。解析的过程也非常简单，通过 getEventType()可以得到当前的解析事件，然后在一个 while 循环中不断地进行解析，如果当前的解析事件不等于 XmlPullParser.END_DOCUMENT，说明解析工作还没完成，调用 next()方法后可以获取下一个解析事件。

在 while 循环中，我们通过 getName()方法得到了当前节点的名字。如果发现节点名等于 id、name 或 version，就调用 nextText()方法来获取节点内具体的内容，每当解析完一个 app 节点，就将获取到的内容打印出来。

好了，整体的过程就是这么简单，不过在程序运行之前还得再进行一项额外的配置。从 Android 9.0 系统开始，应用程序默认只允许使用 HTTPS 类型的网络请求，HTTP 类型的网络请求因为有安全隐患默认不再被支持，而我们搭建的 Apache 服务器现在使用的就是 HTTP。

那么为了能让程序使用 HTTP，我们还要进行如下配置才可以。右击 res 目录→New→Directory，创建一个 xml 目录，接着右击 xml 目录→New→File，创建一个 network_config.xml 文件。然后修改 network_config.xml 文件中的内容，如下所示：

```xml
<?xml version="1.0" encoding="utf-8"?>
<network-security-config>
    <base-config cleartextTrafficPermitted="true">
        <trust-anchors>
            <certificates src="system" />
        </trust-anchors>
    </base-config>
</network-security-config>
```

这段配置文件的意思就是允许我们以明文的方式在网络上传输数据，而 HTTP 使用的就是明文传输方式。

接下来修改 AndroidManifest.xml 中的代码来启用我们刚才创建的配置文件：

```
<manifest xmlns:android="http://schemas.android.com/apk/res/android"
    package="com.example.networktest">
```

```
...
<application
    android:allowBackup="true"
    android:icon="@mipmap/ic_launcher"
    android:label="@string/app_name"
    android:roundIcon="@mipmap/ic_launcher_round"
    android:supportsRtl="true"
    android:theme="@style/AppTheme"
    android:networkSecurityConfig="@xml/network_config">
    ...
</application>
</manifest>
```

这样就可以在程序中使用 HTTP 了，下面让我们来测试一下吧。运行 NetworkTest 项目，然后点击 "Send Request" 按钮，观察 Logcat 中的打印日志，如图 11.7 所示。

图 11.7 打印从 XML 中解析出的数据

可以看到，我们已经将 XML 数据中的指定内容成功解析出来了。

11.3.2 SAX 解析方式

Pull 解析方式虽然非常好用，但它并不是我们唯一的选择。SAX 解析也是一种特别常用的 XML 解析方式，虽然它的用法比 Pull 解析要复杂一些，但在语义方面会更加清楚。

要使用 SAX 解析，通常情况下我们会新建一个类继承自 DefaultHandler，并重写父类的 5 个方法，如下所示：

```
class MyHandler : DefaultHandler() {

    override fun startDocument() {
    }

    override fun startElement(uri: String, localName: String, qName: String, attributes:
        Attributes) {
    }

    override fun characters(ch: CharArray, start: Int, length: Int) {
    }
```

```
    override fun endElement(uri: String, localName: String, qName: String) {
    }

    override fun endDocument() {
    }

}
```

这 5 个方法一看就很清楚吧？startDocument()方法会在开始 XML 解析的时候调用，startElement()方法会在开始解析某个节点的时候调用，characters()方法会在获取节点中内容的时候调用，endElement()方法会在完成解析某个节点的时候调用，endDocument()方法会在完成整个 XML 解析的时候调用。其中，startElement()、characters()和 endElement()这 3 个方法是有参数的，从 XML 中解析出的数据就会以参数的形式传入这些方法中。需要注意的是，在获取节点中的内容时，characters()方法可能会被调用多次，一些换行符也被当作内容解析出来，我们需要针对这种情况在代码中做好控制。

那么下面就让我们尝试用 SAX 解析的方式来实现和上一小节同样的功能吧。新建一个 ContentHandler 类继承自 DefaultHandler，并重写父类的 5 个方法，如下所示：

```
class ContentHandler : DefaultHandler() {

    private var nodeName = ""

    private lateinit var id: StringBuilder

    private lateinit var name: StringBuilder

    private lateinit var version: StringBuilder

    override fun startDocument() {
        id = StringBuilder()
        name = StringBuilder()
        version = StringBuilder()
    }

    override fun startElement(uri: String, localName: String, qName: String, attributes:
        Attributes) {
        // 记录当前节点名
        nodeName = localName
        Log.d("ContentHandler", "uri is $uri")
        Log.d("ContentHandler", "localName is $localName")
        Log.d("ContentHandler", "qName is $qName")
        Log.d("ContentHandler", "attributes is $attributes")
    }

    override fun characters(ch: CharArray, start: Int, length: Int) {
        // 根据当前节点名判断将内容添加到哪一个 StringBuilder 对象中
        when (nodeName) {
            "id" -> id.append(ch, start, length)
            "name" -> name.append(ch, start, length)
```

```
            "version" -> version.append(ch, start, length)
        }
    }

    override fun endElement(uri: String, localName: String, qName: String) {
        if ("app" == localName) {
            Log.d("ContentHandler", "id is ${id.toString().trim()}")
            Log.d("ContentHandler", "name is ${name.toString().trim()}")
            Log.d("ContentHandler", "version is ${version.toString().trim()}")
            // 最后要将 StringBuilder 清空
            id.setLength(0)
            name.setLength(0)
            version.setLength(0)
        }
    }

    override fun endDocument() {
    }

}
```

可以看到，我们首先给 id、name 和 version 节点分别定义了一个 StringBuilder 对象，并在 startDocument()方法里对它们进行了初始化。每当开始解析某个节点的时候，startElement() 方法就会得到调用，其中 localName 参数记录着当前节点的名字，这里我们把它记录下来。接着在解析节点中具体内容的时候就会调用 characters()方法，我们会根据当前的节点名进行判断，将解析出的内容添加到哪一个 StringBuilder 对象中。最后在 endElement()方法中进行判断，如果 app 节点已经解析完成，就打印出 id、name 和 version 的内容。需要注意的是，目前 id、name 和 version 中都可能是包括回车或换行符的，因此在打印之前我们还需要调用一下 trim()方法，并且打印完成后要将 StringBuilder 的内容清空，不然的话会影响下一次内容的读取。

接下来的工作就非常简单了，修改 MainActivity 中的代码，如下所示：

```
class MainActivity : AppCompatActivity() {
    ...
    private fun sendRequestWithOkHttp() {
        thread {
            try {
                val client = OkHttpClient()
                val request = Request.Builder()
                    // 指定访问的服务器地址是计算机本机
                    .url("http://10.0.2.2/get_data.xml")
                    .build()
                val response = client.newCall(request).execute()
                val responseData = response.body?.string()
                if (responseData != null) {
                    parseXMLWithSAX(responseData)
                }
            } catch (e: Exception) {
                e.printStackTrace()
```

```
                    }
                }
            }
            ...
            private fun parseXMLWithSAX(xmlData: String) {
                try {
                    val factory = SAXParserFactory.newInstance()
                    val xmlReader = factory.newSAXParser().xmlReader
                    val handler = ContentHandler()
                    // 将 ContentHandler 的实例设置到 XMLReader 中
                    xmlReader.contentHandler = handler
                    // 开始执行解析
                    xmlReader.parse(InputSource(StringReader(xmlData)))
                } catch (e: Exception) {
                    e.printStackTrace()
                }
            }
        }
```

在得到了服务器返回的数据后，我们这次通过调用 parseXMLWithSAX()方法来解析 XML
数据。parseXMLWithSAX()方法中先是创建了一个 SAXParserFactory 的对象，然后再获取
XMLReader 对象，接着将我们编写的 ContentHandler 的实例设置到 XMLReader 中，最后调用
parse()方法开始执行解析。

现在重新运行一下程序，点击 "Send Request" 按钮后观察 Logcat 中的打印日志，你会看到
和图 11.7 中一样的结果。

除了 Pull 解析和 SAX 解析之外，其实还有一种 DOM 解析方式也比较常用，不过这里我们
就不再展开进行讲解了，如果感兴趣的话，你可以自己去查阅一下相关资料。

11.4　解析 JSON 格式数据

现在你已经掌握了 XML 格式数据的解析方式，那么接下来我们要学习一下如何解析 JSON
格式的数据了。比起 XML，JSON 的主要优势在于它的体积更小，在网络上传输的时候更省流量。
但缺点在于，它的语义性较差，看起来不如 XML 直观。

在开始之前，我们还需要在 C:\Apache\htdocs 目录中新建一个 get_data.json 的文件，然后编
辑这个文件，并加入如下 JSON 格式的内容：

```
[{"id":"5","version":"5.5","name":"Clash of Clans"},
{"id":"6","version":"7.0","name":"Boom Beach"},
{"id":"7","version":"3.5","name":"Clash Royale"}]
```

这时在浏览器中访问 http://127.0.0.1/get_data.json 这个网址，就应该出现如图 11.8 所示的
内容。

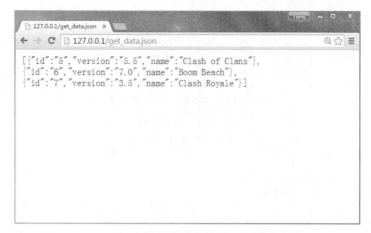

图 11.8　在浏览器验证 JSON 数据

　　好了，这样我们就把 JSON 格式的数据准备好了，下面就开始学习如何在 Android 程序中解析这些数据吧。

11.4.1　使用 JSONObject

　　类似地，解析 JSON 数据也有很多种方法，可以使用官方提供的 JSONObject，也可以使用 Google 的开源库 GSON。另外，一些第三方的开源库如 Jackson、FastJSON 等也非常不错。本节中我们就来学习一下前两种解析方式的用法。

　　修改 MainActivity 中的代码，如下所示：

```kotlin
class MainActivity : AppCompatActivity() {
    ...
    private fun sendRequestWithOkHttp() {
        thread {
            try {
                val client = OkHttpClient()
                val request = Request.Builder()
                    // 指定访问的服务器地址是计算机本机
                    .url("http://10.0.2.2/get_data.json")
                    .build()
                val response = client.newCall(request).execute()
                val responseData = response.body?.string()
                if (responseData != null) {
                    parseJSONWithJSONObject(responseData)
                }
            } catch (e: Exception) {
                e.printStackTrace()
            }
        }
    }
    ...
```

```
private fun parseJSONWithJSONObject(jsonData: String) {
    try {
        val jsonArray = JSONArray(jsonData)
        for (i in 0 until jsonArray.length()) {
            val jsonObject = jsonArray.getJSONObject(i)
            val id = jsonObject.getString("id")
            val name = jsonObject.getString("name")
            val version = jsonObject.getString("version")
            Log.d("MainActivity", "id is $id")
            Log.d("MainActivity", "name is $name")
            Log.d("MainActivity", "version is $version")
        }
    } catch (e: Exception) {
        e.printStackTrace()
    }
}
```

首先将 HTTP 请求的地址改成 http://10.0.2.2/get_data.json，然后在得到服务器返回的数据后调用 parseJSONWithJSONObject()方法来解析数据。可以看到，解析 JSON 的代码真的非常简单，由于我们在服务器中定义的是一个 JSON 数组，因此这里首先将服务器返回的数据传入一个 JSONArray 对象中。然后循环遍历这个 JSONArray，从中取出的每一个元素都是一个 JSONObject 对象，每个 JSONObject 对象中又会包含 id、name 和 version 这些数据。接下来只需要调用 getString()方法将这些数据取出，并打印出来即可。

好了，就是这么简单！现在重新运行一下程序，并点击 "Send Request" 按钮，结果如图 11.9 所示。

图 11.9　打印从 JSON 中解析出的数据

11.4.2　使用 GSON

如果你认为使用 JSONObject 来解析 JSON 数据已经非常简单了，那你就太容易满足了。Google 提供的 GSON 开源库可以让解析 JSON 数据的工作简单到让你不敢想象的地步，那我们肯定是不能错过这个学习机会的。

　　不过，GSON 并没有被添加到 Android 官方的 API 中，因此如果想要使用这个功能的话，就必须在项目中添加 GSON 库的依赖。编辑 app/build.gradle 文件，在 dependencies 闭包中添加如下内容：

```
dependencies {
    ...
    implementation 'com.google.code.gson:gson:2.8.5'
}
```

　　那么 GSON 库究竟是神奇在哪里呢？它的强大之处就在于可以将一段 JSON 格式的字符串自动映射成一个对象，从而不需要我们再手动编写代码进行解析了。

　　比如说一段 JSON 格式的数据如下所示：

```
{"name":"Tom","age":20}
```

　　那我们就可以定义一个 Person 类，并加入 name 和 age 这两个字段，然后只需简单地调用如下代码就可以将 JSON 数据自动解析成一个 Person 对象了：

```
val gson = Gson()
val person = gson.fromJson(jsonData, Person::class.java)
```

　　如果需要解析的是一段 JSON 数组，会稍微麻烦一点，比如如下格式的数据：

```
[{"name":"Tom","age":20}, {"name":"Jack","age":25}, {"name":"Lily","age":22}]
```

　　这个时候，我们需要借助 TypeToken 将期望解析成的数据类型传入 fromJson() 方法中，如下所示：

```
val typeOf = object : TypeToken<List<Person>>() {}.type
val people = gson.fromJson<List<Person>>(jsonData, typeOf)
```

　　好了，基本的用法就是这样，下面就让我们来真正地尝试一下吧。首先新增一个 App 类，并加入 id、name 和 version 这 3 个字段，如下所示：

```
class App(val id: String, val name: String, val version: String)
```

　　然后修改 MainActivity 中的代码，如下所示：

```
class MainActivity : AppCompatActivity() {
    ...
    private fun sendRequestWithOkHttp() {
        thread {
            try {
                val client = OkHttpClient()
                val request = Request.Builder()
                    // 指定访问的服务器地址是计算机本机
                    .url("http://10.0.2.2/get_data.json")
                    .build()
                val response = client.newCall(request).execute()
                val responseData = response.body?.string()
```

```
                        if (responseData != null) {
                            parseJSONWithGSON(responseData)
                        }
                    } catch (e: Exception) {
                        e.printStackTrace()
                    }
                }
            }
            ...
            private fun parseJSONWithGSON(jsonData: String) {
                val gson = Gson()
                val typeOf = object : TypeToken<List<App>>() {}.type
                val appList = gson.fromJson<List<App>>(jsonData, typeOf)
                for (app in appList) {
                    Log.d("MainActivity", "id is ${app.id}")
                    Log.d("MainActivity", "name is ${app.name}")
                    Log.d("MainActivity", "version is ${app.version}")
                }
            }
        }
```

现在重新运行程序，点击 "Send Request" 按钮后观察 Logcat 中的打印日志，你会看到和图 11.9 中一样的结果。

好了，这样我们就把 XML 和 JSON 这两种数据格式最常用的几种解析方法都学习完了，在网络数据的解析方面，你已经成功毕业了。

11.5　网络请求回调的实现方式

目前你已经掌握了 HttpURLConnection 和 OkHttp 的用法，知道了如何发起 HTTP 请求，以及解析服务器返回的数据，但也许你还没有发现，之前我们的写法其实是很有问题的。因为一个应用程序很可能会在许多地方都使用到网络功能，而发送 HTTP 请求的代码基本是相同的，如果我们每次都去编写一遍发送 HTTP 请求的代码，这显然是非常差劲的做法。

没错，通常情况下我们应该将这些通用的网络操作提取到一个公共的类里，并提供一个通用方法，当想要发起网络请求的时候，只需简单地调用一下这个方法即可。比如使用如下的写法：

```
object HttpUtil {

    fun sendHttpRequest(address: String): String {
        var connection: HttpURLConnection? = null
        try {
            val response = StringBuilder()
            val url = URL(address)
            connection = url.openConnection() as HttpURLConnection
            connection.connectTimeout = 8000
            connection.readTimeout = 8000
            val input = connection.inputStream
            val reader = BufferedReader(InputStreamReader(input))
```

```
            reader.use {
                reader.forEachLine {
                    response.append(it)
                }
            }
            return response.toString()
        } catch (e: Exception) {
            e.printStackTrace()
            return e.message.toString()
        } finally {
            connection?.disconnect()
        }
    }

}
```

以后每当需要发起一条 HTTP 请求的时候，就可以这样写：

```
val address = "https://www.baidu.com"
val response = HttpUtil.sendHttpRequest(address)
```

在获取到服务器响应的数据后，我们就可以对它进行解析和处理了。但是需要注意，网络请求通常属于耗时操作，而 sendHttpRequest() 方法的内部并没有开启线程，这样就有可能导致在调用 sendHttpRequest() 方法的时候主线程被阻塞。

你可能会说，很简单嘛，在 sendHttpRequest() 方法内部开启一个线程，不就解决这个问题了吗？其实没有你想象中那么容易，因为如果我们在 sendHttpRequest() 方法中开启一个线程来发起 HTTP 请求，服务器响应的数据是无法进行返回的。这是由于所有的耗时逻辑都是在子线程里进行的，sendHttpRequest() 方法会在服务器还没来得及响应的时候就执行结束了，当然也就无法返回响应的数据了。

那么在遇到这种情况时应该怎么办呢？其实解决方法并不难，只需要使用编程语言的回调机制就可以了。下面就让我们来学习一下回调机制到底是如何使用的。

首先需要定义一个接口，比如将它命名成 HttpCallbackListener，代码如下所示：

```
interface HttpCallbackListener {
    fun onFinish(response: String)
    fun onError(e: Exception)
}
```

可以看到，我们在接口中定义了两个方法：onFinish() 方法表示当服务器成功响应我们请求的时候调用，onError() 表示当进行网络操作出现错误的时候调用。这两个方法都带有参数，onFinish() 方法中的参数代表服务器返回的数据，而 onError() 方法中的参数记录着错误的详细信息。

接着修改 HttpUtil 中的代码，如下所示：

```
object HttpUtil {

    fun sendHttpRequest(address: String, listener: HttpCallbackListener) {
        thread {
            var connection: HttpURLConnection? = null
            try {
                val response = StringBuilder()
                val url = URL(address)
                connection = url.openConnection() as HttpURLConnection
                connection.connectTimeout = 8000
                connection.readTimeout = 8000
                val input = connection.inputStream
                val reader = BufferedReader(InputStreamReader(input))
                reader.use {
                    reader.forEachLine {
                        response.append(it)
                    }
                }
                // 回调 onFinish()方法
                listener.onFinish(response.toString())
            } catch (e: Exception) {
                e.printStackTrace()
                // 回调 onError()方法
                listener.onError(e)
            } finally {
                connection?.disconnect()
            }
        }
    }

}
```

我们首先给 sendHttpRequest()方法添加了一个 HttpCallbackListener 参数，并在方法的内部开启了一个子线程，然后在子线程里执行具体的网络操作。注意，子线程中是无法通过 return 语句返回数据的，因此这里我们将服务器响应的数据传入了 HttpCallbackListener 的 onFinish()方法中，如果出现了异常，就将异常原因传入 onError()方法中。

现在 sendHttpRequest()方法接收两个参数，因此我们在调用它的时候还需要将 HttpCallbackListener 的实例传入，如下所示：

```
HttpUtil.sendHttpRequest(address, object : HttpCallbackListener {
    override fun onFinish(response: String) {
        // 得到服务器返回的具体内容
    }

    override fun onError(e: Exception) {
        // 在这里对异常情况进行处理
    }
})
```

这样当服务器成功响应的时候，我们就可以在 onFinish()方法里对响应数据进行处理了。类似地，如果出现了异常，就可以在 onError()方法里对异常情况进行处理。如此一来，我们就巧妙地利用回调机制将响应数据成功返回给调用方了。

不过你会发现，上述使用 HttpURLConnection 的写法总体来说还是比较复杂的，那么使用 OkHttp 会变得简单吗？答案是肯定的，而且要简单得多，下面我们来具体看一下。在 HttpUtil 中加入一个 sendOkHttpRequest()方法，如下所示：

```
object HttpUtil {
    ...
    fun sendOkHttpRequest(address: String, callback: okhttp3.Callback) {
        val client = OkHttpClient()
        val request = Request.Builder()
            .url(address)
            .build()
        client.newCall(request).enqueue(callback)
    }
}
```

可以看到，sendOkHttpRequest()方法中有一个 okhttp3.Callback 参数，这个是 OkHttp 库中自带的回调接口，类似于我们刚才自己编写的 HttpCallbackListener。然后在 client.newCall()之后没有像之前那样一直调用 execute()方法，而是调用了一个 enqueue()方法，并把 okhttp3.Callback 参数传入。相信聪明的你已经猜到了，OkHttp 在 enqueue()方法的内部已经帮我们开好子线程了，然后会在子线程中执行 HTTP 请求，并将最终的请求结果回调到 okhttp3.Callback 当中。

那么我们在调用 sendOkHttpRequest()方法的时候就可以这样写：

```
HttpUtil.sendOkHttpRequest(address, object : Callback {
    override fun onResponse(call: Call, response: Response) {
        // 得到服务器返回的具体内容
        val responseData = response.body?.string()
    }

    override fun onFailure(call: Call, e: IOException) {
        // 在这里对异常情况进行处理
    }
})
```

由此可以看出，OkHttp 的接口设计得确实非常人性化，它将一些常用的功能进行了很好的封装，使得我们只需编写少量的代码就能完成较为复杂的网络操作。

另外，需要注意的是，不管是使用 HttpURLConnection 还是 OkHttp，最终的回调接口都还是在子线程中运行的，因此我们不可以在这里执行任何的 UI 操作，除非借助 runOnUiThread()方法来进行线程转换。

11.6　最好用的网络库：Retrofit

既然我们这一章讲解 Android 网络技术，那么就不得不提到 Retrofit，因为它实在是太好用了。Retrofit 同样是一款由 Square 公司开发的网络库，但是它和 OkHttp 的定位完全不同。OkHttp 侧

重的是底层通信的实现，而 Retrofit 侧重的是上层接口的封装。事实上，Retrofit 就是 Square 公司
在 OkHttp 的基础上进一步开发出来的应用层网络通信库，使得我们可以用更加面向对象的思维
进行网络操作。Retrofit 的项目主页地址是：https://github.com/square/retrofit。

那么本节我们就来学习一下 Retrofit 的用法，新建一个 RetrofitTest 项目，然后马上开始吧。

11.6.1　Retrofit 的基本用法

首先我想谈一谈 Retrofit 的基本设计思想。Retrofit 的设计基于以下几个事实。

同一款应用程序中所发起的网络请求绝大多数指向的是同一个服务器域名。这个很好理解，
因为任何公司的产品，客户端和服务器都是配套的，很难想象一个客户端一会去这个服务器获取
数据，一会又要去另外一个服务器获取数据吧？

另外，服务器提供的接口通常是可以根据功能来归类的。比如新增用户、修改用户数据、查
询用户数据这几个接口就可以归为一类，上架新书、销售图书、查询可供销售图书这几个接口也
可以归为一类。将服务器接口合理归类能够让代码结构变得更加合理，从而提高可阅读性和可维
护性。

最后，开发者肯定更加习惯于"调用一个接口，获取它的返回值"这样的编码方式，但当调
用的是服务器接口时，却很难想象该如何使用这样的编码方式。其实大多数人并不关心网络的具
体通信细节，但是传统网络库的用法却需要编写太多网络相关的代码。

而 Retrofit 的用法就是基于以上几点来设计的，首先我们可以配置好一个根路径，然后在指
定服务器接口地址时只需要使用相对路径即可，这样就不用每次都指定完整的 URL 地址了。

另外，Retrofit 允许我们对服务器接口进行归类，将功能同属一类的服务器接口定义到同一
个接口文件当中，从而让代码结构变得更加合理。

最后，我们也完全不用关心网络通信的细节，只需要在接口文件中声明一系列方法和返回值，
然后通过注解的方式指定该方法对应哪个服务器接口，以及需要提供哪些参数。当我们在程序中
调用该方法时，Retrofit 会自动向对应的服务器接口发起请求，并将响应的数据解析成返回值声
明的类型。这就使得我们可以用更加面向对象的思维来进行网络操作。

Retrofit 的基本设计思想差不多就是这些，下面就让我们通过一个具体的例子来快速体验一
下 Retrofit 的用法。

要想使用 Retrofit，我们需要先在项目中添加必要的依赖库。编辑 app/build.gradle 文件，在
dependencies 闭包中添加如下内容：

```
dependencies {
    ...
    implementation 'com.squareup.retrofit2:retrofit:2.6.1'
    implementation 'com.squareup.retrofit2:converter-gson:2.6.1'
}
```

　　由于 Retrofit 是基于 OkHttp 开发的，因此添加上述第一条依赖会自动将 Retrofit、OkHttp 和 Okio 这几个库一起下载，我们无须再手动引入 OkHttp 库。另外，Retrofit 还会将服务器返回的 JSON 数据自动解析成对象，因此上述第二条依赖就是一个 Retrofit 的转换库，它是借助 GSON 来解析 JSON 数据的，所以会自动将 GSON 库一起下载下来，这样我们也不用手动引入 GSON 库了。除了 GSON 之外，Retrofit 还支持各种其他主流的 JSON 解析库，包括 Jackson、Moshi 等，不过毫无疑问 GSON 是最常用的。

　　这里我们打算继续使用 11.4 节提供的 JSON 数据接口。由于 Retrofit 会借助 GSON 将 JSON 数据转换成对象，因此这里同样需要新增一个 App 类，并加入 id、name 和 version 这 3 个字段，如下所示：

```
class App(val id: String, val name: String, val version: String)
```

　　接下来，我们可以根据服务器接口的功能进行归类，创建不同种类的接口文件，并在其中定义对应具体服务器接口的方法。不过由于我们的 Apache 服务器上其实只有一个获取 JSON 数据的接口，因此这里只需要定义一个接口文件，并包含一个方法即可。新建 AppService 接口，代码如下所示：

```
interface AppService {

    @GET("get_data.json")
    fun getAppData(): Call<List<App>>

}
```

　　通常 Retrofit 的接口文件建议以具体的功能种类名开头，并以 Service 结尾，这是一种比较好的命名习惯。

　　上述代码中有两点需要我们注意。第一就是在 getAppData() 方法上面添加的注解，这里使用了一个 @GET 注解，表示当调用 getAppData() 方法时 Retrofit 会发起一条 GET 请求，请求的地址就是我们在 @GET 注解中传入的具体参数。注意，这里只需要传入请求地址的相对路径即可，根路径我们会在稍后设置。

　　第二就是 getAppData() 方法的返回值必须声明成 Retrofit 中内置的 Call 类型，并通过泛型来指定服务器响应的数据应该转换成什么对象。由于服务器响应的是一个包含 App 数据的 JSON 数组，因此这里我们将泛型声明成 List<App>。当然，Retrofit 还提供了强大的 Call Adapters 功能来允许我们自定义方法返回值的类型，比如 Retrofit 结合 RxJava 使用就可以将返回值声明成 Observable、Flowable 等类型，不过这些内容就不在本节的讨论范围内了。

　　定义好了 AppService 接口之后，接下来的问题就是该如何使用它。为了方便测试，我们还得在界面上添加一个按钮才行。修改 activity_main.xml 中的代码，如下所示：

```
<LinearLayout xmlns:android="http://schemas.android.com/apk/res/android"
    android:orientation="vertical"
```

```
    android:layout_width="match_parent"
    android:layout_height="match_parent" >

    <Button
        android:id="@+id/getAppDataBtn"
        android:layout_width="match_parent"
        android:layout_height="wrap_content"
        android:text="Get App Data" />

</LinearLayout>
```

很简单，这里在布局文件中增加了一个 Button 控件，我们在它的点击事件中处理具体的网络请求逻辑即可。

现在修改 MainActivity 中的代码，如下所示：

```
class MainActivity : AppCompatActivity() {

    override fun onCreate(savedInstanceState: Bundle?) {
        super.onCreate(savedInstanceState)
        setContentView(R.layout.activity_main)
        getAppDataBtn.setOnClickListener {
            val retrofit = Retrofit.Builder()
                .baseUrl("http://10.0.2.2/")
                .addConverterFactory(GsonConverterFactory.create())
                .build()
            val appService = retrofit.create(AppService::class.java)
            appService.getAppData().enqueue(object : Callback<List<App>> {
                override fun onResponse(call: Call<List<App>>,
                    response: Response<List<App>>) {
                    val list = response.body()
                    if (list != null) {
                        for (app in list) {
                            Log.d("MainActivity", "id is ${app.id}")
                            Log.d("MainActivity", "name is ${app.name}")
                            Log.d("MainActivity", "version is ${app.version}")
                        }
                    }
                }

                override fun onFailure(call: Call<List<App>>, t: Throwable) {
                    t.printStackTrace()
                }
            })
        }
    }

}
```

可以看到，在 "Get App Data" 按钮的点击事件当中，首先使用了 Retrofit.Builder 来构建一个 Retrofit 对象，其中 baseUrl() 方法用于指定所有 Retrofit 请求的根路径，addConverterFactory() 方法用于指定 Retrofit 在解析数据时所使用的转换库，这里指定成 GsonConverterFactory。注意这两个方法都是必须调用的。

　　有了 Retrofit 对象之后，我们就可以调用它的 create()方法，并传入具体 Service 接口所对应的 Class 类型，创建一个该接口的动态代理对象。如果你并不熟悉什么是动态代理也没有关系，你只需要知道有了动态代理对象之后，我们就可以随意调用接口中定义的所有方法，而 Retrofit 会自动执行具体的处理就可以了。

　　对应到上述的代码当中，当调用了 AppService 的 getAppData()方法时，会返回一个 Call<List<App>>对象，这时我们再调用一下它的 enqueue()方法，Retrofit 就会根据注解中配置的服务器接口地址去进行网络请求了，服务器响应的数据会回调到 enqueue()方法中传入的 Callback 实现里面。需要注意的是，当发起请求的时候，Retrofit 会自动在内部开启子线程，当数据回调到 Callback 中之后，Retrofit 又会自动切换回主线程，整个操作过程中我们都不用考虑线程切换问题。在 Callback 的 onResponse()方法中，调用 response.body()方法将会得到 Retrofit 解析后的对象，也就是 List<App>类型的数据，最后遍历 List，将其中的数据打印出来即可。

　　接下来就可以进行一下测试了，不过由于这里使用的服务器接口仍然是 HTTP，因此我们还要按照 11.3.1 小节所示的步骤来进行网络安全配置才行。先从 NetworkTest 项目中复制 network_config.xml 文件到 RetrofitTest 项目当中，然后修改 AndroidManifest.xml 中的代码，如下所示：

```
<manifest xmlns:android="http://schemas.android.com/apk/res/android"
    package="com.example.retrofittest">

    <uses-permission android:name="android.permission.INTERNET" />

    <application
        android:allowBackup="true"
        android:icon="@mipmap/ic_launcher"
        android:label="@string/app_name"
        android:roundIcon="@mipmap/ic_launcher_round"
        android:supportsRtl="true"
        android:theme="@style/AppTheme"
        android:networkSecurityConfig="@xml/network_config">
        ...
    </application>

</manifest>
```

　　这里设置了允许使用明文的方式来进行网络请求，同时声明了网络权限。现在运行 RetrofitTest 项目，然后点击 "Get App Data" 按钮，观察 Logcat 中的打印日志，如图 11.10 所示。

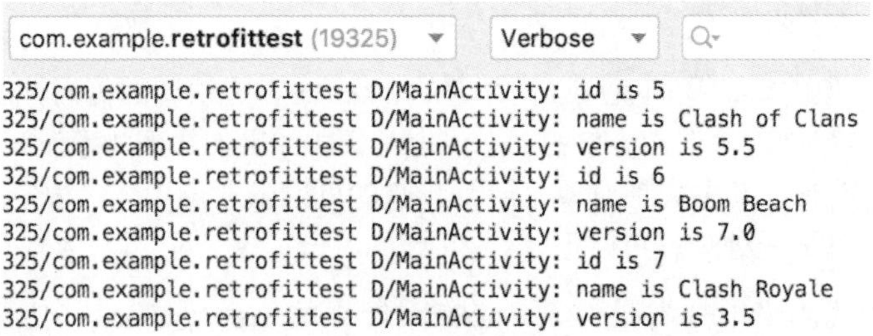

图 11.10　使用 Retrofit 请求和解析出的数据

可以看到，服务器响应的数据已经被成功解析出来了，说明我们编写的代码确实已经正常工作了。

以上就是使用 Retrofit 进行网络操作的基本用法。虽然本小节中我们编写的示例程序非常简单，但其实这些都是 Retrofit 用法中最常用且最主要的部分。在了解了基本用法之后，接下来我们就可以去学习一些细节方面的知识了。

11.6.2　处理复杂的接口地址类型

在上一小节中，我们通过示例程序向一个非常简单的服务器接口地址发送请求：http://10.0.2.2/get_data.json，然而在真实的开发环境当中，服务器所提供的接口地址不可能一直如此简单。如果你在使用浏览器上网时观察一下浏览器上的网址，你会发现这些网址可能会是千变万化的，那么本小节我们就来学习一下如何使用 Retrofit 来应对这些千变万化的情况。

为了方便举例，这里先定义一个 Data 类，并包含 id 和 content 这两个字段，如下所示：

```
class Data(val id: String, val content: String)
```

然后我们先从最简单的看起，比如服务器的接口地址如下所示：

```
GET http://example.com/get_data.json
```

这是最简单的一种情况，接口地址是静态的，永远不会改变。那么对应到 Retrofit 当中，使用如下的写法即可：

```
interface ExampleService {

    @GET("get_data.json")
    fun getData(): Call<Data>

}
```

这也是我们在上一小节中已经学过的部分，理解起来应该非常简单吧。

但是显然服务器不可能总是给我们提供静态类型的接口，在很多场景下，接口地址中的部分内容可能会是动态变化的，比如如下的接口地址：

```
GET http://example.com/<page>/get_data.json
```

在这个接口当中，`<page>`部分代表页数，我们传入不同的页数，服务器返回的数据也会不同。这种接口地址对应到 Retrofit 当中应该怎么写呢？其实也很简单，如下所示：

```
interface ExampleService {

    @GET("{page}/get_data.json")
    fun getData(@Path("page") page: Int): Call<Data>

}
```

在`@GET`注解指定的接口地址当中，这里使用了一个`{page}`的占位符，然后又在 getData() 方法中添加了一个 page 参数，并使用`@Path("page")`注解来声明这个参数。这样当调用 getData() 方法发起请求时，Retrofit 就会自动将 page 参数的值替换到占位符的位置，从而组成一个合法的请求地址。

另外，很多服务器接口还会要求我们传入一系列的参数，格式如下：

```
GET http://example.com/get_data.json?u=<user>&t=<token>
```

这是一种标准的带参数 GET 请求的格式。接口地址的最后使用问号来连接参数部分，每个参数都是一个使用等号连接的键值对，多个参数之间使用 "&" 符号进行分隔。那么很显然，在上述地址中，服务器要求我们传入 user 和 token 这两个参数的值。对于这种格式的服务器接口，我们可以使用刚才所学的`@Path` 注解的方式来解决，但是这样会有些麻烦，Retrofit 针对这种带参数的 GET 请求，专门提供了一种语法支持：

```
interface ExampleService {

    @GET("get_data.json")
    fun getData(@Query("u") user: String, @Query("t") token: String): Call<Data>

}
```

这里在 getData() 方法中添加了 user 和 token 这两个参数，并使用`@Query`注解对它们进行声明。这样当发起网络请求的时候，Retrofit 就会自动按照带参数 GET 请求的格式将这两个参数构建到请求地址当中。

学习了以上内容之后，现在你在一定程度上已经可以应对千变万化的服务器接口地址了。不过 HTTP 并不是只有 GET 请求这一种类型，而是有很多种，其中比较常用的有 GET、POST、PUT、PATCH、DELETE 这几种。它们之间的分工也很明确，简单概括的话，GET 请求用于从服务器获取数据，POST 请求用于向服务器提交数据，PUT 和 PATCH 请求用于修改服务器上的数据，DELETE 请求用于删除服务器上的数据。

而 Retrofit 对所有常用的 HTTP 请求类型都进行了支持，使用`@GET`、`@POST`、`@PUT`、`@PATCH`、`@DELETE`注解，就可以让 Retrofit 发出相应类型的请求了。

比如服务器提供了如下接口地址：

```
DELETE http://example.com/data/<id>
```

这种接口通常意味着要根据 id 删除一条指定的数据，而我们在 Retrofit 当中想要发出这种请求就可以这样写：

```
interface ExampleService {

    @DELETE("data/{id}")
    fun deleteData(@Path("id") id: String): Call<ResponseBody>

}
```

这里使用了 @DELETE 注解来发出 DELETE 类型的请求，并使用了 @Path 注解来动态指定 id，这些都很好理解。但是在返回值声明的时候，我们将 Call 的泛型指定成了 ResponseBody，这是什么意思呢？

由于 POST、PUT 、PATCH、DELETE 这几种请求类型与 GET 请求不同，它们更多是用于操作服务器上的数据，而不是获取服务器上的数据，所以通常它们对于服务器响应的数据并不关心。这个时候就可以使用 ResponseBody，表示 Retrofit 能够接收任意类型的响应数据，并且不会对响应数据进行解析。

那么如果我们需要向服务器提交数据该怎么写呢？比如如下的接口地址：

```
POST http://example.com/data/create
{"id": 1, "content": "The description for this data."}
```

使用 POST 请求来提交数据，需要将数据放到 HTTP 请求的 body 部分，这个功能在 Retrofit 中可以借助 @Body 注解来完成：

```
interface ExampleService {

    @POST("data/create")
    fun createData(@Body data: Data): Call<ResponseBody>

}
```

可以看到，这里我们在 createData() 方法中声明了一个 Data 类型的参数，并给它加上了 @Body 注解。这样当 Retrofit 发出 POST 请求时，就会自动将 Data 对象中的数据转换成 JSON 格式的文本，并放到 HTTP 请求的 body 部分，服务器在收到请求之后只需要从 body 中将这部分数据解析出来即可。这种写法同样也可以用来给 PUT、PATCH、DELETE 类型的请求提交数据。

最后，有些服务器接口还可能会要求我们在 HTTP 请求的 header 中指定参数，比如：

```
GET http://example.com/get_data.json
User-Agent: okhttp
Cache-Control: max-age=0
```

这些 header 参数其实就是一个个的键值对，我们可以在 Retrofit 中直接使用@Headers 注解来对它们进行声明。

```
interface ExampleService {

    @Headers("User-Agent: okhttp", "Cache-Control: max-age=0")
    @GET("get_data.json")
    fun getData(): Call<Data>

}
```

但是这种写法只能进行静态 header 声明，如果想要动态指定 header 的值，则需要使用@Header 注解，如下所示：

```
interface ExampleService {

    @GET("get_data.json")
    fun getData(@Header("User-Agent") userAgent: String,
        @Header("Cache-Control") cacheControl: String): Call<Data>

}
```

现在当发起网络请求的时候，Retrofit 就会自动将参数中传入的值设置到 User-Agent 和 Cache-Control 这两个 header 当中，从而实现了动态指定 header 值的功能。

好了，这样我们就将使用 Retrofit 处理复杂接口地址类型的内容基本学完了，现在不管服务器给你提供什么样类型的接口，相信你都可以从容面对了吧？

11.6.3 Retrofit 构建器的最佳写法

学到这里，其实还有一个问题我们没有正视过，就是获取 Service 接口的动态代理对象实在是太麻烦了。先回顾一下之前的写法吧，大致代码如下所示：

```
val retrofit = Retrofit.Builder()
    .baseUrl("http://10.0.2.2/")
    .addConverterFactory(GsonConverterFactory.create())
    .build()
val appService = retrofit.create(AppService::class.java)
```

我们想要得到 AppService 的动态代理对象，需要先使用 Retrofit.Builder 构建出一个 Retrofit 对象，然后再调用 Retrofit 对象的 create()方法创建动态代理对象。如果只是写一次还好，每次调用任何服务器接口时都要这样写一遍的话，肯定没有人能受得了。

事实上，确实也没有每次都写一遍的必要，因为构建出的 Retrofit 对象是全局通用的，只需要在调用 create()方法时针对不同的 Service 接口传入相应的 Class 类型即可。因此，我们可以将通用的这部分功能封装起来，从而简化获取 Service 接口动态代理对象的过程。

新建一个 ServiceCreator 单例类，代码如下所示：

```
object ServiceCreator {

    private const val BASE_URL = "http://10.0.2.2/"

    private val retrofit = Retrofit.Builder()
        .baseUrl(BASE_URL)
        .addConverterFactory(GsonConverterFactory.create())
        .build()

    fun <T> create(serviceClass: Class<T>): T = retrofit.create(serviceClass)

}
```

这里我们使用 object 关键字让 ServiceCreator 成为了一个单例类，并在它的内部定义了一个 BASE_URL 常量，用于指定 Retrofit 的根路径。然后同样是在内部使用 Retrofit.Builder 构建一个 Retrofit 对象，注意这些都是用 private 修饰符来声明的，相当于对于外部而言它们都是不可见的。

最后，我们提供了一个外部可见的 create() 方法，并接收一个 Class 类型的参数。当在外部调用这个方法时，实际上就是调用了 Retrofit 对象的 create() 方法，从而创建出相应 Service 接口的动态代理对象。

经过这样的封装之后，Retrofit 的用法将会变得异常简单，比如我们想获取一个 AppService 接口的动态代理对象，只需要使用如下写法即可：

```
val appService = ServiceCreator.create(AppService::class.java)
```

之后就可以随意调用 AppService 接口中定义的任何方法了。

不过上述代码其实仍然还有优化空间，还记得我们在上一章的 Kotlin 课堂中学习的泛型实化功能吗？这里立马就可以应用起来了。修改 ServiceCreator 中的代码，如下所示：

```
object ServiceCreator {
    ...
    inline fun <reified T> create(): T = create(T::class.java)
}
```

可以看到，我们又定义了一个不带参数的 create() 方法，并使用 inline 关键字来修饰方法，使用 reified 关键字来修饰泛型，这是泛型实化的两大前提条件。接下来就可以使用 T::class.java 这种语法了，这里调用刚才定义的带有 Class 参数的 create() 方法即可。

那么现在我们就又有了一种新的方式来获取 AppService 接口的动态代理对象，如下所示：

```
val appService = ServiceCreator.create<AppService>()
```

代码是不是变得更加简洁了？

好了，关于 Retrofit 的使用就先讲到这里，我们会在第 15 章的实战环节学习如何在实际的项目当中应用 Retrofit。那么接下来，又该进入本章的 Kotlin 课堂了，这次我们来学习一项特别神奇的技术——协程。

11.7　Kotlin 课堂：使用协程编写高效的并发程序

协程属于 Kotlin 中非常有特色的一项技术，因为大部分编程语言中是没有协程这个概念的。

那么什么是协程呢？它其实和线程是有点类似的，可以简单地将它理解成一种轻量级的线程。要知道，我们之前所学习的线程是非常重量级的，它需要依靠操作系统的调度才能实现不同线程之间的切换。而使用协程却可以仅在编程语言的层面就能实现不同协程之间的切换，从而大大提升了并发编程的运行效率。

举一个具体点的例子，比如我们有如下 foo() 和 bar() 两个方法：

```
fun foo() {
    a()
    b()
    c()
}

fun bar() {
    x()
    y()
    z()
}
```

在没有开启线程的情况下，先后调用 foo() 和 bar() 这两个方法，那么理论上结果一定是 a()、b()、c() 执行完了以后，x()、y()、z() 才能够得到执行。而如果使用了协程，在协程 A 中去调用 foo() 方法，协程 B 中去调用 bar() 方法，虽然它们仍然会运行在同一个线程当中，但是在执行 foo() 方法时随时都有可能被挂起转而去执行 bar() 方法，执行 bar() 方法时也随时都有可能被挂起转而继续执行 foo() 方法，最终的输出结果也就变得不确定了。

可以看出，协程允许我们在单线程模式下模拟多线程编程的效果，代码执行时的挂起与恢复完全是由编程语言来控制的，和操作系统无关。这种特性使得高并发程序的运行效率得到了极大的提升，试想一下，开启 10 万个线程完全是不可想象的事吧？而开启 10 万个协程就是完全可行的，待会我们就会对这个功能进行验证。

现在你已经了解了协程的一些基本概念，那么接下来我们就开始学习 Kotlin 中协程的用法。

11.7.1　协程的基本用法

Kotlin 并没有将协程纳入标准库的 API 当中，而是以依赖库的形式提供的。所以如果我们想要使用协程功能，需要先在 app/build.gradle 文件当中添加如下依赖库：

```
dependencies {
    ...
    implementation "org.jetbrains.kotlinx:kotlinx-coroutines-core:1.1.1"
    implementation "org.jetbrains.kotlinx:kotlinx-coroutines-android:1.1.1"
}
```

第二个依赖库是在 Android 项目中才会用到的，本节我们编写的代码示例都是纯 Kotlin 程序，所以其实用不到第二个依赖库。但为了下次在 Android 项目中使用协程时不再单独进行说明，这里就一同引入进来了。

接下来创建一个 CoroutinesTest.kt 文件，并定义一个 main() 函数，然后开始我们的协程之旅吧。

首先我们要面临的第一个问题就是，如何开启一个协程？最简单的方式就是使用 Global.launch 函数，如下所示：

```
fun main() {
    GlobalScope.launch {
        println("codes run in coroutine scope")
    }
}
```

GlobalScope.launch 函数可以创建一个协程的作用域，这样传递给 launch 函数的代码块（Lambda 表达式）就是在协程中运行的了，这里我们只是在代码块中打印了一行日志。那么现在运行 main() 函数，日志能成功打印出来吗？如果你尝试一下，会发现没有任何日志输出。

这是因为，Global.launch 函数每次创建的都是一个顶层协程，这种协程当应用程序运行结束时也会跟着一起结束。刚才的日志之所以无法打印出来，就是因为代码块中的代码还没来得及运行，应用程序就结束了。

要解决这个问题也很简单，我们让程序延迟一段时间再结束就行了，如下所示：

```
fun main() {
    GlobalScope.launch {
        println("codes run in coroutine scope")
    }
    Thread.sleep(1000)
}
```

这里使用 Thread.sleep() 方法让主线程阻塞 1 秒钟，现在重新运行程序，你会发现日志可以正常打印出来了，如图 11.11 所示。

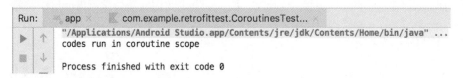

图 11.11　在协程中打印日志

可是这种写法还是存在问题，如果代码块中的代码在 1 秒钟之内不能运行结束，那么就会被强制中断。观察如下代码：

```
fun main() {
    GlobalScope.launch {
```

```
        println("codes run in coroutine scope")
        delay(1500)
        println("codes run in coroutine scope finished")
    }
    Thread.sleep(1000)
}
```

我们在代码块中加入了一个 delay()函数，并在之后又打印了一行日志。delay()函数可以让当前协程延迟指定时间后再运行，但它和 Thread.sleep()方法不同。delay()函数是一个非阻塞式的挂起函数，它只会挂起当前协程，并不会影响其他协程的运行。而 Thread.sleep()方法会阻塞当前的线程，这样运行在该线程下的所有协程都会被阻塞。注意，delay()函数只能在协程的作用域或其他挂起函数中调用。

这里我们让协程挂起 1.5 秒，但是主线程却只阻塞了 1 秒，最终会是什么结果呢？重新运行程序，你会发现代码块中新增的一条日志并没有打印出来，因为它还没能来得及运行，应用程序就已经结束了。

那么有没有什么办法能让应用程序在协程中所有代码都运行完了之后再结束呢？当然也是有的，借助 runBlocking 函数就可以实现这个功能：

```
fun main() {
    runBlocking {
        println("codes run in coroutine scope")
        delay(1500)
        println("codes run in coroutine scope finished")
    }
}
```

runBlocking 函数同样会创建一个协程的作用域，但是它可以保证在协程作用域内的所有代码和子协程没有全部执行完之前一直阻塞当前线程。需要注意的是，runBlocking 函数通常只应该在测试环境下使用，在正式环境中使用容易产生一些性能上的问题。

现在重新运行程序，结果如图 11.12 所示。

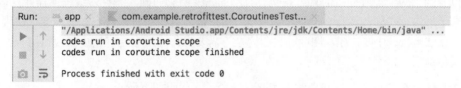

图 11.12　runBlocking 函数的运行效果

可以看到，两条日志都能够正常打印出来了。

虽说现在我们已经能够让代码在协程中运行了，可是好像并没有体会到什么特别的好处。这是因为目前所有的代码都是运行在同一个协程当中的，而一旦涉及高并发的应用场景，协程相比于线程的优势就能体现出来了。

那么如何才能创建多个协程呢？很简单，使用 launch 函数就可以了，如下所示：

```
fun main() {
    runBlocking {
        launch {
            println("launch1")
            delay(1000)
            println("launch1 finished")
        }
        launch {
            println("launch2")
            delay(1000)
            println("launch2 finished")
        }
    }
}
```

注意这里的 launch 函数和我们刚才所使用的 GlobalScope.launch 函数不同。首先它必须在协程的作用域中才能调用，其次它会在当前协程的作用域下创建子协程。子协程的特点是如果外层作用域的协程结束了，该作用域下的所有子协程也会一同结束。相比而言，GlobalScope.launch 函数创建的永远是顶层协程，这一点和线程比较像，因为线程也没有层级这一说，永远都是顶层的。

这里我们调用了两次 launch 函数，也就是创建了两个子协程。重新运行程序，结果如图 11.13 所示。

图 11.13　多个协程并发运行的效果

可以看到，两个子协程中的日志是交替打印的，说明它们确实是像多线程那样并发运行的。然而这两个子协程实际却运行在同一个线程当中，只是由编程语言来决定如何在多个协程之间进行调度，让谁运行，让谁挂起。调度的过程完全不需要操作系统参与，这也就使得协程的并发效率会出奇得高。

那么具体会有多高呢？我们来做下实验就知道了，代码如下所示：

```
fun main() {
    val start = System.currentTimeMillis()
    runBlocking {
        repeat(100000) {
            launch {
                println(".")
            }
        }
```

```
    }
    val end = System.currentTimeMillis()
    println(end - start)
}
```

这里使用 repeat 函数循环创建了 10 万个协程，不过在协程当中并没有进行什么有意义的操作，只是象征性地打印了一个点，然后记录一下整个操作的运行耗时。现在重新运行一下程序，结果如图 11.14 所示。

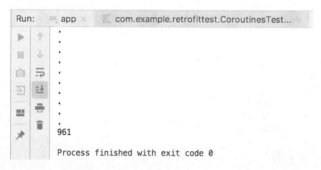

图 11.14　10 万个协程并发的运行效率

可以看到，这里仅仅耗时了 961 毫秒，这足以证明协程有多么高效。试想一下，如果开启的是 10 万个线程，程序或许已经出现 OOM 异常了。

不过，随着 launch 函数中的逻辑越来越复杂，可能你需要将部分代码提取到一个单独的函数中。这个时候就产生了一个问题：我们在 launch 函数中编写的代码是拥有协程作用域的，但是提取到一个单独的函数中就没有协程作用域了，那么我们该如何调用像 delay() 这样的挂起函数呢？

为此 Kotlin 提供了一个 suspend 关键字，使用它可以将任意函数声明成挂起函数，而挂起函数之间都是可以互相调用的，如下所示：

```
suspend fun printDot() {
    println(".")
    delay(1000)
}
```

这样就可以在 printDot() 函数中调用 delay() 函数了。

但是，suspend 关键字只能将一个函数声明成挂起函数，是无法给它提供协程作用域的。比如你现在尝试在 printDot() 函数中调用 launch 函数，一定是无法调用成功的，因为 launch 函数要求必须在协程作用域当中才能调用。

这个问题可以借助 coroutineScope 函数来解决。coroutineScope 函数也是一个挂起函数，因此可以在任何其他挂起函数中调用。它的特点是会继承外部的协程的作用域并创建一个子协程，借助这个特性，我们就可以给任意挂起函数提供协程作用域了。示例写法如下：

```
suspend fun printDot() = coroutineScope {
    launch {
        println(".")
        delay(1000)
    }
}
```

可以看到，现在我们就可以在 printDot() 这个挂起函数中调用 launch 函数了。

另外，coroutineScope 函数和 runBlocking 函数还有点类似，它可以保证其作用域内的所有代码和子协程在全部执行完之前，外部的协程会一直被挂起。我们来看如下示例代码：

```
fun main() {
    runBlocking {
        coroutineScope {
            launch {
                for (i in 1..10) {
                    println(i)
                    delay(1000)
                }
            }
        }
        println("coroutineScope finished")
    }
    println("runBlocking finished")
}
```

这里先使用 runBlocking 函数创建了一个协程作用域，然后调用 coroutineScope 函数创建了一个子协程。在 coroutineScope 的作用域中，我们又调用 launch 函数创建了一个子协程，并通过 for 循环依次打印数字 1 到 10，每次打印间隔一秒钟。最后在 runBlocking 和 coroutineScope 函数的结尾，分别又打印了一行日志。现在重新运行一下程序，结果如图 11.15 所示。

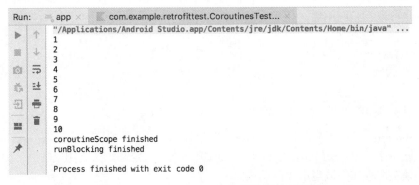

图 11.15　coroutineScope 函数的运行效果

你会看到，控制台会以 1 秒钟的间隔依次输出数字 1 到 10，然后才会打印 coroutineScope 函数结尾的日志，最后打印 runBlocking 函数结尾的日志。

由此可见，coroutineScope 函数确实是将外部协程挂起了，只有当它作用域内的所有代码和子协程都执行完毕之后，coroutineScope 函数之后的代码才能得到运行。

虽然看上去 coroutineScope 函数和 runBlocking 函数的作用是有点类似的，但是 coroutineScope 函数只会阻塞当前协程，既不影响其他协程，也不影响任何线程，因此是不会造成任何性能上的问题的。而 runBlocking 函数由于会挂起外部线程，如果你恰好又在主线程当中调用它的话，那么就有可能会导致界面卡死的情况，所以不太推荐在实际项目中使用。

好了，现在我们就将协程的基本用法都学习完了，你也算是已经成功入门了。那么接下来，就让我们开始学习协程更多的知识吧。

11.7.2 更多的作用域构建器

在上一小节中，我们学习了 GlobalScope.launch、runBlocking、launch、coroutineScope 这几种作用域构建器，它们都可以用于创建一个新的协程作用域。不过 GlobalScope.launch 和 runBlocking 函数是可以在任意地方调用的，coroutineScope 函数可以在协程作用域或挂起函数中调用，而 launch 函数只能在协程作用域中调用。

前面已经说了，runBlocking 由于会阻塞线程，因此只建议在测试环境下使用。而 GlobalScope.launch 由于每次创建的都是顶层协程，一般也不太建议使用，除非你非常明确就是要创建顶层协程。

为什么说不太建议使用顶层协程呢？主要还是因为它管理起来成本太高了。举个例子，比如我们在某个 Activity 中使用协程发起了一条网络请求，由于网络请求是耗时的，用户在服务器还没来得及响应的情况下就关闭了当前 Activity，此时按理说应该取消这条网络请求，或者至少不应该进行回调，因为 Activity 已经不存在了，回调了也没有意义。

那么协程要怎样取消呢？不管是 GlobalScope.launch 函数还是 launch 函数，它们都会返回一个 Job 对象，只需要调用 Job 对象的 cancel()方法就可以取消协程了，如下所示：

```
val job = GlobalScope.launch {
    // 处理具体的逻辑
}
job.cancel()
```

但是如果我们每次创建的都是顶层协程，那么当 Activity 关闭时，就需要逐个调用所有已创建协程的 cancel()方法，试想一下，这样的代码是不是根本无法维护？

因此，GlobalScope.launch 这种协程作用域构建器，在实际项目中也是不太常用的。下面我来演示一下实际项目中比较常用的写法：

```
val job = Job()
val scope = CoroutineScope(job)
scope.launch {
    // 处理具体的逻辑
```

```
}
job.cancel()
```

可以看到，我们先创建了一个 Job 对象，然后把它传入 CoroutineScope()函数当中，注意这里的 CoroutineScope()是个函数，虽然它的命名更像是一个类。CoroutineScope()函数会返回一个 CoroutineScope 对象，这种语法结构的设计更像是我们创建了一个 CoroutineScope 的实例，可能也是 Kotlin 有意为之的。有了 CoroutineScope 对象之后，就可以随时调用它的 launch 函数来创建一个协程了。

现在所有调用 CoroutineScope 的 launch 函数所创建的协程，都会被关联在 Job 对象的作用域下面。这样只需要调用一次 cancel()方法，就可以将同一作用域内的所有协程全部取消，从而大大降低了协程管理的成本。

不过相比之下，CoroutineScope()函数更适合用于实际项目当中，如果只是在 main()函数中编写一些学习测试用的代码，还是使用 runBlocking 函数最为方便。

协程的内容确实比较多，下面我们还要继续学习。你已经知道了调用 launch 函数可以创建一个新的协程，但是 launch 函数只能用于执行一段逻辑，却不能获取执行的结果，因为它的返回值永远是一个 Job 对象。那么有没有什么办法能够创建一个协程并获取它的执行结果呢？当然有，使用 async 函数就可以实现。

async 函数必须在协程作用域当中才能调用，它会创建一个新的子协程并返回一个 Deferred 对象，如果我们想要获取 async 函数代码块的执行结果，只需要调用 Deferred 对象的 await()方法即可，代码如下所示：

```
fun main() {
    runBlocking {
        val result = async {
            5 + 5
        }.await()
        println(result)
    }
}
```

这里我们在 async 函数的代码块中进行了一个简单的数学运算，然后调用 await()方法获取运算结果，最终将结果打印出来。重新运行一下代码，结果如图 11.16 所示。

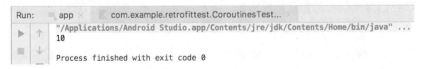

图 11.16   打印 async 函数的执行结果

不过 async 函数的奥秘还不止于此。事实上，在调用了 async 函数之后，代码块中的代码就会立刻开始执行。当调用 await()方法时，如果代码块中的代码还没执行完，那么 await()

方法会将当前协程阻塞住，直到可以获得 async 函数的执行结果。

为了证实这一点，我们编写如下代码进行验证：

```
fun main() {
    runBlocking {
        val start = System.currentTimeMillis()
        val result1 = async {
            delay(1000)
            5 + 5
        }.await()
        val result2 = async {
            delay(1000)
            4 + 6
        }.await()
        println("result is ${result1 + result2}.")
        val end = System.currentTimeMillis()
        println("cost ${end - start} ms.")
    }
}
```

这里连续使用了两个 async 函数来执行任务，并在代码块中调用 delay()方法进行 1 秒的延迟。按照刚才的理论，await()方法在 async 函数代码块中的代码执行完之前会一直将当前协程阻塞住，那么为了便于验证，我们记录了代码的运行耗时。现在重新运行程序，结果如图 11.17 所示。

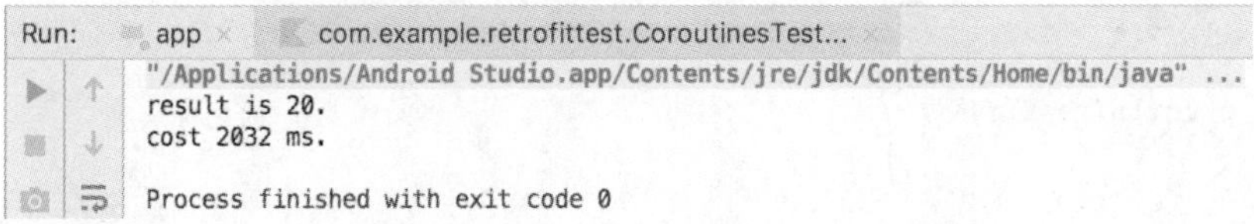

图 11.17 async 函数串行运行耗时

可以看到，整段代码的运行耗时是 2032 毫秒，说明这里的两个 async 函数确实是一种串行的关系，前一个执行完了后一个才能执行。

但是这种写法明显是非常低效的，因为两个 async 函数完全可以同时执行从而提高运行效率。现在对上述代码使用如下的写法进行修改：

```
fun main() {
    runBlocking {
        val start = System.currentTimeMillis()
        val deferred1 = async {
            delay(1000)
            5 + 5
        }
        val deferred2 = async {
            delay(1000)
            4 + 6
        }
```

```
println("result is ${deferred1.await() + deferred2.await()}.")
val end = System.currentTimeMillis()
println("cost ${end - start} milliseconds.")
    }
}
```

现在我们不在每次调用 async 函数之后就立刻使用 await()方法获取结果了，而是仅在需要用到 async 函数的执行结果时才调用 await()方法进行获取，这样两个 async 函数就变成一种并行关系了。重新运行程序，结果如图 11.18 所示。

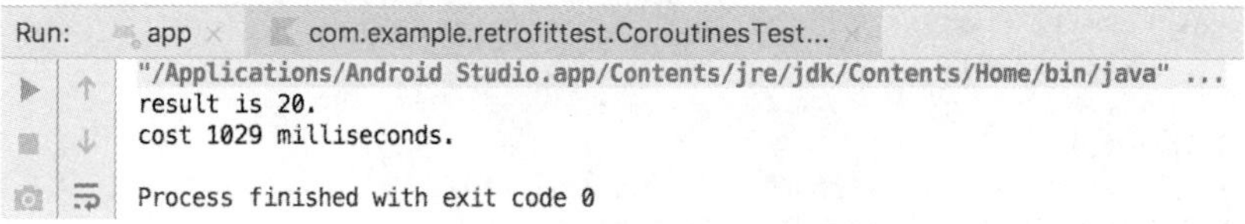

图 11.18　async 函数并行运行耗时

可以看到，现在整段代码的运行耗时变成了 1029 毫秒，运行效率的提升显而易见。

最后，我们再来学习一个比较特殊的作用域构建器：withContext()函数。withContext()函数是一个挂起函数，大体可以将它理解成 async 函数的一种简化版写法，示例写法如下：

```
fun main() {
    runBlocking {
        val result = withContext(Dispatchers.Default) {
            5 + 5
        }
        println(result)
    }
}
```

我来解释一下这段代码。调用 withContext()函数之后，会立即执行代码块中的代码，同时将外部协程挂起。当代码块中的代码全部执行完之后，会将最后一行的执行结果作为 withContext()函数的返回值返回，因此基本上相当于 val result = async{ 5 + 5 }.await() 的写法。唯一不同的是，withContext()函数强制要求我们指定一个线程参数，关于这个参数我准备好好讲一讲。

你已经知道，协程是一种轻量级的线程的概念，因此很多传统编程情况下需要开启多线程执行的并发任务，现在只需要在一个线程下开启多个协程来执行就可以了。但是这并不意味着我们就永远不需要开启线程了，比如说 Android 中要求网络请求必须在子线程中进行，即使你开启了协程去执行网络请求，假如它是主线程当中的协程，那么程序仍然会出错。这个时候我们就应该通过线程参数给协程指定一个具体的运行线程。

线程参数主要有以下 3 种值可选：Dispatchers.Default、Dispatchers.IO 和 Dispatchers.Main。Dispatchers.Default 表示会使用一种默认低并发的线程策略，当你要执行的代码属于计算密集型任务时，开启过高的并发反而可能会影响任务的运行效率，此时就可以使用

Dispatchers.Default。Dispatchers.IO 表示会使用一种较高并发的线程策略，当你要执行的代码大多数时间是在阻塞和等待中，比如说执行网络请求时，为了能够支持更高的并发数量，此时就可以使用 Dispatchers.IO。Dispatchers.Main 则表示不会开启子线程，而是在 Android 主线程中执行代码，但是这个值只能在 Android 项目中使用，纯 Kotlin 程序使用这种类型的线程参数会出现错误。

事实上，在我们刚才所学的协程作用域构建器中，除了 coroutineScope 函数之外，其他所有的函数都是可以指定这样一个线程参数的，只不过 withContext()函数是强制要求指定的，而其他函数则是可选的。

到目前为止，你已经掌握了协程中最常用的一些用法，并且了解了协程的主要用途就是可以大幅度地提升并发编程的运行效率。但实际上，Kotlin 中的协程还可以对传统回调的写法进行优化，从而让代码变得更加简洁，那么接下来我们就开始学习这部分的内容。

11.7.3　使用协程简化回调的写法

在 11.5 节，我们学习了编程语言的回调机制，并使用这个机制实现了获取异步网络请求数据响应的功能。不知道你有没有发现，回调机制基本上是依靠匿名类来实现的，但是匿名类的写法通常比较烦琐，比如如下代码：

```
HttpUtil.sendHttpRequest(address, object : HttpCallbackListener {
    override fun onFinish(response: String) {
        // 得到服务器返回的具体内容
    }

    override fun onError(e: Exception) {
        // 在这里对异常情况进行处理
    }
})
```

在多少个地方发起网络请求，就需要编写多少次这样的匿名类实现。这不禁引起了我们的思考，有没有更加简单一点的写法呢？

在过去，可能确实没有什么更加简单的写法了。不过现在，Kotlin 的协程使我们的这种设想成为了可能，只需要借助 suspendCoroutine 函数就能将传统回调机制的写法大幅简化，下面我们就来具体学习一下。

suspendCoroutine 函数必须在协程作用域或挂起函数中才能调用，它接收一个 Lambda 表达式参数，主要作用是将当前协程立即挂起，然后在一个普通的线程中执行 Lambda 表达式中的代码。Lambda 表达式的参数列表上会传入一个 Continuation 参数，调用它的 resume()方法或 resumeWithException()可以让协程恢复执行。

了解了 suspendCoroutine 函数的作用之后，接下来我们就可以借助这个函数来对传统的回调写法进行优化。首先定义一个 request()函数，代码如下所示：

```
suspend fun request(address: String): String {
    return suspendCoroutine { continuation ->
        HttpUtil.sendHttpRequest(address, object : HttpCallbackListener {
            override fun onFinish(response: String) {
                continuation.resume(response)
            }

            override fun onError(e: Exception) {
                continuation.resumeWithException(e)
            }
        })
    }
}
```

可以看到，request()函数是一个挂起函数，并且接收一个 address 参数。在 request()
函数的内部，我们调用了刚刚介绍的 suspendCoroutine 函数，这样当前协程就会被立刻挂起，
而 Lambda 表达式中的代码则会在普通线程中执行。接着我们在 Lambda 表达式中调用
HttpUtil.sendHttpRequest()方法发起网络请求，并通过传统回调的方式监听请求结果。如果
请求成功就调用 Continuation 的 resume()方法恢复被挂起的协程，并传入服务器响应的数据，
该值会成为 suspendCoroutine 函数的返回值。如果请求失败，就调用 Continuation 的
resumeWithException()恢复被挂起的协程，并传入具体的异常原因。

你可能会说，这里不是仍然使用了传统回调的写法吗？代码怎么就变得更加简化了？这是因
为，不管之后我们要发起多少次网络请求，都不需要再重复进行回调实现了。比如说获取百度首
页的响应数据，就可以这样写：

```
suspend fun getBaiduResponse() {
    try {
        val response = request("https://www.baidu.com/")
        // 对服务器响应的数据进行处理
    } catch (e: Exception) {
        // 对异常情况进行处理
    }
}
```

怎么样，有没有觉得代码变得清爽了很多呢？由于getBaiduResponse()是一个挂起函数，
因此当它调用了 request()函数时，当前的协程就会被立刻挂起，然后一直等待网络请求成功或
失败后，当前协程才能恢复运行。这样即使不使用回调的写法，我们也能够获得异步网络请求的
响应数据，而如果请求失败，则会直接进入 catch 语句当中。

不过这里你可能又会产生新的疑惑，getBaiduResponse()函数被声明成了挂起函数，这样
它也只能在协程作用域或其他挂起函数中调用了，使用起来是不是非常有局限性？确实如此，因
为 suspendCoroutine 函数本身就是要结合协程一起使用的。不过通过合理的项目架构设计，
我们可以轻松地将各种协程的代码应用到一个普通的项目当中，在第 15 章的项目实战环节你将
会学到这部分知识。

事实上，suspendCoroutine 函数几乎可以用于简化任何回调的写法，比如之前使用 Retrofit 来发起网络请求需要这样写：

```
val appService = ServiceCreator.create<AppService>()
appService.getAppData().enqueue(object : Callback<List<App>> {
    override fun onResponse(call: Call<List<App>>, response: Response<List<App>>) {
        // 得到服务器返回的数据
    }

    override fun onFailure(call: Call<List<App>>, t: Throwable) {
        // 在这里对异常情况进行处理
    }
})
```

有没有觉得这里回调的写法也是相当烦琐的？不用担心，使用 suspendCoroutine 函数，我们马上就能对上述写法进行大幅度的简化。

由于不同的 Service 接口返回的数据类型也不同，所以这次我们不能像刚才那样针对具体的类型进行编程了，而是要使用泛型的方式。定义一个 await()函数，代码如下所示：

```
suspend fun <T> Call<T>.await(): T {
    return suspendCoroutine { continuation ->
        enqueue(object : Callback<T> {
            override fun onResponse(call: Call<T>, response: Response<T>) {
                val body = response.body()
                if (body != null) continuation.resume(body)
                else continuation.resumeWithException(
                    RuntimeException("response body is null"))
            }

            override fun onFailure(call: Call<T>, t: Throwable) {
                continuation.resumeWithException(t)
            }
        })
    }
}
```

这段代码相比于刚才的 request()函数又复杂了一点。首先 await()函数仍然是一个挂起函数，然后我们给它声明了一个泛型 T，并将 await()函数定义成了 Call<T>的扩展函数，这样所有返回值是 Call 类型的 Retrofit 网络请求接口就都可以直接调用 await()函数了。

接着，await()函数中使用了 suspendCoroutine 函数来挂起当前协程，并且由于扩展函数的原因，我们现在拥有了 Call 对象的上下文，那么这里就可以直接调用 enqueue()方法让 Retrofit 发起网络请求。接下来，使用同样的方式对 Retrofit 响应的数据或者网络请求失败的情况进行处理就可以了。另外还有一点需要注意，在 onResponse()回调当中，我们调用 body()方法解析出来的对象是可能为空的。如果为空的话，这里的做法是手动抛出一个异常，你也可以根据自己的逻辑进行更加合适的处理。

有了 await()函数之后，我们调用所有 Retrofit 的 Service 接口都会变得极其简单，比如刚才同样的功能就可以使用如下写法进行实现：

```
suspend fun getAppData() {
    try {
        val appList = ServiceCreator.create<AppService>().getAppData().await()
        // 对服务器响应的数据进行处理
    } catch (e: Exception) {
        // 对异常情况进行处理
    }
}
```

没有了冗长的匿名类实现，只需要简单调用一下 await() 函数就可以让 Retrofit 发起网络请求，并直接获得服务器响应的数据，有没有觉得代码变得极其简单？当然你可能会觉得，每次发起网络请求都要进行一次 try catch 处理也比较麻烦，其实这里我们也可以选择不处理。在不处理的情况下，如果发生了异常就会一层层向上抛出，一直到被某一层的函数处理了为止。因此，我们也可以在某个统一的入口函数中只进行一次 try catch，从而让代码变得更加精简。

关于 Kotlin 的协程，你已经掌握了足够多的理论知识，下一步就是将它应用到实际的 Android 项目当中了。不用着急，我们将会在第 15 章中学习这部分内容，现在先回顾一下本章所学的所有知识吧。

11.8　小结与点评

本章中我们主要学习了在 Android 中使用 HTTP 来进行网络交互的知识，虽然 Android 中支持的网络通信协议有很多种，但 HTTP 无疑是最常用的一种。通常我们有两种方式来发送 HTTP 请求，分别是 HttpURLConnection 和 OkHttp，相信这两种方式你都已经很好地掌握了。

接着我们又学习了 XML 和 JSON 格式数据的解析方式，因为服务器响应给我们的数据基本属于这两种格式。无论是 XML 还是 JSON，它们各自又拥有多种解析方式，这里我们学习了最常用的几种，相信已经足够应对你日常的工作需求了。

之后我们又学习了编程语言的回调机制以及 Retrofit 的用法，其中 Retrofit 已经几乎成为了所有 Android 项目首选的网络库，使用率非常高，你一定要牢牢掌握它的用法。

在本章的 Kotlin 课堂中，我们学习了一项非常特殊的技术：协程。或许你在之前并没有听说过这个概念，或者不清楚协程的具体作用是什么，那么通过本节课的学习，相信你对协程已经能有一个比较全面的了解了。

关于 Android 网络编程部分的内容就讲到这里，下一章我们将学习一项能让应用界面变得更加好看的技术——Material Design。

第 12 章

最佳的 UI 体验，Material Design 实战

其实长久以来，大多数人可能会认为 Android 系统的 UI 并不算美观，至少没有 iOS 系统的美观。以至于很多 IT 公司在进行应用界面设计的时候，为了保证双平台的统一性，强制要求 Android 端的界面风格必须和 iOS 端一致。这种情况在现实工作当中实在是太常见了，虽然我认为这是非常不合理的。因为对于一般用户来说，他们不太可能会在两个操作系统上分别使用同一个应用，但是必定会在同一个操作系统上使用不同的应用。因此，同一个操作系统中各个应用之间的界面统一性要远比一个应用在双平台的界面统一性重要得多。

但是 Android 标准的界面设计风格并不是特别被大众所接受，很多公司觉得自己可以设计出更加好看的界面，从而导致 Android 平台的界面风格长期难以得到统一。为了解决这个问题，Google 也是使出了杀手锏，在 2014 年 Google I/O 大会上重磅推出了一套全新的界面设计语言——Material Design。

本章我们就将对 Material Design 进行一次深入的学习。

12.1 什么是 Material Design

Material Design 是由 Google 的设计工程师们基于传统优秀的设计原则，结合丰富的创意和科学技术所开发的一套全新的界面设计语言，包含了视觉、运动、互动效果等特性。那么 Google 凭什么认为 Material Design 就能解决 Android 平台界面风格不统一的问题呢？一言以蔽之，好看！

为了做出表率，Google 从 Android 5.0 系统开始，就将所有内置的应用都使用 Material Design 风格进行设计。图 12.1 是我截取的两张图，你可以先欣赏一下。

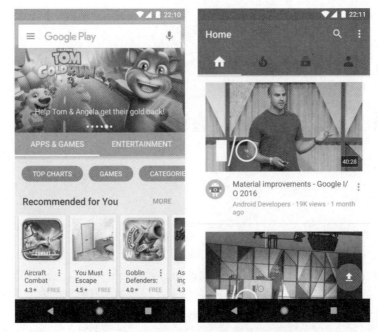

图 12.1　使用 Material Design 设计的应用

其中，左边的应用是 Play Store，右边的应用是 YouTube。可以看出，它们的界面都十分美观，而它们都是使用 Material Design 进行设计的。

不过，在重磅推出之后，Material Design 的普及程度却不是特别理想。因为这只是一个推荐的设计规范，主要是面向 UI 设计人员的，而不是面向开发者的。很多开发者可能根本就搞不清楚什么样的界面和效果才叫 Material Design，就算搞清楚了，实现起来也会很费劲，因为不少 Material Design 的效果是很难实现的，而 Android 中几乎没有提供相应的 API 支持，基本需要靠开发者自己从零写起。

Google 当然意识到了这个问题，于是在 2015 年的 Google I/O 大会上推出了一个 Design Support 库，这个库将 Material Design 中最具代表性的一些控件和效果进行了封装，使得开发者即使在不了解 Material Design 的情况下，也能非常轻松地将自己的应用 Material 化。后来 Design Support 库又改名成了 Material 库，用于给 Google 全平台类的产品提供 Material Design 的支持。本章我们就将对 Material 库进行深入的学习，并且配合 AndroidX 库中的一些控件来完成一个优秀的 Material Design 应用。

新建一个 MaterialTest 项目，然后我们马上开始吧！

12.2　Toolbar

Toolbar 将会是我们本章接触的第一个控件，是由 AndroidX 库提供的。虽说对于 Toolbar 你暂时应该还是比较陌生的，但是对于它的另一个相关控件 ActionBar，你就应该有点熟悉了。

回忆一下，我们曾经在 4.4.1 小节为了使用一个自定义的标题栏，而隐藏了系统原生的 ActionBar。没错，每个 Activity 最顶部的那个标题栏其实就是 ActionBar，之前我们编写的所有程序里一直都有它的身影。

不过 ActionBar 由于其设计的原因，被限定只能位于 Activity 的顶部，从而不能实现一些 Material Design 的效果，因此官方现在已经不再建议使用 ActionBar 了。那么本书中我也就不准备再介绍 ActionBar 的用法了，而是直接讲解现在更加推荐使用的 Toolbar。

Toolbar 的强大之处在于，它不仅继承了 ActionBar 的所有功能，而且灵活性很高，可以配合其他控件完成一些 Material Design 的效果，下面我们就来具体学习一下。

首先你要知道，任何一个新建的项目，默认都是会显示 ActionBar 的，这个想必你已经见识过太多次了。那么这个 ActionBar 到底是从哪里来的呢？其实这是根据项目中指定的主题来显示的。打开 AndroidManifest.xml 文件看一下，如下所示：

```
<application
    android:allowBackup="true"
    android:icon="@mipmap/ic_launcher"
    android:label="@string/app_name"
    android:roundIcon="@mipmap/ic_launcher_round"
    android:supportsRtl="true"
    android:theme="@style/AppTheme">
    ...
</application>
```

可以看到，这里使用 android:theme 属性指定了一个 AppTheme 的主题。那么这个 AppTheme 又是在哪里定义的呢？打开 res/values/styles.xml 文件，代码如下所示：

```
<resources>

    <!-- Base application theme. -->
    <style name="AppTheme" parent="Theme.AppCompat.Light.DarkActionBar">
        <!-- Customize your theme here. -->
        <item name="colorPrimary">@color/colorPrimary</item>
        <item name="colorPrimaryDark">@color/colorPrimaryDark</item>
        <item name="colorAccent">@color/colorAccent</item>
    </style>

</resources>
```

这里定义了一个叫 AppTheme 的主题，然后指定它的 parent 主题是 Theme.AppCompat.Light.DarkActionBar。这个 DarkActionBar 是一个深色的 ActionBar 主题，我们之前所有的项目中自带的 ActionBar 就是因为指定了这个主题才出现的。

而现在我们准备使用 Toolbar 来替代 ActionBar，因此需要指定一个不带 ActionBar 的主题，通常有 Theme.AppCompat.NoActionBar 和 Theme.AppCompat.Light.NoActionBar 这两种主题可选。

其中 Theme.AppCompat.NoActionBar 表示深色主题，它会将界面的主体颜色设成深色，陪衬颜色设成浅色。而 Theme.AppCompat.Light.NoActionBar 表示浅色主题，它会将界面的主体颜色设成浅色，陪衬颜色设成深色。具体的效果你可以自己动手试一试，这里由于我们之前的程序一直都是以浅色为主的，那么我就选用浅色主题了，如下所示：

```
<resources>

    <!-- Base application theme. -->
    <style name="AppTheme" parent="Theme.AppCompat.Light.NoActionBar">
        <!-- Customize your theme here. -->
        <item name="colorPrimary">@color/colorPrimary</item>
        <item name="colorPrimaryDark">@color/colorPrimaryDark</item>
        <item name="colorAccent">@color/colorAccent</item>
    </style>

</resources>
```

观察一下 AppTheme 中的属性重写，这里重写了 colorPrimary、colorPrimaryDark 和 colorAccent 这 3 个属性的颜色。那么这 3 个属性分别代表什么位置的颜色呢？我用语言比较难描述清楚，还是通过一张图来理解一下吧，如图 12.2 所示。

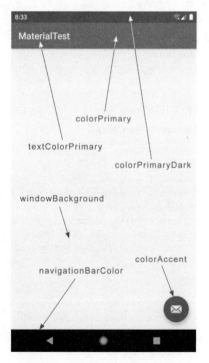

图 12.2　各属性指定颜色的位置

可以看到，每个属性所指定颜色的位置直接一目了然了。

除了上述 3 个属性之外，我们还可以通过 `textColorPrimary`、`windowBackground` 和 `navigationBarColor` 等属性控制更多位置的颜色。不过唯独 `colorAccent` 这个属性比较难理解，它不只是用来指定这样一个按钮的颜色，而是更多表达了一种强调的意思，比如一些控件的选中状态也会使用 `colorAccent` 的颜色。

现在我们已经将 ActionBar 隐藏起来了，那么接下来看一看如何使用 Toolbar 来替代 ActionBar。修改 activity_main.xml 中的代码，如下所示：

```
<FrameLayout xmlns:android="http://schemas.android.com/apk/res/android"
    xmlns:app="http://schemas.android.com/apk/res-auto"
    android:layout_width="match_parent"
    android:layout_height="match_parent">

    <androidx.appcompat.widget.Toolbar
        android:id="@+id/toolbar"
        android:layout_width="match_parent"
        android:layout_height="?attr/actionBarSize"
        android:background="@color/colorPrimary"
        android:theme="@style/ThemeOverlay.AppCompat.Dark.ActionBar"
        app:popupTheme="@style/ThemeOverlay.AppCompat.Light" />

</FrameLayout>
```

虽然这段代码不长，但是里面着实有不少技术点是需要我们仔细琢磨一下的。首先看一下第 2 行，这里使用 `xmlns:app` 指定了一个新的命名空间。思考一下，正是由于每个布局文件都会使用 `xmlns:android` 来指定一个命名空间，我们才能一直使用 `android:id`、`android: layout_width` 等写法。这里指定了 `xmlns:app`，也就是说现在可以使用 `app:attribute` 这样的写法了。但是为什么这里要指定一个 `xmlns:app` 的命名空间呢？这是由于许多 Material 属性是在新系统中新增的，老系统中并不存在，那么为了能够兼容老系统，我们就不能使用 `android:attribute` 这样的写法了，而是应该使用 `app:attribute`。

接下来定义了一个 Toolbar 控件，这个控件是由 appcompat 库提供的。这里我们给 Toolbar 指定了一个 id，将它的宽度设置为 `match_parent`，高度设置为 actionBar 的高度，背景色设置为 colorPrimary。不过下面的部分就稍微有点难理解了，由于我们刚才在 styles.xml 中将程序的主题指定成了浅色主题，因此 Toolbar 现在也是浅色主题，那么 Toolbar 上面的各种元素就会自动使用深色系，从而和主体颜色区别开。但是之前使用 ActionBar 时文字都是白色的，现在变成黑色的会很难看。那么为了能让 Toolbar 单独使用深色主题，这里我们使用了 `android:theme` 属性，将 Toolbar 的主题指定成了 ThemeOverlay.AppCompat.Dark.ActionBar。但是这样指定之后又会出现新的问题，如果 Toolbar 中有菜单按钮（我们在 3.2.5 小节中学过），那么弹出的菜单项也会变成深色主题，这样就再次变得十分难看了，于是这里又使用了 `app:popupTheme` 属性，单独将弹出的菜单项指定成了浅色主题。

如果你觉得上面的描述很绕的话，可以自己动手做一做实验，看看不指定上述主题会是什么样的效果，这样你会理解得更加深刻。

写完了布局，接下来我们修改 MainActivity，代码如下所示：

```
class MainActivity : AppCompatActivity() {

    override fun onCreate(savedInstanceState: Bundle?) {
        super.onCreate(savedInstanceState)
        setContentView(R.layout.activity_main)
        setSupportActionBar(toolbar)
    }
}
```

这里关键的代码只有一句，调用 setSupportActionBar() 方法并将 Toolbar 的实例传入，这样我们就做到既使用了 Toolbar，又让它的外观与功能都和 ActionBar 一致了。

现在运行一下程序，效果如图 12.3 所示。

图 12.3　Toolbar 的标准界面

这个标题栏我们再熟悉不过了，虽然看上去和之前的标题栏没什么两样，但其实它已经是 Toolbar 而不是 ActionBar 了。因此它现在也具备了实现 Material Design 效果的能力，这个我们在后面就会学到。

接下来我们再学习一些 Toolbar 比较常用的功能吧，比如修改标题栏上显示的文字内容。这段文字内容是在 AndroidManifest.xml 中指定的，如下所示：

```
<application
    android:allowBackup="true"
    android:icon="@mipmap/ic_launcher"
    android:label="@string/app_name"
    android:roundIcon="@mipmap/ic_launcher_round"
    android:supportsRtl="true"
    android:theme="@style/AppTheme">
    <activity
        android:name=".MainActivity"
        android:label="Fruits">
        ...
    </activity>
</application>
```

这里给 activity 增加了一个 android:label 属性,用于指定在 Toolbar 中显示的文字内容,如果没有指定的话，会默认使用 application 中指定的 label 内容，也就是我们的应用名称。

不过只有一个标题的 Toolbar 看起来太单调了,我们还可以再添加一些 action 按钮来让 Toolbar 更加丰富一些。这里我提前准备了几张图片作为按钮的图标，将它们放在了 drawable-xxhdpi 目录下（资源下载方式见前言）。现在右击 res 目录→New→Directory，创建一个 menu 文件夹。然后右击 menu 文件夹→New→Menu resource file，创建一个 toolbar.xml 文件，并编写如下代码：

```
<menu xmlns:android="http://schemas.android.com/apk/res/android"
    xmlns:app="http://schemas.android.com/apk/res-auto">
    <item
        android:id="@+id/backup"
        android:icon="@drawable/ic_backup"
        android:title="Backup"
        app:showAsAction="always" />
    <item
        android:id="@+id/delete"
        android:icon="@drawable/ic_delete"
        android:title="Delete"
        app:showAsAction="ifRoom" />
    <item
        android:id="@+id/settings"
        android:icon="@drawable/ic_settings"
        android:title="Settings"
        app:showAsAction="never" />
</menu>
```

可以看到，我们通过<item>标签来定义 action 按钮，android:id 用于指定按钮的 id，android:icon 用于指定按钮的图标，android:title 用于指定按钮的文字。

接着使用 app:showAsAction 来指定按钮的显示位置,这里之所以再次使用了 app 命名空间,同样是为了能够兼容低版本的系统。showAsAction 主要有以下几种值可选：always 表示永远显示在 Toolbar 中，如果屏幕空间不够则不显示；ifRoom 表示屏幕空间足够的情况下显示在 Toolbar 中，不够的话就显示在菜单当中；never 则表示永远显示在菜单当中。注意，Toolbar 中的 action 按钮只会显示图标，菜单中的 action 按钮只会显示文字。

接下来的做法就和 3.2.5 小节中的完全一致了，修改 MainActivity 中的代码，如下所示：

```
class MainActivity : AppCompatActivity() {
    ...
    override fun onCreateOptionsMenu(menu: Menu?): Boolean {
        menuInflater.inflate(R.menu.toolbar, menu)
        return true
    }

    override fun onOptionsItemSelected(item: MenuItem): Boolean {
        when (item.itemId) {
            R.id.backup -> Toast.makeText(this, "You clicked Backup",
                             Toast.LENGTH_SHORT).show()
            R.id.delete -> Toast.makeText(this, "You clicked Delete",
                             Toast.LENGTH_SHORT).show()
            R.id.settings -> Toast.makeText(this, "You clicked Settings",
                             Toast.LENGTH_SHORT).show()
        }
        return true
    }

}
```

非常简单，我们在 onCreateOptionsMenu()方法中加载了 toolbar.xml 这个菜单文件，然后在 onOptionsItemSelected()方法中处理各个按钮的点击事件。现在重新运行一下程序，效果如图 12.4 所示。

图 12.4　带有 action 按钮的 Toolbar

可以看到，Toolbar 上现在显示了两个 action 按钮，这是因为 Backup 按钮指定的显示位置是 always，Delete 按钮指定的显示位置是 ifRoom，而现在屏幕空间很充足，因此两个按钮都会显示在 Toolbar 中。另外一个 Settings 按钮由于指定的显示位置是 never，所以不会显示在 Toolbar 中，点击一下最右边的菜单按钮来展开菜单项，你就能找到 Settings 按钮了。另外，这些 action 按钮都是可以响应点击事件的，你可以自己去试一试。

好了，关于 Toolbar 的内容就先讲这么多吧。当然 Toolbar 的功能还远远不只这些，不过我们显然无法在一节当中就把所有的用法全部学完，后面会结合其他控件来挖掘 Toolbar 的更多功能。

12.3　滑动菜单

滑动菜单可以说是 Material Design 中最常见的效果之一了，许多 Google 自家的应用（如 Gmail、Google Photo 等）具有滑动菜单的功能。虽说这个功能看上去好像挺复杂的，不过借助 Google 提供的各种工具，我们可以很轻松地实现非常炫酷的滑动菜单效果，那么我们马上开始吧。

12.3.1　DrawerLayout

所谓的滑动菜单，就是将一些菜单选项隐藏起来，而不是放置在主屏幕上，然后可以通过滑动的方式将菜单显示出来。这种方式既节省了屏幕空间，又实现了非常好的动画效果，是 Material Design 中推荐的做法。

不过，如果我们全靠自己去实现上述功能的话，难度恐怕就很大了。幸运的是，Google 在 AndroidX 库中提供了一个 DrawerLayout 控件，借助这个控件，实现滑动菜单简单又方便。

先来简单介绍一下 DrawerLayout 的用法吧。首先它是一个布局，在布局中允许放入两个直接子控件：第一个子控件是主屏幕中显示的内容，第二个子控件是滑动菜单中显示的内容。因此，我们就可以对 activity_main.xml 中的代码做如下修改：

```xml
<androidx.drawerlayout.widget.DrawerLayout
    xmlns:android="http://schemas.android.com/apk/res/android"
    xmlns:app="http://schemas.android.com/apk/res-auto"
    android:id="@+id/drawerLayout"
    android:layout_width="match_parent"
    android:layout_height="match_parent">

    <FrameLayout
        android:layout_width="match_parent"
        android:layout_height="match_parent">

        <androidx.appcompat.widget.Toolbar
            android:id="@+id/toolbar"
            android:layout_width="match_parent"
            android:layout_height="?attr/actionBarSize"
            android:background="@color/colorPrimary"
            android:theme="@style/ThemeOverlay.AppCompat.Dark.ActionBar"
```

```
        app:popupTheme="@style/ThemeOverlay.AppCompat.Light" />

    </FrameLayout>

    <TextView
        android:layout_width="match_parent"
        android:layout_height="match_parent"
        android:layout_gravity="start"
        android:background="#FFF"
        android:text="This is menu"
        android:textSize="30sp" />

</androidx.drawerlayout.widget.DrawerLayout>
```

可以看到，这里最外层的控件使用了 DrawerLayout。DrawerLayout 中放置了两个直接子控件：第一个子控件是 FrameLayout，用于作为主屏幕中显示的内容，当然里面还有我们刚刚定义的 Toolbar；第二个子控件是一个 TextView，用于作为滑动菜单中显示的内容，其实使用什么都可以，DrawerLayout 并没有限制只能使用固定的控件。

但是关于第二个子控件有一点需要注意，`layout_gravity` 这个属性是必须指定的，因为我们需要告诉 DrawerLayout 滑动菜单是在屏幕的左边还是右边，指定 left 表示滑动菜单在左边，指定 right 表示滑动菜单在右边。这里我指定了 start，表示会根据系统语言进行判断，如果系统语言是从左往右的，比如英语、汉语，滑动菜单就在左边，如果系统语言是从右往左的，比如阿拉伯语，滑动菜单就在右边。

没错，只需要改动这么多就可以了，现在重新运行一下程序，然后在屏幕的左侧边缘向右拖动，就可以让滑动菜单显示出来了，如图 12.5 所示。

图 12.5　显示滑动菜单界面

向左滑动菜单，或者点击一下菜单以外的区域，都可以让滑动菜单关闭，从而回到主界面。无论是展示还是隐藏滑动菜单，都有非常流畅的动画过渡。

可以看到，我们只是稍微改动了一下布局文件，就能实现如此炫酷的效果，是不是觉得挺激动呢？　不过现在的滑动菜单还有点问题，因为只有在屏幕的左侧边缘进行拖动时才能将菜单拖出来，而很多用户可能根本就不知道有这个功能，那么该怎么提示他们呢？

Material Design 建议的做法是在 Toolbar 的最左边加入一个导航按钮，点击按钮也会将滑动菜单的内容展示出来。这样就相当于给用户提供了两种打开滑动菜单的方式，防止一些用户不知道屏幕的左侧边缘是可以拖动的。

下面我们来实现这个功能。首先我准备了一张导航按钮的图标 ic_menu.png，将它放在了drawable-xxhdpi 目录下。然后修改 MainActivity 中的代码，如下所示：

```
class MainActivity : AppCompatActivity() {

    override fun onCreate(savedInstanceState: Bundle?) {
        super.onCreate(savedInstanceState)
        setContentView(R.layout.activity_main)
        setSupportActionBar(toolbar)
        supportActionBar?.let {
            it.setDisplayHomeAsUpEnabled(true)
            it.setHomeAsUpIndicator(R.drawable.ic_menu)
        }
    }
    ...
    override fun onOptionsItemSelected(item: MenuItem): Boolean {
        when (item.itemId) {
            android.R.id.home -> drawerLayout.openDrawer(GravityCompat.START)
            ...
        }
        return true
    }

}
```

这里我们并没有改动多少代码，首先调用 getSupportActionBar() 方法得到了 ActionBar 的实例，虽然这个 ActionBar 的具体实现是由 Toolbar 来完成的。接着在 ActionBar 不为空的情况下调用 setDisplayHomeAsUpEnabled() 方法让导航按钮显示出来，调用 setHomeAsUpIndicator() 方法来设置一个导航按钮图标。实际上，Toolbar 最左侧的这个按钮就叫作 Home 按钮，它默认的图标是一个返回的箭头，含义是返回上一个 Activity。很明显，这里我们将它默认的样式和作用都进行了修改。

接下来，在 onOptionsItemSelected() 方法中对 Home 按钮的点击事件进行处理，Home 按钮的 id 永远都是 android.R.id.home。然后调用 DrawerLayout 的 openDrawer() 方法将滑动菜单展示出来，注意，openDrawer() 方法要求传入一个 Gravity 参数，为了保证这里的行为和 XML 中定义的一致，我们传入了 GravityCompat.START。

现在重新运行一下程序，效果如图 12.6 所示。

图 12.6 显示 Home 按钮

可以看到，在 Toolbar 的最左边出现了一个导航按钮，用户看到这个按钮就知道它肯定是可以点击的。现在点击一下这个按钮，滑动菜单界面就会再次展示出来了。

12.3.2 NavigationView

目前我们已经成功实现了滑动菜单功能，其中滑动功能已经做得非常好了，但是菜单却还很丑，毕竟菜单页面仅仅使用了一个 TextView，非常单调。有对比才会有落差，我们看一下 Play Store 的滑动菜单页面是长什么样的，如图 12.7 所示。

经过对比，是不是觉得我们的滑动菜单页面更丑了？不过没关系，优化滑动菜单页面，这就是我们本小节的全部目标。

事实上，你可以在滑动菜单页面定制任意的布局，不过 Google 给我们提供了一种更好的方法——使用 NavigationView。NavigationView 是 Material 库中提供的一个控件，它不仅是严格按照 Material Design 的要求来设计的，而且可以将滑动菜单页面的实现变得非常简单。接下来我们就学习一下 NavigationView 的用法。

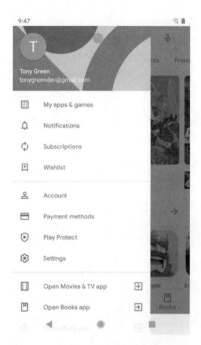

图 12.7 Play Store 的滑动菜单页面

首先，既然这个控件是 Material 库中提供的，那么我们就需要将这个库引入项目中才行。打开 app/build.gradle 文件，在 dependencies 闭包中添加如下内容：

```
dependencies {
    ...
    implementation 'com.google.android.material:material:1.1.0'
    implementation 'de.hdodenhof:circleimageview:3.0.1'
}
```

这里添加了两行依赖关系：第一行就是 Material 库，第二行是一个开源项目 CircleImageView，它可以用来轻松实现图片圆形化的功能，我们待会就会用到它。

需要注意的是，当你引入了 Material 库之后，还需要将 res/values/styles.xml 文件中 AppTheme 的 parent 主题改成 Theme.MaterialComponents.Light.NoActionBar，否则在使用接下来的一些控件时可能会遇到崩溃问题。

在开始使用 NavigationView 之前，我们还需要准备好两个东西：menu 和 headerLayout。menu 是用来在 NavigationView 中显示具体的菜单项的，headerLayout 则是用来在 NavigationView 中显示头部布局的。

先来准备 menu。这里我事先找了几张图片作为按钮的图标，并将它们放在了 drawable-xxhdpi 目录下。右击 menu 文件夹→New→Menu resource file，创建一个 nav_menu.xml 文件，并编写如下代码：

```xml
<menu xmlns:android="http://schemas.android.com/apk/res/android">
    <group android:checkableBehavior="single">
        <item
            android:id="@+id/navCall"
            android:icon="@drawable/nav_call"
            android:title="Call" />
        <item
            android:id="@+id/navFriends"
            android:icon="@drawable/nav_friends"
            android:title="Friends" />
        <item
            android:id="@+id/navLocation"
            android:icon="@drawable/nav_location"
            android:title="Location" />
        <item
            android:id="@+id/navMail"
            android:icon="@drawable/nav_mail"
            android:title="Mail" />
        <item
            android:id="@+id/navTask"
            android:icon="@drawable/nav_task"
            android:title="Tasks" />
    </group>
</menu>
```

我们首先在<menu>中嵌套了一个<group>标签，然后将 group 的 checkableBehavior 属性指定为 single。group 表示一个组，checkableBehavior 指定为 single 表示组中的所有菜单项只能单选。

下面我们来看一下这些菜单项吧。这里一共定义了 5 个 item，分别使用 android:id 属性指定菜单项的 id，android:icon 属性指定菜单项的图标，android:title 属性指定菜单项显示的文字。就是这么简单，现在我们已经把 menu 准备好了。

接下来应该准备 headerLayout 了，这是一个可以随意定制的布局，不过我并不想将它做得太复杂。这里简单起见，我们就在 headerLayout 中放置头像、用户名、邮箱地址这 3 项内容吧。

说到头像，那我们还需要再准备一张图片，这里我找了一张宠物图片，并把它放在了 drawable-xxhdpi 目录下。另外，这张图片最好是一张正方形图片，因为待会我们会把它圆形化。然后右击 layout 文件夹→New→Layout resource file，创建一个 nav_header.xml 文件。修改其中的代码，如下所示：

```xml
<RelativeLayout xmlns:android="http://schemas.android.com/apk/res/android"
    android:layout_width="match_parent"
    android:layout_height="180dp"
    android:padding="10dp"
    android:background="@color/colorPrimary">

    <de.hdodenhof.circleimageview.CircleImageView
        android:id="@+id/iconImage"
        android:layout_width="70dp"
        android:layout_height="70dp"
```

```
        android:src="@drawable/nav_icon"
        android:layout_centerInParent="true" />

    <TextView
        android:id="@+id/mailText"
        android:layout_width="wrap_content"
        android:layout_height="wrap_content"
        android:layout_alignParentBottom="true"
        android:text="tonygreendev@gmail.com"
        android:textColor="#FFF"
        android:textSize="14sp" />

    <TextView
        android:id="@+id/userText"
        android:layout_width="wrap_content"
        android:layout_height="wrap_content"
        android:layout_above="@id/mailText"
        android:text="Tony Green"
        android:textColor="#FFF"
        android:textSize="14sp" />

</RelativeLayout>
```

可以看到，布局文件的最外层是一个 RelativeLayout，我们将它的宽度设为 `match_parent`，高度设为 180 dp，这是一个 NavigationView 比较适合的高度，然后指定它的背景色为 `colorPrimary`。

在 RelativeLayout 中我们放置了 3 个控件，CircleImageView 是一个用于将图片圆形化的控件，它的用法非常简单，基本和 ImageView 是完全一样的，这里给它指定了一张图片作为头像，然后设置为居中显示。另外两个 TextView 分别用于显示用户名和邮箱地址，它们都用到了一些 RelativeLayout 的定位属性，相信肯定难不倒你吧？

现在 menu 和 headerLayout 都准备好了，我们终于可以使用 NavigationView 了。修改 activity_main.xml 中的代码，如下所示：

```
<androidx.drawerlayout.widget.DrawerLayout
    xmlns:android="http://schemas.android.com/apk/res/android"
    xmlns:app="http://schemas.android.com/apk/res-auto"
    android:id="@+id/drawerLayout"
    android:layout_width="match_parent"
    android:layout_height="match_parent">

    <FrameLayout
        android:layout_width="match_parent"
        android:layout_height="match_parent">

        <androidx.appcompat.widget.Toolbar
            android:id="@+id/toolbar"
            android:layout_width="match_parent"
            android:layout_height="?attr/actionBarSize"
            android:background="@color/colorPrimary"
            android:theme="@style/ThemeOverlay.AppCompat.Dark.ActionBar"
            app:popupTheme="@style/ThemeOverlay.AppCompat.Light" />
```

```
    </FrameLayout>

    <com.google.android.material.navigation.NavigationView
        android:id="@+id/navView"
        android:layout_width="match_parent"
        android:layout_height="match_parent"
        android:layout_gravity="start"
        app:menu="@menu/nav_menu"
        app:headerLayout="@layout/nav_header"/>

</androidx.drawerlayout.widget.DrawerLayout>
```

可以看到，我们将之前的 TextView 换成了 NavigationView，这样滑动菜单中显示的内容也就变成 NavigationView 了。这里又通过 app:menu 和 app:headerLayout 属性将我们刚才准备好的 menu 和 headerLayout 设置了进去，这样 NavigationView 就定义完成了。

NavigationView 虽然定义完成了，但是我们还要处理菜单项的点击事件才行。修改 MainActivity 中的代码，如下所示：

```
class MainActivity : AppCompatActivity() {

    override fun onCreate(savedInstanceState: Bundle?) {
        super.onCreate(savedInstanceState)
        setContentView(R.layout.activity_main)
        setSupportActionBar(toolbar)
        supportActionBar?.let {
            it.setDisplayHomeAsUpEnabled(true)
            it.setHomeAsUpIndicator(R.drawable.ic_menu)
        }
        navView.setCheckedItem(R.id.navCall)
        navView.setNavigationItemSelectedListener {
            drawerLayout.closeDrawers()
            true
        }
    }
    ...
}
```

代码还是比较简单的，这里我们首先调用了 NavigationView 的 setCheckedItem()方法将 Call 菜单项设置为默认选中。接着调用了 setNavigationItemSelectedListener()方法来设置一个菜单项选中事件的监听器，当用户点击了任意菜单项时，就会回调到传入的 Lambda 表达式当中，我们可以在这里编写具体的逻辑处理。这里调用了 DrawerLayout 的 closeDrawers()方法将滑动菜单关闭，并返回 true 表示此事件已被处理。

现在可以重新运行一下程序了，点击一下 Toolbar 左侧的导航按钮，效果如图 12.8 所示。

怎么样？这样的滑动菜单页面，你无论如何也不能说它丑了吧？Material Design 的魅力就在于此，它具有非常美观的设计理念，只要你按照它的各种规范和建议来设计界面，最终做出来的程序就是特别好看的。

图 12.8　NavigationView 界面

相信你对现在做出来的效果也一定十分满意吧？不过不要满足于现状，后面我们会实现更加炫酷的效果。跟紧脚步，继续学习吧。

12.4　悬浮按钮和可交互提示

立面设计是 Material Design 中一条非常重要的设计思想，也就是说，按照 Material Design 的理念，应用程序的界面不仅仅是一个平面，而应该是有立体效果的。在官方给出的示例中，最简单且最具代表性的立面设计就是悬浮按钮了，这种按钮不属于主界面平面的一部分，而是位于另外一个维度的，因此就会给人一种悬浮的感觉。

本节中我们会对这个悬浮按钮的效果进行学习，另外还会学习一种可交互式的提示工具。关于提示工具，我们之前一直使用的是 Toast，但是 Toast 只能用于告知用户某事已经发生了，用户却不能对此做出任何的响应，那么今天我们就将在这一方面进行扩展。

12.4.1　FloatingActionButton

FloatingActionButton 是 Material 库中提供的一个控件，这个控件可以帮助我们比较轻松地实现悬浮按钮的效果。其实在之前的图 12.2 中，我们就已经预览过悬浮按钮的样子了，它默认会使用 colorAccent 作为按钮的颜色，我们还可以通过给按钮指定一个图标来表明这个按钮的作用是什么。

下面开始具体实现。首先仍然需要提前准备好一个图标，这里我放置了一张 ic_done.png 到 drawable-xxhdpi 目录下。然后修改 activity_main.xml 中的代码，如下所示：

```
<androidx.drawerlayout.widget.DrawerLayout
    xmlns:android="http://schemas.android.com/apk/res/android"
    xmlns:app="http://schemas.android.com/apk/res-auto"
    android:id="@+id/drawerLayout"
    android:layout_width="match_parent"
    android:layout_height="match_parent">

    <FrameLayout
        android:layout_width="match_parent"
        android:layout_height="match_parent">

        <androidx.appcompat.widget.Toolbar
            android:id="@+id/toolbar"
            android:layout_width="match_parent"
            android:layout_height="?attr/actionBarSize"
            android:background="@color/colorPrimary"
            android:theme="@style/ThemeOverlay.AppCompat.Dark.ActionBar"
            app:popupTheme="@style/ThemeOverlay.AppCompat.Light" />

        <com.google.android.material.floatingactionbutton.FloatingActionButton
            android:id="@+id/fab"
            android:layout_width="wrap_content"
            android:layout_height="wrap_content"
            android:layout_gravity="bottom|end"
            android:layout_margin="16dp"
            android:src="@drawable/ic_done" />

    </FrameLayout>
    ...
</androidx.drawerlayout.widget.DrawerLayout>
```

可以看到，这里我们在主屏幕布局中加入了一个 FloatingActionButton。这个控件的用法并没有什么特别的地方，layout_width 和 layout_height 属性都指定成 wrap_content，layout_gravity 属性指定将这个控件放置于屏幕的右下角。其中 end 的工作原理和之前的 start 是一样的，即如果系统语言是从左往右的，那么 end 就表示在右边，如果系统语言是从右往左的，那么 end 就表示在左边。然后通过 layout_margin 属性给控件的四周留点边距，紧贴着屏幕边缘肯定是不好看的，最后通过 src 属性给 FloatingActionButton 设置了一个图标。

没错，就是这么简单，现在我们就可以运行一下了，效果如图 12.9 所示。

一个漂亮的悬浮按钮就在屏幕的右下方出现了。

如果你仔细观察的话，会发现这个悬浮按钮的下面还有一点阴影。其实这很好理解，因为 FloatingActionButton 是悬浮在当前界面上的，既然是悬浮，那么理所应当会有投影，Material 库连这种细节都帮我们考虑到了。

图 12.9 悬浮按钮的效果

说到悬浮，其实我们还可以指定 FloatingActionButton 的悬浮高度，如下所示：

```
<com.google.android.material.floatingactionbutton.FloatingActionButton
    android:id="@+id/fab"
    android:layout_width="wrap_content"
    android:layout_height="wrap_content"
    android:layout_gravity="bottom|end"
    android:layout_margin="16dp"
    android:src="@drawable/ic_done"
    app:elevation="8dp" />
```

这里使用 app:elevation 属性给 FloatingActionButton 指定一个高度值。高度值越大，投影范围也越大，但是投影效果越淡；高度值越小，投影范围也越小，但是投影效果越浓。当然这些效果的差异其实并不怎么明显，我个人感觉使用默认的 FloatingActionButton 效果就已经足够了。

接下来我们看一下 FloatingActionButton 是如何处理点击事件的，毕竟，一个按钮首先要能点击才有意义。修改 MainActivity 中的代码，如下所示：

```
class MainActivity : AppCompatActivity() {

    override fun onCreate(savedInstanceState: Bundle?) {
        super.onCreate(savedInstanceState)
        setContentView(R.layout.activity_main)
        ...
```

```
    fab.setOnClickListener {
        Toast.makeText(this, "FAB clicked", Toast.LENGTH_SHORT).show()
    }
}
...
}
```

　　如果你在期待 FloatingActionButton 会有什么特殊用法的话，那可能要让你失望了，它和普通的 Button 其实没什么两样，都是调用 `setOnClickListener()`方法来设置按钮的点击事件，这里我们只是弹出了一个 Toast。

　　现在重新运行一下程序，并点击"FloatingActionButton"，效果如图 12.10 所示。

图 12.10　处理 FloatingActionButton 的点击事件

12.4.2　Snackbar

　　现在我们已经掌握了 FloatingActionButton 的基本用法，不过在上一小节处理点击事件的时候，仍然是使用 Toast 作为提示工具的，本小节我们就来学习一个 Material 库提供的更加先进的提示工具——Snackbar。

　　首先要明确，Snackbar 并不是 Toast 的替代品，它们有着不同的应用场景。Toast 的作用是告诉用户现在发生了什么事情，但用户只能被动接收这个事情，因为没有什么办法能让用户进行选择。而 Snackbar 则在这方面进行了扩展,它允许在提示中加入一个可交互按钮,当用户点击按钮的时候,可以执行一些额外的逻辑操作。打个比方,如果我们在执行删除操作的时候只弹出一个 Toast 提示,那么用户要是误删了某个重要数据的话,肯定会十分抓狂吧,但是如果我们增加一个 Undo 按钮,就相当于给用户提供了一种弥补措施,从而大大降低了事故发生的概率,提升了用户体验。

Snackbar 的用法也非常简单,它和 Toast 是基本相似的,只不过可以额外增加一个按钮的点击事件。修改 MainActivity 中的代码,如下所示:

```kotlin
class MainActivity : AppCompatActivity() {

    override fun onCreate(savedInstanceState: Bundle?) {
        super.onCreate(savedInstanceState)
        setContentView(R.layout.activity_main)
        ...
        fab.setOnClickListener { view ->
            Snackbar.make(view, "Data deleted", Snackbar.LENGTH_SHORT)
                .setAction("Undo") {
                    Toast.makeText(this, "Data restored", Toast.LENGTH_SHORT).show()
                }
                .show()
        }
    }
    ...
}
```

可以看到,这里调用了 Snackbar 的 make() 方法来创建一个 Snackbar 对象。make() 方法的第一个参数需要传入一个 View,只要是当前界面布局的任意一个 View 都可以,Snackbar 会使用这个 View 自动查找最外层的布局,用于展示提示信息;第二个参数就是 Snackbar 中显示的内容;第三个参数是 Snackbar 显示的时长,这些和 Toast 都是类似的。

接着这里又调用了一个 setAction() 方法来设置一个动作,从而让 Snackbar 不仅仅是一个提示,而是可以和用户进行交互的。简单起见,我们在动作按钮的点击事件里面弹出一个 Toast 提示。最后调用 show() 方法让 Snackbar 显示出来。

现在重新运行一下程序,并点击悬浮按钮,效果如图 12.11 所示。

可以看到,Snackbar 从屏幕底部出现了,上面有我们设置的提示文字,还有一个 "Undo" 按钮,按钮是可以点击的。过一段时间后,Snackbar 会自动从屏幕底部消失。

不管是出现还是消失,Snackbar 都是带有动画效果的,因此视觉体验也会比较好。

不过,你有没有发现一个 bug? 这个 Snackbar 竟然将我们的悬浮按钮给遮挡住了。虽说也不是什么重大的问题,因为 Snackbar 过一会儿就会自动消失,但这种用户体验总归是不友好的。有没有什么办法能解决一下呢? 当然有了,只需要借助 CoordinatorLayout 就可以轻松解决。

图 12.11   Snackbar 的效果

12.4.3   CoordinatorLayout

CoordinatorLayout 可以说是一个加强版的 FrameLayout，由 AndroidX 库提供。它在普通情况下的作用和 FrameLayout 基本一致，但是它拥有一些额外的 Material 能力。

事实上，CoordinatorLayout 可以监听其所有子控件的各种事件，并自动帮助我们做出最为合理的响应。举个简单的例子，刚才弹出的 Snackbar 提示将悬浮按钮遮挡住了，而如果我们能让 CoordinatorLayout 监听到 Snackbar 的弹出事件，那么它会自动将内部的 FloatingActionButton 向上偏移，从而确保不会被 Snackbar 遮挡。

至于 CoordinatorLayout 的使用也非常简单，我们只需要将原来的 FrameLayout 替换一下就可以了。修改 activity_main.xml 中的代码，如下所示：

```
<androidx.drawerlayout.widget.DrawerLayout
    xmlns:android="http://schemas.android.com/apk/res/android"
    xmlns:app="http://schemas.android.com/apk/res-auto"
    android:id="@+id/drawerLayout"
    android:layout_width="match_parent"
    android:layout_height="match_parent">

    <androidx.coordinatorlayout.widget.CoordinatorLayout
        android:layout_width="match_parent"
```

```
    android:layout_height="match_parent">

    <androidx.appcompat.widget.Toolbar
        android:id="@+id/toolbar"
        android:layout_width="match_parent"
        android:layout_height="?attr/actionBarSize"
        android:background="@color/colorPrimary"
        android:theme="@style/ThemeOverlay.AppCompat.Dark.ActionBar"
        app:popupTheme="@style/ThemeOverlay.AppCompat.Light" />

    <com.google.android.material.floatingactionbutton.FloatingActionButton
        android:id="@+id/fab"
        android:layout_width="wrap_content"
        android:layout_height="wrap_content"
        android:layout_gravity="bottom|end"
        android:layout_margin="16dp"
        android:src="@drawable/ic_done" />

</androidx.coordinatorlayout.widget.CoordinatorLayout>
    ...
</androidx.drawerlayout.widget.DrawerLayout>
```

　　由于 CoordinatorLayout 本身就是一个加强版的 FrameLayout，因此这种替换不会有任何的副作用。现在重新运行一下程序，并点击悬浮按钮，效果如图 12.12 所示。

图 12.12　CoordinatorLayout 自动将悬浮按钮上移

可以看到，悬浮按钮自动向上偏移了 Snackbar 的同等高度，从而确保不会被遮挡。当 Snackbar 消失的时候，悬浮按钮会自动向下偏移回到原来的位置。

另外，悬浮按钮的向上和向下偏移也是伴随着动画效果的，且和 Snackbar 完全同步，整体效果看上去特别赏心悦目。

不过我们回过头来再思考一下，刚才说的是 CoordinatorLayout 可以监听其所有子控件的各种事件，但是 Snackbar 好像并不是 CoordinatorLayout 的子控件吧，为什么它却可以被监听到呢？

其实道理很简单，还记得我们在 Snackbar 的 make()方法中传入的第一个参数吗？这个参数就是用来指定 Snackbar 是基于哪个 View 触发的，刚才我们传入的是 FloatingActionButton 本身，而 FloatingActionButton 是 CoordinatorLayout 中的子控件，因此这个事件就理所应当能被监听到了。你可以自己再做个实验，如果给 Snackbar 的 make()方法传入一个 DrawerLayout，那么 Snackbar 就会再次遮挡悬浮按钮，因为 DrawerLayout 不是 CoordinatorLayout 的子控件，CoordinatorLayout 也就无法监听到 Snackbar 的弹出和隐藏事件了。

本节的内容就讲到这里，接下来我们继续丰富 MaterialTest 项目，加入卡片式布局效果。

12.5　卡片式布局

虽然现在 MaterialTest 中已经应用了非常多的 Material Design 效果，不过你会发现，界面上最主要的一块区域还处于空白状态。这块区域通常用来放置应用的主体内容，我准备使用一些精美的水果图片来填充这部分区域。

为了要让水果图片也能 Material 化，本节中我们将会学习如何实现卡片式布局的效果。卡片式布局也是 Materials Design 中提出的一个新概念，它可以让页面中的元素看起来就像在卡片中一样，并且还能拥有圆角和投影，下面我们就开始具体学习一下。

12.5.1　MaterialCardView

MaterialCardView 是用于实现卡片式布局效果的重要控件，由 Material 库提供。实际上，MaterialCardView 也是一个 FrameLayout，只是额外提供了圆角和阴影等效果，看上去会有立体的感觉。

我们先来看一下 MaterialCardView 的基本用法吧，其实非常简单，如下所示：

```
<com.google.android.material.card.MaterialCardView
    android:layout_width="match_parent"
    android:layout_height="wrap_content"
    app:cardCornerRadius="4dp"
    app:elevation="5dp">
    <TextView
        android:id="@+id/infoText"
        android:layout_width="match_parent"
```

```
        android:layout_height="wrap_content"/>
</com.google.android.material.card.MaterialCardView>
```

这里定义了一个 MaterialCardView 布局，我们可以通过 `app:cardCornerRadius` 属性指定卡片圆角的弧度，数值越大，圆角的弧度也越大。另外，还可以通过 `app:elevation` 属性指定卡片的高度：高度值越大，投影范围也越大，但是投影效果越淡；高度值越小，投影范围也越小，但是投影效果越浓。这一点和 FloatingActionButton 是一致的。

然后，我们在 MaterialCardView 布局中放置了一个 TextView，那么这个 TextView 就会显示在一张卡片当中了，就是这么简单。

但是，我们显然不可能在如此宽阔的一块空白区域内只放置一张卡片。为了能够充分利用屏幕的空间，这里我准备综合运用一下第 4 章中学到的知识，使用 RecyclerView 填充 MaterialTest 项目的主界面部分。还记得之前实现过的水果列表效果吗？这次我们将升级一下，实现一个高配版的水果列表效果。

既然是要实现水果列表，那么首先肯定需要准备许多张水果图片，这里我从网上挑选了一些精美的水果图片，将它们复制到了项目当中（资源下载方式见前言）。

然后，由于我们还需要用到 RecyclerView，因此必须在 app/build.gradle 文件中声明库的依赖：

```
dependencies {
    ...
    implementation 'androidx.recyclerview:recyclerview:1.0.0'
    implementation 'com.github.bumptech.glide:glide:4.9.0'
}
```

上述声明的第二行是添加了 Glide 库的依赖。Glide 是一个超级强大的开源图片加载库，它不仅可以用于加载本地图片，还可以加载网络图片、GIF 图片甚至是本地视频。最重要的是，Glide 的用法非常简单，只需几行代码就能轻松实现复杂的图片加载功能，因此这里我们准备用它来加载水果图片。Glide 的项目主页地址是：https://github.com/bumptech/glide。

接下来开始具体的代码实现，修改 activity_main.xml 中的代码，如下所示：

```
<androidx.drawerlayout.widget.DrawerLayout
    xmlns:android="http://schemas.android.com/apk/res/android"
    xmlns:app="http://schemas.android.com/apk/res-auto"
    android:id="@+id/drawerLayout"
    android:layout_width="match_parent"
    android:layout_height="match_parent">

    <androidx.coordinatorlayout.widget.CoordinatorLayout
        android:layout_width="match_parent"
        android:layout_height="match_parent">

        <androidx.appcompat.widget.Toolbar
            android:id="@+id/toolbar"
            android:layout_width="match_parent"
```

```
        android:layout_height="?attr/actionBarSize"
        android:background="@color/colorPrimary"
        android:theme="@style/ThemeOverlay.AppCompat.Dark.ActionBar"
        app:popupTheme="@style/ThemeOverlay.AppCompat.Light" />

    <androidx.recyclerview.widget.RecyclerView
        android:id="@+id/recyclerView"
        android:layout_width="match_parent"
        android:layout_height="match_parent" />

    <com.google.android.material.floatingactionbutton.FloatingActionButton
        android:id="@+id/fab"
        android:layout_width="wrap_content"
        android:layout_height="wrap_content"
        android:layout_gravity="bottom|end"
        android:layout_margin="16dp"
        android:src="@drawable/ic_done" />

</androidx.coordinatorlayout.widget.CoordinatorLayout>
    ...
</androidx.drawerlayout.widget.DrawerLayout>
```

这里我们在 CoordinatorLayout 中添加了一个 RecyclerView，给它指定一个 id，然后将宽度和高度都设置为 match_parent，这样 RecyclerView 就占满了整个布局的空间。

接着定义一个实体类 Fruit，代码如下所示：

```
class Fruit(val name: String, val imageId: Int)
```

Fruit 类中只有两个字段：name 表示水果的名字，imageId 表示水果对应图片的资源 id。

然后需要为 RecyclerView 的子项指定一个我们自定义的布局，在 layout 目录下新建 fruit_item.xml，代码如下所示：

```
<com.google.android.material.card.MaterialCardView
    xmlns:android="http://schemas.android.com/apk/res/android"
    xmlns:app="http://schemas.android.com/apk/res-auto"
    android:layout_width="match_parent"
    android:layout_height="wrap_content"
    android:layout_margin="5dp"
    app:cardCornerRadius="4dp">

    <LinearLayout
        android:orientation="vertical"
        android:layout_width="match_parent"
        android:layout_height="wrap_content">

        <ImageView
            android:id="@+id/fruitImage"
            android:layout_width="match_parent"
            android:layout_height="100dp"
            android:scaleType="centerCrop" />
```

```
    <TextView
        android:id="@+id/fruitName"
        android:layout_width="wrap_content"
        android:layout_height="wrap_content"
        android:layout_gravity="center_horizontal"
        android:layout_margin="5dp"
        android:textSize="16sp" />
</LinearLayout>

</com.google.android.material.card.MaterialCardView>
```

这里使用了 MaterialCardView 来作为子项的最外层布局，从而使得 RecyclerView 中的每个元素都是在卡片当中的。由于 MaterialCardView 是一个 FrameLayout，因此它没有什么方便的定位方式，这里我们只好在 MaterialCardView 中再嵌套一个 LinearLayout，然后在 LinearLayout 中放置具体的内容。

内容倒也没有什么特殊的地方，就是定义了一个 ImageView 用于显示水果的图片，又定义了一个 TextView 用于显示水果的名称，并让 TextView 在水平方向上居中显示。注意，在 ImageView 中我们使用了一个 scaleType 属性，这个属性可以指定图片的缩放模式。由于各张水果图片的长宽比例可能会不一致，为了让所有的图片都能填充满整个 ImageView，这里使用了 centerCrop 模式，它可以让图片保持原有比例填充满 ImageView，并将超出屏幕的部分裁剪掉。

接下来需要为 RecyclerView 准备一个适配器，新建 FruitAdapter 类，让这个适配器继承自 RecyclerView.Adapter，并将泛型指定为 FruitAdapter.ViewHolder，代码如下所示：

```
class FruitAdapter(val context: Context, val fruitList: List<Fruit>) :
        RecyclerView.Adapter<FruitAdapter.ViewHolder>() {

    inner class ViewHolder(view: View) : RecyclerView.ViewHolder(view) {
        val fruitImage: ImageView = view.findViewById(R.id.fruitImage)
        val fruitName: TextView = view.findViewById(R.id.fruitName)
    }

    override fun onCreateViewHolder(parent: ViewGroup, viewType: Int): ViewHolder {
        val view = LayoutInflater.from(context).inflate(R.layout.fruit_item, parent, false)
        return ViewHolder(view)
    }

    override fun onBindViewHolder(holder: ViewHolder, position: Int) {
        val fruit = fruitList[position]
        holder.fruitName.text = fruit.name
        Glide.with(context).load(fruit.imageId).into(holder.fruitImage)
    }

    override fun getItemCount() = fruitList.size

}
```

上述代码相信你一定很熟悉，和我们在第 4 章中编写的 FruitAdapter 基本一模一样。唯一需要注意的是，在 onBindViewHolder()方法中我们使用了 Glide 来加载水果图片。

那么这里就顺便来看一下 Glide 的用法吧，其实并没有太多好讲的，因为 Glide 的用法实在是太简单了。首先调用 Glide.with()方法并传入一个 Context、Activity 或 Fragment 参数，然后调用 load()方法加载图片，可以是一个 URL 地址，也可以是一个本地路径，或者是一个资源 id，最后调用 into()方法将图片设置到具体某一个 ImageView 中就可以了。

那么我们为什么要使用 Glide 而不是传统的设置图片方式呢？因为这次我从网上找的这些水果图片像素非常高，如果不进行压缩就直接展示的话，很容易引起内存溢出。而使用 Glide 就完全不需要担心这回事，Glide 在内部做了许多非常复杂的逻辑操作，其中就包括了图片压缩，我们只需要安心按照 Glide 的标准用法去加载图片就可以了。

这样我们将 RecyclerView 的适配器也准备好了，最后修改 MainActivity 中的代码，如下所示：

```
class MainActivity : AppCompatActivity() {

    val fruits = mutableListOf(Fruit("Apple", R.drawable.apple), Fruit("Banana",
        R.drawable.banana), Fruit("Orange", R.drawable.orange), Fruit("Watermelon",
        R.drawable.watermelon), Fruit("Pear", R.drawable.pear), Fruit("Grape",
        R.drawable.grape), Fruit("Pineapple", R.drawable.pineapple), Fruit("Strawberry",
        R.drawable.strawberry), Fruit("Cherry", R.drawable.cherry), Fruit("Mango",
        R.drawable.mango))

    val fruitList = ArrayList<Fruit>()

    override fun onCreate(savedInstanceState: Bundle?) {
        super.onCreate(savedInstanceState)
        setContentView(R.layout.activity_main)
        ...
        initFruits()
        val layoutManager = GridLayoutManager(this, 2)
        recyclerView.layoutManager = layoutManager
        val adapter = FruitAdapter(this, fruitList)
        recyclerView.adapter = adapter
    }

    private fun initFruits() {
        fruitList.clear()
        repeat(50) {
            val index = (0 until fruits.size).random()
            fruitList.add(fruits[index])
        }
    }
    ...
}
```

在 MainActivity 中，我们首先定义了一个水果集合，集合里面存放了很多个 Fruit 的实例，每个实例都代表一种水果。然后在 initFruits()方法中，先是清空了一下 fruitList 中的数据，接着使用一个随机函数,从刚才定义的 Fruit 数组中随机挑选一个水果放入 fruitList 当中,这样每次打开程序看到的水果数据都会是不同的。另外,为了让界面上的数据多一些,这里使用了 repeat() 函数,随机挑选 50 个水果。

之后的用法就是 RecyclerView 的标准用法了,不过这里使用了 GridLayoutManager 这种布局方式。在第 4 章中我们已经学过了 LinearLayoutManager 和 StaggeredGridLayoutManager,现在终于将所有的布局方式都补齐了。GridLayoutManager 的用法也没有什么特别之处,它的构造函数接收两个参数:第一个是 Context,第二个是列数。这里我们希望每一行中会有两列数据。

现在重新运行一下程序,效果如图 12.13 所示。

图 12.13 卡片式布局效果

可以看到,精美的水果图片成功展示出来了。每个水果都是在一张单独的卡片当中的,并且还拥有圆角和投影,是不是非常美观?另外,由于我们是使用随机的方式来获取水果数据的,因此界面上会有一些重复的水果出现,这属于正常现象。

当你陶醉于当前精美的界面的时候,你是不是忽略了一个细节?哎呀,我们的 Toolbar 怎么不见了!仔细观察一下原来是被 RecyclerView 给挡住了。这个问题又该怎么解决呢?这就需要借助另外一个工具了——AppBarLayout。

12.5.2　AppBarLayout

首先，我们来分析一下为什么 RecyclerView 会把 Toolbar 给遮挡住吧。其实并不难理解，由于 RecyclerView 和 Toolbar 都是放置在 CoordinatorLayout 中的，而前面已经说过，CoordinatorLayout 就是一个加强版的 FrameLayout，那么 FrameLayout 中的所有控件在不进行明确定位的情况下，默认都会摆放在布局的左上角，从而产生了遮挡的现象。其实这已经不是你第一次遇到这种情况了，我们在 4.3.3 小节学习 FrameLayout 的时候，就早已见识过了控件与控件之间遮挡的效果。

既然已经找到了问题的原因，那么该如何解决呢？在传统情况下，使用偏移是唯一的解决办法，即让 RecyclerView 向下偏移一个 Toolbar 的高度，从而保证不会遮挡到 Toolbar。不过我们使用的并不是普通的 FrameLayout，而是 CoordinatorLayout，因此自然会有一些更加巧妙的解决办法。

这里我准备使用 Material 库中提供的另外一个工具——AppBarLayout。AppBarLayout 实际上是一个垂直方向的 LinearLayout，它在内部做了很多滚动事件的封装，并应用了一些 Material Design 的设计理念。

那么我们怎样使用 AppBarLayout 才能解决前面的遮挡问题呢？其实只需要两步就可以了，第一步将 Toolbar 嵌套到 AppBarLayout 中，第二步给 RecyclerView 指定一个布局行为。修改 activity_main.xml 中的代码，如下所示：

```xml
<androidx.drawerlayout.widget.DrawerLayout
    xmlns:android="http://schemas.android.com/apk/res/android"
    xmlns:app="http://schemas.android.com/apk/res-auto"
    android:id="@+id/drawerLayout"
    android:layout_width="match_parent"
    android:layout_height="match_parent">

    <androidx.coordinatorlayout.widget.CoordinatorLayout
        android:layout_width="match_parent"
        android:layout_height="match_parent">

        <com.google.android.material.appbar.AppBarLayout
            android:layout_width="match_parent"
            android:layout_height="wrap_content">

            <androidx.appcompat.widget.Toolbar
                android:id="@+id/toolbar"
                android:layout_width="match_parent"
                android:layout_height="?attr/actionBarSize"
                android:background="@color/colorPrimary"
                android:theme="@style/ThemeOverlay.AppCompat.Dark.ActionBar"
                app:popupTheme="@style/ThemeOverlay.AppCompat.Light" />

        </com.google.android.material.appbar.AppBarLayout>

        <androidx.recyclerview.widget.RecyclerView
            android:id="@+id/recyclerView"
            android:layout_width="match_parent"
```

```
                  android:layout_height="match_parent"
                  app:layout_behavior="@string/appbar_scrolling_view_behavior" />
         ...
    </androidx.coordinatorlayout.widget.CoordinatorLayout>
    ...
</androidx.drawerlayout.widget.DrawerLayout>
```

可以看到，布局文件并没有什么太大的变化。我们首先定义了一个 AppBarLayout，并将 Toolbar 放置在了 AppBarLayout 里面，然后在 RecyclerView 中使用 app:layout_behavior 属性指定了一个布局行为。其中 appbar_scrolling_view_behavior 这个字符串也是由 Material 库提供的。

现在重新运行一下程序，你就会发现一切都正常了，如图 12.14 所示。

图 12.14　解决 RecyclerView 遮挡 Toolbar 的问题

虽说使用 AppBarLayout 已经成功解决了 RecyclerView 遮挡 Toolbar 的问题，但是刚才提到过，AppBarLayout 中应用了一些 Material Design 的设计理念，好像从上面的例子完全体现不出来呀。事实上，当 RecyclerView 滚动的时候就已经将滚动事件通知给 AppBarLayout 了，只是我们还没进行处理而已。那么下面就让我们来进一步优化，看看 AppBarLayout 到底能实现什么样的 Material Design 效果。

当 AppBarLayout 接收到滚动事件的时候，它内部的子控件其实是可以指定如何去响应这些事件的，通过 app:layout_scrollFlags 属性就能实现。修改 activity_main.xml 中的代码，如下所示：

```
<androidx.drawerlayout.widget.DrawerLayout
    xmlns:android="http://schemas.android.com/apk/res/android"
    xmlns:app="http://schemas.android.com/apk/res-auto"
    android:id="@+id/drawerLayout"
    android:layout_width="match_parent"
    android:layout_height="match_parent">

    <androidx.coordinatorlayout.widget.CoordinatorLayout
        android:layout_width="match_parent"
        android:layout_height="match_parent">

        <com.google.android.material.appbar.AppBarLayout
            android:layout_width="match_parent"
            android:layout_height="wrap_content">

            <androidx.appcompat.widget.Toolbar
                android:id="@+id/toolbar"
                android:layout_width="match_parent"
                android:layout_height="?attr/actionBarSize"
                android:background="@color/colorPrimary"
                android:theme="@style/ThemeOverlay.AppCompat.Dark.ActionBar"
                app:popupTheme="@style/ThemeOverlay.AppCompat.Light"
                app:layout_scrollFlags="scroll|enterAlways|snap" />

        </com.google.android.material.appbar.AppBarLayout>
        ...
    </androidx.coordinatorlayout.widget.CoordinatorLayout>
    ...
</androidx.drawerlayout.widget.DrawerLayout>
```

这里在 Toolbar 中添加了一个 app:layout_scrollFlags 属性，并将这个属性的值指定成了 scroll|enterAlways|snap。其中，scroll 表示当 RecyclerView 向上滚动的时候，Toolbar 会跟着一起向上滚动并实现隐藏；enterAlways 表示当 RecyclerView 向下滚动的时候，Toolbar 会跟着一起向下滚动并重新显示；snap 表示当 Toolbar 还没有完全隐藏或显示的时候，会根据当前滚动的距离，自动选择是隐藏还是显示。

我们要改动的就只有这一行代码而已，现在重新运行一下程序，并向上滚动 RecyclerView，效果如图 12.15 所示。

图 12.15　向上滚动 RecyclerView 隐藏 Toolbar

可以看到，随着我们向上滚动 RecyclerView，Toolbar 竟然消失了！而向下滚动 RecyclerView，Toolbar 又会重新出现。这其实也是 Material Design 中的一项重要设计思想，因为当用户在向上滚动 RecyclerView 的时候，其注意力肯定是在 RecyclerView 的内容上的，这个时候如果 Toolbar 还占据着屏幕空间，就会在一定程度上影响用户的阅读体验，而将 Toolbar 隐藏则可以让阅读体验达到最佳状态。当用户需要操作 Toolbar 上的功能时，只需要轻微向下滚动，Toolbar 就会重新出现。这种设计方式既保证了用户的最佳阅读效果，又不影响任何功能上的操作，Material Design 考虑得就是这么细致入微。

当然了，像这种功能，如果是使用 ActionBar 的话，那就完全不可能实现了，Toolbar 的出现为我们提供了更多的可能。

12.6　下拉刷新

下拉刷新这种功能早就不是什么新鲜的东西了，所有的应用里都会有这个功能。不过市面上现有的下拉刷新功能在风格上各不相同，并且和 Material Design 还有些格格不入的感觉。因此，Google 为了让 Android 的下拉刷新风格能有一个统一的标准，在 Material Design 中制定了一个官方的设计规范。当然，我们并不需要深入了解这个规范到底是什么样的，因为 Google 早就提供好了现成的控件，我们在项目中直接使用就可以了。

　　SwipeRefreshLayout 就是用于实现下拉刷新功能的核心类，我们把想要实现下拉刷新功能的控件放置到 SwipeRefreshLayout 中，就可以迅速让这个控件支持下拉刷新。那么在 MaterialTest 项目中，应该支持下拉刷新功能的控件自然就是 RecyclerView 了。

　　使用 SwipeRefreshLayout 之前首先需要在 app/build.gradle 文件中添加如下依赖：

```
dependencies {
...
implementation "androidx.swiperefreshlayout:swiperefreshlayout:1.0.0"
}
```

　　由于 SwipeRefreshLayout 的用法也比较简单，下面我们就直接开始使用了。修改 activity_main.xml 中的代码，如下所示：

```
<androidx.drawerlayout.widget.DrawerLayout
    xmlns:android="http://schemas.android.com/apk/res/android"
    xmlns:app="http://schemas.android.com/apk/res-auto"
    android:id="@+id/drawerLayout"
    android:layout_width="match_parent"
    android:layout_height="match_parent">

    <androidx.coordinatorlayout.widget.CoordinatorLayout
        android:layout_width="match_parent"
        android:layout_height="match_parent">
        ...
        <androidx.swiperefreshlayout.widget.SwipeRefreshLayout
            android:id="@+id/swipeRefresh"
            android:layout_width="match_parent"
            android:layout_height="match_parent"
            app:layout_behavior="@string/appbar_scrolling_view_behavior">

            <androidx.recyclerview.widget.RecyclerView
                android:id="@+id/recyclerView"
                android:layout_width="match_parent"
                android:layout_height="match_parent"/>

        </androidx.swiperefreshlayout.widget.SwipeRefreshLayout>
        ...
    </androidx.coordinatorlayout.widget.CoordinatorLayout>
    ...
</androidx.drawerlayout.widget.DrawerLayout>
```

　　可以看到，这里我们在 RecyclerView 的外面又嵌套了一层 SwipeRefreshLayout，这样 RecyclerView 就自动拥有下拉刷新功能了。另外需要注意，由于 RecyclerView 现在变成了 SwipeRefreshLayout 的子控件，因此之前使用 app:layout_behavior 声明的布局行为现在也要移到 SwipeRefreshLayout 中才行。

不过这还没有结束，虽然 RecyclerView 已经支持下拉刷新功能了，但是我们还要在代码中处理具体的刷新逻辑才行。修改 MainActivity 中的代码，如下所示：

```kotlin
class MainActivity : AppCompatActivity() {
    ...
    override fun onCreate(savedInstanceState: Bundle?) {
        super.onCreate(savedInstanceState)
        setContentView(R.layout.activity_main)
        ...
        swipeRefresh.setColorSchemeResources(R.color.colorPrimary)
        swipeRefresh.setOnRefreshListener {
            refreshFruits(adapter)
        }
    }

    private fun refreshFruits(adapter: FruitAdapter) {
        thread {
            Thread.sleep(2000)
            runOnUiThread {
                initFruits()
                adapter.notifyDataSetChanged()
                swipeRefresh.isRefreshing = false
            }
        }
    }
    ...
}
```

这段代码应该还是比较好理解的，首先调用 SwipeRefreshLayout 的 setColorSchemeResources() 方法来设置下拉刷新进度条的颜色，这里我们就使用主题中的 colorPrimary 作为进度条的颜色了。接着调用 setOnRefreshListener() 方法来设置一个下拉刷新的监听器，当用户进行了下拉刷新操作时，就会回调到 Lambda 表达式当中，然后我们在这里去处理具体的刷新逻辑就可以了。

通常情况下，当触发了下拉刷新事件，应该是去网络上请求最新的数据，然后再将这些数据展示出来。这里简单起见，我们就不和网络进行交互了，而是调用一个 refreshFruits()方法进行本地刷新操作。refreshFruits()方法中先是开启了一个线程，然后将线程沉睡两秒钟。之所以这么做，是因为本地刷新操作速度非常快，如果不将线程沉睡的话，刷新立刻就结束了，从而看不到刷新的过程。沉睡结束之后，这里使用了 runOnUiThread()方法将线程切换回主线程，然后调用 initFruits()方法重新生成数据，接着再调用 FruitAdapter 的 notifyDataSetChanged() 方法通知数据发生了变化，最后调用 SwipeRefreshLayout 的 setRefreshing()方法并传入 false，表示刷新事件结束，并隐藏刷新进度条。

现在可以重新运行一下程序了，在屏幕的主界面向下拖动，会有一个下拉刷新的进度条出现，松手后就会自动进行刷新了，效果如图 12.16 所示。

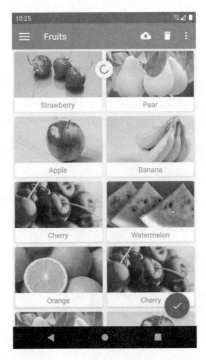

图 12.16　实现下拉刷新效果

下拉刷新的进度条只会停留两秒钟，之后就会自动消失，界面上的水果数据也会随之更新。

这样我们就把下拉刷新的功能也成功实现了，并且这就是 Material Design 中规定的最标准的下拉刷新效果，还有什么会比这个更好看呢？目前我们的项目中已经应用了众多 Material Design 的效果，Material 库中的常用控件也学了大半了。不过本章的学习之旅还没有结束，在最后的尾声部分，我们再来实现一个非常震撼的 Material Design 效果——可折叠式标题栏。

12.7　可折叠式标题栏

虽说我们现在的标题栏是使用 Toolbar 来编写的，不过它看上去和传统的 ActionBar 没什么两样，只不过可以响应 RecyclerView 的滚动事件来进行隐藏和显示。而 Material Design 中并没有限定标题栏必须是长这个样子的，事实上，我们可以根据自己的喜好随意定制标题栏的样式。那么本节中我们就来实现一个可折叠式标题栏的效果，这需要借助 CollapsingToolbarLayout 这个工具。

12.7.1　CollapsingToolbarLayout

顾名思义，CollapsingToolbarLayout 是一个作用于 Toolbar 基础之上的布局，它也是由 Material 库提供的。CollapsingToolbarLayout 可以让 Toolbar 的效果变得更加丰富，不仅仅是展示一个标题栏，而且能够实现非常华丽的效果。

　　不过，CollapsingToolbarLayout 是不能独立存在的，它在设计的时候就被限定只能作为 AppBarLayout 的直接子布局来使用。而 AppBarLayout 又必须是 CoordinatorLayout 的子布局，因此本节中我们要实现的功能其实需要综合运用前面所学的各种知识。那么话不多说，这就开始吧。

　　首先我们需要一个额外的 Activity 作为水果的详情展示界面，右击 com.example.materialtest 包→New→Activity→Empty Activity，创建一个 FruitActivity，并将布局名指定成 activity_fruit.xml，然后我们开始编写水果详情展示界面的布局。

　　由于整个布局文件比较复杂，这里我准备采用分段编写的方式。activity_fruit.xml 中的内容主要分为两部分，一个是水果标题栏，一个是水果内容详情，我们来一步步实现。

　　首先实现标题栏部分，这里使用 CoordinatorLayout 作为最外层布局，如下所示：

```
<androidx.coordinatorlayout.widget.CoordinatorLayout
    xmlns:android="http://schemas.android.com/apk/res/android"
    xmlns:app="http://schemas.android.com/apk/res-auto"
    android:layout_width="match_parent"
    android:layout_height="match_parent">

</androidx.coordinatorlayout.widget.CoordinatorLayout>
```

　　一开始的代码还是比较简单的，相信没有什么需要解释的地方。注意要始终记得定义一个 xmlns:app 的命名空间，在 Material Design 的开发中会经常用到它。

　　接着我们在 CoordinatorLayout 中嵌套一个 AppBarLayout，如下所示：

```
<androidx.coordinatorlayout.widget.CoordinatorLayout
    xmlns:android="http://schemas.android.com/apk/res/android"
    xmlns:app="http://schemas.android.com/apk/res-auto"
    android:layout_width="match_parent"
    android:layout_height="match_parent">

    <com.google.android.material.appbar.AppBarLayout
        android:id="@+id/appBar"
        android:layout_width="match_parent"
        android:layout_height="250dp">
    </com.google.android.material.appbar.AppBarLayout>

</androidx.coordinatorlayout.widget.CoordinatorLayout>
```

　　目前为止也没有什么难理解的地方，我们给 AppBarLayout 定义了一个 id，将它的宽度指定为 match_parent，高度指定为 250 dp。当然这里的高度值你可以随意指定，不过我尝试之后发现 250 dp 的视觉效果比较好。

　　接下来我们在 AppBarLayout 中再嵌套一个 CollapsingToolbarLayout，如下所示：

```
<androidx.coordinatorlayout.widget.CoordinatorLayout
    xmlns:android="http://schemas.android.com/apk/res/android"
    xmlns:app="http://schemas.android.com/apk/res-auto"
    android:layout_width="match_parent"
```

```
        android:layout_height="match_parent">

        <com.google.android.material.appbar.AppBarLayout
            android:id="@+id/appBar"
            android:layout_width="match_parent"
            android:layout_height="250dp">

            <com.google.android.material.appbar.CollapsingToolbarLayout
                android:id="@+id/collapsingToolbar"
                android:layout_width="match_parent"
                android:layout_height="match_parent"
                android:theme="@style/ThemeOverlay.AppCompat.Dark.ActionBar"
                app:contentScrim="@color/colorPrimary"
                app:layout_scrollFlags="scroll|exitUntilCollapsed">
            </com.google.android.material.appbar.CollapsingToolbarLayout>

        </com.google.android.material.appbar.AppBarLayout>

    </androidx.coordinatorlayout.widget.CoordinatorLayout>
```

从现在开始就稍微有点难理解了，这里我们使用了新的布局 CollapsingToolbarLayout。其中，id、layout_width 和 layout_height 这几个属性比较简单，我就不解释了。android:theme 属性指定了一个 ThemeOverlay.AppCompat.Dark.ActionBar 的主题，其实对于这部分我们也并不陌生，因为之前在 activity_main.xml 中给 Toolbar 指定的也是这个主题，只不过这里要实现更加高级的 Toolbar 效果，因此需要将这个主题的指定提到上一层来。app:contentScrim 属性用于指定 CollapsingToolbarLayout 在趋于折叠状态以及折叠之后的背景色，其实 CollapsingToolbarLayout 在折叠之后就是一个普通的 Toolbar，那么背景色肯定应该是 colorPrimary 了，具体的效果我们待会儿就能看到。app:layout_scrollFlags 属性我们也是见过的，只不过之前是给 Toolbar 指定的，现在也移到外面来了。其中，scroll 表示 CollapsingToolbarLayout 会随着水果内容详情的滚动一起滚动，exitUntilCollapsed 表示当 CollapsingToolbarLayout 随着滚动完成折叠之后就保留在界面上，不再移出屏幕。

接下来，我们在 CollapsingToolbarLayout 中定义标题栏的具体内容，如下所示：

```
<androidx.coordinatorlayout.widget.CoordinatorLayout
    xmlns:android="http://schemas.android.com/apk/res/android"
    xmlns:app="http://schemas.android.com/apk/res-auto"
    android:layout_width="match_parent"
    android:layout_height="match_parent">

    <com.google.android.material.appbar.AppBarLayout
        android:id="@+id/appBar"
        android:layout_width="match_parent"
        android:layout_height="250dp">

        <com.google.android.material.appbar.CollapsingToolbarLayout
            android:id="@+id/collapsingToolbar"
            android:layout_width="match_parent"
            android:layout_height="match_parent"
            android:theme="@style/ThemeOverlay.AppCompat.Dark.ActionBar"
```

```
        app:contentScrim="@color/colorPrimary"
        app:layout_scrollFlags="scroll|exitUntilCollapsed">

        <ImageView
            android:id="@+id/fruitImageView"
            android:layout_width="match_parent"
            android:layout_height="match_parent"
            android:scaleType="centerCrop"
            app:layout_collapseMode="parallax" />

        <androidx.appcompat.widget.Toolbar
            android:id="@+id/toolbar"
            android:layout_width="match_parent"
            android:layout_height="?attr/actionBarSize"
            app:layout_collapseMode="pin" />

    </com.google.android.material.appbar.CollapsingToolbarLayout>

    </com.google.android.material.appbar.AppBarLayout>

</androidx.coordinatorlayout.widget.CoordinatorLayout>
```

可以看到，我们在 CollapsingToolbarLayout 中定义了一个 ImageView 和一个 Toolbar，也就意味着，这个高级版的标题栏将是由普通的标题栏加上图片组合而成的。这里定义的大多数属性我们是已经见过的，就不再解释了，只有一个 app:layout_collapseMode 比较陌生。它用于指定当前控件在 CollapsingToolbarLayout 折叠过程中的折叠模式，其中 Toolbar 指定成 pin，表示在折叠的过程中位置始终保持不变，ImageView 指定成 parallax，表示会在折叠的过程中产生一定的错位偏移，这种模式的视觉效果会非常好。

这样我们就将水果标题栏的界面编写完成了，下面开始编写水果内容详情部分。继续修改 activity_fruit.xml 中的代码，如下所示：

```
<androidx.coordinatorlayout.widget.CoordinatorLayout
    xmlns:android="http://schemas.android.com/apk/res/android"
    xmlns:app="http://schemas.android.com/apk/res-auto"
    android:layout_width="match_parent"
    android:layout_height="match_parent">

    <com.google.android.material.appbar.AppBarLayout
        android:id="@+id/appBar"
        android:layout_width="match_parent"
        android:layout_height="250dp">
        ...
    </com.google.android.material.appbar.AppBarLayout>

    <androidx.core.widget.NestedScrollView
        android:layout_width="match_parent"
        android:layout_height="match_parent"
        app:layout_behavior="@string/appbar_scrolling_view_behavior">

    </androidx.core.widget.NestedScrollView>

</androidx.coordinatorlayout.widget.CoordinatorLayout>
```

水果内容详情的最外层布局使用了一个 NestedScrollView，注意它和 AppBarLayout 是平级的。我们之前在 11.2.1 小节学过 ScrollView 的用法，它允许使用滚动的方式来查看屏幕以外的数据，而 NestedScrollView 在此基础之上还增加了嵌套响应滚动事件的功能。由于 CoordinatorLayout 本身已经可以响应滚动事件了，因此我们在它的内部就需要使用 NestedScrollView 或 RecyclerView 这样的布局。另外，这里还通过 app:layout_behavior 属性指定了一个布局行为，这和之前在 RecyclerView 中的用法是一模一样的。

不管是 ScrollView 还是 NestedScrollView，它们的内部都只允许存在一个直接子布局。因此，如果我们想要在里面放入很多东西的话，通常会先嵌套一个 LinearLayout，然后再在 LinearLayout 中放入具体的内容就可以了，如下所示：

```
<androidx.coordinatorlayout.widget.CoordinatorLayout
    xmlns:android="http://schemas.android.com/apk/res/android"
    xmlns:app="http://schemas.android.com/apk/res-auto"
    android:layout_width="match_parent"
    android:layout_height="match_parent">
    ...
    <androidx.core.widget.NestedScrollView
        android:layout_width="match_parent"
        android:layout_height="match_parent"
        app:layout_behavior="@string/appbar_scrolling_view_behavior">

        <LinearLayout
            android:orientation="vertical"
            android:layout_width="match_parent"
            android:layout_height="wrap_content">
        </LinearLayout>

    </androidx.core.widget.NestedScrollView>

</androidx.coordinatorlayout.widget.CoordinatorLayout>
```

这里我们嵌套了一个垂直方向的 LinearLayout，并将 layout_width 设置为 match_parent，将 layout_height 设置为 wrap_content。

接下来在 LinearLayout 中放入具体的内容，这里我准备使用一个 TextView 来显示水果的内容详情，并将 TextView 放在一个卡片式布局当中，如下所示：

```
<androidx.coordinatorlayout.widget.CoordinatorLayout
    xmlns:android="http://schemas.android.com/apk/res/android"
    xmlns:app="http://schemas.android.com/apk/res-auto"
    android:layout_width="match_parent"
    android:layout_height="match_parent">
    ...
    <androidx.core.widget.NestedScrollView
        android:layout_width="match_parent"
        android:layout_height="match_parent"
        app:layout_behavior="@string/appbar_scrolling_view_behavior">
```

```
<LinearLayout
    android:orientation="vertical"
    android:layout_width="match_parent"
    android:layout_height="wrap_content">

    <com.google.android.material.card.MaterialCardView
        android:layout_width="match_parent"
        android:layout_height="wrap_content"
        android:layout_marginBottom="15dp"
        android:layout_marginLeft="15dp"
        android:layout_marginRight="15dp"
        android:layout_marginTop="35dp"
        app:cardCornerRadius="4dp">

        <TextView
            android:id="@+id/fruitContentText"
            android:layout_width="wrap_content"
            android:layout_height="wrap_content"
            android:layout_margin="10dp" />

    </com.google.android.material.card.MaterialCardView>

</LinearLayout>

</androidx.core.widget.NestedScrollView>

</androidx.coordinatorlayout.widget.CoordinatorLayout>
```

　　这段代码也没有什么难理解的地方，都是我们学过的知识。需要注意的是，这里为了让界面更加美观，我在 MaterialCardView 和 TextView 上都加了一些边距。其中，MaterialCardView 的 marginTop 加了 35 dp 的边距，这是为下面要编写的东西留出空间。

　　好的，这样就把水果标题栏和水果内容详情的界面都编写完了，不过我们还可以在界面上再添加一个悬浮按钮。这个悬浮按钮并不是必需的，根据具体的需求添加就可以了，如果加入的话，我们将获得一些额外的动画效果。

　　为了做出示范，我就准备在 activity_fruit.xml 中加入一个悬浮按钮了。这个界面是一个水果详情展示界面，那么我就加入一个表示评论作用的悬浮按钮吧。首先需要提前准备好一个图标，这里我放置了一张 ic_comment.png 到 drawable-xxhdpi 目录下。然后修改 activity_fruit.xml 中的代码，如下所示：

```
<androidx.coordinatorlayout.widget.CoordinatorLayout
    xmlns:android="http://schemas.android.com/apk/res/android"
    xmlns:app="http://schemas.android.com/apk/res-auto"
    android:layout_width="match_parent"
    android:layout_height="match_parent">

    <com.google.android.material.appbar.AppBarLayout
        android:id="@+id/appBar"
        android:layout_width="match_parent"
        android:layout_height="250dp">
        ...
```

```
    </com.google.android.material.appbar.AppBarLayout>

    <androidx.core.widget.NestedScrollView
        android:layout_width="match_parent"
        android:layout_height="match_parent"
        app:layout_behavior="@string/appbar_scrolling_view_behavior">
        ...
    </androidx.core.widget.NestedScrollView>

    <com.google.android.material.floatingactionbutton.FloatingActionButton
        android:layout_width="wrap_content"
        android:layout_height="wrap_content"
        android:layout_margin="16dp"
        android:src="@drawable/ic_comment"
        app:layout_anchor="@id/appBar"
        app:layout_anchorGravity="bottom|end" />

</androidx.coordinatorlayout.widget.CoordinatorLayout>
```

可以看到，这里加入了一个 FloatingActionButton，它和 AppBarLayout 以及 NestedScrollView 是平级的。FloatingActionButton 中使用 app:layout_anchor 属性指定了一个锚点，我们将锚点设置为 AppBarLayout，这样悬浮按钮就会出现在水果标题栏的区域内，接着又使用 app:layout_anchorGravity 属性将悬浮按钮定位在标题栏区域的右下角。其他一些属性比较简单，就不再进行解释了。

好了，现在我们终于将整个 activity_fruit.xml 布局都编写完了，内容虽然比较长，但由于是分段编写的，并且每一步我都进行了详细的说明，相信你应该看得很明白吧。

界面完成了之后，接下来我们开始编写功能逻辑，修改 FruitActivity 中的代码，如下所示：

```
class FruitActivity : AppCompatActivity() {

    companion object {
        const val FRUIT_NAME = "fruit_name"
        const val FRUIT_IMAGE_ID = "fruit_image_id"
    }

    override fun onCreate(savedInstanceState: Bundle?) {
        super.onCreate(savedInstanceState)
        setContentView(R.layout.activity_fruit)
        val fruitName = intent.getStringExtra(FRUIT_NAME) ?: ""
        val fruitImageId = intent.getIntExtra(FRUIT_IMAGE_ID, 0)
        setSupportActionBar(toolbar)
        supportActionBar?.setDisplayHomeAsUpEnabled(true)
        collapsingToolbar.title = fruitName
        Glide.with(this).load(fruitImageId).into(fruitImageView)
        fruitContentText.text = generateFruitContent(fruitName)
    }

    override fun onOptionsItemSelected(item: MenuItem): Boolean {
        when (item.itemId) {
```

```
            android.R.id.home -> {
                finish()
                return true
            }
        }
        return super.onOptionsItemSelected(item)
    }

    private fun generateFruitContent(fruitName: String) = fruitName.repeat(500)

}
```

FruitActivity 中的代码并不是很复杂。首先，在 onCreate() 方法中，我们通过 Intent 获取了传入的水果名和水果图片的资源 id。接着使用了 Toolbar 的标准用法，将它作为 ActionBar 显示，并启用 Home 按钮。由于 Home 按钮的默认图标就是一个返回箭头，这正是我们所期望的，因此就不用额外设置别的图标了。

接下来开始填充界面上的内容，调用 CollapsingToolbarLayout 的 setTitle() 方法，将水果名设置成当前界面的标题，然后使用 Glide 加载传入的水果图片，并设置到标题栏的 ImageView 上面。接着需要填充水果的内容详情，由于这只是一个示例程序，并不需要什么真实的数据，所以我使用了一个 generateFruitContent() 方法将水果名循环拼接 500 次，从而生成了一个比较长的字符串，将它设置到了 TextView 上面。

最后，我们在 onOptionsItemSelected() 方法中处理了 Home 按钮的点击事件，当点击这个按钮时，就调用 finish() 方法关闭当前的 Activity，从而返回上一个 Activity。

所有工作都完成了吗？其实还差最关键的一步，就是处理 RecyclerView 的点击事件，不然的话，我们根本就无法打开 FruitActivity。修改 FruitAdapter 中的代码，如下所示：

```
class FruitAdapter(val context: Context, val fruitList: List<Fruit>) :
        RecyclerView.Adapter<FruitAdapter.ViewHolder>() {
    ...
    override fun onCreateViewHolder(parent: ViewGroup, viewType: Int): ViewHolder {
        val view = LayoutInflater.from(context).inflate(R.layout.fruit_item, parent, false)
        val holder = ViewHolder(view)
        holder.itemView.setOnClickListener {
            val position = holder.adapterPosition
            val fruit = fruitList[position]
            val intent = Intent(context, FruitActivity::class.java).apply {
                putExtra(FruitActivity.FRUIT_NAME, fruit.name)
                putExtra(FruitActivity.FRUIT_IMAGE_ID, fruit.imageId)
            }
            context.startActivity(intent)
        }
        return holder
    }
    ...
}
```

最关键的一步其实也是最简单的，这里我们给 fruit_item.xml 的最外层布局注册了一个点击事件监听器，然后在点击事件中获取当前点击项的水果名和水果图片资源 id，把它们传入 Intent 中，最后调用 startActivity()方法启动 FruitActivity。

见证奇迹的时刻到了，现在重新运行一下程序，并点击界面上的任意一个水果，比如我点击了葡萄，效果如图 12.17 所示。

你没有看错，如此精美的界面就是我们亲手敲出来的。这个界面上的内容分为 3 部分：水果标题栏、水果内容详情和悬浮按钮。相信你一眼就能将它们区分出来吧。Toolbar 和水果背景图完美地融合到了一起，既保证了图片的展示空间，又不影响 Toolbar 的任何功能，那个向左的箭头就是用来返回上一个 Activity 的。

不过这并不是全部，真正的好戏还在后头。我们尝试向上拖动水果内容详情，你会发现水果背景图上的标题会慢慢缩小，并且背景图会产生一些错位偏移的效果，如图 12.18 所示。

图 12.17 水果的详情展示界面

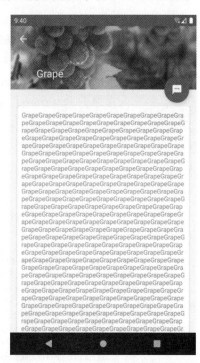

图 12.18 向上拖动水果内容详情

这是由于用户想要查看水果的内容详情，此时界面的重点在具体的内容上面，因此标题栏就会自动进行折叠，从而节省屏幕空间。

继续向上拖动，直到标题栏变成完全折叠状态，效果如图 12.19 所示。

图 12.19 标题栏变成完全折叠状态

可以看到，标题栏的背景图片不见了，悬浮按钮也自动消失了，现在水果标题栏变成了一个最普通的 Toolbar。这是由于用户正在阅读具体的内容，我们需要给他们提供最充分的阅读空间。而如果这个时候向下拖动水果内容详情，就会执行一个完全相反的动画过程，最终恢复成图 12.17的界面效果。

不知道你有没有被这个效果所感动呢？在这里，我真心地感谢 Material 库给我们带来这么棒的 UI 体验。

12.7.2　充分利用系统状态栏空间

虽说现在水果详情展示界面的效果已经非常华丽了，但这并不代表我们不能再进一步地提升。观察一下图 12.17，你会发现水果的背景图片和系统的状态栏总有一些不搭的感觉，如果我们能将背景图和状态栏融合到一起，那这个视觉体验绝对能提升好几个档次。

不过，在 Android 5.0 系统之前，我们是无法对状态栏的背景或颜色进行操作的，那个时候也还没有 Material Design 的概念，但是 Android 5.0 及之后的系统都是支持这个功能的。恰好我们整本书的所有代码最低兼容的就是 Android 5.0 系统，因此这里完全可以进一步地提升视觉体验。

想要让背景图能够和系统状态栏融合，需要借助 android:fitsSystemWindows 这个属性来实现。在 CoordinatorLayout、AppBarLayout、CollapsingToolbarLayout 这种嵌套结构的布局中，将控件的 android:fitsSystemWindows 属性指定成 true，就表示该控件会出现在系统状态栏里。对应到我们的程序，那就是水果标题栏中的 ImageView 应该设置这个属性了。不过只给 ImageView 设置这个属性是没有用的，我们必须将 ImageView 布局结构中的所有父布局都设置上这个属性才可以，修改 activity_fruit.xml 中的代码，如下所示：

```xml
<androidx.coordinatorlayout.widget.CoordinatorLayout
    xmlns:android="http://schemas.android.com/apk/res/android"
    xmlns:app="http://schemas.android.com/apk/res-auto"
    android:layout_width="match_parent"
    android:layout_height="match_parent"
    android:fitsSystemWindows="true">

    <com.google.android.material.appbar.AppBarLayout
        android:id="@+id/appBar"
        android:layout_width="match_parent"
        android:layout_height="250dp"
        android:fitsSystemWindows="true">

        <com.google.android.material.appbar.CollapsingToolbarLayout
            android:id="@+id/collapsingToolbar"
            android:layout_width="match_parent"
            android:layout_height="match_parent"
            android:theme="@style/ThemeOverlay.AppCompat.Dark.ActionBar"
            android:fitsSystemWindows="true"
            app:contentScrim="@color/colorPrimary"
            app:layout_scrollFlags="scroll|exitUntilCollapsed">

            <ImageView
                android:id="@+id/fruitImageView"
                android:layout_width="match_parent"
                android:layout_height="match_parent"
                android:scaleType="centerCrop"
                android:fitsSystemWindows="true"
                app:layout_collapseMode="parallax" />
            ...
        </com.google.android.material.appbar.CollapsingToolbarLayout>

    </com.google.android.material.appbar.AppBarLayout>
    ...
</androidx.coordinatorlayout.widget.CoordinatorLayout>
```

但是，即使我们将 android:fitsSystemWindows 属性都设置好了也没有用，因为还必须在程序的主题中将状态栏颜色指定成透明色才行。指定成透明色的方法很简单，在主题中将 android:statusBarColor 属性的值指定成@android:color/transparent 就可以了。

打开 res/values/styles.xml 文件，对主题的内容进行修改，如下所示：

```xml
<resources>

    <!-- Base application theme. -->
```

```
<style name="AppTheme" parent="Theme.MaterialComponents.Light.NoActionBar">
    <!-- Customize your theme here. -->
    <item name="colorPrimary">@color/colorPrimary</item>
    <item name="colorPrimaryDark">@color/colorPrimaryDark</item>
    <item name="colorAccent">@color/colorAccent</item>
</style>

<style name="FruitActivityTheme" parent="AppTheme">
    <item name="android:statusBarColor">@android:color/transparent</item>
</style>

</resources>
```

这里我们定义了一个 FruitActivityTheme 主题，它是专门给 FruitActivity 使用的。FruitActivityTheme 的父主题是 AppTheme，也就是说，它继承了 AppTheme 中的所有特性。在此基础之上，我们将 FruitActivityTheme 中的状态栏的颜色指定成透明色。

最后，还需要让 FruitActivity 使用这个主题才可以，修改 AndroidManifest.xml 中的代码，如下所示：

```
<manifest xmlns:android="http://schemas.android.com/apk/res/android"
    package="com.example.materialtest">

    <application
        android:allowBackup="true"
        android:icon="@mipmap/ic_launcher"
        android:label="@string/app_name"
        android:roundIcon="@mipmap/ic_launcher_round"
        android:supportsRtl="true"
        android:theme="@style/AppTheme">
        ...
        <activity
            android:name=".FruitActivity"
            android:theme="@style/FruitActivityTheme">
        </activity>
    </application>

</manifest>
```

这里使用 android:theme 属性单独给 FruitActivity 指定了 FruitActivityTheme 这个主题，这样我们就大功告成了。现在重新运行 MaterialTest 程序，水果详情展示界面的效果就会如图 12.20 所示。

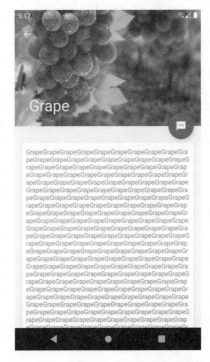

图 12.20　背景图和状态栏融合的效果

相信我，再对比一下图 12.17 的效果，这两种视觉体验绝对不是在一个档次上的。

好了，关于 Material Design 的知识我们就学到这里，接下来又该进入本章的 Kotlin 课堂了，赶快看一看这次又能学到 Kotlin 的什么新知识吧。

12.8　Kotlin 课堂：编写好用的工具方法

到目前为止，我们已经将 Kotlin 大部分系统性的知识点学习完了。掌握了如此多的 Kotlin 特性，你知道该如何对它们进行灵活运用吗？

事实上，Kotlin 提供的丰富语法特性给我们提供了无限扩展的可能，各种复杂的 API 经过特殊的封装处理之后都能变得简单易用。比如我们之前在第 7 章体验过的 KTX 库，就是 Google 为了简化许多 API 的用法而专门设计的。不过 KTX 库所能覆盖到的功能毕竟有限，因此最重要的还是我们要能养成对 Kotlin 的各种特性进行灵活运用的意识。那么在本节的 Kotlin 课堂中，我将带你对几个常用 API 的用法进行简化，从而编写出一些好用的工具方法。

12.8.1　求 N 个数的最大最小值

两个数比大小这个功能，相信每一位开发者都遇到过。如果我想要获取两个数中较大的那个数，除了使用最基本的 if 语句之外，还可以借助 Kotlin 内置的 max() 函数，如下所示：

```
val a = 10
val b = 15
val larger = max(a, b)
```

这种代码看上去简单直观，也很容易理解，因此好像并没有什么优化的必要。

可是现在如果我们想要在 3 个数中获取最大的那个数，应该怎么写呢？由于 max() 函数只能接收两个参数，因此需要先比较前两个数的大小，然后再拿较大的那个数和剩余的数进行比较，写法如下：

```
val a = 10
val b = 15
val c = 5
val largest = max(max(a, b), c)
```

有没有觉得代码开始变得复杂了呢？3 个数中获取最大值就需要使用这种嵌套 max() 函数的写法了，那如果是 4 个数、5 个数呢？没错，这个时候你就应该意识到，我们是可以对 max() 函数的用法进行简化的。

回顾一下，我们之前在第 7 章的 Kotlin 课堂中学过 vararg 关键字，它允许方法接收任意多个同等类型的参数，正好满足我们这里的需求。那么我们就可以新建一个 Max.kt 文件，并在其中自定义一个 max() 函数，如下所示：

```
fun max(vararg nums: Int): Int {
    var maxNum = Int.MIN_VALUE
    for (num in nums) {
        maxNum = kotlin.math.max(maxNum, num)
    }
    return maxNum
}
```

可以看到，这里 max() 函数的参数声明中使用了 vararg 关键字，也就是说现在它可以接收任意多个整型参数。接着我们使用了一个 maxNum 变量来记录所有数的最大值，并在一开始将它赋值成了整型范围的最小值。然后使用 for-in 循环遍历 nums 参数列表，如果发现当前遍历的数字比 maxNum 更大，就将 maxNum 的值更新成这个数，最终将 maxNum 返回即可。

仅仅经过这样的一层封装之后，我们在使用 max() 函数时就会有翻天覆地的变化，比如刚才同样的功能，现在就可以使用如下的写法来实现：

```
val a = 10
val b = 15
val c = 5
val largest = max(a, b, c)
```

这样我们就彻底摆脱了嵌套函数调用的写法，现在不管是求 3 个数的最大值还是求 N 个数的最大值，只需要不断地给 max() 函数传入参数就可以了。

不过，目前我们自定义的 max() 函数还有一个缺点，就是它只能求 N 个整型数字的最大值，如果我还想求 N 个浮点型或长整型数字的最大值，该怎么办呢？当然你可以定义很多个 max() 函数的重载，来接收不同类型的参数，因为 Kotlin 中内置的 max() 函数也是这么做的。但是这种方案实现起来过于烦琐，而且还会产生大量的重复代码，因此这里我准备使用一种更加巧妙的做法。

Java 中规定，所有类型的数字都是可比较的，因此必须实现 Comparable 接口，这个规则在 Kotlin 中也同样成立。那么我们就可以借助泛型，将 max() 函数修改成接收任意多个实现 Comparable 接口的参数，代码如下所示：

```kotlin
fun <T : Comparable<T>> max(vararg nums: T): T {
    if (nums.isEmpty()) throw RuntimeException("Params can not be empty.")
    var maxNum = nums[0]
    for (num in nums) {
        if (num > maxNum) {
            maxNum = num
        }
    }
    return maxNum
}
```

可以看到，这里将泛型 T 的上界指定成了 Comparable<T>，那么参数 T 就必然是 Comparable<T> 的子类型了。接下来，我们判断 nums 参数列表是否为空，如果为空的话就主动抛出一个异常，提醒调用者 max() 函数必须传入参数。紧接着将 maxNum 的值赋值成 nums 参数列表中第一个参数的值，然后同样是遍历参数列表，如果发现了更大的值就对 maxNum 进行更新。

经过这样的修改之后，我们就可以更加灵活地使用 max() 函数了，比如说求 3 个浮点型数字的最大值，同样也变得轻而易举：

```kotlin
val a = 3.5
val b = 3.8
val c = 4.1
val largest = max(a, b, c)
```

而且现在不管是双精度浮点型、单精度浮点型，还是短整型、整型、长整型，只要是实现 Comparable 接口的子类型，max() 函数全部支持获取它们的最大值，是一种一劳永逸的做法。

而如果你想获取 N 个数的最小值，实现的方式也是类似的，只需要定义一个 min() 函数就可以了，这个功能就当作课后习题留给你来完成吧。

12.8.2　简化 Toast 的用法

我们在本书中已经使用过太多次 Toast，相信你已经非常熟悉了，但是用了这么久，你有没有觉得 Toast 用法其实有些烦琐呢？

首先回顾一下 Toast 的标准用法吧，如果想要在界面上弹出一段文字提示需要这样写：

```
Toast.makeText(context, "This is Toast", Toast.LENGTH_SHORT).show()
```

是不是很长的一段代码？而且曾经不知道有多少人因为忘记调用最后的 show()方法，导致 Toast 无法弹出，从而产生一些千奇百怪的 bug。

由于 Toast 是非常常用的功能，每次都需要编写这么长的一段代码确实让人很头疼，这个时候你就应该考虑对 Toast 的用法进行简化了。

我们来分析一下，Toast 的 makeText()方法接收 3 个参数：第一个参数是 Toast 显示的上下文环境，必不可少；第二个参数是 Toast 显示的内容，需要由调用方进行指定，可以传入字符串和字符串资源 id 两种类型；第三个参数是 Toast 显示的时长，只支持 Toast.LENGTH_SHORT 和 Toast.LENGTH_LONG 这两种值，相对来说变化不大。

那么我们就可以给 String 类和 Int 类各添加一个扩展函数，并在里面封装弹出 Toast 的具体逻辑。这样以后每次想要弹出 Toast 提示时，只需要调用它们的扩展函数就可以了。

新建一个 Toast.kt 文件，并在其中编写如下代码：

```kotlin
fun String.showToast(context: Context) {
    Toast.makeText(context, this, Toast.LENGTH_SHORT).show()
}

fun Int.showToast(context: Context) {
    Toast.makeText(context, this, Toast.LENGTH_SHORT).show()
}
```

这里分别给 String 类和 Int 类新增了一个 showToast()函数，并让它们都接收一个 Context 参数。然后在函数的内部，我们仍然使用了 Toast 原生 API 用法，只是将弹出的内容改成了 this，另外将 Toast 的显示时长固定设置成 Toast.LENGTH_SHORT。

那么经过这样的扩展之后，我们以后在使用 Toast 时可以变得多么简单呢？体验一下就知道了，比如同样弹出一段文字提醒就可以这么写：

```kotlin
"This is Toast".showToast(context)
```

怎么样，比起原生 Toast 的用法，有没有觉得这种写法畅快多了呢？另外，这只是直接弹出一段字符串文本的写法，如果你想弹出一个定义在 strings.xml 中的字符串资源，也非常简单，写法如下：

```kotlin
R.string.app_name.showToast(context)
```

这两种写法分别调用的就是我们刚才在 String 类和 Int 类中添加的 showToast()扩展函数。

当然，这种写法其实还存在一个问题，就是 Toast 的显示时长被固定了，如果我现在想要使用 Toast.LENGTH_LONG 类型的显示时长该怎么办呢？要解决这个问题，其实最简单的做法就是在 showToast()函数中再声明一个显示时长参数，但是这样每次调用 showToast()函数时都要额外多传入一个参数，无疑增加了使用复杂度。

不知道你现在有没有受到什么启发呢？回顾一下，我们在第 2 章学习 Kotlin 基础语法的时候，曾经学过给函数设定参数默认值的功能。只要借助这个功能，我们就可以在不增加 showToast() 函数使用复杂度的情况下，又让它可以支持动态指定显示时长了。修改 Toast.kt 中的代码，如下所示：

```kotlin
fun String.showToast(context: Context, duration: Int = Toast.LENGTH_SHORT) {
    Toast.makeText(context, this, duration).show()
}

fun Int.showToast(context: Context, duration: Int = Toast.LENGTH_SHORT) {
    Toast.makeText(context, this, duration).show()
}
```

可以看到，我们给 showToast() 函数增加了一个显示时长参数，但同时也给它指定了一个参数默认值。这样我们之前所使用的 showToast() 函数的写法将完全不受影响，默认会使用 Toast.LENGTH_SHORT 类型的显示时长。而如果你想要使用 Toast.LENGTH_LONG 的显示时长，只需要这样写就可以了：

```kotlin
"This is Toast".showToast(context, Toast.LENGTH_LONG)
```

相信我，这样的 Toast 工具一定会给你的开发效率带来巨大的提升。

12.8.3　简化 Snackbar 的用法

Snackbar 是我们在本章中学习的新控件，它和 Toast 的用法基本类似，但是又比 Toast 稍微复杂一些。

先来回顾一下 Snackbar 的常规用法吧，如下所示：

```kotlin
Snackbar.make(view, "This is Snackbar", Snackbar.LENGTH_SHORT)
        .setAction("Action") {
            // 处理具体的逻辑
        }
        .show()
```

可以看到，Snackbar 中 make() 方法的第一个参数变成了 View，而 Toast 中 makeText() 方法的第一个参数是 Context，另外 Snackbar 还可以调用 setAction() 方法来设置一个额外的点击事件。除了这些区别之外，Snackbar 和 Toast 的其他用法都是相似的。

那么对于这种结构的 API，我们该如何进行简化呢？其实简化的方式并不固定，接下来我即将演示的写法也只是我个人认为比较不错的一种。

由于 make() 方法接收一个 View 参数，Snackbar 会使用这个 View 自动查找最外层的布局，用于展示 Snackbar。因此，我们就可以给 View 类添加一个扩展函数，并在里面封装显示 Snackbar

的具体逻辑。新建一个 Snackbar.kt 文件，并编写如下代码：

```kotlin
fun View.showSnackbar(text: String, duration: Int = Snackbar.LENGTH_SHORT) {
    Snackbar.make(this, text, duration).show()
}

fun View.showSnackbar(resId: Int, duration: Int = Snackbar.LENGTH_SHORT) {
    Snackbar.make(this, resId, duration).show()
}
```

这段代码应该还是很好理解的，和刚才的 showToast()函数比较相似。只是我们将扩展函数添加到了 View 类当中，并在参数列表上声明了 Snackbar 要显示的内容以及显示的时长。另外，Snackbar 和 Toast 类似，显示的内容也是支持传入字符串和字符串资源 id 两种类型的，因此这里我们给 showSnackbar()函数进行了两种参数类型的函数重载。

现在想要使用 Snackbar 显示一段文本提示，只需要这样写就可以了：

```kotlin
view.showSnackbar("This is Snackbar")
```

假如 Snackbar 没有 setAction()方法，那么我们的简化工作到这里就可以结束了。但是 setAction()方法作为 Snackbar 最大的特色之一，如果不能支持的话，我们编写的 showSnackbar() 函数也就变得毫无意义了。

这个时候，神通广大的高阶函数又能派上用场了，我们可以让 showSnackbar()函数再额外接收一个函数类型参数，以此来实现 Snackbar 的完整功能支持。修改 Snackbar.kt 中的代码，如下所示：

```kotlin
fun View.showSnackbar(text: String, actionText: String? = null,
        duration: Int = Snackbar.LENGTH_SHORT, block: (() -> Unit)? = null) {
    val snackbar = Snackbar.make(this, text, duration)
    if (actionText != null && block != null) {
        snackbar.setAction(actionText) {
            block()
        }
    }
    snackbar.show()
}

fun View.showSnackbar(resId: Int, actionResId: Int? = null,
        duration: Int = Snackbar.LENGTH_SHORT, block: (() -> Unit)? = null) {
    val snackbar = Snackbar.make(this, resId, duration)
    if (actionResId != null && block != null) {
        snackbar.setAction(actionResId) {
            block()
        }
    }
    snackbar.show()
}
```

可以看到，这里我们给两个 showSnackbar()函数都增加了一个函数类型参数，并且还增加了一个用于传递给 setAction()方法的字符串或字符串资源 id。这里我们需要将新增的两个参数都设置成可为空的类型，并将默认值都设置成空，然后只有当两个参数都不为空的时候，我们才去调用 Snackbar 的 setAction()方法来设置额外的点击事件。如果触发了点击事件，只需要调用函数类型参数将事件传递给外部的 Lambda 表达式即可。

这样 showSnackbar()函数就拥有比较完整的 Snackbar 功能了，比如本小节最开始的那段示例代码，现在就可以使用如下写法进行实现：

```
view.showSnackbar("This is Snackbar", "Action") {
    // 处理具体的逻辑
}
```

怎么样，和 Snackbar 原生 API 的用法相比，我们编写的 showSnackbar()函数是不是要明显简单好用得多？

在本章的 Kotlin 课堂中，我带着你一共编写了 3 个工具方法，分别应用了顶层函数、扩展函数以及高阶函数的知识，当然还用到了像 vararg、参数默认值等技巧。Kotlin 给我们提供了太多出色的特性，因此在你学完了这么多特性之后，能否将它们灵活运用就成为了至关重要的事情。本节课里所实现的 3 个工具方法只能算是开胃菜，我非常期待未来你能编写出许多自己的工具方法，将 Kotlin 提供给我们的优秀特性充分发挥出来。

好了，关于 Kotlin 的内容就先讲到这里，下面我们将再次进入本书的特殊环节——Git 时间，学习一下关于 Git 的高级用法。

12.9　Git 时间：版本控制工具的高级用法

现在的你对于 Git 应该完全不会感到陌生了吧？通过之前两次 Git 时间的学习，你已经掌握了很多 Git 中常用的命令，像提交代码这种简单的操作相信肯定是难不倒你的。

打开终端界面，进入 MaterialTest 这个项目的根目录，然后执行提交操作：

```
git init
git add .
git commit -m "First Commit."
```

这样就将准备工作完成了，下面就让我们开始学习关于 Git 的高级用法。

12.9.1　分支的用法

分支是版本控制工具中比较高级且比较重要的一个概念，它主要的作用就是在现有代码的基础上开辟一个分叉口，使得代码可以在主干线和分支线上同时进行开发，且相互之间不会影响。分支的工作原理如图 12.21 所示。

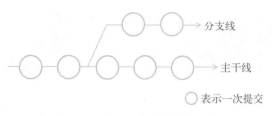

图 12.21　分支的工作原理示意图

你也许会有疑惑，为什么需要建立分支呢？只在主干线上进行开发不是挺好的吗？没错，通常情况下，只在主干线上进行开发是完全没有问题的。不过，一旦涉及发布版本的情况，如果不建立分支的话，你就会非常地头疼。举个简单的例子吧，比如说你们公司研发了一款不错的软件，最近刚刚完成，并推出了 1.0 版本。但是领导是不会让你们闲着的，马上提出了新的需求，让你们投入到 1.1 版本的开发工作当中。过了几个星期，1.1 版本的功能已经完成了一半，但是这个时候突然有用户反馈，之前上线的 1.0 版本发现了几个重大的 bug，严重影响软件的正常使用。领导也相当重视这个问题，要求你们立刻修复这些 bug，并对 1.0 版本进行更新，但这个时候你就非常为难了，你会发现根本没法去修复。因为现在 1.1 版本已经开发一半了，如果在现有代码的基础上修复这些 bug，那么更新的 1.0 版本将会带有一半 1.1 版本的功能！

进退两难了是不是？但是如果你使用了分支的话，就完全不会存在这个让人头疼的问题。你只需要在发布 1.0 版本的时候建立一个分支，然后在主干线上继续开发 1.1 版本的功能。当在 1.0 版本上发现任何 bug 的时候，就在分支线上进行修改，然后发布新的 1.0 版本，并记得将修改后的代码合并到主干线上。这样的话，不仅可以轻松解决 1.0 版本存在的 bug，而且保证了主干线上的代码也已经修复了这些 bug，当 1.1 版本发布时，就不会有同样的 bug 存在了。

说了这么多，相信你也已经意识到分支的重要性了，那么我们马上来学习一下如何在 Git 中操作分支吧。

分支的英文是 branch，如果想要查看当前的版本库当中有哪些分支，可以使用 git branch 这个命令，结果如图 12.22 所示。

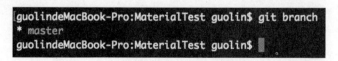

图 12.22　查看所有分支

由于目前 MaterialTest 项目中还没有创建过任何分支，因此只有一个 master 分支存在，这也就是前面所说的主干线。接下来我们尝试创建一个分支，命令如下：

```
git branch version1.0
```

这样就创建了一个名为 version1.0 的分支，我们再次输入 git branch 这个命令来检查一下，结果如图 12.23 所示。

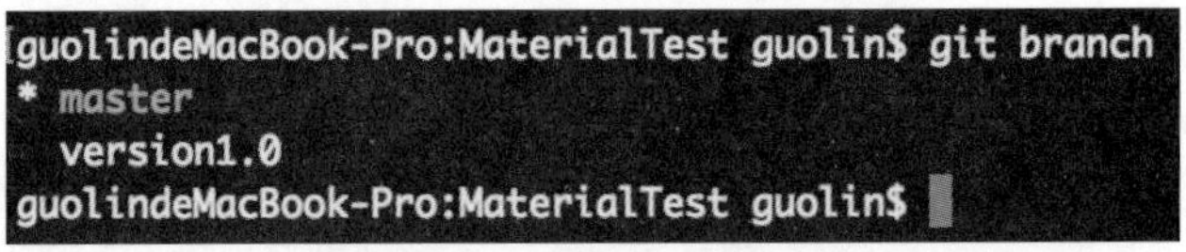

图 12.23　再次查看所有分支

可以看到，果然有一个叫作 version1.0 的分支出现了。你会发现，master 分支的前面有一个
"*"号，说明目前我们的代码还是在 master 分支上的，那么怎样才能切换到 version1.0 这个分支
上呢？其实也很简单，只需要使用 checkout 命令即可，如下所示：

```
git checkout version1.0
```

再次输入 git branch 来进行检查，结果如图 12.24 所示。

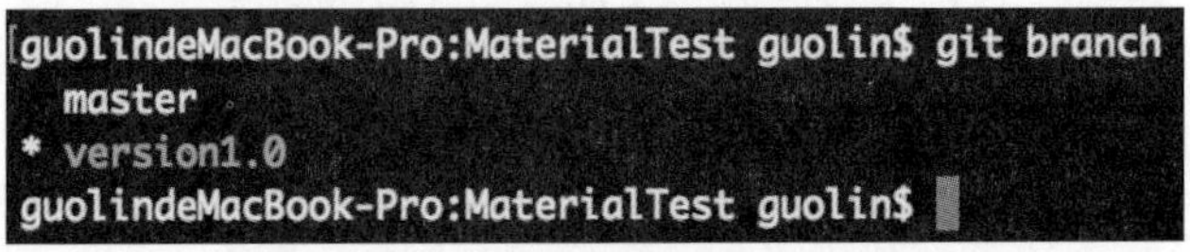

图 12.24　查看切换分支后的结果

可以看到，我们已经把代码成功切换到 version1.0 这个分支上了。

需要注意的是，在 version1.0 分支上修改并提交的代码将不会影响到 master 分支。同样的道
理，在 master 分支上修改并提交的代码也不会影响到 version1.0 分支。因此，如果我们在 version1.0
分支上修复了一个 bug，在 master 分支上这个 bug 仍然是存在的。这时将修改的代码一行行复制
到 master 分支上显然不是一种聪明的做法，最好的办法就是使用 merge 命令来完成合并操作，
如下所示：

```
git checkout master
git merge version1.0
```

仅仅使用这样简单的两行命令，就可以把在 version1.0 分支上修改并提交的内容合并到
master 分支上了。当然，在合并分支的时候还可能出现代码冲突的情况，这个时候你就需要静下
心来，慢慢解决这些冲突，Git 在这里就无法帮助你了。

最后，当我们不再需要 version1.0 这个分支的时候，可以使用如下命令将这个分支删除：

```
git branch -D version1.0
```

12.9.2　与远程版本库协作

可以这样说，如果你是一个人在开发，那么使用版本控制工具就远远无法发挥出它真正强大
的功能。没错，所有版本控制工具最重要的一个特点就是可以使用它来进行团队合作开发。每个
人的电脑上都会有一份代码，当团队的某个成员在自己的电脑上编写完成了某个功能后，就将代

码提交到服务器，其他的成员只需要将服务器上的代码同步到本地，就能保证整个团队所有人的代码都相同。这样的话，每个团队成员就可以各司其职，大家共同来完成一个较为庞大的项目。

那么如何使用 Git 来进行团队合作开发呢？这就需要有一个远程的版本库，团队的每个成员都从这个版本库中获取最原始的代码，然后各自进行开发，并且以后每次提交的代码都同步到远程版本库上就可以了。另外，团队中的每个成员都要养成经常从版本库中获取最新代码的习惯，不然的话，大家的代码就很有可能经常出现冲突。

比如说现在有一个远程版本库的 Git 地址是 https://github.com/example/test.git，就可以使用如下命令将代码下载到本地：

```
git clone https://github.com/example/test.git
```

之后如果你在这份代码的基础上进行了一些修改和提交，那么怎样才能把本地修改的内容同步到远程版本库上呢？这就需要借助 push 命令来完成了，用法如下所示：

```
git push origin master
```

origin 部分指定的是远程版本库的 Git 地址，master 部分指定的是同步到哪一个分支上，上述命令就完成了将本地代码同步到 https://github.com/example/test.git 这个版本库的 master 分支上的功能。

知道了将本地的修改同步到远程版本库上的方法，接下来我们看一下如何将远程版本库上的修改同步到本地。Git 提供了两种命令来完成此功能，分别是 fetch 和 pull。fetch 的语法规则和 push 是差不多的，如下所示：

```
git fetch origin master
```

执行完这个命令后，就会将远程版本库上的代码同步到本地。不过同步下来的代码并不会合并到任何分支上，而是会存放到一个 origin/master 分支上，这时我们可以通过 diff 命令来查看远程版本库上到底修改了哪些东西：

```
git diff origin/master
```

之后再调用 merge 命令将 origin/master 分支上的修改合并到主分支上即可，如下所示：

```
git merge origin/master
```

而 pull 命令则是相当于将 fetch 和 merge 这两个命令放在一起执行了，它可以从远程版本库上获取最新的代码并且合并到本地，用法如下所示：

```
git pull origin master
```

也许你现在对远程版本库的使用还是感觉比较抽象，没关系，因为暂时我们只是了解了一下命令的用法，还没进行实践，在第 15 章当中，你将会对远程版本库的用法有更深一层的认识。

12.10　小结与点评

学完了本章的所有知识，你有没有觉得无比兴奋呢？反正我是这么觉得的。本章我们的收获实在是太多了，一开始创建了一个什么都没有的空项目，经过一章的学习，最后实现了一个功能如此丰富、界面如此华丽的应用，还有什么事情比这个更让我们有成就感吗？

本章中我们充分利用了 Material 库、AndroidX 库以及一些开源项目，实现了一个高度 Material 化的应用程序。能将这些库中的相关控件熟练掌握，你的 Material Design 技术就算是合格了。

不过说到底，我仍然还是在以开发者的思维给你讲解 Material Design，侧重于如何去实现这些效果。而实际上，Material Design 的设计思维和设计理念才是更加重要的东西。当然，这部分内容其实应该是 UI 设计人员去学习的，如果你也感兴趣的话，可以参考一下 Material Design 的官方网站：https://material.io/。

至于本章的 Kotlin 课堂，我们并没有学习什么新的知识，而是通过编写几个工具方法的示例来引导你学会对 Kotlin 的各种特性进行灵活运用。知识好学，但是思维却是很难培养的，也希望经过本节课的学习能让你引发更多的思考。

除此之外，在本章的 Git 时间中，我们继续对 Git 的用法进行了更深一步的探究，相信你对分支和远程版本库的使用都有了一定层次的了解。

现在你已经足足学习了 12 章的内容，对 Android 应用程序开发的理解应该比较深刻了。那么掌握了这么多的知识，就可以开发出一款好的应用程序了吗？说实话，现在的你还差了些火候，因为你还不知道该如何搭建一个出色的代码架构体系。当然这也是我们下一章中即将学习的内容了——高级程序开发组件 Jetpack。

第 13 章

高级程序开发组件，探究 Jetpack

学到这里，现在的你已经完全具备了独立开发一款 Android App 的能力。但是，能够开发出一款 App 和能够开发出一款好的 App 并不是一回事。这里的"好"指的是代码质量优越，项目架构合理，并不是产品本身好不好。

长久以来，Android 官方并没有制定一个项目架构的规范，只要能够实现功能，代码怎么编写都是你的自由。但是不同的人技术水平不同，最终编写出来的代码质量是千差万别的。

由于 Android 官方没有制定规范，为了追求更高的代码质量，慢慢就有第三方的社区和开发者将一些更加高级的项目架构引入到了 Android 平台上，如 MVP、MVVM 等。使用这些架构开发出来的应用程序，在代码质量、可读性、易维护性等方面都有着更加出色的表现，于是这些架构渐渐成为了主流。

后来 Google 或许意识到了这个情况，终于在 2017 年，推出了一个官方的架构组件库——Architecture Components，旨在帮助开发者编写出更加符合高质量代码规范、更具有架构设计的应用程序。2018 年，Google 又推出了一个全新的开发组件工具集 Jetpack，并将 Architecture Components 作为 Jetpack 的一部分纳入其中。当然，Jetpack 并没有就此定版，2019 年又有许多新的组件被加入 Jetpack 当中，未来的 Jetpack 还会不断地继续扩充。

本章我们就来对 Jetpack 中的重要知识点进行学习。

13.1　Jetpack 简介

Jetpack 是一个开发组件工具集，它的主要目的是帮助我们编写出更加简洁的代码，并简化我们的开发过程。Jetpack 中的组件有一个特点，它们大部分不依赖于任何 Android 系统版本，这意味着这些组件通常是定义在 AndroidX 库当中的，并且拥有非常好的向下兼容性。

我们先来看一张 Jetpack 目前的"全家福"，如图 13.1 所示。

图 13.1　Jetpack "全家福"

可以看到，Jetpack 的家族还是非常庞大的，主要由基础、架构、行为、界面这 4 个部分组成。你会发现，里面有许多东西是我们已经学过的，像通知、权限、Fragment 都属于 Jetpack。由此可见，Jetpack 并不全是些新东西，只要是能够帮助开发者更好更方便地构建应用程序的组件，Google 都将其纳入了 Jetpack。

显然这里我们不可能将 Jetpack 中的每一个组件都进行学习，那将会是一个极大的工程。事实上，在这么多的组件当中，最需要我们关注的其实还是架构组件。目前 Android 官方最为推荐的项目架构就是 MVVM，因而 Jetpack 中的许多架构组件是专门为 MVVM 架构量身打造的。那么本章我们先来对 Jetpack 的主要架构组件进行学习，至于 MVVM 架构，将会在第 15 章的项目实战环节进行介绍。

新建一个 JetpackTest 工程，然后开启我们的 Jetpack 探索之旅吧。

13.2　ViewModel

ViewModel 应该可以算是 Jetpack 中最重要的组件之一了。其实 Android 平台上之所以会出现诸如 MVP、MVVM 之类的项目架构，就是因为在传统的开发模式下，Activity 的任务实在是太重了，既要负责逻辑处理，又要控制 UI 展示，甚至还得处理网络回调，等等。在一个小型项目中这样写或许没有什么问题，但是如果在大型项目中仍然使用这种写法的话，那么这个项目将会变得非常臃肿并且难以维护，因为没有任何架构上的划分。

　　而 ViewModel 的一个重要作用就是可以帮助 Activity 分担一部分工作，它是专门用于存放与界面相关的数据的。也就是说，只要是界面上能看得到的数据，它的相关变量都应该存放在 ViewModel 中，而不是 Activity 中，这样可以在一定程度上减少 Activity 中的逻辑。

　　另外，ViewModel 还有一个非常重要的特性。我们都知道，当手机发生横竖屏旋转的时候，Activity 会被重新创建，同时存放在 Activity 中的数据也会丢失。而 ViewModel 的生命周期和 Activity 不同，它可以保证在手机屏幕发生旋转的时候不会被重新创建，只有当 Activity 退出的时候才会跟着 Activity 一起销毁。因此，将与界面相关的变量存放在 ViewModel 当中，这样即使旋转手机屏幕，界面上显示的数据也不会丢失。ViewModel 的生命周期如图 13.2 所示。

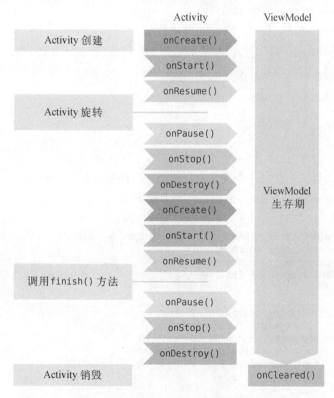

图 13.2　ViewModel 的生命周期示意图

接下来就让我们通过一个简单的计数器示例来学习 ViewModel 的基本用法。

13.2.1　ViewModel 的基本用法

由于 Jetpack 中的组件通常是以 AndroidX 库的形式发布的，因此一些常用的 Jetpack 组件会在创建 Android 项目时自动被包含进去。不过如果我们想要使用 ViewModel 组件，还需要在 app/build.gradle 文件中添加如下依赖：

```
dependencies {
    ...
    implementation "androidx.lifecycle:lifecycle-extensions:2.2.0"
}
```

通常来讲，比较好的编程规范是给每一个 Activity 和 Fragment 都创建一个对应的 ViewModel，因此这里我们就为 MainActivity 创建一个对应的 MainViewModel 类，并让它继承自 ViewModel，代码如下所示：

```
class MainViewModel : ViewModel() {
}
```

根据前面所学的知识，所有与界面相关的数据都应该放在 ViewModel 中。那么这里我们要实现一个计数器的功能，就可以在 ViewModel 中加入一个 counter 变量用于计数，如下所示：

```
class MainViewModel : ViewModel() {

    var counter = 0

}
```

现在我们需要在界面上添加一个按钮，每点击一次按钮就让计数器加 1，并且把最新的计数显示在界面上。修改 activity_main.xml 中的代码，如下所示：

```
<LinearLayout
    xmlns:android="http://schemas.android.com/apk/res/android"
    android:layout_width="match_parent"
    android:layout_height="match_parent"
    android:orientation="vertical">

    <TextView
        android:id="@+id/infoText"
        android:layout_width="wrap_content"
        android:layout_height="wrap_content"
        android:layout_gravity="center_horizontal"
        android:textSize="32sp"/>

    <Button
        android:id="@+id/plusOneBtn"
        android:layout_width="match_parent"
        android:layout_height="wrap_content"
        android:layout_gravity="center_horizontal"
        android:text="Plus One"/>

</LinearLayout>
```

布局文件非常简单，一个 TextView 用于显示当前的计数，一个 Button 用于对计数器加 1。
接着我们开始实现计数器的逻辑，修改 MainActivity 中的代码，如下所示：

```
class MainActivity : AppCompatActivity() {

    lateinit var viewModel: MainViewModel

    override fun onCreate(savedInstanceState: Bundle?) {
        super.onCreate(savedInstanceState)
        setContentView(R.layout.activity_main)
        viewModel = ViewModelProvider(this).get(MainViewModel::class.java)
        plusOneBtn.setOnClickListener {
            viewModel.counter++
            refreshCounter()
        }
        refreshCounter()
    }

    private fun refreshCounter() {
        infoText.text = viewModel.counter.toString()
    }

}
```

代码不长，我来解释一下。这里最需要注意的是，我们绝对不可以直接去创建 ViewModel 的实例，而是一定要通过 ViewModelProvider 来获取 ViewModel 的实例，具体语法规则如下：

```
ViewModelProvider(<你的 Activity 或 Fragment 实例>).get(<你的 ViewModel>::class.java)
```

之所以要这么写，是因为 ViewModel 有其独立的生命周期，并且其生命周期要长于 Activity。如果我们在 onCreate() 方法中创建 ViewModel 的实例，那么每次 onCreate() 方法执行的时候，ViewModel 都会创建一个新的实例，这样当手机屏幕发生旋转的时候，就无法保留其中的数据了。

除此之外的其他代码应该都是非常好理解的，我们提供了一个 refreshCounter() 方法用来显示当前的计数，然后每次点击按钮的时候对计数器加 1，并调用 refreshCounter() 方法刷新计数。

现在可以运行一下程序了，效果如图 13.3 所示。

点击界面上的 "Plus One" 按钮，计数器就会开始增长了，如图 13.4 所示。

图 13.3 程序的初始界面   图 13.4 点击按钮计数器增长

如果你尝试通过侧边工具栏旋转一下模拟器的屏幕，就会发现 Activity 虽然被重新创建了，但是计数器的数据却没有丢失，如图 13.5 所示。

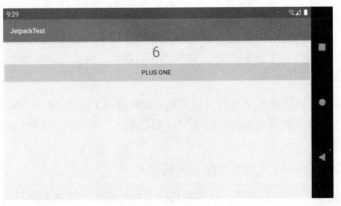

图 13.5 ViewModel 中的数据在屏幕旋转时不会丢失

虽然这个例子非常简单，但这就是 ViewModel 的基本用法了，也是它最常用的用法，所以你一定要牢牢掌握这部分内容。不过在实际的使用过程中，你还可能会遇到一些特殊的情况，那么下面我们就来进行更深一步的学习。

13.2.2　向 ViewModel 传递参数

上一小节中创建的 MainViewModel 的构造函数中没有任何参数，但是思考一下，如果我们确实需要通过构造函数来传递一些参数，应该怎么办呢？由于所有 ViewModel 的实例都是通过 ViewModelProvider 来获取的，因此我们没有任何地方可以向 ViewModel 的构造函数中传递参数。

当然，这个问题也不难解决，只需要借助 ViewModelProvider.Factory 就可以实现了。下面我们还是通过具体的示例来学习一下。

现在的计数器虽然在屏幕旋转的时候不会丢失数据，但是如果退出程序之后再重新打开，那么之前的计数就会被清零了。接下来我们就对这一功能进行升级，保证即使在退出程序后又重新打开的情况下，数据仍然不会丢失。

相信你已经猜到了，实现这个功能需要在退出程序的时候对当前的计数进行保存，然后在重新打开程序的时候读取之前保存的计数，并传递给 MainViewModel。因此，这里修改 MainViewModel 中的代码，如下所示：

```
class MainViewModel(countReserved: Int) : ViewModel() {

    var counter = countReserved

}
```

现在我们给 MainViewModel 的构造函数添加了一个 countReserved 参数，这个参数用于记录之前保存的计数值，并在初始化的时候赋值给 counter 变量。

接下来的问题就是如何向 MainViewModel 的构造函数传递数据了，前面已经说了需要借助 ViewModelProvider.Factory，下面我们就来看看具体应该如何实现。

新建一个 MainViewModelFactory 类，并让它实现 ViewModelProvider.Factory 接口，代码如下所示：

```
class MainViewModelFactory(private val countReserved: Int) : ViewModelProvider.Factory {

    override fun <T : ViewModel> create(modelClass: Class<T>): T {
        return MainViewModel(countReserved) as T
    }

}
```

可以看到，MainViewModelFactory 的构造函数中也接收了一个 countReserved 参数。另外 ViewModelProvider.Factory 接口要求我们必须实现 create()方法，因此这里在 create()方法中我们创建了 MainViewModel 的实例，并将 countReserved 参数传了进去。为什么这里就可以创建 MainViewModel 的实例了呢？因为 create()方法的执行时机和 Activity 的生命周期无关，所以不会产生之前提到的问题。

另外，我们还得在界面上添加一个清零按钮，方便用户手动将计数器清零。修改 activity_main.xml 中的代码，如下所示：

```xml
<LinearLayout
    xmlns:android="http://schemas.android.com/apk/res/android"
    android:layout_width="match_parent"
    android:layout_height="match_parent"
    android:orientation="vertical">
    ...
    <Button
        android:id="@+id/clearBtn"
        android:layout_width="match_parent"
        android:layout_height="wrap_content"
        android:layout_gravity="center_horizontal"
        android:text="Clear"/>
</LinearLayout>
```

最后修改 MainActivity 中的代码，如下所示：

```kotlin
class MainActivity : AppCompatActivity() {

    lateinit var viewModel: MainViewModel
    lateinit var sp: SharedPreferences

    override fun onCreate(savedInstanceState: Bundle?) {
        super.onCreate(savedInstanceState)
        setContentView(R.layout.activity_main)
        sp = getPreferences(Context.MODE_PRIVATE)
        val countReserved = sp.getInt("count_reserved", 0)
        viewModel = ViewModelProvider(this, MainViewModelFactory(countReserved))
                    .get(MainViewModel::class.java)
        ...
        clearBtn.setOnClickListener {
            viewModel.counter = 0
            refreshCounter()
        }
        refreshCounter()
    }

    override fun onPause() {
        super.onPause()
        sp.edit {
            putInt("count_reserved", viewModel.counter)
        }
    }
    ...
}
```

在 onCreate() 方法中，我们首先获取了 SharedPreferences 的实例，然后读取之前保存的计数值，如果没有读到的话，就使用 0 作为默认值。接下来在 ViewModelProvider 中，额外传入了一个 MainViewModelFactory 参数，这里将读取到的计数值传给了 MainViewModelFactory

的构造函数。注意，这一步是非常重要的，只有用这种写法才能将计数值最终传递给 MainViewModel 的构造函数。

剩下的代码就比较简单了，我们在 "Clear" 按钮的点击事件中对计数器进行清零，并且在 onPause() 方法中对当前的计数进行保存，这样可以保证不管程序是退出还是进入后台，计数都不会丢失。

现在重新运行程序，点击数次 "Plus One" 按钮，然后退出程序并重新打开，你会发现，计数器的值是不会丢失的，如图 13.6 所示。

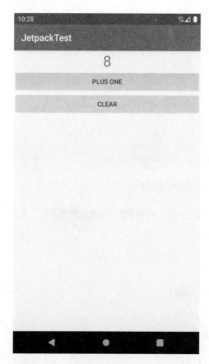

图 13.6　计数器的值会被一直保存

只有点击 "Clear" 按钮，计数器的值才会被清零，你可以自己尝试一下。

这样我们就把 ViewModel 中比较重要的内容都掌握了，那么接下来我们开始学习 Jetpack 中另外一个非常重要的组件——Lifecycles。

13.3　Lifecycles

在编写 Android 应用程序的时候，可能会经常遇到需要感知 Activity 生命周期的情况。比如说，某个界面中发起了一条网络请求，但是当请求得到响应的时候，界面或许已经关闭了，这个时候就不应该继续对响应的结果进行处理。因此，我们需要能够时刻感知到 Activity 的生命周期，以便在适当的时候进行相应的逻辑控制。

感知 Activity 的生命周期并不复杂，早在第 3 章的时候我们就学习过 Activity 完整的生命周期流程。但问题在于，在一个 Activity 中去感知它的生命周期非常简单，而如果要在一个非 Activity 的类中去感知 Activity 的生命周期，应该怎么办呢？

这种需求是广泛存在的，同时也衍生出了一系列的解决方案，比如通过在 Activity 中嵌入一个隐藏的 Fragment 来进行感知，或者通过手写监听器的方式来进行感知，等等。

下面的代码演示了如何通过手写监听器的方式来对 Activity 的生命周期进行感知：

```kotlin
class MyObserver {

    fun activityStart() {
    }

    fun activityStop() {
    }

}

class MainActivity : AppCompatActivity() {

    lateinit var observer: MyObserver

    override fun onCreate(savedInstanceState: Bundle?) {
        observer = MyObserver()
    }

    override fun onStart() {
        super.onStart()
        observer.activityStart()
    }

    override fun onStop() {
        super.onStop()
        observer.activityStop()
    }
}
```

可以看到，这里我们为了让 MyObserver 能够感知到 Activity 的生命周期，需要专门在 MainActivity 中重写相应的生命周期方法，然后再通知给 MyObserver。这种实现方式虽然是可以正常工作的，但是不够优雅，需要在 Activity 中编写太多额外的逻辑。

而 Lifecycles 组件就是为了解决这个问题而出现的，它可以让任何一个类都能轻松感知到 Activity 的生命周期，同时又不需要在 Activity 中编写大量的逻辑处理。

那么下面我们就通过具体的例子来学习 Lifecycles 组件的用法。新建一个 MyObserver 类，并让它实现 LifecycleObserver 接口，代码如下所示：

```
class MyObserver : LifecycleObserver {
}
```

LifecycleObserver 是一个空方法接口，只需要进行一下接口实现声明就可以了，而不去重写任何方法。

接下来我们可以在 MyObserver 中定义任何方法，但是如果想要感知到 Activity 的生命周期，还得借助额外的注解功能才行。比如这里还是定义 activityStart()和 activityStop()这两个方法，代码如下所示：

```
class MyObserver : LifecycleObserver {

    @OnLifecycleEvent(Lifecycle.Event.ON_START)
    fun activityStart() {
        Log.d("MyObserver", "activityStart")
    }

    @OnLifecycleEvent(Lifecycle.Event.ON_STOP)
    fun activityStop() {
        Log.d("MyObserver", "activityStop")
    }

}
```

可以看到，我们在方法上使用了@OnLifecycleEvent 注解，并传入了一种生命周期事件。生命周期事件的类型一共有 7 种：ON_CREATE、ON_START、ON_RESUME、ON_PAUSE、ON_STOP 和 ON_DESTROY 分别匹配 Activity 中相应的生命周期回调；另外还有一种 ON_ANY 类型，表示可以匹配 Activity 的任何生命周期回调。

因此，上述代码中的 activityStart()和 activityStop()方法就应该分别在 Activity 的 onStart()和 onStop()触发的时候执行。

但是代码写到这里还是无法正常工作的，因为当 Activity 的生命周期发生变化的时候并没有人去通知 MyObserver，而我们又不想像刚才一样在 Activity 中去一个个手动通知。

这个时候就得借助 LifecycleOwner 这个好帮手了，它可以使用如下的语法结构让 MyObserver 得到通知：

```
lifecycleOwner.lifecycle.addObserver(MyObserver())
```

首先调用 LifecycleOwner 的 getLifecycle()方法，得到一个 Lifecycle 对象，然后调用它的 addObserver()方法来观察 LifecycleOwner 的生命周期，再把 MyObserver 的实例传进去就可以了。

那么接下来的问题就是，LifecycleOwner 又是什么呢？怎样才能获取一个 LifecycleOwner 的实例？

当然，我们可以自己去实现一个 LifecycleOwner，但通常情况下这是完全没有必要的。因为只要你的 Activity 是继承自 `AppCompatActivity` 的，或者你的 Fragment 是继承自 `androidx.fragment.app.Fragment` 的，那么它们本身就是一个 LifecycleOwner 的实例，这部分工作已经由 AndroidX 库自动帮我们完成了。也就是说，在 MainActivity 当中就可以这样写：

```
class MainActivity : AppCompatActivity() {
    ...
    override fun onCreate(savedInstanceState: Bundle?) {
        super.onCreate(savedInstanceState)
        setContentView(R.layout.activity_main)
        ...
        lifecycle.addObserver(MyObserver())
    }
    ...
}
```

没错，只要添加这样一行代码，MyObserver 就能自动感知到 Activity 的生命周期了。另外，需要说明的是，尽管我们一直在以 Activity 举例，但其实上述的所有内容在 Fragment 中也是通用的。

现在重新运行一下程序， activityStart 这条日志就会打印出来了。如果你再按下 Home 键或者 Back 键的话，activityStop 这条日志也会打印出来，如图 13.7 所示。

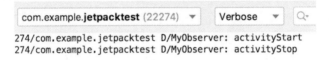

图 13.7   MyObserver 中打印的日志

这些就是 Lifecycles 组件最常见的用法了。不过目前 MyObserver 虽然能够感知到 Activity 的生命周期发生了变化，却没有办法主动获知当前的生命周期状态。要解决这个问题也不难，只需要在 MyObserver 的构造函数中将 Lifecycle 对象传进来即可，如下所示：

```
class MyObserver(val lifecycle: Lifecycle) : LifecycleObserver {
    ...
}
```

有了 Lifecycle 对象之后，我们就可以在任何地方调用 `lifecycle.currentState` 来主动获知当前的生命周期状态。`lifecycle.currentState` 返回的生命周期状态是一个枚举类型，一共有 INITIALIZED、DESTROYED、CREATED、STARTED、RESUMED 这 5 种状态类型，它们与 Activity 的生命周期回调所对应的关系如图 13.8 所示。

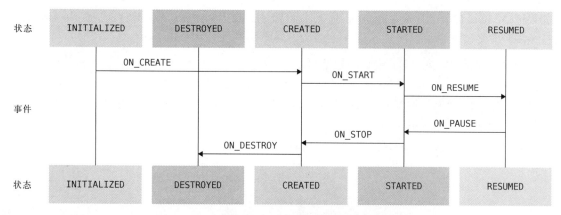

图 13.8　　Activity 生命周期状态与事件的对应关系

也就是说，当获取的生命周期状态是 CREATED 的时候，说明 onCreate()方法已经执行了，但是 onStart()方法还没有执行。当获取的生命周期状态是 STARTED 的时候，说明 onStart()方法已经执行了，但是 onResume()方法还没有执行，以此类推。

到这里，Lifecycles 组件的重要内容就基本讲完了，目前我们已经掌握了 Jetpack 中的两个重要组件。但是这两个组件是相对比较独立的，并没有太多直接的关系。为了让各个组件可以更好地结合使用，接下来我们就开始学习 Jetpack 中另外一个非常重要的组件——LiveData。

13.4　LiveData

LiveData 是 Jetpack 提供的一种响应式编程组件，它可以包含任何类型的数据，并在数据发生变化的时候通知给观察者。LiveData 特别适合与 ViewModel 结合在一起使用，虽然它也可以单独用在别的地方，但是在绝大多数情况下，它是使用在 ViewModel 当中的。

下面我们还是通过编写示例的方式来学习 LiveData 的具体用法。

13.4.1　LiveData 的基本用法

之前我们编写的那个计数器虽然功能非常简单，但其实是存在问题的。目前的逻辑是，当每次点击 "Plus One" 按钮时，都会先给 ViewModel 中的计数加 1，然后立即获取最新的计数。这种方式在单线程模式下确实可以正常工作,但如果 ViewModel 的内部开启了线程去执行一些耗时逻辑，那么在点击按钮后就立即去获取最新的数据，得到的肯定还是之前的数据。

你会发现，原来我们一直使用的都是在 Activity 中手动获取 ViewModel 中的数据这种交互方式，但是 ViewModel 却无法将数据的变化主动通知给 Activity。

或许你会说，我把 Activity 的实例传给 ViewModel，这样 ViewModel 不就能主动对 Activity 进行通知了吗？注意，千万不可以这么做。不要忘了，ViewModel 的生命周期是长于 Activity 的，如果把 Activity 的实例传给 ViewModel，就很有可能会因为 Activity 无法释放而造成内存泄漏，这是一种非常错误的做法。

而这个问题的解决方案也是显而易见的，就是使用我们本节即将学习的 LiveData。正如前面所描述的一样，LiveData 可以包含任何类型的数据，并在数据发生变化的时候通知给观察者。也就是说，如果我们将计数器的计数使用 LiveData 来包装，然后在 Activity 中去观察它，就可以主动将数据变化通知给 Activity 了。

介绍完了工作原理，接下来我们开始编写具体的代码，修改 MainViewModel 中的代码，如下所示：

```
class MainViewModel(countReserved: Int) : ViewModel() {

    val counter = MutableLiveData<Int>()

    init {
        counter.value = countReserved
    }

    fun plusOne() {
        val count = counter.value ?: 0
        counter.value = count + 1
    }

    fun clear() {
        counter.value = 0
    }

}
```

这里我们将 counter 变量修改成了一个 MutableLiveData 对象，并指定它的泛型为 Int，表示它包含的是整型数据。MutableLiveData 是一种可变的 LiveData，它的用法很简单，主要有 3 种读写数据的方法，分别是 getValue()、setValue() 和 postValue() 方法。getValue() 方法用于获取 LiveData 中包含的数据；setValue() 方法用于给 LiveData 设置数据，但是只能在主线程中调用；postValue() 方法用于在非主线程中给 LiveData 设置数据。而上述代码其实就是调用 getValue() 和 setValue() 方法对应的语法糖写法。

可以看到，这里在 init 结构体中给 counter 设置数据，这样之前保存的计数值就可以在初始化的时候得到恢复。接下来我们新增了 plusOne() 和 clear() 这两个方法，分别用于给计数加 1 以及将计数清零。plusOne() 方法中的逻辑是先获取 counter 中包含的数据，然后给它加 1，再重新设置到 counter 当中。注意调用 LiveData 的 getValue() 方法所获得的数据是可能为空的，因此这里使用了一个 ?: 操作符，当获取到的数据为空时，就用 0 来作为默认计数。

这样我们就借助 LiveData 将 MainViewModel 的写法改造完了，接下来开始改造 MainActivity，代码如下所示：

```kotlin
class MainActivity : AppCompatActivity() {
    ...
    override fun onCreate(savedInstanceState: Bundle?) {
        ...
        plusOneBtn.setOnClickListener {
            viewModel.plusOne()
        }
        clearBtn.setOnClickListener {
            viewModel.clear()
        }
        viewModel.counter.observe(this, Observer { count ->
            infoText.text = count.toString()
        })
    }

    override fun onPause() {
        super.onPause()
        sp.edit {
            putInt("count_reserved", viewModel.counter.value ?: 0)
        }
    }
}
```

很显然，在"Plus One"按钮的点击事件中我们应该去调用 MainViewModel 的 plusOne()
方法，而在"Clear"按钮的点击事件中应该去调用 MainViewModel 的 clear()方法。另外，在
onPause()方法中，我们将获取当前计数的写法改造了一下，这部分内容还是很好理解的。

接下来到最关键的地方了，这里调用了 viewModel.counter 的 observe()方法来观察数据
的变化。经过对 MainViewModel 的改造，现在 counter 变量已经变成了一个 LiveData 对象，
任何 LiveData 对象都可以调用它的 observe()方法来观察数据的变化。observe()方法接收两
个参数：第一个参数是一个 LifecycleOwner 对象，有没有觉得很熟悉？没错，Activity 本身就
是一个 LifecycleOwner 对象，因此直接传 this 就好；第二个参数是一个 Observer 接口，当
counter 中包含的数据发生变化时，就会回调到这里，因此我们在这里将最新的计数更新到界面
上即可。

重新运行一下程序，你会发现，计数器功能同样是可以正常工作的。不同的是，现在我们的
代码更科学，也更合理，而且不用担心 ViewModel 的内部会不会开启线程执行耗时逻辑。不过需
要注意的是，如果你需要在子线程中给 LiveData 设置数据，一定要调用 postValue()方法，而
不能再使用 setValue()方法，否则会发生崩溃。

另外，关于 LiveData 的 observe()方法，我还想再多说几句，因为我当初在学习这部分内
容时也产生过疑惑。observe()方法是一个 Java 方法，如果你观察一下 Observer 接口，会发现
这是一个单抽象方法接口，只有一个待实现的 onChanged()方法。既然是单抽象方法接口，为
什么在调用 observe()方法时却没有使用我们在 2.6.3 小节学习的 Java 函数式 API 的写法呢？

这是一种非常特殊的情况，因为 observe()方法接收的另一个参数 LifecycleOwner 也是
一个单抽象方法接口。当一个 Java 方法同时接收两个单抽象方法接口参数时，要么同时使用函

数式 API 的写法，要么都不使用函数式 API 的写法。由于我们第一个参数传的是 this，因此第二个参数就无法使用函数式 API 的写法了。

不过在 2019 年的 Google I/O 大会上，Android 团队官宣了 Kotlin First，并且承诺未来会在 Jetpack 中提供更多专门面向 Kotlin 语言的 API。其中，lifecycle-livedata-ktx 就是一个专门为 Kotlin 语言设计的库，这个库在 2.2.0 版本中加入了对 observe()方法的语法扩展。我们只需要在 app/build.gradle 文件中添加如下依赖：

```
dependencies {
    ...
    implementation "androidx.lifecycle:lifecycle-livedata-ktx:2.2.0"
}
```

然后就可以使用如下语法结构的 observe()方法了：

```
viewModel.counter.observe(this) { count ->
    infoText.text = count.toString()
}
```

以上就是 LiveData 的基本用法。虽说现在的写法可以正常工作，但其实这仍然不是最规范的 LiveData 用法，主要的问题就在于我们将 counter 这个可变的 LiveData 暴露给了外部。这样即使是在 ViewModel 的外面也是可以给 counter 设置数据的，从而破坏了 ViewModel 数据的封装性，同时也可能带来一定的风险。

比较推荐的做法是，永远只暴露不可变的 LiveData 给外部。这样在非 ViewModel 中就只能观察 LiveData 的数据变化，而不能给 LiveData 设置数据。下面我们就看一下如何改造 MainViewModel 来实现这样的功能：

```
class MainViewModel(countReserved: Int) : ViewModel() {

    val counter: LiveData<Int>
        get() = _counter

    private val _counter = MutableLiveData<Int>()

    init {
        _counter.value = countReserved
    }

    fun plusOne() {
        val count = _counter.value ?: 0
        _counter.value = count + 1
    }

    fun clear() {
        _counter.value = 0
    }

}
```

可以看到，这里先将原来的 counter 变量改名为_counter 变量，并给它加上 private 修饰符，这样_counter 变量对于外部就是不可见的了。然后我们又新定义了一个 counter 变量，将它的类型声明为不可变的 LiveData，并在它的 get()属性方法中返回_counter 变量。

这样，当外部调用 counter 变量时，实际上获得的就是_counter 的实例，但是无法给 counter 设置数据，从而保证了 ViewModel 的数据封装性。

目前这种写法可以说是非常规范了，这也是 Android 官方最为推荐的写法，希望你能好好掌握。

13.4.2　map 和 switchMap

LiveData 的基本用法虽说可以满足大部分的开发需求，但是当项目变得复杂之后，可能会出现一些更加特殊的需求。LiveData 为了能够应对各种不同的需求场景，提供了两种转换方法：map()和 switchMap()方法。下面我们就学习这两种转换方法的具体用法和使用场景。

先来看 map()方法，这个方法的作用是将实际包含数据的 LiveData 和仅用于观察数据的 LiveData 进行转换。那么什么情况下会用到这个方法呢？下面我来举一个例子。

比如说有一个 User 类，User 中包含用户的姓名和年龄，定义如下：

```
data class User(var firstName: String, var lastName: String, var age: Int)
```

我们可以在 ViewModel 中创建一个相应的 LiveData 来包含 User 类型的数据，如下所示：

```
class MainViewModel(countReserved: Int) : ViewModel() {

    val userLiveData = MutableLiveData<User>()
    ...
}
```

到目前为止，这和我们在上一小节中学习的内容并没有什么区别。可是如果 MainActivity 中明确只会显示用户的姓名，而完全不关心用户的年龄，那么这个时候还将整个 User 类型的 LiveData 暴露给外部，就显得不那么合适了。

而 map()方法就是专门用于解决这种问题的，它可以将 User 类型的 LiveData 自由地转型成任意其他类型的 LiveData，下面我们来看一下具体的用法：

```
class MainViewModel(countReserved: Int) : ViewModel() {

    private val userLiveData = MutableLiveData<User>()

    val userName: LiveData<String> = Transformations.map(userLiveData) { user ->
        "${user.firstName} ${user.lastName}"
    }
    ...
}
```

可以看到，这里我们调用了 Transformations 的 map()方法来对 LiveData 的数据类型进行转换。map()方法接收两个参数：第一个参数是原始的 LiveData 对象；第二个参数是一个转换函数，我们在转换函数里编写具体的转换逻辑即可。这里的逻辑也很简单，就是将 User 对象转换成一个只包含用户姓名的字符串。

另外，我们还将 userLiveData 声明成了 private，以保证数据的封装性。外部使用的时候只要观察 userName 这个 LiveData 就可以了。当 userLiveData 的数据发生变化时，map()方法会监听到变化并执行转换函数中的逻辑，然后再将转换之后的数据通知给 userName 的观察者。

这就是 map()方法的用法和使用场景，非常好理解。

接下来，我们开始学习 switchMap()方法，虽然它的使用场景非常固定，但是可能比 map()方法要更加常用。

前面我们所学的所有内容都有一个前提：LiveData 对象的实例都是在 ViewModel 中创建的。然而在实际的项目中，不可能一直是这种理想情况，很有可能 ViewModel 中的某个 LiveData 对象是调用另外的方法获取的。

下面就来模拟一下这种情况，新建一个 Repository 单例类，代码如下所示：

```
object Repository {

    fun getUser(userId: String): LiveData<User> {
        val liveData = MutableLiveData<User>()
        liveData.value = User(userId, userId, 0)
        return liveData
    }

}
```

这里我们在 Repository 类中添加了一个 getUser()方法，这个方法接收一个 userId 参数。按照正常的编程逻辑，我们应该根据传入的 userId 参数去服务器请求或者到数据库中查找相应的 User 对象，但是这里只是模拟示例，因此每次将传入的 userId 当作用户姓名来创建一个新的 User 对象即可。

需要注意的是，getUser()方法返回的是一个包含 User 数据的 LiveData 对象，而且每次调用 getUser()方法都会返回一个新的 LiveData 实例。

然后我们在 MainViewModel 中也定义一个 getUser()方法，并且让它调用 Repository 的 getUser()方法来获取 LiveData 对象：

```
class MainViewModel(countReserved: Int) : ViewModel() {
    ...
    fun getUser(userId: String): LiveData<User> {
        return Repository.getUser(userId)
    }
}
```

接下来的问题就是，在 Activity 中如何观察 LiveData 的数据变化呢？既然 getUser()方法返回的就是一个 LiveData 对象，那么我们可不可以直接在 Activity 中使用如下写法呢？

```
viewModel.getUser(userId).observe(this) { user ->
}
```

请注意，这么做是完全错误的。因为每次调用 getUser()方法返回的都是一个新的 LiveData 实例，而上述写法会一直观察老的 LiveData 实例，从而根本无法观察到数据的变化。你会发现，这种情况下的 LiveData 是不可观察的。

这个时候，switchMap()方法就可以派上用场了。正如前面所说，它的使用场景非常固定：如果 ViewModel 中的某个 LiveData 对象是调用另外的方法获取的，那么我们就可以借助 switchMap()方法，将这个 LiveData 对象转换成另外一个可观察的 LiveData 对象。

修改 MainViewModel 中的代码，如下所示：

```
class MainViewModel(countReserved: Int) : ViewModel() {
    ...
    private val userIdLiveData = MutableLiveData<String>()

    val user: LiveData<User> = Transformations.switchMap(userIdLiveData) { userId ->
        Repository.getUser(userId)
    }

    fun getUser(userId: String) {
        userIdLiveData.value = userId
    }
}
```

这里我们定义了一个新的 userIdLiveData 对象，用来观察 userId 的数据变化，然后调用了 Transformations 的 switchMap()方法，用来对另一个可观察的 LiveData 对象进行转换。

switchMap()方法同样接收两个参数：第一个参数传入我们新增的 userIdLiveData，switchMap()方法会对它进行观察；第二个参数是一个转换函数，注意，我们必须在这个转换函数中返回一个 LiveData 对象，因为 switchMap()方法的工作原理就是要将转换函数中返回的 LiveData 对象转换成另一个可观察的 LiveData 对象。那么很显然，我们只需要在转换函数中调用 Repository 的 getUser()方法来得到 LiveData 对象，并将它返回就可以了。

为了让你能更清晰地理解 switchMap()的用法，我们再来梳理一遍它的整体工作流程。首先，当外部调用 MainViewModel 的 getUser()方法来获取用户数据时，并不会发起任何请求或者函数调用，只会将传入的 userId 值设置到 userIdLiveData 当中。一旦 userIdLiveData 的数据发生变化，那么观察 userIdLiveData 的 switchMap()方法就会执行，并且调用我们编写的转换函数。然后在转换函数中调用 Repository.getUser()方法获取真正的用户数据。同时，switchMap()方法会将 Repository.getUser()方法返回的 LiveData 对象转换成一个可观察的 LiveData 对象，对于 Activity 而言，只要去观察这个 LiveData 对象就可以了。

下面我们就来测试一下，修改 activity_main.xml 文件，在里面新增一个 "Get User" 按钮：

```
<LinearLayout
    xmlns:android="http://schemas.android.com/apk/res/android"
    android:layout_width="match_parent"
    android:layout_height="match_parent"
    android:orientation="vertical">
    ...
    <Button
        android:id="@+id/getUserBtn"
        android:layout_width="match_parent"
        android:layout_height="wrap_content"
        android:layout_gravity="center_horizontal"
        android:text="Get User"/>
</LinearLayout>
```

然后修改 MainActivity 中的代码，如下所示：

```
class MainActivity : AppCompatActivity() {
    ...
    override fun onCreate(savedInstanceState: Bundle?) {
        ...
        getUserBtn.setOnClickListener {
            val userId = (0..10000).random().toString()
            viewModel.getUser(userId)
        }
        viewModel.user.observe(this, Observer { user ->
            infoText.text = user.firstName
        })
    }
    ...
}
```

具体的用法就是这样了，我们在 "Get User" 按钮的点击事件中使用随机函数生成了一个 userId，然后调用 MainViewModel 的 getUser() 方法来获取用户数据，但是这个方法现在不会有任何返回值了。等数据获取完成之后，可观察 LiveData 对象的 observe() 方法将会得到通知，我们在这里将获取的用户名显示到界面上。

现在重新运行程序，并一直点击 "Get User" 按钮，你会发现界面上的数字会一直在变，如图 13.9 所示。这是因为我们传入的 userId 值是随机的，同时也说明 switchMap() 方法确实已经正常工作了。

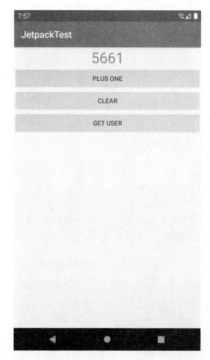

图 13.9　数字会在 0 到 10 000 之间随机变化

最后再介绍一个我当初学习 switchMap() 方法时产生疑惑的地方。在刚才的例子当中，我们调用 MainViewModel 的 getUser() 方法时传入了一个 userId 参数，为了能够观察这个参数的数据变化，又构建了一个 userIdLiveData，然后在 switchMap() 方法中再去观察这个 LiveData 对象就可以了。但是 ViewModel 中某个获取数据的方法有可能是没有参数的，这个时候代码应该怎么写呢？

其实这个问题并没有想象中复杂，写法基本上和原来是相同的，只是在没有可观察数据的情况下，我们需要创建一个空的 LiveData 对象，示例写法如下：

```
class MyViewModel : ViewModel() {

    private val refreshLiveData = MutableLiveData<Any?>()

    val refreshResult = Transformations.switchMap(refreshLiveData) {
        Repository.refresh()  // 假设 Repository 中已经定义了 refresh() 方法
    }

    fun refresh() {
        refreshLiveData.value = refreshLiveData.value
    }

}
```

可以看到，这里我们定义了一个不带参数的 refresh()方法，又对应地定义了一个 refreshLiveData，但是它不需要指定具体包含的数据类型，因此这里我们将 LiveData 的泛型指定成 Any?即可。

接下来就是点睛之笔的地方了，在 refresh()方法中，我们只是将 refreshLiveData 原有的数据取出来(默认是空)，再重新设置到 refreshLiveData 当中，这样就能触发一次数据变化。是的，LiveData 内部不会判断即将设置的数据和原有数据是否相同，只要调用了 setValue()或 postValue()方法，就一定会触发数据变化事件。

然后我们在 Activity 中观察 refreshResult 这个 LiveData 对象即可，这样只要调用了 refresh()方法，观察者的回调函数中就能够得到最新的数据。

可能你会说，学到现在，只看到了 LiveData 与 ViewModel 结合在一起使用，好像和我们上一节学的 Lifecycles 组件没什么关系嘛。

其实并不是这样的，LiveData 之所以能够成为 Activity 与 ViewModel 之间通信的桥梁，并且还不会有内存泄漏的风险，靠的就是 Lifecycles 组件。LiveData 在内部使用了 Lifecycles 组件来自我感知生命周期的变化，从而可以在 Activity 销毁的时候及时释放引用，避免产生内存泄漏的问题。

另外，由于要减少性能消耗，当 Activity 处于不可见状态的时候（比如手机息屏，或者被其他的 Activity 遮挡），如果 LiveData 中的数据发生了变化，是不会通知给观察者的。只有当 Activity 重新恢复可见状态时，才会将数据通知给观察者，而 LiveData 之所以能够实现这种细节的优化，依靠的还是 Lifecycles 组件。

还有一个小细节，如果在 Activity 处于不可见状态的时候，LiveData 发生了多次数据变化，当 Activity 恢复可见状态时，只有最新的那份数据才会通知给观察者，前面的数据在这种情况下相当于已经过期了，会被直接丢弃。

到这里，我们基本上就将 LiveData 相关的所有重要内容都学完了。

13.5　Room

在第 7 章的时候我们学习了 SQLite 数据库的使用方法，不过当时仅仅是使用了一些原生的 API 来进行数据的增删改查操作。这些原生 API 虽然简单易用，但是如果放到大型项目当中的话，会非常容易让项目的代码变得混乱，除非你进行了很好的封装。为此市面上出现了诸多专门为 Android 数据库设计的 ORM 框架。

ORM（Object Relational Mapping）也叫对象关系映射。简单来讲，我们使用的编程语言是面向对象语言，而使用的数据库则是关系型数据库，将面向对象的语言和面向关系的数据库之间建立一种映射关系，这就是 ORM 了。

那么使用 ORM 框架有什么好处呢？它赋予了我们一个强大的功能，就是可以用面向对象的思维来和数据库进行交互，绝大多数情况下不用再和 SQL 语句打交道了，同时也不用担心操作数据库的逻辑会让项目的整体代码变得混乱。

由于许多大型项目中会用到数据库的功能，为了帮助我们编写出更好的代码，Android 官方推出了一个 ORM 框架，并将它加入了 Jetpack 当中，就是我们这节即将学习的 Room。

13.5.1 使用 Room 进行增删改查

那么现在就开始吧，先来看一下 Room 的整体结构。它主要由 Entity、Dao 和 Database 这 3 部分组成，每个部分都有明确的职责，详细说明如下。

- ❑ Entity。用于定义封装实际数据的实体类，每个实体类都会在数据库中有一张对应的表，并且表中的列是根据实体类中的字段自动生成的。
- ❑ Dao。Dao 是数据访问对象的意思，通常会在这里对数据库的各项操作进行封装，在实际编程的时候，逻辑层就不需要和底层数据库打交道了，直接和 Dao 层进行交互即可。
- ❑ Database。用于定义数据库中的关键信息，包括数据库的版本号、包含哪些实体类以及提供 Dao 层的访问实例。

不过只看这些概念可能还是不太容易理解，下面我们结合实践来学习一下 Room 的具体用法。

继续在 JetpackTest 项目上进行改造。首先要使用 Room，需要在 app/build.gradle 文件中添加如下的依赖：

```
apply plugin: 'com.android.application'
apply plugin: 'kotlin-android'
apply plugin: 'kotlin-android-extensions'
apply plugin: 'kotlin-kapt'

dependencies {
    ...
    implementation "androidx.room:room-runtime:2.1.0"
    kapt "androidx.room:room-compiler:2.1.0"
}
```

这里新增了一个 kotlin-kapt 插件，同时在 dependencies 闭包中添加了两个 Room 的依赖库。由于 Room 会根据我们在项目中声明的注解来动态生成代码，因此这里一定要使用 kapt 引入 Room 的编译时注解库，而启用编译时注解功能则一定要先添加 kotlin-kapt 插件。注意，kapt 只能在 Kotlin 项目中使用，如果是 Java 项目的话，使用 annotationProcessor 即可。

下面我们就按照刚才介绍的 Room 的 3 个组成部分一一来进行实现，首先是定义 Entity，也就是实体类。

好消息是 JetpackTest 项目中已经存在一个实体类了，就是我们在学习 LiveData 时创建的 User 类。然而 User 类目前只包含 firstName、lastName 和 age 这 3 个字段，但是一个良好的数据库编程建议是，给每个实体类都添加一个 id 字段，并将这个字段设为主键。于是我们对 User

类进行如下改造，并完成实体类的声明：

```
@Entity
data class User(var firstName: String, var lastName: String, var age: Int) {

    @PrimaryKey(autoGenerate = true)
    var id: Long = 0

}
```

可以看到，这里我们在 User 的类名上使用@Entity 注解，将它声明成了一个实体类，然后在 User 类中添加了一个 id 字段，并使用@PrimaryKey注解将它设为了主键，再把 autoGenerate 参数指定成 true，使得主键的值是自动生成的。

这样实体类部分就定义好了，不过这里简单起见，只定义了一个实体类，在实际项目当中，你可能需要根据具体的业务逻辑定义很多个实体类。当然，每个实体类定义的方式都是差不多的，最多添加一些实体类之间的关联。

接下来开始定义 Dao，这部分也是 Room 用法中最关键的地方，因为所有访问数据库的操作都是在这里封装的。

通过第 7 章的学习我们已经了解到，访问数据库的操作无非就是增删改查这 4 种，但是业务需求却是千变万化的。而 Dao 要做的事情就是覆盖所有的业务需求，使得业务方永远只需要与 Dao 层进行交互，而不必和底层的数据库打交道。

那么下面我们就来看一下一个 Dao 具体是如何实现的。新建一个 UserDao 接口，注意必须使用接口，这点和 Retrofit 是类似的，然后在接口中编写如下代码：

```
@Dao
interface UserDao {

    @Insert
    fun insertUser(user: User): Long

    @Update
    fun updateUser(newUser: User)

    @Query("select * from User")
    fun loadAllUsers(): List<User>

    @Query("select * from User where age > :age")
    fun loadUsersOlderThan(age: Int): List<User>

    @Delete
    fun deleteUser(user: User)

    @Query("delete from User where lastName = :lastName")
    fun deleteUserByLastName(lastName: String): Int

}
```

　　UserDao 接口的上面使用了一个@Dao 注解，这样 Room 才能将它识别成一个 Dao。UserDao 的内部就是根据业务需求对各种数据库操作进行的封装。数据库操作通常有增删改查这 4 种，因此 Room 也提供了@Insert、@Delete、@Update 和@Query 这 4 种相应的注解。

　　可以看到，insertUser()方法上面使用了@Insert 注解，表示会将参数中传入的 User 对象插入数据库中，插入完成后还会将自动生成的主键 id 值返回。updateUser()方法上面使用了@Update 注解，表示会将参数中传入的 User 对象更新到数据库当中。deleteUser()方法上面使用了@Delete 注解，表示会将参数传入的 User 对象从数据库中删除。以上几种数据库操作都是直接使用注解标识即可，不用编写 SQL 语句。

　　但是如果想要从数据库中查询数据，或者使用非实体类参数来增删改数据，那么就必须编写 SQL 语句了。比如说我们在 UserDao 接口中定义了一个 loadAllUsers()方法，用于从数据库中查询所有的用户，如果只使用一个@Query 注解，Room 将无法知道我们想要查询哪些数据，因此必须在@Query 注解中编写具体的 SQL 语句才行。我们还可以将方法中传入的参数指定到 SQL 语句当中，比如 loadUsersOlderThan()方法就可以查询所有年龄大于指定参数的用户。另外，如果是使用非实体类参数来增删改数据，那么也要编写 SQL 语句才行，而且这个时候不能使用@Insert、@Delete 或@Update 注解，而是都要使用@Query 注解才行，参考 deleteUserByLastName()方法的写法。

　　这样我们就大体定义了添加用户、修改用户数据、查询用户、删除用户这几种数据库操作接口，在实际项目中你根据真实的业务需求来进行定义即可。

　　虽然使用 Room 需要经常编写 SQL 语句这一点不太友好，但是 SQL 语句确实可以实现更加多样化的逻辑，而且 Room 是支持在编译时动态检查 SQL 语句语法的。也就是说，如果我们编写的 SQL 语句有语法错误，编译的时候就会直接报错，而不会将错误隐藏到运行的时候才发现，也算是大大减少了很多安全隐患吧。

　　接下来我们进入最后一个环节：定义 Database。这部分内容的写法是非常固定的，只需要定义好 3 个部分的内容：数据库的版本号、包含哪些实体类，以及提供 Dao 层的访问实例。新建一个 AppDatabase.kt 文件，代码如下所示：

```
@Database(version = 1, entities = [User::class])
abstract class AppDatabase : RoomDatabase() {

    abstract fun userDao(): UserDao

    companion object {

        private var instance: AppDatabase? = null

        @Synchronized
        fun getDatabase(context: Context): AppDatabase {
            instance?.let {
                return it
```

```
    }
    return Room.databaseBuilder(context.applicationContext,
        AppDatabase::class.java, "app_database")
        .build().apply {
        instance = this
    }
    }
}
}
```

可以看到，这里我们在 AppDatabase 类的头部使用了 @Database 注解，并在注解中声明了数据库的版本号以及包含哪些实体类，多个实体类之间用逗号隔开即可。

另外，AppDatabase 类必须继承自 RoomDatabase 类，并且一定要使用 abstract 关键字将它声明成抽象类，然后提供相应的抽象方法，用于获取之前编写的 Dao 的实例，比如这里提供的 userDao() 方法。不过我们只需要进行方法声明就可以了，具体的方法实现是由 Room 在底层自动完成的。

紧接着，我们在 companion object 结构体中编写了一个单例模式，因为原则上全局应该只存在一份 AppDatabase 的实例。这里使用了 instance 变量来缓存 AppDatabase 的实例，然后在 getDatabase() 方法中判断：如果 instance 变量不为空就直接返回，否则就调用 Room.databaseBuilder() 方法来构建一个 AppDatabase 的实例。databaseBuilder() 方法接收 3 个参数，注意第一个参数一定要使用 applicationContext，而不能使用普通的 context，否则容易出现内存泄漏的情况，关于 applicationContext 的详细内容我们将会在第 14 章中学习。第二个参数是 AppDatabase 的 Class 类型，第三个参数是数据库名，这些都比较简单。最后调用 build() 方法完成构建，并将创建出来的实例赋值给 instance 变量，然后返回当前实例即可。

这样我们就把 Room 所需要的一切都定义好了，接下来要做的事情就是对它进行测试。修改 activity_main.xml 中的代码，在里面加入用于增删改查的 4 个按钮：

```xml
<LinearLayout
    xmlns:android="http://schemas.android.com/apk/res/android"
    android:layout_width="match_parent"
    android:layout_height="match_parent"
    android:orientation="vertical">
    ...
    <Button
        android:id="@+id/getUserBtn"
        android:layout_width="match_parent"
        android:layout_height="wrap_content"
        android:layout_gravity="center_horizontal"
        android:text="Get User"/>

    <Button
        android:id="@+id/addDataBtn"
```

```
            android:layout_width="match_parent"
            android:layout_height="wrap_content"
            android:layout_gravity="center_horizontal"
            android:text="Add Data"/>

        <Button
            android:id="@+id/updateDataBtn"
            android:layout_width="match_parent"
            android:layout_height="wrap_content"
            android:layout_gravity="center_horizontal"
            android:text="Update Data"/>

        <Button
            android:id="@+id/deleteDataBtn"
            android:layout_width="match_parent"
            android:layout_height="wrap_content"
            android:layout_gravity="center_horizontal"
            android:text="Delete Data"/>

        <Button
            android:id="@+id/queryDataBtn"
            android:layout_width="match_parent"
            android:layout_height="wrap_content"
            android:layout_gravity="center_horizontal"
            android:text="Query Data"/>
    </LinearLayout>
```

然后修改 MainActivity 中的代码，分别在这 4 个按钮的点击事件中实现增删改查的逻辑，如下所示：

```
class MainActivity : AppCompatActivity() {
    ...
    override fun onCreate(savedInstanceState: Bundle?) {
        ...
        val userDao = AppDatabase.getDatabase(this).userDao()
        val user1 = User("Tom", "Brady", 40)
        val user2 = User("Tom", "Hanks", 63)
        addDataBtn.setOnClickListener {
            thread {
                user1.id = userDao.insertUser(user1)
                user2.id = userDao.insertUser(user2)
            }
        }
        updateDataBtn.setOnClickListener {
            thread {
                user1.age = 42
                userDao.updateUser(user1)
            }
        }
        deleteDataBtn.setOnClickListener {
            thread {
                userDao.deleteUserByLastName("Hanks")
            }
```

```
        }
        queryDataBtn.setOnClickListener {
            thread {
                for (user in userDao.loadAllUsers()) {
                    Log.d("MainActivity", user.toString())
                }
            }
        }
    }
    ...
}
```

这段代码的逻辑还是很简单的。首先获取了 UserDao 的实例，并创建两个 User 对象。然后在 "Add Data" 按钮的点击事件中，我们调用了 UserDao 的 insertUser() 方法，将这两个 User 对象插入数据库中，并将 insertUser() 方法返回的主键 id 值赋值给原来的 User 对象。之所以要这么做，是因为使用@Update 和@Delete 注解去更新和删除数据时都是基于这个 id 值来操作的。

然后在 "Update Data" 按钮的点击事件中，我们将 user1 的年龄修改成了 42 岁，并调用 UserDao 的 updateUser() 方法来更新数据库中的数据。在 "Delete Data" 按钮的点击事件中，我们调用了 UserDao 的 deleteUserByLastName() 方法，删除所有 lastName 是 Hanks 的用户。在 "Query Data" 按钮的点击事件中，我们调用了 UserDao 的 loadAllUsers() 方法，查询并打印数据库中所有的用户。

另外，由于数据库操作属于耗时操作，Room 默认是不允许在主线程中进行数据库操作的，因此上述代码中我们将增删改查的功能都放到了子线程中。不过为了方便测试，Room 还提供了一个更加简单的方法，如下所示：

```
Room.databaseBuilder(context.applicationContext, AppDatabase::class.java,"app_database")
    .allowMainThreadQueries()
    .build()
```

在构建 AppDatabase 实例的时候，加入一个 allowMainThreadQueries() 方法，这样 Room 就允许在主线程中进行数据库操作了，这个方法建议只在测试环境下使用。

好了，现在可以运行一下程序了，界面如图 13.10 所示

图 13.10　增加了增删改查按钮的界面

　　然后点击 "Add Data" 按钮，再点击 "Query Data" 按钮，查看 Logcat 中的打印日志，如图 13.11 所示。

图 13.11　查询并打印数据库中的数据

由此可以证明，两条用户数据都已经被成功插入数据库当中了。

　　接下来点击 "Update Data" 按钮，再重新点击 "Query Data" 按钮，Logcat 中的打印日志如图 13.12 所示。

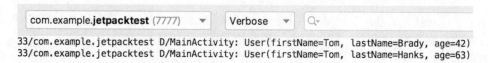

图 13.12　查询并打印更新后的数据

可以看到，第一条数据中用户的年龄被成功修改成了 42 岁。

最后点击"Delete Data"按钮，再次点击"Query Data"按钮，Logcat 中的打印日志如图 13.13 所示。

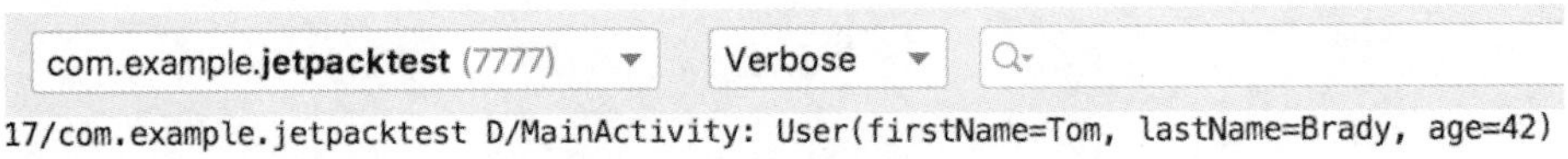

图 13.13　查询并打印删除后的数据

可以看到，现在只剩下一条用户数据了。

将 Room 的用法体验一遍之后，不知道你有什么感觉呢？或许你会觉得 Room 使用起来太过于烦琐，要先定义 Entity，再定义 Dao，最后定义 Database，还不如直接使用原生的 SQLiteDatabase 来得方便。但是你有没有察觉，一旦将上述 3 部分内容都定义好了之后，你就只需要使用面向对象的思维去编写程序，而完全不用考虑数据库相关的逻辑和实现了。在大型项目当中，使用 Room 将能够让你的代码拥有更加合理的分层与设计，同时也能让代码更加易于维护，因此，Room 成为现在 Android 官方最为推荐使用的数据库框架。

13.5.2　Room 的数据库升级

当然了，我们的数据库结构不可能在设计好了之后就永远一成不变，随着需求和版本的变更，数据库也是需要升级的。不过遗憾的是，Room 在数据库升级方面设计得非常烦琐，基本上没有比使用原生的 SQLiteDatabase 简单到哪儿去，每一次升级都需要手动编写升级逻辑才行。相比之下，我个人编写的数据库框架 LitePal 则可以根据实体类的变化自动升级数据库，感兴趣的话，你可以通过搜索去了解一下。

不过，如果你目前还只是在开发测试阶段，不想编写那么烦琐的数据库升级逻辑，Room 倒也提供了一个简单粗暴的方法，如下所示：

```
Room.databaseBuilder(context.applicationContext, AppDatabase::class.java,"app_database")
    .fallbackToDestructiveMigration()
    .build()
```

在构建 AppDatabase 实例的时候，加入一个 fallbackToDestructiveMigration()方法。这样只要数据库进行了升级，Room 就会将当前的数据库销毁，然后再重新创建，随之而来的副作用就是之前数据库中的所有数据就全部丢失了。

假如产品还在开发和测试阶段，这个方法是可以使用的，但是一旦产品对外发布之后，如果造成了用户数据丢失，那可是严重的事故。因此接下来我们还是老老实实学习一下在 Room 中升级数据库的正规写法。

随着业务逻辑的升级，现在我们打算在数据库中添加一张 Book 表，那么首先要做的就是创建一个 Book 的实体类，如下所示：

```
@Entity
data class Book(var name: String, var pages: Int) {

    @PrimaryKey(autoGenerate = true)
    var id: Long = 0

}
```

可以看到，Book 类中包含了主键 id、书名、页数这几个字段，并且我们还使用@Entity 注解将它声明成了一个实体类。

然后创建一个 BookDao 接口，并在其中随意定义一些 API：

```
@Dao
interface BookDao {

    @Insert
    fun insertBook(book: Book): Long

    @Query("select * from Book")
    fun loadAllBooks(): List<Book>

}
```

接下来修改 AppDatabase 中的代码，在里面编写数据库升级的逻辑，如下所示：

```
@Database(version = 2, entities = [User::class, Book::class])
abstract class AppDatabase : RoomDatabase() {

    abstract fun userDao(): UserDao

    abstract fun bookDao(): BookDao

    companion object {

        val MIGRATION_1_2 = object : Migration(1, 2) {
            override fun migrate(database: SupportSQLiteDatabase) {
                    database.execSQL("create table Book (id integer primary
                        key autoincrement not null, name text not null,
                        pages integer not null)")
            }
        }

        private var instance: AppDatabase? = null

        fun getDatabase(context: Context): AppDatabase {
            instance?.let {
                return it
            }
            return Room.databaseBuilder(context.applicationContext,
                AppDatabase::class.java, "app_database")
                .addMigrations(MIGRATION_1_2)
                .build().apply {
```

```
                    instance = this
                }
            }
        }

    }
```

观察一下这里的几处变化。首先在@Database 注解中，我们将版本号升级成了 2，并将 Book
类添加到了实体类声明中，然后又提供了一个 bookDao()方法用于获取 BookDao 的实例。

接下来就是关键的地方了，在 companion object 结构体中，我们实现了一个 Migration
的匿名类，并传入了 1 和 2 这两个参数，表示当数据库版本从 1 升级到 2 的时候就执行这个匿名
类中的升级逻辑。匿名类实例的变量命名也比较有讲究，这里命名成 MIGRATION_1_2，可读性
更高。由于我们要新增一张 Book 表，所以需要在 migrate()方法中编写相应的建表语句。另外
必须注意的是，Book 表的建表语句必须和 Book 实体类中声明的结构完全一致，否则 Room 就会
抛出异常。

最后在构建 AppDatabase 实例的时候，加入一个 addMigrations()方法，并把 MIGRATION_1_2
传入即可。

现在当我们进行任何数据库操作时，Room 就会自动根据当前数据库的版本号执行这些升级
逻辑，从而让数据库始终保证是最新的版本。

不过，每次数据库升级并不一定都要新增一张表，也有可能是向现有的表中添加新的列。这
种情况只需要使用 alter 语句修改表结构就可以了，我们来看一下具体的操作过程。

现在 Book 的实体类中只有 id、书名、页数这几个字段，而我们想要再添加一个作者字段，
代码如下所示：

```
@Entity
data class Book(var name: String, var pages: Int, var author: String) {

    @PrimaryKey(autoGenerate = true)
    var id: Long = 0

}
```

既然实体类的字段发生了变动，那么对应的数据库表也必须升级了，所以这里修改 AppDatabase
中的代码，如下所示：

```
@Database(version = 3, entities = [User::class, Book::class])
abstract class AppDatabase : RoomDatabase() {
    ...
    companion object {
        ...
        val MIGRATION_2_3 = object : Migration(2, 3) {
            override fun migrate(database: SupportSQLiteDatabase) {
                database.execSQL("alter table Book add column author text not null
```

```
                    default 'unknown'")
            }
        }

        private var instance: AppDatabase? = null

        fun getDatabase(context: Context): AppDatabase {
            ...
            return Room.databaseBuilder(context.applicationContext,
                AppDatabase::class.java, "app_database")
                .addMigrations(MIGRATION_1_2, MIGRATION_2_3)
                .build().apply {
                instance = this
            }
        }
    }

}
```

　　升级步骤和之前是差不多的，这里先将版本号升级成了 3，然后编写一个 MIGRATION_2_3 的升级逻辑并添加到 addMigrations() 方法中即可。比较有难度的地方就是每次在 migrate() 方法中编写的 SQL 语句，不过即使写错了也没关系，因为程序运行之后在你首次操作数据库的时候就会直接触发崩溃，并且告诉你具体的错误原因，对照着错误原因来改正你的 SQL 语句即可。

　　好了，关于 Room 你已经了解足够多的内容了，接下来就让我们开始学习本章的最后一个 Jetpack 组件——WorkManager。

13.6　WorkManager

　　Android 的后台机制是一个很复杂的话题，连我自己也没能完全搞明白不同 Android 系统版本之间后台的功能与 API 又发生了哪些变化。在很早之前，Android 系统的后台功能是非常开放的，Service 的优先级也很高，仅次于 Activity，那个时候可以在 Service 中做很多事情。但由于后台功能太过于开放，每个应用都想无限地占用后台资源，导致手机的内存越来越紧张，耗电越来越快，也变得越来越卡。为了解决这些情况，基本上 Android 系统每发布一个新版本，后台权限都会被进一步收紧。

　　我印象中与后台相关的 API 变更大概有这些：从 4.4 系统开始 AlarmManager 的触发时间由原来的精准变为不精准，5.0 系统中加入了 JobScheduler 来处理后台任务，6.0 系统中引入了 Doze 和 App Standby 模式用于降低手机被后台唤醒的频率，从 8.0 系统开始直接禁用了 Service 的后台功能，只允许使用前台 Service。当然，还有许许多多小细节的修改，我没能全部列举出来。

　　这么频繁的功能和 API 变更，让开发者就很难受了，到底该如何编写后台代码才能保证应用程序在不同系统版本上的兼容性呢？为了解决这个问题，Google 推出了 WorkManager 组件。WorkManager 很适合用于处理一些要求定时执行的任务，它可以根据操作系统的版本自动选择底层是使用 AlarmManager 实现还是 JobScheduler 实现，从而降低了我们的使用成本。另外，它还支持周期性任务、链式任务处理等功能，是一个非常强大的工具。

不过，我们还得先明确一件事情：WorkManager 和 Service 并不相同，也没有直接的联系。Service 是 Android 系统的四大组件之一，它在没有被销毁的情况下是一直保持在后台运行的。而 WorkManager 只是一个处理定时任务的工具，它可以保证即使在应用退出甚至手机重启的情况下，之前注册的任务仍然将会得到执行，因此 WorkManager 很适合用于执行一些定期和服务器进行交互的任务，比如周期性地同步数据，等等。

另外，使用 WorkManager 注册的周期性任务不能保证一定会准时执行，这并不是 bug，而是系统为了减少电量消耗，可能会将触发时间临近的几个任务放在一起执行，这样可以大幅度地减少 CPU 被唤醒的次数，从而有效延长电池的使用时间。

那么下面我们就开始学习 WorkManager 的具体用法。

13.6.1　WorkManager 的基本用法

要想使用 WorkManager，需要先在 app/build.gradle 文件中添加如下的依赖：

```
dependencies {
    ...
    implementation "androidx.work:work-runtime:2.2.0"
}
```

将依赖添加完成之后，我们就把准备工作做好了。

WorkManager 的基本用法其实非常简单，主要分为以下 3 步：

(1) 定义一个后台任务，并实现具体的任务逻辑；

(2) 配置该后台任务的运行条件和约束信息，并构建后台任务请求；

(3) 将该后台任务请求传入 WorkManager 的 enqueue() 方法中，系统会在合适的时间运行。

那么接下来我们就按照上述步骤一步步进行实现。

第一步要定义一个后台任务，这里创建一个 SimpleWorker 类，代码如下所示：

```
class SimpleWorker(context: Context, params: WorkerParameters) : Worker(context, params) {

    override fun doWork(): Result {
        Log.d("SimpleWorker", "do work in SimpleWorker")
        return Result.success()
    }

}
```

后台任务的写法非常固定，也很好理解。首先每一个后台任务都必须继承自 Worker 类，并调用它唯一的构造函数。然后重写父类中的 doWork() 方法，在这个方法中编写具体的后台任务逻辑即可。

doWork()方法不会运行在主线程当中，因此你可以放心地在这里执行耗时逻辑，不过这里简单起见只是打印了一行日志。另外，doWork()方法要求返回一个 Result 对象，用于表示任务的运行结果，成功就返回 Result.success()，失败就返回 Result.failure()。除此之外，还有一个 Result.retry()方法，它其实也代表着失败，只是可以结合 WorkRequest.Builder 的 setBackoffCriteria()方法来重新执行任务，我们稍后会进行学习。

没错，就是这么简单，这样一个后台任务就定义好了。接下来可以进入第二步，配置该后台任务的运行条件和约束信息。

这一步其实也是最复杂的一步，因为可配置的内容非常多，不过目前我们还只是学习 WorkManager 的基本用法，因此只进行最基本的配置就可以了，代码如下所示：

```
val request = OneTimeWorkRequest.Builder(SimpleWorker::class.java).build()
```

可以看到，只需要把刚才创建的后台任务所对应的 Class 对象传入 OneTimeWorkRequest. Builder 的构造函数中，然后调用 build()方法即可完成构建。

OneTimeWorkRequest.Builder 是 WorkRequest.Builder 的子类，用于构建单次运行的后台任务请求。WorkRequest.Builder 还有另外一个子类 PeriodicWorkRequest.Builder，可用于构建周期性运行的后台任务请求，但是为了降低设备性能消耗，PeriodicWorkRequest.Builder 构造函数中传入的运行周期间隔不能短于 15 分钟，示例代码如下：

```
val request = PeriodicWorkRequest.Builder(SimpleWorker::class.java, 15,
    TimeUnit.MINUTES).build()
```

最后一步，将构建出的后台任务请求传入 WorkManager 的 enqueue()方法中，系统就会在合适的时间去运行了：

```
WorkManager.getInstance(context).enqueue(request)
```

整体的用法就是这样，现在我们来测试一下吧。首先在 activity_main.xml 中新增一个"Do Work"按钮，如下所示：

```
<LinearLayout
    xmlns:android="http://schemas.android.com/apk/res/android"
    android:layout_width="match_parent"
    android:layout_height="match_parent"
    android:orientation="vertical">
    ...
    <Button
        android:id="@+id/doWorkBtn"
        android:layout_width="match_parent"
        android:layout_height="wrap_content"
        android:layout_gravity="center_horizontal"
        android:text="Do Work"/>
</LinearLayout>
```

由于 activity_main.xml 中的按钮已经比较多了，如果新增的按钮已经超出了你的手机屏幕，可以使用我们之前学习的 ScrollView 控件来滚动查看屏幕外的内容。

接下来修改 MainActivity 中的代码，如下所示：

```
class MainActivity : AppCompatActivity() {
    ...
    override fun onCreate(savedInstanceState: Bundle?) {
        ...
        doWorkBtn.setOnClickListener {
            val request = OneTimeWorkRequest.Builder(SimpleWorker::class.java).build()
            WorkManager.getInstance(this).enqueue(request)
        }
    }
    ...
}
```

代码非常简单，就是在“Do Work”按钮的点击事件中构建后台任务请求，并将请求传入
WorkManager 的 enqueue()方法中。后台任务的具体运行时间是由我们所指定的约束以及系统
自身的一些优化所决定的，由于这里没有指定任何约束，因此后台任务基本上会在点击按钮之后
立刻运行。

现在重新运行一下程序，并点击“Do Work”按钮，观察 Logcat 中打印的日志，如图 13.14
所示。

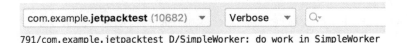

图 13.14　SimpleWorker 中打印的日志

可以看到，SimpleWorker 确实已经成功运行了。

好了，WorkManager 的基本用法就是这么简单，不过接下来我们要去处理一些复杂的任务了。

13.6.2　使用 WorkManager 处理复杂的任务

在上一小节中，虽然我们成功运行了一个后台任务，但是由于不能控制它的具体运行时间，
因此并没有什么太大的实际用处。当然，WorkManager 是不可能没有提供这样的接口的，事实
上除了运行时间之外，WorkManager 还允许我们控制许多其他方面的东西，下面就来具体看一
下吧。

首先从最简单的看起，让后台任务在指定的延迟时间后运行，只需要借助 setInitialDelay()
方法就可以了，代码如下所示：

```
val request = OneTimeWorkRequest.Builder(SimpleWorker::class.java)
    .setInitialDelay(5, TimeUnit.MINUTES)
    .build()
```

这就表示我们希望让 SimpleWorker 这个后台任务在 5 分钟后运行。你可以自由选择时间的单位，毫秒、秒、分钟、小时、天都可以。

可以控制运行时间之后，我们再增加一些别的功能，比如说给后台任务请求添加标签：

```
val request = OneTimeWorkRequest.Builder(SimpleWorker::class.java)
    ...
    .addTag("simple")
    .build()
```

那么添加了标签有什么好处呢？最主要的一个功能就是我们可以通过标签来取消后台任务请求：

```
WorkManager.getInstance(this).cancelAllWorkByTag("simple")
```

当然，即使没有标签，也可以通过 id 来取消后台任务请求：

```
WorkManager.getInstance(this).cancelWorkById(request.id)
```

但是，使用 id 只能取消单个后台任务请求，而使用标签的话，则可以将同一标签名的所有后台任务请求全部取消，这个功能在逻辑复杂的场景下尤其有用。

除此之外，我们也可以使用如下代码来一次性取消所有后台任务请求：

```
WorkManager.getInstance(this).cancelAllWork()
```

另外，我们在上一小节中讲到，如果后台任务的 doWork()方法中返回了 Result.retry()，那么是可以结合 setBackoffCriteria()方法来重新执行任务的，具体代码如下所示：

```
val request = OneTimeWorkRequest.Builder(SimpleWorker::class.java)
    ...
    .setBackoffCriteria(BackoffPolicy.LINEAR, 10, TimeUnit.SECONDS)
    .build()
```

setBackoffCriteria()方法接收 3 个参数：第二个和第三个参数用于指定在多久之后重新执行任务，时间最短不能少于 10 秒钟；第一个参数则用于指定如果任务再次执行失败，下次重试的时间应该以什么样的形式延迟。这其实很好理解，假如任务一直执行失败，不断地重新执行似乎并没有什么意义，只会徒增设备的性能消耗。而随着失败次数的增多，下次重试的时间也应该进行适当的延迟，这才是更加合理的机制。第一个参数的可选值有两种，分别是 LINEAR 和 EXPONENTIAL，前者代表下次重试时间以线性的方式延迟，后者代表下次重试时间以指数的方式延迟。

了解了 Result.retry()的作用之后，你一定还想知道，doWork()方法中返回 Result.success()和 Result.failure()又有什么作用？这两个返回值其实就是用于通知任务运行结果的，我们可以使用如下代码对后台任务的运行结果进行监听：

```
WorkManager.getInstance(this)
    .getWorkInfoByIdLiveData(request.id)
```

```
    .observe(this) { workInfo ->
        if (workInfo.state == WorkInfo.State.SUCCEEDED) {
            Log.d("MainActivity", "do work succeeded")
        } else if (workInfo.state == WorkInfo.State.FAILED) {
            Log.d("MainActivity", "do work failed")
        }
    }
```

这里调用了 `getWorkInfoByIdLiveData()`方法，并传入后台任务请求的 id，会返回一个 `LiveData` 对象。然后我们就可以调用 `LiveData` 对象的 `observe()`方法来观察数据变化了，以此监听后台任务的运行结果。

另外，你也可以调用 `getWorkInfosByTagLiveData()`方法，监听同一标签名下所有后台任务请求的运行结果，用法是差不多的，这里就不再进行解释了。

接下来，我们再来看一下 WorkManager 中比较有特色的一个功能——链式任务。

假设这里定义了 3 个独立的后台任务：同步数据、压缩数据和上传数据。现在我们想要实现先同步、再压缩、最后上传的功能，就可以借助链式任务来实现，代码示例如下：

```
val sync = ...
val compress = ...
val upload = ...
WorkManager.getInstance(this)
    .beginWith(sync)
    .then(compress)
    .then(upload)
    .enqueue()
```

这段代码还是比较好理解的，相信你一看就能懂。`beginWith()`方法用于开启一个链式任务，至于后面要接上什么样的后台任务，只需要使用 `then()`方法来连接即可。另外 WorkManager 还要求，必须在前一个后台任务运行成功之后，下一个后台任务才会运行。也就是说，如果某个后台任务运行失败，或者被取消了，那么接下来的后台任务就都得不到运行了。

在本节的最后，我还想多说几句。前面所介绍的 WorkManager 的所有功能，在国产手机上都有可能得不到正确的运行。这是因为绝大多数的国产手机厂商在进行 Android 系统定制的时候会增加一个一键关闭的功能，允许用户一键杀死所有非白名单的应用程序。而被杀死的应用程序既无法接收广播，也无法运行 WorkManager 的后台任务。这个功能虽然与 Android 原生系统的设计理念并不相符，但是我们也没有什么解决办法。或许就是因为有太多恶意应用总是想要无限占用后台，国产手机厂商才增加了这个功能吧。因此，这里给你的建议就是，WorkManager 可以用，但是千万别依赖它去实现什么核心功能，因为它在国产手机上可能会非常不稳定。

好了，关于 WorkManager，你所需要知道的内容大概就是这些了，那么我们本章对于 Jetpack 的学习也就到此为止。目前你已经具备了开发一款高质量架构 Android 应用的能力，在第 15 章中会给你真正的实战机会。但是现在，我们还是按照惯例，进入本章的 Kotlin 课堂，学习更多的知识和技能。

13.7 Kotlin 课堂：使用 DSL 构建专有的语法结构

DSL 的全称是领域特定语言（Domain Specific Language），它是编程语言赋予开发者的一种特殊能力，通过它我们可以编写出一些看似脱离其原始语法结构的代码，从而构建出一种专有的语法结构。

毫无疑问，Kotlin 也是支持 DSL 的，并且在 Kotlin 中实现 DSL 的实现方式并不固定，比如我们之前在第 9 章的 Kotlin 课堂中使用 infix 函数构建出的特有语法结构就属于 DSL。不过本节课我们的主要学习目标是通过高阶函数的方式来实现 DSL，这也是 Kotlin 中实现 DSL 最常见的方式。

不管你有没有察觉到，其实长久以来你一直都在使用 DSL。比如我们想要在项目中添加一些依赖库，需要在 build.gradle 文件中编写如下内容：

```
dependencies {
    implementation 'com.squareup.retrofit2:retrofit:2.6.1'
    implementation 'com.squareup.retrofit2:converter-gson:2.6.1'
}
```

Gradle 是一种基于 Groovy 语言的构建工具，因此上述的语法结构其实就是 Groovy 提供的 DSL 功能。有没有觉得很神奇？不用吃惊，借助 Kotlin 的 DSL，我们也可以实现类似的语法结构，下面就来具体看一下吧。

首先新建一个 DSL.kt 文件，然后在里面定义一个 Dependency 类，代码如下所示：

```
class Dependency {

    val libraries = ArrayList<String>()

    fun implementation(lib: String) {
        libraries.add(lib)
    }

}
```

这里我们使用了一个 List 集合来保存所有的依赖库，然后又提供了一个 `implementation()` 方法，用于向 List 集合中添加依赖库，代码非常简单。

接下来再定义一个 `dependencies` 高阶函数，代码如下所示：

```
fun dependencies(block: Dependency.() -> Unit): List<String> {
    val dependency = Dependency()
    dependency.block()
    return dependency.libraries
}
```

可以看到，`dependencies` 函数接收一个函数类型参数，并且该参数是定义到 `Dependency` 类中的，因此调用它的时候需要先创建一个 `Dependency` 的实例，然后再通过该实例调用函数类型参数，这样传入的 Lambda 表达式就能得到执行了。最后，我们将 Dependency 类中保存的依赖库集合返回。

没错，经过这样的 DSL 设计之后，我们就可以在项目中使用如下的语法结构了：

```
dependencies {
    implementation("com.squareup.retrofit2:retrofit:2.6.1")
    implementation("com.squareup.retrofit2:converter-gson:2.6.1")
}
```

这里我来简单解释一下。由于 dependencies 函数接收一个函数类型参数，因此这里我们可以传入一个 Lambda 表达式。而此时的 Lambda 表达式中拥有 Dependency 类的上下文，因此当然就可以直接调用 Dependency 类中的 implementation()方法来添加依赖库了。

当然，这种语法结构和我们在 build.gradle 文件中使用的语法结构并不完全相同，这主要是因为 Kotlin 和 Groovy 在语法层面还是有一定差别的。

另外，我们也可以通过 dependencies 函数的返回值来获取所有添加的依赖库，代码如下所示：

```
fun main() {
    val libraries = dependencies {
        implementation("com.squareup.retrofit2:retrofit:2.6.1")
        implementation("com.squareup.retrofit2:converter-gson:2.6.1")
    }
    for (lib in libraries) {
        println(lib)
    }
}
```

这里用一个 libraries 变量接收 dependencies 函数的返回值，然后使用 for-in 循环将集合中的依赖库全部打印出来。现在运行一下 main()函数，结果如图 13.15 所示。

图 13.15   获得所有添加的依赖库

可以看到，我们已经成功将使用 DSL 语法结构添加的依赖库全部获取到了。

这种语法结构比起直接调用 Dependency 对象的 implementation()方法要更直观一些，而且你会发现，需要添加的依赖库越多，使用 DSL 写法的优势就会越明显。

在实现了一个较为简单的 DSL 之后，接下来我们再尝试编写一个复杂一点的 DSL。

如果你了解一些前端开发的话，应该知道网页的展示都是由浏览器解析 HTML 代码来实现的。HTML 中定义了很多标签，其中<table>标签用于创建一个表格，<tr>标签用于创建表格的行，<td>标签用于创建单元格。将这 3 种标签嵌套使用，就可以定制出包含任意行列的表格了。

这里我们来做个实验吧，首先创建一个 test.txt 文件，并在其中编写如下 HTML 代码：

```
<table>
    <tr>
        <td>Apple</td>
        <td>Grape</td>
        <td>Orange</td>
    </tr>
    <tr>
        <td>Pear</td>
        <td>Banana</td>
        <td>Watermelon</td>
    </tr>
</table>
```

这段代码会创建出一个两行三列的表格。那么要如何进行验证呢？很简单，修改一下文件的后缀名就可以了，这里将文件改名成 test.html，然后双击文件，使用浏览器打开即可，效果如图 13.16 所示。

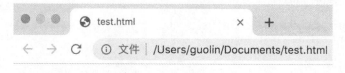

图 13.16　两行三列的表格效果

这就是一个两行三列表格的效果，只是默认情况下表格边框的宽度是零，所以我们看不到边框而已。

那么如果现在有一个需求，要求我们在 Kotlin 中动态生成表格所对应的 HTML 代码，你会怎么做呢？最简单直接的方式就是字符串拼接了，但是这种做法显然十分烦琐，而且字符串拼接的代码也难以阅读。

这个时候 DSL 又可以大显身手了，借助 DSL，我们可以以一种不可思议的语法结构来动态生成表格所对应的 HTML 代码，下面就来看一下具体应该如何实现吧。

仍然是在 DSL.kt 文件中进行编写，首先定义一个 Td 类，代码如下所示：

```
class Td {
    var content = ""

    fun html() = "\n\t\t<td>$content</td>"
}
```

由于<td>标签表示一个单元格，其中必然是要包含内容的，因此这里我们使用了一个 content 字段来存储单元格中显示的内容。另外，还提供了一个 html()方法，当调用这个方法时就返回一段<td>标签的 HTML 代码，并将 content 中存储的内容拼接进去。注意，为了让最终输出的结果更加直观，我使用了 \n 和 \t 转义符来进行换行和缩进，当然你可以不加这些转义符，因为浏览器在解析 HTML 代码时是忽略换行和缩进的。

完成了 Td 类，接下来我们再定义一个 Tr 类，代码如下所示：

```
class Tr {
    private val children = ArrayList<Td>()

    fun td(block: Td.() -> String) {
        val td = Td()
        td.content = td.block()
        children.add(td)
    }

    fun html(): String {
        val builder = StringBuilder()
        builder.append("\n\t<tr>")
        for (childTag in children) {
            builder.append(childTag.html())
        }
        builder.append("\n\t</tr>")
        return builder.toString()
    }
}
```

Tr 类相比于 Td 类就要复杂一些了。由于<tr>标签表示表格的行，它是可以包含多个<td>标签的，因此我们首先创建了一个 children 集合，用于存储当前 Tr 所包含的 Td 对象。接下来提供了一个 td()函数，它接收一个定义到 Td 类中并且返回值是 String 的函数类型参数。当调用 td()函数时，会先创建一个 Td 对象，接着调用函数类型参数并获取它的返回值，然后赋值到 Td 类的 content 字段当中，这样就可以将调用 td()函数时传入的 Lambda 表达式的返回值赋值给 content 字段了。当然，这里既然创建了一个 Td 对象，就一定要记得将它添加到 children 集合当中。

另外，Tr 类中也定义了一个 html()方法，它的作用和刚才 Td 类中的 html()方法一致。只是由于每个 Tr 都可能会包含很多个 Td，因此我们需要使用循环来遍历 children 集合，将所有的子 Td 都拼接到<tr>标签当中，从而返回一段嵌套的 HTML 代码。

定义好了 Tr 类之后，我们现在就可以使用如下的语法格式来构建表格中的一行数据：

```
val tr = Tr()
tr.td { "Apple" }
tr.td { "Grape" }
tr.td { "Orange" }
```

好像已经有那么回事了，但这仍然不是我们追求的最终效果。那么接下来继续对 DSL 进行完善，再定义一个 Table 类，代码如下所示：

```
class Table {
    private val children = ArrayList<Tr>()

    fun tr(block: Tr.() -> Unit) {
        val tr = Tr()
        tr.block()
        children.add(tr)
    }

    fun html(): String {
        val builder = StringBuilder()
        builder.append("<table>")
        for (childTag in children) {
            builder.append(childTag.html())
        }
        builder.append("\n</table>")
        return  builder.toString()
    }
}
```

这段代码相对就好理解多了，因为和刚才 Tr 类中的代码是比较相似的。Table 类中同样创建了一个 children 集合，用于存储当前 Table 所包含的 Tr 对象。然后定义了一个 tr() 函数，它接收一个定义到 Tr 类中的函数类型参数。当调用 tr() 函数时，会先创建一个 Tr 对象，接着调用函数类型参数，这样 Lambda 表达式中的代码就能得到执行。最后，仍然要记得将创建的 Tr 对象添加到 children 集合当中。

除此之外，html() 方法中的代码也都是类似的，这里遍历了 children 集合，将所有的子 Tr 对象都拼接到了 <table> 标签当中。

那么现在，我们就可以使用如下的语法结构来构建一个表格了：

```
val table = Table()
table.tr {
    td { "Apple" }
    td { "Grape" }
    td { "Orange" }
}
table.tr {
    td { "Pear" }
    td { "Banana" }
    td { "Watermelon" }
}
```

这段代码看上去已经相当不错了，不过这仍然不是最终版本，我们还可以再进一步对语法结构进行精简。定义一个 table() 函数，代码如下所示：

```
fun table(block: Table.() -> Unit): String {
    val table = Table()
    table.block()
    return table.html()
}
```

这里的 table() 函数接收一个定义到 Table 类中的函数类型参数，当调用 table() 函数时，会先创建一个 Table 对象，接着调用函数类型参数，这样 Lambda 表达式中的代码就能得到执行。最后调用 Table 的 html() 方法获取生成的 HTML 代码，并作为最终的返回值返回。

编写了这么多代码之后，我们就可以使用如下神奇的语法结构来动态生成一个表格所对应的 HTML 代码了：

```
fun main() {
    val html = table {
        tr {
            td { "Apple" }
            td { "Grape" }
            td { "Orange" }
        }
        tr {
            td { "Pear" }
            td { "Banana" }
            td { "Watermelon" }
        }
    }
    println(html)
}
```

怎么样？这种 DSL 结构的语法是不是语义性很强，一看就懂？而且很难想象这种语法结构竟然是用 Kotlin 语言编写出来的吧？现在我们可以运行一下 main() 函数，结果如图 13.17 所示。

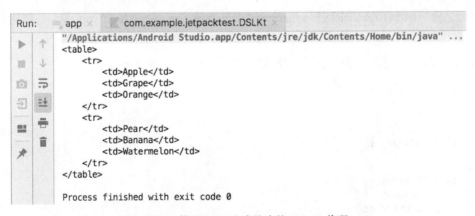

图 13.17　使用 DSL 生成的表格 HTML 代码

可以看到，这样我们就能够轻松地生成任意表格所对应的 HTML 代码了。

另外，在 DSL 中也可以使用 Kotlin 的其他语法特性，比如通过循环来批量生成\<tr\>和\<td\>标签：

```
fun main() {
    val html = table {
        repeat(2) {
```

```
        tr {
            val fruits = listOf("Apple", "Grape", "Orange")
            for (fruit in fruits) {
                td { fruit }
            }
        }
    }
}
println(html)
}
```

这里使用了 repeat() 函数来为表格生成两行数据，每行数据中又使用了 for-in 循环来遍历 List 集合，为表格填充具体的单元格数据。最终的运行结果如图 13.18 所示。

图 13.18　使用循环批量生成表格内容

在这个例子中，我们充分利用了 Kotlin 高阶函数的特性，完成了一个难度颇高的 DSL 定制，希望你能从中受益良多。当你在以后的开发工作中也需要进行 DSL 定制的时候，相信本节 Kotlin 课堂的内容一定能够给你提供很好的思路与帮助。

好了，关于 Kotlin DSL 的内容我们就学到这里，接下来我们就总结一下本章所学习的知识吧。

13.8　小结与点评

在本章中，我们对 Google 新推出的开发组件工具集 Jetpack 进行了学习。当然，Jetpack 包含的面很广，所以我们只是重点学习了其中的架构组件。架构组件主要是为了帮助开发者编写出更加符合高质量代码规范、更加具有架构设计的应用程序，尤其是 ViewModel、Lifecycles 和 LiveData 这 3 个组件，简直就是为 MVVM 架构而量身打造的，我们将会在第 15 章中使用 MVVM 架构编写一个完整的实战项目。

而本章中学习的 Room 作为数据库功能的补充，在很大程度上也能提升应用程序在本地存储方面的架构设计。WorkManager 则给我们提供了执行后台任务的另外一种选择，但请注意，它和 Service 是完全不同的。

在本章的 Kotlin 课堂中，我们学习了一项颇有难度的新技术——构建 DSL，但其实本章并没有用到任何 Kotlin 的新知识点，只是通过对高阶函数的灵活运用，编写出了一段看似不属于 Kotlin 语言的语法结构。构建 DSL 可能并不属于非常常用的功能，但是当你真正需要构建 DSL 的时候，来翻一下本节课的内容，相信一定会给你带来不少帮助。

现在你已经足足学习了 13 章的内容，对 Android 应用程序开发的理解应该比较深刻了。目前系统性的知识点几乎已经全部讲完了，但是还有一些零散的高级技巧在等待着你，那么就让我们赶快进入下一章的学习当中吧。

第 14 章

继续进阶，你还应该掌握的高级技巧

本书的内容虽然已经接近尾声了，但是千万不要因此而放松，现在正是你继续进阶的时机。相信基础性的 Android 知识已经没有太多能够难倒你的了，那么本章中我们就来学习一些你还应该掌握的高级技巧吧。

14.1　全局获取 Context 的技巧

回想这么久以来我们所学的内容，你会发现有很多地方都需要用到 Context，弹出 Toast 的时候需要，启动 Activity 的时候需要，发送广播的时候需要，操作数据库的时候需要，使用通知的时候需要……

或许目前你还没有为得不到 Context 而发愁过，因为我们很多的操作是在 Activity 中进行的，而 Activity 本身就是一个 Context 对象。但是，当应用程序的架构逐渐开始复杂起来的时候，很多逻辑代码将脱离 Activity 类，但此时你又恰恰需要使用 Context，也许这个时候你就会感到有些伤脑筋了。

例如，在第 12 章的 Kotlin 课堂中，我们编写了一个 Toast.kt 文件，并在这里对 Toast 的用法进行了封装，代码如下所示：

```
fun String.showToast(context: Context, duration: Int = Toast.LENGTH_SHORT) {
    Toast.makeText(context, this, duration).show()
}

fun Int.showToast(context: Context, duration: Int = Toast.LENGTH_SHORT) {
    Toast.makeText(context, this, duration).show()
}
```

可以看到，由于 Toast 的 makeText() 方法要求传入一个 Context 参数，但是当前代码既不在 Activity 当中，也不在 Service 当中，是没有办法直接获取 Context 对象的。于是这里我们只好给 showToast() 方法添加了一个 Context 参数，让调用 showToast() 方法的人传递一个

Context 对象进来。

虽说这也是一种解决方案，但是有点推卸责任的嫌疑，因为我们将获取 Context 的任务转移给了 showToast() 方法的调用方，至于调用方能不能得到 Context 对象，那就不是我们需要考虑的问题了。

由此可以看出，在某些情况下，获取 Context 并非是那么容易的一件事，有时候还是挺伤脑筋的。不过别担心，下面我们就来学习一种技巧，让你在项目的任何地方都能够轻松获取 Context。

Android 提供了一个 Application 类，每当应用程序启动的时候，系统就会自动将这个类进行初始化。而我们可以定制一个自己的 Application 类，以便于管理程序内一些全局的状态信息，比如全局 Context。

定制一个自己的 Application 其实并不复杂，首先需要创建一个 MyApplication 类继承自 Application，代码如下所示：

```kotlin
class MyApplication : Application() {

    companion object {
        lateinit var context: Context
    }

    override fun onCreate() {
        super.onCreate()
        context = applicationContext
    }

}
```

可以看到，MyApplication 中的代码非常简单。这里我们在 companion object 中定义了一个 context 变量，然后重写父类的 onCreate() 方法，并将调用 getApplicationContext() 方法得到的返回值赋值给 context 变量，这样我们就可以以静态变量的形式获取 Context 对象了。

需要注意的是，将 Context 设置成静态变量很容易会产生内存泄漏的问题，所以这是一种有风险的做法，因此 Android Studio 会给出如图 14.1 所示的警告提示。

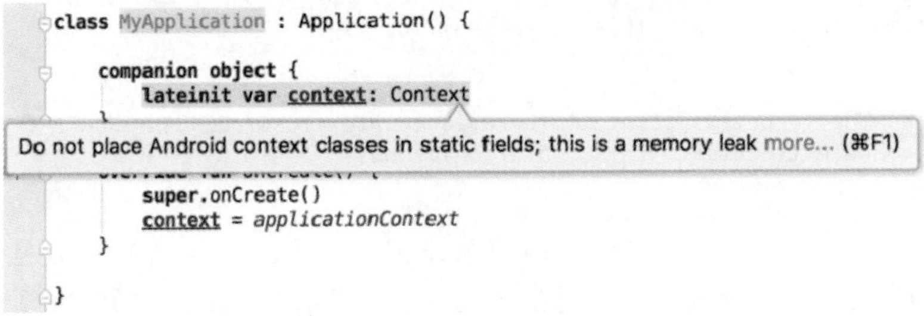

图 14.1　提示有内存泄漏的风险

但是由于这里获取的不是 Activity 或 Service 中的 Context，而是 Application 中的 Context，它全局只会存在一份实例，并且在整个应用程序的生命周期内都不会回收，因此是不存在内存泄漏风险的。那么我们可以使用如下注解，让 Android Studio 忽略上述警告提示：

```
class MyApplication : Application() {

    companion object {
        @SuppressLint("StaticFieldLeak")
        lateinit var context: Context
    }
    ...
}
```

接下来我们还需要告知系统，当程序启动的时候应该初始化 MyApplication 类，而不是默认的 Application 类。这一步也很简单，在 AndroidManifest.xml 文件的<application>标签下进行指定就可以了，代码如下所示：

```
<manifest xmlns:android="http://schemas.android.com/apk/res/android"
        package="com.example.materialtest">
    <application
        android:name=".MyApplication"
        android:allowBackup="true"
        android:icon="@mipmap/ic_launcher"
        android:label="@string/app_name"
        android:roundIcon="@mipmap/ic_launcher_round"
        android:supportsRtl="true"
        android:theme="@style/AppTheme">
        ...
    </application>
</manifest>
```

这样我们就实现了一种全局获取 Context 的机制，之后不管你想在项目的任何地方使用 Context，只需要调用一下 MyApplication.context 就可以了。

那么接下来我们再对 showToast()方法进行优化，代码如下所示：

```
fun String.showToast(duration: Int = Toast.LENGTH_SHORT) {
    Toast.makeText(MyApplication.context, this, duration).show()
}

fun Int.showToast(duration: Int = Toast.LENGTH_SHORT) {
    Toast.makeText(MyApplication.context, this, duration).show()
}
```

可以看到，showToast()方法不需要再通过传递参数的方式得到 Context 对象，而是调用一下 MyApplication.context 就可以了。这样 showToast()方法的用法也得到了进一步的精简，现在只需要使用如下写法就能弹出一段文字提示：

```
"This is Toast".showToast()
```

有了这个技巧，你就再也不用为得不到 Context 对象而发愁了。

14.2　使用 Intent 传递对象

Intent 的用法相信你已经比较熟悉了，我们可以借助它来启动 Activity、启动 Service、发送广播等。在进行上述操作的时候，我们还可以在 Intent 中添加一些附加数据，以达到传值的效果，比如在 FirstActivity 中添加如下代码：

```
val intent = Intent(this, SecondActivity::class.java)
intent.putExtra("string_data", "hello")
intent.putExtra("int_data", 100)
startActivity(intent)
```

这里调用了 Intent 的 putExtra() 方法来添加要传递的数据，之后在 SecondActivity 中就可以得到这些值了，代码如下所示：

```
intent.getStringExtra("string_data")
intent.getIntExtra("int_data", 0)
```

但是不知道你有没有发现，putExtra() 方法中所支持的数据类型是有限的，虽然常用的一些数据类型是支持的，但是当你想去传递一些自定义对象的时候，就会发现无从下手。不用担心，下面我们就学习一下使用 Intent 来传递对象的技巧。

14.2.1　Serializable 方式

使用 Intent 来传递对象通常有两种实现方式：Serializable 和 Parcelable。本小节中我们先来学习一下第一种实现方式。

Serializable 是序列化的意思，表示将一个对象转换成可存储或可传输的状态。序列化后的对象可以在网络上进行传输，也可以存储到本地。至于序列化的方法非常简单，只需要让一个类去实现 Serializable 这个接口就可以了。

比如说有一个 Person 类，其中包含了 name 和 age 这两个字段，如果想要将它序列化，就可以这样写：

```
class Person : Serializable {
    var name = ""
    var age = 0
}
```

这里我们让 Person 类实现了 Serializable 接口，这样所有的 Person 对象都是可序列化的了。

然后在 FirstActivity 中只需要这样写：

```
val person = Person()
person.name = "Tom"
person.age = 20
val intent = Intent(this, SecondActivity::class.java)
```

```
intent.putExtra("person_data", person)
startActivity(intent)
```

可以看到，这里我们创建了一个 Person 的实例，并将它直接传入了 Intent 的 putExtra()
方法中。由于 Person 类实现了 Serializable 接口，所以才可以这样写。

接下来在 SecondActivity 中获取这个对象也很简单，写法如下：

```
val person = intent.getSerializableExtra("person_data") as Person
```

这里调用了 Intent 的 getSerializableExtra()方法来获取通过参数传递过来的序列化对
象，接着再将它向下转型成 Person 对象，这样我们就成功实现了使用 Intent 传递对象的功能。

需要注意的是，这种传递对象的工作原理是先将一个对象序列化成可存储或可传输的状态，
传递给另外一个 Activity 后再将其反序列化成一个新的对象。虽然这两个对象中存储的数据完全
一致，但是它们实际上是不同的对象，这一点希望你能了解清楚。

14.2.2　Parcelable 方式

除了 Serializable 之外，使用 Parcelable 也可以实现相同的效果，不过不同于将对象进行序列
化，Parcelable 方式的实现原理是将一个完整的对象进行分解，而分解后的每一部分都是 Intent
所支持的数据类型，这样就能实现传递对象的功能了。

下面我们来看一下 Parcelable 的实现方式，修改 Person 中的代码，如下所示：

```
class Person : Parcelable {
    var name = ""
    var age = 0

    override fun writeToParcel(parcel: Parcel, flags: Int) {
        parcel.writeString(name) // 写出 name
        parcel.writeInt(age) // 写出 age
    }

    override fun describeContents(): Int {
        return 0
    }

    companion object CREATOR : Parcelable.Creator<Person> {
        override fun createFromParcel(parcel: Parcel): Person {
            val person = Person()
            person.name = parcel.readString() ?: "" // 读取 name
            person.age = parcel.readInt() // 读取 age
            return person
        }

        override fun newArray(size: Int): Array<Person?> {
            return arrayOfNulls(size)
        }
    }
}
```

Parcelable 的实现方式要稍微复杂一些。可以看到，首先我们让 Person 类实现了 Parcelable 接口，这样就必须重写 describeContents()和 writeToParcel()这两个方法。其中 describe-Contents()方法直接返回 0 就可以了，而在 writeToParcel()方法中，我们需要调用 Parcel 的 writeXxx()方法，将 Person 类中的字段一一写出。注意，字符串型数据就调用 writeString()方法，整型数据就调用 writeInt()方法，以此类推。

除此之外，我们还必须在 Person 类中提供一个名为 CREATOR 的匿名类实现。这里创建了 Parcelable.Creator 接口的一个实现，并将泛型指定为 Person。接着需要重写 createFromParcel()和 newArray()这两个方法，在 createFromParcel()方法中，我们要创建一个 Person 对象进行返回，并读取刚才写出的 name 和 age 字段。其中 name 和 age 都是调用 Parcel 的 readXxx()方法读取到的，注意这里读取的顺序一定要和刚才写出的顺序完全相同。而 newArray()方法中的实现就简单多了，只需要调用 arrayOfNulls()方法，并使用参数中传入的 size 作为数组大小，创建一个空的 Person 数组即可。

接下来，在 FirstActivity 中我们仍然可以使用相同的代码来传递 Person 对象，只不过在 SecondActivity 中获取对象的时候需要稍加改动，如下所示：

```
val person = intent.getParcelableExtra("person_data") as Person
```

注意，这里不再是调用 getSerializableExtra()方法，而是调用 getParcelableExtra()方法来获取传递过来的对象，其他的地方完全相同。

不过，这种实现方式写起来确实比较复杂，为此 Kotlin 给我们提供了另外一种更加简便的用法，但前提是要传递的所有数据都必须封装在对象的主构造函数中才行。

修改 Person 类中的代码，如下所示：

```
@Parcelize
class Person(var name: String, var age: Int) : Parcelable
```

没错，就是这么简单。将 name 和 age 这两个字段移动到主构造函数中，然后给 Person 类添加一个@Parcelize 注解即可，是不是比之前的用法简单了好多倍？

这样我们就把使用 Intent 传递对象的两种实现方式都学习完了。对比一下，Serializable 的方式较为简单，但由于会把整个对象进行序列化，因此效率会比 Parcelable 方式低一些，所以在通常情况下，还是更加推荐使用 Parcelable 的方式来实现 Intent 传递对象的功能。

14.3   定制自己的日志工具

早在 1.4 节中我们就已经学过了 Android 日志工具的用法，并且日志工具贯穿了我们整本书的学习。虽然 Android 中自带的日志工具功能非常强大，但也不能说完全没有缺点，例如在打印日志的控制方面就做得不够好。

打个比方，你正在编写一个比较庞大的项目，期间为了方便调试，在代码的很多地方打印了大量的日志。最近项目已经基本完成了，但是却有一个非常让人头疼的问题，之前用于调试的那些日志，在项目正式上线之后仍然会照常打印，这样不仅会降低程序的运行效率，还有可能将一些机密性的数据泄露出去。

那该怎么办呢？难道要一行一行地把所有打印日志的代码都删掉吗？显然这不是什么好点子，不仅费时费力，而且以后你继续维护这个项目的时候可能还会需要这些日志。因此，最理想的情况是能够自由地控制日志的打印，当程序处于开发阶段时就让日志打印出来，当程序上线之后就把日志屏蔽掉。

看起来好像是挺高级的一个功能，其实并不复杂，我们只需要定制一个自己的日志工具就可以轻松完成了。新建一个 LogUtil 单例类，代码如下所示：

```
object LogUtil {

    private const val VERBOSE = 1

    private const val DEBUG = 2

    private const val INFO = 3

    private const val WARN = 4

    private const val ERROR = 5

    private var level = VERBOSE

    fun v(tag: String, msg: String) {
        if (level <= VERBOSE) {
            Log.v(tag, msg)
        }
    }

    fun d(tag: String, msg: String) {
        if (level <= DEBUG) {
            Log.d(tag, msg)
        }
    }

    fun i(tag: String, msg: String) {
        if (level <= INFO) {
            Log.i(tag, msg)
        }
    }

    fun w(tag: String, msg: String) {
        if (level <= WARN) {
            Log.w(tag, msg)
        }
    }
```

```
    fun e(tag: String, msg: String) {
        if (level <= ERROR) {
            Log.e(tag, msg)
        }
    }

}
```

可以看到，我们在 LogUtil 中首先定义了 VERBOSE、DEBUG、INFO、WARN、ERROR 这 5 个整型常量，并且它们对应的值都是递增的。然后又定义了一个静态变量 level，可以将它的值指定为上面 5 个常量中的任意一个。

接下来，我们提供了 v()、d()、i()、w()、e()这 5 个自定义的日志方法，在其内部分别调用了 Log.v()、Log.d()、Log.i()、Log.w()、Log.e()这 5 个方法来打印日志，只不过在这些自定义的方法中都加入了一个 if 判断，只有当 level 的值小于或等于对应日志级别值的时候，才会将日志打印出来。

这样就把一个自定义的日志工具创建好了，之后在项目里，我们可以像使用普通的日志工具一样使用 LogUtil。比如打印一行 DEBUG 级别的日志可以这样写：

```
LogUtil.d("TAG", "debug log")
```

打印一行 WARN 级别的日志可以这样写：

```
LogUtil.w("TAG", "warn log")
```

我们只需要通过修改 level 变量的值，就可以自由地控制日志的打印行为。比如让 level 等于 VERBOSE 就可以把所有的日志都打印出来，让 level 等于 ERROR 就可以只打印程序的错误日志。

使用了这种方法之后，刚才所说的那个问题也就不复存在了，你只需要在开发阶段将 level 指定成 VERBOSE，当项目正式上线的时候将 level 指定成 ERROR 就可以了。

14.4　调试 Android 程序

当开发过程中遇到一些奇怪的 bug，但又迟迟定位不出来原因的时候，最好的解决办法就是调试了。调试允许我们逐行地执行代码，并可以实时观察内存中的数据，从而能够比较轻易地查出问题的原因。那么本节中我们就来学习一下使用 Android Studio 调试 Android 程序的技巧。

还记得在第 6 章的最佳实践环节中编写的那个强制下线程序吗？就让我们通过这个例子来学习一下 Android 程序的调试方法吧。这个程序中有一个登录功能，假如现在登录出现了问题，我们就可以通过调试来定位问题的原因。

调试工作的第一步是添加断点，这里由于我们要调试登录部分的问题，所以断点可以加在登录按钮的点击事件里面。添加断点的方法也很简单，只需要在相应代码行的左边点击一下就可以了，如图 14.2 所示。

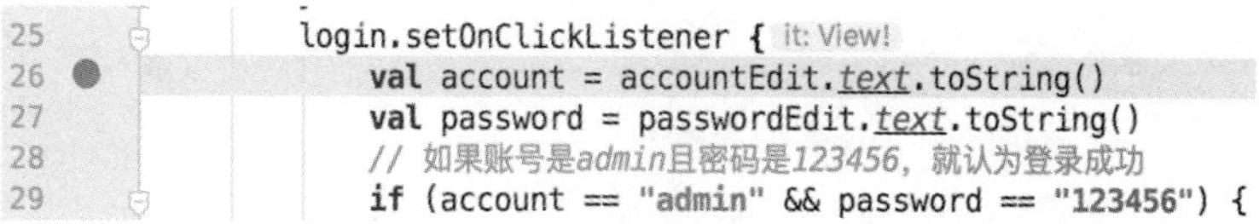

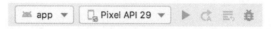

25 login.setOnClickListener { it: View!
26 val account = accountEdit.text.toString()
27 val password = passwordEdit.text.toString()
28 // 如果账号是admin且密码是123456，就认为登录成功
29 if (account == "admin" && password == "123456") {

图 14.2　添加断点

如果想要取消这个断点，对着它再次点击就可以了。

添加好了断点，接下来就可以对程序进行调试了，点击 Android Studio 顶部工具栏中的“Debug”按钮（图 14.3 中最右边的按钮），就会使用调试模式来启动程序。

app
Pixel API 29

图 14.3　工具栏上的按钮

等到程序运行起来的时候，首先会看到一个提示框，如图 14.4 所示。

8:46
Waiting For Debugger
Application BroadcastBestPractice (process com.example.broadcastbestpractice) is waiting for the debugger to attach.
Force Close

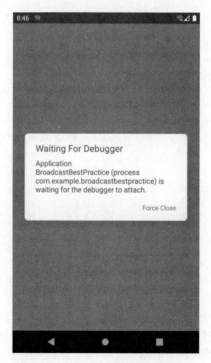

图 14.4　等待调试器提示框

这个框很快就会自动消失，然后在输入框里输入账号和密码，并点击“Login”按钮，这时 Android Studio 就会自动打开 Debug 窗口，如图 14.5 所示。

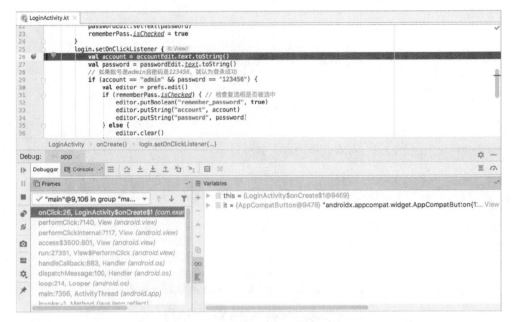

图 14.5　Debug 窗口

接下来每按一次 F8 健，代码就会向下执行一行，并且通过 Variables 视图还可以看到内存中的数据，如图 14.6 所示。

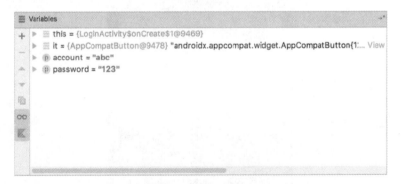

图 14.6　Variables 视图

可以看到，我们从输入框里获取的账号密码分别是 abc 和 123，而程序里要求正确的账号密码是 admin 和 123456，所以登录才会出现问题。这样我们就通过调试的方式轻松地定位到了问题，调试完成之后点击 Debug 窗口中的"Stop"按钮（图 14.7 中最下边的按钮）来结束调试即可。

这种调试方式虽然完全可以正常工作，但在调试模式下，程序的运行效率将会大大降低，如果你的断点加在一个比较靠后的位置，需要执行很多操作才能运行到这个断点，那么前面这些操作就会有一些卡顿的感觉。没关系，Android 还提供了另外一种调试的方式，可以让程序随时进入调试模式，下面我们就来尝试一下。

这次不需要使用调试模式来启动程序了，就使用正常的方式。由于现在不是在调试模式下，程序的运行速度比较快，可以先把账号和密码输入好，然后点击 Android Studio 顶部工具栏的"Attach Debugger to Android Process"按钮（图 14.8 中最右边的按钮）。

此时会弹出一个进程选择提示框，如图 14.9 所示。这里目前只列出了一个进程，也就是我们当前程序的进程。选中这个进程，然后点击"OK"按钮，就会让这个进程进入调试模式了。

图 14.7　结束调试按钮

图 14.8　工具栏上的按钮　　　　图 14.9　进程选择提示框

接下来在程序中点击"Login"按钮，Android Studio 同样会自动打开 Debug 窗口，之后的流程就是相同的了。相比起来，第二种调试方式会比第一种更加灵活，也更加常用。

14.5　深色主题

我们一直以来使用的操作系统都是以浅色主题为主的，这种主题模式在白天或者是光线充足的情况下使用起来没有任何问题，可是在夜晚灯光关闭的情况下使用就会显得非常刺眼。

于是，许多应用程序为了能够让用户在光线昏暗的环境下更加舒适地使用，会在应用内部提供一个一键切换夜间模式的按钮。当用户开启了夜间模式，就会将应用程序的整体色调都调整成更加适合于夜间浏览的颜色。

不过，这种由应用程序自发实现夜间模式的方式很难做到全局统一，即有些应用可能支持夜间模式，有些应用却不支持。而且重复操作的问题也很让人头疼，比如说我在一个应用中开启了夜间模式，在另外一个应用中还需要再开启一次，关闭夜间模式也需要进行同样重复的操作。

因此，很多开发者一直呼吁，希望 Android 能够在系统层面支持夜间模式功能。终于在 Android 10.0 系统中，Google 引入了深色主题这一特性，从而让夜间模式正式成为了官方支持的功能。

或许你会有些疑惑，这种看上去并没有太多技术难度的功能，为什么 Android 直到 10.0 系统中才进行支持呢？这是因为仅仅操作系统自身支持深色主题是没有用的，还得让所有的应用程序都能够支持才行，而这从来都不是一件容易的事情。

为此，我希望你以后开发的应用程序都能够按照 Android 系统的要求对深色主题进行很好地支持，不然当用户开启了深色主题之后，只有你的应用还使用的是浅色主题的话，就会显得格格不入。

除了让眼部在夜间使用时更加舒适之外，深色主题还可以减少电量消耗，从而延长手机续航，是一项非常有用的功能。那么接下来，我们就开始学习如何才能让应用程序支持深色主题功能。

首先，Android 10.0 及以上系统的手机，都可以在 Settings→Display→Dark theme 中对深色主题进行开启和关闭。开启深色主题后，系统的界面风格包括一些内置的应用程序都会变成深色主题的色调，如图 14.10 所示。

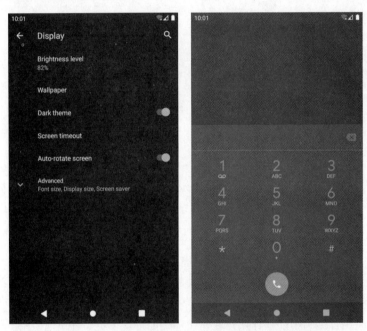

图 14.10　开启深色主题后的设置界面和拨号界面

不过，如果这时你打开我们自己编写的应用程序，你会发现目前界面的风格还是使用的浅色主题模式，这就和系统的主题风格不同了，说明我们需要对此进行适配。这里我准备使用在第 12 章中编写的 MaterialTest 项目来作为示例，看一看如何才能让它更加完美地适配深色主题模式。

最简单的一种适配方式就是使用 Force Dark，它是一种能让应用程序快速适配深色主题，并且几乎不用编写额外代码的方式。Force Dark 的工作原理是系统会分析浅色主题应用下的每一层 View，并且在这些 View 绘制到屏幕之前，自动将它们的颜色转换成更加适合深色主题的颜色。注意，只有原本使用浅色主题的应用才能使用这种方式，如果你的应用原本使用的就是深色主题，

Force Dark 将不会起作用。

　　这里我们尝试对 MaterialTest 项目使用 Force Dark 转换来进行举例。启用 Force Dark 功能需要借助 android:forceDarkAllowed 属性，不过这个属性是从 API 29，也就是 Android 10.0 系统开始才有的，之前的系统无法指定这个属性。因此，我们得进行一些系统差异型编程才行。

　　右击 res 目录→New→Directory，创建一个 values-v29 目录，然后右击 values-v29 目录→New→Values resource file，创建一个 styles.xml 文件。接着对这个文件进行编写，代码如下所示：

```
<resources>
    <style name="AppTheme" parent="Theme.AppCompat.Light.NoActionBar">
        <item name="colorPrimary">@color/colorPrimary</item>
        <item name="colorPrimaryDark">@color/colorPrimaryDark</item>
        <item name="colorAccent">@color/colorAccent</item>
        <item name="android:forceDarkAllowed">true</item>
    </style>
</resources>
```

　　除了 android:forceDarkAllowed 属性之外，其他的内容都是从之前的 styles.xml 文件中复制过来的。这里给 AppTheme 主题增加了 android:forceDarkAllowed 属性并设置为 true，说明现在我们是允许系统使用 Force Dark 将应用强制转换成深色主题的。另外，values-v29 目录是只有 Android 10.0 及以上的系统才会去读取的，因此这是一种系统差异型编程的实现方式。

　　现在重新运行 MaterialTest 项目，效果如图 14.11 所示。

图 14.11　Force Dark 的运行效果

可以看到，虽然整体的界面风格好像确实变成了深色主题的模式，可是却并不怎么美观，尤其是卡片式布局的效果，经过 Force Dark 之后已经完全看不出来了。

Force Dark 就是这样一种简单粗暴的转换方式，并且它的转换效果通常是不尽如人意的。因此，这里我并不推荐你使用这种自动化的方式来实现深色主题，而是应该使用更加传统的实现方式——手动实现。

是的，要想实现最佳的深色主题效果，不要指望有什么神奇魔法能够一键完成，而是应该针对每一个界面都进行浅色和深色两种主题的界面设计。这听上去好像有点复杂，不过我们仍然有一些好用的技巧能让这个过程变得简单。

在第 12 章中我们曾经学习过，AppCompat 库内置的主题恰好主要分为浅色主题和深色主题两类，比如 MaterialTest 项目中目前使用的 Theme.AppCompat.Light.NoActionBar 就是浅色主题，而 Theme.AppCompat.NoActionBar 就是深色主题。选用不同的主题，在控件的默认颜色等方面会有完全不同的效果。

而现在，我们多了一个 DayNight 主题的选项。使用了这个主题后，当用户在系统设置中开启深色主题时，应用程序会自动使用深色主题，反之则会使用浅色主题。

下面我们动手来尝试一下吧。首先删除 values-v29 目录及其目录下的内容，然后修改 values/styles.xml 中的代码，如下所示：

```
<resources>

    <!-- Base application theme. -->
    <style name="AppTheme" parent="Theme.AppCompat.DayNight.NoActionBar">
        <!-- Customize your theme here. -->
        <item name="colorPrimary">@color/colorPrimary</item>
        <item name="colorPrimaryDark">@color/colorPrimaryDark</item>
        <item name="colorAccent">@color/colorAccent</item>
    </style>
    ...
</resources>
```

可以看到，这里我们将 AppTheme 的 parent 主题指定成了 Theme.AppCompat.DayNight.NoActionBar，这是一种 DayNight 主题。因此，在普通情况下 MaterialTest 项目仍然会使用浅色主题，和之前并没有什么区别，但是一旦用户在系统设置中开启了深色主题，MaterialTest 项目就会自动使用相应的深色主题。

现在我们就可以重新运行一下程序，看看使用 DayNight 主题之后，MaterialTest 项目默认的界面效果是什么样的，如图 14.12 所示。

图 14.12　DayNight 主题的效果

很明显，现在的界面比之前使用 Force Dark 转换后的界面要好看很多，至少卡片式布局的效果得到了保留。

然而，虽然现在界面中的主要内容都已经自动切换成了深色主题，但是你会发现标题栏和悬浮按钮仍然保持着和浅色主题时一样的颜色。这是因为标题栏以及悬浮按钮使用的是我们定义在 colors.xml 中的几种颜色值，代码如下所示：

```
<resources>
    <color name="colorPrimary">#008577</color>
    <color name="colorPrimaryDark">#00574B</color>
    <color name="colorAccent">#D81B60</color>
</resources>
```

这种指定颜色值引用的方式相当于对控件的颜色进行了硬编码，DayNight 主题是不能对这些颜色进行动态转换的。

好在解决方案也并不复杂，我们只需要进行一些主题差异型编程就可以了。右击 res 目录→ New→Directory，创建一个 values-night 目录，然后右击 values-night 目录→New→Values resource file，创建一个 colors.xml 文件。接着在这个文件中指定深色主题下的颜色值，如下所示：

```
<resources>
    <color name="colorPrimary">#303030</color>
    <color name="colorPrimaryDark">#232323</color>
    <color name="colorAccent">#008577</color>
</resources>
```

这样的话，在普通情况下，系统仍然会读取 values/colors.xml 文件中的颜色值，而一旦用户开启了深色主题，系统就会去读取 values-night/colors.xml 文件中的颜色值了。

现在重新运行一下程序，效果如图 14.13 所示。

图 14.13 调用深色主题下标题栏和悬浮按钮的颜色

在黑白印刷模式下，可能没有什么特别明显的区别，但是在实际的界面当中，图 14.12 和图 14.13 是完全不同的深色主题效果，你可以自己动手尝试一下。

虽说使用主题差异型的编程方式几乎可以帮你解决所有的适配问题，但是在 DayNight 主题下，我们最好还是尽量减少通过硬编码的方式来指定控件的颜色，而是应该更多地使用能够根据当前主题自动切换颜色的主题属性。比如说黑色的文字通常应该衬托在白色的背景下，反之白色的文字通常应该衬托在黑色的背景下，那么此时我们就可以使用主题属性来指定背景以及文字的颜色，示例写法如下：

```
<FrameLayout xmlns:android="http://schemas.android.com/apk/res/android"
    android:layout_width="match_parent"
    android:layout_height="match_parent"
    android:background="?android:attr/colorBackground">

    <TextView
        android:layout_width="wrap_content"
        android:layout_height="wrap_content"
        android:layout_gravity="center"
        android:text="Hello world"
```

```
        android:textSize="40sp"
        android:textColor="?android:attr/textColorPrimary" />

</FrameLayout>
```

这些主题属性会自动根据系统当前的主题模式选择最合适的颜色值呈现给用户，效果如图 14.14 所示。

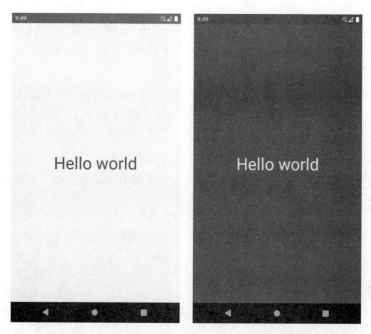

图 14.14　浅色主题和深色主题下的界面效果

另外，或许你还会有一些特殊的需求，比如要在浅色主题和深色主题下分别执行不同的代码逻辑。对此 Android 也是支持的，你可以使用如下代码在任何时候判断当前系统是否是深色主题：

```
fun isDarkTheme(context: Context): Boolean {
    val flag = context.resources.configuration.uiMode and
        Configuration.UI_MODE_NIGHT_MASK
    return flag == Configuration.UI_MODE_NIGHT_YES
}
```

调用 isDarkTheme ()方法，判断当前系统是浅色主题还是深色主题，然后根据返回值执行不同的代码逻辑即可。

另外，由于 Kotlin 取消了按位运算符的写法，改成了使用英文关键字，因此上述代码中的 and 关键字其实就对应了 Java 中的&运算符，而 Kotlin 中的 or 关键字对应了 Java 中的|运算符，xor 关键字对应了 Java 中的^运算符，非常好理解。

好了，关于深色主题方面的知识，讲到这里就已经差不多了。其实整节内容学下来，适配深色主题的核心思想只有一个，那就是要对每个界面都进行深色主题的界面设计，并且还要反复进行测试。在此思想的基础之上，我们可以再利用本节中学习的一些技巧来让适配工作变得更加简单。

那么接下来的时间，就让我们进入本书的最后一节 Kotlin 课堂吧。

14.6　Kotlin 课堂：Java 与 Kotlin 代码之间的转换

现在的你已经掌握了关于 Kotlin 方方面面的内容，在本书的最后一节 Kotlin 课堂中，我不打算再讲解什么高深复杂的知识点了，而是准备讲一个许多人非常关心的问题：Java 代码与 Kotlin 代码之间如何进行转换。

由于本书中的所有代码都是使用 Kotlin 语言从零开始编写的，因此可能你之前并没有考虑过这个问题。但是一定会有许多老项目之前是使用 Java 语言编写的，而现在想要转换成 Kotlin 语言，那么要怎样进行转换呢？本节我们就来学习一下如何解决这个问题。

首先，最笨的方法就是对每一行代码都重新手动编写，但是很明显，这并不是什么好主意。事实上，将 Java 代码转换成 Kotlin 代码，在语法层面上是有一定规律的，而 Android Studio 给我们提供了非常便利的功能来一键完成这种转换工作。

比如，下面是一段使用 Java 语言编写的代码：

```java
public void printFruits() {
    List<String> fruitList = new ArrayList<>();
    fruitList.add("Apple");
    fruitList.add("Banana");
    fruitList.add("Orange");
    fruitList.add("Pear");
    fruitList.add("Grape");
    for (String fruit : fruitList) {
        System.out.println(fruit);
    }
}
```

如果想要将这段代码转换成 Kotlin 版本，其实非常简单，只需要复制这段代码，然后在 Android Studio 中打开任意一个 Kotlin 文件，在这里进行粘贴，Android Studio 就会弹出如图 14.15 所示的提示框。

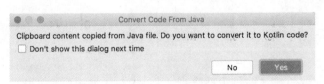

图 14.15　将 Java 代码转换成 Kotlin 代码的提示框

这个提示框在询问我们：即将粘贴的是一段 Java 代码，需要将它转换成 Kotlin 代码吗？点击 "Yes" 按钮，Android Studio 就会帮我们自动进行代码转换，转换后的结果如图 14.16 所示。

```
fun printFruits() {
    val fruitList = ArrayList<String>()
    fruitList.add("Apple")
    fruitList.add("Banana")
    fruitList.add("Orange")
    fruitList.add("Pear")
    fruitList.add("Grape")
    for (fruit in fruitList) {
        println(fruit)
    }
}
```

图 14.16 经过 Android Studio 转换之后的代码

可以看到，现在的代码就变成 Kotlin 语言版本的了。

不过你会发现，Android Studio 虽然能够帮助我们进行一键代码转换，但是它只会按照固定的语法变化规律来执行转换工作，而不会自动应用 Kotlin 的各种优秀特性。因此，依靠这种自动转换工具只能实现基础版的 Kotlin 语法，细节方面的代码优化还是得靠我们手动完成。比如，使用如下代码来实现同样的功能明显是一种更好的写法：

```
fun printFruits() {
    val fruitList = mutableListOf("Apple", "Banana", "Orange", "Pear", "Grape")
    for (fruit in fruitList) {
        println(fruit)
    }
}
```

上述方法是将一段 Java 代码转换成 Kotlin 代码的方式。另外，我们还可以直接将一个 Java 文件以及其中的所有代码一次性转换成 Kotlin 版本。具体操作方法是，首先在 Android Studio 中打开该 Java 文件，然后点击导航栏中的 Code→Convert Java File to Kotlin File，如图 14.17 所示。

图 14.17 将 Java 文件转换成 Kotlin 文件

将 Java 代码一键转换成 Kotlin 代码主要就是通过以上两种方式，那么你可能会好奇，Kotlin 代码又该如何转换成 Java 代码呢？很遗憾的是，Android Studio 并没有提供类似的转换功能，因为 Kotlin 拥有许多 Java 中并不存在的特性，因此很难执行这样的一键转换。

不过，我们却可以先将 Kotlin 代码转换成 Kotlin 字节码，然后再通过反编译的方式将它还原成 Java 代码。这种反编译出来的代码可能无法像正常编写的 Java 代码那样直接运行，但是非常有利于帮助我们理解诸多 Kotlin 特性背后的实现原理。

举一个开发中经常会用到的例子。kotlin-android-extensions 插件可以大大简化 Activity 中的代码编写，因为我们不再需要通过调用 findViewById()方法去获取控件的实例了，可是你有好奇过这个功能是如何实现的吗？

我们先来回顾一下这种写法，如图 14.18 所示。

```kotlin
class FirstActivity : AppCompatActivity() {

    override fun onCreate(savedInstanceState: Bundle?) {
        super.onCreate(savedInstanceState)
        setContentView(R.layout.activity_first)
        button.setOnClickListener { it: View!
            Toast.makeText( context: this,  text: "You clicked Button", Toast.LENGTH_SHORT).show()
        }
    }
}
```

图 14.18　button 不需要调用 findViewById()方法就能直接使用

只要 activity_first.xml 布局中定义了一个 id 值为 button 的按钮，我们就可以在 Activity 中直接使用 button 这个变量，既不用进行定义，也不用先调用 findViewById()方法对 button 变量进行赋值。

这么神奇的功能，kotlin-android-extensions 插件又是怎样实现的呢？此时就可以先将这段代码转换成 Kotlin 字节码，然后再通过反编译的方式将它还原成 Java 代码，以此来观察 kotlin-android-extensions 插件背后的实现原理。

具体操作方式是，点击 Android Studio 导航栏中的 Tools→Kotlin→Show Kotlin Bytecode，会显示如图 14.19 所示的窗口。

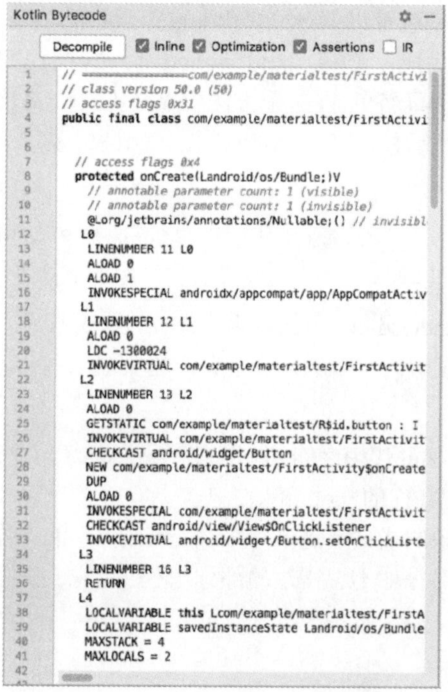

图 14.19　显示 Kotlin 字节码的窗口

这个窗口中显示的内容就是刚才那段 Kotlin 代码所对应的字节码了，是不是觉得完全看不懂？没有关系，因为你也没有必要将它们看懂。现在只需要点击这个窗口左上角的 "Decompile" 按钮，就可以将这些 Kotlin 字节码反编译成 Java 代码，结果如图 14.20 所示。

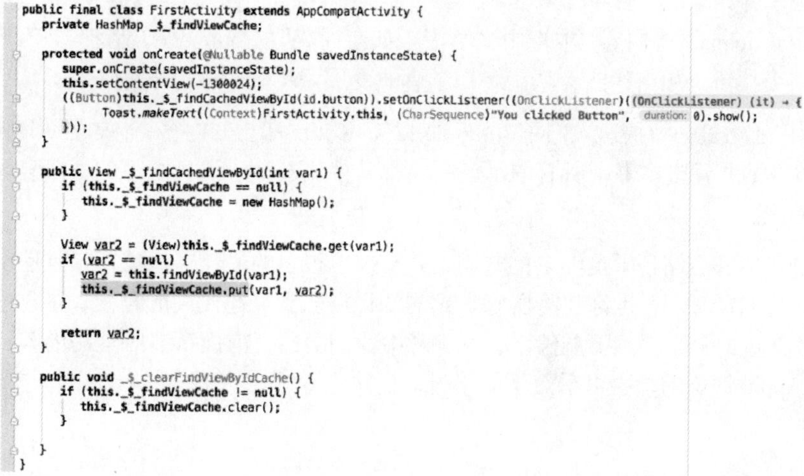

图 14.20　反编译后的 Java 代码

通过这段 Java 代码，我们就可以大致分析出 kotlin-android-extensions 插件背后的实现原理。原来它会在 Activity 中自动生成一个 `_$_findCachedViewById()` 方法（取这么奇怪的名字是为了防止和我们自己定义的方法重名），在这个方法中根据传入的 id 值调用 `findViewById()` 方法来查询并获取控件的实例，然后使用 HashMap 对该实例进行缓存，这样下次就没必要重复进行查询了。

接下来在 `onCreate()` 方法中，只需要调用 `_$_findCachedViewById()` 方法获得 button 按钮的实例，再调用 `setOnClickListener()` 方法对按钮的点击事件进行注册即可。

怎么样，揭秘了 kotlin-android-extensions 插件背后的实现原理有没有觉得收获满满呢？事实上，通过这种技巧我们可以了解许多 Kotlin 特性背后的实现原理，这对于你加深对 Kotlin 这门语言的理解会很有帮助。

这样我们就将 Java 与 Kotlin 代码之间相互转换的技巧都学习完了，同时本书最后一节 Kotlin 课堂的内容也到此为止[①]。现在你的 Kotlin 水平已经大有所成，基本可以满足绝大多数 Kotlin 项目中的技术要求，唯一所欠缺的或许就是多写多练。那么为了能让你多加练习，接下来我准备了两个章节的实战内容，这绝对是你不想错过的部分。不过首先，我们来对整本书目前所学的全部知识做个快速的总结吧。

14.7　总结

整整 14 章的内容你已经全部学完了！本书的所有知识点也到此结束，是不是感觉有些激动呢？下面就让我们来回顾和总结一下这么久以来学过的所有东西吧。

这 14 章的内容不算很多，但已经把 Android 中绝大部分比较重要的知识点覆盖到了。我们从搭建开发环境开始学起，后面逐步学习了四大组件、UI、Fragment、数据存储、多媒体、网络、Material Design、Jetpack 等内容，本章中又学习了如全局获取 Context、定制日志工具、调试程序、深色主题等高级技巧，相信你已经从一名初学者蜕变成一位 Android 开发好手了。

另外，我们还通过一章快速入门章节，外加 12 节 Kotlin 课堂的内容，非常全面地学习了 Kotlin 方方面面的知识，并且整本书中所有的示例程序都是使用 Kotlin 语言编写的，相信现在你对这门语言已经相当熟悉了。

不过，虽然你已经储备了足够多的知识，并掌握了很多的最佳实践技巧，但是还从来没有真正开发过一个完整的项目。也许在将所有学到的知识混合到一起使用的时候，你会感到有些手足无措。因此，前进的脚步仍然不能停下，下一章中我们会结合前面章节所学的内容，一起开发一个天气预报 App。锻炼的机会可千万不能错过，赶快进入下一章吧。

---

① 如果希望学习更多 Kotlin 知识，可以阅读专门介绍 Kotlin 的图书，例如图灵公司出版的《Kotlin 编程权威指南》。

第 15 章

进入实战，开发一个天气预报 App

我们将要在本章中编写一个功能较为完整的天气预报 App，学习了这么久的 Android 开发，现在终于到考核验收的时候了。那么第一步我们需要给这个软件起个好听的名字，这里就叫它 SunnyWeather 吧。确定了名字之后，下面就可以开始动手了。

15.1 功能需求及技术可行性分析

在开始编码之前，我们需要先对程序进行需求分析，想一想 SunnyWeather 中应该具备哪些功能。将这些功能全部整理出来之后，我们才好动手去一一实现。这里我认为 SunnyWeather 中至少应该具备以下功能：

- ❑ 可以搜索全球大多数国家的各个城市数据；
- ❑ 可以查看全球绝大多数城市的天气信息；
- ❑ 可以自由地切换城市，查看其他城市的天气；
- ❑ 可以手动刷新实时的天气。

虽然看上去只有 4 个主要的功能点，但如果想要全部实现这些功能，却需要用到 UI、网络、数据存储、异步处理等技术，因此还是非常考验你的综合应用能力的。不过好在这些技术在前面的章节中我们全部都学习过了，只要你学得用心，相信完成这些功能对你来说并不难。

分析完了需求之后，接下来就要进行技术可行性分析了。毫无疑问，当前最重要的问题就是，我们如何才能得到全球大多数国家的城市数据，以及如何才能获取每个城市的天气信息。比较遗憾的是，现在网上免费的天气预报接口已经越来越少，很多之前可以使用的接口也慢慢关闭了。为了能够给你提供功能强大且长期稳定的服务器接口，本书最终选择了彩云天气。

彩云天气是一款非常出色的天气预报 App，本章中我们即将编写的 App 就是以彩云天气为范本的。另外，彩云天气的开放 API 还提供了全球 100 多个国家的城市数据，以及每个城市的实时天气预报信息，并且这些 API 接口是长期稳定且可用的，从而帮你把前进的道路都铺平了。不过彩云天气的开放 API 并不是可以无限次免费使用的，而是每天最多提供 1 万次的免费请求，当然，这对于学习而言已经是相当充足了。

那么下面我们就来看一下彩云天气提供的这些开放 API 的具体用法。首先你需要注册一个账号，注册地址是 https://dashboard.caiyunapp.com/。

然后登录刚刚注册的账号，并完善以下账户信息，如图 15.1 所示。

图 15.1   完善账户信息

接着点击"下一步"来申请令牌信息。原则上，彩云天气要求填入应用的实际下载链接才能申请令牌信息，不过由于我们的 App 还在开发中，因此可以在应用开发情况这一栏写明实际的原因，比如参照图 15.2 所示的写法。

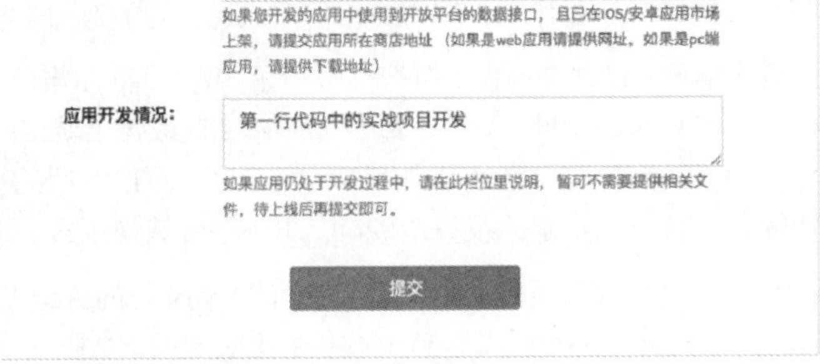

图 15.2   申请令牌信息

然后点击"提交",等待审核通过即可。审核的时长并不固定,但一般会在一个工作日内通过。在审核通过之后,点击进入"我的令牌"界面,就能查看你申请到的令牌了,如图 15.3 所示。

图 15.3　可用于请求 API 接口的令牌值

具体的令牌值以及每天剩余的可请求次数,可以点击令牌链接进行查看。

有了这个令牌值之后,我们就能使用彩云天气提供的各种 API 接口了,比如访问如下接口地址即可查询全球绝大多数城市的数据信息。

```
https://api.caiyunapp.com/v2/place?query=北京&token={token}&lang=zh_CN
```

query 参数指定的是要查询的关键字,token 参数传入我们刚才申请到的令牌值即可。服务器会返回我们一段 JSON 格式的数据,大致内容如下所示:

```
{"status":"ok","query":"北京",
"places":[
{"name":"北京市","location":{"lat":39.9041999,"lng":116.4073963},
"formatted_address":"中国北京市"},
{"name":"北京西站","location":{"lat":39.89491,"lng":116.322056},
"formatted_address":"中国 北京市 丰台区 莲花池东路 118 号"},
{"name":"北京南站","location":{"lat":39.865195,"lng":116.378545},
"formatted_address":"中国 北京市 丰台区 永外大街车站路 12 号"},
{"name":"北京站(地铁站)","location":{"lat":39.904983,"lng":116.427287},
"formatted_address":"中国 北京市 东城区 2 号线"}
]}
```

status 代表请求的状态,ok 表示成功。places 是一个 JSON 数组,会包含几个与我们查询的关键字关系度比较高的地区信息。其中 name 表示该地区的名字,location 表示该地区的经纬度,formatted_address 表示该地区的地址。

通过这种方式,我们就能把全球绝大多数城市的数据信息获取到了。那么解决了城市数据的获取,我们怎样才能查看具体的天气信息呢? 这个时候就得使用彩云天气的另外一个 API 接口了,接口地址如下:

```
https://api.caiyunapp.com/v2.5/{token}/116.4073963,39.9041999/realtime.json
```

token 部分仍然传入我们刚才申请到的令牌值,紧接着传入一个经纬度坐标,纬度和经度之间要用逗号隔开，这样服务器就会把该地区的实时天气信息以 JSON 格式返回给我们了。不过，由于返回的数据比较复杂，这里我做了一下精简处理，如下所示：

```
{
    "status": "ok",
    "result": {
        "realtime": {
            "temperature": 23.16,
            "skycon": "WIND",
            "air_quality": {
                "aqi": { "chn": 17.0 }
            }
        }
    }
}
```

realtime 中包含的就是当前地区的实时天气信息，其中 temperature 表示当前的温度，skycon 表示当前的天气情况。而 air_quality 中会包含一些空气质量的数据，当然返回的空气质量数据有很多种，这里我准备使用 aqi 的值作为空气质量指数显示在界面上。

以上接口可以用来获取指定地区实时的天气信息，而如果想要获取未来几天的天气信息，还要借助另外一个 API 接口，接口地址如下：

https://api.caiyunapp.com/v2.5/{token}/116.4073963,39.9041999/daily.json

很简单，只需要将接口最后的 realtime.json 改成了 daily.json 就可以了，其他部分都是相同的。这个接口返回的数据也比较复杂，我还是进行了一下精简处理，如下所示：

```
{
    "status": "ok",
    "result": {
        "daily": {
            "temperature": [ {"max": 25.7, "min": 20.3}, ... ],
            "skycon": [ {"value": "CLOUDY", "date":"2019-10-20T00:00+08:00"}, ... ],
            "life_index": {
                "coldRisk": [ {"desc": "易发"}, ...],
                "carWashing": [ {"desc": "适宜"}, ... ],
                "ultraviolet": [ {"desc": "无"}, ... ],
                "dressing": [ {"desc": "舒适"}, ... ]
            }
        }
    }
}
```

daily 中包含的就是当前地区未来几天的天气信息，temperature 表示未来几天的温度值，skycon 表示未来几天的天气情况。而 life_index 中会包含一些生活指数，coldRisk 表示感冒指数，carWashing 表示洗车指数，ultraviolet 表示紫外线指数，dressing 表示穿衣指数。这个接口中返回的数据大部分是数组格式的，这一点需要格外注意。

接下来我们只需要对获得的 JSON 数据进行解析就可以了，这对于你来说应该很轻松了吧？

　　确定了技术完全可行之后，接下来就可以开始编码了。不过别着急，我们准备让 SunnyWeather 成为一个开源软件，并使用 GitHub 进行代码托管，因此先让我们进入本书最后一次的 Git 时间。

15.2　Git 时间：将代码托管到 GitHub 上

　　经过前面几章的学习，相信你已经可以非常熟练地使用 Git 了。本节依然是 Git 时间，这次我们将会把 SunnyWeather 的代码托管到 GitHub 上面。

　　GitHub 是全球最大的代码托管网站，主要就是通过 Git 来进行版本控制的。任何开源软件都可以免费地将代码提交到 GitHub 上，以零成本的代价进行代码托管。GitHub 的官网地址是 https://github.com/。官网的首页如图 15.4 所示。

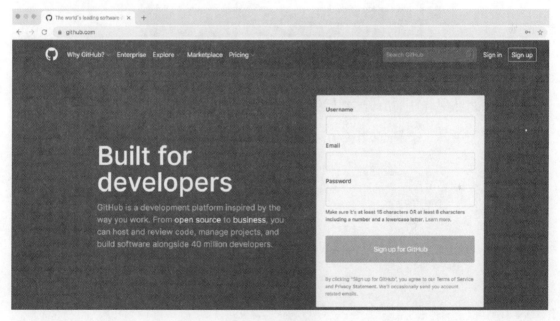

图 15.4　GitHub 首页

　　首先你需要有一个 GitHub 账号才能使用 GitHub 的代码托管功能，点击 "Sign up for GitHub" 按钮进行注册，然后填入用户名、邮箱和密码，如图 15.5 所示。

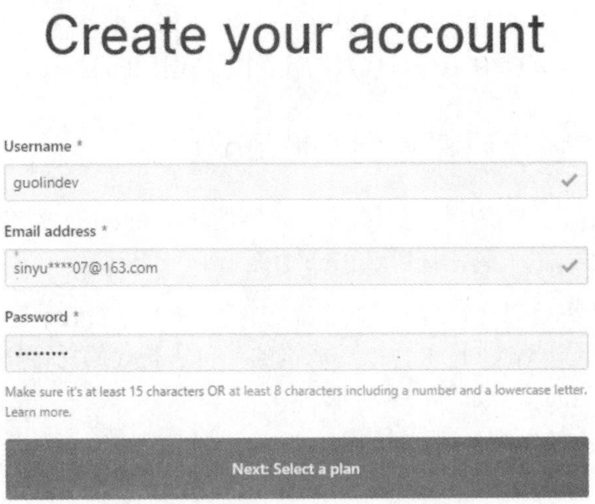

Create your account

Username *

guolindev   ✓

Email address *

sinyu****07@163.com   ✓

Password *

•••••••••

Make sure it's at least 15 characters OR at least 8 characters including a number and a lowercase letter.
Learn more.

Next: Select a plan

图 15.5   注册账号

点击 "Next: Select a plan" 按钮会进入选择个人计划界面，这里我们并不需要使用太多高级的功能，所以直接选择最左边的免费计划就可以了，如图 15.6 所示。

图 15.6   选择免费计划

接着会进入一个问卷调查界面，如图 15.7 所示。

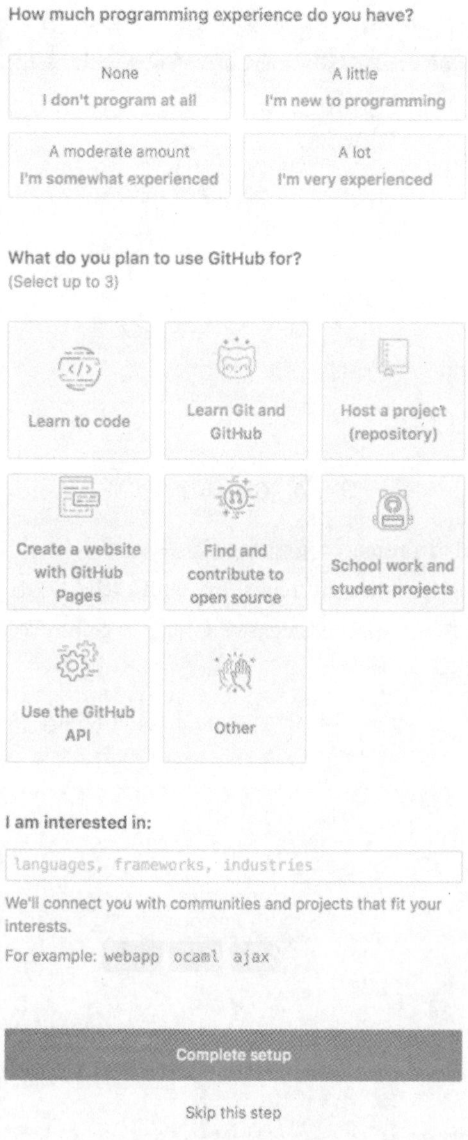

图 15.7 问卷调查界面

如果你对这个有兴趣就填写一下，没兴趣的话直接点击最下方的 "Skip this step" 跳过就可以了。

这样我们就把账号注册好了，到你填写的邮箱中验证一下即可激活账号。重新打开 GitHub 官网，会自动跳转到你的 GitHub 个人主页，如图 15.8 所示。

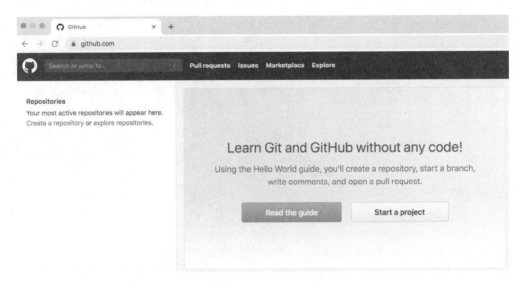

图 15.8   GitHub 个人主页

现在就可以点击"Start a project"按钮来创建一个版本库了，这里我们将版本库命名为"SunnyWeather"，然后勾选"Initialize this repository with a README"，并添加一个 Android 项目类型的.gitignore 文件，以及使用 Apache License 2.0 来作为 SunnyWeather 的开源协议，如图 15.9 所示。

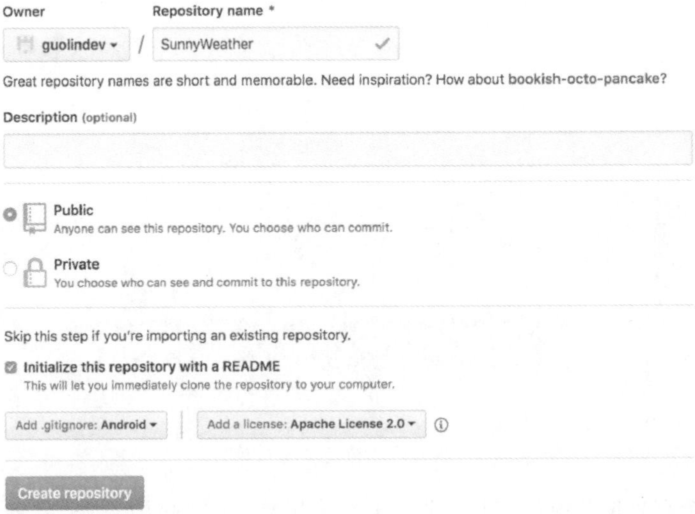

图 15.9   创建版本库

接着点击"Create repository"按钮，SunnyWeather 这个版本库就创建完成了，如图 15.10 所示。版本库的主页地址是 https://github.com/guolindev/SunnyWeather。

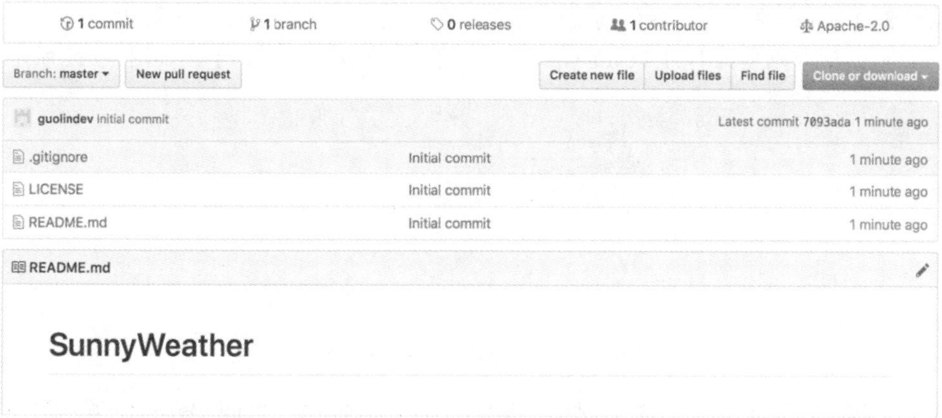

图 15.10　版本库主页

可以看到，GitHub 已经自动帮我们创建了.gitignore、LICENSE 和 README.md 这 3 个文件，其中编辑 README.md 文件中的内容可以修改 SunnyWeather 版本库主页的描述。

创建好了版本库之后，接下来我们就需要创建 SunnyWeather 这个项目了。在 Android Studio 中新建一个 Android 项目，项目名叫作 SunnyWeather，包名叫作 com.sunnyweather.android，如图 15.11 所示。

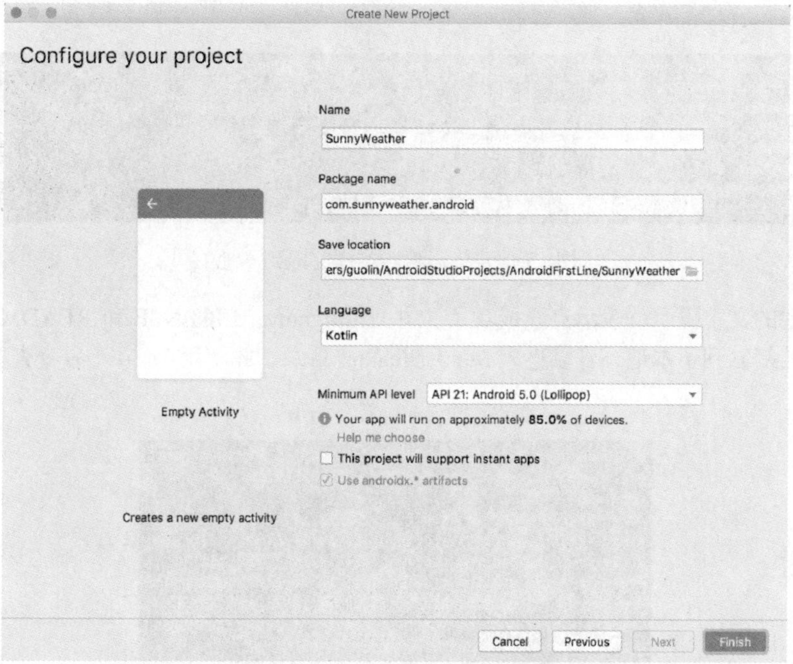

图 15.11　创建 SunnyWeather 项目

接下来的一步非常重要，我们需要将远程版本库克隆到本地。首先必须知道远程版本库的 Git 地址，点击版本库主页中的"Clone or download"按钮就能够看到了，如图 15.12 所示。

图 15.12　查看版本库的 Git 地址

点击右边的复制按钮可以将版本库的 Git 地址复制到剪贴板，SunnyWeather 版本库的 Git 地址是 https://github.com/guolindev/SunnyWeather.git。

然后打开终端界面并切换到 SunnyWeather 的工程目录下，如图 15.13 所示。

```
guolindeMacBook-Pro:~ guolin$ cd AndroidStudioProjects/AndroidFirstLine/SunnyWeather/
guolindeMacBook-Pro:SunnyWeather guolin$
```

图 15.13　在终端中进入 SunnyWeather 工程目录

接着输入 git clone https://github.com/guolindev/SunnyWeather.git 把远程版本库克隆到本地，如图 15.14 所示。

```
guolindeMacBook-Pro:SunnyWeather guolin$ git clone https://github.com/guolindev/SunnyWeather.git
Cloning into 'SunnyWeather'...
remote: Enumerating objects: 5, done.
remote: Counting objects: 100% (5/5), done.
remote: Compressing objects: 100% (4/4), done.
remote: Total 5 (delta 0), reused 0 (delta 0), pack-reused 0
Unpacking objects: 100% (5/5), done.
guolindeMacBook-Pro:SunnyWeather guolin$
```

图 15.14　将远程版本库克隆到本地

看到图中的文字提示就表示克隆成功了，并且.gitignore、LICENSE 和 README.md 这 3 个文件也已经被复制到了本地，可以进入 SunnyWeather 目录，并使用 ls -al 命令查看一下，如图 15.15 所示。

```
guolindeMacBook-Pro:SunnyWeather guolin$ cd SunnyWeather
guolindeMacBook-Pro:SunnyWeather guolin$ ls -al
total 40
drwxr-xr-x   6 guolin  staff    192 10 14 22:06 .
drwxr-xr-x  15 guolin  staff    480 10 14 22:06 ..
drwxr-xr-x  12 guolin  staff    384 10 14 22:06 .git
-rw-r--r--   1 guolin  staff   1002 10 14 22:06 .gitignore
-rw-r--r--   1 guolin  staff  11357 10 14 22:06 LICENSE
-rw-r--r--   1 guolin  staff     14 10 14 22:06 README.md
guolindeMacBook-Pro:SunnyWeather guolin$
```

图 15.15　查看克隆到本地的文件

现在我们需要将这个目录中的文件全部复制粘贴到上一层目录中，这样就能将整个 SunnyWeather 工程目录添加到版本控制中去了。注意，.git 是一个隐藏目录，在复制的时候千万不要漏掉。另外，上一层目录中也有一个.gitignore 文件，我们直接将其覆盖即可。复制完之后可以将该 SunnyWeather 目录删除，最终 SunnyWeather 工程的目录结构应该如图 15.16 所示。

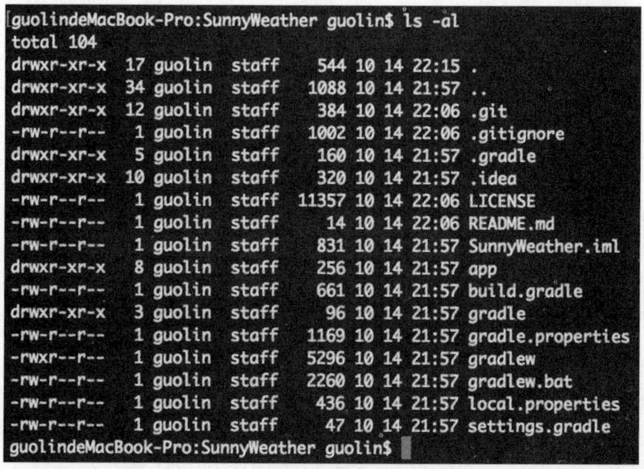

```
guolindeMacBook-Pro:SunnyWeather guolin$ ls -al
total 104
drwxr-xr-x  17 guolin  staff    544 10 14 22:15 .
drwxr-xr-x  34 guolin  staff   1088 10 14 21:57 ..
drwxr-xr-x  12 guolin  staff    384 10 14 22:06 .git
-rw-r--r--   1 guolin  staff   1002 10 14 22:06 .gitignore
drwxr-xr-x   5 guolin  staff    160 10 14 21:57 .gradle
drwxr-xr-x  10 guolin  staff    320 10 14 21:57 .idea
-rw-r--r--   1 guolin  staff  11357 10 14 22:06 LICENSE
-rw-r--r--   1 guolin  staff     14 10 14 22:06 README.md
-rw-r--r--   1 guolin  staff    831 10 14 21:57 SunnyWeather.iml
drwxr-xr-x   8 guolin  staff    256 10 14 21:57 app
-rw-r--r--   1 guolin  staff    661 10 14 21:57 build.gradle
drwxr-xr-x   3 guolin  staff     96 10 14 21:57 gradle
-rw-r--r--   1 guolin  staff   1169 10 14 21:57 gradle.properties
-rwxr--r--   1 guolin  staff   5296 10 14 21:57 gradlew
-rw-r--r--   1 guolin  staff   2260 10 14 21:57 gradlew.bat
-rw-r--r--   1 guolin  staff    436 10 14 21:57 local.properties
-rw-r--r--   1 guolin  staff     47 10 14 21:57 settings.gradle
guolindeMacBook-Pro:SunnyWeather guolin$
```

图 15.16　SunnyWeather 工程的目录结构

接下来，我们应该把 SunnyWeather 项目中现有的文件提交到 GitHub 上面。这就很简单了，先将所有文件添加到版本控制中，如下所示：

```
git add .
```

然后在本地执行提交操作：

```
git commit -m "First commit."
```

最后将提交的内容同步到远程版本库，也就是 GitHub 上面：

```
git push origin master
```

注意，在最后一步的时候，GitHub 可能会要求输入用户名和密码来进行身份校验。这里输入我们注册时填入的用户名和密码就可以了，最终结果如图 15.17 所示。

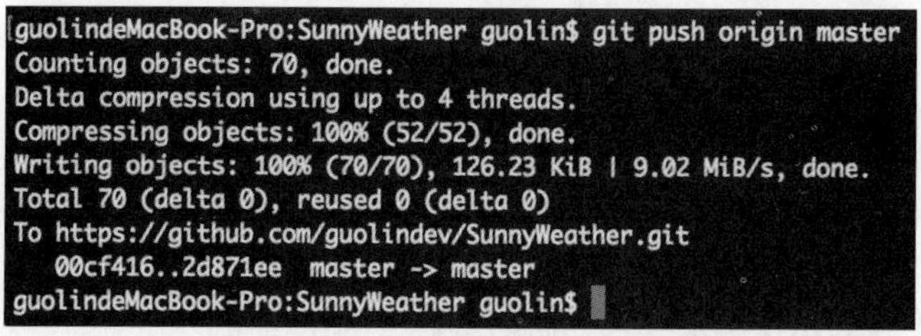

```
guolindeMacBook-Pro:SunnyWeather guolin$ git push origin master
Counting objects: 70, done.
Delta compression using up to 4 threads.
Compressing objects: 100% (52/52), done.
Writing objects: 100% (70/70), 126.23 KiB | 9.02 MiB/s, done.
Total 70 (delta 0), reused 0 (delta 0)
To https://github.com/guolindev/SunnyWeather.git
   00cf416..2d871ee  master -> master
guolindeMacBook-Pro:SunnyWeather guolin$
```

图 15.17　将提交的内容同步到远程版本库

这样就已经同步完成了，现在刷新一下 SunnyWeather 版本库的主页，你会看到刚才提交的那些文件已经存在了，如图 15.18 所示。

Tony First commit.		Latest commit 2d871ee 4 minutes ago
.idea	First commit.	4 minutes ago
app	First commit.	4 minutes ago
gradle/wrapper	First commit.	4 minutes ago
.gitignore	Initial commit	38 minutes ago
LICENSE	Initial commit	38 minutes ago
README.md	Initial commit	38 minutes ago
build.gradle	First commit.	4 minutes ago
gradle.properties	First commit.	4 minutes ago
gradlew	First commit.	4 minutes ago
gradlew.bat	First commit.	4 minutes ago
settings.gradle	First commit.	4 minutes ago

图 15.18　在 GitHub 上查看提交的内容

15.3　搭建 MVVM 项目架构

你应该还记得，在第 13 章中我们重点学习了 Jetpack 的架构组件，当时就提到过，Jetpack 中的许多架构组件是专门为了 MVVM 架构而量身打造的。那么到底什么是 MVVM 架构？又该如何搭建一个 MVVM 架构的项目呢？本节我们就来学习一下这方面的知识。

MVVM（Model-View-ViewModel）是一种高级项目架构模式，目前已被广泛应用在 Android 程序设计领域，类似的架构模式还有 MVP、MVC 等。简单来讲，MVVM 架构可以将程序结构主要分成 3 部分：Model 是数据模型部分；View 是界面展示部分；而 ViewModel 比较特殊，可以将它理解成一个连接数据模型和界面展示的桥梁，从而实现让业务逻辑和界面展示分离的程序结构设计。

当然，一个优秀的项目架构除了会包含以上 3 部分内容之外，还应该包含仓库、数据源等，这里我画了一幅非常简单易懂的 MVVM 项目架构示意图，如图 15.19 所示。

可以看到，我们通过这张架构示意图将程序分为了若干层。其中，UI 控制层包含了我们平时写的 Activity、Fragment、布局文件等与界面相关的东西。ViewModel 层用于持有和 UI 元素相关的数据，以保证这些数据在屏幕旋转时不会丢失，并且还要提供接口给 UI 控制层调用以及和仓库层进行通信。仓库层要做的主要工作是判断调用方请求的数据应该是从本地数据源中获取还是从网络数据源中获取，并将获取到的数据返回给调用方。本地数据源可以使用数据库、SharedPreferences 等持久化技术来实现，而网络数据源则通常使用 Retrofit 访问服务器提供的 Webservice 接口来实现。

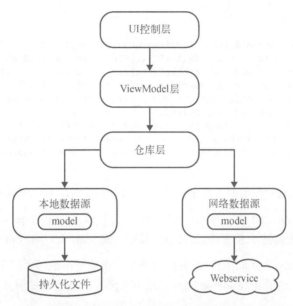

图 15.19 MVVM 项目架构示意图

另外，对于这张架构示意图，我还有必要再解释一下。图中所有的箭头都是单向的，比方说 UI 控制层指向了 ViewModel 层，表示 UI 控制层会持有 ViewModel 层的引用，但是反过来 ViewModel 层却不能持有 UI 控制层的引用，其他几层也是一样的道理。除此之外，引用也不能跨层持有，比如 UI 控制层不能持有仓库层的引用，谨记每一层的组件都只能与它相邻层的组件进行交互。

那么接下来，我们会严格按照刚才的架构示意图对 SunnyWeather 这个项目进行实现。为了让项目能够有更好的结构，这里需要在 com.sunnyweather.android 包下再新建几个包，如图 15.20 所示。

很明显，logic 包用于存放业务逻辑相关的代码，ui 包用于存放界面展示相关的代码。其中，logic 包中又包含了 dao、model、network 这 3 个子包，分别用于存放数据访问对象、对象模型以及网络相关的代码。而 ui 包中又包含了 place 和 weather 这两个子包，分别对应 SunnyWeather 中的两个主要界面。

图 15.20 项目的新结构

另外，在整个项目的开发过程中，我们还会用到许多依赖库，为了方便后面的代码编写，这里就提前把所有会用到的依赖库都声明一下吧。编辑 app/build.gradle 文件，在 dependencies 闭包中添加如下内容：

```
dependencies {
    ...
    implementation 'androidx.recyclerview:recyclerview:1.0.0'
    implementation "androidx.lifecycle:lifecycle-extensions:2.2.0"
    implementation "androidx.lifecycle:lifecycle-livedata-ktx:2.2.0"
    implementation 'com.google.android.material:material:1.1.0'
    implementation "androidx.swiperefreshlayout:swiperefreshlayout:1.0.0"
    implementation 'com.squareup.retrofit2:retrofit:2.6.1'
    implementation 'com.squareup.retrofit2:converter-gson:2.6.1'
    implementation "org.jetbrains.kotlinx:kotlinx-coroutines-core:1.3.0"
    implementation "org.jetbrains.kotlinx:kotlinx-coroutines-android:1.1.1"
}
```

这几个库全部都是我们在前面的章节中使用过的，相信对你来说应该不难理解。

由于我们引入了 Material 库，所以一定要记得将 AppTheme 的 parent 主题改成 Material-Components 模式，也就是将原来的 AppCompat 部分改成 MaterialComponents 即可。

另外，为了让 SunnyWeather 的界面更加美观，这里我提前准备了许多张后续开发时会用到的图片，并把它们都放到了 drawable-xxhdpi 目录下（图片下载方式见前言），如图 15.21 所示。

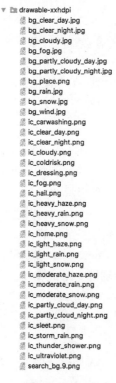

图 15.21 事先准备好的图片资源

将这些准备工作都做好了之后，接下来就正式进入 SunnyWeather 项目的开发当中吧。

15.4 搜索全球城市数据

根据之前的技术可行性分析，要想实现查看天气信息的功能，首先要能搜索到具体的城市数据，并获取该地区的经纬度坐标。因此，我们第一阶段的开发任务就是先来实现搜索全球城市的数据信息。根据合理的开发方式，实现过程应该主要分为逻辑层实现和 UI 层实现两部分，那么我们先从逻辑层实现开始吧。

15.4.1 实现逻辑层代码

使用 MVVM 这种分层架构的设计，由于从 ViewModel 层开始就不再持有 Activity 的引用了，因此经常会出现"缺 Context"的情况。所以我们可以先使用第 14 章中学到的技术，给 SunnyWeather 项目提供一种全局获取 Context 的方式。

在 com.sunnyweather.android 包下新建一个 SunnyWeatherApplication 类，代码如下所示：

```
class SunnyWeatherApplication : Application() {

    companion object {
        @SuppressLint("StaticFieldLeak")
        lateinit var context: Context
    }

    override fun onCreate() {
        super.onCreate()
        context = applicationContext
    }

}
```

这段代码我们刚刚在上一章中学习过，你应该记忆犹新吧。然后还需要在 AndroidManifest.xml 文件的 \<application\>标签下指定 SunnyWeatherApplication，如下所示：

```
<manifest xmlns:android="http://schemas.android.com/apk/res/android"
        package="com.sunnyweather.android">
    <application
        android:name=".SunnyWeatherApplication"
        android:allowBackup="true"
        android:icon="@mipmap/ic_launcher"
        android:label="@string/app_name"
        android:roundIcon="@mipmap/ic_launcher_round"
        android:supportsRtl="true"
        android:theme="@style/AppTheme">
        ...
    </application>
</manifest>
```

经过这样的配置之后，我们就可以在项目的任何位置通过调用 SunnyWeatherApplication. context 来获取 Context 对象了，非常便利。

另外，我们刚才不是在彩云天气的开发者平台申请到了一个令牌值吗？可以将这个令牌值也配置在 SunnyWeatherApplication 中，方便之后的获取，如下所示：

```
class SunnyWeatherApplication : Application() {
    companion object {
        const val TOKEN = "填入你申请到的令牌值"
        ...
    }
    ...
}
```

完成了第一步的工作之后，下面我们就可以按照图 15.19 所示的架构示意图，自底向上一步步进行实现。首先来定义一下数据模型，在 logic/model 包下新建一个 PlaceResponse.kt 文件，并在这个文件中编写如下代码：

```
data class PlaceResponse(val status: String, val places: List<Place>)

data class Place(val name: String, val location: Location,
            @SerializedName("formatted_address") val address: String)

data class Location(val lng: String, val lat: String)
```

很简单，PlaceResponse.kt 文件中定义的类与属性，完全就是按照 15.1 节中搜索城市数据接口返回的 JSON 格式来定义的。不过，由于 JSON 中一些字段的命名可能与 Kotlin 的命名规范不太一致，因此这里使用了@SerializedName 注解的方式，来让 JSON 字段和 Kotlin 字段之间建立映射关系。

定义好了数据模型，接下来我们就可以开始编写网络层相关的代码了。首先定义一个用于访问彩云天气城市搜索 API 的 Retrofit 接口，在 logic/network 包下新建 PlaceService 接口，代码如下所示：

```
interface PlaceService {

    @GET("v2/place?token=${SunnyWeatherApplication.TOKEN}&lang=zh_CN")
    fun searchPlaces(@Query("query") query: String): Call<PlaceResponse>

}
```

可以看到，我们在 searchPlaces()方法的上面声明了一个 @GET 注解，这样当调用 search-Places()方法的时候，Retrofit 就会自动发起一条 GET 请求，去访问 @GET 注解中配置的地址。其中，搜索城市数据的 API 中只有 query 这个参数是需要动态指定的，我们使用 @Query 注解的方式来进行实现，另外两个参数是不会变的，因此固定写在@GET 注解中即可。

另外，searchPlaces()方法的返回值被声明成了 Call<PlaceResponse>，这样 Retrofit 就会将服务器返回的 JSON 数据自动解析成 PlaceResponse 对象了。

定义好了 PlaceService 接口，为了能够使用它，我们还得创建一个 Retrofit 构建器才行。在 logic/network 包下新建一个 ServiceCreator 单例类，代码如下所示：

```
object ServiceCreator {

    private const val BASE_URL = "https://api.caiyunapp.com/"

    private val retrofit = Retrofit.Builder()
        .baseUrl(BASE_URL)
        .addConverterFactory(GsonConverterFactory.create())
        .build()

    fun <T> create(serviceClass: Class<T>): T = retrofit.create(serviceClass)

    inline fun <reified T> create(): T = create(T::class.java)

}
```

这个 Retrofit 构建器完全是按照我们在 11.6.3 小节中学习的方式来编写的，因此对于你来说，理解起来应该没有任何问题。

接下来我们还需要再定义一个统一的网络数据源访问入口，对所有网络请求的 API 进行封装。同样在 logic/network 包下新建一个 SunnyWeatherNetwork 单例类，代码如下所示：

```
object SunnyWeatherNetwork {

    private val placeService = ServiceCreator.create<PlaceService>()

    suspend fun searchPlaces(query: String) = placeService.searchPlaces(query).await()

    private suspend fun <T> Call<T>.await(): T {
        return suspendCoroutine { continuation ->
            enqueue(object : Callback<T> {
                override fun onResponse(call: Call<T>, response: Response<T>) {
                    val body = response.body()
                    if (body != null) continuation.resume(body)
                    else continuation.resumeWithException(
                        RuntimeException("response body is null"))
                }

                override fun onFailure(call: Call<T>, t: Throwable) {
                    continuation.resumeWithException(t)
                }
            })
        }
    }

}
```

这是一个非常关键的类，并且用到了许多高级技巧，我来带你慢慢解析一下。

首先我们使用 ServiceCreator 创建了一个 PlaceService 接口的动态代理对象，然后定义了一个 searchPlaces() 函数，并在这里调用刚刚在 PlaceService 接口中定义的 searchPlaces() 方法，以发起搜索城市数据请求。

但是为了让代码变得更加简洁，我们使用了 11.7.3 小节中学习的技巧来简化 Retrofit 回调的写法。由于是需要借助协程技术来实现的，因此这里又定义了一个 await() 函数，并将 searchPlaces() 函数也声明成挂起函数。至于 await() 函数的实现，之前在 11.7.3 小节就解析过了，所以应该是很好理解的。

这样，当外部调用 SunnyWeatherNetwork 的 searchPlaces() 函数时，Retrofit 就会立即发起网络请求，同时当前的协程也会被阻塞住。直到服务器响应我们的请求之后，await() 函数会将解析出来的数据模型对象取出并返回，同时恢复当前协程的执行，searchPlaces() 函数在得到 await() 函数的返回值后会将该数据再返回到上一层。

这样网络层相关的代码我们就编写完了，下面开始编写仓库层的代码。之前已经解释过，仓库层的主要工作就是判断调用方请求的数据应该是从本地数据源中获取还是从网络数据源中获取，并将获得的数据返回给调用方。因此，仓库层有点像是一个数据获取与缓存的中间层，在本地没有缓存数据的情况下就去网络层获取，如果本地已经有缓存了，就直接将缓存数据返回。

不过我个人认为，这种搜索城市数据的请求并没有太多缓存的必要，每次都发起网络请求去获取最新的数据即可，因此这里就不进行本地缓存的实现了。在 logic 包下新建一个 Repository 单例类，作为仓库层的统一封装入口，代码如下所示：

```
object Repository {

    fun searchPlaces(query: String) = liveData(Dispatchers.IO) {
        val result = try {
            val placeResponse = SunnyWeatherNetwork.searchPlaces(query)
            if (placeResponse.status == "ok") {
                val places = placeResponse.places
                Result.success(places)
            } else {
                Result.failure(RuntimeException("response status is
                    ${placeResponse.status}"))
            }
        } catch (e: Exception) {
            Result.failure<List<Place>>(e)
        }
        emit(result)
    }

}
```

一般在仓库层中定义的方法，为了能将异步获取的数据以响应式编程的方式通知给上一层，通常会返回一个 LiveData 对象。我们在 13.4 节已经学过了 LiveData 最常用的一些用法，不过这里又使用了一个新的技巧。上述代码中的 liveData() 函数是 lifecycle-livedata-ktx 库提供的一个非常强大且好用的功能，它可以自动构建并返回一个 LiveData 对象，然后在它的代码块中提供一个挂起函数的上下文，这样我们就可以在 liveData() 函数的代码块中调用任意的挂起函数了。这里调用了 SunnyWeatherNetwork 的 searchPlaces() 函数来搜索城市数据，然后判断如果服务器响应的状态是 ok, 那么就使用 Kotlin 内置的 Result.success()方法来包装获取的城市数据列表, 否则使用 Result.failure()方法来包装一个异常信息。最后使用一个 emit()方法将包装的结果发射出去, 这个 emit()方法其实类似于调用 LiveData 的 setValue()方法来通知数据变化, 只不过这里我们无法直接取得返回的 LiveData 对象, 所以 lifecycle-livedata-ktx 库提供了这样一个替代方法。

另外需要注意, 上述代码中我们还将 liveData()函数的线程参数类型指定成了 Dispatchers.IO, 这样代码块中的所有代码就都运行在子线程中了。众所周知, Android 是不允许在主线程中进行网络请求的, 诸如读写数据库之类的本地数据操作也是不建议在主线程中进行的, 因此非常有必要在仓库层进行一次线程转换。

写到这里, 逻辑层的实现就只剩最后一步了: 定义 ViewModel 层。ViewModel 相当于逻辑层和 UI 层之间的一个桥梁, 虽然它更偏向于逻辑层的部分, 但是由于 ViewModel 通常和 Activity 或 Fragment 是一一对应的, 因此我们还是习惯将它们放在一起。

在 ui/place 包下新建一个 PlaceViewModel, 代码如下所示:

```
class PlaceViewModel : ViewModel() {

    private val searchLiveData = MutableLiveData<String>()

    val placeList = ArrayList<Place>()

    val placeLiveData = Transformations.switchMap(searchLiveData) { query ->
        Repository.searchPlaces(query)
    }

    fun searchPlaces(query: String) {
        searchLiveData.value = query
    }

}
```

ViewModel 层的代码就相对比较简单了。首先 PlaceViewModel 中也定义了一个 searchPlaces() 方法, 但是这里并没有直接调用仓库层中的 searchPlaces()方法, 而是将传入的搜索参数赋值给了一个 searchLiveData 对象, 并使用 Transformations 的 switchMap()方法来观察这个对象, 否则仓库层返回的 LiveData 对象将无法进行观察。关于这一点, 我们已经在 13.4.2 小节讨论过了。现在每当 searchPlaces()函数被调用时, switchMap()方法所对应的转换函数就会执行。然后在转换函数中, 我们只需要调用仓库层中定义的 searchPlaces()方法就可以发起网络请求, 同时将仓库层返回的 LiveData 对象转换成一个可供 Activity 观察的 LiveData 对象。

另外, 我们还在 PlaceViewModel 中定义了一个 placeList 集合, 用于对界面上显示的城市数据进行缓存, 因为原则上与界面相关的数据都应该放到 ViewModel 中, 这样可以保证它们在手机屏幕发生旋转的时候不会丢失, 稍后我们会在编写 UI 层代码的时候用到这个集合。

好了，关于逻辑层的实现到这里就基本完成了，现在 SunnyWeather 项目已经拥有了搜索全球城市数据的能力，那么接下来就开始进行 UI 层的实现吧。

15.4.2 实现 UI 层代码

UI 层的实现一般是从编写布局文件开始的，由于搜索城市数据的功能我们在后面还会复用，因此就不建议写在 Activity 里面了，而是应该写在 Fragment 里面，这样当需要复用的时候直接在布局里面引入该 Fragment 即可。

在 res/layout 目录中新建 fragment_place.xml 布局，代码如下所示：

```xml
<RelativeLayout xmlns:android="http://schemas.android.com/apk/res/android"
    android:layout_width="match_parent"
    android:layout_height="match_parent"
    android:background="?android:windowBackground">

    <ImageView
        android:id="@+id/bgImageView"
        android:layout_width="match_parent"
        android:layout_height="wrap_content"
        android:layout_alignParentBottom="true"
        android:src="@drawable/bg_place"/>

    <FrameLayout
        android:id="@+id/actionBarLayout"
        android:layout_width="match_parent"
        android:layout_height="60dp"
        android:background="@color/colorPrimary">

        <EditText
            android:id="@+id/searchPlaceEdit"
            android:layout_width="match_parent"
            android:layout_height="40dp"
            android:layout_gravity="center_vertical"
            android:layout_marginStart="10dp"
            android:layout_marginEnd="10dp"
            android:paddingStart="10dp"
            android:paddingEnd="10dp"
            android:hint="输入地址"
            android:background="@drawable/search_bg"/>
    </FrameLayout>

    <androidx.recyclerview.widget.RecyclerView
        android:id="@+id/recyclerView"
        android:layout_width="match_parent"
        android:layout_height="match_parent"
        android:layout_below="@id/actionBarLayout"
        android:visibility="gone"/>

</RelativeLayout>
```

这个布局中主要有两部分内容：EditText 用于给用户提供一个搜索框，这样用户就可以在这里搜索任意城市；RecyclerView 则主要用于对搜索出来的结果进行展示。另外这个布局中还有一个 ImageView 控件，它的作用只是为了显示一张背景图，从而让界面变得更加美观，和主体功能无关。

另外，简单起见，所有布局中显示的文字我都会使用硬编码的写法。这当然不是一种良好的习惯，你在实现的时候应该将这些文字都定义到 strings.xml 中，然后在布局中进行引用。

既然用到了 RecyclerView，那么毫无疑问，我们还得定义它的子项布局才行。在 layout 目录下新建一个 place_item.xml 文件，代码如下所示：

```
<com.google.android.material.card.MaterialCardView
    xmlns:android="http://schemas.android.com/apk/res/android"
    xmlns:app="http://schemas.android.com/apk/res-auto"
    android:layout_width="match_parent"
    android:layout_height="130dp"
    android:layout_margin="12dp"
    app:cardCornerRadius="4dp">

    <LinearLayout
        android:orientation="vertical"
        android:layout_width="match_parent"
        android:layout_height="wrap_content"
        android:layout_margin="18dp"
        android:layout_gravity="center_vertical">

        <TextView
            android:id="@+id/placeName"
            android:layout_width="wrap_content"
            android:layout_height="wrap_content"
            android:textColor="?android:attr/textColorPrimary"
            android:textSize="20sp"/>

        <TextView
            android:id="@+id/placeAddress"
            android:layout_width="wrap_content"
            android:layout_height="wrap_content"
            android:layout_marginTop="10dp"
            android:textColor="?android:attr/textColorSecondary"
            android:textSize="14sp"/>

    </LinearLayout>

</com.google.android.material.card.MaterialCardView>
```

这里使用了 MaterialCardView 来作为子项的最外层布局，从而使得 RecyclerView 中的每个元素都是在卡片中的。至于卡片中的元素内容非常简单，只用到了两个 TextView，一个用于显示搜索到的地区名，一个用于显示该地区的详细地址。

将子项布局也定义好了之后，接下来就需要为 RecyclerView 准备适配器了。在 ui/place 包下新建一个 PlaceAdapter 类，让这个适配器继承自 RecyclerView.Adapter，并将泛型指定为 PlaceAdapter.ViewHolder，代码如下所示：

```
class PlaceAdapter(private val fragment: Fragment, private val placeList: List<Place>) :
    RecyclerView.Adapter<PlaceAdapter.ViewHolder>() {

    inner class ViewHolder(view: View) : RecyclerView.ViewHolder(view) {
        val placeName: TextView = view.findViewById(R.id.placeName)
        val placeAddress: TextView = view.findViewById(R.id.placeAddress)
    }

    override fun onCreateViewHolder(parent: ViewGroup, viewType: Int): ViewHolder {
        val view = LayoutInflater.from(parent.context).inflate(R.layout.place_item,
            parent, false)
        return ViewHolder(view)
    }

    override fun onBindViewHolder(holder: ViewHolder, position: Int) {
        val place = placeList[position]
        holder.placeName.text = place.name
        holder.placeAddress.text = place.address
    }

    override fun getItemCount() = placeList.size

}
```

这里使用的都是 RecyclerView 适配器的标准写法，之前我们已经实现过好几遍了，相信没有什么需要解释的地方。

现在适配器也准备好了，只剩下对 Fragment 进行实现了。在 ui/place 包下新建一个 PlaceFragment，并让它继承自 AndroidX 库中的 Fragment，代码如下所示：

```
class PlaceFragment : Fragment() {

    val viewModel by lazy { ViewModelProvider(this).get(PlaceViewModel::class.java) }

    private lateinit var adapter: PlaceAdapter

    override fun onCreateView(inflater: LayoutInflater, container: ViewGroup?,
            savedInstanceState: Bundle?): View? {
        return inflater.inflate(R.layout.fragment_place, container, false)
    }

    override fun onActivityCreated(savedInstanceState: Bundle?) {
        super.onActivityCreated(savedInstanceState)
        val layoutManager = LinearLayoutManager(activity)
        recyclerView.layoutManager = layoutManager
        adapter = PlaceAdapter(this, viewModel.placeList)
        recyclerView.adapter = adapter
        searchPlaceEdit.addTextChangedListener { editable ->
            val content = editable.toString()
```

```
            if (content.isNotEmpty()) {
                viewModel.searchPlaces(content)
            } else {
                recyclerView.visibility = View.GONE
                bgImageView.visibility = View.VISIBLE
                viewModel.placeList.clear()
                adapter.notifyDataSetChanged()
            }
        }
        viewModel.placeLiveData.observe(this, Observer{ result ->
            val places = result.getOrNull()
            if (places != null) {
                recyclerView.visibility = View.VISIBLE
                bgImageView.visibility = View.GONE
                viewModel.placeList.clear()
                viewModel.placeList.addAll(places)
                adapter.notifyDataSetChanged()
            } else {
                Toast.makeText(activity, "未能查询到任何地点", Toast.LENGTH_SHORT).show()
                result.exceptionOrNull()?.printStackTrace()
            }
        })
    }

}
```

这段代码并不难理解，使用的大多是我们之前学过的知识，我们来慢慢梳理一下。

首先，这里使用了 lazy 函数这种懒加载技术来获取 PlaceViewModel 的实例，这是一种非常棒的写法，允许我们在整个类中随时使用 viewModel 这个变量，而完全不用关心它何时初始化、是否为空等前提条件。

接下来在 onCreateView()方法中加载了前面编写的 fragment_place 布局，这是 Fragment 的标准用法，没什么需要解释的。

最后再来看 onActivityCreated()方法，这个方法中先是给 RecyclerView 设置了 LayoutManager 和适配器，并使用 PlaceViewModel 中的 placeList 集合作为数据源。紧接着调用了 EditText 的 addTextChangedListener()方法来监听搜索框内容的变化情况。每当搜索框中的内容发生了变化，我们就获取新的内容，然后传递给 PlaceViewModel 的 searchPlaces()方法，这样就可以发起搜索城市数据的网络请求了。而当输入搜索框中的内容为空时，我们就将 RecyclerView 隐藏起来，同时将那张仅用于美观用途的背景图显示出来。

解决了搜索城市数据请求的发起，还要能获取到服务器响应的数据才行，这个自然就需要借助 LiveData 来完成了。可以看到，这里我们对 PlaceViewModel 中的 placeLiveData 对象进行观察，当有任何数据变化时，就会回调到传入的 Observer 接口实现中。然后我们会对回调的数据进行判断：如果数据不为空，那么就将这些数据添加到 PlaceViewModel 的 placeList 集合中，并通知 PlaceAdapter 刷新界面；如果数据为空，则说明发生了异常，此时弹出一个 Toast 提示，并将具体的异常原因打印出来。

这样我们就把搜索全球城市数据的功能完成了，可是 Fragment 是不能直接显示在界面上的，因此我们还需要把它添加到 Activity 里才行。修改 activity_main.xml 中的代码，如下所示：

```
<FrameLayout
    xmlns:android="http://schemas.android.com/apk/res/android"
    android:layout_width="match_parent"
    android:layout_height="match_parent">

    <fragment
        android:id="@+id/placeFragment"
        android:name="com.sunnyweather.android.ui.place.PlaceFragment"
        android:layout_width="match_parent"
        android:layout_height="match_parent" />

</FrameLayout>
```

布局文件很简单，只是定义了一个 FrameLayout，然后将 PlaceFragment 添加进来，并让它充满整个布局。

另外，我们刚才在 PlaceFragment 的布局里面已经定义了一个搜索框布局，因此就不再需要原生的 ActionBar 了，修改 res/values/styles.xml 中的代码，如下所示：

```
<resources>

    <!-- Base application theme. -->
    <style name="AppTheme" parent="Theme.MaterialComponents.Light.NoActionBar">
        ...
    </style>

</resources>
```

现在第一阶段的开发工作基本上已经完成了，不过在运行程序之前还有一件事没有做，那就是声明程序所需要的权限。修改 AndroidManifest.xml 中的代码，如下所示：

```
<manifest xmlns:android="http://schemas.android.com/apk/res/android"
    package="com.sunnyweather.android">

    <uses-permission android:name="android.permission.INTERNET" />
    ...
</manifest>
```

由于我们是通过网络接口来搜索城市数据的，因此必须添加访问网络的权限才行。

现在可以运行一下程序了，初始界面如图 15.22 所示。

接下来我们可以在搜索框里随意输入全球任意城市的名字，相关的地区信息就出现在界面上了，如图 15.23 所示。

图 15.22　PlaceFragment 的初始界面

图 15.23　与北京相关的地区信息

　　虽然现在界面上只显示了相关地区的名称与地址，但实际上每个地区所对应的经纬度信息我们也已经获取到了，这为接下来的天气预报功能开发奠定了基础。

　　你可能会问，做了这么复杂的分层架构设计，好处到底在哪里呢？我直接将代码都写在 Fragment 中好像也能实现同样的功能。没错，这也是许多初学者编写 Android 程序的实现方式。但是将所有代码都写在 Fragment 或 Activity 中，会让类变得非常冗余，等项目越来越复杂之后，代码会变得难以阅读和维护。而分层架构设计可以使整个项目的结构十分清晰，并且在现有架构的基础上扩展其他功能也会非常方便，待会进入天气预报功能开发的时候你就能体会到了。

　　好了，第一阶段的代码写到这里就差不多了，我们现在提交一下。首先将所有新增的文件添加到版本控制中：

```
git add .
```

接着执行提交操作：

```
git commit -m "实现搜索全球城市数据功能。"
```

最后将提交同步到 GitHub 上面：

```
git push origin master
```

OK！第一阶段完工，下面让我们赶快进入第二阶段的开发工作中吧。

15.5   显示天气信息

在第二阶段中，我们就要开始去查询天气，并且把天气信息显示出来了。实现的过程也是类似的，同样主要分为逻辑层实现和 UI 层实现两部分，那么我们仍然先从逻辑层实现开始吧。

15.5.1   实现逻辑层代码

由于彩云天气返回的数据内容非常多，这里我们不可能将所有的内容都利用起来，因此我筛选了一些比较重要的数据来进行解析与展示。

首先回顾一下获取实时天气信息接口所返回的 JSON 数据格式，简化后的内容如下所示：

```
{
    "status": "ok",
    "result": {
        "realtime": {
            "temperature": 23.16,
            "skycon": "WIND",
            "air_quality": {
                "aqi": { "chn": 17.0 }
            }
        }
    }
}
```

那么我们只需要按照这种 JSON 格式来定义相应的数据模型即可。在 logic/model 包下新建一个 RealtimeResponse.kt 文件，并在这个文件中编写如下代码：

```
data class RealtimeResponse(val status: String, val result: Result) {

    data class Result(val realtime: Realtime)

    data class Realtime(val skycon: String, val temperature: Float,
                @SerializedName("air_quality") val airQuality: AirQuality)

    data class AirQuality(val aqi: AQI)

    data class AQI(val chn: Float)

}
```

注意，这里我们将所有的数据模型类都定义在了 RealtimeResponse 的内部，这样可以防止出现和其他接口的数据模型类有同名冲突的情况。

接下来我们再回顾一下获取未来几天天气信息接口所返回的 JSON 数据格式，简化后的内容如下所示：

```
{
    "status": "ok",
    "result": {
```

```
        "daily": {
            "temperature": [ {"max": 25.7, "min": 20.3}, ... ],
            "skycon": [ {"value": "CLOUDY", "date":"2019-10-20T00:00+08:00"}, ... ],
            "life_index": {
                "coldRisk": [ {"desc": "易发"}, ... ],
                "carWashing": [ {"desc": "适宜"}, ... ],
                "ultraviolet": [ {"desc": "无"}, ... ],
                "dressing": [ {"desc": "舒适"}, ... ]
            }
        }
    }
}
```

　　这段 JSON 数据格式最大的特别之处在于，它返回的天气数据全部是数组形式的，数组中的每个元素都对应着一天的数据。在数据模型中，我们可以使用 List 集合来对 JSON 中的数组元素进行映射。同样在 logic/model 包下新建一个 DailyResponse.kt 文件，并编写如下代码：

```
data class DailyResponse(val status: String, val result: Result) {

    data class Result(val daily: Daily)

    data class Daily(val temperature: List<Temperature>, val skycon: List<Skycon>,
            @SerializedName("life_index") val lifeIndex: LifeIndex)

    data class Temperature(val max: Float, val min: Float)

    data class Skycon(val value: String, val date: Date)

    data class LifeIndex(val coldRisk: List<LifeDescription>, val carWashing:
            List<LifeDescription>, val ultraviolet: List<LifeDescription>,
            val dressing: List<LifeDescription>)

    data class LifeDescription(val desc: String)

}
```

　　这次我们将所有的数据模型类都定义在了 DailyResponse 的内部，你会发现，虽然它和 RealtimeResponse 内部都包含了一个 Result 类，但是它们之间是完全不会冲突的。

　　另外，我们还需要在 logic/model 包下再定义一个 Weather 类，用于将 Realtime 和 Daily 对象封装起来，代码如下所示：

```
data class Weather(val realtime: RealtimeResponse.Realtime, val daily: DailyResponse.Daily)
```

　　将数据模型都定义好了之后，接下来又该开始编写网络层相关的代码了。你会发现使用这种分层架构的设计，每步应该做什么都非常清晰。

　　现在定义一个用于访问天气信息 API 的 Retrofit 接口，在 logic/network 包下新建 WeatherService 接口，代码如下所示：

```
interface WeatherService {

    @GET("v2.5/${SunnyWeatherApplication.TOKEN}/{lng},{lat}/realtime.json")
    fun getRealtimeWeather(@Path("lng") lng: String, @Path("lat") lat: String):
        Call<RealtimeResponse>

    @GET("v2.5/${SunnyWeatherApplication.TOKEN}/{lng},{lat}/daily.json")
    fun getDailyWeather(@Path("lng") lng: String, @Path("lat") lat: String):
        Call<DailyResponse>

}
```

可以看到，这里我们定义了两个方法：getRealtimeWeather()方法用于获取实时的天气信息，getDailyWeather()方法用于获取未来的天气信息。在每个方法的上面仍然还是使用@GET注解来声明要访问的 API 接口，并且我们还使用了@Path注解来向请求接口中动态传入经纬度的坐标。这两个方法的返回值分别被声明成了 Call<RealtimeResponse>和 Call<DailyResponse>，对应了刚刚定义好的两个数据模型类。

接下来我们需要在 SunnyWeatherNetwork 这个网络数据源访问入口对新增的 WeatherService 接口进行封装。修改 SunnyWeatherNetwork 中的代码，如下所示：

```
object SunnyWeatherNetwork {

    private val weatherService = ServiceCreator.create(WeatherService::class.java)

    suspend fun getDailyWeather(lng: String, lat: String) =
        weatherService.getDailyWeather(lng, lat).await()

    suspend fun getRealtimeWeather(lng: String, lat: String) =
        weatherService.getRealtimeWeather(lng, lat).await()
    ...
}
```

你会发现，这里对 WeatherService 接口的封装和之前对 PlaceService 接口的封装写法几乎是一模一样的，就算是依葫芦画瓢也能写得出来。所以这种分层架构设计的扩展性真的非常好，不管以后要扩展多少新功能，我们都能按照非常相似的步骤去实现。

完成了网络层的代码编写，接下来很容易想到应该去仓库层进行相关的代码实现了。修改 Repository 中的代码，如下所示：

```
object Repository {
    ...
    fun refreshWeather(lng: String, lat: String) = liveData(Dispatchers.IO) {
        val result = try {
            coroutineScope {
                val deferredRealtime = async {
                    SunnyWeatherNetwork.getRealtimeWeather(lng, lat)
                }
                val deferredDaily = async {
                    SunnyWeatherNetwork.getDailyWeather(lng, lat)
```

```
        }
        val realtimeResponse = deferredRealtime.await()
        val dailyResponse = deferredDaily.await()
        if (realtimeResponse.status == "ok" && dailyResponse.status == "ok") {
            val weather = Weather(realtimeResponse.result.realtime,
                                  dailyResponse.result.daily)
            Result.success(weather)
        } else {
            Result.failure(
                RuntimeException(
                    "realtime response status is ${realtimeResponse.status}" +
                    "daily response status is ${dailyResponse.status}"
                )
            )
        }
    }
} catch (e: Exception) {
    Result.failure<Weather>(e)
}
emit(result)
    }
}
```

注意，在仓库层我们并没有提供两个分别用于获取实时天气信息和未来天气信息的方法，而是提供了一个 refreshWeather() 方法用来刷新天气信息。因为对于调用方而言，需要调用两次请求才能获得其想要的所有天气数据明显是比较烦琐的行为，因此最好的做法就是在仓库层再进行一次统一的封装。

不过，获取实时天气信息和获取未来天气信息这两个请求是没有先后顺序的，因此让它们并发执行可以提升程序的运行效率，但是要在同时得到它们的响应结果后才能进一步执行程序。这种需求有没有让你想起什么呢？没错，这不恰好就是我们在第 11 章学习协程时使用的 async 函数的作用吗？只需要分别在两个 async 函数中发起网络请求，然后再分别调用它们的 await() 方法，就可以保证只有在两个网络请求都成功响应之后，才会进一步执行程序。另外，由于 async 函数必须在协程作用域内才能调用，所以这里又使用 coroutineScope 函数创建了一个协程作用域。

接下来的逻辑就比较简单了，在同时获取到 RealtimeResponse 和 DailyResponse 之后，如果它们的响应状态都是 ok，那么就将 Realtime 和 Daily 对象取出并封装到一个 Weather 对象中，然后使用 Result.success() 方法来包装这个 Weather 对象，否则就使用 Result.failure() 方法来包装一个异常信息，最后调用 emit() 方法将包装的结果发射出去。

一般代码写到这里就已经足够好了，但是其实我们还可以做到更好。你会发现，由于我们使用了协程来简化网络回调的写法，导致 SunnyWeatherNetwork 中封装的每个网络请求接口都可能会抛出异常，于是我们必须在仓库层中为每个网络请求都进行 try catch 处理，这无疑增加了仓库层代码实现的复杂度。然而之前我就说过，其实完全可以在某个统一的入口函数中进行封装，使得只要进行一次 try catch 处理就行了，下面我们就来学习一下具体应该怎样实现。

```
object Repository {

    fun searchPlaces(query: String) = fire(Dispatchers.IO) {
        val placeResponse = SunnyWeatherNetwork.searchPlaces(query)
        if (placeResponse.status == "ok") {
            val places = placeResponse.places
            Result.success(places)
        } else {
            Result.failure(RuntimeException("response status is ${placeResponse.status}"))
        }
    }

    fun refreshWeather(lng: String, lat: String) = fire(Dispatchers.IO) {
        coroutineScope {
            val deferredRealtime = async {
                SunnyWeatherNetwork.getRealtimeWeather(lng, lat)
            }
            val deferredDaily = async {
                SunnyWeatherNetwork.getDailyWeather(lng, lat)
            }
            val realtimeResponse = deferredRealtime.await()
            val dailyResponse = deferredDaily.await()
            if (realtimeResponse.status == "ok" && dailyResponse.status == "ok") {
                val weather = Weather(realtimeResponse.result.realtime,
                    dailyResponse.result.daily)
                Result.success(weather)
            } else {
                Result.failure(
                    RuntimeException(
                        "realtime response status is ${realtimeResponse.status}" +
                            "daily response status is ${dailyResponse.status}"
                    )
                )
            }
        }
    }

    private fun <T> fire(context: CoroutineContext, block: suspend () -> Result<T>) =
            liveData<Result<T>>(context) {
        val result = try {
            block()
        } catch (e: Exception) {
            Result.failure<T>(e)
        }
        emit(result)
    }

}
```

　　这段代码最核心的地方就在于我们新增的 fire() 函数，这是一个按照 liveData() 函数的参数接收标准定义的一个高阶函数。在 fire() 函数的内部会先调用一下 liveData() 函数，然后在 liveData() 函数的代码块中统一进行了 try catch 处理，并在 try 语句中调用传入的 Lambda 表达式中的代码，最终获取 Lambda 表达的执行结果并调用 emit() 方法发射出去。

　　另外还有一点需要注意，在 liveData()函数的代码块中，我们是拥有挂起函数上下文的，可是当回调到 Lambda 表达式中，代码就没有挂起函数上下文了，但实际上 Lambda 表达式中的代码一定也是在挂起函数中运行的。为了解决这个问题，我们需要在函数类型前声明一个 suspend 关键字，以表示所有传入的 Lambda 表达式中的代码也是拥有挂起函数上下文的。

　　定义好了 fire()函数之后，剩下的工作就很简单了。只需要分别将 searchPlaces()和 refreshWeather()方法中调用的 liveData()函数替换成 fire()函数，然后把诸如 try catch 语句、emit()方法之类的逻辑移除即可。这样，仓库层中的代码就变得更加简洁清晰了。

　　写到这里，逻辑层的实现就只剩最后一步了：定义 ViewModel 层。在 ui/weather 包下新建一个 WeatherViewModel，代码如下所示：

```
class WeatherViewModel : ViewModel() {

    private val locationLiveData = MutableLiveData<Location>()

    var locationLng = ""

    var locationLat = ""

    var placeName = ""

    val weatherLiveData = Transformations.switchMap(locationLiveData) { location ->
        Repository.refreshWeather(location.lng, location.lat)
    }

    fun refreshWeather(lng: String, lat: String) {
        locationLiveData.value = Location(lng, lat)
    }

}
```

　　WeatherViewModel 中的代码也是极其简单的，这里定义了一个 refreshWeather()方法来刷新天气信息，并将传入的经纬度参数封装成一个 Location 对象后赋值给 locationLiveData 对象，然后使用 Transformations 的 switchMap()方法来观察这个对象，并在 switchMap()方法的转换函数中调用仓库层中定义的 refreshWeather()方法。这样，仓库层返回的 LiveData 对象就可以转换成一个可供 Activity 观察的 LiveData 对象了。

　　另外，我们还在 WeatherViewModel 中定义了 locationLng、locationLat 和 placeName 这 3 个变量，它们都是和界面相关的数据，放到 ViewModel 中可以保证它们在手机屏幕发生旋转的时候不会丢失，稍后在编写 UI 层代码的时候会用到这几个变量。

　　这样我们就将逻辑层的代码实现全部完成了，接下来又该去编写界面了。

15.5.2　实现 UI 层代码

　　首先创建一个用于显示天气信息的 Activity。右击 ui/weather 包→New→Activity→Empty Activity，

创建一个 WeatherActivity，并将布局名指定成 activity_weather.xml。

由于所有的天气信息都将在同一个界面上显示，因此 activity_weather.xml 会是一个很长的布局文件。那么为了让里面的代码不至于混乱不堪，这里我准备使用 4.4.1 小节学过的引入布局技术，将界面的不同部分写在不同的布局文件里面，再通过引入布局的方式集成到 activity_weather.xml 中，这样整个布局文件就会显得更加工整。

右击 res/layout→New→Layout resource file，新建一个 now.xml 作为当前天气信息的布局，代码如下所示：

```xml
<RelativeLayout xmlns:android="http://schemas.android.com/apk/res/android"
    android:id="@+id/nowLayout"
    android:layout_width="match_parent"
    android:layout_height="530dp"
    android:orientation="vertical">

    <FrameLayout
        android:id="@+id/titleLayout"
        android:layout_width="match_parent"
        android:layout_height="70dp">

        <TextView
            android:id="@+id/placeName"
            android:layout_width="wrap_content"
            android:layout_height="wrap_content"
            android:layout_marginStart="60dp"
            android:layout_marginEnd="60dp"
            android:layout_gravity="center"
            android:singleLine="true"
            android:ellipsize="middle"
            android:textColor="#fff"
            android:textSize="22sp" />

    </FrameLayout>

    <LinearLayout
        android:id="@+id/bodyLayout"
        android:layout_width="match_parent"
        android:layout_height="wrap_content"
        android:layout_centerInParent="true"
        android:orientation="vertical">

        <TextView
            android:id="@+id/currentTemp"
            android:layout_width="wrap_content"
            android:layout_height="wrap_content"
            android:layout_gravity="center_horizontal"
            android:textColor="#fff"
            android:textSize="70sp" />

        <LinearLayout
            android:layout_width="wrap_content"
```

```
            android:layout_height="wrap_content"
            android:layout_gravity="center_horizontal"
            android:layout_marginTop="20dp">

            <TextView
                android:id="@+id/currentSky"
                android:layout_width="wrap_content"
                android:layout_height="wrap_content"
                android:textColor="#fff"
                android:textSize="18sp" />

            <TextView
                android:layout_width="wrap_content"
                android:layout_height="wrap_content"
                android:layout_marginStart="13dp"
                android:textColor="#fff"
                android:textSize="18sp"
                android:text="|" />

            <TextView
                android:id="@+id/currentAQI"
                android:layout_width="wrap_content"
                android:layout_height="wrap_content"
                android:layout_marginStart="13dp"
                android:textColor="#fff"
                android:textSize="18sp" />

        </LinearLayout>

    </LinearLayout>

</RelativeLayout>
```

这段代码还是比较简单的，主要分为上下两个布局：上半部分是头布局，里面只放置了一个 TextView，用于显示城市名；下半部分是当前天气信息的布局，里面放置了几个 TextView，分别用于显示当前气温、当前天气情况以及当前空气质量。

然后新建 forecast.xml 作为未来几天天气信息的布局，代码如下所示：

```
<com.google.android.material.card.MaterialCardView
    xmlns:android="http://schemas.android.com/apk/res/android"
    xmlns:app="http://schemas.android.com/apk/res-auto"
    android:layout_width="match_parent"
    android:layout_height="wrap_content"
    android:layout_marginLeft="15dp"
    android:layout_marginRight="15dp"
    android:layout_marginTop="15dp"
    app:cardCornerRadius="4dp">

    <LinearLayout
        android:orientation="vertical"
        android:layout_width="match_parent"
        android:layout_height="wrap_content">
```

```
        <TextView
            android:layout_width="wrap_content"
            android:layout_height="wrap_content"
            android:layout_marginStart="15dp"
            android:layout_marginTop="20dp"
            android:layout_marginBottom="20dp"
            android:text="预报"
            android:textColor="?android:attr/textColorPrimary"
            android:textSize="20sp"/>

        <LinearLayout
            android:id="@+id/forecastLayout"
            android:orientation="vertical"
            android:layout_width="match_parent"
            android:layout_height="wrap_content">
        </LinearLayout>

    </LinearLayout>

</com.google.android.material.card.MaterialCardView>
```

最外层使用了 MaterialCardView 来实现卡片式布局的背景效果，然后使用 TextView 定义了一个标题，接着又使用一个 LinearLayout 定义了一个用于显示未来几天天气信息的布局。不过这个布局中并没有放入任何内容，因为这是要根据服务器返回的数据在代码中动态添加的。

为此，我们需要再定义一个未来天气信息的子项布局，创建 forecast_item.xml 文件，代码如下所示：

```
<LinearLayout xmlns:android="http://schemas.android.com/apk/res/android"
    android:layout_width="match_parent"
    android:layout_height="wrap_content"
    android:layout_margin="15dp">

    <TextView
        android:id="@+id/dateInfo"
        android:layout_width="0dp"
        android:layout_height="wrap_content"
        android:layout_gravity="center_vertical"
        android:layout_weight="4" />

    <ImageView
        android:id="@+id/skyIcon"
        android:layout_width="20dp"
        android:layout_height="20dp" />

    <TextView
        android:id="@+id/skyInfo"
        android:layout_width="0dp"
        android:layout_height="wrap_content"
        android:layout_gravity="center_vertical"
        android:layout_weight="3"
```

```
        android:gravity="center" />

    <TextView
        android:id="@+id/temperatureInfo"
        android:layout_width="0dp"
        android:layout_height="wrap_content"
        android:layout_gravity="center_vertical"
        android:layout_weight="3"
        android:gravity="end" />

</LinearLayout>
```

这个子项布局包含了 3 个 TextView 和 1 个 ImageView，分别用于显示天气预报的日期、天气的图标、天气的情况以及当天的最低温度和最高温度。

然后新建 life_index.xml 作为生活指数的布局，代码如下所示：

```
<com.google.android.material.card.MaterialCardView
    xmlns:android="http://schemas.android.com/apk/res/android"
    xmlns:app="http://schemas.android.com/apk/res-auto"
    android:layout_width="match_parent"
    android:layout_height="wrap_content"
    android:layout_margin="15dp"
    app:cardCornerRadius="4dp">

    <LinearLayout
        android:orientation="vertical"
        android:layout_width="match_parent"
        android:layout_height="wrap_content">

        <TextView
            android:layout_width="wrap_content"
            android:layout_height="wrap_content"
            android:layout_marginStart="15dp"
            android:layout_marginTop="20dp"
            android:text="生活指数"
            android:textColor="?android:attr/textColorPrimary"
            android:textSize="20sp"/>

        <LinearLayout
            android:layout_width="match_parent"
            android:layout_height="wrap_content"
            android:layout_marginTop="20dp">

            <RelativeLayout
                android:layout_width="0dp"
                android:layout_height="60dp"
                android:layout_weight="1">

                <ImageView
                    android:id="@+id/coldRiskImg"
                    android:layout_width="wrap_content"
                    android:layout_height="wrap_content"
```

```
                        android:layout_centerVertical="true"
                        android:layout_marginStart="20dp"
                        android:src="@drawable/ic_coldrisk" />

                    <LinearLayout
                        android:layout_width="wrap_content"
                        android:layout_height="wrap_content"
                        android:layout_centerVertical="true"
                        android:layout_toEndOf="@id/coldRiskImg"
                        android:layout_marginStart="20dp"
                        android:orientation="vertical">

                        <TextView
                            android:layout_width="wrap_content"
                            android:layout_height="wrap_content"
                            android:textSize="12sp"
                            android:text="感冒" />

                        <TextView
                            android:id="@+id/coldRiskText"
                            android:layout_width="wrap_content"
                            android:layout_height="wrap_content"
                            android:layout_marginTop="4dp"
                            android:textSize="16sp"
                            android:textColor="?android:attr/textColorPrimary" />
                    </LinearLayout>

                </RelativeLayout>

                <RelativeLayout
                    android:layout_width="0dp"
                    android:layout_height="60dp"
                    android:layout_weight="1">

                    <ImageView
                        android:id="@+id/dressingImg"
                        android:layout_width="wrap_content"
                        android:layout_height="wrap_content"
                        android:layout_centerVertical="true"
                        android:layout_marginStart="20dp"
                        android:src="@drawable/ic_dressing" />

                    <LinearLayout
                        android:layout_width="wrap_content"
                        android:layout_height="wrap_content"
                        android:layout_centerVertical="true"
                        android:layout_toEndOf="@id/dressingImg"
                        android:layout_marginStart="20dp"
                        android:orientation="vertical">

                        <TextView
                            android:layout_width="wrap_content"
                            android:layout_height="wrap_content"
                            android:textSize="12sp"
```

```
                android:text="穿衣" />

            <TextView
                android:id="@+id/dressingText"
                android:layout_width="wrap_content"
                android:layout_height="wrap_content"
                android:layout_marginTop="4dp"
                android:textSize="16sp"
                android:textColor="?android:attr/textColorPrimary" />
        </LinearLayout>

    </RelativeLayout>

</LinearLayout>

<LinearLayout
    android:layout_width="match_parent"
    android:layout_height="wrap_content"
    android:layout_marginBottom="20dp">

    <RelativeLayout
        android:layout_width="0dp"
        android:layout_height="60dp"
        android:layout_weight="1">

        <ImageView
            android:id="@+id/ultravioletImg"
            android:layout_width="wrap_content"
            android:layout_height="wrap_content"
            android:layout_centerVertical="true"
            android:layout_marginStart="20dp"
            android:src="@drawable/ic_ultraviolet" />

        <LinearLayout
            android:layout_width="wrap_content"
            android:layout_height="wrap_content"
            android:layout_centerInParent="true"
            android:layout_toEndOf="@id/ultravioletImg"
            android:layout_marginStart="20dp"
            android:orientation="vertical">

            <TextView
                android:layout_width="wrap_content"
                android:layout_height="wrap_content"
                android:textSize="12sp"
                android:text="实时紫外线" />

            <TextView
                android:id="@+id/ultravioletText"
                android:layout_width="wrap_content"
                android:layout_height="wrap_content"
                android:layout_marginTop="4dp"
                android:textSize="16sp"
                android:textColor="?android:attr/textColorPrimary" />
```

```
            </LinearLayout>

        </RelativeLayout>

        <RelativeLayout
            android:layout_width="0dp"
            android:layout_height="60dp"
            android:layout_weight="1">

            <ImageView
                android:id="@+id/carWashingImg"
                android:layout_width="wrap_content"
                android:layout_height="wrap_content"
                android:layout_centerVertical="true"
                android:layout_marginStart="20dp"
                android:src="@drawable/ic_carwashing" />

            <LinearLayout
                android:layout_width="wrap_content"
                android:layout_height="wrap_content"
                android:layout_centerInParent="true"
                android:layout_toEndOf="@id/carWashingImg"
                android:layout_marginStart="20dp"
                android:orientation="vertical">

                <TextView
                    android:layout_width="wrap_content"
                    android:layout_height="wrap_content"
                    android:textSize="12sp"
                    android:text="洗车" />

                <TextView
                    android:id="@+id/carWashingText"
                    android:layout_width="wrap_content"
                    android:layout_height="wrap_content"
                    android:layout_marginTop="4dp"
                    android:textSize="16sp"
                    android:textColor="?android:attr/textColorPrimary" />
            </LinearLayout>

        </RelativeLayout>

    </LinearLayout>

</LinearLayout>

</com.google.android.material.card.MaterialCardView>
```

　　这个布局中的代码虽然看上去很长，但是并不复杂。其实它就是定义了一个四方格的布局，分别用于显示感冒、穿衣、实时紫外线以及洗车的指数。所以只要看懂其中一个方格中的布局，其他方格中的布局自然就明白了。每个方格中都有一个 ImageView 用来显示图标，一个 TextView 用来显示标题，还有一个 TextView 用来显示指数。相信你只要仔细看一看，这个布局还是很好理解的。

这样我们就把天气界面上每个部分的布局文件都编写好了，接下来的工作就是将它们引入
activity_weather.xml 中，如下所示：

```xml
<ScrollView
    xmlns:android="http://schemas.android.com/apk/res/android"
    android:id="@+id/weatherLayout"
    android:layout_width="match_parent"
    android:layout_height="match_parent"
    android:scrollbars="none"
    android:overScrollMode="never"
    android:visibility="invisible">

    <LinearLayout
        android:orientation="vertical"
        android:layout_width="match_parent"
        android:layout_height="wrap_content">

        <include layout="@layout/now" />

        <include layout="@layout/forecast" />

        <include layout="@layout/life_index" />

    </LinearLayout>

</ScrollView>
```

可以看到，最外层布局使用了一个 ScrollView，这是因为天气界面中的内容比较多，使用
ScrollView 就可以通过滚动的方式查看屏幕以外的内容。由于 ScrollView 的内部只允许存在一个
直接子布局，因此这里又嵌套了一个垂直方向的 LinearLayout，然后在 LinearLayout 中将刚才定
义的所有布局逐个引入。

注意，一开始的时候我们是将 ScrollView 隐藏起来的，不然空数据的界面看上去会很奇怪。
等到天气数据请求成功之后，会通过代码的方式再将 ScrollView 显示出来。

这样我们就将天气界面布局编写完成了，接下来应该去实现 WeatherActivity 中的代码了。不
过在这之前，我们还要编写一个额外的转换函数。因为彩云天气返回的数据中，天气情况都是一
些诸如 CLOUDY、WIND 之类的天气代码，我们需要编写一个转换函数将这些天气代码转换成一个
Sky 对象。在 logic/model 包下新建一个 Sky.kt 文件，代码如下所示：

```kotlin
class Sky (val info: String, val icon: Int, val bg: Int)

private val sky = mapOf(
    "CLEAR_DAY" to Sky("晴", R.drawable.ic_clear_day, R.drawable.bg_clear_day),
    "CLEAR_NIGHT" to Sky("晴", R.drawable.ic_clear_night, R.drawable.bg_clear_night),
    "PARTLY_CLOUDY_DAY" to Sky("多云", R.drawable.ic_partly_cloud_day,
        R.drawable.bg_partly_cloudy_day),
    "PARTLY_CLOUDY_NIGHT" to Sky("多云", R.drawable.ic_partly_cloud_night,
```

```
                R.drawable.bg_partly_cloudy_night),
        "CLOUDY" to Sky("阴", R.drawable.ic_cloudy, R.drawable.bg_cloudy),
        "WIND" to Sky("大风", R.drawable.ic_cloudy, R.drawable.bg_wind),
        "LIGHT_RAIN" to Sky("小雨", R.drawable.ic_light_rain, R.drawable.bg_rain),
        "MODERATE_RAIN" to Sky("中雨", R.drawable.ic_moderate_rain, R.drawable.bg_rain),
        "HEAVY_RAIN" to Sky("大雨", R.drawable.ic_heavy_rain, R.drawable.bg_rain),
        "STORM_RAIN" to Sky("暴雨", R.drawable.ic_storm_rain, R.drawable.bg_rain),
        "THUNDER_SHOWER" to Sky("雷阵雨", R.drawable.ic_thunder_shower, R.drawable.bg_rain),
        "SLEET" to Sky("雨夹雪", R.drawable.ic_sleet, R.drawable.bg_rain),
        "LIGHT_SNOW" to Sky("小雪", R.drawable.ic_light_snow, R.drawable.bg_snow),
        "MODERATE_SNOW" to Sky("中雪", R.drawable.ic_moderate_snow, R.drawable.bg_snow),
        "HEAVY_SNOW" to Sky("大雪", R.drawable.ic_heavy_snow, R.drawable.bg_snow),
        "STORM_SNOW" to Sky("暴雪", R.drawable.ic_heavy_snow, R.drawable.bg_snow),
        "HAIL" to Sky("冰雹", R.drawable.ic_hail, R.drawable.bg_snow),
        "LIGHT_HAZE" to Sky("轻度雾霾", R.drawable.ic_light_haze, R.drawable.bg_fog),
        "MODERATE_HAZE" to Sky("中度雾霾", R.drawable.ic_moderate_haze, R.drawable.bg_fog),
        "HEAVY_HAZE" to Sky("重度雾霾", R.drawable.ic_heavy_haze, R.drawable.bg_fog),
        "FOG" to Sky("雾", R.drawable.ic_fog, R.drawable.bg_fog),
        "DUST" to Sky("浮尘", R.drawable.ic_fog, R.drawable.bg_fog)
    )

    fun getSky(skycon: String): Sky {
        return sky[skycon] ?: sky["CLEAR_DAY"]!!
    }
}
```

可以看到，这里首先定义了一个 Sky 类作为数据模型，它包含了 info、icon 和 bg 这 3 个字段，分别表示该天气情况所对应的文字、图标和背景。然后使用 mapOf() 函数来定义每种天气代码所应该对应的文字、图标和背景。不过我没能给每种天气代码都准备一份对应的图标与背景，因此对于一些类型比较相近的天气，这里就使用同一份图标或背景了。最后，定义了一个 getSky() 方法来根据天气代码获取对应的 Sky 对象，这样转换函数就写好了。

接下来我们就可以在 WeatherActivity 中去请求天气数据，并将数据展示到界面上。修改 WeatherActivity 中的代码，如下所示：

```
class WeatherActivity : AppCompatActivity() {

    val viewModel by lazy { ViewModelProvider(this).get(WeatherViewModel::class.java) }

    override fun onCreate(savedInstanceState: Bundle?) {
        super.onCreate(savedInstanceState)
        setContentView(R.layout.activity_weather)
        if (viewModel.locationLng.isEmpty()) {
            viewModel.locationLng = intent.getStringExtra("location_lng") ?: ""
        }
        if (viewModel.locationLat.isEmpty()) {
            viewModel.locationLat = intent.getStringExtra("location_lat") ?: ""
        }
        if (viewModel.placeName.isEmpty()) {
            viewModel.placeName = intent.getStringExtra("place_name") ?: ""
        }
        viewModel.weatherLiveData.observe(this, Observer { result ->
```

```
            val weather = result.getOrNull()
            if (weather != null) {
                showWeatherInfo(weather)
            } else {
                Toast.makeText(this, "无法成功获取天气信息", Toast.LENGTH_SHORT).show()
                result.exceptionOrNull()?.printStackTrace()
            }
        })
        viewModel.refreshWeather(viewModel.locationLng, viewModel.locationLat)
    }

    private fun showWeatherInfo(weather: Weather) {
        placeName.text = viewModel.placeName
        val realtime = weather.realtime
        val daily = weather.daily
        // 填充 now.xml 布局中的数据
        val currentTempText = "${realtime.temperature.toInt()} ℃"
        currentTemp.text = currentTempText
        currentSky.text = getSky(realtime.skycon).info
        val currentPM25Text = "空气指数 ${realtime.airQuality.aqi.chn.toInt()}"
        currentAQI.text = currentPM25Text
        nowLayout.setBackgroundResource(getSky(realtime.skycon).bg)
        // 填充 forecast.xml 布局中的数据
        forecastLayout.removeAllViews()
        val days = daily.skycon.size
        for (i in 0 until days) {
            val skycon = daily.skycon[i]
            val temperature = daily.temperature[i]
            val view = LayoutInflater.from(this).inflate(R.layout.forecast_item,
                forecastLayout, false)
            val dateInfo = view.findViewById(R.id.dateInfo) as TextView
            val skyIcon = view.findViewById(R.id.skyIcon) as ImageView
            val skyInfo = view.findViewById(R.id.skyInfo) as TextView
            val temperatureInfo = view.findViewById(R.id.temperatureInfo) as TextView
            val simpleDateFormat = SimpleDateFormat("yyyy-MM-dd", Locale.getDefault())
            dateInfo.text = simpleDateFormat.format(skycon.date)
            val sky = getSky(skycon.value)
            skyIcon.setImageResource(sky.icon)
            skyInfo.text = sky.info
            val tempText = "${temperature.min.toInt()} ~ ${temperature.max.toInt()} ℃"
            temperatureInfo.text = tempText
            forecastLayout.addView(view)
        }
        // 填充 life_index.xml 布局中的数据
        val lifeIndex = daily.lifeIndex
        coldRiskText.text = lifeIndex.coldRisk[0].desc
        dressingText.text = lifeIndex.dressing[0].desc
        ultravioletText.text = lifeIndex.ultraviolet[0].desc
        carWashingText.text = lifeIndex.carWashing[0].desc
        weatherLayout.visibility = View.VISIBLE
    }

}
```

这段代码也比较长，我们还是一步步梳理下。在 onCreate()方法中，首先从 Intent 中取出经纬度坐标和地区名称，并赋值到 WeatherViewModel 的相应变量中；然后对 weatherLiveData 对象进行观察，当获取到服务器返回的天气数据时，就调用 showWeatherInfo()方法进行解析与展示；最后，调用了 WeatherViewModel 的 refreshWeather()方法来执行一次刷新天气的请求。

至于 showWeatherInfo()方法中的逻辑就比较简单了，其实就是从 Weather 对象中获取数据，然后显示到相应的控件上。注意，在未来几天天气预报的部分，我们使用了一个 for-in 循环来处理每天的天气信息，在循环中动态加载 forecast_item.xml 布局并设置相应的数据，然后添加到父布局中。另外，生活指数方面虽然服务器会返回很多天的数据，但是界面上只需要当天的数据就可以了，因此这里我们对所有的生活指数都取了下标为零的那个元素的数据。设置完了所有数据之后，记得要让 ScrollView 变成可见状态。

编写完了 WeatherActivity 中的代码，接下来我们还有一件事情要做，就是要能从搜索城市界面跳转到天气界面。修改 PlaceAdapter 中的代码，如下所示：

```
class PlaceAdapter(private val fragment: Fragment, private val placeList: List<Place>) :
        RecyclerView.Adapter<PlaceAdapter.ViewHolder>() {
    ...
    override fun onCreateViewHolder(parent: ViewGroup, viewType: Int): ViewHolder {
        val view = LayoutInflater.from(parent.context).inflate(R.layout.place_item,
            parent, false)
        val holder = ViewHolder(view)
        holder.itemView.setOnClickListener {
            val position = holder.adapterPosition
            val place = placeList[position]
            val intent = Intent(parent.context, WeatherActivity::class.java).apply {
                putExtra("location_lng", place.location.lng)
                putExtra("location_lat", place.location.lat)
                putExtra("place_name", place.name)
            }
            fragment.startActivity(intent)
            fragment.activity?.finish()
        }
        return holder
    }
    ...
}
```

非常简单，这里我们给 place_item.xml 的最外层布局注册了一个点击事件监听器，然后在点击事件中获取当前点击项的经纬度坐标和地区名称，并把它们传入 Intent 中，最后调用 Fragment 的 startActivity()方法启动 WeatherActivity。

好了，现在重新运行一下程序，在搜索框中输入"北京"，并选择"北京市"，结果如图 15.24 所示。

然后我们还可以向下滑动查看更多天气信息，如图 15.25 所示。

图 15.24　显示天气信息　　　　　　　　图 15.25　查看更多天气信息

不过如果你仔细观察上图，就会发现背景图并没有和状态栏融合到一起，这样的视觉体验还没有达到最佳的效果。虽说我们在 12.7.2 小节已经学习过如何将背景图和状态栏融合到一起，但当时是借助 Material 库完成的，实现过程也比较麻烦。这里我准备教你另外一种更简单的实现方式。修改 WeatherActivity 中的代码，如下所示：

```
class WeatherActivity : AppCompatActivity() {
    ...
    override fun onCreate(savedInstanceState: Bundle?) {
        super.onCreate(savedInstanceState)
        val decorView = window.decorView
        decorView.systemUiVisibility =
            View.SYSTEM_UI_FLAG_LAYOUT_FULLSCREEN
            or View.SYSTEM_UI_FLAG_LAYOUT_STABLE
        window.statusBarColor = Color.TRANSPARENT
        setContentView(R.layout.activity_weather)
        ...
    }
    ...
}
```

我们调用了 getWindow().getDecorView() 方法拿到当前 Activity 的 DecorView，再调用它的 setSystemUiVisibility() 方法来改变系统 UI 的显示，这里传入 View.SYSTEM_UI_FLAG_LAYOUT_FULLSCREEN 和 View.SYSTEM_UI_FLAG_LAYOUT_STABLE 就表示 Activity 的布局会显示在状态栏上面，最后调用一下 setStatusBarColor() 方法将状态栏设置成透明色。

　　仅仅这些代码就可以实现让背景图和状态栏融合到一起的效果了。不过，由于系统状态栏已经成为我们布局的一部分，因此会导致天气界面的布局整体向上偏移了一些，这样头部布局就显得有些太靠上了。当然，这个问题也是非常好解决的，借助 android:fitsSystemWindows 属性就可以了。修改 now.xml 中的代码，如下所示：

```xml
<RelativeLayout xmlns:android="http://schemas.android.com/apk/res/android"
    android:id="@+id/nowLayout"
    android:layout_width="match_parent"
    android:layout_height="530dp"
    android:orientation="vertical">

    <FrameLayout
        android:id="@+id/titleLayout"
        android:layout_width="match_parent"
        android:layout_height="70dp"
        android:fitsSystemWindows="true">
        ...
    </FrameLayout>
    ...
</RelativeLayout>
```

　　这里给 now.xml 界面中的头部布局增加了 android:fitsSystemWindows 属性，设置成 true 就表示会为系统状态栏留出空间。现在重新运行一下程序，然后重新搜索并选择"北京市"，效果如图 15.26 所示。

图 15.26　让背景图与状态栏融合到一起

　　怎么样？有没有觉得整个界面的视觉体验完全不一样了，瞬间提升了好几个档次。

15.5.3 记录选中的城市

虽说现在我们已经成功实现了显示天气信息的功能，可是你应该也已经发现了，目前是完全没有对选中的城市进行记录的。也就是说，每当你退出并重新进入程序之后，都需要再重新搜索并选择一次城市，这显然是不可接受的。因此，本小节中我们就来实现一下记录选中城市的功能。

很明显这个功能需要用到持久化技术，不过由于要存储的数据并不属于关系型数据，因此也用不着使用数据库存储技术，直接使用 SharedPreferences 存储就可以了。

然而，即使是使用 SharedPreferences 存储这种简单的操作，我们这里也要尽量按照 MVVM 的分层架构设计来实现，不要为了图省事就把所有逻辑都写到 UI 控制层里面。

那么，首先在 logic/dao 包下新建一个 PlaceDao 单例类，并编写如下代码：

```
object PlaceDao {

    fun savePlace(place: Place) {
        sharedPreferences().edit {
            putString("place", Gson().toJson(place))
        }
    }

    fun getSavedPlace(): Place {
        val placeJson = sharedPreferences().getString("place", "")
        return Gson().fromJson(placeJson, Place::class.java)
    }

    fun isPlaceSaved() = sharedPreferences().contains("place")

    private fun sharedPreferences() = SunnyWeatherApplication.context.
        getSharedPreferences("sunny_weather", Context.MODE_PRIVATE)

}
```

在 PlaceDao 类中，我们封装了几个必要的存储和读取数据的接口。savePlace() 方法用于将 Place 对象存储到 SharedPreferences 文件中，这里使用了一个技巧，我们先通过 GSON 将 Place 对象转成一个 JSON 字符串，然后就可以用字符串存储的方式来保存数据了。

读取则是相反的过程，在 getSavedPlace() 方法中，我们先将 JSON 字符串从 SharedPreferences 文件中读取出来，然后再通过 GSON 将 JSON 字符串解析成 Place 对象并返回。

另外，这里还提供了一个 isPlaceSaved() 方法，用于判断是否有数据已被存储。

将 PlaceDao 封装好了之后，接下来我们就可以在仓库层进行实现了。修改 Repository 中的代码，如下所示：

```
object Repository {
    ...
    fun savePlace(place: Place) = PlaceDao.savePlace(place)

    fun getSavedPlace() = PlaceDao.getSavedPlace()
```

```
    fun isPlaceSaved() = PlaceDao.isPlaceSaved()

}
```

很简单，仓库层只是做了一层接口封装而已。其实这里的实现方式并不标准，因为即使是对 SharedPreferences 文件进行读写的操作，也是不太建议在主线程中进行，虽然它的执行速度通常会很快。最佳的实现方式肯定还是开启一个线程来执行这些比较耗时的任务，然后通过 LiveData 对象进行数据返回，不过这里为了让代码看起来更加简单一些，我就不使用那么标准的写法了。

这几个接口的业务逻辑是和 PlaceViewModel 相关的，因此我们还得在 PlaceViewModel 中再进行一层封装才行，代码如下所示：

```
class PlaceViewModel : ViewModel() {
    ...
    fun savePlace(place: Place) = Repository.savePlace(place)

    fun getSavedPlace() = Repository.getSavedPlace()

    fun isPlaceSaved() = Repository.isPlaceSaved()

}
```

由于仓库层中这几个接口的内部没有开启线程，因此也不必借助 LiveData 对象来观察数据变化，直接调用仓库层中相应的接口并返回即可。

将存储与读取 Place 对象的能力都提供好了之后，接下来就可以进行具体的功能实现了。首先修改 PlaceAdapter 中的代码，如下所示：

```
class PlaceAdapter(private val fragment: PlaceFragment, private val placeList:
        List<Place>) : RecyclerView.Adapter<PlaceAdapter.ViewHolder>() {
    ...
    override fun onCreateViewHolder(parent: ViewGroup, viewType: Int): ViewHolder {
        val view = LayoutInflater.from(parent.context).inflate(R.layout.place_item,
            parent, false)
        val holder = ViewHolder(view)
        holder.itemView.setOnClickListener {
            val position = holder.adapterPosition
            val place = placeList[position]
            val intent = Intent(parent.context, WeatherActivity::class.java).apply {
                putExtra("location_lng", place.location.lng)
                putExtra("location_lat", place.location.lat)
                putExtra("place_name", place.name)
            }
            fragment.viewModel.savePlace(place)
            fragment.startActivity(intent)
            fragment.activity?.finish()
        }
        return holder
    }
    ...
}
```

这里需要进行两处修改：先把 PlaceAdapter 主构造函数中传入的 Fragment 对象改成

PlaceFragment 对象，这样我们就可以调用 PlaceFragment 所对应的 PlaceViewModel 了；接着在 onCreateViewHolder()方法中，当点击了任何子项布局时，在跳转到 WeatherActivity 之前，先调用 PlaceViewModel 的 savePlace()方法来存储选中的城市。

完成了存储功能之后，我们还要对存储的状态进行判断和读取才行，修改 PlaceFragment 中的代码，如下所示：

```
class PlaceFragment : Fragment() {
    ...
    override fun onActivityCreated(savedInstanceState: Bundle?) {
        super.onActivityCreated(savedInstanceState)
        if (viewModel.isPlaceSaved()) {
            val place = viewModel.getSavedPlace()
            val intent = Intent(context, WeatherActivity::class.java).apply {
                putExtra("location_lng", place.location.lng)
                putExtra("location_lat", place.location.lat)
                putExtra("place_name", place.name)
            }
            startActivity(intent)
            activity?.finish()
            return
        }
        ...
    }

}
```

这里在 PlaceFragment 中进行了判断，如果当前已有存储的城市数据，那么就获取已存储的数据并解析成 Place 对象，然后使用它的经纬度坐标和城市名直接跳转并传递给 WeatherActivity，这样用户就不需要每次都重新搜索并选择城市了。

现在重新运行一下程序，再次搜索并选择"北京市"，然后退出程序，下次进入程序的时候会直接跳转到天气界面，并且显示最新的天气信息。

OK，这样第二阶段的开发工作也都完成了，我们把代码提交一下。

```
git add .
git commit -m "加入显示天气信息的功能。"
git push origin master
```

15.6　手动刷新天气和切换城市

经过两个阶段的开发，现在 SunnyWeather 的主体功能已经有了，不过你会发现目前存在着一个比较严重的 bug，就是当你选中了某一个城市之后，就没法再去查看其他城市的天气了，即使退出程序，下次进来的时候还会直接跳转到天气界面。

因此，在第三阶段中我们要加入切换城市的功能，并且为了能够实时获取最新的天气，还会加入手动刷新天气的功能。

15.6.1   手动刷新天气

由于界面上显示的天气信息有可能会过期，因此用户需要一种方式来手动刷新天气。那么具体应该如何触发刷新事件呢？这里我准备采用下拉刷新的方式，正好我们之前学过下拉刷新控件的用法，实现起来会比较简单。

首先修改 activity_weather.xml 中的代码，如下所示：

```
<androidx.swiperefreshlayout.widget.SwipeRefreshLayout
    xmlns:android="http://schemas.android.com/apk/res/android"
    android:id="@+id/swipeRefresh"
    android:layout_width="match_parent"
    android:layout_height="match_parent">

    <ScrollView
        android:id="@+id/weatherLayout"
        android:layout_width="match_parent"
        android:layout_height="match_parent"
        android:overScrollMode="never"
        android:scrollbars="none"
        android:visibility="invisible">
        ...
    </ScrollView>

</androidx.swiperefreshlayout.widget.SwipeRefreshLayout>
```

可以看到，这里在 ScrollView 的外面嵌套了一层 SwipeRefreshLayout，这样 ScrollView 就自动拥有下拉刷新功能了。

然后修改 WeatherActivity 中的代码，加入刷新天气的处理逻辑，如下所示：

```
class WeatherActivity : AppCompatActivity() {

    val viewModel by lazy { ViewModelProvider(this).get(WeatherViewModel::class.java) }

    override fun onCreate(savedInstanceState: Bundle?) {
        ...
        viewModel.weatherLiveData.observe(this, Observer { result ->
            val weather = result.getOrNull()
            if (weather != null) {
                showWeatherInfo(weather)
            } else {
                Toast.makeText(this, "无法成功获取天气信息", Toast.LENGTH_SHORT).show()
                result.exceptionOrNull()?.printStackTrace()
            }
            swipeRefresh.isRefreshing = false
        })
        swipeRefresh.setColorSchemeResources(R.color.colorPrimary)
        refreshWeather()
        swipeRefresh.setOnRefreshListener {
            refreshWeather()
```

```
    }
  }

  fun refreshWeather() {
      viewModel.refreshWeather(viewModel.locationLng, viewModel.locationLat)
      swipeRefresh.isRefreshing = true
  }
  ...
}
```

　　修改的代码并不算多，首先我们将之前用于刷新天气信息的代码提取到了一个新的 refreshWeather() 方法中，在这里调用 WeatherViewModel 的 refreshWeather() 方法，并将 SwipeRefreshLayout 的 isRefreshing 属性设置成 true，从而让下拉刷新进度条显示出来。然后 在 onCreate() 方法中调用了 SwipeRefreshLayout 的 setColorSchemeResources() 方法，来设 置下拉刷新进度条的颜色，我们就使用 colors.xml 中的 colorPrimary 作为进度条的颜色了。接 着调用 setOnRefreshListener() 方法给 SwipeRefreshLayout 设置一个下拉刷新的监听器，当触 发了下拉刷新操作的时候，就在监听器的回调中调用 refreshWeather() 方法来刷新天气信息。

　　另外不要忘记，当请求结束后，还需要将 SwipeRefreshLayout 的 isRefreshing 属性设置成 false，用于表示刷新事件结束，并隐藏刷新进度条。

　　现在重新运行一下程序，并在屏幕的主界面向下拖动，刷新进度条就会显示出来了，效果如 图 15.27 所示。

图 15.27　手动刷新天气

天气刷新完成之后，下拉进度条会自动消失。

15.6.2　切换城市

完成了手动刷新天气的功能，接下来我们继续实现切换城市功能。

既然是要切换城市，那么就肯定需要搜索全球城市的数据，而这个功能我们早在 15.4 节就已经完成了，并且为了方便后面的复用，当时特意选择了在 Fragment 中实现。因此，我们其实只需要在天气界面的布局中引入这个 Fragment，就可以快速集成切换城市功能了。

虽说实现原理很简单，但是显然我们也不可能让引入的 Fragment 把天气界面遮挡住，这又该怎么办呢？还记得 12.3 节学过的滑动菜单功能吗？将 Fragment 放入滑动菜单中实在是再合适不过了，正常情况下它不占据主界面的任何空间，想要切换城市的时候，只需要通过滑动的方式将菜单显示出来就可以了。

下面我们就按照这种思路来实现。首先按照 Material Design 的建议，我们需要在头布局中加入一个切换城市的按钮，不然的话用户可能根本就不知道屏幕的左侧边缘是可以拖动的。修改 now.xml 中的代码，如下所示：

```xml
<RelativeLayout xmlns:android="http://schemas.android.com/apk/res/android"
    android:id="@+id/nowLayout"
    android:layout_width="match_parent"
    android:layout_height="530dp"
    android:orientation="vertical">

    <FrameLayout
        android:id="@+id/titleLayout"
        android:layout_width="match_parent"
        android:layout_height="70dp"
        android:fitsSystemWindows="true">

        <Button
            android:id="@+id/navBtn"
            android:layout_width="30dp"
            android:layout_height="30dp"
            android:layout_marginStart="15dp"
            android:layout_gravity="center_vertical"
            android:background="@drawable/ic_home" />
        ...
    </FrameLayout>
    ...
</RelativeLayout>
```

这里添加了一个 Button 作为切换城市的按钮，并且让它居左显示。

接着修改 activity_weather.xml 布局来加入滑动菜单功能，如下所示：

```xml
<androidx.drawerlayout.widget.DrawerLayout
    xmlns:android="http://schemas.android.com/apk/res/android"
    android:id="@+id/drawerLayout"
    android:layout_width="match_parent"
    android:layout_height="match_parent">
```

```
<androidx.swiperefreshlayout.widget.SwipeRefreshLayout
    android:id="@+id/swipeRefresh"
    android:layout_width="match_parent"
    android:layout_height="match_parent">
    ...
</androidx.swiperefreshlayout.widget.SwipeRefreshLayout>

<FrameLayout
    android:layout_width="match_parent"
    android:layout_height="match_parent"
    android:layout_gravity="start"
    android:clickable="true"
    android:focusable="true"
    android:background="@color/colorPrimary">

    <fragment
        android:id="@+id/placeFragment"
        android:name="com.sunnyweather.android.ui.place.PlaceFragment"
        android:layout_width="match_parent"
        android:layout_height="match_parent"
        android:layout_marginTop="25dp"/>

</FrameLayout>

</androidx.drawerlayout.widget.DrawerLayout>
```

可以看到，我们在 SwipeRefreshLayout 的外面又嵌套了一层 DrawerLayout。DrawerLayout 中的第一个子控件用于显示主屏幕中的内容，第二个子控件用于显示滑动菜单中的内容，因此这里我们在第二个子控件的位置添加了用于搜索全球城市数据的 Fragment。另外，为了让 Fragment 中的搜索框不至于和系统状态栏重合，这里特意使用外层包裹布局的方式让它向下偏移了一段距离。

接下来需要在 WeatherActivity 中加入滑动菜单的逻辑处理，修改 WeatherActivity 中的代码，如下所示：

```
class WeatherActivity : AppCompatActivity() {
    ...
    override fun onCreate(savedInstanceState: Bundle?) {
        super.onCreate(savedInstanceState)
        ...
        navBtn.setOnClickListener {
            drawerLayout.openDrawer(GravityCompat.START)
        }
        drawerLayout.addDrawerListener(object : DrawerLayout.DrawerListener {
            override fun onDrawerStateChanged(newState: Int) {}

            override fun onDrawerSlide(drawerView: View, slideOffset: Float) {}

            override fun onDrawerOpened(drawerView: View) {}
```

```
            override fun onDrawerClosed(drawerView: View) {
                val manager = getSystemService(Context.INPUT_METHOD_SERVICE)
                as InputMethodManager
                manager.hideSoftInputFromWindow(drawerView.windowToken,
                InputMethodManager.HIDE_NOT_ALWAYS)
            }
        })
    }
    ...
}
```

这里我们主要做了两件事：第一，在切换城市按钮的点击事件中调用 DrawerLayout 的 openDrawer()方法来打开滑动菜单；第二，监听 DrawerLayout 的状态，当滑动菜单被隐藏的时候，同时也要隐藏输入法。之所以要做这样一步操作，是因为待会我们在滑动菜单中搜索城市时会弹出输入法，而如果滑动菜单隐藏后输入法却还显示在界面上，就会是一种非常怪异的情况。

另外，我们之前在 PlaceFragment 中做过一个数据存储状态的判断，假如已经有选中的城市保存在 SharedPreferences 文件中了，那么就直接跳转到 WeatherActivity。但是现在将 PlaceFragment 嵌入 WeatherActivity 中之后，如果还执行这段逻辑肯定是不行的，因为这会造成无限循环跳转的情况。为此需要对 PlaceFragment 进行如下修改：

```
class PlaceFragment : Fragment() {
    ...
    override fun onActivityCreated(savedInstanceState: Bundle?) {
        super.onActivityCreated(savedInstanceState)
        if (activity is MainActivity && viewModel.isPlaceSaved()) {
            val place = viewModel.getSavedPlace()
            val intent = Intent(context, WeatherActivity::class.java).apply {
                putExtra("location_lng", place.location.lng)
                putExtra("location_lat", place.location.lat)
                putExtra("place_name", place.name)
            }
            startActivity(intent)
            activity?.finish()
            return
        }
        ...
    }

}
```

这里又多做了一层逻辑判断，只有当 PlaceFragment 被嵌入 MainActivity 中，并且之前已经存在选中的城市，此时才会直接跳转到 WeatherActivity，这样就可以解决无限循环跳转的问题了。

不过现在还没有结束，我们还需要处理切换城市后的逻辑。这个工作就必须在 PlaceAdapter 中进行了，因为之前选中了某个城市后是跳转到 WeatherActivity 的，而现在由于我们本来就是在 WeatherActivity 中的，因此并不需要跳转，只要去请求新选择城市的天气信息就可以了。

那么很显然，这里同样需要根据 PlaceFragment 所处的 Activity 来进行不同的逻辑处理，修改 PlaceAdapter 中的代码，如下所示：

```
class PlaceAdapter(private val fragment: PlaceFragment, private val placeList:
        List<Place>) : RecyclerView.Adapter<PlaceAdapter.ViewHolder>() {
    ...
    override fun onCreateViewHolder(parent: ViewGroup, viewType: Int): ViewHolder {
        val view = LayoutInflater.from(parent.context).inflate(R.layout.place_item,
            parent, false)
        val holder = ViewHolder(view)
        holder.itemView.setOnClickListener {
            val position = holder.adapterPosition
            val place = placeList[position]
            val activity = fragment.activity
            if (activity is WeatherActivity) {
                activity.drawerLayout.closeDrawers()
                activity.viewModel.locationLng = place.location.lng
                activity.viewModel.locationLat = place.location.lat
                activity.viewModel.placeName = place.name
                activity.refreshWeather()
            } else {
                val intent = Intent(parent.context, WeatherActivity::class.java).
                    apply {
                    putExtra("location_lng", place.location.lng)
                    putExtra("location_lat", place.location.lat)
                    putExtra("place_name", place.name)
                }
                fragment.startActivity(intent)
                activity?.finish()
            }
            fragment.viewModel.savePlace(place)
        }
        return holder
    }
    ...
}
```

这里我们对 PlaceFragment 所处的 Activity 进行了判断：如果是在 WeatherActivity 中，那么就关闭滑动菜单，给 WeatherViewModel 赋值新的经纬度坐标和地区名称，然后刷新城市的天气信息；而如果是在 MainActivity 中，那么就保持之前的处理逻辑不变即可。

这样我们就把切换城市的功能全部完成了，现在可以重新运行一下程序，效果如图 15.28 所示。

可以看到，标题栏上多出了一个用于切换城市的按钮。点击该按钮，或者在屏幕的左侧边缘进行拖动，就能让滑动菜单界面显示出来，然后我们就可以在这里搜索并切换城市了，如图 15.29 所示。

图 15.28　拥有切换城市按钮的天气界面 　　　　　　图 15.29　显示滑动菜单界面

选中新的城市之后滑动菜单会自动关闭，并且主界面上的天气信息也会更新成你选择的那个城市。

这样，第三阶段的开发任务也完成了。当然，仍然不要忘记提交代码。

```
git add .
git commit -m "新增切换城市和手动更新天气的功能。"
git push origin master
```

15.7　制作 App 的图标

目前的 SunnyWeather 看起来还不太像是一个正式的 App，为什么呢？因为它还没有一个像样的图标呢。一直使用 Android Studio 自动生成的图标确实不太合适，因此在第四阶段，我们需要制作一下应用程序的图标。

在过去，Android 应用程序的图标都应该放到相应分辨率的 mipmap 目录下，不过从 Android 8.0 系统开始，Google 已经不再建议使用单一的一张图片来作为应用程序的图标，而是应该使用前景和背景分离的图标设计方式。具体来讲，应用程序的图标应该被分为两层：前景层和背景层。前景层用来展示应用图标的 Logo，背景层用来衬托应用图标的 Logo。需要注意的是，背景层在设计的时候只允许定义颜色和纹理，不能定义形状。

那么图标的形状由谁来定义呢？Google 将这个权利交给了手机厂商。手机厂商会在图标的前景层和背景层之上再盖上一层 mask，这个 mask 可以是圆角矩形、圆形或者是方形等，视具体手机厂商而定，这样就可以将手机上所有应用程序的图标都裁剪成相同的形状，从而统一图标的设计规范，原理如图 15.30 所示。

可以看到，这里使用的是一种圆形的 mask，那么最终裁剪出的应用程序图标也会是圆形的，如图 15.31 所示。

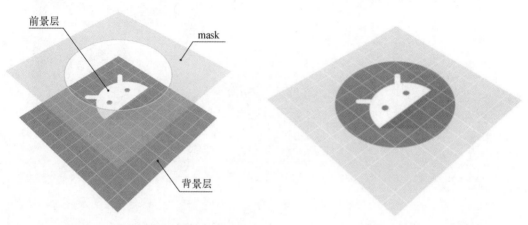

图 15.30　8.0 及以上系统的图标原理示意图　　　　图 15.31　裁剪后的应用程序图标

了解了工作原理之后，接下来我们就开始动手实现吧。这里我事先准备好了一张图片作为图标的前景层 Logo（图片见 SunnyWeather 项目源码的 logo 目录，源码下载地址见前言，或者也可以到 SunnyWeather 的 GitHub 主页去下载）。由于我不是搞美术的，因此 Logo 设计得很简单，如图 15.32 所示。

图 15.32　图标的前景层 Logo

然后我们可以借助 Android Studio 提供的 Asset Studio 工具来制作能够兼容各个 Android 系统版本的应用程序图标。点击导航栏中的 File→New→Image Asset 打开 Asset Studio 工具，如图 15.33 所示。

这个 Asset Studio 非常简单好用，一学就会。左边是操作区域，右边是预览区域。

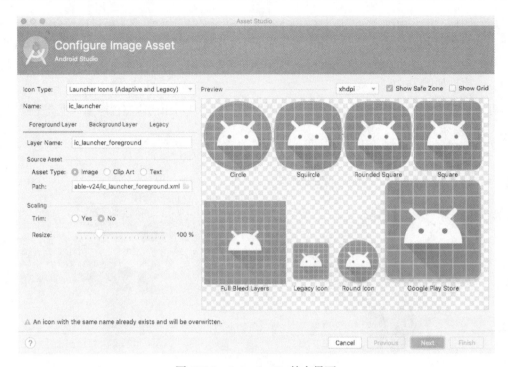

图 15.33　Asset Studio 的主界面

先来看操作区域，第一行的 Icon Type 保持默认就可以了，表示同时创建兼容 8.0 系统以及老版本系统的应用图标。第二行的 Name 用于指定应用图标的名称，这里也保持 `ic_launcher` 的命名即可，这样可以覆盖掉之前自动生成的应用程序图标。接下来的 3 个页签，Foreground Layer 用于编辑前景层，Background Layer 用于编辑背景层，Legacy 用于编辑老版本系统的图标。

再来看预览区域，这个就更简单了，它的主要作用就是预览应用图标的最终效果。在预览区域中给出了可能生成的图标形状，包括圆形、圆角矩形、方形，等等。注意，每个预览图标中都有一个圆圈，这个圆圈叫作安全区域，必须保证图标的前景层完全处于安全区域中才行，否则可能会出现应用图标的 Logo 被手机厂商的 mask 裁剪掉的情况。

下面我们来具体操作一下吧，在 Foreground Layer 中选取之前准备好的那张 Logo 图片，并通过下方的 Resize 拖动条对图片进行缩放，以保证前景层的所有内容都是在安全区域中的。然后在 Background Layer 中选择 "Color" 这种 Asset Type 模式，并使用#219FDD 这个颜色值作为背景层的颜色。最终的预览效果如图 15.34 所示。

在预览区域可以看到，现在我们的图标已经能够应对各种不同类型的 mask 了。

接下来点击 "Next" 会进入一个确认图标生成路径的界面，然后直接点击界面上的 "Finish" 按钮就可以完成图标的制作了。所有图标相关的文件都会被生成到相应分辨率的 mipmap 目录下，如图 15.35 所示。

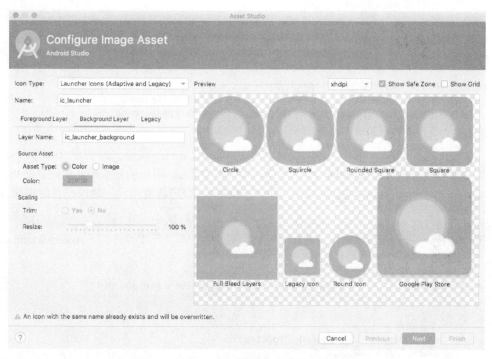

图 15.34　应用图标的预览效果

图 15.35　mipmap 目录下的文件

但是，其中有一个 mipmap-anydpi-v26 目录中放的并不是图片，而是 xml 文件，这是什么意思呢？其实只要是 Android 8.0 及以上系统的手机，都会使用这个目录下的文件来作为图标。我们可以打开 ic_launcher.xml 文件来查看它的代码：

```
<adaptive-icon xmlns:android="http://schemas.android.com/apk/res/android">
    <background android:drawable="@color/ic_launcher_background"/>
    <foreground android:drawable="@mipmap/ic_launcher_foreground"/>
</adaptive-icon>
```

这就是适配 Android 8.0 及以上系统应用图标的标准写法。可以看到，这里在<adaptive-icon>标签中定义了一个<background>标签用于指定图标的背景层，引用的是我们之前设置的颜色值。又定义一个<foreground>标签用于指定图标的前景层，引用的就是我们之前准备的那张 Logo 图片。

那么这个 ic_launcher.xml 文件又是在哪里被引用的呢？其实只要打开一下 AndroidManifest.xml 文件，所有的秘密就被解开了，代码如下所示：

```
<manifest xmlns:android="http://schemas.android.com/apk/res/android"
    package="com.sunnyweather.android">
    ...
    <application
        android:name=".SunnyWeatherApplication"
        android:allowBackup="true"
        android:icon="@mipmap/ic_launcher"
        android:label="@string/app_name"
        android:roundIcon="@mipmap/ic_launcher_round"
        android:supportsRtl="true"
        android:theme="@style/AppTheme">
        ...
    </application>
</manifest>
```

可以看到，<application>标签的 android:icon 属性就是专门用于指定应用程序图标的，这里将图标指定成了@mipmap/ic_launcher，那么在 Android 8.0 及以上系统中，就会使用 mipmap-anydpi-v26 目录下的 ic_launcher.xml 文件来作为应用图标。7.0 及以下系统就会使用 mipmap 相应分辨率目录下的 ic_launcher.png 图片来作为应用图标。另外你可能注意到了，<application>标签中还有一个 android:roundIcon 属性，这是一个只适用于 Android 7.1 系统的过渡版本，很快就被 8.0 系统的新图标适配方案所替代了，我们可以不必关心它。这样 SunnyWeather 的图标就制作完成了，现在重新运行一下程序，并观察桌面应用，效果如图 15.36 所示。

图 15.36　手机桌面的图标

　　可以看到，SunnyWeather 的图标在 Pixel 模拟器上被裁剪成了圆形，和其他应用图标的形状是保持一致的。而如果你在别的手机上运行，得到的可能会是不同的效果。

　　另外，在 Pixel 模拟器上，由于 SunnyWeather 这个名字太长了，因此应用名没能得到完整的显示。如果你想要将它修改成短一点的名字，打开 res/values/string.xml 文件，并编辑如下部分内容即可：

```
<resources>
    <string name="app_name">SunnyWeather</string>
</resources>
```

　　最后，养成良好的习惯，仍然不要忘记提交代码。

```
git add .
git commit -m "修改 App 的图标。"
git push origin master
```

　　这样我们就终于大功告成了！

15.8　生成正式签名的 APK 文件

　　之前我们一直都是通过 Android Studio 来将程序安装到手机上的，而它背后实际的工作流程是，Android Studio 会将程序代码打包成一个 APK 文件，然后将这个文件传输到手机上，最后再执行安装操作。Android 系统会将所有的 APK 文件识别为应用程序的安装包，类似于 Windows 系统上的 EXE 文件。

　　但并不是所有的 APK 文件都能成功安装到手机上，Android 系统要求只有签名后的 APK 文件才可以安装，因此我们还需要对生成的 APK 文件进行签名才行。那么你可能会有疑问了，直接通过 Android Studio 运行程序的时候好像并没有进行过签名操作啊，为什么还能将程序安装到手机上呢？这是因为 Android Studio 使用了一个默认的 keystore 文件帮我们自动进行了签名。点击 Android Studio 右侧工具栏的 Gradle→项目名→app→Tasks→android，双击 "signingReport"，结果如图 15.37 所示。

```
> Task :app:signingReport
Variant: debugUnitTest
Config: debug
Store: /Users/guolin/.android/debug.keystore
Alias: AndroidDebugKey
```

图 15.37　查看默认的 keystore 文件

　　也就是说，我们所有通过 Android Studio 来运行的程序都是使用这个 debug.keystore 文件来进行签名的。不过这仅仅适用于开发阶段而已，如果要正式发布应用程序的话，要使用一个正式的 keystore 文件来进行签名才行。下面我们就来学习一下，如何生成一个带有正式签名的 APK 文件。

15.8.1　使用 Android Studio 生成

先学习一下如何使用 Android Studio 来生成正式签名的 APK 文件。点击 Android Studio 导航栏上的 Build→Generate Signed Bundle / APK，会弹出如图 15.38 所示的对话框。

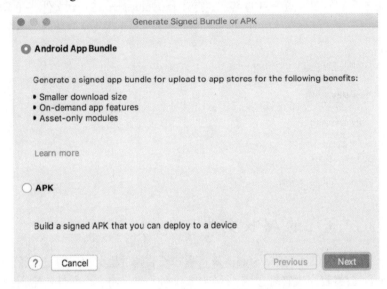

图 15.38　生成 Bundle 或 APK 的对话框

这里让我们选择是创建 Android App Bundle 文件，还是创建 APK 文件。其中，Android App Bundle 文件是用于上架 Google Play 商店的，使用这种类型的文件，Google Play 可以根据用户的手机，只下发它需要的那部分程序资源。比如说一个高分辨率的手机，是没有必要下载低分辨率目录下的图片资源的；一个 arm 架构的手机，也没有必要下载 x86 架构下的 so 文件（so 文件是使用 C/C++代码开发的库文件，不在我们本书讨论范围内）。因此，使用 Android App Bundle 文件可以显著地减少 App 的下载体积，但缺点是它不能直接安装到手机上，也不能用于上架除 Google Play 之外的其他应用商店。

不管你选择创建的是 Android App Bundle 文件还是 APK 文件，后面的流程基本上是一样的，因此我还是以创建 APK 文件来举例。点击 "Next" 后会要求我们填入 keystore 文件的路径和密码，如图 15.39 所示。

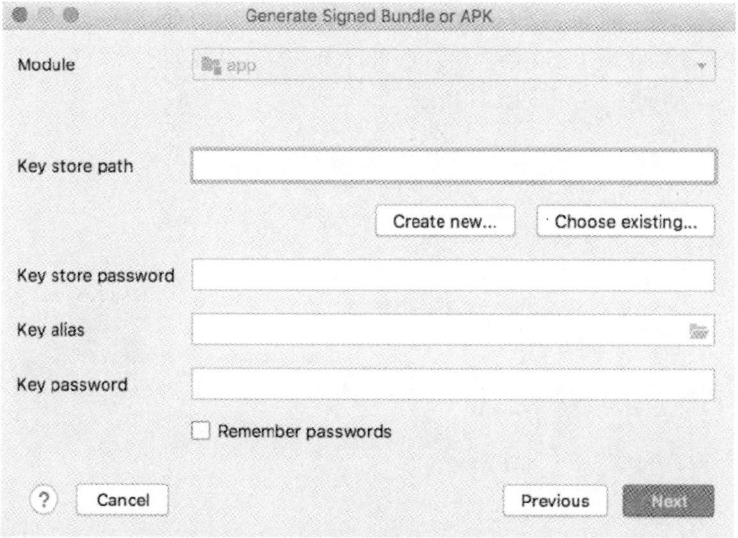

图 15.39　生成 Bundle 或 APK 的对话框

　　由于目前我们还没有一个正式的 keystore 文件，所以应该点击"Create new"按钮，然后会弹出一个新的对话框来让我们填写创建 keystore 文件所必要的信息。根据自己的实际情况进行填写就行了，如图 15.40 所示。

图 15.40　填写 keystore 文件信息

这里需要注意，在 Validity 那一栏填写的是 keystore 文件的有效时长，单位是年，建议时间可以填得长一些，比如我填了 50 年。然后点击"OK"，这时我们刚才填写的信息会自动填充到创建签名 APK 的对话框中，如图 15.41 所示。

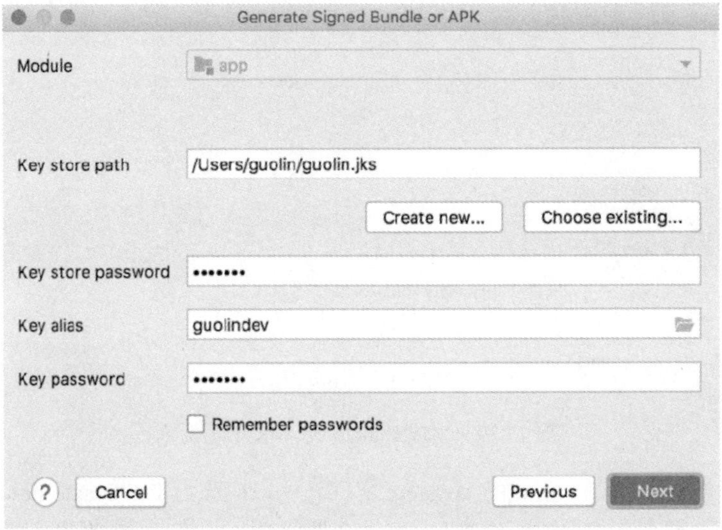

图 15.41　信息自动填充完整

如果你希望以后都不用再输 keystore 的密码了，可以将"Remember passwords"选项勾上。然后点击"Next"，这时就要选择 APK 文件的输出地址了，如图 15.42 所示。

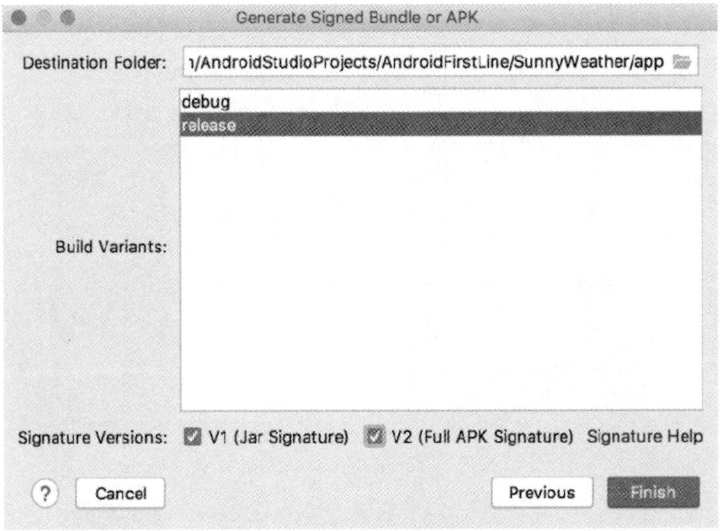

图 15.42　信息自动填充完整

这里默认是将 APK 文件生成到项目的 app 目录下，我就不做修改了。至于构建类型选择 "release"，因为我们这是要出正式版的 APK 文件，不能再使用 debug 类型了。另外，注意一定要将签名版本中的 V1 和 V2 选项同时勾上，表示会使用同时兼容新老版本系统的签名方式。

现在点击 "Finish"，然后稍等一段时间，APK 文件就会生成好了，并且会在右下角弹出一个如图 15.43 所示的提示。

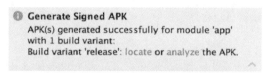

图 15.43　提示 APK 文件生成成功

我们点击提示上的 "locate"，可以立刻查看生成的 APK 文件，如图 15.44 所示。

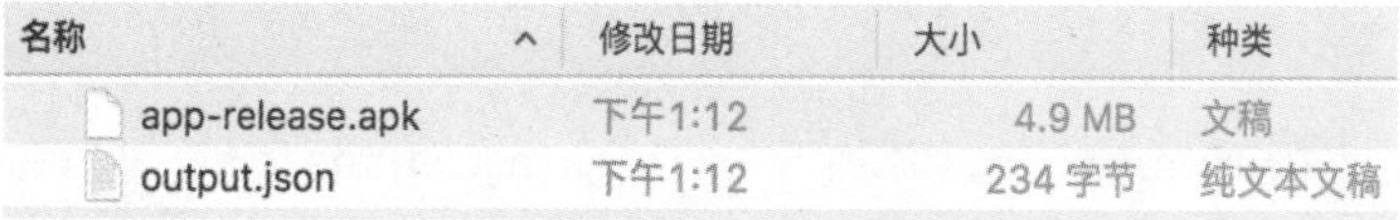

名称	∧	修改日期	大小	种类
app-release.apk		下午1:12	4.9 MB	文稿
output.json		下午1:12	234 字节	纯文本文稿

图 15.44　查看生成的 APK 文件

这里的 app-release.apk 就是带有正式签名的 APK 文件了，它可以直接安装到手机上，也可以用于上架到各个应用商店中。而如果前面我们选择了创建 Android App Bundle 文件，这里将会得到一个.aab 后缀的签名文件，这是 Google Play 商店现在更加推荐使用的文件格式。

15.8.2　使用 Gradle 生成

上一小节中我们使用了 Android Studio 提供的可视化工具来生成带有正式签名的 APK 文件，除此之外，Android Studio 其实还提供了另外一种方式——使用 Gradle 生成。下面我们就来学习一下。

Gradle 是一个非常先进的项目构建工具，在 Android Studio 中开发的所有项目都是使用它来构建的。在之前的项目中，我们也体验过了 Gradle 带来的很多便利之处，比如说当需要添加依赖库的时候，不需要自己再去手动下载，而是直接在 dependencies 中添加一句引用声明就可以了。

下面我们开始学习如何使用 Gradle 来生成带有正式签名的 APK 文件。编辑 app/build.gradle 文件，在 android 闭包中添加如下内容：

```
android {
    compileSdkVersion 29
    defaultConfig {
        applicationId "com.sunnyweather.android"
        minSdkVersion 21
        targetSdkVersion 29
```

```
            versionCode 1
            versionName "1.0"
            testInstrumentationRunner "androidx.test.runner.AndroidJUnitRunner"
        }
        signingConfigs {
            config {
                storeFile file('/Users/guolin/guolin.jks')
                storePassword '1234567'
                keyAlias = 'guolindev'
                keyPassword '1234567'
            }
        }
        buildTypes {
            release {
                minifyEnabled false
                proguardFiles getDefaultProguardFile('proguard-android-optimize.txt'),
                    'proguard-rules.pro'
            }
        }
    }
```

可以看到，这里在 android 闭包中添加了一个 signingConfigs 闭包，然后在 signingConfigs 闭包中又添加了一个 config 闭包。接着在 config 闭包中配置 keystore 文件的各种信息，storeFile 用于指定 keystore 文件的位置，storePassword 用于指定密码，keyAlias 用于指定别名，keyPassword 用于指定别名密码。

将签名信息都配置好了之后，接下来只需要在生成正式版 APK 的时候去应用这个配置就可以了。继续编辑 app/build.gradle 文件，如下所示：

```
android {
    ...
    buildTypes {
        release {
            minifyEnabled false
            proguardFiles getDefaultProguardFile('proguard-android-optimize.txt'),
                'proguard-rules.pro'
            signingConfig signingConfigs.config
        }
    }
}
```

这里我们在 buildTypes 下面的 release 闭包中应用了刚才添加的签名配置，这样当生成正式版 APK 文件的时候，就会自动使用我们刚才配置的签名信息来进行签名了。

现在 build.gradle 文件已经配置完成，那么我们如何才能生成 APK 文件呢？其实非常简单，Android Studio 中内置了很多的 Gradle Tasks，其中就包括了生成 APK 文件的 Task。点击右侧工具栏的 Gradle→项目名→app→Tasks→build，如图 15.45 所示。

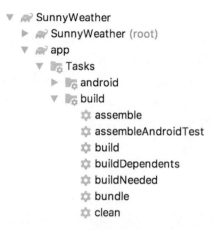

图 15.45　查看内置 Gradle Tasks

其中，assemble 就是用于生成 APK 文件的，它会同时生成 debug 和 release 两个版本的 APK 文件，只需要双击即可执行这个 Task，结果如图 15.46 所示。

```
BUILD SUCCESSFUL in 8s
53 actionable tasks: 7 executed, 46 up-to-date
21:28:08: Task execution finished 'assemble'.
```

图 15.46　assemble 执行成功

可以看到，这里提示我们"BUILD SUCCESSFUL"，说明 assemble 执行成功了。APK 文件会自动生成在 app/build/outputs/apk 目录下，如图 15.47 所示。

图 15.47　查看生成的 APK 文件

其中，release 目录下的 app-release.apk 就是带有正式签名的 APK 文件了。

虽说现在 APK 文件已经成功生成了，不过还有一个小细节需要注意一下。目前 keystore 文件的所有信息都是以明文的形式直接配置在 build.gradle 中的，这种做法会不安全。尤其是 SunnyWeather 的代码还是开源的，这样就相当于把 keystore 文件的密码公布出去了。比较推荐的做法是将这类敏感数据配置在一个独立的文件里面，然后再在 build.gradle 中去读取这些数据。

下面我们来按照这种方式实现。Android Studio 项目的根目录下有一个 gradle.properties 文件，它是专门用来配置全局键值对数据的。我们在 gradle.properties 文件中添加如下内容：

```
KEY_PATH=/Users/guolin/guolin.jks
KEY_PASS=1234567
ALIAS_NAME=guolindev
ALIAS_PASS=1234567
```

可以看到，这里将 keystore 文件的各种信息以键值对的形式进行了配置，然后我们在 build.gradle 中去读取这些数据就可以了。编辑 app/build.gradle 文件，如下所示：

```
android {
    ...
    signingConfigs {
        config {
            storeFile file(KEY_PATH)
            storePassword KEY_PASS
            keyAlias ALIAS_NAME
            keyPassword ALIAS_PASS
        }
    }
    ...
}
```

这里只需要将原来的明文配置改成相应的键值，一切就完工了。这样直接查看 build.gradle 文件是无法看到 keystore 文件的各种信息的，只有查看 gradle.properties 文件才能看得到。然后我们只需要将 gradle.properties 文件保护好就行了，比如说将它从 Git 版本控制中排除。这样 gradle.properties 文件就只会保留在本地，从而也就不用担心 keystore 文件的信息会泄漏了。

15.9　你还可以做的事情

整章内容已经全部学完了，现在回想一下，我们的代码是不是使用 MVVM 架构的模式来实现的呢？这里我根据前面编写的代码画出了一张 SunnyWeather 项目的架构示意图，如图 15.48 所示。相信对于现在的你来说，理解起来应该是非常轻松的。

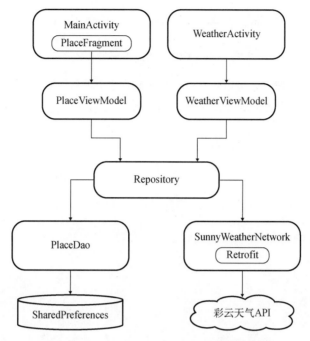

图 15.48 SunnyWeather 项目的架构示意图

可以看出，我们编写的代码是严格按照 MVVM 架构来实现的，且拥有合理的架构分层。记住，一个拥有良好架构设计的项目是可以用简洁清晰的架构图表示出来的，而一个杂乱无章没有架构设计的项目则很难用架构图表示出来。所以希望你在未来编写代码的时候，可以写出高质量且拥有架构设计的代码。

那么经过整章的开发之后，SunnyWeather 已经是一个完善、成熟的 App 了吗？嘿嘿，还差得远呢！现在的 SunnyWeather 只能说是具备了一些最基本的功能，和那些商用的天气软件比起来还有很大的差距，因此你仍然还有非常巨大的发挥空间来对它进行完善。

比如说，以下功能是你可以考虑加入 SunnyWeather 中的：

❑ 提供更加完整的天气信息，目前我们只使用了彩云天气返回的一小部分数据而已；
❑ 允许选择多个城市，可以同时观察多个城市的天气信息，不用来回切换；
❑ 增加后台更新天气功能，并允许用户手动设定后台的更新频率；
❑ 对深色主题进行适配。

另外，由于 SunnyWeather 的源码已经托管在了 GitHub 上面，如果你想在现有代码的基础上继续对这个项目进行完善，可以使用 GitHub 的 Fork 功能。

首先登录你自己的 GitHub 账号，然后打开 SunnyWeather 版本库的主页：https://github.com/guolindev/SunnyWeather，这时在页面头部的最右侧会有一个 "Fork" 按钮，如图 15.49 所示。

图 15.49   GitHub 的"Fork"按钮

　　点击一下"Fork"按钮，就可以将 SunnyWeather 这个项目复制一份到你的账号下，再使用 `git clone` 命令将它克隆到本地，然后你就可以在现有代码的基础上随心所欲地添加任何功能并提交了。

第 16 章

编写并发布一个开源库，PermissionX

进入了本书的最后一章，我们的 Android 学习之旅也接近尾声了。学完整本书，你应该能够发现，我个人是不太喜欢使用纯理论知识的讲解形式的，而是更加偏向于边实战边讲解，在实战中学习的这种形式。因此，学到这里，你其实已经编写过数不清的小项目了，并且还在上一章中开发了一个完整的 App。

在编写项目的时候，我们可能经常会使用一些好用的第三方开源库，比如 Retrofit、Glide 等。将这些开源库引入项目中非常简单，只需要在 build.gradle 的 dependencies 中添加一行库的引用地址就可以了。那么你有没有想过，我们可不可以自己也开发一个开源库，然后提供给其他的开发者去使用呢？答案当然是肯定的，本章我们就来学习一下这方面的技术。

16.1　开发前的准备工作

先解释一下，无论是否开源，只要是编写一个库提供给其他的项目去使用，就可以统称为 SDK 开发。

SDK 开发和传统的应用程序开发会有一些不同之处。首先，SDK 开发界面相关的工作会相对比较少，许多库甚至是完全没有界面的，因此 SDK 开发多数情况下是以实现功能逻辑为主的。

其次，产品的形式不同。应用程序开发的最终产品可能是一个可安装的 APK 文件，而 SDK 开发的最终产品通常是一些库文件，甚至只有一个库的引用地址。

最后，面向的用户群体不同。SDK 开发面向的用户群体从来都不是普通用户，而是其他开发者。因此如何让我们编写的库可以保持稳定的工作，同时还能提供简单方便的接口给其他开发者去调用，这是我们应该优先考虑的事情。

需要注意的大概就是以上几点了，其实大部分的编程思维和之前是差不多的，因此你一定能非常快速地掌握这项技能。

接下来要考虑的问题就是，我们应该编写一个什么样的开源库呢？其实在之前的 Kotlin 课堂中我们已经编写过许多好用的工具方法了，这些工具方法都可以被封装成一个开源库，提供给其他项目去使用。不过为了能够更加丰富地讲解本章内容，我还是重新思考了一个全新的开源库项目来进行实现。

　　回顾一下，在第 8 章中我们曾经学习过 Android 运行时权限 API 的用法，比如要实现拨打电话的功能，示例写法如下所示：

```
class MainActivity : AppCompatActivity() {

    override fun onCreate(savedInstanceState: Bundle?) {
        ...
        if (ContextCompat.checkSelfPermission(this, Manifest.permission.CALL_PHONE) !=
                PackageManager.PERMISSION_GRANTED) {
            ActivityCompat.requestPermissions(this, arrayOf(Manifest.permission.
            CALL_PHONE), 1)
        } else {
            call()
        }
    }

    override fun onRequestPermissionsResult(requestCode: Int, permissions:
            Array<String>, grantResults: IntArray) {
        super.onRequestPermissionsResult(requestCode, permissions, grantResults)
        when (requestCode) {
            1 -> {
                if (grantResults.isNotEmpty() &&
                        grantResults[0] == PackageManager.PERMISSION_GRANTED) {
                    call()
                } else {
                    Toast.makeText(this, "You denied the permission",
                        Toast.LENGTH_SHORT).show()
                }
            }
        }
    }

    private fun call() {
        ...
    }

}
```

　　可以看到，这种系统内置的运行时权限 API 的用法还是非常烦琐的，需要先判断用户是否已授权我们拨打电话的权限，如果没有的话则要进行权限申请，然后还要在 onRequestPermissions-Result() 回调中处理权限申请的结果，最后才能去执行拨打电话的操作。

　　为此，每次需要编写运行时权限相关代码的时候，我都会特别头疼。那么我们可不可以编写一个开源库来简化运行时权限 API 的用法呢？没错，这就是本章中所要实现的功能了。

　　不过，在开始实现之前，我们还得给这个开源库起一个好听的名字才行。Android 官方的许多功能扩展库是以 AndroidX 的形式发布的，那么这里我们就给它起名叫 PermissionX 吧，这听上去像是一个不错的名字。

起好了名字之后，接下来需要在 GitHub 上创建一个相应的版本库。创建的方式我们在上一章的 Git 时间环节已经学过了，因此这里我就用尽量简短的篇幅来描述这个过程，如图 16.1 所示。

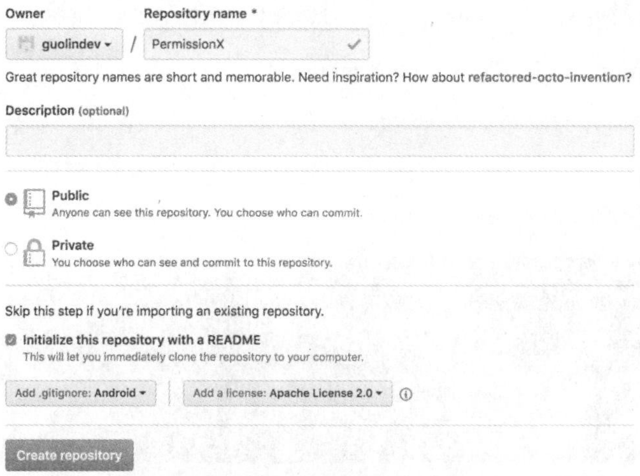

图 16.1 创建 PermissionX 版本库

点击"Create repository"按钮即可完成版本库的创建。

接着在 Android Studio 中新建一个 Android 项目，项目名也叫作 PermissionX，包名叫作 com.permissionx.app，如图 16.2 所示。

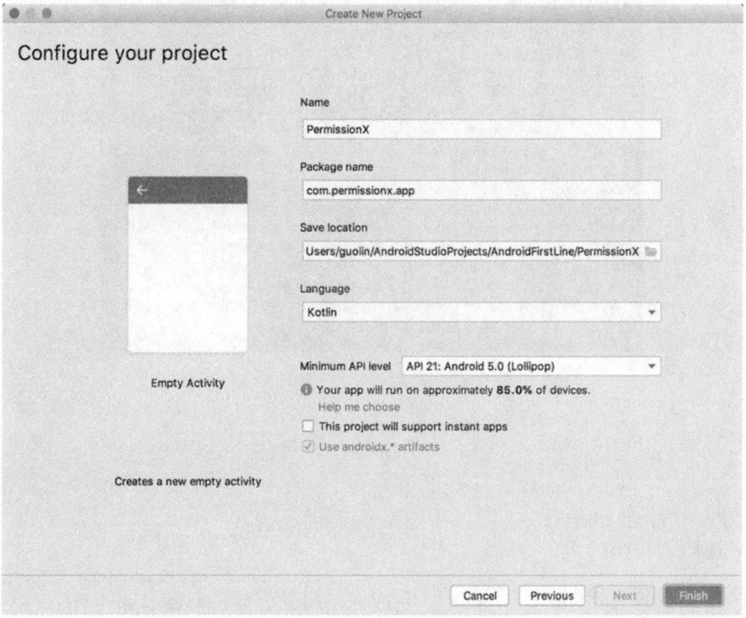

图 16.2 创建 PermissionX 项目

点击"Finish"按钮完成项目的创建。

接下来我们需要将 PermissionX 的远程版本库克隆到本地，点击版本库主页中的"Clone or download"按钮，能够查看到 PermissionX 版本库的 Git 地址，如下所示：

https://github.com/guolindev/PermissionX.git

然后打开终端界面并切换到 PermissionX 的工程目录下，执行以下命令把远程版本库克隆到本地，如图 16.3 所示。

```
git clone https://github.com/guolindev/PermissionX.git
```

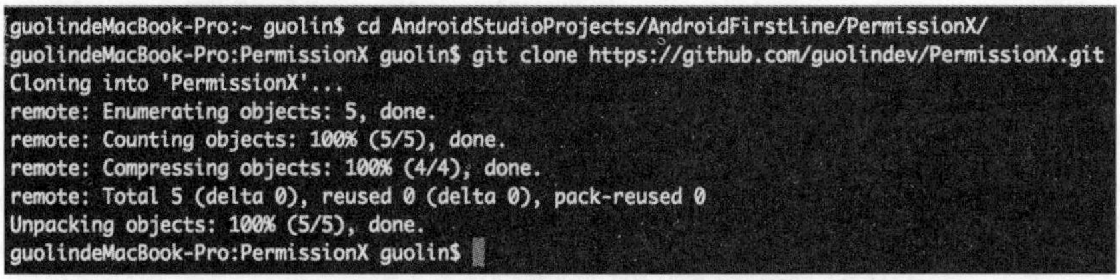

```
guolindeMacBook-Pro:~ guolin$ cd AndroidStudioProjects/AndroidFirstLine/PermissionX/
guolindeMacBook-Pro:PermissionX guolin$ git clone https://github.com/guolindev/PermissionX.git
Cloning into 'PermissionX'...
remote: Enumerating objects: 5, done.
remote: Counting objects: 100% (5/5), done.
remote: Compressing objects: 100% (4/4), done.
remote: Total 5 (delta 0), reused 0 (delta 0), pack-reused 0
Unpacking objects: 100% (5/5), done.
guolindeMacBook-Pro:PermissionX guolin$
```

图 16.3 将远程版本库克隆到本地

接下来将克隆的所有文件全部复制到上一层目录中，操作方法和上一章是完全相同的。然后将克隆的 PermissionX 目录删除，现在 PermissionX 工程的目录结构应该如图 16.4 所示。

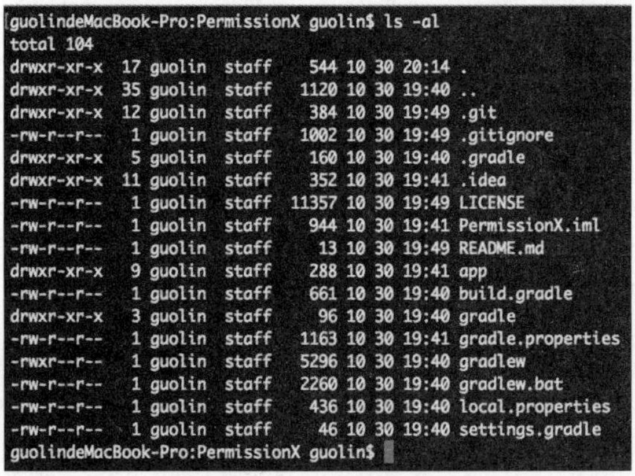

```
guolindeMacBook-Pro:PermissionX guolin$ ls -al
total 104
drwxr-xr-x  17 guolin  staff    544 10 30 20:14 .
drwxr-xr-x  35 guolin  staff   1120 10 30 19:40 ..
drwxr-xr-x  12 guolin  staff    384 10 30 19:49 .git
-rw-r--r--   1 guolin  staff   1002 10 30 19:49 .gitignore
drwxr-xr-x   5 guolin  staff    160 10 30 19:40 .gradle
drwxr-xr-x  11 guolin  staff    352 10 30 19:41 .idea
-rw-r--r--   1 guolin  staff  11357 10 30 19:49 LICENSE
-rw-r--r--   1 guolin  staff    944 10 30 19:41 PermissionX.iml
-rw-r--r--   1 guolin  staff     13 10 30 19:49 README.md
drwxr-xr-x   9 guolin  staff    288 10 30 19:41 app
-rw-r--r--   1 guolin  staff    661 10 30 19:40 build.gradle
drwxr-xr-x   3 guolin  staff     96 10 30 19:40 gradle
-rw-r--r--   1 guolin  staff   1163 10 30 19:41 gradle.properties
-rwxr--r--   1 guolin  staff   5296 10 30 19:40 gradlew
-rw-r--r--   1 guolin  staff   2260 10 30 19:40 gradlew.bat
-rw-r--r--   1 guolin  staff    436 10 30 19:40 local.properties
-rw-r--r--   1 guolin  staff     46 10 30 19:40 settings.gradle
guolindeMacBook-Pro:PermissionX guolin$
```

图 16.4 PermissionX 工程的目录结构

最后，我们需要把 PermissionX 项目中现有的文件提交到 GitHub 上面，执行以下命令即可：

```
git add .
git commit -m "First commit."
git push origin master
```

到这里，开发前的所有准备工作都已经完成了，那么接下来就让我们正式进入 PermissionX 开源库的开发当中吧。

16.2　实现 PermissionX 开源库

不知你是否留意过，之前我们编写的所有代码都是在 app 目录下进行的。这其实是一个专门用于开发应用程序的模块。而现在我们要开发的是一个库，因此就不适合将代码继续写在 app 模块中了。

实际上，一个 Android 项目中可以包含任意多个模块，并且模块与模块之间可以相互引用。比方说，我们在模块 A 中编写了一个功能，那么只需要在模块 B 中引入模块 A，模块 B 就可以无缝地使用模块 A 中提供的所有功能。

接下来我们就在 PermissionX 项目中新建一个模块，并在这个模块中实现具体的功能。对着最顶层的 PermissionX 目录右击→New→Module，会弹出一个创建模块的对话框，如图 16.5 所示。

图 16.5　创建模块对话框

选中"Android Library"，表示我们要创建一个 Android 库，然后点击"Next"，界面如图 16.6 所示。

这里要配置库的名称，我们直接起名叫 Library 就好了。至于包名的话，由于要尽量避免和别人的代码产生冲突，因此最好起一些具有唯一性的名字，比如这里我将包名命名成了 com.permissionx.guolindev，你在实现的时候应该将最后的部分替换成你自己的名字。

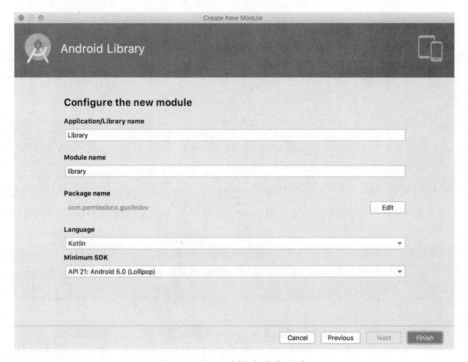

图 16.6 配置库的名称与包名

点击"Finish"按钮完成创建，现在 PermissionX 工程目录下应该就有 app 和 library 两个模块了，如图 16.7 所示。

图 16.7 PermissionX 工程目录结构

可以看到，app 和 library 这两个模块的目录图标也是不同的，这是为了让我们能够更好地区分应用程序模块和库模块。

另外，观察一下 library 模块中的 build.gradle 文件，其简化后的代码如下所示：

```
apply plugin: 'com.android.library'
apply plugin: 'kotlin-android'
apply plugin: 'kotlin-android-extensions'

android {
    compileSdkVersion 29
    defaultConfig {
        minSdkVersion 21
        targetSdkVersion 29
        versionCode 1
        versionName "1.0"
        testInstrumentationRunner "androidx.test.runner.AndroidJUnitRunner"
        consumerProguardFiles 'consumer-rules.pro'
    }
    ...
}
...
```

你会发现它和 app 模块中的 build.gradle 文件有两个重要的区别：第一，这里头部引入的插件是 com.android.library，表示这是一个库模块，而 app/build.gradle 文件头部引入的插件是 com.android.application，表示这是一个应用程序模块；第二，这里的 `defaultConfig` 闭包中是不可以配置 `applicationId` 属性的，而 app/build.gradle 中则必须配置这个属性，用于作为应用程序的唯一标识。

了解了应用程序模块和库模块的主要区别之后，接下来我们就开始在 library 模块中实现 PermissionX 的具体功能吧。

其实，想要对运行时权限的 API 进行封装并不是一件容易的事，因为这个操作是有特定的上下文依赖的，一般需要在 Activity 中接收 `onRequestPermissionsResult()` 方法的回调才行，所以不能简单地将整个操作封装到一个独立的类中。当然，受此限制，也衍生出了一些特别的解决方案，比如将运行时权限的操作封装到 `BaseActivity` 中，或者提供一个透明的 Activity 来处理运行时权限等。

这里我并不准备使用以上几种方案，而是准备使用另外一种业内普遍比较认可的小技巧来进行实现。是什么小技巧呢？回想一下，之前所有申请运行时权限的操作都是在 Activity 中进行的，事实上，Google 在 Fragment 中也提供了一份相同的 API，使得我们在 Fragment 中也能申请运行时权限。

但不同的是，Fragment 并不像 Activity 那样必须有界面，我们完全可以向 Activity 中添加一个隐藏的 Fragment，然后在这个隐藏的 Fragment 中对运行时权限的 API 进行封装。这是一种非常轻量级的做法，不用担心隐藏 Fragment 会对 Activity 的性能造成什么影响。

确定好了实现方案之后，那么就开始动手吧。右击 com.permissionx.guolindev 包→New→Kotlin File/Class，新建一个 `InvisibleFragment` 类，并让它继承自 androidx.fragment.app.Fragment。

然后在 InvisibleFragment 中对运行时权限的 API 进行封装，代码如下所示：

```
class InvisibleFragment : Fragment() {

    private var callback: ((Boolean, List<String>) -> Unit)? = null

    fun requestNow(cb: (Boolean, List<String>) -> Unit, vararg permissions: String) {
        callback = cb
        requestPermissions(permissions, 1)
    }

    override fun onRequestPermissionsResult(requestCode: Int,
        permissions: Array<String>, grantResults: IntArray) {
        if (requestCode == 1) {
            val deniedList = ArrayList<String>()
            for ((index, result) in grantResults.withIndex()) {
                if (result != PackageManager.PERMISSION_GRANTED) {
                    deniedList.add(permissions[index])
                }
            }
            val allGranted = deniedList.isEmpty()
            callback?.let { it(allGranted, deniedList) }
        }
    }

}
```

这段代码虽然不长，但是所包含的内容却极其关键。首先我们定义了一个 callback 变量作为运行时权限申请结果的回调通知方式，并将它声明成了一种函数类型变量，该函数类型接收 Boolean 和 List<String> 这两种类型的参数，并且没有返回值。

然后定义了一个 requestNow() 方法，该方法接收一个与 callback 变量类型相同的函数类型参数，同时还使用 vararg 关键字接收了一个可变长度的 permissions 参数列表。在 requestNow() 方法中，我们将传递进来的函数类型参数赋值给 callback 变量，然后调用 Fragment 中提供的 requestPermissions() 方法去立即申请运行时权限，并将 permissions 参数列表传递进去，这样就可以实现由外部调用方自主指定要申请哪些权限的功能了。

接下来还需要重写 onRequestPermissionsResult() 方法，并在这里处理运行时权限的申请结果。可以看到，我们使用了一个 deniedList 列表来记录所有被用户拒绝的权限，然后遍历 grantResults 数组，如果发现某个权限未被用户授权，就将它添加到 deniedList 中。遍历结束后使用一个 allGranted 变量来标识是否所有申请的权限均已被授权，判断的依据就是 deniedList 列表是否为空。最后使用 callback 变量对运行时权限的申请结果进行回调。

另外注意，在 InvisibleFragment 中，我们并没有重写 onCreateView() 方法来加载某个布局，因此它自然就是一个不可见的 Fragment，待会只需要将它添加到 Activity 中即可。

不过，上述代码其实还有进一步优化的空间。你应该也能感觉到，(Boolean, List<String>) -> Unit 这种函数类型的写法是比较复杂的，而且我们还不只编写了一次，编写的次数越多，你就会觉得越麻烦。对于这种情况，其实是可以使用如下写法来进行优化的：

```
typealias PermissionCallback = (Boolean, List<String>) -> Unit

class InvisibleFragment : Fragment() {

    private var callback: PermissionCallback? = null

    fun requestNow(cb: PermissionCallback, vararg permissions: String) {
        callback = cb
        requestPermissions(permissions, 1)
    }
    ...
}
```

这里用到了 Kotlin 中的一个小技巧，typealias 关键字可以用于给任意类型指定一个别名，比如我们将(Boolean, List<String>) -> Unit 的别名指定成了 PermissionCallback，这样就可以使用 PermissionCallback 来替代之前所有使用(Boolean, List<String>) -> Unit 的地方，从而让代码变得更加简洁易懂。

完成了 InvisibleFragment 的编写，接下来我们需要开始编写对外接口部分的代码了。新建一个 PermissionX 单例类，代码如下所示：

```
object PermissionX {

    private const val TAG = "InvisibleFragment"

    fun request(activity: FragmentActivity, vararg permissions: String, callback:
            PermissionCallback) {
        val fragmentManager = activity.supportFragmentManager
        val existedFragment = fragmentManager.findFragmentByTag(TAG)
        val fragment = if (existedFragment != null) {
            existedFragment as InvisibleFragment
        } else {
            val invisibleFragment = InvisibleFragment()
            fragmentManager.beginTransaction().add(invisibleFragment, TAG).commitNow()
            invisibleFragment
        }
        fragment.requestNow(callback, *permissions)
    }

}
```

这里之所以要将 PermissionX 指定成单例类，是为了让 PermissionX 中的接口能够更加方便地被调用。我们在 PermissionX 中定义了一个 request()方法，这个方法接收一个 FragmentActivity 参数、一个可变长度的 permissions 参数列表，以及一个 callback 回调。其中，FragmentActivity 是 AppCompatActivity 的父类。

在 request()方法中，首先获取 FragmentManager 的实例，然后调用 findFragmentByTag()

方法来判断传入的 Activity 参数中是否已经包含了指定 TAG 的 Fragment，也就是我们刚才编写的 InvisibleFragment。如果已经包含则直接使用该 Fragment，否则就创建一个新的 InvisibleFragment 实例，并将它添加到 Activity 中，同时指定一个 TAG。注意，在添加结束后一定要调用 commitNow() 方法，而不能调用 commit() 方法，因为 commit() 方法并不会立即执行添加操作，因而无法保证下一行代码执行时 InvisibleFragment 已经被添加到 Activity 中了。

有了 InvisibleFragment 的实例之后，接下来我们只需要调用它的 requestNow() 方法就能去申请运行时权限了，申请结果会自动回调到 callback 参数中。需要注意的是，permissions 参数在这里实际上是一个数组。对于数组，我们可以遍历它，可以通过下标访问，但是不可以直接将它传递给另外一个接收可变长度参数的方法。因此，这里在调用 requestNow() 方法时，在 permissions 参数的前面加上了一个 *，这个符号并不是指针的意思，而是表示将一个数组转换成可变长度参数传递过去。

代码写到这里，我们就已经按照之前所设计的实现方案将运行时权限的 API 封装完成了。现在如果想要申请运行时权限，只需要调用 PermissionX 中的 request() 方法即可。

那么接下来我们要做的，就是对刚刚开发完成的 PermissionX 库进行测试。

16.3　对开源库进行测试

虽然 PermissionX 库的开发工作已经完成了，但是我们目前还无法验证它是否可以正常地使用。因此，在将一个开源库对外发布之前，一定要先对其进行测试才行。

具体要怎样进行测试呢？我们可以在 app 模块中引入 library 模块，然后在 app 模块中使用 PermissionX 提供的接口编写一些申请运行时权限的代码，看看能否正常地工作，以此来验证 PermissionX 库的正确性。

想要在 app 模块中引入 library 模块很简单，只需要编辑 app/build.gradle 文件，并在 dependencies 中添加如下代码即可：

```
dependencies {
    ...
    implementation project(':library')
}
```

现在就可以在 app 模块中无缝地使用 library 模块提供的所有功能了。

接下来我们开始编写测试代码，首先编辑 activity_main.xml 文件，在里面加入一个用于拨打电话的按钮：

```
<LinearLayout xmlns:android="http://schemas.android.com/apk/res/android"
    android:layout_width="match_parent"
    android:layout_height="match_parent">

    <Button
```

```
        android:id="@+id/makeCallBtn"
        android:layout_width="match_parent"
        android:layout_height="wrap_content"
        android:text="Make Call" />

</LinearLayout>
```

然后在 MainActivity 中申请拨打电话的运行时权限，并实现拨打电话的功能，代码如下所示：

```
class MainActivity : AppCompatActivity() {

    override fun onCreate(savedInstanceState: Bundle?) {
        super.onCreate(savedInstanceState)
        setContentView(R.layout.activity_main)
        makeCallBtn.setOnClickListener {
            PermissionX.request(this,
            Manifest.permission.CALL_PHONE) { allGranted, deniedList ->
                if (allGranted) {
                    call()
                } else {
                    Toast.makeText(this, "You denied $deniedList",
                        Toast.LENGTH_SHORT).show()
                }
            }
        }
    }

    private fun call() {
        try {
            val intent = Intent(Intent.ACTION_CALL)
            intent.data = Uri.parse("tel:10086")
            startActivity(intent)
        } catch (e: SecurityException) {
            e.printStackTrace()
        }
    }

}
```

可以看到，现在 MainActivity 中的逻辑是非常简洁清晰的。我们完全不用再去编写那些复杂的运行时权限相关的代码，只需要调用 PermissionX 的 request()方法，传入当前的 Activity 和要申请的权限名，然后在 Lambda 表达式中处理权限的申请结果就可以了。如果 allGranted 等于 true，就说明所有申请的权限都被用户授权了，那么就执行拨打电话操作，否则使用 Toast 弹出一条失败提示。

另外，PermissionX 也支持一次性申请多个权限，只需要将所有要申请的权限名都传入 request()方法中就可以了，示例写法如下：

```
PermissionX.request(this,
    Manifest.permission.CALL_PHONE,
    Manifest.permission.WRITE_EXTERNAL_STORAGE,
    Manifest.permission.READ_CONTACTS) { allGranted, deniedList ->
```

```
    if (allGranted) {
        Toast.makeText(this, "All permissions are granted", Toast.LENGTH_SHORT).show()
    } else {
        Toast.makeText(this, "You denied $deniedList", Toast.LENGTH_SHORT).show()
    }
}
```

最后，仍然不要忘记在 AndroidManifest.xml 文件中添加拨打电话的权限声明，代码如下所示：

```
<manifest xmlns:android="http://schemas.android.com/apk/res/android"
    package="com.permissionx.app">

    <uses-permission android:name="android.permission.CALL_PHONE" />
    ...
</manifest>
```

这样我们就将拨打电话的功能成功实现了，现在可以运行一下 app 模块，并点击"Make Call"按钮，结果如图 16.8 所示。

可以看到，界面上成功弹出了权限申请的对话框，说明 PermissionX 库确实已经在正常工作了。当然这里我们可以选择同意或者拒绝，比如说点击"Deny"按钮，结果如图 16.9 所示。

然后再次点击"Make Call"按钮，仍然会弹出权限申请的对话框，这次点击"Allow"按钮，结果如图 16.10 所示。

图 16.8　申请拨打电话权限

图 16.9　拒绝了拨打电话权限申请

图 16.10　拨打电话界面

　　一切都和我们所预期的结果一致，这样对 PermissionX 库的测试工作就算是全部完成了，现在可以将测试后的代码提交到 GitHub 上面。

```
git add .
git commit -m "完成 PermissionX 库的开发与测试工作。"
git push origin master
```

　　开发和测试工作完成之后，接下来我们要做的事情就是将 PermissionX 库发布出去，赶快进入下一节的学习当中吧。

16.4　将开源库发布到 jcenter 仓库

　　相信你已经体验过很多次了，我们平时在开发过程中如果用到了一些第三方开源库，只需要在 build.gradle 的 dependencies 中添加一行库的引用地址就可以了，Android Studio 会自动帮我们下载该库，并引入当前项目的开发环境中。

　　那么，这么好用的功能是如何实现的呢？关于这一点，其实我在第 1 章就介绍过了，每一个 Android 项目工程最外层目录下的 build.gradle 文件中都会默认配有一个 jcenter 仓库，如下所示：

```
buildscript {
    repositories {
        google()
        jcenter()
    }
    ...
}

allprojects {
    repositories {
        google()
        jcenter()
    }
}
```

　　可以看到，这里配置了 google 和 jcenter 两个仓库。其中 google 仓库中包含的主要是 Google 自家的扩展依赖库，而 jcenter 仓库中包含的大多是一些第三方的开源库，比如 Retrofit、Glide 等知名的开源库都是发布到 jcenter 仓库上的。

　　也就是说，如果我们希望 PermissionX 能够像其他开源库一样，只需要添加一行库的引用地址就可以在任何 Android 项目中使用的话，就必须把 PermissionX 发布到 jcenter 仓库才行，下面我们就开始学习如何进行实现。

　　首先你需要注册一个 Bintray 账号，Bintray 是一个专门提供软件分发服务的网站，jcenter 仓库的发布与下载服务都是由 Bintray 提供的，它的官网地址是 https://bintray.com（部分功能可能需要科学上网才能访问）。官网的首页如图 16.11 所示。

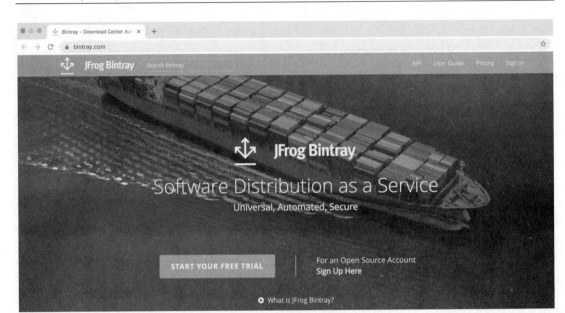

图 16.11　Bintray 首页

点击界面上的"Sign Up Here"即可立即注册账号，然后填入一些必要的信息，如图 16.12 所示。

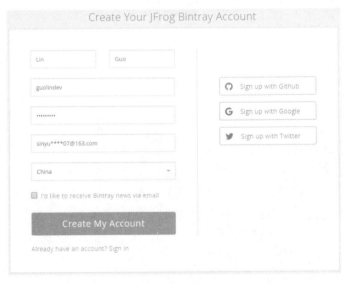

图 16.12　注册 Bintray 账号

点击"Create My Account"按钮完成注册，Bintray 会向你填写的邮箱中发送一封邮件，到邮箱中验证一下即可激活账号，然后就可以进入你的 Bintray 主页了，如图 16.13 所示。

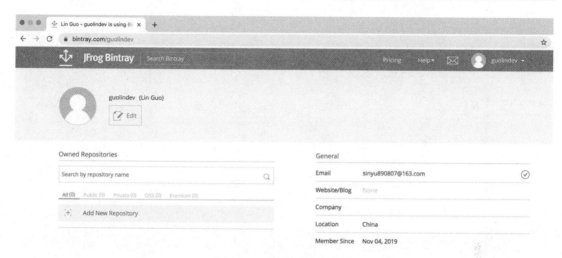

图 16.13　Bintray 个人主页

　　接下来，我们需要点击界面上的 "Add New Repository" 来创建一个新的仓库，如图 16.14 所示。

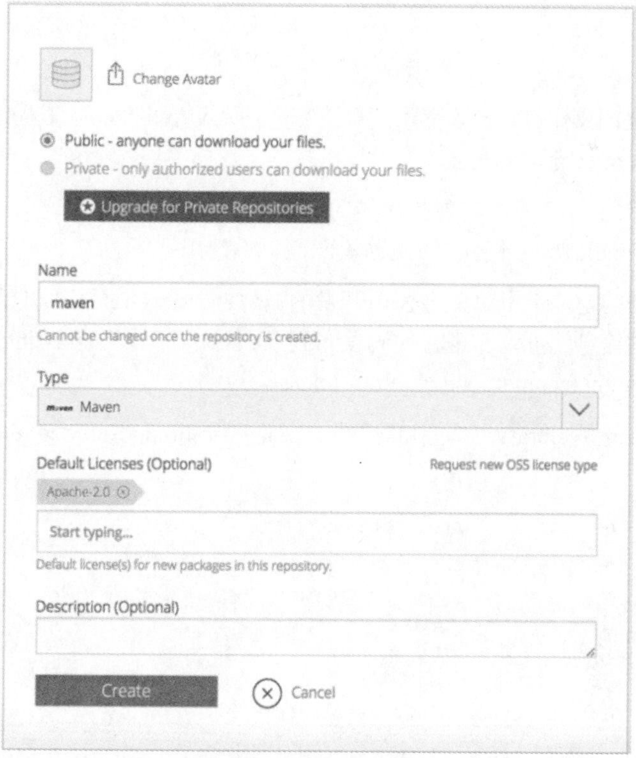

图 16.14　创建新的仓库

其中仓库的名字可以随便填，仓库的类型要选择 "Maven"，开源许可我们选择 "Apache-2.0"，然后点击 "Create" 按钮完成创建。

创建成功后会自动跳转到新创建的仓库主页，如图 16.15 所示。

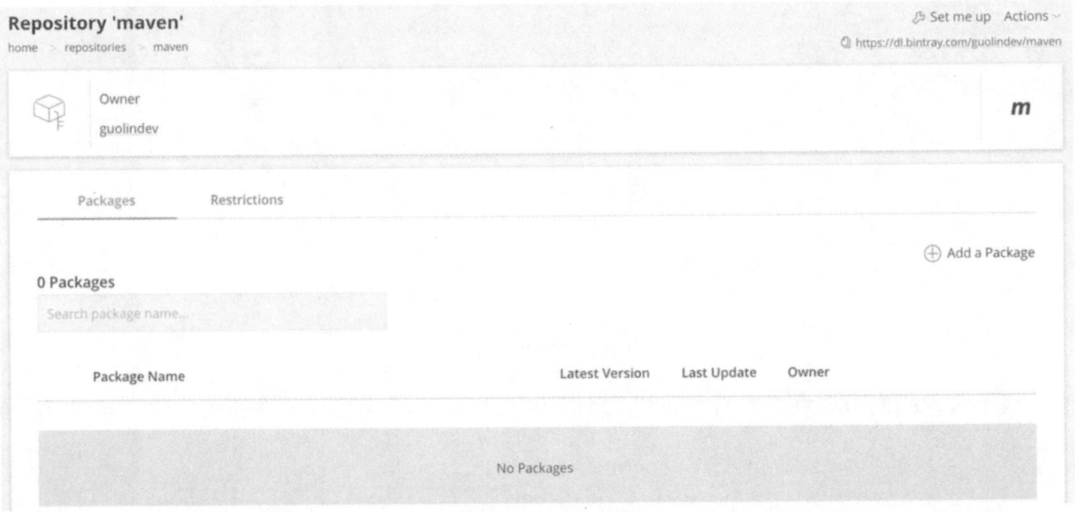

图 16.15　仓库主页

这样在 Bintray 上的操作就告一段落了，接下来回到 Android Studio 工程中，我们需要在这里加入将代码发布到 jcenter 仓库的配置。

Bintray 官方提供了一个能够实现此功能的插件，但是我个人认为这个插件使用起来有点复杂，要编写很多的 Gradle 脚本才行，因此这里我们就不使用它了。

我比较推荐使用的是一个由第三方公司开发的插件：bintray-release。它的用法非常简单，只需要配置一些必要的信息就可以实现将代码发布到 jcenter 仓库的功能。bintray-release 的 GitHub 主页地址是：https://github.com/novoda/bintray-release。

由于我们要发布的是 library 模块中的代码，因此打开 library/build.gradle 文件，并在文件的尾部加入如下配置：

```
apply plugin: 'com.novoda.bintray-release'

buildscript {
    repositories {
        jcenter()
    }
    dependencies {
        classpath 'com.novoda:bintray-release:0.9.1'
    }
}
```

这段配置就表示将 bintray-release 插件引入 library 模块中。我在编写本书时，bintray-release 的最新版本是 0.9.1，你可以在它的 GitHub 主页中找到当前的最新版本。

接下来我们还需要在 library/build.gradle 文件中加入一段 publish 闭包来配置一些必要的参数，如下所示：

```
publish {
    userOrg = 'guolindev'
    groupId = 'com.permissionx.guolindev'
    artifactId = 'permissionx'
    publishVersion = '1.0.0'
    desc = 'Make Android runtime permission request easy.'
    website = 'https://github.com/guolindev/PermissionX'
}
```

userOrg 部分填入你的 Bintray 用户名即可。groupId 用于作为组织的唯一标识，通常填入公司的倒排域名，这里我使用了项目的包名。artifactId 用于作为工程的唯一标识，这部分直接填入 permissionx 就可以了，另外你要保证同一 groupId 下不会存在两个相同的 artifactId。publishVersion 表示当前开源库的版本号，我们第一个版本就使用 1.0.0 吧。desc 用于对你的开源库进行一些简单的描述，website 中填入 PermissionX 的版本库主页地址即可。

因此，一个依赖库的引用地址的组成结构应该如下所示：

```
'groupId:artifactId:publishVersion'
```

那么根据我们刚才的配置，PermissionX 库的引用地址就应该是：

```
'com.permissionx.guolindev:permissionx:1.0.0'
```

注意，上述配置一定要按照你的实际信息去填写，千万不要完全照搬书上的内容，否则可能会出现 id 冲突从而导致发布失败的情况。

这样我们就将 bintray-release 所要求的所有配置信息都填写完成了，接下来可以点击 Android Studio 底部工具栏中的 Terminal 标签，打开 Terminal 窗口，如图 16.16 所示。

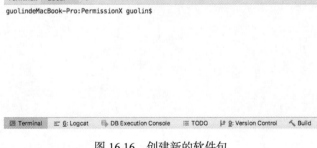

图 16.16　创建新的软件包

在这里输入具体的上传命令，就可以将 PermissionX 库上传到我们刚刚创建的 maven 仓库中。

如果你使用的是 Windows 系统，执行如下命令：

```
gradlew clean build bintrayUpload -PbintrayUser=USER -PbintrayKey=KEY -PdryRun=false
```

如果你使用的是 Mac 或 Ubuntu 系统，执行如下命令：

```
./gradlew clean build bintrayUpload -PbintrayUser=USER -PbintrayKey=KEY -PdryRun=false
```

其中，USER 部分要替换成你的 Bintray 用户名，KEY 部分要替换成你的 Bintray API Key。那么这个 API Key 是什么呢？我们可以通过点击 Bintray 网站顶部的用户名→Edit Profile→API Key 来进行查看，如图 16.17 所示。

图 16.17   查看 API Key

注意，这个 API Key 一定要保护好，这属于隐私型数据，千万不要把它添加到版本控制中。

执行完上述命令，即可完成 PermissionX 库的上传工作。现在刷新一下我们刚才创建的仓库主页，结果如图 16.18 所示。

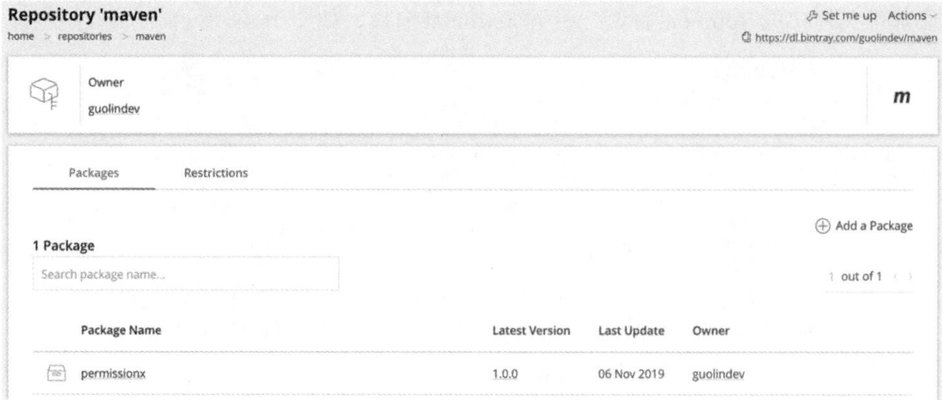

图 16.18   刷新后的仓库主页

可以看到，刚刚上传的 PermissionX 库已经显示在仓库主页中了。现在，我们离将它发布到 jcenter 仓库还差最后一步。点击进入 PermissionX 库的详情界面，该界面的右上角有一个 Actions 菜单，展开之后会有一个"Add to Jcenter"选项，如图 16.19 所示。

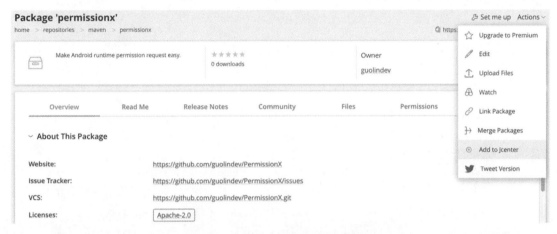

图 16.19　PermissionX 库的详情界面

点击"Add to Jcenter"选项即可将 PermissionX 库发布到 jcenter 仓库，但是我们最好在弹出的界面中再对所提交的库进行简单的描述，如图 16.20 所示。

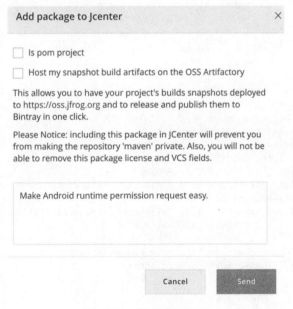

图 16.20　提交确认页面

点击"Send"按钮发送提交申请，接下来要做的事情就是等待了。Bintray 的审核速度通常是非常快的，一般几小时内就会通过。审核通过之后你的 Bintray 账号会收到一封如图 16.21 所示的邮件。

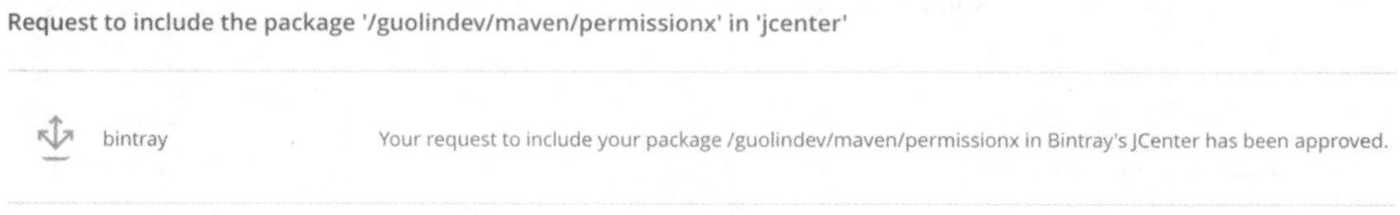

Request to include the package '/guolindev/maven/permissionx' in 'jcenter'

 bintray   Your request to include your package /guolindev/maven/permissionx in Bintray's JCenter has been approved.

图 16.21   收到审核通过的邮件

当收到这封邮件时，就说明你已经成功将库发布到 jcenter 仓库中了。

16.5   体验我们的成果

现在，PermissionX 已经可以像 Retrofit、Glide 等其他开源库那样，通过添加一行库的引用地址就可以引入到任何 Android 项目工程中，那么我们自然要来体验一下了。

这里我新建了一个 PermissionXTest 项目，使它和原来的 PermissionX 项目保持完全独立，然后在 app/build.gradle 文件中添加如下依赖：

```
dependencies {
    ...
    implementation 'com.permissionx.guolindev:permissionx:1.0.0'
}
```

点击 "Sync Now" 完成同步之后，我们就可以在代码中调用 PermissionX 的 API 了。修改 MainActivity 中的代码，如下所示：

```
class MainActivity : AppCompatActivity() {

    override fun onCreate(savedInstanceState: Bundle?) {
        super.onCreate(savedInstanceState)
        setContentView(R.layout.activity_main)
        PermissionX.request(this,
            Manifest.permission.CALL_PHONE,
            Manifest.permission.READ_CONTACTS) { allGranted, deniedList ->
            if (allGranted) {
                Toast.makeText(this, "All permissions are granted",
                    Toast.LENGTH_SHORT).show()
            } else {
                Toast.makeText(this, "You denied $deniedList",
                    Toast.LENGTH_SHORT).show()
            }
        }
    }
}
```

可以看到，这里我们一次性申请了两个运行时权限，那么就得将这两个权限都配置到

AndroidManifest.xml 中才行，如下所示：

```
<manifest xmlns:android="http://schemas.android.com/apk/res/android"
    package="com.example.permissionxtest">

    <uses-permission android:name="android.permission.CALL_PHONE" />
    <uses-permission android:name="android.permission.READ_CONTACTS" />
    ...
</manifest>
```

现在运行一下 PermissionXTest 项目，会立即弹出权限申请对话框，如图 16.22 所示。

由于我们一次性申请了两个运行时权限，在授权完第一个权限之后，又会弹出第二个权限申请的对话框。全部授权完成之后才会回调到 request() 方法的 Lambda 表达式中，并弹出一条 Toast 提示，如图 16.23 所示。

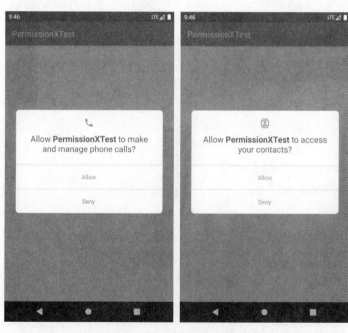

图 16.22 权限申请对话框

图 16.23 监听权限申请的结果

所有功能都如同我们所预期的那样运行了。

当然，如果你后续发现了一些 bug，或者有任何新功能想要添加到 PermissionX 中，可以随时对库进行更新。更新的方式也非常简单，只需要升级 publish 闭包中的版本号即可，如下所示：

```
publish {
    userOrg = 'guolindev'
    groupId = 'com.permissionx.guolindev'
    artifactId = 'permissionx'
    publishVersion = '1.0.1'
```

```
    desc = 'Make Android runtime permission request easy.'
    website = 'https://github.com/guolindev/PermissionX'
}
```

这里我要解释一下，版本号通常以 3 位数字的格式居多。其中，如果是一些 bug 的修复或者是小功能的修改，应该升级最后一位版本号。而如果是一些比较大的功能或 API 变更，则应该升级中间一位版本号。只有涉及非常大的功能变更甚至是整体架构的改变时，才应该升级第一位版本号。

升级完版本号之后，只需要重新执行上一节中使用过的发布命令，就可以将新版的库发布到 jcenter 仓库中了。

最后，我们还需要对 PermissionX 的 GitHub 主页进行更新，介绍一下 PermissionX 的基本用法才行，不然别的开发者将无从得知该如何使用我们的开源库。GitHub 中开源库主页的介绍是使用 MarkDown 语法编写的，关于这种语法，我在这里就不做太多说明了，因为最常用的其实也就是几个简单的标签而已，至于完整的 MarkDown 语法格式，你可以参考：https://guides.github.com/features/mastering-markdown。

那么，现在打开 PermissionX 工程目录下的 README.md 文件，并使用如图 16.24 所示的语法格式编写一段非常简单的用法说明。

```
 1  # PermissionX
 2
 3  PermissionX是一个用于简化Android运行时权限用法的开源库。
 4
 5  添加如下配置将PermissionX引入到你的项目当中：
 6
 7  ```groovy
 8  dependencies {
 9      ...
10      implementation 'com.permissionx.guolindev:permissionx:1.0.0'
11  }
12  ```
13
14  然后就可以使用如下语法结构来申请运行时权限了：
15
16  ```kotlin
17  PermissionX.request(this,
18              Manifest.permission.CALL_PHONE,
19              Manifest.permission.READ_CONTACTS) { allGranted, deniedList ->
20      if (allGranted) {
21          Toast.makeText(this, "All permissions are granted", Toast.LENGTH_SHORT).show()
22      } else {
23          Toast.makeText(this, "You denied $deniedList", Toast.LENGTH_SHORT).show()
24      }
25  }
26  ```
```

图 16.24　编写 PermissionX 的用法说明

注意，我们应该将所有的代码都放到一对 ``` 标签中，并且在开始的 ``` 标签后面加上代码所使用的语言类型。这样 GitHub 将会根据相应语言的语法，自动对一些关键字进行高亮显示，从而让文档中的代码看起来更加美观，也更加适合阅读。

现在将 README.md 文件提交并同步到 GitHub 远程仓库上。

```
git add .
git commit -m "编写 PermissionX 的用法说明。"
git push origin master
```

然后刷新一下 PermissionX 的 GitHub 主页，现在就可以看到我们刚刚编写的 PermissionX 用法说明了，如图 16.25 所示。

图 16.25　编写 PermissionX 的用法说明

到这里，本章的内容就全部结束了。在本章中，我们动手编写了一个开源库，并成功将它发布到了 jcenter 仓库，这样任何开发者都可以在自己的项目中集成我们编写的开源库，从而让项目的开发变得更加简单。希望你在充分掌握了本章内容之后，也能够为 Android 开源社区贡献一份力量，开发出一些更加优秀的开源库，让 Android 的开源环境变得越来越好。

最后要说明的是，我在本章中着重讲解的是编写与发布一个开源库的整体流程，并没有在开源库的实现细节上花太多的篇幅，因此 PermissionX 实际上还是一个功能非常简单的库。后期我对这个库的功能进行了一些扩充与完善，使它成为了一个更加强大的运行时权限库，你可以访问它的 GitHub 主页来查看更多新的用法。

16.6　结束语

就这样，本书所有的内容你都学完了！现在你已经成功毕业，并且成为了一名合格的 Android 开发者。但是，如果想要成为一名出色的 Android 开发者，光靠本书中的这些理论知识以及少量的实践还是不够的，你需要真正步入工作岗位中，通过更多的项目实战来不断地历练和提升自己。

　　唠叨了整本书的话，但是到了最后却不知道该说点什么好。我不想说我能教你的就只有这些了，因为实际上我想教你或者和你一起探讨的内容还有很多，不过限于篇幅的原因，本书的内容就只能到此为止了。但我会长期在博客和微信公众号上面分享更多 Android 相关的技术文章，你如果感兴趣的话，可以到我的博客和公众号中继续学习。当然，如果是对本书中的内容有疑问，可以给我留言，博客地址和微信公众号见封面。

　　好了，就到这里吧，祝愿你未来的 Android 之旅都能愉快。